“十一五”国家重点图书

数学天元基金资助项目

无穷小计算

WUQIONGXIAO JISUAN

□ J. 迪厄多内 著
□ 余家荣 译

高等教育出版社·北京

图字:01-2009-4448 号

Calcul infinitésimal
Jean Dieudonné
HERMANN, ÉDITEURS DES SCIENCES ET DES ARTS

图书在版编目(CIP)数据

无穷小计算 / (法) 迪厄多内著 ; 余家荣译. --北京 : 高等教育出版社, 2012.3(2020.7重印)
(法兰西数学精品译丛)
ISBN 978-7-04-031960-6

Ⅰ.①无… Ⅱ.①迪… ②余… Ⅲ.①无穷小-研究 Ⅳ.①O141

中国版本图书馆 CIP 数据核字(2011)第 269588 号

策划编辑 李 鹏　　责任编辑 李 鹏　　封面设计 张 楠　　版式设计 范晓红
插图绘制 杜晓丹　　责任校对 胡美萍　　责任印制 田 甜

出版发行 高等教育出版社
社　　址 北京市西城区德外大街 4 号
邮政编码 100120
印　　刷 三河市华润印刷有限公司
开　　本 787mm × 1092mm　1/16
印　　张 27.5
字　　数 540 千字
购书热线 010-58581118
咨询电话 400-810-0598
网　　址 http://www.hep.edu.cn
　　　　 http://www.hep.com.cn
网上订购 http://www.landraco.com
　　　　 http://www.landraco.com.cn
版　　次 2012 年 3 月第 1 版
印　　次 2020 年 7 月第 2 次印刷
定　　价 69.00 元

物 料 号 31960-00

《法兰西数学精品译丛》编委会

《法兰西数学精品译丛》序

随着解析几何及微积分的发明而兴起的现代数学, 在其发展过程中, 一批卓越的法国数学家发挥了杰出的作用, 作出了奠基性的贡献. 他们像灿烂的星斗发射着耀眼的光辉, 在现代数学史上占据着不可替代的地位, 在大学教科书、各种专著及种种数学史著作中都频繁地出现着他们的英名. 在他们当中, 包括笛卡儿、费马、帕斯卡、达朗贝尔、拉格朗日、蒙日、拉普拉斯、勒让德、傅里叶、泊松、柯西、刘维尔、伽罗华、庞加莱、嘉当、勒贝格、魏伊、勒雷、施瓦茨及利翁斯等这些耳熟能详的名字, 也包括一些现今仍然健在并继续作出重要贡献的著名数学家. 由于他们的出色成就和深远影响, 法国的数学不仅具有深厚的根基和领先的水平, 而且具有优秀的传统和独特的风格, 一直在国际数学界享有盛誉.

我国的现代数学, 在 20 世纪初通过学习西方及日本才开始起步, 并在艰难曲折中发展与成长, 终能在 2002 年成功地在北京举办了国际数学家大会, 在一个世纪的时间中基本上跟上了西方历经四个多世纪的现代数学发展的步伐, 实现了跨越式的发展. 这一巨大的成功, 根源于好几代数学家持续不断的艰苦奋斗, 根源于我们国家综合国力不断提高所提供的有力支撑, 根源于改革开放国策所带来的强大推动, 也根源于很多国际数学界同仁的长期鼓励、支持与帮助. 在这当中, 法兰西数学精品长期以来对我国数学界所起的积极影响, 法兰西数学的深厚根基、无比活力和优秀传统对我国数学家所起的不可低估的潜移默化作用, 无疑也是一个不容忽视的因素. 足以证明这一点的是: 在我国的数学家中, 有不少就曾经留学法国, 直接受到法国数学家的栽培和法兰西数学传统和风格的熏陶与感召, 而更多的人也或多或少地通过汲取法国数学精品的营养而逐步走向了自己的成熟与辉煌.

由于语言方面的障碍, 用法文出版的优秀数学著作在我国的传播受到了较大的限制. 根据一些数学工作者的建议, 并取得了部分法国著名数学家的热情支持, 高等教育出版社决定出版《法兰西数学精品译丛》, 将法国的一些享有盛誉并有着重要作用与影响的数学经典以及颇具特色的大学与研究生数学教材及教学参考书, 有选择地从法文原文分批翻译出版. 这一工作得到了国家自然科学基金委员会数学天元基金的支持和赞助, 对帮助并推动我国读者更好地学习和了解法国的优秀数学传统和杰出数学成就, 进一步提升我国数学 (包括纯粹数学与应用数学) 的教学与研究工作的水平, 将是意义重大并影响深远的, 特为之序.

李大潜

2008 年 5 月

序

"现在的大学生不再会计算了", 常常听到物理学家和工程师像这样抱怨当前的数学教学. 必须承认这种抱怨是有理由的. 当我们看到一位理学院二三年级的大学生花了十分钟才费力做出一次变数代换或分部积分时, 就不能不感到十分厌烦, 特别是 (情况有时是这样) 当这位大学生还自以为是说出一些他所不懂的无用的废话, 来为他的无知和笨拙加盐添醋的时候①.

必须不要怕麻烦反复说明没有与"经典数学"对立的"现代数学", 只有从过去的数学延续下来的今天的数学, 它们之间没有鸿沟, 而后者首先是用来解决前人留给我们的重大问题的. 如果为此在数学中引进相当多的抽象新概念, 那么只是因为这些概念可把研究的注意力集中到问题的核心, 而不考虑次要的细节, 从而往往使得在不到 50 年前还认为不能达到的领域中, 可以大踏步前进. 为了爱好抽象而抽象的数学家, 最多只是个平庸的数学家.

在数学中引进新概念的一个不可忽视的后果是: 这些概念可用来"清洗"数学基础 (特别在代数以及几何中) 的教学; 可笑的传统使得其中充满了废话以及完全无用甚至有害的讲述②. 可是当然所谓"经典"数学的实体没有受到损害, 而且近代分析的基础即无穷小计算总是前三世纪的数学家所造成的最好的工具. 想要忽视它而一下子沉浸在最近代的泛函分析中, 这是在沙上建房, 直接走向无成果和说废话.

直到今年之前, 要回避这种障碍是很难的: 学生们一方面接受着官僚体系所领导的中学教育, 其中数学的教学内容八十年以来就和现代数学脱节; 另一方面, 到了

①译者注: 这种情况是当年法国数学教学改革矫枉过正所造成的后果, 责任不在当年的青年大学生.

②译者注: 这些说法值得探讨. 据译者所知点滴情况: 当年法国数学教学改革中, 曾经在初中一年级讲授集合论, 并且认为几何可完全用代数来代替, 曾经取消过中学中初等几何的教学. 这些都造成过一些不良后果.

大学里, 又要面对为与研究工作 "紧密结合" 做准备的近代分析课程. 在两者之间, 他们只有一年在 "预科"① 开始学习无穷小分析, 学习顺利操作的技巧. 很快经验证明了这还不够, 于是引进了名为 "物理中的数学方法" 课程作为补充; 而这门课程往往被数学家们删除了, 因为他们把严格看作比有用更重要. 于是在许多理学院中, 只留下了几乎没有改变的抽象分析课程, 其中着重讲原理而不重视计算.

新的教学计划把大学 "第一阶段" 展开成两年, 这样应当使教学重新得到平衡, 对认真的大学生提供坚实的技巧基础, 使他此后能领会更抽象的概念, 而不致只会鹦鹉学舌. 幸好在新的教学计划中, 特别是在二年级课程中, 包含了经典分析的主要部分, 像解析函数论及微分方程论, 这些都是可能并且必须学习的, 并不需要多作抽象的准备. 本书首先是用来讲述这些基本技能的 (假定已知第一阶段一年级所学的微积分基础).

因此在想学近代分析以前, 必须 "学会计算". 可是什么是 "计算"? 事实上有两种易于混淆的 "计算". 一方面有 "代数计算", 可以 (过于简单地) 说它的特性是求出等式; 方程的解的公式 (盎格鲁 – 撒克逊型的 "封闭公式") 提供了等式的一种原型. 这种方式对使用数学的人是有吸引力的. 我多次接触到一些工程师或物理学家, 他们认为数学必须是自动提供解题公式的一种工具.

在分析中也有这种类型的关系式, 并且往往可能很重要; 柯西公式及傅里叶级数展开式就是典型的实例. 可是我认为求这类关系式不是无穷小计算的实质. 物理学家有理由认为: 如果一个定理不能从数值上计算出所求的数或函数, 那么它就是没有意义的. 他们不需要纯粹数学家的不能用于计算的 "存在定理". 可是说到数值计算, 就要说到 "逼近". 只有给出了近似计算一个实数的步骤时, 才能说这个实数是 "已知的" (数学家想做到任意小的逼近, 而使用数的人的要求却要低得多). 如果记住大学第一阶段的数学教学既是用来培养数学家的, 至少也是同样用来培养未来的物理学家和化学家的, 就会了解为什么本书中特别重视近似计算这一方面. 我不是要写一本专门讲数值计算的书, 这是另一专门课程的主题. 我注意不引进不能作数值计算的任何概念, 而且需要的话, 在可作计算的每一步, 指出理论上的计算方法.

而且纯粹数学家轻视无穷小计算的这一 "平凡的" 一面, 应当是错的. 为了懂得直到最抽象思维所必需的 "分析的意义", 务必学会区分: 什么是 "大", 什么是 "小", 什么是 "重要的", 什么是 "可忽略的". 换句话说, 本书所讲的无穷小计算中, 使用不等式要比使用等式多得多, 而且可用三个词作为本书的提要:

求上界, 求下界, 逼近.

采取这种观点不是为了方便而不要严格, 也不是要使无穷小计算成为一些窍门. 我们应该培养能思维的人, 而不是制造机器人, 应该使大学生懂得他所做的, 而不是教他机械的操作方法. 懂得 "分析的意义", 就是懂得在无穷小计算中各种运算的 "直观" 概念, 而且这只有通过使用很多实例才能懂得. 可是保证人们真正达到这阶段的

①译者注: 这是指原先法国大学中的第一年, 1966 年取消.

考验是: 知道所用概念的确切定义, 并且用它们作出正确的证明, 因为证明最终不过是把直观 "写成形式" 而已.

在这一点上, 物理学家往往嘲笑纯粹数学家总是要证明一切, 要 "搞得过于繁琐" 来证明 "明显的" 结果. 他们并非总是不对. 为了不被证明中巧妙的想法所困扰, 初学者承认可以接受的一些结果, 把精力留下来领会不 "明显的" 新概念是有益的①. 因此我毫不犹豫承认分析中的一些基本定理②, 或向大学生指出: 在初读本书时, 可以不读用小字印出的较长或较精细的一些证明.

可是当物理学家倾向于把完全不明显的东西看作 "明显的", 并且忘记了我们的 "直观" 是很简陋的工具, 有时会把我们引入歧途时, 他们就是在危险的地方冒险了. 与他们之中许多人所相信的相反, 为了表明他们不加讨论就承认的一些结果是错的, 不需要去找像没有导数的连续函数那样 "奇怪的" 函数; "龙格现象" (第九章, 附录) 表明: 对于我们能想到那样 "完美的" 解析函数, 多项式插值的经典方法极有可能是发散的; 还有在 $|z|<1$ 内解析、在整个圆盘 $|z|\leqslant 1$ 上连续的函数, 而它把圆 $|z|=1$ 变换成充满一个正方形的曲线③.

因此 "诚朴人的朴实信念" 有危险. 在与认真的实验人员接触时, 对于他们极其细心以保证测量正确及避免虚假说明, 我们不得不感到震惊. 正确使用数学也要同样细心. 在某些领域要求得到严格的工作习惯, 而在其他领域则任其 (或甚至鼓励) 随意、模糊和差不多 —— 我不认为这是好的教学方法.

当然, 我没有完全按照官方的大纲编写本书. 对于学完第一阶段、并且打算取得物理或 (纯粹或应用) 数学学士或硕士学位的大学生, 我首先要写出看来最有用的内容. 于是我完全没有讲重积分与微分形式. 我还要说一说对于一些同事所讲授 "斯托克斯型公式" 的想法: 他们在第一阶段一年级所讲的不涉及精细结果, 我看这样完全足够了, 因为按这一阶段大学生的水平, 讲精细结果只能是无益的④. 相反地, 本书中插入了无穷小计算中的许多问题, 其中或者在教学大纲中没有明确出现, 或者像微分方程的认真研究, 放在硕士阶段课程中我看是太晚了. 大体上说, 本书所讲的分析主要是实或复 "单变数" 分析⑤. 所有数学家都知道, 从单变数过渡到多变数是一次剧烈的 "跳跃", 由此带来很大的困难, 并且需要引进全新的方法. 另一方面, 单变数分析是研究更一般问题的主要工具. 把这种 "转移" 放在大学第一、二两阶段的结合点, 我看是完全合理的.

---

①在根本上, 这相当于增加公理的个数, 而这只是逻辑学家所反对的.

②所有这些结果都在我所著《近代分析基础》(巴黎, 戈第埃 – 维雅出版社, 1965 年版; 本书中记作 [FA]) 中证明了.

③见 [FA], 第九章, 12 节, 问题 5.

④按照新教学计划, 一般的严格斯托克斯公式在纯粹数学硕士学位的 C3 课程中讲授.

⑤当然, 在单复变函数论中, 涉及一点 "二维问题". 这对初等单实变函数论造成较大困难. 可是只要不从调和函数方面出发研究解析函数, 而是使用 "道路" 及 "环路" 作为工具, 有关理论基本上仍然是 "一维的".

按照现行课时, 在第一阶段二年级不可能教完本书中全部内容, 使用本书的教师或大学生必须在其中做出选择. 然而我们不禁希望有一天中学教育会把现在还在教的数学中一些旧内容放在历史的仓库里, 从而可把中学后三年空出的时间有效地用来教当前大学阶段一年级所教数学的大部分内容①. 这样最好把只是作为大学一年级教学大纲补充 (一般省略了) 的本书前四章内容, 加进教学大纲里, 而其余内容就可完全放在大学二年级课程中. 我认为领会了这些内容的大学生, 对于或者为了把他的数学知识应用于具体问题, 或者为了攀登更高的抽象水平, 再按现行纯粹数学硕士的教学计划学习, 都已做好足够的准备了②.

在编写本书时, 我有效地使用了尼斯理学院助教 C. 拉萨尔夫人很细心写出的有关课程的笔记, 还承她帮助我为本书审读校样. 我愉快地在这里向她道谢.

---

①比利时巴比的经验表明, 有了良好的中学教育, 对于学好了的中学生, 从 6 年级起就可在第二课堂有效地学习积分, 而不会遇到心理上的障碍.

②在本书中, 我没有讲述教学大纲中所涉及的代数、数值计算以及概率计算的初步概念等部分.

记号

在下列记号的定义中, 0 指的是预篇, 罗马数字指的是章数, 阿拉伯数字指的是章中的节数或习题号数.

$X - Y$	X 中不属于 Y 的元素所构成的集: 0, 1
(a, b)	两个个体的耦合: 0, 1
$X \times Y$	两个集的乘积: 0, 1
$\mathrm{pr}_1 c, \mathrm{pr}_2 c$	第一及第二射影: 0, 1
$X_1 \times X_2 \times \cdots \times X_n$	n 个集的乘积: 0, 1
$\mathrm{pr}_j x$	x 的第 j 射影: 0, 1
X^n	等于 X 的 n 个集的乘积: 0, 1
$f\|A$	函数或映射 f 在集 A 的限制: 0, 1
$f(A)$	集 A 由 f 映射出的像: 0, 1
$f^{-1}(B)$	集 B 由 f 映射出的逆像: 0, 1
f^{-1}	双射 f 的逆映射: 0, 1
$\mathbb{R}$	实数集: 0, 2
$\mathbb{C}$	复数集: 0, 2
$\mathcal{R}z, \mathfrak{I}z$	z 的实部与虚部: 0, 2
$[a, b],]a, b[, [a, b[,]a, b]$	$\mathbb{R}$ 中的区间: 0, 2
$[a, +\infty[,]a, +\infty[,]-\infty, a],]-\infty, a[$	无穷区间: 0, 2
$\sup A$	集 $A(\subset \mathbb{R})$ 的上确界: 0, 2
$\inf A$	集 $A(\subset \mathbb{R})$ 的下确界: 0, 2

$\sup\limits_{x\in \mathrm{A}} f(x)$, $\inf\limits_{x\in \mathrm{A}} f(x)$	A 中实函数 f 的上确界及下确界: 0, 3
$\boldsymbol{f}(a+), \boldsymbol{f}(a-)$	在点 $a \in \mathbb{R}$ 处的右极限及左极限: 0, 4
$\boldsymbol{f}'(t)$	向量值函数或映射的导数或导出映射: 0, 4
$\int_a^b \boldsymbol{f}(t)dt$	向量值函数的积分: 0, 4
$\operatorname{sgn} x$	$x(\in \mathbb{R})$ 的符号函数: 0, 4
$d(a, \mathrm{F})$	点 $a \in \mathbb{C}$ 到闭集 $\mathrm{F} \subset \mathbb{C}$ 的距离: 0, 5
$\\|\boldsymbol{z}\\|, \\|A\\|$	向量的范数, 矩阵的范数: I, 1
$\sum\limits_{n\in \mathrm{I}} u_n$	级数的部分和: I, 2
$\sum\limits_{n=-\infty}^{+\infty} a_n$	双向无穷级数的和: I, 2
$\sum\limits_{n=0}^{\infty} \boldsymbol{a}_n$	向量项级数的和: I, 2
$\mathrm{N(A)}$	矩阵的范数: I, 习题 16
$f \sim g, f(x) \sim g(x)$	两函数等价: Ⅲ, 3
$f = O(g), f = o(g)$	比较两函数的兰道记号: Ⅲ, 3
$f \preccurlyeq g, f \prec\!\!\prec g, \lvert f\rvert \succ\!\!\succ g$	比较两函数的哈代记号: Ⅲ, 3
$\mathcal{E}$	比较阶: Ⅲ, 3
$\mathcal{C}$	广义渐近展开式中系数的集: Ⅲ, 7
$\int_a^{+\infty} f(t)dt$	反常积分: Ⅲ, 9
$\int_a^b f(t)dt$, $\int_a^b \boldsymbol{f}(t)dt$	反常性在 a 或 b 的邻域中的积分: Ⅲ, 9
$\Gamma(x)$	第二类欧拉积分, 或伽马函数: Ⅲ, 9
γ	欧拉常数: Ⅲ, 11
$\mathrm{B}(p, q)$	第一类欧拉函数, 或 B (读为贝塔, 希腊字母): Ⅳ, 3
$d(f, g)$	两函数的距离: V, 1
$f * \varphi$	两函数的卷积: V, 4
$\mathrm{B}_n(f)$	伯恩斯坦多项式: V, 附录
$f'(z), \mathrm{D}f(z), \dfrac{df}{dz}$	解析函数的导数: Ⅵ, 6
$e^z, \exp(z)$	复指数函数: Ⅵ, 8
$\cos z, \sin z$	复数的余弦与正弦: Ⅵ, 8

$\tan z, \cot z$	复数的正切与余切: Ⅵ, 8
$e^{Az}, \exp(Az)$	矩阵的指数映射: Ⅵ, 8
γ^0	道路 γ 的反向道路: Ⅶ, 1
$\gamma_1 \vee \gamma_2$	两条道路 γ_1 与 γ_2 的衔接: Ⅶ, 1
$\int_\gamma f(z)dz$	函数沿道路 γ 的积分: Ⅶ, 2
$\int_{z_0}^{z} f(u)du$	有原函数的解析函数 f 在 z_0 与 z 之间的积分: Ⅶ, 3
$j(a;\gamma)$	点 a 关于环路 γ 的指标: Ⅶ, 6
$\int_\gamma f(z)dz$	沿无终点的道路 γ 的积分: Ⅶ, 10
$\omega(a;f)$	亚纯函数 f 在点 a 的阶: Ⅷ, 3
$\mathrm{Res}_a f$	f 在孤立奇点 a 的留数: Ⅷ, 4
$\mathrm{Am}\, w$	w 的辐角: Ⅷ, 9
$\log w$	w 的对数的主值或主支: Ⅷ, 9
z^λ	z 的 λ 次幂的主值或主支: Ⅷ, 9
$\prod_{n=1}^{\infty} a_n$	无穷乘积: Ⅷ, 11
$\Gamma(z)$	复域中的伽马函数: Ⅸ, 4
B_n	伯努利数: Ⅸ, 5
$\varphi_n(z)$	伯努利多项式: Ⅸ, 5
$\widetilde{\varphi}_n(z)$	按周期开拓了的伯努利多项式: Ⅸ, 5
$d_1(f,g), d_p(f,g)$	两函数的距离: Ⅸ, 9
$\mathrm{sn}\, z, \mathrm{cn}\, z, \mathrm{dn}\, z$	雅可比椭圆函数: Ⅹ, 7
$R(t,s)$	预解矩阵: Ⅻ, 2
$\mathrm{H}_\lambda^1(z), \mathrm{H}_\lambda^2(z)$	汉克尔函数: ⅩⅤ, 2
$\mathrm{J}_\lambda(z)$	贝塞尔函数: ⅩⅤ, 4
$\mathrm{N}_\lambda(z)$	诺伊曼函数: ⅩⅤ, 4

目录

预篇

假定本书读者已知读完大学一年级的大学生所应知的代数及分析概念 (包含在新的高等教育教学计划第一阶段所应授内容中). J. 克莱因及 G. 里布的 “公式详解” (戈第埃 – 维雅出版社, 1964 年版; 本书中简记作 K – R) 包含了有关内容提要. 本章中要加一些补充、注释和建议[①].

1. 集与函数

假定已知集合论中符号 $\in, \notin, \subset, \not\subset, \bigcup, \bigcap$ 的用法; 如果 $\mathrm{Y} \subset \mathrm{X}, \mathrm{X} - \mathrm{Y}$ 是 X 中不属于 Y 的元素的集. 对于两个个体 a, b, 可联合作一个新的个体, 即它们的耦合 (或有序耦合) (a, b); 两个耦合 (a, b) 与 (a', b') 相等必须且只须 $a = a'$ 与 $b = b'$; 注意不要混淆耦合 (a, b) 与 (b, a), 也不要混淆耦合 (a, a) 与个体 a. 已给两个 (相同或不相同的) 集 X, Y, 它们的乘积 $\mathrm{X} \times \mathrm{Y}$ 是 $a \in \mathrm{X}$ 与 $b \in \mathrm{Y}$ 所构成耦合 (a, b) 的集; 最常见的实例是平面 $\mathbb{R} \times \mathbb{R}$; 当用到集的乘积时, 必须总要想到它. 对于任何元素 $c \in \mathrm{X} \times \mathrm{Y}$, 按定义, 有唯一元素 $a \in \mathrm{X}$ 与唯一元素 $b \in \mathrm{Y}$, 使得 $c = (a, b)$; 记 $a = \mathrm{pr}_1 c, b = \mathrm{pr}_2 c$, 并且说它们是 c 的第一与第二射影. 对有限个 (相同或不相同的) 集 $\mathrm{X}_1, \cdots, \mathrm{X}_n$, 同样把 n 个元素的有限序列 $(x_1, x_2, \cdots, x_n)$ 的集定义为乘积 $\mathrm{X}_1 \times \mathrm{X}_2 \times \cdots \times \mathrm{X}_n$, 这里对于 $1 \leqslant j \leqslant n, x_j \in \mathrm{X}_j$; x_j 叫做 $x = (x_1, x_2, \cdots, x_n)$ 的第 j 个射影, 记作 $\mathrm{pr}_j x$, 当所有的 X_j 等于同一集 X 时, 写出 X^n 来代替 $\mathrm{X}_1 \times \cdots \times \mathrm{X}_n$. 本书中讲到的集大部分是乘积 $\mathbb{R}^n$ 的子集.

假定已知从集 X 到集 Y 的函数或映射 f 的概念 $f : \mathrm{X} \to \mathrm{Y}$; 总不要忘记 X 中所确定的函数或映射对于每个 $x \in \mathrm{X}$, 只有一个值 $f(x)$. f 的图形是耦合 $(x, f(x)) \in$

①译者注: 有关内容也包含在我国大学数学专业的代数及数学分析课程中.

$X \times Y$ 的集, 在这里 x 取遍 X 中的值. 也可写 $x \to f(x)$ 表示函数或映射 f. 必须习惯于把函数或映射 f 看作一个新的个体, 而且不要混淆函数或映射 f 与它的值 $f(x)$.

如果 A 是 X 的一个子集, 那么映射或函数 f 在 A 的限制是使任何 $x \in A$ 与 $f(x)$ 相对应的映射; 把它记作 $f|A$, 并且注意不要把它与 f 相混淆: 函数或映射带有它的定义集. 相反地, 我们说 f 是 $f|A$ 在 X 的开拓; 一个函数或映射可能有许多不同的开拓.

如果 $f: X \to Y$ 是从 X 到 Y 的映射, 那么当 x 取遍 X 的子集 A 中的值时, Y 中相应元素 $f(x)$ 的集叫做集 A 由 f 映射出的像 $f(A)$. Y 的子集 B 的逆像 $f^{-1}(B)$ 是 X 中的一个子集, 即 X 中满足 $f(x) \in B$ 的所有元素 x 构成的集.

例如 $\mathrm{pr}_1 : X \times Y \to X$ 是从 $X \times Y$ 到 X 的映射; 对于 $X \times Y$ 中任何子集 C, $\mathrm{pr}_1 C$ 是 X 中满足下列条件的所有元素 x 构成的集: 存在着至少一个 $y \in Y$, 使得 $(x, y) \in C$; 对于 X 的任何子集 A, $\mathrm{pr}_1^{-1}(A)$ 是 $A \times Y$.

设有映射 $f: X \to Y$; 如果 $f(X) = Y$, f 叫做满射; 如果关系式 $f(x_1) = f(x_2)$ 导致 $x_1 = x_2$, f 叫做单射; 如果 f 同时是单射和满射, 它叫做双射. 在最后一种情形, 存在着一个、并且只有一个映射 $f^{-1}: Y \to X$ 满足下列条件: 对于任何 $x \in X$, $f^{-1}(f(x)) = x$; f^{-1} 叫做 f 的逆映射, 而且 f 是 f^{-1} 的逆映射.

如果 $f: X \to Y$ 与 $g: Y \to Z$ 是两个映射, 那么从 X 到 Z 的映射 $x \to g(f(x))$ 叫做 g 与 f 的复合映射, 记作 $g \circ f$.

2. 实数与复数

实数和复数是分析中两个主要工具. 应当毫不犹豫地使用这些概念, 而且特别要经常想到它们的几何意义, 尤其是对于复数, 要想到 $\mathcal{R}_z$, $\mathfrak{I}_z$ (z 的实部及虚部), $|z|$, $\bar{z}$, $1/z$, $z + z'$, zz' 的几何解释. 实数集 (或实直线) 记作 $\mathbb{R}$; 平面 $\mathbb{R} \times \mathbb{R}$ 上的点 (x, y) 与复数 $x + iy$ 没有区别 (法国过去称复数是平面上点的 "附标", 这是还不了解 "代数" 与 "几何" 没有区别时的遗物). 我们把复数集记作 $\mathbb{C}$, 而不记作 $\mathbb{R} \times \mathbb{R}$ 或 $\mathbb{R}^2$, 是为了提醒在 $\mathbb{C}$ 中, 除了 $\mathbb{R} \times \mathbb{R}$ 中的向量加法外, 还定义了一种乘法, 于是 $\mathbb{C}$ 就成为了一个域.

(2.1) 在直线 $\mathbb{R}$ 上, 注意区分四种区间: 闭区间 $[a, b]$ 即满足 $a \leqslant x \leqslant b$ 的 x 的集; 开区间 $]a, b[$, 即满足 $a < x < b$ 的 x 的集 (如果 $a < b$, 它就不是空集); 右半开区间 $[a, b[$, 即满足 $a \leqslant x < b$ 的 x 的集; 左半开区间 $]a, b]$, 即满足 $a < x \leqslant b$ 的 x 的集.

把 $[a, +\infty[$ (或 $]a, +\infty[$) 记作满足 $x \geqslant a$ (或 $x > a$) 的 x 的集, 并且把 $]-\infty, a]$ (或 $]-\infty, a[$) 记作满足 $x \leqslant a$ (或 $x < a$) 的 x 的集; 它们叫做无穷闭 (或开) 集.

(2.2) 已给集 $A \subset \mathbb{R}$; 如果存在着至少一个数 $a \in \mathbb{R}$, 使得对任何 $x \in A$, $x \leqslant a$ (或 $x \geqslant a$), 集 A 就叫做有上界 (或有下界), 具有这性质的数 $a \in \mathbb{R}$ 叫的 A 的一个上界 (或下界). $\mathbb{R}$ 的一个基本性质是: 对任何非空、有上界的集 A, 有 A 的一个最小的上

界 b, 叫做 A 的上确界, 记作 $\sup A$; 它可能属于或不属于 A. 数 b 还可由下列两性质界定:

1° 对任何 $x \in A$, 我们有 $x \leqslant b$;

2° 对任何数 $\varepsilon > 0$, 至少存在着一个 $x \in A$, 使得 $b - \varepsilon < x \leqslant b$.

同样, $\mathbb{R}$ 中非空、有下界的集 A 有一个最大的下界, 叫做它的下确界, 记作 $\inf A$; 我们有 $\inf(A) = -\sup(-A)$ (这里 $-A$ 是由对称 $x \to -x$ 作出的 A 的映射).

同时有上界及有下界的集 $A \subset \mathbb{R}$ 叫做有界集.

(2.3) 如果集 $U \subset \mathbb{R}$ 是一些开区间的并集, 它就叫做开集; $\mathbb{R}$ 是开集, 空集也是开集. 一些开集的任何并集是开集; 两个开集的交集是开集.

已给集 $F \subset \mathbb{R}$; 如果 F 关于 $\mathbb{R}$ 的余集 $\mathbb{R} - F$ 是开集, F 就叫做闭集. $\mathbb{R}$ 及空集是闭集, 任何 (有界或无穷) 闭区间是闭集. 有限集是闭集; 一些闭集的任何交集是闭集; 两个闭集的并集也是闭集.

如果 f 是开 (或闭) 区间 $I \subset \mathbb{R}$ 中的一个连续实函数, 那么满足 $f(x) > 0$ (或 $f(x) \geqslant 0$, 或 $f(x) = 0$) 的 $x \in I$ 所构成的集是 $\mathbb{R}$ 中的开集 (或 $\mathbb{R}$ 中的闭集).

如果 F 是 $\mathbb{R}$ 中有上界 (或有下界) 的闭集, 那么数 $\sup F$ (或 $\inf F$) 属于 F, 从而是 F 中的最大 (或最小) 元素. 特别地, 如果 f 是有界闭区间 I 中的连续函数, 那么方程 $f(x) = 0$ 在 I 中有一个最小根及一个最大根.

3. 单实变连续函数

设实函数 f 在集 X 上确定; 如果集 $f(X) \subset \mathbb{R}$ 有上界 (或有下界) 就说函数 f 有上界 (或有下界); 数 $\sup f(X)$ (或 $\inf(X)$) 叫做 f 在 X 中的上确界 (或下确界), 记作 $\sup\limits_{x \in X} f(X)$ (或 $\inf\limits_{x \in X} f(X)$). 函数 f 同时有上界及有下界, 就称它为有界; 说函数 $|f| : x \to |f(x)|$ 有上界, 也是一样, 即 f 有界.

在有界闭区间 $I = [a, b]$ 上连续的实函数有常用到并且很直观的一些性质.

(3.1) 在 I 上的任何连续实函数 f 在 I 上有界.

(3.2) 如果实函数 f 在 I 上连续, 那么至少存在着一点 $x_1 \in I$, 使得 $f(x_1) = \sup\limits_{x \in I} f(x)$; 而且至少存在着一点 $x_2 \in I$, 使得 $f(x_2) = \inf\limits_{x \in I} f(x)$ (我们也说 f 至少在一点达到它的绝对极大值, 而且至少在一点达到它的绝对极小值).

(3.3) 如果 $f(a)f(b) < 0$, 那么至少存在着一点 $c \in I$, 使得 $f(c) = 0$ (我们也说一个连续函数不能只改变符号而不为零).

(3.4) 在 I 上的连续实函数 f 是一致连续的, 这就是说, 对任何 $\varepsilon > 0$, 存在着只与 ε 有关的数 $\delta > 0$, 使得由关系式 $x' \in I, x'' \in I$ 以及 $|x' - x''| \leqslant \delta$ 可导出 $|f(x') - f(x'')| \leqslant \varepsilon$.

承认这些定理, 且不作证明 —— 像这样并无不便. 可是如以下所做, 看到只应用连续函数的定义, 以及 $\mathbb{R}$ 中有上界的集必有上确界①, 怎样证明这些定理, 还是很有教益的. 即使对这些证明不关心, 注意到除 (3.3) 外, 省去区间 I 是闭的或有界的假设, 上列定理都不存立; 这样也是有益的.

显然在 $\mathbb{R}$ 中有无界的函数, 例如 x 或 x^2; 由于对于 $x>0$ 及 $|h|<1$,

$$|(x+h)^2-x^2|=|(2x+h)h|\geqslant(2x-1)|h|,$$

在 $\mathbb{R}$ 中连续的函数 $x\to x^2$ 不是一致连续的 (由此证明: 连续与一致连续涉及两不同概念, 虽然初看它们是很接近的); 函数 $1/(1+x)$ 在 $[0,+\infty[$ 中连续并且有界, 但在这区间中不能达到它的下确界 0. 最后, 如果连续函数 f 在开区间 $]1,+\infty[$ 中使定理 (3.1), (3.2) 或 (3.4) 中的一个不成立, 那么函数 $x\to f(1/x)$ 使这定理在有界非闭区间 $]0,1[$ 中不成立.

(3.1) 的证. 设 $\mathrm{A}\subset\mathrm{I}$ 是使 f 在区间 $[a,c]$ 中有界的点 c 的集; 这证明了 $\mathrm{A}=\mathrm{I}$. 由于集 A 有上界, A 在 $\mathbb{R}$ 中有上确界 β, 满足 $\beta\leqslant b$. 现要证明 $\beta=b$ 以及 $b\in A$; 这样就证明了定理. 然而 f 在点 β 连续; 因此有一区间 $\mathrm{J}=[\beta-h,\beta+h]$, 其中 $h>0$, 使得在 $\mathrm{I}\bigcap\mathrm{J}$ 中,

$$|f(x)-f(\beta)|\leqslant 1.$$

由 β 的定义, 有一点 $c\in A$, 使得 $\beta-h<c\leqslant\beta$; 由于 f 在 $[a,c]$ 中及 $\mathrm{I}\bigcap\mathrm{J}$ 中有界, 它在 I 与 $[a,\beta+h]$ 的交集中有界. 假定 $\beta<b$, 应有一点 c' 满足 $\beta<c'<\beta+h$ 及 $\beta<c'<b$, 于是 f 应在 $[a,c']$ 中有界, 换句话说, 应有 $c'\in\mathrm{A}$; 因而 β 不是 A 的上界, 与假设矛盾. 因此必须有 $\beta=b$, 而且 $\mathrm{I}\bigcap[a,b+h]=\mathrm{I}$, 从而 f 在 I 中有界.

(3.2) 的证. 令 $\mu=\sup\limits_{x\in\mathrm{I}}f(x)$; 因而对任何 $x\in\mathrm{I},f(x)\leqslant\mu$. 如果不存在任何点 $x\in\mathrm{I}$, 使得 $f(x)=\mu$, 那么函数 $x\to\dfrac{1}{\mu-f(x)}$ 就应在 I 中连续, 而且由 (3.1), 也应在 I 中有界. 但由假设, 对何正整数 n, 应有一点 $x\in\mathrm{I}$, 使得 $\mu-\dfrac{1}{n}<f(x)<\mu$, 从而 $\dfrac{1}{\mu-f(x)}>n$, 这是一个矛盾的结果.

(3.3) 的证. 假定例如 $f(a)<0,f(b)>0$, 并且考虑满足 $f(x)<0$ 的 $x\in\mathrm{I}$ 所构成的非空集 A; A 有一上确界 β. 我们不能有 $f(\beta)<0$; 事实上, 在这种情形下应有 $\beta<b$; 既然 f 在 I 中连续, 应有一区间 $\mathrm{J}=[\beta-h,\beta+h]$, 其中 $h>0$, 使得对于 $x\in\mathrm{I}\bigcap\mathrm{J},|f(x)-f(\beta)|\leqslant\dfrac{1}{2}|f(\beta)|$, 从而在 $\mathrm{I}\bigcap\mathrm{J}$ 中, $f(x)\leqslant-\dfrac{1}{2}f(\beta)<0$; 而这区间应含点 $y>\beta$, 又因应有 $y\in\mathrm{A}$, 于是 β 不应是 A 的上界, 这是荒谬的. 我们也不能有 $f(\beta)>0$; 因为这样在区间 $\mathrm{I}\bigcap\mathrm{J}$ 中, 应有 $|f(x)-f(\beta)|\leqslant\dfrac{1}{2}f(\beta)$, 从而在这区间中, 应有 $f(x)\geqslant\dfrac{1}{2}f(\beta)>0$. 但必然应有 $\beta>a$, 从而应有 $y\in\mathrm{A}$, 使得 $\beta-h<y\leqslant\beta$, 这也是荒谬的. 因此只可能有 $f(\beta)=0$.

(3.4) 的证. 已给一数 $\varepsilon>0$, 现用 A 表示满足下列条件的点 $c\in\mathrm{I}$ 所构成的集: 存在着一个 $\delta>0$ (与 ε 及 c 有关), 使得由关系式 $x'\in[a,c],x''\in[a,c]$ 以及 $|x'-x''|\leqslant\delta$ 可导出 $|f(x')-f(x'')|\leqslant\varepsilon$. 设 β 是 A 的上确界. 现在要证明 $\beta=b$ 以及 $b\in\mathrm{A}$. 由于 f 连续, 存在

①译者注: 这可用实数理论证明.

着区间 $J=[\beta-h,\beta+h]$, 其中 $h>0$, 使得对于 $x\in I\bigcap J$, 就有 $|f(x)-f(\beta)|\leqslant\frac{\varepsilon}{2}$. 由假设, 有一点 $c\in A$, 使得 $\beta-\frac{h}{2}<c\leqslant\beta$; 设 $\delta>0$ 使得由关系式 $a\leqslant x'\leqslant x''\leqslant c, x''-x'\leqslant\delta$ 可导出 $|f(x'')-f(x')|\leqslant\varepsilon$. 令 $\delta'=\inf\left(\delta,\frac{h}{2}\right)$, 要证明对于 $I\bigcap[a,\beta+h]$ 中满足 $x'\leqslant x''$ 及 $x''-x'\leqslant\delta'$ 的 x' 及 x'', 仍然有 $|f(x'')-f(x')|\leqslant\varepsilon$. 如果 $x''\leqslant c$, 这是明显的; 相反地, x' 及 x'' 都属于 J, 因而有 $|f(x')-f(\beta)|\leqslant\frac{\varepsilon}{2}, |f(x'')-f(\beta)|\leqslant\frac{\varepsilon}{2}$, 由此得 $|f(x'')-f(x')|\leqslant\varepsilon$. 由此可见, $\beta\in A$, 而且假定 $\beta<b$, 就应有 $\beta<c<\beta+h$, 从而 β 不应是 A 的上界; 这是荒谬的.

4. 导数与原函数概念的推广

(4.1) 在分析中, 必须习惯于把在任何 $\mathbb{R}^n$ 空间取值的单实变向量值映射作为 n 个实值函数来使用, 特别是在涉及计算导出映射及原映射的时候. 设 $t\to\boldsymbol{f}(t)$ 是在 $\mathbb{R}^n$ 中取值的映射; 如果 $\boldsymbol{f}$ 的分量 $f_j(1\leqslant j\leqslant n)$ 在一点 t_0 可导, 就说这映射在 t_0 可导, 而且在 t_0 的导出映射 $\boldsymbol{f}'(t_0)$ 是分量为 $f_j'(t_0)$ 的向量. 这特别可应用到矩阵值映射 $t\to A(t)$, 这里 $A(t)$ 是一个 n 阶方阵, 即 $\mathbb{R}^{n^2}$ 中的一个向量, 由这些定义以及函数的积的导数公式, 可立即作出下列公式

$$\frac{d}{dt}(A(t).\boldsymbol{f}(t))=A'(t).\boldsymbol{f}(t)+A(t).\boldsymbol{f}'(t), \tag{4.1.1}$$

$$\frac{d}{dt}(A(t)B(t))=A'(t)B(t)+A(t)B'(t), \tag{4.1.2}$$

其中 $\boldsymbol{f}$ 是在 $\mathbb{R}^n$ 中取值的向量值映射, A 及 B 是在 n 阶方阵的空间中取值的矩阵值映射 (在 (4.1.2) 中, 要注意重视右边各因子的阶). 同样, 我们常用到单实变数的复值函数; 如果 f 与 g 是 I 中两个可导复值函数, 我们还是有乘积求导数的公式

$$\frac{d}{dt}(f(t)g(t))=f'(t)g(t)+f(t)g'(t). \tag{4.1.3}$$

由此可导出: 在公式 (4.1.1) 与 (4.1.2) 中, 当 $\boldsymbol{f}$ 在 $\mathbb{C}^n$ 中取值, A 及 B 在含复元素的 n 阶方阵的空间中时, 这两公式仍然成立.

(4.2) 设 $\boldsymbol{f}=(f_j)$ 是在有界闭区间 $[a,b]$ 中连续、在 $\mathbb{R}^n$ 中取值的向量值映射, 我们同样定义 f 的积分 $\int_a^b\boldsymbol{f}(t)dt$ 是 $\mathbb{R}^n$ 中的向量, 它的分量是数值 $\int_a^b f_j(t)dt$. 当 x 在 $[a,b]$ 中变动时, 在满足 $a<x<b$ 的任何点 x, 向量值映射 $\mathbf{F}(x)=\int_a^x\boldsymbol{f}(t)dt$ 以 $\boldsymbol{f}(x)$ 作为导出映射. 在点 a, 更准确地应说: $\mathbf{F}$ 有一右导出映射 $\lim\limits_{h\to0,h>0}\frac{\mathbf{F}(a+h)-\mathbf{F}(a)}{h}$ 等于 $\boldsymbol{f}(a)$; 同样在点 b, $\mathbf{F}$ 有一左导出映射 $\lim\limits_{h\to0,h>0}\frac{\mathbf{F}(b-h)-\mathbf{F}(b)}{h}$ 等于 $\boldsymbol{f}(b)$; 我们

还是说 $\mathbf{F}$ 是 $\boldsymbol{f}$ 的一个原映射.

(4.3) 使用比连续映射更一般的映射的积分是合适的. 设 $\boldsymbol{f}$ 是在 $\mathbb{R}$ 中有界闭区间 $\mathrm{I}=[a,b]$ 上确定、在空间 $\mathbb{R}^n$ 中取值的向量值映射; 如果可把 I 分成有限个区间

$$[a_0,a_1],[a_1,a_2],\cdots,[a_{m-1},a_m],$$

其中 $a=a_0<a_1<a_2<\cdots<a_{m-1}<a_m=b$, 使得在每一个这样的区间中任何内点 x, f 连续, 而且使得对于 $0\leqslant k\leqslant m-1$,右极限 $\boldsymbol{f}(a_k+)=\lim\limits_{x\to a_k,x>a_k}\boldsymbol{f}(x)$ 存在, 并且对于 $1\leqslant k\leqslant m$,左极限 $\boldsymbol{f}(a_k-)=\lim\limits_{x\to a_k,x<a_k}\boldsymbol{f}(x)$ 存在; 对于 f 在不连续点处的值, 不加任何条件; 那么就说 f 在 I 中分段连续. 例如函数 $\operatorname{sgn}x$(“x 的符号函数”) 当 $x<0$ 时等于 -1, 当 $x=0$ 时等于 0, 当 $x>0$ 时等于 1; 它就是一个分段连续函数, 分段连续映射 $\boldsymbol{f}$ 在 $[a,b]$ 上的积分 $\int_a^b\boldsymbol{f}(t)dt$ 于是定义为等于 $\sum\limits_{k=0}^{m-1}\int_{a_k}^{a_{k+1}}\boldsymbol{f}_k(t)dt$, 这里在闭区间 $[a_k,a_{k+1}]$ 上, 当 $a_k<t<a_{k+1}$ 时, $\boldsymbol{f}_k(t)$ 取作 $\boldsymbol{f}(t)$; 当 $t=a_k$ 及 a_{k+1} 时, $f_k(t)$ 分别取作 $\boldsymbol{f}(a_k+)$ 及 $\boldsymbol{f}(a_{k+1}-)$; 这样 $\boldsymbol{f}_k$ 就在有界闭区间 $[a_k,a_{k+1}]$ 中连续. 当我们说到一个映射在 $\mathbb{R}$ 中一个有界闭区间上积分时, 总要理解为涉及的是在这区间中分段连续的映射. 我们注意到这种映射 $\boldsymbol{f}$ 的积分不依赖于 $\boldsymbol{f}$ 在不连续点处的值.

(4.4) 设 $\boldsymbol{f}$ 是 $[a,b]$ 中分段连续的向量值映射. 于是映射

(4.4.1)
$$\mathbf{F}(x)=\int_a^x\boldsymbol{f}(t)dt$$

在 $[a,b]$ 中连续, 并且在 $\boldsymbol{f}$ 的任何非不连续点 x, 有导出映射等于 $\boldsymbol{f}(x)$; 在 $[a,b]$ 内部 $\boldsymbol{f}$ 的不连续点 c 处, $\mathbf{F}$ 有右导出映射等于 $\boldsymbol{f}(c+)$, 并且有左导出映射等于 $f(c-)$; 最后, 在点 a, $\mathbf{F}$ 有右导出映射等于 $\boldsymbol{f}(a+)$, 而在点 b, 有左导出映射等于 $\boldsymbol{f}(b-)$. 我们还是把 $\mathbf{F}$ 叫做 $\boldsymbol{f}$ 的一个原映射, 形如 $\mathbf{F}(x)+\mathbf{A}$ 的所有映射也是 $\boldsymbol{f}$ 的原映射, 这里 $\mathbf{A}$ 是一个常向量.

(4.5) 在同样假设下, 还是令

$$\int_b^a\boldsymbol{f}(t)dt=-\int_a^b\boldsymbol{f}(t)dt=\mathbf{F}(a)-\mathbf{F}(b).$$

我们仍然有积分计算的通常法则

(4.5.1)
$$\int_a^b\boldsymbol{f}(t)dt+\int_b^c\boldsymbol{f}(t)dt+\int_c^a\boldsymbol{f}(t)dt=0,$$

其中 a,b,c 是任何实数;

(4.5.2)
$$\int_a^b(\boldsymbol{f}(t)+\boldsymbol{g}(t))dt=\int_a^b\boldsymbol{f}(t)dt+\int_a^b\boldsymbol{g}(t)dt;$$

(4.5.3)
$$\int_a^b\lambda\boldsymbol{f}(t)dt=\lambda\int_a^b\boldsymbol{f}(t)dt,$$

其中 λ 是 $\mathbb{R}$ 中任何纯量; 关系式 (4.5.3) 可推广为

(4.5.4)
$$\int_a^b (A.\boldsymbol{f}(t))dt = A\int_a^b \boldsymbol{f}(t)dt,$$

其中 A 是有实元素 ($[a,b]$ 中的常数) 的任何 n 阶方阵. 而且如果 f 在 $\mathbb{C}^n$ 中取值, 对于复常数 λ, (4.5.3) 仍然成立; 对于有复元素的常数矩阵, (4.5.4) 也仍成立.

设 φ 是在 $[a,b]$ 中分段连续的数值函数, 并且除在有限个点处外, $\varphi(x)>0$; 于是函数 $\Phi(x)=c+\int_a^x \varphi(t)dt$ 在 $[a,b]$ 中是严格递增的 (K – R, 第 62 页); 对于在区间 $[\Phi(a),\Phi(b)]$ 中分段连续的任何向量值映射 f, 我们有变数代换的公式:

(4.5.5)
$$\int_{\Phi(a)}^{\Phi(b)} \boldsymbol{f}(u)du = \int_a^b \boldsymbol{f}(\Phi(t))\varphi(t)dt.$$

上列公式可这样导出: 把区间 $[a,b]$ 分成有限个区间, 使 $f(\Phi(t))$ 及 $\varphi(t)$ 在其中每一个内连续, 然后对每一个这样的区间应用经典的公式 (K – R, 第 82 页).

最后, 如果 u 及 v 是区间 $[a,b]$ 中分段连续实值函数 u' 及 v' 的原函数, 我们有通常的分部积分公式

(4.5.6)
$$\int_a^b u(t)v'(t)dt = u(b)v(b)-u(a)v(a)-\int_a^b u'(t)v(t)dt;$$

导出上列公式也是要把区间 $[a,b]$ 分成一些子区间, 使 u' 及 v' 在其中每一个内连续. 当函数 u 及 v 有复数值时, (由于 (4.1.3)) 对于向量值或方阵值映射, 我们仍然有与 (4.1.1) 及 (4.1.2) 相类似的公式:

(4.5.7)
$$\int_a^b A(t).\boldsymbol{f}'(t)dt = A(b).\boldsymbol{f}(b)-A(a).\boldsymbol{f}(a)-\int_a^b A'(t).\boldsymbol{f}(t)dt,$$

(4.5.8)
$$\int_a^b A(t)B'(t)dt = A(b)B(b)-A(a)B(a)-\int_a^b A'(t)B(t)dt.$$

我们没有过分强调上列公式的重要性, 因为我们会有机会反复用到它们, 因此必须学会毫不犹豫地、几乎自动地使用它们.

(4.6) 最后我们往往必须考虑含一个参变数的积分所表示的函数或映射

(4.6.1)
$$\mathbf{I}(t) = \int_a^b \mathbf{F}(x,t)dx,$$

其中 $\mathbf{F}$ 是两个实变数的映射, x 在 $\mathbb{R}$ 中的有界闭区间 $[a,b]$ 中变动, t 在 $\mathbb{R}$ 中任一开区间 J 中变动; $\mathbf{F}$ 可能是一向量值映射, 并且对 $t\in \mathrm{J}$ 的每个值, 必须假定 $x\to \mathbf{F}(x,t)$ 分段连续. 我们承认下列两定理:

(4.6.2) 如果两变数映射 $(x,t)\to \mathbf{F}(x,t)$ 在乘积 $[a,b]\times \mathrm{J}\subset\mathbb{R}^2$ 中连续, 那么 $\mathbf{I}(t)$ 在 J 中连续.

(4.6.3) 如果偏导数 $\dfrac{\partial \mathbf{F}}{\partial t}(x,t)$ 在 $[a,b]\times \mathrm{J}$ 中任何点存在, 并且在这乘积中连续, 那么 $\mathbf{I}(t)$ 在 J 中有连续的导数, 并可由 "符号 $\displaystyle\int$ 下求导数" 的莱布尼茨公式给出:

$$\mathbf{I}'(t)=\int_a^b \frac{\partial \mathbf{F}}{\partial t}(x,t)dx. \tag{4.6.4}$$

这些定理可推广到含多个参变量情形: 如果

$$\mathbf{I}(t,s)=\int_a^b \mathbf{F}(x,t,s)dx,$$

其中三个变数的函数或映射 $(x,t,s)\to \mathbf{F}(x,t,s)$ 是连续的, 那么 $(t,s)\to \mathbf{I}(t,s)$ 是两个变量的连续函数或映射.

5. 平面拓扑

我们往往要考虑在向量空间 $\mathbb{R}^n$ 中子集上确定、并且也在这种空间取值的映射. 于是必须用到这类空间中称为 "拓扑" 的一些性质; 我们承认这些性质而不作证明, 并且首先对平面 $\mathbb{R}^2$ 的情形进行叙述. 在下面 (特别是对于从第六章开始的应用), 把 $\mathbb{R}^2$ 中的点看作复数是方便的 (换句话说, 用 $\mathbb{C}$ 代替 $\mathbb{R}^2$).

(5.1) 我们记得: 对于 $a\in\mathbb{C}$ 及任何 $r>0$, 满足 $|z-a|=r$ 的所有点 $z=x+iy\in\mathbb{C}$ 的集是心为 a、半径为 r 的圆. 满足 $|z-a|<r$ 的所有点 z 的集叫做心为 a、半径为 r 的开圆盘, 满足 $|z-a|\leqslant r$ 的所有点 z 的集叫做心为 a、半径为 r 的闭圆盘. 如果一个集 $\mathrm{A}\subset\mathbb{C}$ 包含在一个闭圆盘内, 它就叫做有界; 也就是说, 当 z 取遍 A 中的值时, $|z|$ 的集有界.

(5.2) 设有集 $\mathrm{U}\subset\mathbb{C}$; 如果对任何 $a\in\mathrm{U}$, 存在着半径充分小 (但 >0) 的一个开圆盘 $|z-a|<r$ 完全包含在 U 内, 那么 U 叫做一个开集. 整个平面 $\mathbb{C}$ 是开集, 空集 $\varnothing$ 也是开集 (因为空集不含任何点, 从而涉及集中点的性质自动成立). 开圆盘是开集; 半平面 $\mathcal{R}z>a, \mathfrak{I}z>a, \mathcal{R}z<a$ 或 $\mathfrak{I}z<a$ 是开集; 开环形 $r_1<|z-a|<r_2 (0\leqslant r_1<r_2)$ 是开集; 更一般地, 如果 f 是在 $\mathbb{C}$ 中连续、在 $\mathbb{R}$ 中取值的函数, 那么满足 $f(z)>0$ 的 z 的集是开集. 一些开集的任何并集是开集; 有限个开集的交集是开集.

(5.3) 设有集 $\mathrm{F}\subset\mathbb{C}$; 如果它的余集 $\mathbb{C}-\mathrm{F}$ 是开集, 那么 F 就叫一个闭集. 整个平面是闭集, 空集也是闭集. 有限集是闭集; 闭圆盘是闭集; 如果 f 是在 $\mathbb{C}$ 中连续、并且取实数值的函数, 那么满足 $f(z)\geqslant 0$ 的 $z\in\mathbb{C}$ 的集 (或满足 $f(z)=0$ 的 $z\in\mathbb{C}$ 的集) 是闭集. 一些闭集的任何交集是闭集, 有限个闭集的并集是闭集.

(5.4) 已给 $\mathbb{C}$ 中一点列 $\{z_n\}$ 及一点 $a\in\mathbb{C}$; 我们记得如果距离 $|z_n-a|$ 的序列趋近于 0, 就说这点列以 a 为极限 (或收敛于 a). 闭集 $\mathrm{F}\subset\mathbb{C}$ 还可由下列条件确定: 对于属于 F、并且在 $\mathbb{C}$ 中有极限 a 的任何点列 $\{z_n\}$, 我们有 $a\in\mathrm{F}$. 如果 F 是一个非空

闭集, 并且不是 $\mathbb{C}$, 对于任何点 $a \in \mathbb{C}-\mathrm{F}$, 把大于 0 的数 $\inf\limits_{z\in \mathrm{F}}|z-a|$ 叫做从 a 到 F 的距离, 记作 $d(a,\mathrm{F})$; 可以说它是包含在开集 $\mathbb{C}-\mathrm{F}$ 内、心为 a 的最大开圆盘的半径. 总是至少有一点 $z_0 \in \mathrm{F}$, 使得 $|z_0-a| = d(a,\mathrm{F})$($z_0$ 是 F 中与 a "最近" 的点); F 中也可能有无穷多个这样的点.

(5.5) 如果 U 是 $\mathbb{C}$ 中一个非空开集, 并且不是 $\mathbb{C}$, 那么至少有一个 U 的边界点, 这就是说, 它是一点 $a \overline{\in} \mathrm{U}$, 并且是 U 中一个点列的极限. U 的所有边界点的集, 叫做 U 的边界, 它是 $\mathbb{C}$ 中的闭集. 例如如果 U 是一个有限集 F 的余集, F 就是 U 的边界; 每个开圆盘 $|z-a|<r$ 的边界是圆 $|z-a|=r$; 它也是满足 $|z-a|>r$ 的所有 $z\in\mathbb{C}$ 组成的开集的边界, 这一开集叫做圆盘 $|z-a|<r$ 的外部. 已给开集 U 中一个边界点 a 以及 U 中确定 (但在点 a 不确定) 的一个向量值映射 $\boldsymbol{f}$; 如果对于 U 中趋近于 a 的任何点列 $\{z_n\}$, 序列 $\{\boldsymbol{f}(z_n)\}$ 趋近于 c, 就说当 $z\in\mathrm{U}$ 趋近于 a 时, $\boldsymbol{f}(z)$ 趋近于极限 c. 这一极限概念比关于实变函数或映射的更精细. 例如当 $\mathrm{U}=\mathbb{C}-\{0\}, a=0$ 时, 只是对于通过 0 的任何半射线 L, f 在 $\mathrm{L}\bigcap\mathrm{U}$ 的限制在点 0 有极限, 还不能保证 f 在点 0 有极限; 例如如果取 $f(z)=z/|z|$, 对于任何半射线 $\mathrm{L}: t\to te^{i\theta}(t\geqslant 0)$, 我们有 $f(ie^{i\theta})=e^{i\theta}$, 因此对于 f 在 $\mathrm{L}\bigcap\mathrm{U}$ 的限制在点 0 有极限, 但这极限与 L 有关, 而 f 在点 0 却没有极限.

我们注意: 在开集 $\mathrm{U}\subset\mathbb{C}$ 中确定的映射或函数 $f(z)$ 在点 $a\in\mathrm{U}$ 连续, 就是说当 z 在 $\mathrm{U}-\{a\}$ 中趋近于 a 时, $f(z)$ 的极限存在, 并且等于 $f(a)$.

如果 F 是 $\mathbb{C}$ 中的闭集, 开集 $\mathbb{C}-\mathrm{F}$ 的边界点叫做 F 的边界点; 这些点属于 F. F 中不是边界点的点叫做 F 的内点. 这样一点 a 的特性是: 存在着一个开圆盘 $|z-a|<r(r>0)$ 完全包含在 F 内.

(5.6) $\mathbb{C}$ 中的有界闭集 (也叫做紧集) 由于它们的特殊性质从而起着重要的作用. 如果一个这样的集 K 包含在开集 U 内, 那么距离 $d(z,\mathbb{C}-\mathrm{U})(z\in\mathrm{K})$ 在 K 中的下确界是严格正的; 换句话说, 存在着一数 $\alpha>0$, 使得对于任何点 $z\in\mathrm{K}$, 心为 z、半径为 α 的圆盘包含在 U 内. 这对无界闭集不正确. 例如取由关系式 $x>0, xy=1$ 所确定的闭集 F 以及包含 F 的开集 $y>0$, 就可看出这一点.

在紧集 $K\subset\mathbb{C}$ 中连续的实数值函数 f 具有 (3.1), (3.2) 及 (3.4) 等性质的推广: f 在 K 中有界, 并且在 K 中达到它的绝对极大及极小值; 而且 f 在 K 中一致连续, 换句话说, 对于任何 $\varepsilon>0$, 存在着只与 ε 有关的一数 $\delta>0$, 使得由关系式 $z'\in\mathrm{K}, z''\in\mathrm{K}$ 及 $|z'-z''|\leqslant\delta$ 可导出 $|f(z')-f(z'')|\leqslant\varepsilon$.

关于紧集 K 中复数值连续函数的另一性质: 对于一个这样的函数 f, $f(\mathrm{K})$ 仍然是 $\mathbb{C}$ 中的一个紧集.

(5.7) 在 $\mathbb{R}$ 上向量空间 E 中取值的平移线性映射[①]是在 $\mathbb{R}$ 上确定的映射, 它的形状是 $\sigma: t \to at + b$, 其中 a 及 b 是 E 中的向量. $\mathbb{R}$ 中一个有界闭区间 $[\alpha, \beta]$ 通过这映射所成的像叫做 E 中的一个闭线段, $\sigma(\alpha)$ 及 $\sigma(\beta)$ 叫做这线段的端点.

在 E 中取值的分段平移线性映射是在 $\mathbb{R}$ 中有界闭区间 $[\alpha, \beta]$ 上确定、并且有下列性质的映射 l: 存在着有限个点

$$\alpha_0 = \alpha < \alpha_1 < \alpha_2 < \cdots < \alpha_{n-1} < \alpha_n = \beta,$$

使得在每个区间 $[\alpha_k, \alpha_{k+1}](0 \leqslant k \leqslant n-1)$ 中, l 与一个平移线性映射重合. $[\alpha, \beta]$ 通过 l 的像叫做 E 中的折线.

(5.8) 设 $\mathrm{U} \subset \mathbb{C}$ 是一开集; 如果对 U 中任意两点 a, b 存在着在 U 中取值、在 $\mathbb{R}$ 中一个区间 $[\alpha, \beta]$ 中确定的一个分段平移线性映射 l, 使得 $l(\alpha) = a, l(\beta) = b$, 那么就说 U 是连通的; 我们还说 U 中任意两点可用包含在 U 中的一条折线连接起来. 可证明下列一个等价的定义: 如果不可能把 U 写成没有公共点的两个非空开集 U_1 及 U_2 的并集, U 就是连通集. 例如, 满足 $\mathcal{R}z \neq 0$ 的 $z \in \mathbb{C}$ 组成的集不是连通集, 因为它是没有公共点的两个非空开集 $\mathcal{R}z > 0$ 及 $\mathcal{R}z < 0$ 的并集. 反过来, 复平面 $\mathbb{C}$ 本身、开圆盘、圆盘的外部以及开圆环都是连通集.

有一个公共点的一些连通开集的并集是连通集: 反过来, 两个连通开集的交集不一定是连通集.

(5.9) 已给确定在开集 $\mathrm{U} \subset \mathbb{C}$ 中的一个向量值映射 f; 如果对于任何 $z_0 \in \mathrm{U}$, 存在着一数 $\delta > 0$, 使得圆盘 $|z - z_0| < \delta$ 包含在 U 内, 并且 f 在这圆盘内是常量, 就说 f 在 U 中局部是常量. 在一个连通开集 $\mathrm{U} \subset \mathbb{C}$ 中, 局部是常量的 f 就是常量. 事实上, 设 $l: [\alpha, \beta] \to \mathrm{U}$ 是一分段线性映射; 采用 (5.7) 中的记号, 只须证明

$$f(l(\alpha_{k+1})) = f(l(\alpha_k)).$$

但在区间 $[\alpha_k, \alpha_{k+1}]$ 中, 映射 $t \to f(l(t))$ 连续, 并且导出映射是零, 从而 f 是常量.

(5.10) 以上对 $\mathbb{C}$ 叙述的一些定义和结果, 容易推广到空间 $\mathbb{R}^n$ 或 $\mathbb{C}^n$ 中; 我们在本书中很少用到这些推广, 请读者自行作出推广.

---

①译者注: “Fonction linéaire affine” 似译为 “平移线性映射” 为好. 该词中所含 “affine” 一词是我国在 20 世纪初引进的. 当时我国正引进并研究射影几何, 于是把与 “射影映射或变换” $t \to at$ 相应的 “映射或变换”$t \to at + b$ 译作 “仿射映射或变换”. 实际上, 这种映射或变换以及 “affine” 一词与 “射影” 无关, 似译作 “平移线性映射或变换” 为好. 初等平面解析几何中的 “平移旋转变换” 就是一种 “平移线性变换”.

第一章　求上界, 求下界

1. 初 等 运 算

(1.1) 求一个未知实数 x 的上界, 就是找出一个已知数 b, 使得可以证明必然有 $x \leqslant b$; 这数 b 叫做 x 的一个上界. 同样, 求 x 的下界, 就是找出一个已给数 c, 使得 $c \leqslant x$, 并且 c 叫做 x 的一个下界. 求 x 的上界, 或求 $-x$ 的下界, 可以同样进行. 往往要同时求 x 的上界和下界, 把 x 包含在一个已知区间中, 这也和写出绝对值 $|x-a|$ 的上界是一回事, 这里 a 是区间的中心:

$$|x-a| \leqslant r.$$

(1.2) 对于复数, 我们求它们的实部、虚部的上界或下界, 而且最常见是求它们的绝对值的上界或下界; 换句话说, 复数只能通过这些数的实值函数中介, 才能进行求上界或求下界的计算; 我们记得: 复数之间的不等式没有意义.

(1.3) 求上界及求下界的计算法则只是由实数的初等不等式导出的. 由实数之间的不等式

(1.3.1)
$$\begin{cases} c \leqslant x \leqslant b, \\ c' \leqslant x' \leqslant b' \end{cases}$$

可导出

(1.3.2)
$$c + c' \leqslant x + x' \leqslant b + b',$$

(1.3.3)
$$c - b' \leqslant x - x' \leqslant b - c'.$$

换句话说:

为了求两实数和的上界 (下界), 我们求每一项的上界 (下界). 为了求差式 $x-x'$ 的上界, 我们求 x 的上界及 x' 的下界; 为了求 $x-x'$ 的下界, 我们求 x 的下界及 x' 的上界.

同样, 当只涉及严格正数时, 由不等式

(1.3.4) $$\begin{cases} 0 < c \leqslant x \leqslant b, \\ 0 < c' \leqslant x' \leqslant b' \end{cases}$$

可导出

(1.3.5) $$0 < cc' \leqslant xx' \leqslant bb',$$

(1.3.6) $$0 < c/b' \leqslant x/x' \leqslant b/c'.$$

换句话说:

为了求两严格正数的乘积的上界 (下界), 我们求每个因子的上界 (下界). 为了求两个严格正数的商 x/x' 的上界, 我们求分子的上界及分母的下界; 对于 x/x' 的下界, 我们求分子的下界及分母的上界.

(1.4) 对于求复数的绝对值的上界及下界, 必须注意对于复数, 和与差起着同样的作用, 可是对于正数却不是这样. 另一方面, 求绝对值的下界, 只有求得严格正数时才有用. 因此对于复数, 上列有关和式的法则必须修改如下:

由不等式

(1.4.1) $$0 < c \leqslant |z| \leqslant b, \quad 0 < c' \leqslant |z'| \leqslant b'$$

可导出

(1.4.2) $$\max(0, c-b', c'-b) \leqslant |z \pm z'| \leqslant b + b',$$

只有当两数 $c-b'$ 与 $c'-b$ 中有一个是严格正数时, 上式中左边的不等式才有意义 (用几何语言来说, (1.4.1) 中每一个不等式表示 z (或 z') 在圆心为 O 的一个圆环形内, 而且只有当这两圆环彼此不相交时, 才可求得 z 与 z' 的距离以 >0 的一数为下界) (图 1).

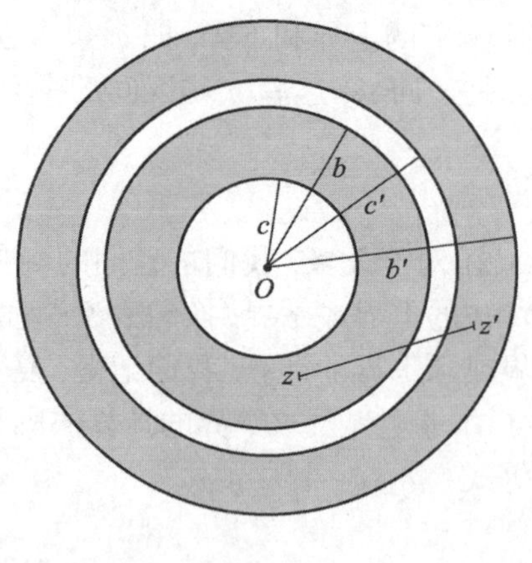

图 1

反过来说, 对于复数的乘积与商, 由于公式 $|zz'| = |z|.|z'|$, (1.3) 中的法则不必修改; 换句话说, 由不等式 (1.4.1) 可导出

(1.4.3) $$0 < cc' \leqslant |zz'| \leqslant bb',$$

(1.4.4) $$0 < c/b' \leqslant |z/z'| \leqslant b/c'.$$

(1.5) 在同一项计算中, 我们经常要反复应用这些法则; 例如, 对于四个复数 x, y, z, t, 只要 $|z| > |t|$, 我们就有

$$\left|\frac{x+y}{z+t}\right| \leqslant \frac{|x|+|y|}{|z|-|t|}.$$

对于绝对值, 求下界总是比求上界困难得多: 例如, 要求三个复数和的绝对值 $|x+y+z|$ 的下界, 必须有 $|x|, |y|, |z|$ 的 "大小次序" 的概念.

作为反复应用求上界的例子, 引用很常用的*误差求和法则*: 由不等式

$$|z_1 - a_1| \leqslant \varepsilon_1, \quad |z_2 - a_2| \leqslant \varepsilon_2, \cdots, |z_n - a_n| \leqslant \varepsilon_n,$$

其中 a_k 及 z_k 是一些复数, 可导出

$$|(z_1 + z_2 + \cdots + z_n) - (a_1 + a_2 + \cdots + a_n)| \leqslant \varepsilon_1 + \varepsilon_2 + \cdots + \varepsilon_n.$$

(1.6) 对于一个 "*复向量*" 或一组 n 个复数

$$\boldsymbol{z} = (z_1, z_2, \cdots, z_n) \in \mathbb{C}^n$$

令

(1.6.1) $$\|\boldsymbol{z}\| = \sup(|z_1|, |z_2|, \cdots, |z_n|),$$

这个正数叫做 $\boldsymbol{z}$ 的*范数*. 由这定义, 对于两个复向量 $\boldsymbol{z}', \boldsymbol{z}''$, 我们有

(1.6.2) $$\|\boldsymbol{z}' \pm \boldsymbol{z}''\| \leqslant \|\boldsymbol{z}'\| + \|\boldsymbol{z}''\|,$$

并且对于任何复数 t,

(1.6.3) $$\|t\boldsymbol{z}\| = |t|.\|\boldsymbol{z}\|.$$

含复元素的一个 n *阶方阵* $A = (a_{jk})$ 可以看作 $\mathbb{C}^{n^2}$ 中的向量; 于是由定义, 我们有 $\|A\| = \sup\limits_{j,k}(|a_{jk}|)$. 对于任何向量 $\boldsymbol{z} \in \mathbb{C}^n$ 以及任何 n 阶方阵 B, 由此可导出关于上界的不等式

(1.6.4) $$\|A.\boldsymbol{z}\| \leqslant n\|A\|.\|\boldsymbol{z}\|,$$

(1.6.5) $$\|AB\| \leqslant n\|A\|.\|B\|.$$

因此求复向量的范数的上界问题立即化成求复数的绝对值的上界问题.

上列定义特别可应用于实向量 $\boldsymbol{x} = (x_1, \cdots, x_n) \in \mathbb{R}^n \subset \mathbb{C}^n$.

(1.7) 当我们考虑在任何集 E 中确定的 (实) *函数* f 及 g 时, 如果对任何 $x \in \mathrm{E}$, 有 $g(x) \leqslant f(x)$, 就说函数 f 是函数 g 的*上界* (或者说 g 是 f 的*下界*). 因此求函数上界

或下界的计算化为所考虑函数在 E 中每点处函数值上界或下界的计算. 我们往往把 E 分解成几个集, 而在所考虑的 E 的不同子集中, 求出不同函数作为已给函数的上界 (或下界).

(1.8) 在下列意义下, 求函数的上界和下界可以用于 "解" 形如

$$f(x) \leqslant \mathrm{A} \tag{1.8.1}$$

的不等式 (f 是实值函数, A 是常数): 我们不求满足不等式 (1.8.1) 的所有 $x \in \mathrm{E}$ 构成的整个集 F, 只是证明它包含一个容易确定的非空子集 G. 为此, 要求 f 的一个上界 $g: f(x) \leqslant g(x)$, 使得可以确切定出 $(x \in)\mathrm{E}$ 中满足 $g(x) \leqslant \mathrm{A}$ 的所有 x 构成的集 G. 显然 $\mathrm{F} \supset \mathrm{G}$.

2. 级数与极限

(2.1) 本书在很初等的水平上, 首先要考虑绝对收敛 (实数或复数项) 级数; 非绝对收敛的收敛级数的研究, 往往是没有普遍研究方法的一个难题. 级数 $z_1+z_2+\cdots+z_n+\cdots$ 的绝对收敛性的研究, 由定义, 就是正项级数

$$|z_1| + |z_2| + \cdots + |z_n| + \cdots$$

的收敛性的研究, 并且这种研究归根结底总是归结为应用唯一的比较原理.

(2.2) 如果 u_n, v_n 是两个正项级数的一般项, 并且如果对于任何 n (或只是对于 $n \geqslant n_0$), $0 \leqslant u_n \leqslant v_n$, 那么如果级数

$$v_1 + v_2 + \cdots + v_n + \cdots$$

收敛, 那么级数 $u_1 + u_2 + \cdots + u_n + \cdots$ 也收敛, 并且我们有

$$u_1 + u_2 + \cdots + u_n + \cdots \leqslant v_1 + v_2 + \cdots + v_n + \cdots, \tag{2.2.1}$$

如果一般项是 u_n 的级数发散, 那么一般项是 v_n 的级数也发散.

当所考虑的级数不是从某一项起各项都是正数时, 注意绝对不要应用这一原理.

(2.3) 正项级数的收敛性 (或复数项级数的绝对收敛性) 的研究可化成求它的一般项的上界问题. 在后面第二章中, 可以看到在实用中遇到的大多数情形, 我们怎样处理这一问题. 对于绝对收敛级数的和, 有求上界与求下界的法则.

$$\text{对于任何 } N, \left|\sum_{n=1}^{N} u_n\right| - \sum_{n=N+1}^{\infty} |u_n| \leqslant \left|\sum_{n=1}^{\infty} u_n\right| \leqslant \sum_{n=1}^{\infty} |u_n|. \tag{2.3.1}$$

(2.4) 绝对收敛级数的好处是: 对于一般是 u_n 的这种级数, 任意改变各项次序而得的级数仍然是绝对收敛的. 确切地, 这就是说, 对于从 $\geqslant 1$ 的整数集到它本身的任何

双射 σ, 如果令 $v_n = u_{\sigma(n)}$, 那么一般项是 v_n 的级数绝对收敛, 并且 $s' = \sum_{n=1}^{\infty} v_n$ 等于 $s = \sum_{n=1}^{\infty} u_n$.

事实上, 如果 m 是整数 $\sigma(1), \sigma(2), \cdots, \sigma(n)$ 中最大的一个, 由定义, 我们有

$$|v_1| + |v_2| + \cdots + |v_n| \leqslant |u_1| + |u_2| + \cdots + |u_m| \leqslant \sum_{n=1}^{\infty} |u_n|,$$

而且由此立即导出一般项是 v_n 的级数绝对收敛. 令 $s_n = \sum_{k=1}^{n} u_k, s'_n = \sum_{k=1}^{n} v_k$. 对于任何 $\varepsilon > 0$, 存在着一个整数 n_0, 使得对任何 $p \geqslant 1, |u_{n+1}| + \cdots + |u_{n+p}| \leqslant \varepsilon$; 设 m_0 是整数 $\sigma^{-1}(1), \cdots, \sigma^{-1}(n_0)$ 中最大的一个; 于是如果 $n \geqslant m_0$, 我们有 $\sigma(n) \geqslant n_0$, 并且由上述及 v_n 的定义可导出: 对于 $n \geqslant m_0$, 就得到对任何 $p \geqslant 1, |v_{n+1}| + \cdots + |v_{n+p}| \leqslant \varepsilon$. 另一方面, 差式 $s'_{m_0} - s_{n_0}$ 等于满足下列条件的 v_k 的和: $1 \leqslant k \leqslant m_0$, 并且 k 的形式不是 $\sigma^{-1}(h)$, 其中 $h \leqslant n_0$; 这些 v_k 的和就是若干个 v_h 项的和, 其中每项满足 $h \geqslant n_0$; 从而有 $|s'_{m_0} - s_{n_0}| \leqslant \varepsilon$. 由于在上面已得: 对于 $n \geqslant n_0$ 及 $n \geqslant m_0$, 我们有 $|s_n - s_{n_0}| \leqslant \varepsilon$ 及 $|s'_n - s'_{m_0}| \leqslant \varepsilon$, 于是导出 $|s'_n - s_n| \leqslant 3\varepsilon$, 取极限就有 $|s' - s| \leqslant 3\varepsilon$. 由 ε 是任意的就得到结论.

必须注意上列命题对于非绝对收敛的收敛级数不成立 (习题 1).

(2.5) 设 $\{n_k\}$ 是严格增的 $\geqslant 1$ 的整数序列; 对于一般项是 u_n 任何级数, 与部分序列 $\{n_k\}$ 相对应的一般项是 $v_k = u_{n_k}$ 的级数, 叫做已给级数的**部分级数**. 一个收敛级数的部分级数一般不一定收敛, 一般项是 $(-1)^n/n$ 的交错级数就可表明这一点, 其中偶数阶各项的部分级数就不收敛. 反过来说, 如果考虑一般项是 u_n 的绝对收敛级数, 那么它的任何部分级数绝对收敛, 并且我们有

$$\left|\sum_{k=1}^{\infty} u_{n_k}\right| \leqslant \sum_{k=1}^{\infty} |u_{n_k}| \leqslant \sum_{n=1}^{\infty} |u_n|. \tag{2.5.1}$$

事实上, 对任何整数 p, 显然有

$$\left|\sum_{k=1}^{p} u_{n_k}\right| \leqslant |u_1| + |u_2| + \cdots + |u_{n_p}| \leqslant \sum_{n=1}^{\infty} |u_n|,$$

这就证明了部分级数绝对收敛, 再取极限就得到关系式 (2.5.1).

显然, 一般项是 u_{n_k} 的部分级数的和也是一般项是 w_n 的级数的和, 这里 $w_n = u_n$, 如果 $n = n_k$; $w_n = 0$, 如果 $n \neq$ 任一个 n_k. 如果 I 是形如 n_k 的整数组成的集, 和 $\sum_{n=1}^{\infty} w_n$ 也可写成 $\sum_{n \in \mathrm{I}} u_n$ (根据 (2.4), 各项次序与和没有关系, 这里不会出现混淆). 采用这种记号, 显然有

$$\left|\sum_{n \in \mathrm{I}} u_n\right| \leqslant \sum_{n \in \mathrm{I}} |u_n|, \tag{2.5.2}$$

而且如果 I 与 J 是 $\geqslant 1$ 的整数集中没有公共元素的两个无穷子集, 就有

$$\sum_{n\in \mathrm{I}\bigcup \mathrm{J}} u_n = \sum_{n\in \mathrm{I}} u_n + \sum_{n\in \mathrm{J}} u_n. \tag{2.5.3}$$

(2.6) 我们有时考虑所谓 "双向无穷级数", 其中各项 a_n 的指标在 (正或负的) 整数集 $\mathbb{Z}$ 中变动. 对于级数 $\sum\limits_{n=-\infty}^{\infty} a_n$; 如果两级数 $\sum\limits_{n=0}^{\infty} a_n, \sum\limits_{n=1}^{\infty} a_{-n}$ 之中每一个收敛 (或绝对收敛), 已给双向级数就叫做收敛 (或绝对收敛), 并且作为定义, $\sum\limits_{n=-\infty}^{\infty} a_n$ 的和等于 $\sum\limits_{n=0}^{\infty} a_n + \sum\limits_{n=1}^{\infty} a_{-n}$.

(2.7) 考虑各项 $\boldsymbol{a}_n$ 是 $\mathbb{C}^p$ 中向量的级数; 如果每个复数项 $\mathrm{pr}_j(\boldsymbol{a}_n)(1 \leqslant j \leqslant p)$ 的级数收敛 (或绝对收敛), 就说已给向量项级数收敛 (或绝对收敛); 作为定义, $\sum\limits_{n=0}^{\infty} \boldsymbol{a}_n$ 的和是分量为和式 $\sum\limits_{n=0}^{\infty} \mathrm{pr}_j(\boldsymbol{a}_n)$ 的向量; 这也是部分和 $\boldsymbol{s}_n = \sum\limits_{k=0}^{n} \boldsymbol{a}_k$ 序列在 $\mathbb{C}^p$ 中的极限. 由定义 (1.6.1) 并由 (2.2), 要使一般项为 $\boldsymbol{a}_n$ 的级数绝对收敛, 必须而且只须范数 $\|\boldsymbol{a}_n\|$ 的级数收敛, 并且我们有

$$\left\|\sum_{n=0}^{\infty} \boldsymbol{a}_n\right\| \leqslant \sum_{n=0}^{\infty} \|\boldsymbol{a}_n\|. \tag{2.7.1}$$

请读者把前面的结果推广到向量项级数.

(2.8) 在要证明向量序列 $\{\boldsymbol{a}_n\}_{n\geqslant 1}$ 的极限存在时, 往往有用的方法是 "变换序列成级数"; 这表明可把 $\boldsymbol{a}_n$ 看作一般项为 $\boldsymbol{u}_n = \boldsymbol{a}_n - \boldsymbol{a}_{n-1}$ 的级数的部分和 (为了方便可取 $\boldsymbol{a}_0 = 0$), 于是下列两种说法是等价的: 序列 $\{\boldsymbol{a}_n\}$ 有极限等于 $\boldsymbol{s}$, 或者说一般项为 $\boldsymbol{u}_n$ 的级数收敛, 并且有和 $\boldsymbol{s}$. 当能应用 (2.2) (从而用到求上界的计算) 来证明一般项是 $\boldsymbol{u}_n$ 的级数绝对收敛时, 上述方法特别方便.

3. 中 值 定 理

(3.1) 如果 $a < b$, 并且如果 f 及 g 是 $[a, b]$ 中分段连续的实值函数, 在 f 及 g 的所有连续点处 (从而可能除在有限个点处外), $f(x) \leqslant g(x)$, 那么我们有

$$\int_a^b f(t)dt \leqslant \int_a^b g(t)dt, \tag{3.1.1}$$

如果在 f 及 g 的所有连续点处, $f(x) = g(x)$, 上列等式才可能成立. 细分区间 $[a, b]$, 事实上就可把两函数 f 及 g 化到都是连续的已知情形.

特别地, 如果我们知道:

1° f 在 $[a,b]$ 中分段连续;

2° 除去在不连续点, $f(x) \geqslant 0$;

3° $\int_a^b f(t)dt = 0$,

那么可以断定, 除去在不连续点处, 在 $[a,b]$ 中, $f(x) = 0$.

(3.2) 由不等式 (3.1.1), 可导出分析中求上界及求下界的最重要的方法, 即中值定理: 如果 $a < b$, 并且在 $[a,b]$ 中, $m \leqslant f(x) \leqslant M$ (或只在 f 的连续点), 那么对于 $[a,b]$ 中任何可积函数 $g \geqslant 0$, 我们有

(3.2.1)
$$m\int_a^b g(t)dt \leqslant \int_a^b f(t)g(t)dt \leqslant M\int_a^b g(t)dt,$$

而且对于 $g = 1$, 特别有

(3.2.2)
$$m(b-a) \leqslant \int_a^b f(t)dt \leqslant M(b-a).$$

当 g 不是非负时, 注意不要应用 (3.2.1)!

对于任何分段连续实值函数, 不等式 (3.1.1) 特别给出

(3.2.3)
$$\left|\int_a^b f(t)dt\right| \leqslant \int_a^b |f(t)|dt,$$

由此得: 如果在 f 的连续点, $|f(x)| \leqslant M$, 并且如果在 $[a,b]$ 中, $g \geqslant 0$, 那么

(3.2.4)
$$\left|\int_a^b f(t)g(t)dt\right| \leqslant M\int_a^b g(t)dt.$$

(3.2.3) 及 (3.2.4) 中的上界是最常用到的.

(3.3) 由于下列命题, 中值定理也可应用到复值函数的积分:

(3.3.1) 对于 $[a,b]$ 中任何分段连续的复值函数 f, 我们有

(3.3.2)
$$\left|\int_a^b f(t)dt\right| \leqslant \int_a^b |f(t)|dt$$

(换句话说, 对于复值函数, (3.2.3) 仍然成立).

事实上, 把复数 $\int_a^b f(t)dt$ 写成三角形式 $re^{i\alpha}(r \geqslant 0)$, 并且令 $g(t) = e^{-i\alpha}f(t)$; 于是有 $\int_a^b g(t)dt = r$, 或把 g 分成实部和虚部,

$$g = g_1 + ig_2, \quad r = \int_a^b g(t)dt = \int_a^b g_1(t)dt,$$

这是由于上式右边是实数. 既然 $g_1 \leqslant |g|$, 由 (3.1.1) 得 $\int_a^b g_1(t)dt \leqslant \int_a^b |g(t)|dt$; 但因 $|g| = |f|$, 这样就证明了不等式 (3.3.2).

我们注意: 由 (3.1), 如果除了在 g (或 f) 的不连续点,

$$g_1(t) = |g(t)|,$$

我们才能有 $\int_a^b g_1(t)dt = \int_a^b g(t)dt$. 换句话说, 如果对于常数 α, 除去在 f 的不连续点外, $f(t) = e^{i\alpha}|f(t)|$, 才可能有 (3.3.2) 中等式.

(3.4) 当在 $[a, b]$ 中确定的连续复值函数 F 在 $[a, b]$ 中除去有限个点外, 处处有导数, 而且导数是分段连续的, 我们就有

$$\mathrm{F}(x) = \int_a^x \mathrm{F}'(t)dt$$

(其中被积函数在不连续点取任意值), 并且根据中值定理, 由 (3.3.2) 可得不等式

(3.4.1) $$|\mathrm{F}(b) - \mathrm{F}(a)| \leqslant (b-a) \sup_{a \leqslant t \leqslant b} |\mathrm{F}'(t)|.$$

(3.5) 当 $\boldsymbol{f}$ 在 $[a, b]$ 中确定, 并且它的值是复向量 $\boldsymbol{f}(t) = (f_1(t), \cdots, f_n(t))$ 时, 由定义并由 (3.3.2), 可立即得到

(3.5.1) $$\left\| \int_a^b \boldsymbol{f}(t)dt \right\| \leqslant \int_a^b \|\boldsymbol{f}(t)\|dt.$$

如同在 (3.4) 中那样, 可立即导出: 如果 F 是在 $\mathbb{C}^n$ 中取值的映射, 在 $[a, b]$ 中除去有限个点外, 处处有导出映射, 而且导出映射 F' 是分段连续的, 那么我们有

(3.5.2) $$\|\mathbf{F}(b) - \mathbf{F}(a)\| \leqslant (b-a) \sup_{a \leqslant t \leqslant b} \|\mathbf{F}'(t)\|.$$

(3.6) 多实变函数的中值定理可立即化到单变数情形. 现只考虑 $\mathbb{R}^n$ 中开集 U 上确定的实值函数, 并且考虑 U 中 a, b 两点, 而连接它们的线段 (即点 $(1-t)a + tb$ 的集, 其中 $0 \leqslant t \leqslant 1$) 包含在 U 中情形. 假定 f 在 U 中有连续的偏导数; 于是函数

$$g(t) = f((1-t)a + tb)$$

在 $[0, 1]$ 中可导, 并且我们有

$$g'(t) = \sum_{j=1}^n (b_j - a_j) \frac{\partial f}{\partial x_j}((1-t)a + tb).$$

因此由 (3.4.1),

$$|f(b) - f(a)| = |g(1) - g(0)| \leqslant \sup_{0 \leqslant t \leqslant 1} |g'(t)|,$$

即

$$(3.6.1)\qquad |f(b)-f(a)| \leqslant \sup_{0\leqslant t\leqslant 1}\left|\sum_{j=1}^{n}(b_j-a_j)\frac{\partial f}{\partial x_j}((1-t)a+tb)\right| \leqslant nM\|b-a\|,$$

其中 M 表示所有函数 $\left|\dfrac{\partial f}{\partial x_j}\right|$ 在端点是 a,b 的线段 S 的上界.

同样, 对函数

$$g(t)-tg'(t_0),\ \text{其中}\ 0\leqslant t_0\leqslant 1$$

应用中值公式, 令 $z_0=(1-t_0)a+t_0b$, 我们有

$$(3.6.2)\qquad \left|f(b)-f(a)-\sum_{j=1}^{n}(b_j-a_j)\frac{\partial f}{\partial x_j}(z_0)\right| \leqslant \sum_{j=1}^{n}(b_j-a_j)\sup_{z\in \mathrm{S}}\left|\frac{\partial f}{\partial x_j}(z)-\frac{\partial f}{\partial x_j}(z_0)\right|.$$

当我们知道差式 $\left|\dfrac{\partial f}{\partial x_j}(z)-\dfrac{\partial f}{\partial x_j}(z_0)\right|$ 的上界时, 上式可给出差式 $f(b)-f(a)$ 的一个更准确的估计值.

当我们知道 f 在 U 中有直到 p 阶的连续偏导数时, 对 g 应用泰勒公式及它的余项的上界 (K – R, 第 63 页), 还可得到 $f(b)-f(a)$ 的更好的估计值.

这些结果可立即推广到在 $\mathbb{C}^r$ 中取值的映射情形.

(3.7) 中值定理的好处是: 从一个函数的导数的上界, 可以导出函数本身的上界. 反过来没有类似的结果. 换句话说, 一个函数可能随意小, 而它的导数都可随意大, 函数 $\dfrac{1}{n}\sin n^2x$ 就是显然的例子. 由此推导出: 在分析中, 积分比微分好使用得多; 随着此后处理各种各样的问题, 都可看出这一点.

4. 柯西–施瓦茨不等式

首先举出下列初等引理:

(4.1) 无论 $a>0, b>0$ 是什么数, 对于任何 $t>0$, 我们有

$$(4.1.1)\qquad 2ab\leqslant t^2a^2+t^{-2}b^2,$$

上列等式只在 $t^2=b/a$ 时成立.

这是明显的, 上列不等式可写成 $(ta-t^{-1}b)^2\geqslant 0$.

(4.2) (对于有限和的柯西–施瓦茨不等式) 无论 $a_j, b_j(1\leqslant j\leqslant n)$ 是什么复数, 我们有

$$(4.2.1)\qquad \left|\sum_{j=1}^{n}a_jb_j\right| \leqslant \left(\sum_{j=1}^{n}|a_j|^2\right)^{\frac{1}{2}}\left(\sum_{j=1}^{n}|b_j|^2\right)^{\frac{1}{2}}.$$

由于上式左边以 $\sum_{j=1}^{n}|a_j||b_j|$ 为上界, 可限于考虑数 a_j 及 $b_j \geqslant 0$ 情形; 另一方面, 由于 $a_jb_j = 0$, 只要两数 a_j 及 b_j 中有一个是零, 可假定对任何 $j, a_j > 0$, 并且 $b_j > 0$. 于是由 (4.1.1), 对任何 j, 我们有

$$2a_jb_j \leqslant t^2a_j^2 + t^{-2}b_j^2,$$

由此把与不同 j 相应各式两边相加, 就得到: 无论 $t > 0$ 是什么数,

$$2\sum_{j=1}^{n} a_jb_j \leqslant t^2\left(\sum_{j=1}^{n} a_j^2\right) + t^2\left(\sum_{j=1}^{n} b_j^2\right). \tag{4.2.2}$$

可是如果令 $A = \sum_{j=1}^{n} a_j^2, B = \sum_{j=1}^{n} b_j^2$, 当 t 从 0 变到 $+\infty$ 时, (4.2.2) 的右边的最小值是 $2(AB)^{\frac{1}{2}}$, 这是由 (4.1) 得到的; 证完.

(4.3) (对于级数的柯西–施瓦茨不等式) 设 $\{a_n\}, \{b_n\}$ 是非负数的两个无穷序列. 如果一般项是 a_n^2 及 b_n^2 的两级数收敛, 那么一般项是 a_nb_n 的级数也收敛, 并且我们有

$$\sum_{n=1}^{\infty} a_nb_n \leqslant \left(\sum_{n=1}^{\infty} a_n^2\right)^{\frac{1}{2}}\left(\sum_{n=1}^{\infty} b_n^2\right)^{\frac{1}{2}}. \tag{4.3.1}$$

事实上, 部分和 $\sum_{n=1}^{N} a_nb_n$ 以一个与 N 无关的数为上界. 这是因为由 (4.2.1),

$$\sum_{n=1}^{N} a_nb_n \leqslant \left(\sum_{n=1}^{N} a_n^2\right)^{\frac{1}{2}}\left(\sum_{n=1}^{N} b_n^2\right)^{\frac{1}{2}} \leqslant \left(\sum_{n=1}^{\infty} a_n^2\right)^{\frac{1}{2}}\left(\sum_{n=1}^{\infty} b_n^2\right)^{\frac{1}{2}}.$$

在上式中令 N 趋近于无穷大就得到不等式 (4.3.1).

(4.4) (对于积分的柯西–施瓦茨公式) 如果 f, g 是 $[a, b]$ 中分段连续的两个复数值函数, 我们有

$$\left|\int_a^b f(t)g(t)dt\right| \leqslant \left(\int_a^b |f(t)|^2dt\right)^{\frac{1}{2}}\left(\int_a^b |g(t)|^2dt\right)^{\frac{1}{2}}. \tag{4.4.1}$$

事实上, 如果上式右边有一个因子是零, 例如第一个因子是零, 即 $f(t)$ 除在有限个点外到处是零 (3.1.1), 于是上式左边也是零. 因此可假定上式右边每一积分 > 0. 对于任何 $s > 0$ 及任何 $t \in [a, b]$, 由 (4.1.1), 我们有

$$2|f(t)g(t)| \leqslant s^2|f(t)|^2 + s^{-2}|g(t)|^2, \tag{4.4.2}$$

由此积分, 根据 (3.1.1), 就得到

$$2\int_a^b |f(t)g(t)|dt \leqslant s^2\int_a^b |f(t)|^2dt + s^{-2}\int_a^b |g(t)|^2dt;$$

考虑到 (3.3.2), 像在 (4.2) 中那样得到结论.

(4.5) 注意在 (4.4.1) 中, 等式一般不可能成立, 除非有两个不全是零的常数 α, β, 使得在 f 及 g 的连续点处,

$$\alpha f(t) = \beta \overline{g(t)}. \tag{4.5.1}$$

事实上, 关系式 (4.4.2) 可写成 $(s|f(t)| - s^{-1}|g(t)|)^2 \geqslant 0$, 而要这式左边的积分为零, 由 (3.1), 只有在连续点处, $s|f(t)| - s^{-1}|g(t)| = 0$ 时才有可能. 此外, 要使 $\left|\int_a^b f(t)g(t)dt\right| = \int_a^b |f(t)g(t)|dt$, 由 (3.3) 必须而且只须, 除去在不连续点, 对于一个常数 θ, 我们有 $f(t)g(t) = |f(t)g(t)|e^{i\theta}$. 这一关系式及以上说明可导出 (4.5.1).

对于 (4.2.1) 或 (4.3.1) 中等式情形, 也有类似的结果.

(4.6) (闵可夫斯基不等式) 在 (4.4) 中同样的假设下我们有

$$\left(\int_a^b |f(t) + g(t)|^2 dt\right)^{\frac{1}{2}} \leqslant \left(\int_a^b |f(t)|^2 dt\right)^{\frac{1}{2}} + \left(\int_a^b |g(t)|^2 dt\right)^{\frac{1}{2}}. \tag{4.6.1}$$

只须注意到我们有

$$\int_a^b |f(t) + g(t)|^2 dt \leqslant \int_a^b |f(t)|^2 dt + \int_a^b |g(t)|^2 dt + 2\int_a^b |f(t)g(t)|dt$$

并且用柯西–施瓦茨不等式求最后一个积分的上界.

用同样的推理, 可以导出对于有限和、级数和积分的闵可夫斯基的不等式, 如同 (4.2) 及 (4.3).

习　题

1) 考虑交错级数

$$1 - \frac{1}{2} + \frac{1}{3} - \frac{1}{4} + \cdots + \frac{(-1)^{n-1}}{n} + \cdots,$$

它收敛, 但不绝对收敛. 级数

$$1 + \frac{1}{3} - \frac{1}{2} + \frac{1}{5} + \frac{1}{7} - \frac{1}{4} + \cdots + \frac{1}{2^n + 1} + \frac{1}{2^n + 3} + \frac{1}{2^{n+1} - 1} - \frac{1}{2n} + \cdots$$

是由上列交错级数重新排列而得, 可是它是发散的 (求相邻接各正项集合之和的下界).

2) 设 f 是在区间 $[a, b] \subset \mathbb{R}$ 中确定的复值函数, 而且是一个分段连续函数 f' 的原函数, 假定 $f(a) = f(b) = 0$ 并且在 $[a, b]$ 中, $|f'(x)| \leqslant M$. 证明我们有

$$\left|\int_a^b f(t)dt\right| \leqslant M\frac{(b-a)^2}{4}.$$

对于什么函数上式两边相等?

3) 设 f 是区间 $[0, a] \subset \mathbb{R}$ 中确定的复值函数, 而且它是一个分段连续函数 f' 的原函数, 并满足 $f(0) = 0$. 证明我们有

$$\int_0^a |f'(t)f(t)|dt \leqslant \frac{a}{2}\int_0^a |f'(t)|^2 dt.$$

(为了化到在 $[0,a]$ 中 $f'(t)\geqslant 0$ 情形, 考虑 $|f'|$ 的原函数 u. 在这种情形下, 应用柯西–施瓦茨不等式求 $f^2(a)$ 的上界.) 什么时候上式成为等式?

4) 设 f 是区间 $[0,a]\subset\mathbb{R}$ 中严格增的连续实值函数, 且满足 $f(0)=0$; 设 g 是 f 的反函数, 它在区间 $[0,f(a)]$ 中确定, 并且是严格增的; 证明对于 $0\leqslant x\leqslant a$, 以及 $0\leqslant y\leqslant f(a)$, 我们有 ("杨不等式")

$$xy\leqslant\int_0^x f(t)dt+\int_0^y g(u)du,$$

上列等式只有在 $y=f(x)$ 时成立. (研究函数 $x\to xy-\displaystyle\int_0^x f(t)dt$ 的变化.) 由此导出下列不等式:

$$xy\leqslant ax^p+by^q$$

对于 $x\geqslant 0, y\geqslant 0, p>1, q=p/(p-1), a>0, b>0$ 及 $(pa)^q(qb)^p\geqslant 1$ 成立; 不等式

$$xy\leqslant x\log x+e^{y-1}$$

对于 $x>0, y$ 是任何实数时成立. 等式情形怎样?

5) 设 $r_1,r_2,\cdots,r_n$ 是任意 n 个实数. 令

$$f(x,y)=(x+r_1y)(x+r_2y)\cdots(x+r_ny).$$

证明: 对于满足 $h+k<n$ 的任何整数 h 及 k, 多项式 $\dfrac{\partial^{h+k}f(x,y)}{\partial x^h\partial y^k}$ 是形如 $x+t_jy$ 的 $h+k$ 个因子的乘积, 其中 t_j 是实数 (应用罗尔定理). 由此导出: 如果令

$$f(x,y)=x^n+\binom{n}{1}p_1x^{n-1}y+\binom{n}{2}p_2x^{n-2}y^2+\cdots+p_ny^n,$$

那么对于 $1\leqslant k\leqslant n-1$, 我们有 $p_{k-1}p_{k+1}\leqslant p_k^2$ (令 $p_0=1$). 由此导出: 如果这些 $r_j>0$, 我们有 $p_k^{1/k}\geqslant p_{k+1}^{1/(k+1)}$. 特别地,

$$\frac{1}{n}(r_2+r_2+\cdots+r_n)\geqslant(r_1r_2\cdots r_n)^{1/n}$$

(几何平均不等式).

6) 设 f 是在区间 $\mathrm{I}\subset\mathbb{R}$ (有界或无穷) 上确定的实值函数. 如果 $x<x'$ 是 I 中任意点, 并且对满足 $x<z<x'$ 任何点 z, 点 $(z,f(z))$ 在连接点 $(x,f(x))$ 及 $(x',f(x'))$ 的直线上, 那么就说函数 f 在 I 中是凸的. 这也就是说, 对于 $0<\lambda<1$, 我们有

$$f(\lambda x+(1-\lambda)x')\leqslant\lambda f(x)+(1-\lambda)f(x').$$

如果 $-f$ 在 I 中是凸的, 就说 f 在 I 中是凹的.

a) 证明: 对于 I 中的任何点族 $(x_1,x_2,\cdots,x_p)$ 及满足条件 $\lambda_j\geqslant 0, \displaystyle\sum_{j=1}^p\lambda_j=1$ 的任何实数族 $(\lambda_1,\lambda_2,\cdots,\lambda_p)$ 我们有

$$f(\lambda_1x_1+\lambda_2x_2+\cdots+\lambda_px_p)\leqslant\lambda_1f(x_1)+\lambda_2f(x_2)+\cdots+\lambda_pf(x_p).$$

b) 要使得实值函数 f 在 I 中是凸的, 必须而且只须对任何 $a\in\mathrm{I}$, 斜率 $p_f(a,x)=$

$\dfrac{f(x)-f(a)}{x-a}$ 在 $\mathrm{I}-\{a\}$ 中是增函数. 由此导出: 在 I 中任何内点 a, 右导数 $f_d'(a)$ 及左导数 $f_g'(a)$ 存在, 并且我们有 $f_g'(a)\leqslant f_d'(a)$. 如果 $a<b$ 是 I 的两个内点, 则有 $f_d'(a)\leqslant p_f(a,b)\leqslant f_g'(b)$.

c) 证明: 如果函数 f 在开区间 $\mathrm{I}\subset\mathbb{R}$ 中有增加的导数, 那么 f 是凸函数. (应用有限增量定理, 按反证法论证.) 特别地, 如果 $f''(x)$ 在 I 中存在, 并且 $\geqslant 0$, 那么 f 是凸函数.

d) 对于 $x>0$, 下列三个函数是凸的:

$$-\log x;\ 对于\ p\geqslant 1,\ x^p;\ 对于\ p\geqslant 1, (1+x^p)^{1/p}.$$

应用 a), 重新导出几何平均不等式 (习题 5) 以及下列两个不等式

$$\sum_j x_jy_j\leqslant\left(\sum_j x_j^p\right)^{1/p}\left(\sum_j y_j^q\right)^{1/q},$$

其中 $x_j,y_j\geqslant 0,p>1$, 并且 $q=(p-1)/p$ (赫尔德不等式);

$$\left(\sum_j x_j^{1/p}\right)^p+\left(\sum_j y_j^{1/p}\right)^p\leqslant\left(\sum_j (x_j+y_j)^{1/p}\right)^p, \tag{1}$$

其中 x_j 及 $y_j\geqslant 0,p\geqslant 1$ (闵可夫斯基不等式).

同样考虑函数 $(1-x^{1/p})^p$, 它在 $p>1$ 及 $0<x<1$ 时是凸的, 证明不等式

$$\left(\sum_j (x_j+y_j)^p\right)^{1/p}\leqslant\left(\sum_j x_j^p\right)^{1/p}+\left(\sum_j y_j^p\right)^{1/p}, \tag{2}$$

其中 x_j 及 $y_j\geqslant 0$, 并且 $p>1$ (闵可夫斯基不等式).

7) 注意到当取遍满足 $\sum\limits_j z_j^q=1$ 的数列 $\{z_j\}$ 时, 数集 $\sum\limits_j (x_j+y_j)z_j$ 的上确界是 $\left(\sum\limits_j (x_j+y_j)^p\right)^{1/p}$. 由此从赫尔德不等式导出闵可夫斯基第二不等式 (习题 6, (2)). 同样, 当取遍满足 $z_1\cdot z_2\cdot\ \cdots\ \cdot z_n=1$ 的 n 个正数的数列 $\{z_j\}$ 时, 数集 $\dfrac{1}{n}\sum\limits_{j=1}^n x_jz_j$ 的下确界是 $(x_1x_2\cdots x_n)^{1/n}$. 由此证明不等式

$$(x_1x_2\cdots x_n)^{1/n}+(y_1y_2\cdots y_n)^{1/n}\leqslant((x_1+y_1)(x_2+y_2)\cdots(x_n+y_n))^{1/n},$$

这里 $x_j\geqslant 0,y_j\geqslant 0$.

8) 证明不等式

$$\left(\frac{\sum\limits_j (x_j+y_j)^p}{\sum\limits_j (x_j+y_j)^r}\right)^{\frac{1}{p-r}}\leqslant\left(\frac{\sum\limits_j x_j^p}{\sum\limits_j x_j^r}\right)^{\frac{1}{p-r}}+\left(\frac{\sum\limits_j y_j^p}{\sum\limits_j y_j^r}\right)^{\frac{1}{p-r}},$$

其中 x_j 及 y_j 是正数, $0<r\leqslant 1\leqslant p$. (如同在习题 7 中, 对于 $z_j\geqslant 0$ 及 $\sum\limits_j z_j^q=1$, 把

$\left(\sum_j x_j^p\right)^{1/p}$ 看作 $\sum_j x_j z_j$ 的上确界; 然后令

$$a=\left(\frac{\left(\sum_j x_j z_j\right)^p}{\sum_j x_j^r}\right)^{\frac{1}{p-r}},\quad b=\left(\frac{\left(\sum_j y_j z_j\right)^p}{\sum_j y_j^r}\right)^{\frac{1}{p-r}},$$

并且应用赫尔德不等式及闵可夫斯基第一不等式 (1).)

9) 设 f 是开区间 I 中的凸可导函数; 证明对于任何 $x\in \mathrm{I}, f(x)$ 是数集 $f(y)+(x-y)f'(y)$ 的上确界.

10) 设 $x_1,\cdots,x_n,y_1,\cdots,y_n$ 是满足下列条件的 $2n$ 个实数:

$$\begin{aligned}
&x_1\geqslant x_2\geqslant\cdots\geqslant x_n,\quad y_1>y_2\geqslant\cdots\geqslant y_n,\\
&x_1\geqslant y_1,\\
&x_1+x_2\geqslant y_1+y_2,\\
&\cdots\cdots\cdots\cdots\\
&x_1+x_2+\cdots+x_{n-1}\geqslant y_1+y_2+\cdots+y_{n-1},\\
&x_1+x_2+\cdots+x_n=y_1+y_2+\cdots+y_n.
\end{aligned}$$

证明对于任何凸可导函数 $f(x)$, 我们有

$$f(x_1)+f(x_2)+\cdots+f(x_n)\geqslant f(y_1)+f(y_2)+\cdots+f(y_n).$$

(应用习题 9, 化到证明: 如果

$$z_1\leqslant z_2\leqslant\cdots\leqslant z_n,$$

我们有

$$x_1f'(z_1)+x_2f'(z_2)+\cdots+x_nf'(z_n)\leqslant y_1f'(z_1)+y_2f'(z_2)+\cdots+y_nf'(z_n);$$

应用 f' 是增的这一事实.)

11) 对于 $p>1$, 设 D 是由关系式 $x_j\geqslant 0(1\leqslant j\leqslant n), x_1^p>x_2^p+x_3^p+\cdots+x_n^p$ 所确定的 $\mathbb{R}^n$ 的子集. 证明: 如果 $f(x)=(x_1^p-x_2^p-\cdots-x_n^p)^{1/p}$, 我们有: 对于 D 中的 x,y,

$$f(x+y)\geqslant f(x)+f(y).$$

(应用赫尔德不等式, 证明 $f(x)$ 是 $\sum_{j=1}^n x_j z_j$ 的下确界, 这里 $z_1\geqslant 1$, 对于 $2\leqslant j\leqslant n, z_j\geqslant 0$, 并且 $z_2^q+\cdots+z_n^q\leqslant z_1^q-1$, 这里 $q=p/(p-1)$.)

12) 设 $a_j,b_j(1\leqslant j\leqslant n)$ 是满足下式的正实数:

$$0<m\leqslant\frac{b_j}{a_j}<M\quad 对于\ 1\leqslant j\leqslant n.$$

a) 证明 $b_j^2 + mMa_j^2 \leqslant (M+m)a_jb_j$, 并且从而

$$\sum_j b_j^2 + mM\sum_j a_j^2 \leqslant (M+m)\sum_j a_jb_j.$$

b) 从 a) 导出: 我们有

$$\frac{(a_1^2+a_2^2+\cdots+a_n^2)(b_1^2+b_2^2+\cdots+b_n^2)}{(a_1b_1+a_2b_2+\cdots+a_nb_n)^2} \leqslant \frac{(\mathrm{M}+m)^2}{4\mathrm{M}m}$$

(对于 $n=2$, 应用几何平均不等式).

13) 设 f,g 是 $[a,b]$ 中两个分段连续函数, 而且在 $[a,b]$ 中, f 递减, $0 \leqslant g(t) \leqslant 1$. 如果令 $\lambda = \int_a^b g(t)dt$, 我们有

$$\int_{b-\lambda}^b f(t)dt \leqslant \int_a^b f(t)g(t)dt \leqslant \int_a^{a+\lambda} f(t)dt;$$

只有当 f 在 $[a,b]$ 中是常数时, 或者当 g 除在不连续点外为 0, 或在不连续点为 1 时, 上列式子才可能成为等式. (在积分 $\int_a^x f(t)g(t)dt$ 中, 让 x 变动, 并且把它与积分 $\int_a^{a+\mathrm{G}(x)} f(t)dt$ 相比较, 这里 $\mathrm{G}(x) = \int_a^x g(t)dt$.)

14) 设 w_j, a_j 是满足下列条件的实数:

$$1 \geqslant w_1 \geqslant w_2 \geqslant \cdots \geqslant w_n \geqslant 0, \quad a_1 \geqslant a_2 \geqslant \cdots \geqslant a_n \geqslant 0$$

并且设 $h(x)$ 是区间 $[0,a_1]$ 中可导凸函数, 证明我们有

$$\begin{aligned} &h(w_1a_1 - w_2a_2 + \cdots + (-1)^{n-1}w_na_n) \\ &\quad \leqslant (1 - w_1 + w_2 + \cdots + (-1)^{n-1}w_n)h(0) + w_1h(a_1) - w_2h(a_2) \\ &\qquad + \cdots + (-1)^{n-1}w_nh(a_n) \end{aligned}$$

(应用习题 13, 取 $f(t) = -h'(t)$, 并且 $g(t)$ 是分段常数).

15) 在空间 $\mathbb{C}^n$ 上, 考虑非退化正埃尔米特形式 $(\boldsymbol{x}|\boldsymbol{y}) = \sum_{j=1}^n x_j\bar{y}_j$ (埃尔米特纯量积); 在下面, 正交及标准正交基概念总与这种形式有关.

a) 设 A 是含复元素的 n 阶方阵, 证明存在着一个酉方阵 U, 使得 UAU^{-1} 只在它的对角线上方有零元素 (这也就是说, 关于 $\mathbb{C}^n$ 的一个适当的标准正交基, 与 A 相应的 $\mathbb{C}^n$ 中自同态 g 有这种形式的一个方阵; 考虑 g 的一个特征向量, 并且就 n 进行递推.)

b) 证明: 如果 H 是正埃尔米特矩阵 A^*A 的正平方根, 那么存在着一个酉矩阵 U, 使得 $A = UH$ (如果 g 及 h 是 $\mathbb{C}^n$ 中与 A 及 H 相应的自同态, 证明 $g^{-1}(0) = h^{-1}(0)$, 并且如果 V 是与 $g^{-1}(0)$ 正交的子空间, 我们就有: 对于任何 $x \in V, (g(\boldsymbol{x})|g(\boldsymbol{x})) = (h(\boldsymbol{x})|h(\boldsymbol{x}))$.

c) 设 H_1, H_2 是两个 n 阶正埃尔米特矩阵; 证明我们有 $\mathrm{Tr}\,(H_1H_2) \geqslant 0$ (应用公式 $\mathrm{Tr}\,(UAU^{-1}) = \mathrm{Tr}\,(A)$, 化到 H_1 是对角线矩阵情形). 由此导出: 如果 $\varphi(H_1)$ 是 H 的最大特征值, 我们有

$$\mathrm{Tr}\,(H_1H_2) \leqslant \varphi(H_1)\,\mathrm{Tr}\,(H_2) \leqslant \mathrm{Tr}\,(H_1)\,\mathrm{Tr}\,(H_2).$$

16) 对于含复元素的任何 n 阶方阵 A, 令 $\mathrm{N}(A) = (\mathrm{Tr}\,(A^*A))^{\frac{1}{2}}$; 我们有 $\mathrm{N}(A) \leqslant n\|A\|, \mathrm{N}(A^*) = \mathrm{N}(A)$, 并且对于一个酉矩阵 $U, \mathrm{N}(U) = \sqrt{n}$. 证明对于任意两个方阵 A, B, 我们有

$$|\,\mathrm{Tr}\,(AB)| \leqslant \mathrm{N}(A)\mathrm{N}(B),$$
$$|\,\mathrm{Tr}\,(A)| \leqslant \sqrt{n}\mathrm{N}(A)$$

(对于第一个不等式, 考虑乘积 $(A^* + tB^*)(A + tB)$, 它对任何 $t \in \mathbb{R}$ 是正埃尔米特的; 对于第二个不等式, 应用习题 15a)). 由此导出我们有

$$\mathrm{N}(A + B) \leqslant \mathrm{N}(A) + \mathrm{N}(B).$$

最后, 应用习题 15c), 证明我们有

$$\mathrm{N}(AB) \leqslant \mathrm{N}(A)\mathrm{N}(B).$$

设 $\det(\lambda I - A) = \prod_{j=1}^{n}(\lambda - \lambda_j)$ 是矩阵 A 的特征多项式. 证明我们有 $\sum_j |\lambda_j|^2 \leqslant (\mathrm{N}(A))^2$ (应用习题 15a)).

17) 设 H 是可逆的正埃尔米特矩阵; 证明对于两向量 $x, y \in \mathbb{C}^n$, 我们有

$$(x|y)^2 \leqslant (x|H.x)(y|H^{-1}.y)$$

(如果 H_1 是 H 的正平方根, 注意有 $(x|y) = (H_1.x|H_1^{-1}.y)$). 由此导出: 对于任何向量 $y \in \mathbb{C}^n$, 我们有

$$\psi_y(H) = (y|H^{-1}.y)^{-1} = \inf \frac{(x|H.x)}{(x|y)^2},$$

其中 x 取遍满足 $(x|y) \neq 0$ 的向量集中所有向量. 由此导出我们有: 对于两个可逆的正埃尔米特矩阵,

$$\psi_y(H_1 + H_2) \geqslant \psi_y(H_1) + \psi_y(H_2).$$

特别地, 取 y 作为 $\mathbb{C}^n$ 中典范基的一个向量 e_j, 我们得到

$$\frac{\det(H_1 + H_2)}{\det(H_1^{(j)} + H_2^{(j)})} \geqslant \frac{\det(H_1)}{\det(H_1^{(j)})} + \frac{\det(H_2)}{\det(H_2^{(j)})},$$

其中 $H^{(j)}$ 表示 H 中删去指标为 j 的行和列而得到的 $n-1$ 阶方阵.

18) 设 a_1, a_2, a_3 是三个正实数, c_1, c_2, c_3 是包含在含 a_1, a_2, a_3 的最小区间中的三个实数.

a) 证明如果我们有 $c_1 + c_2 + c_3 \geqslant a_1 + a_2 + a_3$, 我们也有

$$c_1c_2c_3 \geqslant a_1a_2a_3 \quad 及 \quad c_1c_2 + c_2c_3 + c_3c_1 \geqslant a_1a_2 + a_2a_3 + a_3a_1.$$

b) 证明如果 $a_1a_2a_3 \geqslant c_1c_2c_3$, 我们也有

$$a_1 + a_2 + a_3 \geqslant c_1 + c_2 + c_3.$$

c) 证明如果 $a_1a_2 + a_2a_3 + c_3a_1 \geqslant c_1c_2 + c_2c_3 + c_3c_1$, 我们也有

$$a_1 + a_2 + a_3 \geqslant c_1 + c_2 + c_3.$$

19) 设 f 是区间 $[0,1]$ 中的非负增函数. 证明存在着在 $[0,1]$ 中的非负凸函数 g, 满足 $g(x) \leqslant f(x)$ 以及 $\int_0^1 g(t)dt \geqslant \frac{1}{2}\int_0^1 f(t)dt$.

20) 设 u 是在区间 $[a,b] \subset \mathbb{R}$ 中二次连续可微的函数, 满足 $u(a) = u(b) = 0$, 并且对于 $a < t < b, u(t) > 0$. 证明: 或者 $\int_a^b \left|\frac{u''(t)}{u(t)}\right| dt$ 发散, 或者它收敛, 并且我们有

$$\int_a^b \left|\frac{u''(t)}{u(t)}\right| dt > \frac{4}{b-a}.$$

(如果 M 是 $u(t)$ 的最大值, 注意我们有

$$\int_a^b \left|\frac{u''(t)}{u(t)}\right| dt > \frac{1}{M} \sup_{a<t_1<t_2<b} |u'(t_2) - u'(t_1)|,$$

并且如果 c 是 $[a,b]$ 中满足 $u(t) = M$ 的一点, 在区间 $[a,c]$ 及 $[c,b]$ 每一个中, 对 u 应用有限增量定理.)

第二章　方程的根的逼近

1.　问题的地位

(1.1) 假定已给单实变数 x 的一个实数值函数 f, x 在 $\mathbb{R}$ 的一个区间 I 中变动 (I 可能是整个 $\mathbb{R}$); 在本章中假定 f 在 I 中有连续的二阶导数 (在多数情形, f 在 I 中甚至是无穷可导的). 问题是要求下列方程的任意逼近的根 (参看导言):

(1.1.1)
$$f(x) = 0.$$

解一次或二次方程有经典的公式; 当然, 一般说来, 想得到 (1.1.1) 的这种类型的 "解的公式" 是荒谬的. 可以证明, 当 f 是次数 $\geqslant 5$ 的一般多项式时, 这已经是不可能的. 但是甚至对于在这里更合理地提出的问题, 除了当 f 是多项式时外, (至少在理论上) 没有一般的方法求得逼近的结果; 而且甚至在多项式情况, 当次数 $\geqslant 5$ 时, 即使用电子计算机, 理论上的逼近步骤 (见附录) 也可能导致理不清的数值计算. 我们只限于指出几种情形, 在这些情形下, 对 f 作适当假设, 有在 (理论上及实际上的) 解决所提出问题的方法; 关于更详细的情形, 请参看关于数值计算的专著 (见参考文献).

(1.2) 即使区间 I 是有界的, 例如当 f 在 I 的一个子区间中恒等于零时, 方程 (1.1.1) 就有无穷个根; 实例 $f(x) = x^6 \sin \dfrac{1}{x}$ 表明: 即使 f 在任何区间中不恒等于零, 方程 (1.1.1) 也可能有无穷个根.

第一步要用有限个或无穷个细分点, 把区间 I 分解成一些子区间, 使得在每个子区间中, 已知方程或者没有根或者有一个并且只有一个根. 如果在每个子区间中, 函数是单调的 (K – R, 第 222 页), 就可保证做到这一点: 如果 f 在子区间中不变号, 就得到第一种情形; 如果 f 在子区间端点取不同符号的值, 就得到第二种情形.

例 (1.3) 设有函数

(1.3.1) $$f(x)=\frac{b_1}{x-a_1}+\frac{b_2}{x-a_2}+\cdots+\frac{b_n}{x-a_n}+c,$$

其中 $a_1<a_2<\cdots<a_n$, 所有 $b_j\neq 0$, 并且有相同的符号. 那么这函数在下列每个开区间中确定: $]-\infty,a_1[,]a_1,a_2[,\cdots,]a_{n-1},a_n[,]a_n,+\infty[$, 而且因为它的导数

$$f'(x)=-\frac{b_1}{(x-a_1)^2}-\frac{b_2}{(x-a_2)^2}-\cdots-\frac{b_n}{(x-a_n)^2}$$

与 b_j 的符号相反, 这函数在上列每个开区间中是单调的. 又当 x 从右边 (或从左边) 趋近于 a_j 时, 在 (1.3.1) 中除 $\dfrac{b_j}{x-a_j}$ 外各项都趋近于一有限值, 于是 $f(x)$ 的绝对值趋近于 $+\infty$, 它的符号与 b_j 相同 (或相反). 由此得出结论: 在 $n-1$ 个区间

$$]a_j,a_{j+1}[\quad(1\leqslant j\leqslant n-1)$$

的每一个中, 方程 $f(x)=0$ 恰好有一个单根, 在区间 $]-\infty,a_1[$ (或 $]a_n,+\infty[$) 中, 如果 c 与 b_j 同号 (或异号), 方程有一单根; 否则没有根.

(1.4) 要把区间 I 分解成 (1.2) 中所考虑那种类型的区间 (或可说是 "把根分开"), 在理论上必须研究 f 的变化方向, 也就是导数 f' 的符号; 于是就要求方程 $f'(x)=0$ 的根, 而除了像在 (1.3) 中那样简单情形外, 这与求解 (1.1.1) 是有同样难度的问题.

在下列第 2 节, 假定 $\mathrm{I}=]a,b[$, 导数 $f'(x)$ 在 I 中不等于零 (从而符号不变), 而且

$$f(a)f(b)<0.$$

2. 试 位 法

(2.1) 考虑 $f(x)=0$ 在区间 I 中的根 ξ_0; 求 ξ_0 的近似值的想法是: 把 f 用在点 a 及 b 与 f 取相同值的一次多项式 $\mathrm{L}(x)$ (这是以后要讲到的 "插值多项式" (第九章, 附录) 的最简单特殊情形) 来代替. 由假设可见 L 在 I 中一点 ξ 处等于零, 我们就取它作为 ξ_0 的近似值 (图 2). 现在问题是要求所造成误差 $|\xi-\xi_0|$ 的上界. 为此要用到下列引理, 它是罗尔定理的推论:

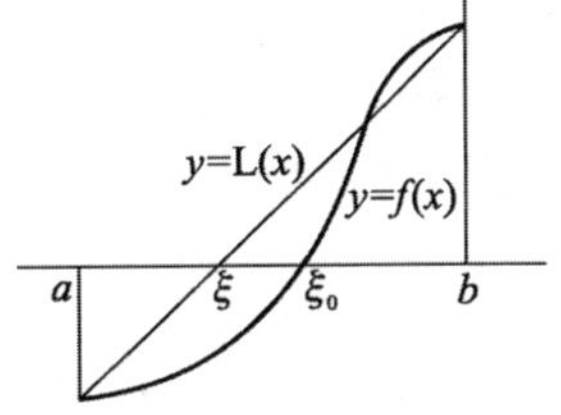

图 2

(2.2) 设 J 是 $\mathbb{R}$ 中一个区间, f 是在 J 中两次连续可导的函数, x_0,x_1 是 J 中不同两点, L 是在点 x_0,x_1 与 f 取相同值的一次多项式:

(2.2.1) $$\mathrm{L}(x)=\frac{(x-x_0)f(x_1)-(x-x_1)f(x_0)}{x_1-x_0};$$

那么在含 x,x_0 及 x_1 的最小区间中, 存在着 (与 x 有关的) 一点 ζ, 使得我们有

(2.2.2) $$f(x)-\mathrm{L}(x)=\frac{1}{2}f''(\zeta)(x-x_0)(x-x_1).$$

显然可限于考虑 $x \neq x_0$ 及 $x \neq x_1$ 情形; 考虑 J 中 z 的函数

$$u(z) = f(z) - \mathrm{L}(z) - c(z - x_0)(z - x_1),$$

其中常数 c 由 $u(x) = 0$ 确定; 由假设, 这是可能的. 于是我们有 $u(x) = u(x_0) = u(x_1) = 0$, 并且由罗尔定理, 在包含 x, x_0, x_1 的最小区间中, 有不同的两点 y_1, y_2, 使得 $u'(y_1) = u'(y_2) = 0$. 对 u' 应用罗尔定理, 就在端点是 y_1, y_2 的区间中, 得到一点 ζ, 使得 $u''(\zeta) = 0$. 可是 $u''(z) = f''(z) - 2c$, 从而 $c = \frac{1}{2}f''(\zeta)$, 再由表示式 $u(x) = 0$, 就得到 (2.2.2). 由此导出下列的推论:

(2.3) 如果 f' 在 J 中不取值零, 并且如果对于 J 中的 ξ 及 $\xi_0, f(\xi_0) = 0, \mathrm{L}(\xi) = 0$, 那么我们有

(2.3.1)
$$\xi - \xi_0 = \frac{1}{2}\frac{f''(\zeta)}{f'(\zeta')}(\xi - x_0)(\xi - x_1),$$

其中 ζ 及 ζ' 是 J 中的数. 于是如果在 J 中, $|f'(x)| \geqslant m > 0$, 并且 $|f''(x)| \leqslant M$, 我们有

(2.3.2)
$$|\xi - \xi_0| \leqslant \frac{M}{2m}|\xi - x_0|.|\xi - x_1|.$$

事实上, 由 (2.2.2), 我们有

$$f(\xi) = \frac{1}{2}f''(\zeta)(\xi - x_0)(\xi - x_1),$$

而且另一方面, 由有限增量公式, 对于端点是 ξ_0 及 ξ 的区间中一点 ζ',

(2.3.3)
$$f(\xi) = (\xi - \xi_0)f'(\zeta');$$

由此得 (2.3.1) 以及 (2.3.2).

(2.4) 如果 (2.3.2) 所给出的误差 $|\xi - \xi_0|$ 不足够小, 可重复进行这一步骤: 计算 $f(\xi)$, 并且按照它的符号, 根 ξ_0 在区间 $[a, \xi]$ 或 $[\xi, b]$ 中; 对有关区间应用同样的方法, 就得到第二近似值 ξ'. 在理论上, 可把这种方法应用无穷次, 并且容易证明得到的数列收敛于 ξ_0 (见习题 9).

3. 用迭代法解 $x = g(x)$

(3.1) 应用试位法要假定已知在所考虑的区间 I 内, 存在着一个根. 在若干条件下, 可以得到逼近 (1.1.1) 的这个根的步骤, 而且同时证明它存在. 有关步骤的出发点是有限增量公式 (2.3.3): 已知 $f(\xi_0) = 0$, 可见如果可以找到 (用任何方法) 一数 ξ, 使得 $f(\xi)$ 是 "小的", 而导数 f' 在 ξ 的邻域内却不"太小", 那么误差 $|\xi - \xi_0|$ 就是 "小的". 在下述两种求根的方法中, 要明确这种模糊不清的想法, 它们是分析中有丰硕成果

想法的实例. 本节先讲逼近方法中的迭代法 (也叫做 “逐步逼近法”): 本书下面还要举出应用这种方法的实例.

(3.2) 在方程 (1.1.1) 中, 总可令 $g(x)=x-f(x)$, 把这方程写成下列形状:

(3.2.1) $$x=g(x).$$

于是有下列结果:

(3.3) 设 $x_0\in \mathrm{I}$, 并且假定存在着一个区间 $[x_0-c,x_0+c]\subset \mathrm{I}$ 以及一数 q 满足 $0<q<1$, 并且有下列性质:

1° 对于 $x_0-c\leqslant x\leqslant x_0+c$, 我们有 $|g'(x)|\leqslant q$;

2° 我们有 $|g(x_0)-x_0|\leqslant c(1-q)$.

那么方程 (3.2.1) 有一个、并且只有一个根 ξ_0 满足

$$x_0-c\leqslant \xi_0\leqslant x_0+c.$$

另一方面, 可用下列关系式递推确定一个序列 $\{x_n\}$:

(3.3.1) $$\text{对于 } n\geqslant 0,\quad x_{n+1}=g(x_n),$$

而且我们有

(3.3.2) $$|\xi_0-x_n|\leqslant cq^n;$$

因此序列 $\{x_n\}$ 趋近于 ξ_0.

证明序列 $\{x_n\}$ 收敛的想法是: “把这序列变换成级数” (第一章, 2.8): 如果 $x_0,\cdots,x_n$ 由关系式 (3.3.1) 确定, 并且属于 $[x_0-c,x_0+c]$, 那么可由 (3.3.1) 确定 x_{n+1}, 并且我们有

$$x_{n+1}-x_n=g(x_n)-g(x_{n-1}).$$

于是由中值公式 (第一章, 3.4.1) 及假设 1°,

(3.3.3) $$|x_{n+1}-x_n|\leqslant q|x_n-x_{n-1}|,$$

又由递推并引用假设 2°, 就得到

(3.3.4) $$|x_{n+1}-x_n|\leqslant q^n|x_1-x_0|=q^n(g(x_0)-x_0)\leqslant cq^n(1-q);$$

由于

$$x_{n+1}-x_0=(x_{n+1}-x_n)+(x_n-x_{n-1})+\cdots+(x_1-x_0),$$

于是得到

$$|x_{n+1}-x_0|\leqslant c(1-q)(1+q+\cdots+q^n)\leqslant c,$$

换句话说, x_{n+1} 还是属于 $[x_0-c,x_0+c]$, 可见 x_n 可以无限确定出来. 不等式 (3.3.4) 表明一般项是 $x_{n+1}-x_n$ 的级数绝对收敛, 从而序列 $\{x_n\}$ 有极限 ξ_0. 由 g 的连续性, 在 (3.3.1) 中取极限就得到 $\xi_0=g(\xi_0)$, 并且显然 ξ_0 属于 $[x_0-c,x_0+c]$.

另一方面, 从 (3.3.4) 可导出: 对于 $m\geqslant n$, 我们有

$$\begin{aligned}|x_m-x_n|&\leqslant|x_{n+1}-x_n|+|x_{n+2}-x_{n+1}|+\cdots+|x_m-x_{m-1}|\\&\leqslant c(1-q)(q^n+q^{n+1}+\cdots+q^{m-1})\leqslant cq^n.\end{aligned}$$

在上式中令 m 趋近于 $+\infty$, 就得到 (3.3.2). 还要证明 ξ_0 是 (3.2.1) 在 I 中唯一的根. 而如果 ξ_1 是 (3.2.1) 的一个根, 并且满足 $x_0-c\leqslant\xi_1\leqslant x_0+c$, 那么我们有

$$\xi_1-\xi_0=g(\xi_1)-g(\xi_0),$$

于是应用中值公式及假设 1°, 就有

$$|\xi_1-\xi_0|\leqslant q|\xi_1-\xi_0|,$$

或者有

$$0\leqslant(1-q)|\xi_1-\xi_0|\leqslant 0.$$

由于 $1-q\neq 0$, 除非 $\xi_1=\xi_0$, 上式不可能成立. 证完.

(3.4) 借助函数 g 的图形容易表示出逐步作出 x_n 的方法 (图 3). 图形还表明: 如果不要求 g' 的绝对值小于 1, 这种方法不能提供收敛于 (3.2.1) 的根的序列; 例如只须取 $g(x)=x+x^2$ 及 $x_0>0$, 就可得到一个趋近于 $+\infty$ 的序列 $\{x_n\}$.

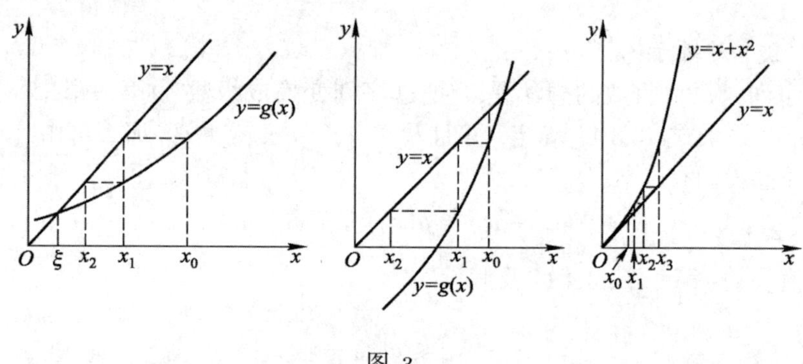

图 3

4. 牛 顿 法

(4.1) 牛顿法与试位法 (2.1) 的想法很相似; 可是在牛顿法中, 不取多项式 L, 使得方程 $\mathrm{L}(x)=0$ 表示函数 f 的图形的一条割线, 而是使得方程 $\mathrm{L}(x)=0$ 表示与这图形的一条切线的平行线 (图 4), 即

(4.1.1) $$\mathrm{L}(x)=f'(z)(x-x_0)+f(x_0).$$

只要已知 $f(x_0)$ 充分小, f' 在区间 $[x_0-c,x_0+c]$ 中不太小, 而且变化得“充分慢”, 牛顿法也可用来迭代, 而且用来证明在有关区间中根的存在与唯一性. 准确地说:

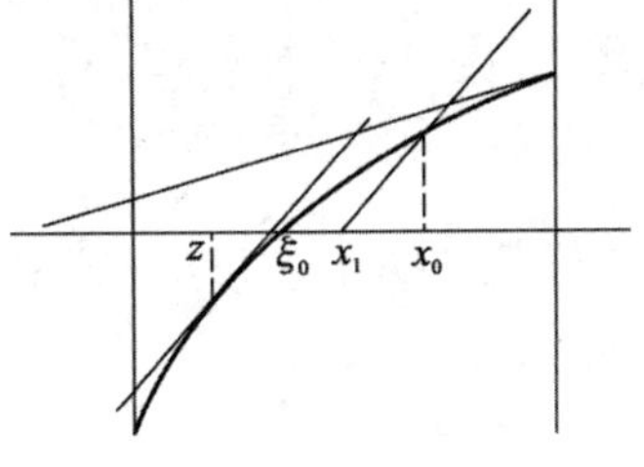

图 4

(4.2) 设 $x_0 \in \mathrm{I}$; 假定存在着两数 $c \geqslant 0, \lambda > 0$ 具有下列性质:

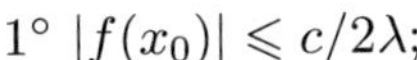
1° $|f(x_0)| \leqslant c/2\lambda$;

2° 对于区间 $[x_0-c, x_0+c] \subset \mathrm{I}$ 中的点 x, y, 我们有

$$|f'(x)| \geqslant 1/\lambda; \tag{4.2.1}$$

$$|f'(x)-f'(y)| \leqslant 1/2\lambda. \tag{4.2.2}$$

在这些条件下, 方程 $f(x)=0$ 在区间 $[x_0-c, x_0+c]$ 中有一个、并且只有一个根 ξ_0. 此外, 如果 $\{z_n\}_{n\geqslant 0}$ 是 $[x_0-c, x_0+c]$ 中任一点列, 可确定这区间中一个点列 $\{x_n\}$, 使得

$$x_{n+1} = x_n - \frac{f(x_n)}{f'(z_n)}, \tag{4.2.3}$$

而且这序列趋近于 ξ_0.

事实上, 对于 I 中任意三数 x, y, z, 只要满足 $y < x$, 我们就有 (第一章, 3.6.2)

$$|f(x)-f(y)-f'(z)(x-y)| \leqslant |x-y|. \sup_{x\leqslant t\leqslant y} |f'(t)-f'(z)|. \tag{4.2.4}$$

我们要对 n 递推证明: 如果 $x_1, \cdots, x_n$ 由关系式 (4.2.3) 确定 (其中 n 由满足 $0 \leqslant k \leqslant n-1$ 的 k 代替), 并且属于 $[x_0-c, x_0+c]$, 那么由 (4.2.3) 确定的 x_{n+1} 也在这区间中; 此外, 同时还可证明: 对于 $n \geqslant 1$, 序列 $\{x_n\}$ 满足下列关系式:

$$|x_n - x_{n-1}| \leqslant c/2^n, \tag{4.2.5}$$

$$|f(x_{n-1})| \leqslant c/2^n\lambda. \tag{4.2.6}$$

为此, 注意对于 $n=1$, 由假设 1°, 关系式 (4.2.6) 成立; 另一方面, 由假设 1° 及 (4.2.1), 我们有

$$|x_1 - x_0| = \left|\frac{f(x_0)}{f'(z_0)}\right| \leqslant \frac{c}{2}. \tag{4.2.7}$$

假定 (4.2.5) 及 (4.2.6) 成立, 递推进行论证. 由 (4.2.3), 我们有

$$f(x_n) = f(x_n) - f(x_{n-1}) - (x_n - x_{n-1})f'(z_{n-1}),$$

于是由 (4.2.4), 应用 (4.2.2) 及 (4.2.5), 就有

$$|f(x_n)| \leqslant |x_n - x_{n-1}|/2\lambda \leqslant c/2^{n+1}\lambda;$$

这样就证明了 (4.2.6), 其中 n 由 $n+1$ 代替. 另一方面, 由 (4.2.1) 及上列结果, 我们有

$$|x_{n+1}-x_n| = \left|\frac{f(x_n)}{f'(z_n)}\right| \leqslant c/2^{n+1};$$

这样就证明了 (4.2.5), 其中 n 由 $n+1$ 代替. 由此导出

$$|x_{n+1}-x_0| \leqslant c\left(\frac{1}{2}+\frac{1}{2^2}+\cdots+\frac{1}{2^{n+1}}\right) \leqslant c,$$

从而 x_{n+1} 正好属于区间 $[x_0-c, x_0+c]$, 而且这样递推可以无限进行下去. 由 (4.2.5) 可立即导出: 一般项是 $x_n - x_{n-1}$ 的级数绝对收敛, 因此序列 $\{x_n\}$ 收敛于一极限 $\xi_0 \in [x_0-c, x_0+c]$; 由 f 的连续性及 (4.2.6), 就可推出 $f(\xi_0)=0$.

还只要证明在 $[x_0-c, x_0+c]$ 中, $f(x)=0$ 的根的唯一性. 否则如果 ξ_1 是这些根中的一个, 由 (4.2.4) 及 (4.2.2), 我们有

$$|f'(z_n)(\xi_1-x_{n+1})| = |f(\xi_1)-f(x_n)-f'(z_n)(\xi_1-x_n)| \leqslant |\xi_1-x_n|/2\lambda,$$

由此应用 (4.2.1), 得到

$$|\xi_1-x_{n+1}| \leqslant |\xi_1-x_n|/2.$$

令 n 趋近于 $+\infty$, 于是得

$$|\xi_1-\xi_0| \leqslant |\xi_1-\xi_0|/2,$$

从而 $\xi_1=\xi_0$. 证完.

(4.3) 由关系式 (4.2.5) 可导出: 对于 $n \leqslant m$,

$$|x_m-x_n| \leqslant c\left(\frac{1}{2^{n+1}}+\frac{1}{2^{n+2}}+\cdots+\frac{1}{2^m}\right) \leqslant c/2^n,$$

由此令 m 趋近于 $+\infty$, 得

(4.3.1) $$|\xi_0-x_n| \leqslant c/2^n.$$

适当选取 z_n, 可使序列 $\{x_n\}$ 更快趋近于 ξ_0 . 假定在 I 中, $|f''(x)| \leqslant \mu$, 并且对于每个 n, 取 $z_n=x_n$. 由泰勒公式,

$$-f'(x_n)(\xi_0-x_{n+1}) = f(\xi_0)-f(x_n)-f'(x_n)(\xi_0-x_n) = \frac{1}{2}(\xi_0-x_n)^2 f''(\theta),$$

其中 $\theta \in \mathrm{I}$, 由此得

(4.3.2) $$|\xi_0-x_{n+1}| \leqslant \frac{\lambda\mu}{2}|\xi_0-x_n|^2.$$

令 $q=\dfrac{1}{2}\lambda\mu$; 由于 $|\xi_0-x_0| \leqslant c$, 对 n 递推, 由 (4.3.2) 容易导出不等式

(4.3.3) $$|\xi_0-x_n| \leqslant \frac{1}{q}(cq)^{2^n};$$

如果 $cq = \frac{1}{2}c\lambda\mu < 1$, 上式右边很快趋近于 0; 例如如果 $q > 1, cq < 1/10$, 经过 n 次运算, 就可得到准确到 2^n 位小数的结果. 例如对于 $f(x) = x^2 - N$, 其中 $N > 1$, 取 $x_0 - c > 1$, 对于 $x \geqslant x_0 - c$, 我们有 $|f'(x)| \geqslant 2, f''(x) = 2$. 如果从与 $\sqrt{N}$ 误差是 1/10 的近似值 x_0 出发, 在

$$x_{n+1} = \frac{1}{2}\left(x_n + \frac{N}{x_n}\right)$$

所确定的序列 $\{x_n\}$ 中, x_n 给出与 $\sqrt{N}$ 的误差是 $2 \times 10^{-2^n}$ 的近似值.

附录　多项式根的分离法

本附录中考虑单复变数的复系数多项式; 我们知道 (代数基本定理, 参看第六章, 9.4) 这样的 n 次多项式可写成 $c\prod_{k=1}^{n}(z - z_k)$, 其中 $c \neq 0$; 使 z_k 有同一值 ζ 的指标 k 的个数, 叫做多项式根 ζ 的重数阶. 当我们说到多项式包含在集 $\mathrm{E} \subset \mathbb{C}$ 中根的个数时, 不确切说明, 就意含着 "按重数阶计算" 的根的个数, 这就是说, 满足 $z_k \in \mathrm{E}$ 的指标 k 的个数.

1. 两个多项式的结式

设

$$\begin{aligned} f(z) &= a_0 z^n + a_1 z^{n-1} + \cdots + a_n, \\ g(z) &= b_0 z^m + b_1 z^{m-1} + \cdots + b_m \end{aligned} \tag{1.1}$$

是次数为 $n \geqslant 1, m \geqslant 1$ 的两个多项式, 其中 $a_0 \neq 0, b_0 \neq 0$. 要使 f 及 g 有公共根, 必须而且只须存在着两个非零多项式 $h(z), k(z)$, 它们的次数分别是 $\deg(h) \leqslant m-1, \deg(k) \leqslant n-1$, 并且使得我们有恒等式

$$h(z)f(z) = k(z)g(z). \tag{1.2}$$

事实上, 说 f 及 g 至少有一个公共根, 就表明有一个次数 $\geqslant 1$ 的非零多项式 $\varphi(z)$, 使得

$$f(z) = \varphi(z)f_1(z), \quad g(z) = \varphi(z)g_1(z),$$

于是只须取 $h(z) = g_1(z), k(z) = f_1(z)$ 就可满足 (1.2). 反过来说, 如果我们有恒等式 (1.2), 并且如果 f 及 g 彼此互素, 那么 f 就不可能除尽 k, 因为 $k \neq 0$, 并且 $\deg(k) < \deg(f)$.

如果写出

$$\begin{aligned} h(z) &= u_0 z^{m-1} + u_1 z^{m-2} + \cdots + u_{m-1}, \\ k(z) &= v_0 z^{n-1} + v_1 z^{n-2} + \cdots + v_{n-1}, \end{aligned}$$

连同 (1.1) 代入 (1.2), 并令 (1.2) 两边恒等, 就得到含 u_j 及 v_j 的 $m+n$ 个线性方程组:

$$
\begin{aligned}
&a_0u_0 &&= b_0v_0,\\
&a_1u_0 + a_0u_1 &&= b_1v_0 + b_0v_1,\\
(1.3)\qquad &\cdots\cdots\cdots\cdots\\
&a_nu_{m-2} + a_{n-1}u_{m-1} &&= b_mv_{n-2} + b_{m-1}v_{n-1},\\
&a_nu_{m-1} &&= b_mv_{n-1},
\end{aligned}
$$

而且 f 及 g 至少有一个公共根的条件是这方程组的行列式是零. 不计符号, 这行列式可写成

$$
(1.4)\qquad \mathrm{R}(f,g) = \begin{vmatrix}
a_0 & a_1 & \cdots & a_n & 0 & 0 & \cdots & 0\\
0 & a_0 & \cdots & a_{n-1} & a_n & 0 & \cdots & 0\\
\vdots & \vdots & & \vdots & \vdots & \vdots & & \vdots\\
0 & 0 & \cdots & a_0 & a_1 & a_2 & \cdots & a_n\\
b_0 & b_1 & \cdots & b_{m-1} & b_m & 0 & \cdots & 0\\
0 & b_0 & \cdots & b_{m-2} & b_{m-1} & b_m & \cdots & 0\\
\vdots & \vdots & & \vdots & \vdots & \vdots & & \vdots\\
0 & 0 & \cdots & b_0 & b_1 & b_2 & \cdots & b_m
\end{vmatrix},
$$

它叫做 f 及 g 的西尔维斯特结式.

2. 多项式在半平面中根的个数

已给一个次数 $\geqslant 1$ 的多项式, 有与它典型连带的一种埃尔米特形式. 我们要证明, 按照埃尔米特的一种方法, 要确定已给多项式在半平面 $\mathfrak{I}z>0$ 中根的个数, 可由估计连带埃尔米特形式中正平方数的个数而得.

考虑多项式

$$
(2.1)\qquad f(z) = a_0 + a_1z + \cdots + a_nz^n,
$$

并且首先与它连带取多项式

$$
(2.2)\qquad f^*(z) = \overline{f(\bar z)} = \bar a_0 + \bar a_1 z + \cdots + \bar a_n z^n.
$$

如果 $f(z) = a_n\prod\limits_{k=1}^{n}(z-z_k)$, 我们有 $f^*(z) = \bar a_n\prod\limits_{k=1}^{n}(z-\bar z_k)$; 这种关系简单地表述为: f^* 的根是 f 的根的共轭复数.

现在作 z 及 z' 的对称多项式

$$
(2.3)\qquad \mathrm{K}(f;z,z') = \frac{f(z)f^*(z') - f(z')f^*(z)}{z-z'} = \sum_{h=0}^{n-1}\sum_{k=0}^{n-1}\mathrm{A}_{hk}z^hz'^k.
$$

显然有

$$
\begin{aligned}
\overline{\mathrm{K}(f;z,z')} &= \frac{f^*(\bar z)f(\bar z') - f^*(\bar z')f(\bar z)}{\bar z - \bar z'}\\
&= -\mathrm{K}(f;\bar z,\bar z'),
\end{aligned}
$$

而且展开这一关系式, 就得到:

$$\bar{\mathrm{A}}_{hk}=-\mathrm{A}_{hk}=-\mathrm{A}_{kh}, \tag{2.4}$$

而无论指标 h 及 k 是包含在 0 及 $n-1$ 之间的任何整数. 由此可断定

$$\mathrm{H}(f;u_0,u_1,\cdots,u_{n-1})=\sum_{h=0}^{n-1}\sum_{k=0}^{n-1}\frac{1}{i}\mathrm{A}_{hk}u_h\bar{u}_k \tag{2.5}$$

是含 n 个变数的埃尔米特形式.

考虑两个多项式

$$\begin{aligned}f_1(z)&=b_0+b_1z+\cdots+b_rz^r,\\ f_2(z)&=c_0+c_1z+\cdots+c_sz^s,\end{aligned} \tag{2.6}$$

其中 $r+s=n$. 现在计算这两多项式乘积的埃尔米特形式

$$\mathrm{H}(f_1f_2;u_0,u_1,\cdots,u_{n-1}),$$

立即可得到

$$\mathrm{K}(f_1f_2;z,z')=f_2(z)f_2^*(z')\mathrm{K}(f_1;z,z')+f_1^*(z)f_1(z')\mathrm{K}(f_2;z,z').$$

如果令

$$\mathrm{K}(f_1;z,z')=\sum_{h=0}^{r-1}\sum_{k=0}^{r-1}\mathrm{B}_{hk}z^hz'^k,$$

$$\mathrm{K}(f_2;z,z')=\sum_{h=0}^{s-1}\sum_{k=0}^{s-1}\mathrm{C}_{hk}z^hz'^k,$$

我们有

$$\begin{aligned}\mathrm{K}(f_1f_2;z,z')=&\sum_{h=0}^{r-1}\sum_{k=0}^{r-1}\mathrm{B}_{hk}(c_0z^h+c_1z^{h+1}+\cdots+c_sz^{h+s})(\bar{c}_0z'^k+\cdots+\bar{c}_sz'^{k+s})\\&+\sum_{h=0}^{s-1}\sum_{k=0}^{s-1}\mathrm{C}_{hk}(\bar{b}_0z^h+\cdots+\bar{b}_rz^{h+r})(b_0z'^k+\cdots+b_rz'^{k+r}),\end{aligned}$$

由此得恒等式

$$\mathrm{H}(f_1f_2;u_0,u_1,\cdots,u_{n-1})=\mathrm{H}(f_1;v_0,v_1,\cdots,v_{r-1})+\mathrm{H}(f_2;w_0,\cdots,w_{s-1}), \tag{2.7}$$

其中已令

$$v_h=c_0u_h+c_1u_{h+1}+\cdots+c_su_{h+s}(h=0,1,\cdots,r-1), \tag{2.8}$$

$$w_k=\bar{b}_0u_k+\bar{b}_1u_{k+1}+\cdots+\bar{b}_ru_{k+r}(k=0,1,\cdots,s-1). \tag{2.9}$$

这是用 u_j 表示 v_k 及 w_k 的 $n=r+s$ 个线性形式. 由上列公式及 (1.4) 立即可得: 与这些线性形式的系数矩阵相应的行列式就是结式 $\mathrm{R}(f_1^*,f_2)$; 因此如果 f_1^* 及 f_2 没有公共根, 上

述 n 个形式线性无关. 如果 $f = f_1 f_2$ 没有任何实根, 也没有任何成对的共轭复根, 情况恰好就是这样.

另一方面, 注意对于任何 $\zeta \in \mathbb{C}$, 令 $\varphi_\zeta(z) = z - \zeta$, 我们有

$$\mathrm{K}(\varphi_\zeta; z, z') = \zeta - \bar{\zeta},$$

从而

$$\mathrm{H}(\varphi_\zeta; u_0) = (\zeta - \bar{\zeta}) u_0 \bar{u}_0.$$

由此如果 $f(z) = a_n \prod_{k=1}^{n} (z - z_k)$, 由前面的公式及 (2.7) 可递推证明: 我们有

$$\mathrm{H}(f; u_0, u_1, \cdots, u_n) = |a_n|^2 \sum_{k=1}^{n} \frac{1}{i} (z_k - \bar{z}_k) \mathrm{F}_k(u_0, \cdots, u_n) \overline{\mathrm{F}_k(u_0, \cdots, u_n)}, \tag{2.10}$$

其中 F_k 是 n 个 u_j 的线性形式. 前面作的说明表明: 如果 f 既没有任何实根, 也没有任何成对的共轭复根, 这些 F_k 是线性无关的.

相反地, 假定 f 至少有一个实根或一对共轭复根; 也就是说 f 及 f^* 不是互素的. 设 g 是 f 及 f^* 的最高公因式, 并且令 $f = g f_1$; 于是我们有 $g^* = g$, 从而 $\mathrm{K}(g; z, z') = 0$, 由此从 (2.7) 导出: 如果 $\deg(g) = r$,

$$\mathrm{H}(f; u_0, u_1, \cdots, u_n) = \mathrm{H}(f_1; w_0, \cdots, w_{n-r-1}); \tag{2.11}$$

因而 $n - r$ 个形式 $w_0, \cdots, w_{n-r-1}$ 是线性无关的.

这些说明以及惯性律可证明下列定理:

(2.12) 设 $g(z)$ 是多项式 $f(z)$ 及 $f^*(z)$ 的最高公因式; 设 r 是它的次数, 并且令 $f = g f_1$. 那么埃尔米特形式 $\mathrm{H}(f)$ 的秩等于 $n - r$, 并且它的符号差 $(p, q)(p + q = n - r$ 成立$)$ 是这样的: p 是 $f_1(z) = 0$ 包含在半平面 $\mathfrak{I}z > 0$ 中根的个数, q 是这方程包含在半平面 $\mathfrak{I}z < 0$ 中根的个数.

特别地:

(2.13) 要使 $f(z) = 0$ 的所有根都在半平面 $\mathfrak{I}z > 0$ 中, 必须而且只须埃尔米特形式 $\mathrm{H}(f)$ 是正定的.

作变数代换 $z' = iz$, 同样可得到多项式 f 包含在半平面 $\mathcal{R}z > 0$ 中根的个数.

3. 实系数多项式在一区间中实根的个数

设 f 是实系数多项式. 为了对任何实数 t, 确定 f 满足 $x > t$ 的实根 x 的个数, 我们还要证明, 按照埃尔米特的方法, 只须在与 f 相连带的一个二次形式中, 估计正平方数的个数.

考虑实系数多项式

$$f(x) = a_0 + a_1 x + \cdots + a_n x^n \tag{3.1}$$

以与它相连带的多项式

$$f^*(x) = (x - t) f'(x). \tag{3.2}$$

考虑 x 及 x' 的对称多项式

$$\mathrm{L}(f;x,x')=\frac{f(x)f^*(x')-f(x')f^*(x)}{x-x'}=\sum_{h=0}^{n-1}\sum_{k=0}^{n-1}\mathrm{A}_{hk}x^h x'^k, \tag{3.3}$$

其中我们有 $\mathrm{A}_{kh}=\mathrm{A}_{hk}$. 于是

$$\mathrm{Q}(f;u_0,u_1,\cdots,u_{n-1})=\sum_{h=0}^{n-1}\sum_{k=0}^{n-1}\mathrm{A}_{hk}u_h u_k \tag{3.4}$$

是含 n 个实变数的二次形式.

然后对于两个实系数多项式

$$\begin{aligned} f_1(x)&=b_0+b_1x+\cdots+b_rx^r,\\ f_2(x)&=c_0+c_1x+\cdots+c_sx^s \end{aligned} \tag{3.5}$$

的乘积, 其中 $r+s=n$, 考虑形式

$$\mathrm{Q}(f_1f_2;u_0,u_1,\cdots,u_{n-1}).$$

可立即证明有

$$\mathrm{L}(f_1f_2;x,x')=f_2(x)f_2(x')\mathrm{L}(f_1,x,x')+f_1(x)f(x')\mathrm{L}(f_2;x,x'),$$

从而与在第 2 节中一样, 计算得

$$\mathrm{Q}(f_1f_2;u_0,u_1,\cdots,u_{n-1})=\mathrm{Q}(f_1;v_0,\cdots,v_{r-1})+\mathrm{Q}(f_2;w_0,\cdots,w_{s-1}), \tag{3.6}$$

其中已令

$$v_h=c_0u_h+c_1u_{h+1}+\cdots+c_su_{h+s}(h=0,1,\cdots,r-1), \tag{3.7}$$
$$w_k=b_0u_k+b_1u_{k+1}+\cdots+b_ru_{k+r}(k=0,1,\cdots,s-1). \tag{3.8}$$

考虑上列 n 个形式的系数矩阵; 还可看出这矩阵的行列式是 f_1 及 f_2 的西尔维斯特结式. 因此如果 f_1 及 f_2 没有公共根, 即如果 $f=f_1f_2$ 没有重根, 上列 n 个形式是线性无关的.

现在只考虑 f 没有重根情形. 对于任何 $\xi\in\mathbb{R}$, 如果令 $\varphi_\xi(x)=x-\xi$, 就有

$$\mathrm{L}(\varphi_\xi;x,x')=\xi-t,\ \text{因此得}\ \mathrm{Q}(\varphi_\xi,u_0)=(\xi-t)u_0^2.$$

如果 $\alpha\in\mathbb{R},\beta\in\mathbb{R},\beta\neq0$, 并且如果令 $\psi_{\alpha,\beta}(x)=(x-\alpha)^2+\beta^2$, 我们得到

$$\mathrm{Q}(\psi_{\alpha,\beta};u_0,u_1)=2(\beta^2(\alpha+t)-t^2(\alpha-t))u_0^2+4(\beta^2+t(\alpha-t))u_0u_1-2(\alpha-t)u_1^2;$$

它的行列式

$$16\beta^2((\alpha+t)^2+\beta^2)$$

总是大于 0, 因此涉及符号差是 (1,1) 的一个形式. 由于总可把 f 分解成一次因子及含共轭复根的二次因子的乘积, 反复应用 (3.6) 以及关于形式 (3.7) 及 (3.8) 线性无关的说明, 就可得到下列定理:

(3.9) *如果 f 是没有重根的实系数多项式, 并且如果 t 不是 f 的根, 二次形式 $\mathrm{Q}(f)$ 的秩为 n, 并且有符号差 $(p+r,q+r)$, 其中 p 是大于 t 的 f 的实根个数, q 是小于 t 的实根个数, 并且 $2r$ 是复根的个数.*

由于对 f 的根的绝对值, 我们知道求上界 (习题 1), 对于不同 t 值, 应用上列结果, 在原则上由数值计算就可分离出 f 的实根.

习 题

1) 设 $f(z) = z^n + a_1 z^{n-1} + \cdots + a_n$ 是复系数 n 次多项式, 设 $f(z) = \prod_{j=1}^{n}(z - z_j)$ 是它的一次因式分解式, 并且令 $r_0 = \sup_j |z_j|$.

a) 证明: 如果 $r > 0$ 满足

$$r^n \geqslant |a_1| r^{n-1} + |a_2| r^{n-2} + \cdots + |a_{n-1}| r + a_n,$$

我们有 $r_0 \leqslant r$; 由此导出

$$r_0 \leqslant \sup\left(1, \sum_{k=1}^{n} |a_k|\right).$$

b) 设 $(\lambda_j)_{1 \leqslant j \leqslant n}$ 是满足 $\sum_{j=1}^{n} \frac{1}{\lambda_j} = 1$ 的 n 个正数的有限序列; 证明我们有

$$r_0 \leqslant \sup_{1 \leqslant k \leqslant n} (\lambda_k |a_k|)^{1/k}$$

(应用 a)).

c) 从 a) 导出: 如果所有系数 $a_k \neq 0$, 我们有

$$r_0 \leqslant \sup\left(2|a_1|, 2\left|\frac{a_2}{a_1}\right|, \cdots, 2\left|\frac{a_{n-1}}{a_{n-2}}\right|, \left|\frac{a_n}{a_{n-1}}\right|\right).$$

d) 从 a) 导出: 我们有

$$r_0 \leqslant |a_1 - 1| + |a_2 - a_1| + \cdots + |a_{n-1} - a_n| + |a_n|$$

(考虑多项式 $(z-1)f(z)$). 由此断定: 如果所有 a_j 是实数并且 > 0, 我们有

$$r_0 \leqslant \sup\left(a_1, \frac{a_2}{a_1}, \cdots, \frac{a_{n-1}}{a_{n-2}}, \frac{a_n}{a_{n-1}}\right).$$

2) 设 $a_j (0 \leqslant j \leqslant n)$ 是满足 $0 \leqslant a_j \leqslant M$ 的实数; 还假定 $a_n \geqslant 1$. 证明对于多项式

$$f(z) = a_0 + a_1 z + \cdots + a_n z^n$$

的任何根, 我们有或者 $\mathcal{R}z < 0$, 或者 $\mathcal{R}z > 0$, 而且 $|z| < \frac{1}{2}(1 + \sqrt{1 + 4M})$. (假定 $\mathcal{R}z > 0$, 注意我们有 $\left|a_n + \frac{a_{n-1}}{z}\right| \geqslant 1$, 由此求 $\left|\frac{f(z)}{z^n}\right|$ 的下界.)

3) 设 $f(z)$ 是次数 $n > 1$ 的多项式, 它的所有根都包含在半平面 $\mathfrak{I}z > 0$ 内. 证明 $f'(z)$ 的根也包含在这半平面内. (用反证法论证, 考虑对数导数 f'/f.)

4) 设 $f(z)$ 是实系数多项式. 证明 $f'(z)$ 的根或者是实数, 或者属于一些圆盘的并集; 这些圆盘的直径是 $f(z)$ 的共轭复数根的连线. (如同习题 3, 用反证法论证.)

5) 设 $f(z) = a_0 z^n + a_1 z^{n-1} + \cdots + a_n$ 是复系数多项式, 并且令 $a_j = \alpha_j + i\beta_j$, 其中 α_j 及 β_j 是实数; 设

$$\mathrm{P}(z) = \alpha_0 z^n + \alpha_1 z^{n-1} + \cdots + \alpha_n,$$
$$\mathrm{Q}(z) = \beta_0 z^n + \beta_1 z^{n-1} + \cdots + \beta_n.$$

证明如果 $f(z)$ 的所有零点包含在半平面 $\Im z > 0$ 内, 那么 $\mathrm{P}(z)$ 的所有零点及 $\mathrm{Q}(z)$ 的所有零点是实数. (注意在 $\mathrm{P}(z)$ 或 $\mathrm{Q}(z)$ 的一个零点 z, 我们有 $\mathrm{P}(z)+i\mathrm{Q}(z)=\pm(\mathrm{P}(z)-i\mathrm{Q}(z))$, 或还有 $f(z)=\pm\overline{f(\bar{z})}$, 并且用反证法论证.)

6) 设 $f=f_0,f_1,\cdots,f_r$ 是区间 $[a,b]\subset\mathbb{R}$ 中的 $r+1$ 个连续实值函数. 满足下列条件的序列 $\{f_j\}_{0\leqslant j\leqslant r}$ 叫做*施图姆序列*: 1° 这些 f_j 在 $[a,b]$ 中只取零值有限次; 2° 如果 $f_0(x_0)=0$, f_0 在 x_0 的一个邻域中是单调的, 如果 f_0 是增加的, $f_1(x_0)>0$, 如果 f_0 是减小的, $f_1(x_0)<0$; 3° f_r 是一常数 $\neq 0$; 4° 在 $[a,b]$ 中存在着连续函数 $g_1,\cdots,g_{r-1}$, 使得

$$
\begin{aligned}
&f_0=g_1f_1-f_2,\\
&f_1=g_2f_2-f_3,\\
&\cdots\cdots\cdots\cdots\\
&f_{r-2}=g_{r-1}f_{r-1}-f_r.
\end{aligned}
$$

对于任何不全是零的实数序列 $\{a_j\}_{1\leqslant j\leqslant m}$, 设 $\{a_{i_k}\}_{1\leqslant k\leqslant p}$ 是从 $\{a_j\}_{1\leqslant j\leqslant m}$ 中取出的 $\neq 0$ 的项组成的序列. 考虑这样的指标 $a_{i_k}(k\leqslant p-1): a_{i_k}$ 与 $a_{i_{k+1}}$ 的符号相反. 序列 a_j 中有这种指标的项的个数叫做这序列的*变号数*.

对于任何 $x\in[a,b]$ 用 $w(x)$ 表示序列

$$f_0(x),f_1(x),\cdots,f_r(x)$$

的变号数. 证明如果 $f_0(a)\neq 0$ 及 $f_0(b)\neq 0$, 那么方程 $f_0(x)=0$ 在 $[a,b]$ 中根的个数等于 $w(a)-w(b)$. (考察当 x 穿越方程 $f_j(x)=0$ 的一个根时, 数字 $w(x)$ 怎样变化.)

应用到 f 是实系数多项式及 f_1 是它的导数情形 (用欧几里得除法确定多项式 $f_2,\cdots,f_r$). 应用到 f 有重根情形 (*施图姆定理*).

7) 设 f 是次数 $n>0$ 的多项式; 对任何 $x\in\mathbb{R}$, 设 $v(x)$ 是序列 $(f^{(k)}(x))_{0\leqslant k\leqslant n}$. 的变号数 (令 $f^{(0)}=f$). 如果在满足 $f(a)\neq 0$ 及 $f(b)\neq 0$ 的区间 $[a,b]$ 中, ν 是 $f(x)=0$ 的根的个数, 证明 $\nu\leqslant v(a)-v(b)$, 并且差 $v(a)-v(b)-\nu$ 是偶数 (用 $f^{(k)}(x)=0$ 的根分割区间 $[a,b]$, 并且如同在习题 6 中那样论证). 由此导出: 如果 $f(x)=a_0+a_1x+\cdots+a_nx^n$, 而且 $a_0\neq 0$, 那么 f 的正根数至多等于序列 $\{a_k\}_{0\leqslant k\leqslant n}$ 的变号数, 而且这两数的差是偶数 (*笛卡儿法则*).

8) 设 $a_1,a_2,\cdots,a_n,b_1,b_2,\cdots,b_n$ 都是实数, 而且这些 $a_j\neq 0$, 还有 $b_1<b_2<\cdots<b_n$. 证明多项式

$$f(x)=a_1(x-b_1)^m+a_2(x-b_2)^m+\cdots+a_n(x-b_n)^m \quad (\text{整数 } m\geqslant 1)$$

的实根的个数至多等于序列

$$a_1,a_2,\cdots,a_n,(-1)^m a_1$$

的变号数, 并且这两数的差是偶数. (考虑 $f(x)/(x-b_n)^m$ 的导数, 对 n 递推进行论证.)

9) 设在 $\mathbb{R}$ 中的区间 $\mathrm{J}=[a,b]$ 中, 二次连续可导函数 f 满足关系式 $|f'(x)|\geqslant m$, $|f''(x)|\leqslant M$, 而且 $f(a)$ 及 $f(b)$ 不同号. 证明: 如果 $\dfrac{M}{4m}(b-a)=q<1$, 就可逐步应用试

位法 n 次, 在 $[a,b]$ 中找到端点是 a_n,b_n 的一个区间, 其中包含 $f(x)=0$ 的唯一一根, 而且

$$|b_n-a_n|\leqslant\frac{4m}{M}q^{2^n}.$$

10) 用附录中关于方程 (1.1) 的记号, 证明如果

$$f(z)=a_0(z-\xi_1)\cdots(z-\xi_n),\quad g(z)=b_0(z-\eta_1)\cdots(z-\eta_m),$$

我们有

$$\mathrm{R}(f,g)=a_0^m b_0^n\prod_{\substack{1\leqslant j\leqslant n\\1\leqslant k\leqslant m}}(\xi_i-\eta_k)$$

(注意对于固定的 a_0,b_0,f 及 g 可分别看作变数 ξ_j 及 η_k 的函数, 而且 $\mathrm{R}(f,g)$ 可用所有多项式 $\xi_j-\eta_k$ 除尽).

11) 对于复系数多项式

$$f(z)=a_0z^n+a_1z^{n-1}+\cdots+a_n,$$

令

$$\mathrm{H}(f)=\sup(|a_0|,|a_1|,\cdots,|a_n|)$$

(f 的高度).

a) 对于满足 $|\mathrm{A}|\geqslant 1$ 的任何复数 A, 设 $f_{\mathrm{A}}(z)=f(z-A)$. 证明我们有

$$\mathrm{H}(f_A)\leqslant(n+1)(|A|+1)^n\mathrm{H}(f).$$

b) 设 ξ 是 f 的一个零点, 并且设 ζ 是 $\mathbb{C}$ 中满足 $|\zeta|\geqslant 1$ 及 $|\xi-\zeta|\leqslant 1$ 的一点. 证明我们有

$$|f(\zeta)|\leqslant 2^n n|\zeta|^n\mathrm{H}(f)|\zeta-\xi|$$

(应用中值定理, 求 $|f(\zeta)-f(\xi)|=|f(\zeta)|$ 的上界, 注意在连接 ξ 及 ζ 的线段上, $|z|\leqslant 2|\zeta|$).

12) 设 $\xi_1,\cdots,\xi_n$ 是任意 n 个复数. 证明存在着一个复数 A 满足 $1\leqslant|A|\leqslant\sqrt{n+1}$, 以及

$$\inf_{1\leqslant j\leqslant n}|\xi_j-A|\geqslant 1.$$

(考虑圆心为 $0,\xi_1,\cdots,\xi_n$、半径为 1 的 $n+1$ 个圆盘, 并且注意这些圆盘的面积和是 $(n+1)\pi$; 由此导出至少存在着一点 A 不属于其中任一圆盘, 可是属于圆盘 $|z|\leqslant\sqrt{n+1}$. 如果所有 ξ_j 都是实数, 可以取 $\mathrm{A}=i$.)

13) 采用习题 10 中的记号, 假定 $\mathrm{R}(f,g)\neq 0$, 因而 f 的零点 ξ_j 与 g 的零点 η_k 不相等. 令

$$\Delta(f,g)=\inf_{\substack{1\leqslant j\leqslant n\\1\leqslant k\leqslant m}}|\xi_j-\eta_k|.$$

证明我们或者有

$$\Delta(f,g)\geqslant 1,$$

或者有

$$\Delta(f,g)\geqslant(\mathrm{C}(f,g)\mathrm{H}(f)^m\mathrm{H}(g)^n)^{-1}|\mathrm{R}(f,g)|,$$

其中

$$C(f,g)=(m+1)^{2n}(n+1)^{2m}4^{mn}c(f,g)^{mn};$$

如果多项式 f,g 中至少有一个的所有根都是实数, $c(f,g)=1$; 否则 $c(f,g)$ 等于两数 $m+1$ 及 $n+1$ 中最小的一个. (可先限于考虑 $\Delta(f,g)\leqslant 1$ 情形及 $\Delta(f,g)=|\xi_1-\eta_1|$ 情形. 假定对于任何 $k,|\eta_k|\geqslant 1$. 写出 $R(f,g)=b_0^n\prod_{k=1}^{m}|f(\eta_k)|$; 先证明

$$|R(f,g)|\leqslant|b_0|^n|f(\eta_1)|\prod_{k=2}^{m}((n+1)|\eta_k|^n H(f)),$$

然后应用习题 11b), 求出 $\Delta(f,g)$ 的函数作为 $|f(\eta_1)|$ 的上界. 再应用习题 11a) 及 12, 转到一般情形.)

14) 设 $\boldsymbol{g}(\boldsymbol{x})$ 是在 $\mathbb{R}^n$ 中立方体 $K:\|\boldsymbol{x}-\boldsymbol{x}_0\|\leqslant c$ 上确定、并且在 $\mathbb{R}^n$ 中取值的连续可导映射, 从而可写成

$$\boldsymbol{g}(\boldsymbol{x})=(g_i(\boldsymbol{x}))_{1\leqslant j\leqslant n},$$

其中 g_j 是在 K 中连续可导的纯量函数. 假定存在着一个数 q 满足 $0<q<1$ 且具有下列性质:

1°　$\left|\dfrac{\partial g_j}{\partial x_k}\right|\leqslant\dfrac{q}{n}$ 在 K 中对于 $1\leqslant j\leqslant n, 1\leqslant k\leqslant n$;

2°　$\|\boldsymbol{g}(\boldsymbol{x}_0)-\boldsymbol{x}_0\|\leqslant c(1-q)$.

那么向量方程 $\boldsymbol{g}(\boldsymbol{x})=\boldsymbol{x}$ 在 K 中有一个、并且只有一个根 (推广 (3.3) 的方法).

15) a) 设 $P(x)$ 是偶数 n 次的复系数多项式. 证明我们有 $P(x)P(-x)=P_1(x^2)$, 其中 $P_1(x)$ 是一个 n 次多项式; 如果 $P(x)=a_0\prod_{k=1}^{n}(x-x_k)$, 我们有 $P_1(x)=a_0^2\prod_{k=1}^{n}(x-x_k^2)$. 由条件 $P_{k-1}(x)P_{k-1}(-x)=P_k(x^2)$ 递推确定 $P_k(x)$.

b) 假定我们有 $|x_1|>|x_2|>\cdots>|x_n|$. 如果令

$$P_k(x)=a_0^{(k)}x^n+a_1^{(k)}x^{n-1}+\cdots+a_n^{(k)},$$

证明我们有 $|x_j|=\lim\limits_{k\to\infty}|a_j^{(k)}/a_{j-1}^{(k)}|^{2^{-k}}$ (格雷费法, 它是用来计算多项式的根的绝对值的; 考虑 $P_k(x)$ 的根的初等对称函数).

第三章　渐近展开式

1. 导　　言

我们用点 $x_0 \in \mathbb{R}$ 的 "右邻域" 这种 (不确切的) 说法表示 x_0 右方的半开区间 $]x_0, x_0+h](h>0)$; 同样, 用 x_0 的 "左邻域" 表示区间 $[x_0-h, x_0[(h>0)$; "$+\infty$ 的邻域" 是形如 $[A,+\infty[$ 的区间,"$-\infty$ 的邻域" 是形如 $]-\infty,-A](A>0)$ 的区间. 在分析的很多问题中, 我们要研究复值函数 f "在 x_0 的邻域中" 的 "形态"; 问题是要把所理解的有关问题加以明确. 首先, 要研究在 x_0 的非特定 (右或左) 邻域中的性质; 从这观点出发, 当两函数在 x_0 的一个邻域中相等时, 即使它们在这邻域外不同, 也把它们看作恒等, 作为这种性质的例子, 可立即引用 f 在点 x_0 右方或左方的 (有限或无穷) 极限的存在性. 在上面所述中, 可把 x_0 换成 $+\infty$ 或 $-\infty$. 事实上, 我们系统地化为研究 $+\infty$ 的邻域中的函数; 这样并没有限制一般性, 因为例如在 x_0 的右邻域中研究函数 $f(x)$, 就回到在 $+\infty$ 的邻域中研究函数 $g(x)=f\left(x_0+\dfrac{1}{x}\right)$; 在 $-\infty$ 的邻域中研究函数 $f(x)$, 就回到在 $+\infty$ 的邻域中研究 $f(-x)$.

如果我们知道当 x 趋近于 $+\infty$ 时, $f(x)$ 有极限 (例如 $f(x)=\sin x$ 表明, 出现这种情形并不是必然的), 可是一般说来, 要研究有关 $f(x)$ 的问题, 只知道这一点还是不够. 例如当 x 趋近于 $+\infty$ 时, 下列四个函数

$$x, \quad x^2, \quad \sqrt{x}, \quad x+\frac{1}{2}\sin \pi x \tag{1.1}$$

都趋近于 $+\infty$. 然而对其中每个函数考虑表达式 $f(x+1)-f(x)$, 就分别得到

$$1, \quad 2x+1, \quad \sqrt{x+1}-\sqrt{x}=\frac{1}{\sqrt{x+1}+\sqrt{x}}, \quad 1-\sin \pi x.$$

上列前三式分别趋近于 $1,+\infty,0$, 可是第四式没有极限.

为了进一步研究, 我们要把在 $+\infty$ 的邻域中形态为已知的函数, 取作比较函数.

2. 比较函数

我们把下列类型之一中的函数

$$1,\quad x^{\alpha}(\alpha\neq 0),\quad (\log x)^{\beta}(\beta\neq 0),\quad e^{cx^{\gamma}}(c\neq 0,\gamma>0)$$

(其中 α,β,γ,c 是实常数) 以及它们的乘积, 即形如

(2.1) $$g(x)=x^{\alpha}(\log x)^{\beta}e^{\mathrm{P}(x)}$$

(其中 $\mathrm{P}(x)=c_1x^{\gamma_1}+c_2x^{\gamma_2}+\cdots+c_kx^{\gamma_k}$, 而且 $\gamma_1>\gamma_2>\cdots>\gamma_k>0,\alpha,\beta$ 及 c_j 是有任意符号的实数) 的函数看作在 $+\infty$ 的邻域中是已知的, 这些函数的集 $\mathcal{E}$ 有下列性质:

(2.2) (i) 在 $+\infty$ 的邻域内, $\mathcal{E}$ 中任何函数 >0.

(ii) 除去常数 1 外, 当 x 趋近于 $+\infty$ 时, $\mathcal{E}$ 中任何函数趋近于 0 或 $+\infty$.

(iii) $\mathcal{E}$ 中各函数的任何乘积属于 $\mathcal{E}$; 如果 $f\in\mathcal{E}$, 那么对于任何实指数 λ,f^{λ} 也属于 $\mathcal{E}$ (而且特别地 $\mathcal{E}$ 中两函数的商属于 $\mathcal{E}$).

论断 (i) 及 (iii) 可立即导出, 要对于函数 $f\neq 1$ 证明 (ii), 可假定在 P 中, 系数 $c_1\geqslant 0$, 否则可考虑 $1/f$. 如果 $\mathrm{P}=0$ (所有 $c_j=0$), 论断 (ii) 是经典的 (“对数的任何次幂”, K – R, 第 12 页). 因此可假定 $c_1>0$, 并且可写出

$$\mathrm{P}(x)=c_1x^{\gamma_1}(1+b_2x^{\gamma_2-\gamma_1}+\cdots+b_kx^{\gamma_k-\gamma_1}),$$

其中括号中的因子趋近于 1; 因此在 $+\infty$ 的邻域中, $\mathrm{P}(x)\geqslant c_1x^{\gamma_2}/2$, 于是可限于考虑 $\mathrm{P}(x)=cx^{\gamma}$ 情形, 其中 $c>0,\gamma>0$; 把 f 换成 $f^{1/c}$, 并把 x^{γ} 换成 y, 最后使我们引向证明 $y^{\alpha}(\log y)^{\beta_{e}y}$ 随着 y 趋近于 $+\infty$, 而无论实常数 α 及 β 是什么; 可是这是明显的, 因为只要 y 充分大, 就有 $e^{y/4}\geqslant y^{-\alpha}$ 以及 $e^{y/4}\geqslant y\geqslant(\log y)^{-\beta}$, 从而有 $y^{\alpha}(\log y)^{\beta_{e}y}\geqslant e^{y/2}$.

(2.3) 在下面, 我们几乎只用 (2.2) 中举出的 $\mathcal{E}$ 的一些性质, 因而所讲的也可应用于 (在 $+\infty$ 的邻域中) 所有这些性质的其他函数集. 容易作出形如 (2.1) 的函数集之外的其他集也有这些性质, 例如 (2.1) 型的函数与 “重叠对数”: $(\log\log x)^{\lambda},(\log\log\log x)^{\mu},\cdots$, 或 “重叠指数”: $\exp(a\exp(bx^{\gamma})),\exp(a\exp(b\exp(cx^{\gamma}))),\cdots$, 或形如 $\exp(x^{\alpha}(\log x)^{\beta})$ 的函数 (其中还出现了 $x^x=e^{x\log x}$) 等的乘积.

(2.4) 当需要研究函数在一点 $x_0\in\mathbb{R}$ 的邻域 (例如右邻域) 中的形态时, 同样要把函数 $f\left(\dfrac{1}{x-x_0}\right)$ 看作已知的, 其中 $f\in\mathcal{E}$, 换句话说, 要把函数

(2.4.1) $$(x-x_0)^{\alpha}|\log(x-x_0)|^{\beta}e^{\mathrm{P}(1/(x-x_0))}$$

看作已知的 (α, β 及 c_j 是任意实数). 我们要注意在 $\mathrm{P}(1/(x-x_0))$ 中, $(x-x_0)$ 的指数是严格负的; 函数 e^{x-x_0} 不属于 (2.4.1) (见 (6.4)).

我们往往要研究序列 $\{u_n\}$ 的形态; 我们记得序列就是在非负整数集 $\mathbb{N}$ 上 (或在区间 $[n_0, +\infty[$ 中的集上) 确定的函数 $n \to u_n$. 这时把 $\mathcal{E}$ 中函数在 $]2, +\infty[\bigcap \mathbb{N}$ 的限制作为 "已知的".

3. 比较关系式

$\mathcal{E}$ 中的函数在 $+\infty$ 的邻域中看做是已知的, 我们也把形如 $f = c.g$ 的任何复值函数在 $+\infty$ 的邻域中看做是已知的, 这里 c 是一复常数 $\neq 0$, 而且 $g \in \mathcal{E}$. 从这种想法出发, 为了研究函数 f 在 $+\infty$ 的邻域中的 "形态", 取 $\mathcal{E}$ 中适当的函数 g, 寻求商式 f/g 是否有一个非零的有限极限 c. 当确有这样的极限时, 就说对 $\mathcal{E}$ 来说, 函数 $c.g$ 是 f 的主要部分, 写作

(3.1) $$f \sim c.g \quad \text{或} \quad f(x) \sim cg(x).$$

一般地, 如果 g 是在 $+\infty$ 的邻域中满足 $g(x) \neq 0$ 的函数 (不一定属于 $\mathcal{E}$), 就说 f 在 $+\infty$ 的邻域中与 g 等价, 而且如果当 x 趋近于 $+\infty$ 时, 商式 $f(x)/g(x)$ 趋近于 1, 就写作 $f \sim g$. 显然, 如果 $f \sim g$, 并且 $g \sim h$, 我们有 $f \sim h$.

$\mathcal{E}$ 中的函数显然是它本身的主要部分. 例如在 (1.1) 中, 前三个函数在 $\mathcal{E}$ 中, 而对第四个函数, 我们有 $x + \dfrac{1}{2}\sin \pi x \sim x$.

对于任何函数 $g \in \mathcal{E}$, 可能比值 f/g 不趋近于任何极限, 或者趋近于 0, 或者 $|f|/g$ 趋近于 $+\infty$. 为了表示后两种可能性, 并且为了缩减主要部分 (当它们存在时) 的计算, 前辈数学家引进了下列记号.

(3.2) 已给函数 $g \in \mathcal{E}$ (或更一般地在 $+\infty$ 的邻域中满足 $g(x) > 0$ 的函数 g), 如果函数 $|f|/g$ 在 $+\infty$ 的邻域中以一常数为上界, 就写出

(3.2.1) $$f = O(g) \quad (\text{兰道记号})$$

或

(3.2.2) $$f \preccurlyeq g \ (\text{或 } g \succcurlyeq f) \quad (\text{哈代记号}).$$

例如我们有 $x \sin x = O(x)$.

如果当 x 趋近于 $+\infty$ 时, 函数 f/g 趋近于 0, 就写出

(3.2.3) $$f = o(g) \quad (\text{兰道记号})$$

或

$$f \lll g \quad (\text{哈代记号}), \tag{3.2.4}$$

并且说 f 对 g 是可略去的.

显然由 $f \lll g$ 可导出 $f \preccurlyeq g$.

最后, 如果 $|f|/g$ 趋近于 $+\infty$ (由此导出 $f(x)$ 在 $+\infty$ 的一个邻域中不为零), 就说

$$g = o(|f|) \quad (\text{兰道记号}) \tag{3.2.5}$$

或

$$|f| \ggg g \quad (\text{哈代记号}), \tag{3.2.6}$$

并且说 f 对 g 是占优势的.

特别地, 写出 $f = O(1)$ 或 $f \preccurlyeq 1$ 等于说 f 在 $+\infty$ 的邻域中有界, 而且写出 $f = o(1)$ 或 $f \lll 1$ 等于说当 x 趋近于 $+\infty$ 时, f 趋近于 0. 关系式 (3.1) 等价于

$$f = c.g + o(g) \quad \text{或} \quad f - c.g \lll g. \tag{3.2.7}$$

注释 (3.3) 在一点 x_0 的 (右或左) 邻域中, 或在 $-\infty$ 的邻域中, 我们要以同样的意义采用上列记号; 当然, 必须把 $\mathcal{E}$ 中函数, 做本章导言所述适当变数代换, 来代替 $\mathcal{E}$ 中原有函数; 例如在 x_0 的右邻域, 变换而得的函数是 $(x-x_0)^\alpha, |\log(x-x_0)|^\beta, \exp\left(\dfrac{c}{(x-x_0)^\gamma}\right)$ (其中 $\gamma > 0$) 以及它们的乘积.

(3.4) 对于复数序列 $\{u_n\}$, 即在整数集 $\mathbb{N}$ (或这集在区间 $[n_0 + \infty[$) 中的整数中确定的函数, 我们也要用上述记号; $\mathcal{E}$ 中函数要用这些函数在 $\mathbb{N}$ 与区间 $[n_0, +\infty[$ 交集上的限制来代替.

(3.5) 我们要注意本章所讲比较问题与形成数值计算基础的求上界问题的差别, 关系式 $f(x) = O(x^2)$ 不容许求数值 $f(x)$ 时已给 x 的上界, 因为这关系式只是表明, 对于某一常数 $A > 0$ 及某一区间 $[x_0, +\infty[$, 我们有: 对于 $x \geqslant x_0, |f(x)| \leqslant Ax^2$; 而 A 及 $[x_0, +\infty[$ 两者都是未知的. 然而在实践中可验证: 把求得大部分比较关系式的方法更仔细地应用起来 (特别是对有关数值常数), 可以求得真正的上界.

4. 比较关系式的计算

(4.1) 第 3 节中所引进记号的下列运算法则是由记号的定义明显地推出的:

(4.1.1) (可递性) 如果 $f \preccurlyeq g$, 并且 $g \preccurlyeq h$, 我们有 $f \preccurlyeq h$. 如果 $f \lll g$, 并且 $g \preccurlyeq h$, 或者如果 $f \preccurlyeq g$, 并且 $g \lll h$, 我们有 $f \lll h$.

(4.1.2) 如果 $f_1 \preccurlyeq g$, 并且 $f_2 \preccurlyeq g$, 那么 $f_1 \pm f_2 \preccurlyeq g$, 并且对于任何复常数 $c, c.f_1 \preccurlyeq g$. 如果 $f_1 \lll g$, 并且 $f_2 \lll g$, 那么 $f_1 \pm f_2 \lll g$, 并且对于任何复常数 $c, c.f_1 \lll g$.

应用兰道记号, 上列法则可写成

$$O(g)+O(g)=O(g), \quad c.O(g)=O(g),$$
$$o(g)+o(g)=o(g), \quad c.o(g)=o(g).$$

我们注意这样写是滥用记号, 记号 $O(g)$ 及 $o(g)$ 并不表示已确定的函数; 因此这些关系式应看做是用来便于速记的, 并且应避免把这些记号当作数或函数一样机械地进行运算: 从关系式 $O(g)+O(g)=O(g)$ 导出 $O(g)=0$ 是荒唐的!

(4.1.3) 如果 $f_1 \preccurlyeq g_1$, 并且 $f_2 \preccurlyeq g_2$, 我们有 $f_1 f_2 \preccurlyeq g_1 g_2$. 如果 $f_1 \lll g_1$, 并且 $f_2 \preccurlyeq g_2$, 我们有 $f_1 f_2 \lll g_1 g_2$. 如果 $f \preccurlyeq g$ (或 $f \lll g$), 对于任何 $\lambda > 0$, 我们有 $|f|^\lambda \preccurlyeq g^\lambda$ (或 $|f|^\lambda \lll g^\lambda$).

用兰道记号, 上列法则可写成

$$O(g_1)O(g_2)=O(g_1 g_2), \quad o(g_1)O(g_2)=o(g_1 g_2),$$
$$|O(g)|^\lambda = O(g^\lambda), \qquad |o(g)|^\lambda = o(g^\lambda).$$

我们注意没有关于商式的一般法则, 这为例如 $\sin x = o(x)$ 这一情形表明, 如果 $f \preccurlyeq g$, 函数 f 可能在 $+\infty$ 的任何邻域中取零值. 此外, 如果假定在 $+\infty$ 的一个邻域中, $f(x) > 0$, 那么关系式 $f \preccurlyeq g$ 与 $1/g \preccurlyeq 1/|f|$ 等价, 并且关系式 $f \lll g$ 与 $1/g \lll 1/|f|$ 等价.

(4.1.4) 设 g 是 $\mathcal{E}$ 中的函数, 如果 $f_1 \sim c_1 g, f_2 \sim c_2 g$ (c_1, c_2 是 $\neq 0$ 的复常数), 那么当 $c_1 + c_2 \neq 0$ 时, $f_1 + f_2 \sim (c_1 + c_2) g$; 当 $c_1 + c_2 = 0$ 时, $f_1 + f_2 \lll g$.

(4.1.5) 设 g_1, g_2 是 $\mathcal{E}$ 中两函数, 如果 $f_1 \sim c_1 g_1, f_2 \sim c_2 g_2$ (c_1, c_2 是复常数 $\neq 0$), 我们有 $f_1 f_2 \sim c_1 c_2 (g_1 g_2)$, 并且 $f_1/f_2 \sim (c_1/c_2)(g_1/g_2)$. 如果 $g \in \mathcal{E}$, 并且 $f \sim c.g$, 其中 $c > 0$, 那么对于任何 $\lambda > 0, f^\lambda \sim c^\lambda g^\lambda$.

(4.2) 当我们会比较在 $+\infty$ 的邻域中两函数 f, g 时, 我们往往要比较这两函数的指数 e^f, e^g, 或对数 $\log|f|, \log|g|$; 这时要仔细一点. 首先, 从关系式 $f \preccurlyeq g$ (而且甚至从关系式 $f \sim g$) 不一定能导出 $e^f \preccurlyeq e^g$: 例如我们有 $x^2 + x \sim x^2$, 可是 e^{x^2+x}/e^{x^2} 趋近于 $+\infty$.

(4.2.1) 如果 $f \lll g$, 并且如果 $g(x)$ 随着 x 趋近于 $+\infty$, 那么对于任何 $\delta > 0$, 我们有 $e^{-\delta g} \lll e^{\mathcal{R} f} \lll e^{\delta g}$.

由于 $|\mathcal{R} f| \leqslant |f| \lll g$, 可限于考虑 f 取实值情形, 需要证明 $e^{\pm f - \delta g}$ 趋近于 0, 因此要证明 $\pm f - \delta g$ 趋近于 $-\infty$; 可是因为 $\pm f - \delta g = -\delta g \left(1 \pm \dfrac{1}{\delta}(f/g)\right)$, 所以要证明的结果可由 g 趋近于 $+\infty$, 并且 f/g 趋近于 0 立即推出.

当 g 有界时, 上述结果不能推广; 例为 $1/x \lll 1$, 可是 $e^{1/x}/e$ 趋近于 $1/e$.

另一方面, 必须注意从关系式 $f \lll g$ 不能必然导出 $\log|f| \lll \log g$: 例如我们

有 $x \prec\!\!\prec x^2$, 可是比值 $\log x/\log x^2$ 等于 $\dfrac{1}{2}$. 反过来:

(4.2.2) 假定 $g(x)$ 趋近于 $+\infty$. 那么如果 $f \preccurlyeq g$, 并且如果存在着常数 $a>0$, 使得在 $+\infty$ 的邻域内 $|f| \geqslant a$, 我们就有 $\log|f| \preccurlyeq \log g$. 如果 $f \sim c.g$, 其中 $c \neq 0$, 我们有 $\log|f| \sim \log g$.

为了证明第一个结论, 注意我们有 $\log|f| \geqslant \log a$, 并且对于一常数 $A>0$, 在 $+\infty$ 的邻域内, $|f| \leqslant Ag$; 由于 $\log g$ 趋近于 $+\infty$, 从上列第二个关系式推出: 在 $+\infty$ 的适当的邻域内, $\log|f| \leqslant \log g + \log A \leqslant 2\log g$; 因此 $|\log|f|| \leqslant 2\log g$. 第二个结论是由于 $\log|f| - \log g$ 趋近于 $\log|c|$, 从而 $\log|f| - \log g \prec\!\!\prec \log g$.

5. $\mathcal{E}$ 中阶的关系

在 (2.1) 型函数集 $\mathcal{E}$ 中, 关系式

$$\mathrm{R}(f,g): \text{“}f = g \quad \text{或} \quad f \prec\!\!\prec g\text{”}$$

是一种全阶关系; 这表示:

1° 这关系是自反的, 换句话说, 对任何函数 $f \in \mathcal{E}$, $\mathrm{R}(f,f)$ 总是正确的.

2° 这关系是可递的, 换句话说, 如果对于 $\mathcal{E}$ 中三个函数, 我们有 $\mathrm{R}(f,g)$ 及 $\mathrm{R}(g,h)$, 那么也有 $\mathrm{R}(f,h)$; 这可由 (4.1.1) 推出.

3° 对于 $\mathcal{E}$ 中任意两函数 f,g, 两个关系式 $\mathrm{R}(f,g),\mathrm{R}(g,f)$ 中有一个成立, 并且只有当 $f=g$ 时, 这两关系式才能同时成立, 这一结论可由 (2.2, (ii) 及 (iii)) 推出: 函数 f/g 属于 $\mathcal{E}$, 并且如果它不是常数 1, 就趋近于 0 或 $+\infty$.

可以设法把阶的关系用图形表示出来, 如果只考虑 x^α 形的函数 (α 是任意的实常数), 这是容易的, 因为由定义立即导出: 关系式 $\mathrm{R}(x^\alpha, x^\beta)$ 等价于 $\alpha \leqslant \beta$; 因此把 x^α 与数 α 联系起来是一种令人满意的表示, 由此可设想 x^α 是直线上的点 (图 5); 在直线上, 0 在趋近于 $+\infty$ 的函数与趋近于 0 的函数之间作出 “分划”.

反过来, 即使只考虑函数 $x^\alpha(\log x)^\beta$, 情况却远不直观: 事实上, 对于任何 $\beta \in \mathbb{R}$ 以及任何 $\alpha>0$, 我们有 $(\log x)^\beta \prec\!\!\prec x^\alpha$, 而且甚至于对于任何 $\alpha>0$, $(\log x)^\beta \succ\!\!\succ x^{-\alpha}$. 因此必须设想在上列图形中, 有一个 “洞” 代替 0, 并且在这 “洞” 中, 插进整个一条直线表示 $(\log x)^\beta$ (图 5).

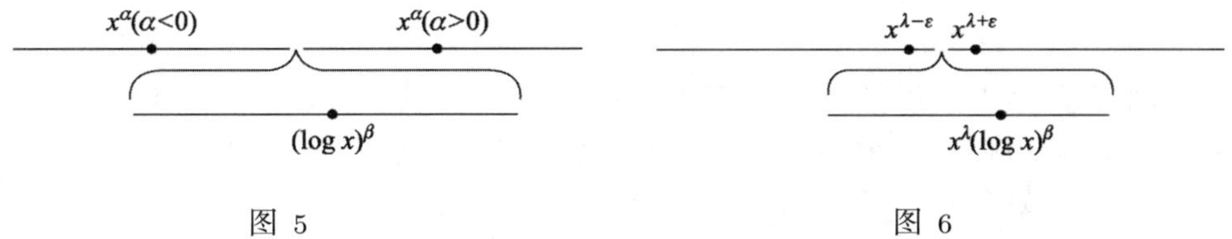

图 5　　　　图 6

可是事实上, 对任何实数 λ, 有一个类似的 “洞”, 因为对任何 $\varepsilon>0$, 任给 β, $x^\lambda(\log x)^\beta$ 插在所有 $x^{\lambda-\varepsilon}$ 及所有 $x^{\lambda+\varepsilon}$ 之间 (图 6). 引用 “编字典次序” 的概念, 我们就有一种

容易理解的表示法. 把 $x^{\alpha}(\log x)^{\beta}$ 看作字典中两个 “字母” α,β 所构成的一个 “字”, 不过差别是这里的 “字母” 可取所有的实数值. 要比较 (α,β) 及 (α',β') 时, 我们先看第一个 “字母”, 并且如果 $\alpha<\alpha'$ 不论 β 及 β' 是什么, 我们总有 $(\alpha,\beta)<(\alpha',\beta')$; 反过来如果 $\alpha=\alpha'$, 我们看第二个 “字母”, 并且如果 $\beta<\beta'$, 就有 $(\alpha,\beta)<(\alpha',\beta')$.

如果我们还引进重叠对数 $(\log\log x)^{\gamma}$, 为了表示形如 $x^{\alpha}(\log x)^{\beta}(\log\log x)^{\gamma}$ 的函数之间阶的关系 $\mathrm{R}(f,g)$, 甚至要用 “编字典次序” 把含三个 “字母” 的 “字” (α,β,γ) 分类; 如此等等.

当引进指数函数时, 情况还更复杂; 对于已给 $\gamma>0$, 函数 $e^{cx^{\gamma}}$ 当 $c>0$ 时 “在 $+\infty$ 一边”, 当 $c<0$ 时 “在 $-\infty$ 一边” (图 7). 对于已给 $\gamma>0$, 形如 $e^{cx^{\gamma}}x^{\alpha}(\log x)^{\beta}$ 函数的分类相应于含三个 “字母” 的 “字” (c,α,β) 在编字典中的次序. 此外, 对于 $\gamma_1>\gamma_2>0$, 函数

$$\exp(cx^{\gamma_1})x^{\alpha}(\log x)^{\beta}$$

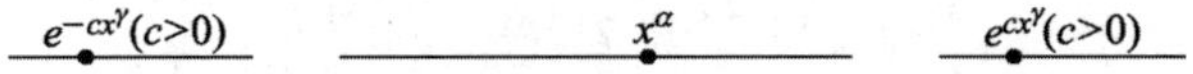

$e^{-cx^{\gamma}}(c>0)$ x^{α} $e^{cx^{\gamma}}(c>0)$

图 7

当 $c>0$ 时 “超过” 所有函数 $\exp(c'x^{\gamma_2})x^{\alpha'}(\log x)^{\beta'}$, 当 $c<0$ 时 “不及” 所有这些函数 (图 8).

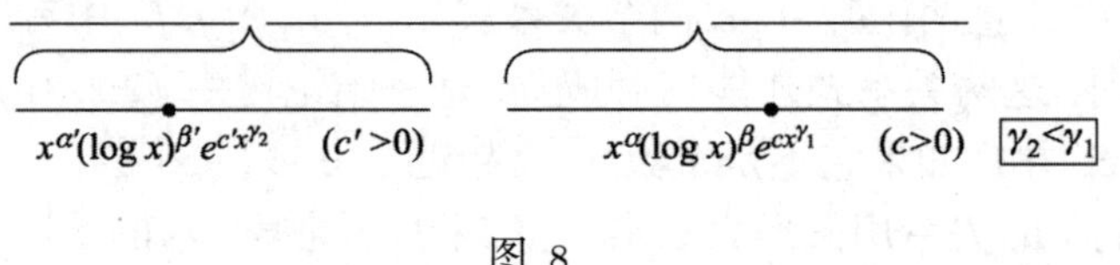

图 8

显然这些图形只是用来帮助想象比熟知的数的关系要复杂得多的一种阶的关系, 并且用来指引在计算中避免不小心的错误, 当从 $+\infty$ 的邻域到 (例如) 0 的右邻域作变数代换 (第 1 节) 时, 建议把以上说明转移过去; 注意在原点的邻域中, 幂函数 x^{α} 大小的阶与指数的阶相反, 而对于 $|\log|x||^{\beta}$ 及 $e^{cx^{-\gamma}}$ (γ 是已给正数) 则相同.

6. 渐近展开式

(6.1) 假定已给一种比较阶, 即在 $+\infty$ 的邻域中满足 (2.2) 所述性质的一种函数集 $\mathcal{E}$. 把复值函数 f 在 $+\infty$ 的邻域与 $\mathcal{E}$ 中函数作比较, 第一步要找出 f 是否有关于 $\mathcal{E}$ 的主要部分 $c.g$ (3.1). 由于根据定义 $c\neq 0$, 我们注意到: 主要部分存在就意味着 f 在 $+\infty$ 的一个邻域中不等于零; 因此像 $\sin x, x\sin x$ 等这样的 “振动” 函数就没有主要部分 (参看 (7.6)). 可是不取零值的 f 也可能没有主要部分; 假设 $f\sim c.g$ 就是 (由于 (2.2)) 意味着对于任何函数 $g_1\in\mathcal{E}$, 比值 $|f|/g_1$ 趋近于一个有限或无穷的极限, 而函数 g 是使这极限 $\neq 0$, 并且 $\neq+\infty$ 的唯一函数 $g_1\in\mathcal{E}$. 像 $1+x^2\sin^2 x$ 或 $e^{x\sin^2 x}$ 这

样的函数总是 $\geqslant 1$ 但不满足上面的条件; 对于函数 (2.1) 所形成的标记 $\mathcal{E}$, 函数 e^{e^x} 也是如此, $e^{e^x}/g(x)$ 的极限总是 $+\infty$ (这种函数 "超过" $\mathcal{E}$ 中所有函数; 作为例子, 也可举出落在 $\mathcal{E}$ 的 "洞" 中的函数, 例如 x^x 或 $e^{\sqrt{\log x}}$); 不可能如上述作比较是因为标记 $\mathcal{E}$ 不够广泛.

(6.2) 当我们有对 $\mathcal{E}$ 的主要部分 $f \sim c_1 g_1$ 时, 由上述, 主要部分是唯一的. 于是可写出 (3.2.7)

$$f = c_1 g_1 + o(g_1),$$

并且为了更准确地 "逼近", 可以进一步把函数 $f - c_1 g_1$ 与 $\mathcal{E}$ 中函数 "比较"; 如果这函数有主要部分 $c_2 g_2$, 就必然有 $g_2 = o(g_1)$, 并且可写出

$$f = c_1 g_1 + c_2 g_2 + o(g_2).$$

一般地, 我们把和式

$$c_1 g_1 + c_2 g_2 + \cdots + c_k g_k \tag{6.2.1}$$

叫做 f 关于 $\mathcal{E}$ (在 $+\infty$ 的邻域中) 的含 k 项的渐近展开式 (或有限展开式), 其中 c_j 是非零复常数, $g_j (1 \leqslant j \leqslant k)$ 是 $\mathcal{E}$ 中函数, 且对于 $1 \leqslant j \leqslant k-1$ 满足 $g_{j+1} = o(g_j)$, 我们还有

$$f = c_1 g_1 + c_2 g_2 + \cdots + c_k g_k + o(g_k). \tag{6.2.2}$$

差式 $f - c_1 g_1 - c_2 g_2 - \cdots - c_k g_k$ 叫做展开式 (6.2.1) 的余项.

我们还说 (6.2.1) 是准确到 g_k 的渐近展开式. 如果这种展开式存在, 它是唯一的, 因为第一项 $c_1 g_1$ 是 f 的主要部分, 并且对于 $2 \leqslant j \leqslant k, c_j g_j$ 是 $f - c_1 g_1 - \cdots - c_{j-1} g_{j-1}$ 的主要部分. 当局限于渐近展开式 (6.2.1) 中前 j 项时, 我们得到 f 准确到 g_j 的渐近展开式. 当我们把 $\mathcal{E}$ 换成更广泛的标记 $\mathcal{E}'$ 时, f 关于 $\mathcal{E}$ 的含 k 项展开式 (如果存在), 也是关于 $\mathcal{E}'$ 的含 k 项展开式.

当然, 以上对于 $+\infty$ 的邻域所讲的一切, 通过适当的变数代换, 可应用于任何点 $x_0 \in \mathbb{R}$ 的 (右或左) 邻域, 以及 $-\infty$ 的邻域.

例 (6.3) 渐近展开式的最著名的例子正是涉及一点 $x_0 \in \mathbb{R}$ 的 (左及右) 邻域情形; 即, 在 x_0 的邻域中任何 k 次连续可导函数所适用的泰勒展开式

$$f(x) = f(x_0) + f'(x_0)(x - x_0) + \cdots + \frac{f^{(k)}(x_0)}{k!}(x - x_0)^k + o((x - x_0)^k). \tag{6.3.1}$$

注意为了有在 (6.2) 中所确定意义下的渐近展开式, 在 (6.3.1) 中必须只保留系数 $\neq 0$ 的各项; 当 f 与它的阶数 $\leqslant k$ 的导数在点 x_0 都是零时, 没有一个真正的渐近展开式, 而是只有关系式 $f(x) = o((x - x_0)^k)$. 我们记得最常用的 (在 0 的邻域中的) 泰

勒展开式

$$(6.3.2)\quad (1+x)^\mu = 1 + \binom{\mu}{1}x + \binom{\mu}{2}x^2 + \cdots + \binom{\mu}{k}x^k + o(x^k) \quad (\text{实数 } \mu \neq 0),$$

$$(6.3.3)\quad e^x = 1 + \frac{x}{1!} + \frac{x^2}{2!} + \cdots + \frac{x^k}{k!} + o(x^k),$$

$$(6.3.4)\quad e^{ix} = 1 + \frac{ix}{1!} + \frac{i^2x^2}{2!} + \cdots + \frac{i^kx^k}{k!} + o(x^k)①,$$

上式与下两展开式等价:

$$(6.3.5)\quad \cos x = 1 - \frac{x^2}{2!} + \frac{x^4}{4!} + \cdots + (-1)^k\frac{x^{2k}}{(2k)!} + o(x^{2k}),$$

$$(6.3.6)\quad \sin x = x - \frac{x^3}{3!} + \frac{x^5}{5!} + \cdots + (-1)^k\frac{x^{2k+1}}{(2k+1)!} + o(x^{2k+1}),$$

$$(6.3.7)\quad \log(1+x) = \frac{x}{1} - \frac{x^2}{2} + \frac{x^3}{3} - \cdots + (-1)^{k-1}\frac{x^k}{k} + o(x^k).$$

注释 (6.4) 关于渐近展开式, 要十分注意不要犯两种常见的错误. 首先, 渐近展开式概念与*级数*概念完全*没有关系*, 虽然在很多书中讲 “渐近级数”, 从而经常产生混淆. 一个级数有*无穷*项, 而由定义, 一个渐近展开式没有无穷项, 只有*有限*项; 因此说一个渐近展开式 “收敛” 没有*任何意义*. 产生混淆是由于在许多情况下 (在第六章中将全面进行研究) 所考虑函数在一点 $x_0 \in \mathbb{R}$ 的邻域中的泰勒展开式可取到*任意多*项, 从而提出了泰勒*级数*的收敛性以及级数和与所考虑函数的关系问题, 可是如我们将要看到, 这问题与研究函数在 x_0 的邻域中的状态*没有关系*. 另一方面, 渐近展开式含任意多项是一种*很特殊*的现象. 函数 $x^2 + x\sin x$ 在 $+\infty$ 的邻域中的渐近展开式*只*含一项: $x^2 + o(x^2)$. 容易作出只含给定项数的渐近展开式的例子. 我们往往要相当费力才求得一个渐近展开式的一项. 例如设 $\pi(x)$ 表示小于或等于 x 的素数 p 的个数; 高斯猜想 $\pi(x) \sim \int_2^x \frac{dt}{\log t}$, 可是直到 100 年后的 1896 年, 才由阿达马和德 · 拉 · 瓦莱 – 普森同时证明了这一猜想. 人们还*猜测*对于 $\varepsilon > 0$, 应有 $\pi(x) = \int_2^x \frac{dt}{\log t} + O(x^{\frac{1}{2}+\varepsilon})$ (“黎曼假设”), 但从 1866 年起进行的所有尝试都还没有证明这一猜测.

第二个大得多的错误在于忘记了一个渐近展开式是在*已给点的邻域*中作出的. 当一个可导函数在整个区间中确定时, 这函数在这区间中每个点的邻域有一渐近展开式, 可是知道了其中一点的邻域中的渐近展开式, 一般不能由此导出在其他点的邻域中的展开式: 例如已知在 $x = 1$ 的邻域中, 我们有有限展开式 $\log x = (x-1) - \frac{1}{2}(x-1)^2 + o((x-1)^2)$, 由此不能导出关于 $\log x$ 在 $x = 3$ 或在 $x = +\infty$ 的邻域中展

①在这里不假定读者已知复指数函数的一般理论 (第六章, 8.3 节); 只须用公式 $e^{ix} = \cos x + i\sin x$ *定义* e^{ix}, 而只假定三角函数理论作为已知; 由此导出: 对任何实数 $x, x', e^{i(x+x')} = e^{ix}e^{ix'}$ (K–R, 第 26 页).

开式的任何情况. 一个要记住的好法则是: 不要展开比较阶的函数, 它们都已经展开了! 像 e^x 或 $\log x$ 这样在任一区间 $[x_0, +\infty[$ 中确定的函数, 易于引起混淆. 这种函数是在 $+\infty$ 的邻域中, 而不是在其他点的邻域的比较阶. 把 (6.3.3) 看作 e^x 在 0 的邻域中的渐近展开式是合理的, 以为这公式给出了 e^x 在 $+\infty$ 的邻域中的有限展开式是奇怪的!

当一个函数的导数不是很明显地在一点的邻域中连续时, 对于在这点邻域中应用泰勒展开式, 人们有时可能犹豫不决: 例如可否对函数 $\dfrac{x\log|x|}{1+e^x}$ 在 0 的邻域中应用泰勒展开式? 计算逐阶导数总是费力的, 在类似情况下, 建议把所考虑的函数看作 (在可能情况下) 是从更简单的函数出发, 通过初等运算 (和、乘积、幂次等) 得到的, 并且应用下节中要指出的一些方法. 泰勒展开式是一种理论的和实用的工具, 可是除了在若干很简单情形, 如公式 (6.3.2)–(6.3.7) 以外, 它更多地是一种理论的工具.

7. 渐近展开式的计算

(7.1) 当我们知道两个函数 f_1, f_2 在 $+\infty$ (或 $\mathbb{R}$ 中任一点) 的邻域中关于同一比较阶 $\mathcal{E}$ 的两个渐近展开式时, 可求得和 f_1+f_2 (或积 f_1f_2) 的渐近展开式: 先将已知的两个展开式相加 (或相乘), 然后合并所得各项如下. 设

$$f_1 = a_1g_1 + a_2g_2 + \cdots + a_rg_r + o(g_r),$$
$$f_2 = b_1h_1 + b_2h_2 + \cdots + b_sh_s + o(h_s)$$

是两个已知的展开式; 在求和时, 把类似项的系数相加, 然后按照比较阶下降的次序调整各项 (第 5 节), 最后当 $g_j \lll h_s$ 时, 删去含 g_j 的各项; 当 $h_k \lll g_r$ 时, 删去含 h_k 的各项. 于是所得结果的准确度是上两展开式的准确度中 "最小的". 在求乘积时, 应用 (2.2 (iii)), 同样重新集合 $a_jb_k.g_jh_k$ 各项, 然后删去对 g_1h_s, 或对 h_1g_r 可以略去不计的各项, 最后所得结果的准确度是对 g_1h_s 及对 h_1g_r 的两种准确度中 "最小的".

(7.2) 要求乘方 f^μ 的渐近展开式, 当已知 f 有带有第一个系数 $c_1>0$ 的展开式 (6.2.2) 时, 令 $f=c_1g_1.u$, 因而我们有 u 的渐近展开式

$$u = 1 + v = 1 + b_2h_2 + \cdots + b_kh_k + o(h_k),$$

其中对于 $j>1, b_j = c_j/c_1, h_j = g_j/g_1$. 既然 $f^\mu = c_1^u g_1^u.u^\mu$, 一切归结到求 u^μ 的展开式. 由于根据定义, v 趋近于 0, 可以写出: 对于任何整数 $r>1$,

$$u^\mu = 1 + \binom{\mu}{1}v + \binom{\mu}{2}v^2 + \cdots + \binom{\mu}{r}v^r + o(v^r),$$

并且 $o(v^r) = o(h_2^r)$. 我们要回到 (7.1) 中所讨论的两个问题, 限制准确度到 h_2^r, 换句话说, 删去对 h_2^r 来说可以略去不计的各项. 当 μ 是 (正或负) 整数时, 可以同样进行, 删去使复数 $c_1>0$ 的限制.

例 (7.3) 现在解 (6.4) 最后考虑的例子. 在 0 的邻域中, 我们有 $1+e^x=2+x+\dfrac{1}{2}x^2+o(x^2)$, 由此把 (7.2) 应用到 $\mu=-1$ 情形, 就得到 $1/(1+e^x)=\dfrac{1}{2}-\dfrac{x}{4}+o(x^2)$ (选取 $r=2$), 并且最后得

$$\frac{x\log|x|}{1+e^x}=\frac{x\log|x|}{2}-\frac{x^2\log|x|}{4}+o(x^3\log|x|).$$

只是主要部分就表明了对这函数在点 $x=0$ 不能应用泰勒公式.

(7.4) 用同样的记号, (7.2) 中所给出的方法同样可应用到 $\mathrm{F}(u(x))$ 的展开式, 这里 F 在 0 的邻域中有泰勒展开式 ((7.2) 中所讨论的情形是 $\mathrm{F}(x)=(1+x)^\mu$ 的情形). 由此当 $\log g_1$ 有关于比较阶 $\mathcal{E}$ 的展开式时, 还可以特别作出 $\log f$ 的展开式, 因为可写出 $\log f=\log g_1+\log c_1+\log u$, 然后应用 $\log(1+x)$ 在 0 的邻域中的泰勒展开式 (6.3.7). 由此当 $f=o(1)$ 时 (这条件与 $g_1=o(1)$ 等价), 也可作出 e^f 的展开式, 因为这时对于 $r\geqslant 1, e^f=1+\dfrac{f}{1!}+\dfrac{f^2}{2!}+\cdots+\dfrac{f^r}{r!}+o(g_1^r)$. 当 $f=o(1)$ 不成立, 而在展开式 (6.2.2) 中, 所有 g_j 不趋近于 $+\infty$ 时, 考虑满足 $g_i=o(1)$ 的最小指标 i, 并且写出 $f=f_1+f_2$, 其中

$$f_1=c_1g_1+\cdots+c_{i-1}g_{i-1},\quad f_2=c_ig_i+\cdots+c_kg_k+o(g_k),$$

由此得 $e^f=e^{f_1}e^{f_2}$, 上述方法可应用于 e^{f_2}; 至于因子 $e^{f_1}=\displaystyle\prod_{j=1}^{i-1}e^{c_jg_j}$, 如果每个函数 e^{g_j} 属于 $\mathcal{E}$, e^{f_1} 就是 $\mathcal{E}$ 中的一个函数.

u^v 的展开式问题归结为上述问题, 只要和通常一样写出 $u^v=e^{v\log u}$ 就可看出这一点.

例 (7.5.1) 在 $+\infty$ 的邻域展开 $f(x)=(1+x)^{1/x}$. 写出 $f(x)=\exp\left(\dfrac{1}{x}\log(1+x)\right)$, 其次,

$$\log(1+x)=\log x+\log\left(1+\frac{1}{x}\right)=\log x+\frac{1}{x}-\frac{1}{2x^2}+o\left(\frac{1}{x^2}\right),$$

由此得

$$\frac{1}{x}\log(1+x)=\frac{\log x}{x}+\frac{1}{x^2}-\frac{1}{2x^3}+o\left(\frac{1}{x^3}\right).$$

由于 $u(x)=\dfrac{1}{x}\log(1+x)=o(1)$, 可应用展开式 (6.3.3), 并且取 e^u 的展开式到含 u^3 的项, 我们得到

$$\begin{aligned}f(x)&=1+\frac{u(x)}{1}+\frac{u(x)^2}{2}+\frac{u(x)^3}{6}+o\left(\frac{(\log x)^3}{x^3}\right)\\&=1+\frac{\log x}{x}+\frac{1}{x^2}+\frac{(\log x)^2}{2x^2}+\frac{(\log x)^3}{6x^3}+o\left(\frac{(\log x)^3}{x^3}\right)\\&=1+\frac{\log x}{x}+\frac{(\log x)^2}{2x^2}+\frac{1}{x^2}+\frac{(\log x)^3}{6x^3}+o\left(\frac{(\log x)^3}{x^3}\right).\end{aligned}$$

(7.5.2) 在 $+\infty$ 的邻域中展开 $f(x)=x^{x^{1/x}}=\exp(x^{1/x}\log x)$. 首先我们有

$$x^{1/x}\log x=\log x.\exp\left(\frac{1}{x}\log x\right),$$

并且由于 $v(x)=\frac{1}{x}\log x=o(1)$, 可应用展开式 (6.3.3) 直到含 v^2 的项, 于是得

$$x^{1/x}\log x=\log x+\frac{1}{x}(\log x)^2+\frac{1}{2x^2}(\log x)^3+o\left(\frac{(\log x)^3}{x^2}\right).$$

在这里, 只是从第二项开始的项趋近于 0; 因此可写出 $f(x)=e^{\log x}e^{w(x)}=xe^{w(x)}$, 其中 $w(x)=o(1)$, 并且只取到含 w^2 的项, 就得到

$$f(x)=x+(\log x)^2+\frac{1}{2x}(\log x)^4+o\left(\frac{(\log x)^4}{x}\right).$$

我们注意在这里右边只是从第三项起才开始趋近于 0. 以后还要举出任意长的渐近展开式的例子, 但其中所有各项都趋近于 $+\infty$ (10.10.2).

(7.6) 在许多应用中 (参看第四、九、十三、十四及十五各章), 我们需要扩充 (6.2) 中所确定的渐近展开式概念, 考虑在 $+\infty$ 的邻域中一组比较阶 $\mathcal{E}$, 并且另一方面还考虑在 $+\infty$ 的邻域中满足下列条件的复值函数集 $\mathcal{C}$:

(i) $\mathcal{C}$ 中任何函数在 $+\infty$ 的邻域中有界.

(ii) $\mathcal{C}$ 中任何函数, 除去常数 0 外, 当 x 趋近于 $+\infty$ 时不趋近于 0.

(iii) $\mathcal{C}$ 中两函数的和属于 $\mathcal{C}$,$\mathcal{C}$ 中一函数与一复常数的乘积也属于 $\mathcal{C}$.

这种集 $\mathcal{C}$ 的一个例子是在 $\mathbb{R}$ 中有同一周期 $\tau>0$ 的有界周期函数的集; 事实上只须验证条件 (ii). 可是如果 $c(x)$ 是周期为 τ 的周期函数, 并且如果 $\lim\limits_{x\to+\infty}c(x)=0$, 那么对于任何 $\varepsilon>0$, 存在着 x_0, 使得对于 $x\geqslant x_0$, 我们有 $|c(x)|\leqslant\varepsilon$; 于是对于 $0\leqslant x\leqslant\tau,|c(x)|\leqslant\varepsilon$, 因为存在着整数 n, 使得 $n\tau>x_0$, 从而对于 $0\leqslant x\leqslant\tau, x+n\tau>x_0$, 并且 $c(x+n\tau)=c(x)$. 由于 ε 是任意的, 在 $[0,\tau]$ 中, 必须有 $c(x)=0$, 从而到处 $c(x)=0$.

现设 $c\in\mathcal{C},g\in\mathcal{E}$, 并且 c 在 $+\infty$ 的邻域中不恒等于零. 如果在 $+\infty$ 的邻域中确定的复值函数 $f(x)$ 满足

$$f(x)-c(x)g(x)=o(g(x)), \tag{7.6.1}$$

就说 $f(x)$ 有 (广义) 主要部分 $c(x)g(x)$.

这种主要部分如果存在, 必然是唯一的. 事实上, 假定 $f(x)$ 有另一主要部分 $c_1(x)g_1(x)$; 不可能有 $g=o(g_1)$, 因为由 (i), 像这样就可导出 (由 (4.1.3))

$$c(x)g(x)=o(g_1(x))\quad 及\quad f(x)-c(x)g(x)=o(g(x))=o(g_1(x)),$$

从而 $f=o(g_1)$. 但是也应有 $c_1(x)g_1(x)=o(g_1(x))$, 而且既然 g_1 在 $+\infty$ 的邻域中不等于零, $c_1(x)=o(1)$; 然而由 (ii), 这只有当 c_1 在 $+\infty$ 的邻域中恒等于零才有可能,

可是 c_1 恒等于零与假设相矛盾. 同样可看出不可能有 $g_1 = o(g)$; 虽然必然有 $g_1 = g$ (2.2). 由关系式

$$f(x) - c(x)g(x) = o(g(x)), \quad f(x) - c_1(x)g(x) = o(g(x))$$

求差 (4.1.2) 可导出 $(c(x) - c_1(x))g(x) = o(g(x))$: 与上面一样, 由此得 $c(x) - c_1(x) = o(1)$, 而且由 (ii) 及 (iii), 这只有当 $c_1 = c$ 时才是可能的.

有了系数在 $\mathcal{C}$ 中的主要部分概念后, 像在 (6.2) 中那样, 由此逐步可导出系数在 $\mathcal{C}$ 中的渐近展开式. 第 7 节中给出的求和式乘积的渐近展开式的方法仍然适用, 只要 $\mathcal{C}$ 中两函数的乘积仍然属于 $\mathcal{C}$ 就可以了. 当然可同样定义在 $\mathbb{R}$ 中任何点的邻域中的广义渐近展开式, 也可对序列 ($\mathbb{N}$ 中确定的函数) 定义这种展开式.

8. 隐函数的渐近展开式

(8.1) 设 $y \to \mathrm{G}(y)$ 是在区间 $[y_0, +\infty[$ 上确定、并且随着 y 趋近于 $+\infty$ 的一个连续严格增函数; 我们只研究这函数在 $+\infty$ 的邻域中的反函数 (参看附录). 由暂时承认的定理断定, 有一个在区间 $[x_0, +\infty[$ 中确定的函数 $x \to u(x)$, 在这区间中满足

(8.1.1) $$\mathrm{G}(u(x)) = x,$$

这里 $x_0 = \mathrm{G}(y_0)$ (K–R, 第 52 页); 而且这函数是连续的, 严格递增的, 并且随着 x 趋近于 $+\infty$. 已知 G 在 $+\infty$ 的邻域中的一个渐近展开式, 问题是要求 u 的展开式. 我们只考察一种特殊情形, 其他情形往往可通过适当的变数代换化到这种情形.

(8.2) 设 g 是在 $+\infty$ 的邻域中确定的一个函数, 它不与一常数 $\neq 0$ 等价, 连续可导, 并且具有下列性质:

1° g' 是单调的, 在 $+\infty$ 的邻域中不取零值, 并且 $g' = o(1)$.

2° 当 y 趋近于 $+\infty$ 时, 对任何实常数 c, 我们有 $g'(y + cg(y)) \sim g'(y)$.

在这些条件下, 设 u 是方程

(8.2.1) $$u(x) - g(u(x)) = x$$

在 $+\infty$ 的邻域中 (唯一的) 函数解. 另一方面, 确定一个函数序列 $\{u_n\}$ 如下:

$$u_0(x) = x, \quad u_n(x) = x + g(u_{n-1}(x)) \quad (n \geqslant 1),$$

那么函数 $u_n(x)$ 随着 x 趋近于 $+\infty$, 并且在 $+\infty$ 的邻域中,

(8.2.2) $$u(x) - u_n(x) \sim g(x)(g'(x))^n.$$

我们注意到由中值公式,

$$u(x) - u_n(x) = g(u(x)) - g(u_{n-1}(x)) = g'(z)(u(x) - u_{n-1}(x)),$$

这里 z 是在端点为 $u(x)$ 及 $u_{n-1}(x)$ 的区间中; 由此自然可导出公式 (8.2.2), 下面的证明不过是这种启发式想法的发展罢了.

首先注意对任何 $\varepsilon > 0$, 存在着 y_1, 使得对于 $y \geqslant y_1$, 我们有 $|g'(y)| \leqslant \varepsilon$, 由此应用中值定理, 就得到 $|g(y) - g(y_1)| \leqslant \varepsilon(y - y_1)$, 并且从而存在着 $y_2 \geqslant y_1$, 使得对于 $y \geqslant y_2$, 我们有 $|g(y)| \leqslant 2\varepsilon y$; 换句话说, 在 $+\infty$ 的邻域中, $g(y) = o(y)$. 函数 $\mathrm{G}(y) = y - g(y)$ 有导数 $\mathrm{G}'(y) = 1 - g'(y)$, 这导数它在无穷大趋近于 1. 因此 $\mathrm{G}(y)$ 是增函数, 并且在 $+\infty$ 的邻域趋近于 $+\infty$. 由 (8.1), u 存在; 先对 $n = 0$ 证明 (8.2.2), 换句话说,

$$u(x) - x \sim g(x). \tag{8.2.3}$$

事实上, 如果令 $z = u(x)$, 我们有

$$z - x = g(z) = g(x) + (z - x)g'(t),$$

由有限增量定理, 这里 t 在端点是 x 及 z 的区间中. 当 x 趋近于 $+\infty$ 时, $z = u(x)$ 也趋近于 $+\infty$, 因而 t 也是这样, 于是由假设 $g' \prec\!\!\prec 1$ 得

$$u(x) - x = g(x) + o(u(x) - x).$$

由于函数 g 在 $+\infty$ 的邻域中是严格单调的 (从而不恒等于零), 它保持符号不变, 并且从上列关系式正好导出 (8.2.3) (参看 (3.2.7)). 由于 $g(x) = o(x)$, 由此得 $u(x) \sim x$.

现在就 n 递推来证明对于 $n \geqslant 1$, (8.2.2) 成立; 同时还要证明我们有 $u_n \succ\!\!\succ 1$, 并且

$$u(x) - u_n(x) \prec\!\!\prec u(x) - u_{n-1}(x). \tag{8.2.4}$$

(这里写法是合理的, 因为由递推假设及 g 与 g' 的性质可导出在 $+\infty$ 的邻域中, $u - u_{n-1}$ 保持符号不变, 并且不恒等于零.)

令 $z_n = u_n(x)$; 由有限增量定理, 我们有

$$z - z_n = g(z) - g(z_{n-1}) = (z - z_{n-1})g'(t_{n-1}), \tag{8.2.5}$$

这里 t_{n-1} 属于端点是 z 及 z_{n-1} 的区间. 由递推假设, $z_{n-1} = u_{n-1}(x)$ 随着 x 趋向于 $+\infty$; 因此 t_{n-1} 也是这样, 并且由假设 $g' \prec\!\!\prec 1$ 可导出 (8.2.4), 从 (8.2.4) 以及对于 $< n$ 的整数的类似关系式, 可递推导出

$$u(x) - u_n(x) \prec\!\!\prec u(x) - x \sim g(x) \prec\!\!\prec x \sim u(x),$$

由此得 $u_n(x) \sim u(x)$ (3.2.7), 并且从而 $u_n(x) \sim x \succ\!\!\succ 1$.

现在注意关系式 $u(x) - u_{n-1}(x) \prec\!\!\prec u(x) - x$ 也可写成 $(u(x) - x) - (u_{n-1}(x) - x) \prec\!\!\prec u(x) - x$, 由此及 (3.2.7) 得

$$u_{n-1}(x) - x \sim u(x) - x \sim g(x). \tag{8.2.6}$$

由于 t_{n-1} 包含在 z 及 z_{n-1} 之间, 由 (8.2.6) 得 $t_{n-1} - x \sim g(x)$; 我们要由此导出 $g'(t_{n-1}) \sim g'(x)$. 事实上, 对于任何 $\varepsilon > 0$, 存在着 $x_0 > 0$, 使得对于 $x \geqslant x_0$,

$$x + (1 - \varepsilon)g(x) \leqslant t_{n-1} \leqslant x + (1 + \varepsilon)g(x).$$

可是由于对 g' 的单调性的假设, 从上式导出 $g'(t_{n-1})$ 包含在端点是

$$g'(x+(1-\varepsilon)g(x)) \quad 及 \quad g'(x+(1-\varepsilon)g(x))$$

的区间之内; 由于根据假设 2°, 上两端点都是与 $g'(x)$ 等价的 x 的函数, 由此得要证的初步结果, 于是由 (8.2.5), 我们有

$$u(x)-u_n(x) \sim (u(x)-u_{n-1}(x))g'(x),$$

由此对 n 递推就可完成 (8.2.2) 的证明.

(8.3) 在满足 (8.2) 中假设最重要的函数 g 中. 现引用 $g(x)=x^\alpha$, 其中 $\alpha<1$, 并且 $\alpha\neq 0$, 还引用 $g(x)=\log x$ (参看习题 6).

例 (8.4.1) 方程

$$y^5+y=x \tag{8.4.2}$$

对于在 $+\infty$ 的适当邻域中的 x, 有一个、并且只有一个随着 x 趋向于 $+\infty$ 的实根 $v(x)$, 这是将 (8.1) 应用于方程

$$z+z^{1/5}=x \tag{8.4.3}$$

所得结论, 而 (8.4.3) 是从 (8.4.2) 通过变数代换 $z=y^5$ 导出的. 我们可以取 $g(z)=-z^{1/5}$ 来应用 (8.2), 并且因此例如从 (8.2.2) 导出: 对于 $n=2$,

$$u(x)-u_2(x) \sim -\frac{1}{25}x^{-7/5}. \tag{8.4.4}$$

另一方面, 用第 7 节中的方法, 可在 $+\infty$ 的邻域中展开 $u_2(x)=x-(x-x^{1/5})^{1/5}$ 如下:

$$u_2(x)=x-x^{1/5}(1-x^{-4/5})^{1/5}=x-x^{1/5}+\frac{1}{5}x^{-3/5}+\frac{2}{25}x^{-7/5}+o(x^{-7/5}).$$

从而由 (8.4.4),

$$u(x)=x-x^{1/5}+\frac{1}{5}x^{-3/5}+\frac{1}{25}x^{-7/5}+o(x^{-7/5}). \tag{8.4.5}$$

为了有 $v(x)=(u(x))^{1/5}$, 应用 (7.2), 于是最后得到

$$v(x)=x^{1/5}-\frac{1}{5}x^{-3/5}+o(x^{-7/5}). \tag{8.4.6}$$

(8.5.1) 作为第二个例子, 考虑方程

$$\frac{y}{\log y}=x; \tag{8.5.2}$$

对于 $y > e$, 上式左边是随着 y 趋向于 $+\infty$ 的连续函数. 令 $z = \log y, t = \log x$, 上列方程等价于

(8.5.3) $$z - \log z = t,$$

并且取 $g(z) = \log z$, 就可应用 (8.2). 如果 $u(t)$ 是 (8.5.3) 随着 t 趋向于 $+\infty$ 的解, 则我们有

(8.5.4) $$u(t) - u_2(t) \sim \frac{\log t}{t^2},$$

并且用第 7 节的方法求得

(8.5.5) $$u_2(t) = t + \log(t + \log t) = t + \log t + \frac{\log t}{t} - \frac{(\log t)^2}{2t^2} + o\left(\frac{(\log t)^2}{t^2}\right).$$

由 (8.5.4) 及 (8.5.5), 可导出 u 及 u_2 有准确到 $\dfrac{(\log t)^2}{t^2}$ 的同样的展开式, 换句话说, 如果 $v(x)$ 是 (8.5.2) 的随着 x 趋向于 $+\infty$ 的解, 我们有

$$\log v(x) = \log x + \log\log x + \frac{\log\log x}{\log x} - \frac{(\log\log x)^2}{2(\log x)^2} + o\left(\frac{(\log\log x)^2}{(\log x)^2}\right).$$

上列展开式中各项从第三项起才开始趋近于 0; 应用 (7.4), 就得到 ①

(8.5.6) $$v(x) = x\log x + x\log\log x + o\left(x\frac{(\log\log x)^2}{\log x}\right).$$

注释 (8.6) 注意对满足 (8.1) 中条件的两个函数 $\mathrm{G}(y)$ 及 $\mathrm{G}_1(y)$, 可能有 $\mathrm{G}(y) \sim \mathrm{G}_1(y)$, 而反函数却不等价, 下列例子可表明这一点:

$$\mathrm{G}(y) = \log y, \quad \text{并且} \quad \mathrm{G}_1(y) = \log y + 1.$$

9. 反常积分的收敛性

(9.1) 设 f 是在区间 $[a, +\infty[$ 上确定的复值函数, 并且在任何有限区间 $[a, b]$ 上分段连续 (为了简单起见, 我们也说 f 在 $[a, +\infty[$ 中分段连续); 对于任何 $x > a$, 积分 $\mathrm{F}(x) = \displaystyle\int_a^x f(t)dt$ 是确定的 (预篇, 4.3). 当下列极限存在时, 作为定义, 令

(9.1.1) $$\int_a^{+\infty} f(t)dt = \lim_{x\to+\infty} \mathrm{F}(x) = \lim_{x\to+\infty} \int_a^x f(t)dt,$$

并且说这是 f 在无穷区间 $[a, +\infty[$ 中的 (反常) 积分. 显然对任何 $b > a$, 反常积分

①这里用到的比较阶 $\mathcal{E}$ 包含 $\log\log x$ 的幂.

$\int_b^{+\infty} f(t)dt$ 存在 (反过来说也正确), 并且我们有

$$\int_a^{+\infty} f(t)dt = \int_a^b f(t)dt + \int_b^{+\infty} f(t)dt.$$

对于任何 $x \geqslant a$, $\int_x^{+\infty} f(x)dt$ 叫做反常积分 $\int_a^{+\infty} f(t)dt$ 的余积分, 它是 x 的函数, 当 x 趋向 $+\infty$ 时, 它趋近于 0.

当积分 $\int_a^{+\infty} f(t)dt$ 存在时, 我们也说它是收敛的. 最重要的情形是 f 的绝对值的积分 $\int_a^{+\infty} |f(t)|dt$ 是收敛的情形; 这时可写出 $f = f_1 - f_2 + if_3 - if_4$, 其中四个函数 $f_k \geqslant 0$, 并且 $|f_k| \leqslant |f|$ (如果 $\mathcal{R}f(t) > 0$, 取 $f_1(t) = \mathcal{R}f(t)$, 否则 $f_1(t) = 0$; 同样确定 f_3). 由下面的判别法 (9.3), 积分 $\int_a^{+\infty} f_k(t)dt$ 收敛, 因此积分 $\int_a^{+\infty} f(t)dt$ 也收敛. 在这种情形, 我们说积分 $\int_a^{+\infty} f(t)dt$ 绝对收敛, 并且通过在第一章, 3.3.2 中取极限, 就有 $\left|\int_a^{+\infty} f(t)dt\right| \leqslant \int_a^{+\infty} |f(t)|dt$.

(9.2) 在本章中, 我们只考虑在 $+\infty$ 的邻域中不变号的函数 f 的积分; 显然可以回到 $f \geqslant 0$ 情形. 于是原函数 $\mathrm{F}(x) = \int_a^x f(t)dt$ 是 x 的增函数, 因此当 x 趋向于 $+\infty$ 时, 它趋近于一个有限极限, 或趋向于 $+\infty$ (在后一情形, 我们写出 $\int_a^{+\infty} f(t)dt = +\infty$); 要使积分 $\int_a^{+\infty} f(t)dt$ 收敛, 必须而且只须 $\mathrm{F}(x)$ 在 $+\infty$ 的邻域中有界. 由此立即得到 (由第一章, 3.3.1) 类似于级数情形 (第一章, 2.2) 的比较原理:

(9.3) 设 f, g 是在 $+\infty$ 的邻域中两个分段连续正函数, 并且 $f \leqslant Ag$, 其中 A 是常数 $>$ 0. 那么如果积分 $\int_a^{+\infty} g(t)dt$ 收敛, $\int_a^{+\infty} f(t)dt$ 也收敛, 并且我们有

$$\int_a^{+\infty} f(t)dt \leqslant A \int_a^{+\infty} g(t)dt. \tag{9.3.1}$$

如果积分 $\int_a^{+\infty} f(t)dt$ 发散, $\int_a^{+\infty} g(t)dt$ 也发散.

当然, 注意不要把这原理应用到在 $+\infty$ 的任何邻域中变号的函数.

(9.4) 为了应用比较原理, 我们把被积函数与 (2.1) 中所确定的比较阶 $\mathcal{E}$ 中的函数比较, 然而对 $\mathcal{E}$ 中有些函数, 积分的收敛性可以立即看出: 事实上, 对于 $a > 1$, 我们

有

$$
(9.4.1)\qquad \begin{cases} \displaystyle\int_a^x t^\alpha dt = \frac{1}{\alpha+1}(x^{\alpha+1} - a^{\alpha+1}), \quad \text{当 } \alpha \neq -1 \text{ 时}, \\ \displaystyle\int_a^x t^{-1} dt = \log x - \log a; \end{cases}
$$

$$
(9.4.2)\qquad \begin{cases} \displaystyle\int_a^x t^{-1}(\log t)^\beta dt = \frac{1}{\beta+1}((\log x)^{\beta+1} - (\log a)^{\beta+1}), \quad \text{当 } \beta \neq -1 \text{ 时}, \\ \displaystyle\int_a^x t^{-1}(\log t)^{-1} dt = \log\log x - \log\log a. \end{cases}
$$

(9.5) (i) 如果我们有 $f(x) = O(x^\alpha(\log x)^\beta)$, 其中 $\alpha < -1$, 或 $\alpha = -1$, 并且 $\beta < -1$, 积分 $\displaystyle\int_a^{+\infty} f(t)dt$ 收敛.

(ii) 如果我们有 $f(x) \succcurlyeq x^\alpha(\log x)^\beta$, 其中 $\alpha > -1$, 或 $\alpha = -1$, 并且 $\beta \geqslant -1$, 积分 $\displaystyle\int_a^{+\infty} f(t)dt$ 是无穷大.

在实用中, 按本书水平, 要应用唯一的法则如下: 取被积函数 f 的主要部分 $c.g$, 并且考察函数 g (按第 5 节中阶的次序) 与函数 $x^\alpha(\log x)^\beta$ 的有关性质 (图 9). 更准确地说, 如果在函数 (2.1) 中, 指数因子 $e^{\mathrm{P}(x)}$ 不等于 1, 就只须考虑这因子 (不必关心 α 及 β); 于是如果 $c_1 < 0$, 积分收敛; 如果 $c_1 > 0$, 积分是无穷大. 相反地, 如果 $\mathrm{P} = 0$, 我们先看指数 α: 如果 $\alpha < -1$; 积分收敛; 如果 $\alpha > -1$, 积分是无穷大. 最后, 如果 $\alpha = -1$, 我们看指数 β: 如果 $\beta < -1$, 积分收敛; 如果 $\beta \geqslant -1$, 积分是无穷大. 总之, 差别是在与 $\alpha = -1$ 及 $\beta = -1$ 相应的 "洞" 处发生的 (在引用重叠对数时, 也会有类似的结果).

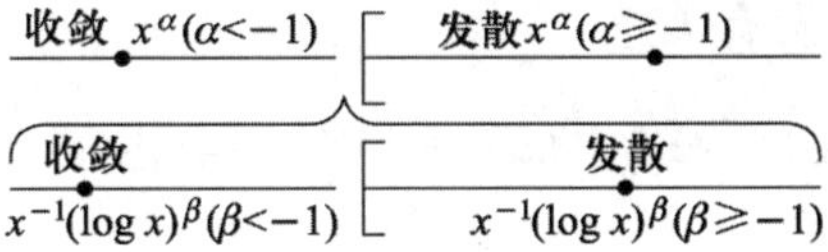

收敛 $x^\alpha(\alpha<-1)$ 发散 $x^\alpha(\alpha\geqslant-1)$
收敛 发散
$x^{-1}(\log x)^\beta(\beta<-1)$ $x^{-1}(\log x)^\beta(\beta\geqslant-1)$

图 9

只有当 f 没有关于比较阶 (2.1) 的主要部分时 (或者当容易看出 f 的一个上界或下界, 从而可以不求 f 的主要部分而直接应用 (9.5) 时), 才用到更精确的法则 (9.5).

(9.6) 现设 f 是在左半开区间 $]a,b]$ 中确定的复值函数, 并且在任何区间 $[a+h,b]$ 中分段连续, 这里 $h>0$ (我们也说 f 在 $]a,b]$ 中分段连续); 于是对于 $h>0$, 可确定函数 $\mathrm{F}(h) = \displaystyle\int_{a+h}^b f(t)dt$. 当下列极限存在时, 作为定义, 令

$$
(9.6.1)\qquad \int_a^b f(t)dt = \lim_{h\to 0} \mathrm{F}(h) = \mathrm{F}(0+) = \lim_{h\to 0}\int_{a+h}^b f(t)dt,
$$

并且我们说这是 f 在半开区间 $]a,b]$ 中的 (反常) 积分. 也说积分 $\int_a^b f(t)dt$ 在 a 的邻域中收敛; 如果 $\int_a^b |f(t)|dt$ 存在, 就说积分 $\int_a^b f(t)dt$ 在 a 的领域中绝对收敛. 变数代换 $t=a+\frac{1}{s}$ 把反常积分 $\int_a^b f(t)dt$ 化成反常积分 $\int_{\frac{1}{b-a}}^{+\infty} \frac{f\left(a+\frac{1}{s}\right)ds}{s^2}$. 于是与 (9.5) 相应的法则是:

(9.6.2) (i) 如果在 a 的右邻域, 我们有 $f(x)=O((x-a)^\alpha|\log(x-a)|^\beta)$, 其中 $\alpha>-1$, 或 $\alpha=-1$, 并且 $\beta<-1$ (特别如果 $f=O\ (1)$), 积分 $\int_a^b f(t)dt$ 在 a 的邻域中收敛.

(ii) 如果我们有 $f(x)\succcurlyeq(x-a)^\alpha|\log(x-a)|^\beta$, 其中 $\alpha<-1$, 或 $\alpha=-1$, 并且 $\beta\geqslant-1$, 积分 $\int_a^b f(t)dt$ 是无穷大.

在应用中, 我们要求 f 在 a 的邻域中的主要部分.

(9.7) 我们同样确定在无穷闭区间 $]-\infty,a]$ 中或在右半开区间 $[b,a[$ 中的反常积分; 请读者通过适当的变数代换把这些积分化到 (9.1) 中已经考虑过的积分. 最后, 当一个函数 f 在开区间 $]a,b[$ 中确定 (a 及 b 是有限数或无穷大) 并且分段连续 (即在任何有界闭区间 $[\alpha,\beta](\subset]a,b[)$ 中分段连续) 时, 如果对于满足 $a<c<b$ 的一个 c, 反常积分 $\int_a^c f(t)dt$ 及 $\int_c^b f(t)dt$ 存在, 作为定义, (反常) 积分

$$\int_a^b f(t)dt=\int_a^c f(t)dt+\int_c^b f(t)dt;$$

显然, 这定义和 c 的选取没有关系.

在这里注意当分段连续函数 f 在有界区间 $[a,b]$ 中确定时, 往往把 $\int_a^b f(t)dt$ 写成 $\int_{-\infty}^{+\infty} f(t)dt$ 形式, 即用 0 把函数 f 开拓到整个 $\mathbb{R}$ 中 (即当 $t\in\mathbb{R}-[a,b]$ 时, 令 $f(t)=0$); 事实上, 显然后一积分收敛.

还注意如果 u 及 v 是 $]a,b[$ 中分段连续函数的原函数, 并且如果 $t\to u(t)v(t)$ 在点 a 有右极限, 并且在点 b 有左极限, 记作 (不用严格语言)

$$u(a+)v(a+) \quad 及 \quad u(b-)v(b-),$$

那么如果两反常积分 $\int_a^b u(t)v'(t)dt$ 及 $\int_a^b v(t)u'(t)dt$ 中有一个存在, 另一个也存在, 并且我们有分部积分公式:

$$\int_a^b u(t)v'(t)dt=u(b-)v(b-)-u(a+)v(a+)-\int_a^b v(t)u'(c)dt. \tag{9.8}$$

事实上, 把应用到 $]a,b[$ 中有界闭区间上的同样公式取极限, 就得到 (9.8).

最后, 同样确定向量函数 $\boldsymbol{f}$ 的反常积分 $\int_a^b \boldsymbol{f}(t)dt$ 如下; 这积分存在等价于对 $\boldsymbol{f}$ 的每个分量 f_j, 反常积分 $\int_a^b f_j(t)dt$ 存在; 而后一积分是向量 $\int_a^b \boldsymbol{f}(t)dt$ 的指标是 j 的分量.

例 (9.9) 伽马函数. 证明积分

(9.9.1) $$\Gamma(x) = \int_0^{+\infty} t^{x-1}e^{-t}dt$$

对任何 $x > 0$ 收敛. 必须证明两积分 $\int_0^1 t^{x-1}e^{-t}dt$ 及 $\int_1^{+\infty} t^{x-1}e^{-t}dt$ 中每一个都收敛. 只有当 $0 < x < 1$ 时, 第一个积分是反常积分. 对于与 0 邻近的 $t, e^{-t} \sim 1$, 从而 $t^{x-1}e^{-t} \sim t^{x-1}$, 于是由判别法 (9.6), 第一个积分收敛. 另一方面, 在积分 $\int_1^{+\infty} t^{x-1}e^{-x}dt$ 中, 被积函数是 $\mathcal{E}$ 中的函数, 其中含趋近于 0 的指数因子. 于是由 (9.5), 这积分对任何实数 x 收敛.

积分 (9.9.1) 还叫做欧拉的伽马函数 (Γ 函数); 它在分析中起着重要的作用, 以后还要详细研究它 (第四及第九章).

10. 原函数的渐近展开式

(10.1) 比较原理 (9.3) 的基础是基本不等式 (第一章, 3.1.1). 在 (9.1) 中条件下, 由 $\mathrm{F}(x) = \int_a^x f(t)dt$ 当 x 趋向于 $+\infty$ 时有极限所能导出的结果, 事实上比由基本不等式所能导出的要少得多. 由后者可从 f 在 $+\infty$ 的邻域中的 "状态", 导出关于 F 的 "状态" 的一些结果.

(10.2) 设 f, g 是在 $[a, +\infty[$ 中分段连续的两个复值函数, 并且假定在这区间中, $g(x) > 0$.

(i) 假定积分 $\int_a^{+\infty} g(t)dt$ 是无穷大, 那么在 $+\infty$ 的邻域中:

——由关系式 $f = O(g)$ 导出 $\int_a^x f(t)dt = O\left(\int_a^x g(t)dt\right)$;

——由关系式 $f = o(g)$ 导出 $\int_a^x f(t)dt = o\left(\int_a^x g(t)dt\right)$;

——由关系式 $f \sim c.g$ (常数 $c \neq 0$) 导出 $\int_a^x f(t)dt \sim c \cdot \int_a^x g(t)dt$.

(ii) 假定积分 $\int_a^{+\infty} g(t)dt$ 是常数, 那么在 $+\infty$ 的邻域中:

——由关系式 $f = O(g)$ 导出 $\int_x^{+\infty} f(t)dt = O\left(\int_x^{+\infty} g(t)dt\right)$;

——由关系式 $f = o(g)$ 导出 $\int_x^{+\infty} f(t)dt = o\left(\int_x^{+\infty} g(t)dt\right)$;

——由关系式 $f \sim c.\,g$ (常数 $c \neq 0$) 导出 $\int_x^{+\infty} f(t)dt \sim c \cdot \int_x^{+\infty} g(t)dt$.

(i) 要证明第一个结论, 注意由假设, 存在着 $b > a$, 使得对于 $x \geqslant b$, 我们有 $|f(x)| \leqslant A.g(x)$, 其中 $A > 0$ 是一适当的常数, 于是由中值定理 (第一章, 3.3.2), 对于 $x \geqslant b$, $\left|\int_b^x f(t)dt\right| \leqslant A \cdot \int_b^x g(t)dt$. 另一方面, 由于我们有 $\int_a^b g(t)dt > 0$, 存在着常数 $B > A$, 使得 $\left|\int_a^b f(t)dt\right| \leqslant B \cdot \int_a^b g(t)dt$; 由此得: 对于 $x \geqslant b$, 我们有 $\left|\int_a^x f(t)dt\right| \leqslant B \cdot \int_a^x g(t)dt$.

其次, 假定 $f = o(g)$. 对于任何 $\varepsilon > 0$, 存在着 $x_0 > a$ (与 ε 有关), 使得对于 $x \geqslant x_0$, 我们有 $|f(x)| \leqslant \varepsilon g(x)$. 由中值定理得: 对于 $x \geqslant x_0$

$$\left|\int_{x_0}^x f(t)dt\right| \leqslant \varepsilon \int_{x_0}^x g(t)dt \leqslant \varepsilon \int_a^x g(t)dt.$$

另一方面, 由假设, $\int_a^x g(t)dt$ 随着 x 趋向于 $+\infty$; 从而存在着 $x_1 > x_0$, 使得 $\left|\int_a^{x_0} f(t)dt\right| \leqslant \varepsilon \int_a^x g(t)dt$ 对于 $x \geqslant x_1$ 成立; 由此导出: 对于 $x \geqslant x_1$, 我们有 $\left|\int_a^x f(t)dt\right| \leqslant 2\varepsilon \int_a^x g(t)dt$, 这样就证明了

$$\int_a^x f(t)dt = o\left(\int_a^x g(t)dt\right).$$

关于 (i) 中第三个结论, 只要考虑到 $f \sim c.g$ 与 $f - cg = o(g)$ 等价, 就可由第二个结论导出.

(ii) 的证明是类似的, 并且更简单一些; 请读者自己作出证明.

例 (10.3) 对于 $\alpha > 0$, 通过积分, 由关系式 $x^{-1} = o(x^{-1+\alpha})$, 又可得到已知的关系式 $\log x = o(x^{\alpha})$; 后一关系式在 (2.2) 中已经用到了.

(10.4) 当函数 f 对于 (2.1) 中确定的比较阶有*主要部分* $c.g$ 时, 在 $+\infty$ 的邻域中, 对原函数 $\int_a^x f(t)dt$ 的研究可化成对往往更简单的 $\int_a^x g(t)dt$ 的相应研究. 可是不要相信对于 $\mathcal{E}$ 中的函数, 有与 (9.4.1) 或 (9.4.2) 相类似的等式; 这两组等式对 $\mathcal{E}$ 中函数完全是*例外的*. 显然 $\mathcal{E}$ 中函数的原函数一般不是 $\mathcal{E}$ 中的函数 (甚至不是这种函数的有限线性组合), 可是由此得到的*主要部分*却往往是 $\mathcal{E}$ 中的函数; 这是由于有关系式

(对于 (2.1) 中所确定的函数 g)

(10.4.1) $$\frac{g'(x)}{g(x)} = \frac{\alpha}{x} + \frac{\beta}{x\log x} + \mathrm{P}'(x)$$

以及随后的定理.

我们注意到由 (10.4.1) 立即得到 g'/g 的渐近展开式; 从而当 g 不是常数 1 时, $g'(x)$ 在 $+\infty$ 的邻域中不变号.

(10.5) 设 g 是连续可导函数, 并且在 $+\infty$ 的邻域中 >0; 还假定我们有 $\dfrac{g'(x)}{g(x)} \sim \dfrac{\mu}{x}$, 其中 $\mu \neq 0$, 并且 $\mu \neq -1$. 那么:

(i) 如果 $\mu > -1$, 对于任何 $\varepsilon > 0$, 在 $+\infty$ 的邻域中, 我们有 $g(x) \succ\!\succ x^{\mu-\varepsilon}$; 积分 $\displaystyle\int_a^{+\infty} g(t)dt$ 是无穷大, 并且在 $+\infty$ 的邻域中,

(10.5.1) $$\int_a^x g(t)dt \sim \frac{xg(x)}{\mu+1}.$$

(ii) 如果 $\mu < -1$, 对于任何 $\varepsilon > 0$, 在 $+\infty$ 的邻域中, 我们有 $g(x) \prec\!\prec x^{\mu+\varepsilon}$; 积分 $\displaystyle\int_a^{+\infty} g(t)dt$ 收敛, 并且在 $+\infty$ 的邻域中, 我们有

(10.5.2) $$\int_x^{+\infty} g(t)dt \sim -\frac{xg(x)}{\mu+1}.$$

我们只证明 (i), (ii) 的证明完全类似. 由 (10.2), 从假设可导出 $\log g(x) \sim \mu\log x$; 因此对于给出的 $\varepsilon > 0$, 在 $+\infty$ 的邻域中, 我们有

$$\log g(x) \geqslant \left(\mu - \frac{\varepsilon}{2}\right)\log x,$$

或者有 $g(x) \geqslant x^{\mu-\frac{\varepsilon}{2}} \succ\!\succ x^{\mu-\varepsilon}$. 由于 $\mu > -1$, 可以取 $\mu - \varepsilon > -1$, 并且由 (9.5), 积分 $\displaystyle\int_a^{+\infty} g(t)dt$ 是无穷大. 分部积分就得到

(10.5.3) $$\int_a^x g(t)dt = xg(x) - ag(a) - \int_a^x tg'(t)dt,$$

上式可写成

(10.5.4) $$\int_a^x (g(t) + tg'(t))dt = xg(x) - ag(a).$$

但在无穷大的邻域中, $tg'(t) \sim \mu g(t)$ 这一假设连同 (10.2) 表明, (10.5.4) 的左边等价于

$$(\mu+1)\int_a^x g(t)dt,$$

由此得公式 (10.5.1). 公式 (10.5.2) 可同样证明.

注释 (10.6) 如果我们有 $\dfrac{g'(x)}{g(x)} = o\left(\dfrac{1}{x}\right)$, 由此同样可导出

$$|\log g(x)| \prec\!\!\prec \log x$$

(10.2), 于是对任何 $\varepsilon > 0, g(x) \succ\!\!\succ x^{-\varepsilon}$ (4.2.1), 因此积分 $\displaystyle\int_a^{+\infty} g(t)dt$ 还是无穷大. 此外, 由关系式 $xg'(x) \prec\!\!\prec g(x)$ 可导出 $g(x) + xg'(x) \sim g(x)$, 并且由 (10.5) 中的推理表明公式 (10.5.1) 当 $\mu = 0$ 时仍然成立.

最后考虑 $g > 0$、连续可导并且 $\left|\dfrac{g'(x)}{g(x)}\right| \succ\!\!\succ \dfrac{1}{x}$ 的情形; 还假设 g' 在 $+\infty$ 的邻域中不变号, 于是 $g(x)/g'(x)$ 在这个邻域中是确定的. 在这些条件下:

(10.7) 还假定 $h(x) = g(x)/g'(x)$ 在 $+\infty$ 的邻域中连续可导, 并且 $h'(x) = o(1)$. 于是:

(i) 如果在 $+\infty$ 的邻域中, $g'(x) > 0$, 那么积分 $\displaystyle\int_a^{+\infty} g(t)dt$ 是无穷大, 并且在 $+\infty$ 的邻域中,

(10.7.1) $$\int_a^x g(t)dt \sim \frac{(g(x))^2}{g'(x)}.$$

(ii) 如果在 $+\infty$ 的邻域中, $g'(x) < 0$, 那么积分 $\displaystyle\int_a^{+\infty} g(t)dt$ 收敛, 并且在 $+\infty$ 的邻域中,

(10.7.2) $$\int_x^{+\infty} g(t)dt \sim \frac{(g(x))^2}{|g'(x)|}.$$

首先注意由关系式 $h'(x) = o(1)$ 可导出 $h(x) = o(x)$ (10.2), 如果在 $+\infty$ 的邻域中, $g'(x) > 0$, g 是增函数, 并且 > 0, 则积分 $\displaystyle\int_a^{+\infty} g(t)dt$ 是无穷大; 其次, 我们有 (10.2) $|\log g(x)| \succ\!\!\succ \log x$, 并且由于 g 是增函数, 上式表明 $g(x)$ 随着 x 趋近于 $+\infty$, 因而 $\log g(x)$ 也是这样. 由 (4.2.1), 我们有: 对任何 $\alpha > 0, g(x) \succ\!\!\succ x^{\alpha}$. 反过来, 如果在 $+\infty$ 的邻域中, $g'(x) < 0$, 我们同样得到 $\left|\log \dfrac{1}{g(x)}\right| \succ\!\!\succ \log x$, 然后对于任何 $\alpha > 0, g(x) \prec\!\!\prec x^{-\alpha}$, 由此看出积分 $\displaystyle\int_a^{+\infty} g(t)dt$ 收敛 (9.5). 在情况 (i), 另一方面, 由分部积分得

(10.7.3) $$\int_a^x g(t)dt = \int_a^x h(t)g'(t)dt = h(x)g(x) - h(a)g(a) - \int_a^x g(t)h'(t)dt$$

或

(10.7.4) $$\int_a^x (1 + h'(t))g(t)dt = h(x)g(x) - h(a)g(a),$$

并且由于由假设, $(1+h')g \sim g$, (10.7.4) 的左边等价于 $\int_a^x g(t)dt$ (10.2); 由于它趋近于 $+\infty$, 比常数 $h(a)g(a)$ 重要得多, 由此得到结论. 同样证明情况 (ii).

例 (10.8.1) 在 $+\infty$ 的邻域中, 我们有 (这里 $a>1$)

$$\int_a^x \frac{dt}{\log t} \sim \frac{x}{\log x}. \tag{10.8.2}$$

事实上, 在这里我们有 $g'(x)/g(x) = -\dfrac{1}{x\log x}$, 这就是 (10.6) 中所讨论的情况.

(10.8.3) 在 $+\infty$ 的邻域中, 我们有

$$\int_x^{+\infty} e^{-t^2}dt \sim \frac{e^{-x^2}}{2x}. \tag{10.8.4}$$

事实上, 在这里我们有 $g'(x)/g(x) = -2x$, 这就是 (10.7, (ii)) 中的情况.

(10.8.5) 考虑积分 $\int_a^x \dfrac{e^{\sqrt{\log t}}}{t\log t}dt$ (这里 $a>1$). 由于被积函数 $g(x) \gg \dfrac{1}{x\log x}$ (9.5), 这积分是无穷大, 在这里我们有

$$g'(x)/g(x) \sim -1/x,$$

上述命题没有讨论这种情况. 但是可用变数代换 $u=\log t$ 化到情况 (10.7, (i)); 这样积分就变成 $\int_{\log a}^{\log x} \dfrac{e^{\sqrt{u}}}{u}du$. 在这里求得 $\dfrac{g'(x)}{g(x)} = \dfrac{1}{2\sqrt{x}} - \dfrac{1}{x} \sim \dfrac{1}{2\sqrt{x}}$, 因此由 (10.7, (i))①,

$$\int_a^x \frac{e^{\sqrt{\log t}}}{t\log t}dt \sim \frac{2e^{\sqrt{\log x}}}{\sqrt{\log x}}. \tag{10.8.6}$$

(10.9) 当我们应用 (10.5), (10.6) 或 (10.7) 中一种情况, 并且 $g\in\mathcal{E}$ 时, 我们不仅可求 $\int_a^x g(t)dt$ 的主要部分, 而且还可求它的渐近展开式. 先假设 $\int_a^{+\infty} g(t)dt$ 是无穷大; 例如如果在 (10.5, (i)) 中情况下, 由 (10.5.4), 可写出

$$\int_a^x g(t)dt = \frac{xg(x)}{\mu+1} - \frac{ag(a)}{\mu+1} + \int_a^x g_1(t)dt,$$

其中由假设, $g_1(x) = \dfrac{1}{\mu+1}(\mu g(x) - xg'(x)) \ll g(x)$. 如果积分 $\int_a^{+\infty} g_1(t)dt$ 是无穷大, 对于 $\int_a^x g_1(t)dt$, 常数 $\dfrac{ag(a)}{\mu+1}$ 可以略去不计, 并且如果可用 (10.2) 以及 (10.5), (10.6) 或 (10.7) 中一个命题, 求得 $\int_a^x g_1(t)dt$ 的主要部分, 我们就得到了 $\int_a^x g(t)dt$

① 在这里比较阶 $\mathcal{E}$ 包含函数 $\exp((\log x)^\gamma)$, 其中 $\gamma>0$.

的渐近展开式的第二项. 反过来如果积分 $\int_a^{+\infty} g_1(t)dt$ 收敛, 必须写出

$$\int_a^x g(t)dt = \frac{xg(x)}{\mu+1} + A - \int_x^{+\infty} g_1(t)dt,$$

其中 A 是常数 $-\frac{ag(a)}{\mu+1} + \int_a^{+\infty} g_1(t)dt$ (可用定积分计算法求出近似值); 再求 $\int_x^{+\infty} g_1(t)dt$ 的主要部分. 其他情况可同样进行讨论, 但要考虑到在 (10.7) 中, 函数 g^2/g' 不一定属于 $\mathcal{E}$, 因此如果这函数有渐近展开式, 就用它来代替这函数.

例 (10.10.1) 对于例 (10.8.1), 用 (10.9) 中所述方法可得

$$\int_a^x \frac{dt}{\log t} - \frac{x}{\log x} \sim \int_a^x \frac{dt}{(\log t)^2},$$

对后一积分还可应用 (10.6). 在这里这种步骤可任意进行多次, 并且给出一个含任意 k 项的渐近展开式:

(10.10.2)
$$\int_a^x \frac{dt}{\log t} = \frac{x}{\log x} + \frac{1!x}{(\log x)^2} + \cdots + \frac{(k-1)!x}{(\log x)^k} + o\left(\frac{x}{(\log x)^k}\right).$$

注意这展开式中所有各项随着 x 趋近于 $+\infty$.

(10.10.3) 我们可同样讨论例 (10.8.3), 但是在这里用略为不同的方式分部积分要更简单一些. 我们有

$$\int_x^{+\infty} e^{-t^2}dt = \frac{e^{-x^2}}{2x} - \frac{1}{2}\int_x^{+\infty} \frac{e^{-t^2}dt}{t^2},$$

其次,

$$\int_x^{+\infty} \frac{e^{-t^2}dt}{t^2} = \frac{e^{-x^2}}{2x^3} - \frac{3}{2}\int_x^{+\infty} \frac{e^{-t^2}dt}{t^4},$$

并且还可继续像这样进行任意多次, 于是得

(10.10.4)
$$\int_x^{+\infty} e^{-t^2}dt$$
$$= e^{-x^2}\left(\frac{1}{2x} - \frac{1}{4x^3} + \cdots + (-1)^k \frac{1\cdot 3\cdots(2k-1)}{2^{k+1}x^{2k+1}} + o\left(\frac{1}{x^{2k+1}}\right)\right).$$

(10.11) 当 f 不属于 $\mathcal{E}$, 但是有主要部分 $c.g(c \neq 0, g \in \mathcal{E})$ 时, 如果回到研究原函数 $\int_a^x f(t)dt$, 要从求 $c.\int_a^x g(t)dt$ 的渐近展开式开始, 然后对 $f - cg$ 同样进行, 如此等等, 然后 (按照 (7.1) 中的法则) 把所得渐近展开式相加.

例 (10.12) 求下列原函数的渐近展开式:

(10.12.1)
$$\int_a^t \frac{e^t}{t^2+1}dt.$$

我们有渐近展开式

$$\frac{e^x}{x^2+1}=\frac{e^x}{x^2}-\frac{e^x}{x^4}+o\left(\frac{e^x}{x^4}\right),$$

然后逐步进行分部积分

(10.12.2) $$\int_a^x \frac{e^t dt}{t^2}=\frac{e^x}{x^2}+2\frac{e^x}{x^3}+6\frac{e^x}{x^4}+o\left(\frac{e^x}{x^4}\right),$$

(10.12.3) $$\int_a^x \frac{e^t dt}{t^4}=\frac{e^x}{x^4}+o\left(\frac{e^x}{x^4}\right).$$

最后, 考虑到 (10.12.3) 及 (10.2), 我们得到

(10.12.4) $$\int_a^x \frac{e^t dt}{t^2+1}=\frac{e^x}{x^2}+2\frac{e^x}{x^3}+5\frac{e^x}{x^4}+o\left(\frac{e^x}{x^4}\right).$$

注释 (10.13) 与关于函数的原函数的上述结果不同, 当已知函数 f 的一个主要部分, 一般不能推导出它的导数的任何情况. 例如如果 $f(x)=x+\sin x^2$, 我们有 $f(x)\sim x$, 可是 $f'(x)=1+2x\cos x^2$ 在 $+\infty$ 的任何邻域中甚至无界, 并且振动. 在这里我们看到了与求导数相比, 积分过程要简单一些; 这在第一章, 3.7 中已经以一般方式指出过了.

11. 级数的收敛性与部分和的渐近展开式

(11.1) 我们只研究一般项 u_n 在 $+\infty$ 的邻域中不变号的级数, 可以假定对于任何 n, $u_n>0$ (只要在不作数值计算的时候). 按照本书的水平, 各项 >0 的级数的收敛性是由下列唯一的法则决定的: 求出序列 $n\to u_n$ 的主要部分 $n\to cg(n)$, 这里 $c\neq 0$, 并且 $g\in\mathcal{E}$;于是级数 $\{u_n\}$ 收敛必须而且只须级数 $\{g(n)\}$ 收敛. 事实上, 这是比较原理 (第一章, 2.2) 的明显的推论, 因为存在着一个 n_0, 使得对于 $n\geqslant n_0$, 我们有 $u_n\leqslant\frac{3}{2}cg(n)$ 及 $u_n\geqslant\frac{1}{2}cg(n)$. 最常见的情况是: 函数 $n\to u_n$ 是在 $+\infty$ 的一个邻域 $[a,+\infty[$ 中所确定的函数 $x\to u(x)$ 在 $\mathbb{N}$ 中的限制, 并且只须对这函数应用本章中讲述的一些方法.

注意不要像机器人一样乱用以 "柯西法则" 及 "达朗贝尔法则" 命名的 "烹饪法", 这两法则严格只适用于以后要讲到的幂级数 (第六章).

(11.2) 我们回到一般项是 $g(n)$ 的级数, 这里 $g\in\mathcal{E}$, 已经注意到 (10.4) $\mathcal{E}$ 中的函数连续可导, 并且在 $+\infty$ 的邻域中是单调的, 如我们将要看到, 这些性质就可把一般项是 $g(n)$ 的级数的研究引导到原函数 $\int_a^x g(t)dt$ 的研究.

(11.3) 设 g 是一函数 >0, 并且在 $+\infty$ 的邻域中是递减的. 那么要一般项是 $g(n)$ 的级数收敛, 必须而且只须积分 $\int_a^{+\infty} g(t)dt$ 收敛.

事实上, 可假定对于 $x \geqslant n_0$, g 是递减的. 确定对 $x \geqslant n_0$ 的分段连续函数如下: 对于 $n \geqslant n_0$ 以及 $n \leqslant x < n+1$, 令 $f(x) = g(n+1)$ (图 10). 显然有: 对于 $x \geqslant n_0$,

(11.3.1) $$g(x+1) \leqslant f(x) \leqslant g(x).$$

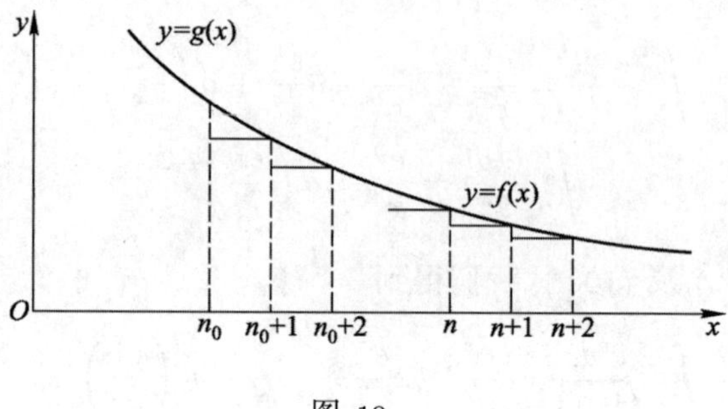

图 10

于是由关系式

(11.3.2) $$\sum_{k=n_0+1}^{n} g(k) = \int_{n_0}^{n-1} f(t)dt$$

及单调极限定理就可推出结论.

就实用观点看, 一般项是 $c.g(n)(c \neq 0, g \in \mathcal{E})$ 的级数的收敛性, 正好与 (9.4) 中一样, 要在 $+\infty$ 的邻域中, 看函数 $g(x)$ 与函数 $x^\alpha(\log x)^\beta$ 的有关性质来决定.

(11.4) 当我们知道 g 的导数的一些更准确的性质时, 在下面将要看到: 对 g 的原函数应用第 10 节中的方法, 如果级数发散, 可求得部分和

(11.4.1) $$s_n = g(0) + g(1) + \cdots + g(n)$$

的主要部分; 如果级数收敛, 可求得余项

(11.4.2) $$r_n = g(n+1) + g(n+2) + \cdots$$

的主要部分.

(11.5) 设 g 在 $+\infty$ 的邻域中连续可导, 并且是大于 0 的函数, 还假设我们有 $\dfrac{g'(x)}{g(x)} \sim \mu$ (这里 $\mu \neq 0$). 那么:

(i) 如果积分 $\displaystyle\int_a^{+\infty} g(t)dt$ 是无穷大 (这是 $\mu > 0$ 时总要产生的情况), 我们有

(11.5.1) $$s_n \sim \frac{\mu}{1-e^{-\mu}} \int_a^n g(t)dt.$$

(ii) 如果积分 $\displaystyle\int_a^{+\infty} g(t)dt$ 收敛, 我们有

(11.5.2) $$r_n \sim \frac{\mu}{1-e^{-\mu}} \int_n^{+\infty} g(t)dt.$$

令 $v_n = \int_{n-1}^{n} g(t)dt$; 设 u 及 v 是在 $+\infty$ 的邻域中如下确定的两个函数: 对于任何整数 $n > a$, 并且对于 $n-1 \leqslant x < n$, 令 $u(x) = g(n), v(x) = v_n$. 因为对于任何 $n_0 > a$, 我们有 $\sum_{k=n_0+1}^{n} g(k) = \int_{n_0}^{n} u(t)dt, \int_{n_0}^{n} g(t)dt = \int_{n_0}^{n} v(t)dt$, 所以由 (10.2), 如果我们证明了关系式

$$\int_{n-1}^{n} g(t)dt \sim \frac{1-e^{-\mu}}{\mu} g(n), \tag{11.5.3}$$

有关命题就得到了证明.

然而可以写出 $g(t) = e^{\mu t} h(t)$, 于是假设等价于

$$\frac{h'(x)}{h(x)} = o(1).$$

我们有

$$\int_{n-1}^{n} g(t)dt = \int_{n-1}^{n} e^{\mu t} h(t)dt = \frac{1-e^{-\mu}}{\mu} g(n) + \int_{n-1}^{n} e^{\mu t}(h(t) - h(n))dt. \tag{11.5.4}$$

而由假设, 对于任何 $\varepsilon > 0$, 存在着整数 n_1, 使得

$$\left|\frac{h'(x)}{h(x)}\right| \leqslant \varepsilon \quad \text{对于 } x > n_1;$$

因此由中值定理, 对于 $n > n_1$ 及 $n-1 < t \leqslant n$, 我们有

$$-\varepsilon \leqslant \log \frac{h(t)}{h(n)} \leqslant \varepsilon,$$

从而

$$(1-e^{\varepsilon})h(n) \leqslant (e^{-\varepsilon}-1)h(n) \leqslant h(t) - h(n) \leqslant (e^{\varepsilon}-1)h(n),$$

或

$$|h(t) - h(n)| \leqslant (e^{\varepsilon}-1)h(n).$$

应用中值定理, 由此得:

$$\text{如果 } \mu > 0, \left|\int_{n-1}^{n} e^{\mu t}(h(t)-h(n))dt\right| \leqslant (e^{\varepsilon}-1)e^{\mu n}h(n) = (e^{\varepsilon}-1)g(n);$$

$$\text{如果 } \mu < 0, \left|\int_{n-1}^{n} e^{\mu t}(h(t)-h(n))dt\right| \leqslant (e^{\varepsilon}-1)e^{\mu(n-1)}h(n) = e^{\mu}(e^{\varepsilon}-1)g(n).$$

由于 $e^{\varepsilon}-1$ 随着 ε 变成任意小, 还由于 (11.5.4), (11.5.3) 得证.

注释 (11.6) 如果我们有 $\frac{g'(x)}{g(x)} = o(1)$, 上面的推理仍然适用, 不过在其中要把 h 换成

g, 并且把 $\dfrac{1-e^{-\mu}}{\mu}$ 换成 1. 因此在这种情形公式 (11.5.1) 及 (11.5.2) 仍然适用, 不过在其中要把因子 $\dfrac{\mu}{1-e^{-\mu}}$ 换成 1.

(11.7) 设 g 是在 $+\infty$ 的邻域中单调、连续可导并且大于 0 的函数, 还假定我们有 $\left|\dfrac{g'(x)}{g(x)}\right| \succ\!\!\succ 1$ (换句话说, $\lim\limits_{x\to+\infty} \dfrac{|g'(x)|}{g(x)} = +\infty$). 那么:

(i) 如果 g 在 $+\infty$ 的邻域中是递增的, 我们有

$$s_n \sim g(n). \tag{11.7.1}$$

(ii) 如果 g 在 $+\infty$ 的邻域中是递减的, 我们有

$$r_n \sim g(n+1). \tag{11.7.2}$$

由假设导出 (10.2) $|\log g(x)| \succ\!\!\succ x$; 如果 g 是递增的, 这表明 $\log g(x)$ 随着 x 趋近于 $+\infty$, 并且由 (4.2.1), 我们有 $g(x) \succ\!\!\succ e^x$; 如果反过来 g 是递减的, 同样对 $1/g$ 作论证, 于是得到 $g(x) \prec\!\!\prec e^{-x}$, 因此在这种情形, 积分 $\displaystyle\int_a^{+\infty} g(t)dt$ 收敛, 从而一般项是 $g(n)$ 的级数也收敛. 而且如果对于 $x > n_0$, g 是递增的, 用在 (11.5) 的证明中同样的记号, 并且考虑到 (10.2), 我们有

$$\sum_{k=n_0+1}^{n-1} g(k) = \int_{n_0}^{n-1} u(t)dt \leqslant \int_{n_0+1}^{n} g(t)dt \prec\!\!\prec \int_{n_0+1}^{n} g'(t)dt = g(n) - g(n_0+1);$$

由于 $g(n)$ 趋近于 $+\infty$, 由此导出

$$s_{n-1} = o(g(n)),$$

而且由于 $s_n = s_{n-1} + g(n)$, 这样就证明了 (11.7.1). 用同样的推理证明 (11.7.2), 这时要导出 $r_{n+1} = o(g(n+1))$.

(11.8) 在 (11.7) 中条件下, 对于任何整数 $k > 0$, 当 g 是递增的时, 可以写出

$$s_n = g(n) + g(n-1) + \cdots + g(n-k) + o(g(n-k));$$

如果每个函数 $g(n-j)(0 \leqslant j \leqslant k)$ 有一渐近展开式, 那么可导出 s_n 的渐近展开式. 同样, 当 g 是递减的时, 可以写出

$$r_n = g(n+1) + g(n+2) + \cdots + g(n+k) + o(g(n+k)).$$

对于 r_n 的渐近展开式, 只要有每个 $g(n+j)(1 \leqslant j \leqslant k)$ 的渐近展开式就可导出. 例如假设 $g(x) = x^x$; 从公式

$$(n-1)\log(n-1) = (n-1)\log n - 1 + \frac{1}{2n} + o\left(\frac{1}{n}\right)$$

出发, 得到 (7.4)

$$(n-1)^{n-1}=\frac{1}{e}n^{n-1}+\frac{1}{2e}n^{n-2}+o(n^{n-2}),$$

而且同样可得到

$$(n-2)^{n-2}=\frac{1}{e^2}n^{n-2}+o(n^{n-2}).$$

由此得含三项的展开式 ①

$$s_n=n^n+\frac{1}{e}n^{n-1}+\left(\frac{1}{2e}+\frac{1}{e^2}\right)n^{n-2}+o(n^{n-2}).$$

(11.9) 现在转回研究一般项是 $u_n>0$ 的级数, 这时不必要有一个函数 $g\in\mathcal{E}$, 使 $u_n=g(n)$. 如果 $\{v_n\}$ 是另一各项 >0 的序列, 并且当 $x\geqslant 1$ 时, 对于 $n\leqslant x<n+1$, 令 $u(x)=u_n, v(x)=v_n$, 那么对于 $n\geqslant n_0$ 的关系式 $u_n\leqslant v_n$ 与对于 $x\geqslant n_0, u(x)\leqslant v(x)$ 等价. 由此可立即断定: 在 $+\infty$ 的邻域内, 下列每个关系式 $u_n=O(v_n), u_n=o(v_n), u_n\sim c.v_n(c\neq 0)$ 分别等价于在 $+\infty$ 的邻域内, $u(x)=O(v(x)), u(x)=o(v(x)), u(x)\sim c.v(x)$. 另一方面, 既然函数 $x\to\int_1^x u(t)dt$ 是递增的, 说一般项是 u_n 的级数收敛, 与说积分 $\int_1^{+\infty}u(t)dt$ 收敛是等价的. 因此把 (10.2) 应用到函数 u 及 v, 就可导出:

(11.10) 设 u_n, v_n 是各项 >0 的两个级数的一般项.

(i) 如果一般项是 v_n 的级数收敛, 并且如果我们有 $u_n=o(v_n)$ (或 $u_n\sim c.v_n$), 我们有 $\sum_{k=n}^{+\infty}u_k=o\left(\sum_{k=n}^{+\infty}v_k\right)\left(\text{或}\sum_{k=n}^{+\infty}u_k\sim c.\sum_{k=n}^{+\infty}v_k\right)$.

(ii) 如果 $\sum_{n=1}^{+\infty}v_n=+\infty$, 并且如果我们有 $u_n=o(v_n)$ (或 $u_n\sim c.v_n$), 我们有

$$\sum_{k=1}^{n}u_k=o\left(\sum_{k=1}^{n}v_k\right)\left(\text{或}\ \sum_{k=1}^{n}u_k\sim c.\sum_{k=1}^{n}v_k\right).$$

(11.11) 用同样的记号, 如果我们有 $v_n=g(n)$, 其中 $g\in\mathcal{E}$, 因而看出 u_n 有主要部分 $u_n\sim c.g(n)(c\neq 0)$, 就可把求 $\sum_{k=n}^{+\infty}u_k$ 或 $\sum_{k=1}^{n}u_k$ (视一般项是 u_n 的级数收敛与否而定) 的主要部分问题化成把 u_n 换成 $g(n)$ 的同一问题, 即在 (11.5), (11.6) 及 (11.7) 中讨论过的问题.

当我们像这样得到 (例如当 $\sum_{n=1}^{+\infty}u_n=+\infty$ 时) 一个主要部分 $\sum_{k=1}^{n}u_k\sim c.f(n)$, 其中 $f\in\mathcal{E}$, 可提出进一步求渐近展开式: 为此, 考虑一般项是 $w_n=u_n-c(f(n)-$

①这里的比较阶 $\mathcal{E}$ 含有函数 $\exp(x^{\alpha}(\log x)^{\beta})(\alpha>0,\beta>0)$.

$f(n-1)$) 的级数 (这里用 0 代替 $f(0)$). 由假设, 我们有 $\sum_{k=1}^{n} w_k = o(f(n))$; 如果 w_n 在 $+\infty$ 的邻域中不变号, 可以像以上对 u_n 那样求 w_n 的主要部分. 但是要区分一般项是 w_n 的级数是否收敛两种情况; 在不收敛情况, 我们有主要部分 $\sum_{k=1}^{n} w_k \sim c_1.f_1(n)$, 这里 $f_1 \in \mathcal{E}, f_1 = o(f), f_1 \succ\!\!\succ 1$, 并且从而 $\sum_{k=1}^{n} u_k$ 的渐近展开式是

$$\sum_{k=1}^{n} u_k = c.f(n) + c_1.f_1(n) + o(f_1(n)).$$

反过来, 如果一般项是 w_n 的级数收敛, 差式 $\sum_{k=1}^{n} u_k - c.f(n)$ 趋近于一常数 S (一般 $\neq 0$), 它等于 $\sum_{n=1}^{\infty} w_n$. 于是上面指出的方法可给出一个主要部分

$$\sum_{k=n+1}^{\infty} w_k \sim c_1.f_1(n), \quad \text{这里 } f_1 = o(1),$$

并且于是有 (如果 $S \neq 0$) 含三项的一个渐近展开式

$$\sum_{k=1}^{n} u_k = c.f(n) + S - c_1.f_1(n) + o(f_1(n)).$$

显然这种方法可继续逐步进行. 以后 (第九章) 要考察一种重要情况, 在这种情况下, 对于部分和 $\sum_{k=1}^{n} g(k)$, 可一下子就写出任意长的渐近展开式.

例 (11.12.1) 我们有一渐近展开式

(11.12.2) $$1 + \frac{1}{2} + \cdots + \frac{1}{n} = \log n + \gamma + \frac{1}{2n} + o\left(\frac{1}{n}\right),$$

这里 r 是一常数, 叫做欧拉常数, 它的准确到 10^{-9} 的值是

(11.12.3) $$\gamma = 0.577\ 215\ 664 \cdots.$$

应用上述方法到 $u_n = g(n)$ 及 $g(x) = \frac{1}{x}$ 情形; 我们有

$$\frac{g'(x)}{g(x)} = -\frac{1}{x};$$

这是 (11.6) 中讨论了的情形, 并且主要部分是 $\int_1^n g(t)dt$ 即 $\log n$ 主要部分. 然后考虑一般项是

$$w_n = \frac{1}{n} - (\log n - \log(n-1)) \sim -\frac{1}{2n^2}$$

的级数, 它是收敛的, 它的余项与一般项是 $-\dfrac{1}{2n^2}$ 的级数的余项有相同的主要部分. 为了估计它, 注意又遇到了 (11.6) 中情形, 并且 $\displaystyle\int_x^{+\infty}\frac{dt}{t^2}=\frac{1}{x}$. 由此得公式 (11.12.2).

(11.12.4) 我们有主要部分

$$2^2\log 2+2^3\log 3+\cdots+2^n\log n\sim 2^{n+1}\log n. \tag{11.12.5}$$

在这里我们有 $g(x)=2^x\log x$, 由此得 $\dfrac{g'(x)}{g(x)}=\log 2+\dfrac{1}{x\log x}\sim\log 2$, 于是遇到 (11.5) 中情形, 而且 $\mu=\log 2$. 另一方面, 由于 (10.7), 我们有 $\displaystyle\int_1^x 2^t\log t\,dt\sim 2^x\log x/\log 2$, 由此得 (11.12.5).

(11.12.6) 我们有渐近展开式 ①

$$n!\sim An^{n+\frac{1}{2}}e^{-n}\left(1+\frac{1}{12n}+o\left(\frac{1}{n}\right)\right), \tag{11.12.7}$$

其中 A 是一常数 >0 (在第四章要看到 $A=\sqrt{2\pi}$).

事实上, 写出 $n!=e^{\log n!}$, 并且要求 $\displaystyle\sum_{k=1}^{n}\log k$ 的展开式. 在这里我们有 $g(x)=\log x$, 因此又遇到 (11.6) 中情形, 从而有主要部分 $\displaystyle\sum_{k=1}^{n}\log k\sim n\log n$. 反复应用 (11.11) 中所述方法, 求得

$$\log k=n\log n-n+\frac{1}{2}\log n+B+\frac{1}{12n}+o\left(\frac{1}{n}\right),$$

这里 B 是一常数; 由于 $\dfrac{1}{12n}$ 是这展开式中第一个趋近于 0 的项, 从上述出发, 用 (7.4) 中方法, 就可得到所求的展开式.

附录　牛顿多边形与皮瑟展开式

1. 代数曲线分支可能有的形式

如我们已知 (K–R, 第 111 页), 隐函数问题在于研究一种单实变数实值函数 $u(x)$ 的性质; 这种函数对一点 x_0 的一个邻域中 x 的每个值, 有满足已给方程

$$\mathrm{F}(x,u(x))=0 \tag{1.1}$$

的一个值. 假定 F 在一点 $(x_0,y_0)\in\mathbb{R}^2$ 中确定, 并且满足 $\mathrm{F}(x_0,y_0)=0$. 于是我们知道 (见上引书) 如果还设 F 在 (x_0,y_0) 的邻域中连续, 有连续的偏导数, 并且 $\dfrac{\partial\mathrm{F}}{\partial y}(x_0,y_0)\neq 0$, 那么

① 在这里比较阶 $\mathcal{E}$ 包含函数 $\exp(x^\alpha(\log x)^\beta)$ (这里 $\alpha>0,\beta>0$).

存在着一个、并且只有一个在 x_0 的一邻域中确定的连续、可导函数 $u(x)$ 满足关系式 (1.1), 而且 $u(x_0)=y_0$.

如果不设 $\dfrac{\partial \mathrm{F}}{\partial y}(x_0,y_0)\neq 0$, 问题就要复杂得多, 而且我们只讨论相当特殊的情形. 为了简化, 设 $x_0=y_0=0$, 还必须限于考虑 x 及 y 的有确定符号的值 (例如方程 $y^2-x=0$ 就表明这种限制是必要的). 因此我们首先设 $\mathrm{F}(x,y)$ 是对 $0\leqslant x\leqslant a, 0\leqslant y\leqslant a$ 确定的, 把它写成下列形式

$$\mathrm{F}(x,y)=\sum_j c_j x^{\alpha_j} y^{\beta_j}(1+\varphi_j(x,y)),$$

并作假设如下:

1° α_j,β_j 是实数 $\geqslant 0$, 数对 (α_j,β_j) 是不同的, 任何数对 (α_j,β_j) 不等于 (0,0), 并且我们有 $\inf(\alpha_j)=\inf(\beta_j)=0$ (换句话说, 我们有 $\mathrm{F}(0,0)=0$, 并且在 F 的因子中, 不能含 x 的任何幂, 也不能含 y 的任何幂, 以免出现没有意义的解).

2° 函数 φ_j 对于 $0\leqslant x\leqslant a, 0\leqslant y\leqslant a$ 是连续的, $\varphi_j(0,0)=0$, 并且这些函数有连续的偏导数 $\dfrac{\partial\varphi_j}{\partial x},\dfrac{\partial\varphi_j}{\partial y}$.

3° c_j 是实数 $\neq 0$.

在这些条件下, 我们要证明: 对于满足 $u(0)=0$ 的 (1.1) 的任何连续解 u, 可以求出它在 $x=0$ 的邻域内的一个主要部分.

(1.2) *假定 u 对于 $0\leqslant x\leqslant b<a$ 连续, 对于 $x>0, u(x)>0$, 并且 u 满足 (1.1) 以及条件 $u(0)=0$. 那么对于任何数 $\mu>0$, 当 x 趋近于 0 而总是 >0 时, 商式 $u(x)/x^{\mu}$ 趋近于一个有限的极限或无穷大.*

由一个我们承认的定理 ①, 只须证明不存在两个趋近于 0 的序列 $\{x_n'\}$, $\{x_n''\}$, 使得两序列

$$\{u(x_n')/x_n'^{\mu}\},\quad \{u(x_n'')/x_n''^{\mu}\}$$

中每一个趋近于一极限 $\geqslant 0$, 而且这两极限 h',h'' 不相等 (有限数或无穷大). 用反证法, 假定存在着这样两个序列. 于是设数 $t>0$ 满足 $h'<t<h''$ (例如假定 $h'<h''$); 存在着由不相等的数组成的趋近于 0 的无穷序列 $\{z_n\}$, 满足

$$u(z_n)=t.z_n^{\mu}. \tag{1.2.1}$$

事实上, 由假设, 存在着一个指标 n_1, 使得

$$u(x_{n_1}')<tx_{n_1}'^{\mu},$$

其次有一指标 $n_2>n_1$, 使得 $x_{n_2}''<x_{n_1}'$, 并且 $u(x_{n_2}'')>tx_{n_2}''^{\mu}$, 然后有一指标 $n_3>n_2$, 使得 $x_{n_3}'<x_{n_2}''$, 并且 $u(x_{n_3}')<tx_{n_3}'^{\mu}$, 像这样继续下去. 因此由预篇, 3.3, 存在着一个数列 z_n 满足

$$x_{n_1}'>z_1>x_{n_2}''>z_2>x_{n_3}'>z_3>x_{n_4}''>\cdots$$

满足 (1.2.1). 然而可写出

$$\mathrm{F}(x,tx^{\mu})=\sum_j c_j x^{\alpha_j+\mu\beta_j}t^{\beta_j}(1+\varphi_j(x,tx^{\mu})). \tag{1.2.2}$$

① 见 [FA], 3.16.4.

设 $\gamma > 0$ 是所有数 $\alpha_j + \mu\beta_j$ 中最小的; 在 (1.2.2) 中 x^γ 的系数是

$$\psi(t) = \sum_j c_j t^{\beta_j}, \tag{1.2.3}$$

上列和式是对满足 $\alpha_j + \mu\beta_j = \gamma$ 的所有指标 j 取的. 如果我们有 $\psi(t) \neq 0$, 考虑到对 φ_j 的假设, 就可断定当 x 趋近于 0 时,

$$\mathrm{F}(x, tx^\mu) \sim \psi(t)x^\mu.$$

但是这与方程 $\mathrm{F}(x, tx^\mu) = 0$ 有无穷个根 z_n 属于区间 $]0, b]$ 并且趋近于 0 不符合. 因此对于满足 $h' < t < h''$ 的任何 t, 必然有 $\psi(t) = 0$. 但是 (1.2.3) 中的指数 β_j 都不相等, 并且 c_j 都 $\neq 0$, 这是不可能的; 这可就指数的个数递推看出: 当只有一个指数时, 这命题是平凡的; 否则用有最小指数的幂 t^{β_j} 来除, 并且可假设最小的指数是 0; 于是从对 $h' < t < h''$ 有关系式 $\psi(t) = 0$, 可导出在这区间内, $\psi'(t) = 0$, 于是得到同样形式的关系式, 但项数要少一些. 由此得我们的结论.

(1.3) 在与 (1.2) 中同样的假设下, 要看比值 $u(x)/x^\mu$ 是否可趋近于一个有限及非零的极限 t. 注意如果我们保持 (1.2) 中的记号不变, 必然有 $\psi(t) = 0$, 否则当 x 趋近于 0 时, $\mathrm{F}(x, u(x)) \sim \psi(t)x^\gamma$; 而由于 $\mathrm{F}(x, u(x))$ 恒等于零, 这是不可能的. 由于设 $t \neq 0$, 只有在数对 (α_j, β_j) 中至少有两个满足 $\alpha_j + \mu\beta_j = \gamma$ 时, 才可能有 $\psi(t) = 0$; 换句话说, 数 μ 必须满足下列两个条件: 至少对于两个不同的数对 (α_j, β_j) 及 (α_k, β_k),

$$\alpha_j + \mu\beta_j = \alpha_k + \mu\beta_k; \tag{1.3.1}$$

对于其他任何数对 (α_i, β_i),

$$\alpha_j + \mu\beta_j \leqslant \alpha_i + \mu\beta_i. \tag{1.3.2}$$

把 (α_j, β_j) 看作平面 $\mathbb{R}^2$ 中的点, 把上列条件用图形表示出来是方便的. 设 μ 满足上列条件表明方程 $u + \mu v = \gamma$ 所表示的直线包含点 (α_j, β_j) 中至少两点, 而其他各点 (α_j, β_j) 都在这直线的上方. 作出所有这种直线如下: 我们从点 $(0, \beta_j)$ 开始, 这一点相应于在满足 $\alpha_j = 0$ 的所有数对 (α_j, β_j) 中, β_j 所取的最小值; 设 σ_0 是这最小值. 然后考虑通过点 $(0, \sigma_0)$ 的直线 $u + \mu(v - \sigma_0) = 0$, 并且在满足 $\alpha_j > 0, \beta_j < \sigma_0$ 的点对 (α_j, β_j) 中, 考察商 $\alpha_j/(\sigma_0 - \beta_j)$; 如果 μ_1 是其中最小的商, 直线 $u + \mu_1(v - \sigma_0) = 0$ 应是要考虑的第一条直线. 设 (ρ_1, σ_1) 表示在这直线上所有数对 (α_j, β_j) 中, α_j 取可能最大值的那一对. 第二步考虑通过 (ρ_1, σ_1) 的直线 $u - \rho_1 + \mu(v - \sigma_1) = 0$, 并且在满足 $\alpha_j > \rho_1, \beta_j < \sigma_1$ 的点对 (α_j, β_j) 中, 考察商 $(\alpha_j - \rho_1)/(\sigma_1 - \beta_j)$; 如果 μ_2 是其中最小的商, 直线 $u + \mu_2 v = \rho_1 + \mu_2\sigma_1$ 是要考虑的第二条直线. 设 (ρ_2, σ_2) 表示在这直线上所有数对 (α_j, β_j) 中, α_j 取可能最大值的那一对. 第三步要对 $\alpha_j > \alpha_2, \beta_j < \sigma_2$ 考察商 $(\alpha_j - \rho_2)/(\sigma_2 - \beta_j)$, 并且取最小的 μ_3. 像这样继续进行下去, 直到达到一点 $(\rho_r, 0)$, 其中 ρ_r 是在满足 $\beta_j = 0$ 的所有数对 (α_j, β_j) 中出现的最小的 α_j. 这样我们就得到一个有 r 边的多边形, 叫做函数 F 在 $(0, 0)$ 的邻域中的牛顿多边形 (图 11).

(1.4) 如果 $\mu_1, \mu_2, \cdots, \mu_r$ 是 (1.3) 中所定出的不相等的正数, 那么在假设 (1.2) 下, 对于一个指标 h, $u(x)/x^{\mu_h}$ 趋近于一个有限极限, 并且 $\neq 0$.

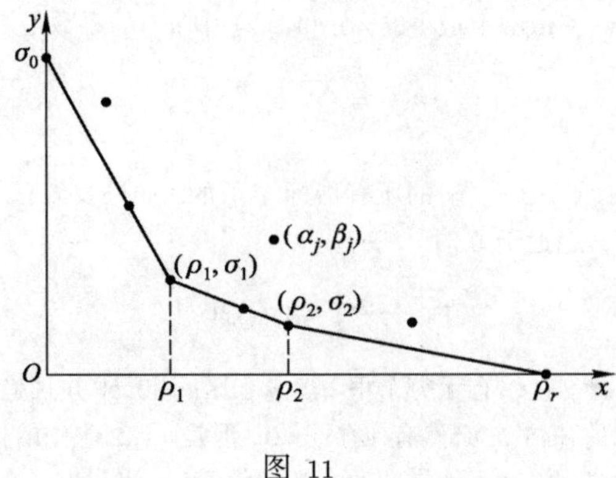

图 11

由定义, 我们有 $\mu_1 < \mu_2 < \cdots < \mu_r$. 先证明 $u(x)/x^{\mu_1}$ 趋近于有限的极限. 由关于 φ_j 的假设, 可以设如果 i, j 是两个不同的指标, 就不可能同时有 $\alpha_i \leqslant \alpha_j$ 及 $\beta_i \leqslant \beta_j$ (否则在 $\varphi_i(x,y)$ 中, 就会有这样的项: $c_j c_i^{-1} x^{\alpha_j - \alpha_i} y^{\beta_j - \beta_i}(1 + \varphi_j(x,y))$). 因此可设序列 $\{\beta_j\}$ 是递减的, 从而 $\beta_1 = \sigma_0$, 并且对于 $j > 1, \beta_j < \beta_1$. 于是可把方程 (1.1) 写成下列形式

$$\begin{aligned} &c_1(u(x))^{\beta_1}(1+\varphi_1(x,u(x))) + \sum_h c_h x^{\alpha_h}(u(x))^{\beta_h}(1+\varphi_h(x,u(x))) \\ &= -\sum_j c_j x^{\alpha_j}(u(x))^{\beta_j}(1+\varphi_j(x,u(x))), \end{aligned}$$

其中在左边已取指标 h, 使得 $\alpha_h + \mu_1\beta_h = \mu_1\beta_1$, 而在右边则已取指标 j, 使得 $\alpha_j + \mu_1\beta_j > \mu_1\beta_1$. 令 $t(x) = u(x)/x^{\mu_1}$, 我们得到

(1.4.1)
$$\begin{aligned} &c_1(1+\varphi_1(x,u(x))) + \sum_h c_h (t(x))^{\beta_h - \beta_1}(1+\varphi_h(x,u(x))) \\ &= -\sum_j c_j x^{\alpha_j + \mu_1\beta_j - \mu_1\beta_1}(t(x))^{\beta_j - \beta_1}(1+\varphi_j(x,u(x))). \end{aligned}$$

由于 $\beta_h - \beta_1 < 0$, 并且 $\beta_j - \beta_1 < 0$, 如果当 x 趋近于 0 时, $t(x)$ 趋近于 $+\infty$, 那么在上列方程中, 除了第一项趋近于 $c_1 \neq 0$ 外, 其余各项都要趋近于 0; 这是荒谬的.

上述推理当 $r = 1$ 时证明了 (1.4): 事实上, 对于 (1.4.1) 左边所出现指标 h 中最大的 l, 我们有 $\beta_h = 0$ (因而 $\beta_l = \sigma_1$); 用 $(t(x))^{\beta_1}$ 乘 (1.4.1) 的两边, 我们看出, 如果 $t(x)$ 趋近于 0, 就又要得到一个方程, 它的左边趋近于 $c_l \neq 0$, 而右边趋近于 0; 这是荒谬的. 为了完成一般情形下 (1.4) 的证明, 可就 r 递推论证. 如果 $t(x)$ 趋近于一极限 $\neq 0$, 命题得证. 否则 $t(x)$ 趋近于 0; 于是在 x 及 $t(x)$ 之间有关系式

$$\sum_j c_j x^{\alpha_j + \mu_1\beta_j - \mu_1\beta_1}(t(x))^{\beta_j}(1+\varphi_j(x, t(x)x^{\mu_1})) = 0,$$

这是与 (1.1) 同一类型的关系式; 但是这次不含 x 的幂的各项是

$$c_1 y^{\beta_1}(1+\varphi_1(x,y)) + \cdots + c_l y^{\beta_l}(1+\varphi_l(x,y)),$$

也可把这式写成

$$c_l y^{\beta_l}(1+\psi_l(x,y)),$$

其中 ψ_l 趋近于 0. 于是可立即验证: 对这关系式用 (1.3) 中的方法可作出对应于数 $\mu_2-\mu_1,\mu_3-\mu_1,\cdots,\mu_r-\mu_1$ 的 $r-1$ 边的 "牛顿多边形". 递推假设表明, 对于满足 $2\leqslant h\leqslant r-1$ 的 h, 商式 $t(x)/x^{\mu_h-\mu_1}$ 趋近于一极限 $\neq 0$; 这就完成了 (1.4) 的证明.

2. 分支的存在

(1.4) 中递推推理表明: 要看出对于每一个数 μ_h, 曲线 (1.1) 是否有一 "分支" 由 $y=u(x)$ 确定, 而且对于一个常数 $\alpha\neq 0, u(x)\sim\alpha x^{\mu_h}$; 可以只考虑 $r=1$ 情形. 于是由 (1.4.1) 可得: 系数 α 必然是方程

$$c_1t^{\beta_1}+\sum_h c_ht^{\beta_h}=0 \tag{2.1}$$

的根, 并且由于只考虑 $x\geqslant 0$ 及 $y\geqslant 0$ 情形, 这方程必然有一些根 >0. (2.1) 的左边对于 $t>0$ 是无穷可导的, 从而对于一个这样的根 $t_0>0$, 可把 (2.1) 的左边写成 $(t-t_0)^qg(t)$, 这里 g 对 $t>0$ 连续, 并且 $g(t_0)\neq 0$. 在 (1.1) 中令 $y=zx^{\mu_1}$, 由上所述, 方程可写成

$$(z-t_0)^q=x^\lambda \mathrm{G}(x,z), \tag{2.2}$$

其中 $\lambda>0$, 并且对于 $0\leqslant x\leqslant a, |z-t_0|\leqslant d$ (对一个 $d>0$), G 是连续函数; 此外, 由对 φ_j 所作可导性假设, 立即可见 $\dfrac{\partial \mathrm{G}}{\partial z}$ 在点 $(0,t_0)$ 的邻域中连续.

已知上列结果, 如果 q 是偶数, 并且 $\mathrm{G}(0,t_0)<0$, 那么没有连续函数 $v(x)=z$, 当 x 趋近于 0 时, 它趋近于 t_0, 并且满足 (2.2); 反过来, 如果 $\mathrm{G}(0,t_0)\geqslant 0$, 可把方程 (2.2) 写成下列形式

$$z-t_0=\pm x^{\lambda/q}(\mathrm{G}(x,z))^{1/q}.$$

对上列两方程中每一个应用第 1 节中提到的隐函数定理; 因而曲线有两个不同的分支, 使得 $u(x)\sim t_0x^{\mu_1}$.

如果 q 是奇数, 方程 (2.2) 总可写成

$$z-t_0=x^{\lambda/q}(\mathrm{G}(x,z))^{1/q},$$

并且总可得到曲线的一个、并且只有一个分支, 使得 $u(x)\sim t_0x^{\mu_1}$.

当我们这样得到满足 (1.1) 的函数 $u(x)$ 的主要部分时, 自然可求含多项的渐近展开式, 只须令 $u(x)=t_0x^{\mu_1}(1+\mu_1(x))$, 并且与前面一样处理 x 与所得 $u_1(x)$ 之间的关系式.

例 (2.3) 考虑关系式

$$y^3-2xy^2+x^2y+x^5-x^4y=0. \tag{2.3.1}$$

在这里牛顿多边形有两边, 对应于 $\mu_1=1,\mu_2=3$, 并且对于 μ_1, t 的方程 (2.1) 在这里是 $t(t^2-2t+1)=0$; 它有唯一的实根 $t_0=1>0$, 对于它 $q=2$. 对应于 (2.2) 的方程是

$$(z-1)^2=x^4\frac{z-1}{z},$$

它有两根 $v(x)=1, v(x)=1+x^4+o(x^4)$. 对于 μ_2, t 的方程是 $t+1=0$, 它没有根 >0. 因此我们有两个 "分支", 对于 $x>0$ 都 >0, 它们分别是

$$u_1(x)=x,\quad u_2(x)=x+x^5+o(x^5).$$

注意在如同这里所考虑情形中, 函数 $\mathrm{F}(x,y)$ 是由有任意符号的 x 及 y 确定的; 因此可应用同样的方法, 但用 $-x$ 或 $-y$ 代替 x 或 y; 这样就得到 (2.3.1) 的第三个 "分支"

$$u_3(x) \sim -x^3,$$

三个函数 u_1, u_2 及 u_3 由 0 附近的有任意符号的 x 所确定.

当 F 是 x 及 y 的多项式时, 像上面这样求得的渐近展开式叫做皮瑟展开式.

3. 推广

我们可以把牛顿的方法拓展到

$$\mathrm{F}(x,y) = \sum_j c_j g_j(x) y^{\beta_j}(1 + \varphi_j(x,y))$$

情形, 这时对 φ_j 作同样的假设, 但是在这里 g_j 是比较阶 $\mathcal{E}$ 在 $x=0$ 的邻域中的一个函数 (第三章, 2). 还假设 $\inf(\beta_j) = 0$, 并且函数 g_j 中有一个是常数 $\neq 0$, 其余的随着 x 趋近于 0; 此外与在 (1.4) 的证明中一样, 可假设不同时有 $\beta_j < \beta_i$ 及 $g_i = O(g_j)$ (否则 $\varphi_i(x,y)$ 中就会有 $y^{\beta_i - \beta_j} g_i(x)/g_j(x)$). 于是可假设序列 $\{\beta_j\}$ 是递减的; 在这种情形下, $g_1(x)$ 必然是一常数 $\neq 0$, 并且对于 $j > 1, g_j(x)$ 随着 x 趋近于 0.

考虑函数 $(g_j(x))^{1/(\beta_1 - \beta_j)}$; 存在着一个指标 m, 使得对于任何 j, $(g_j(x))^{1/(\beta_1-\beta_j)} = O((g_m(x))^{1/(\beta_1 - \beta_m)})$; 令

$$u(x) = t(x)(g_m(x))^{1/(\beta_1 - \beta_m)},$$

并且关系式 (1.1) 有下列形式

$$b_1(t(x))^{\beta_1}(1 + \psi_1(x, u(x))) + \sum_h b_h (t(x))^{\beta_h}(1 + \psi_h(x, u(x)))$$

$$= -\sum_j b_j (t(x))^{\beta_j} g_j(x)(g_m(x))^{\frac{\beta_j - \beta_1}{\beta_1 - \beta_m}}(1 + \psi_j(x, u(x))),$$

其中 b_i 是实常数 $\neq 0$, ψ_i 是与 φ_i 有同样性质的函数; 在上式左边, 已取指标 h, 使得当 x 趋近于 0 时, 比值 $(g_h(x))^{1/(\beta_1-\beta_h)}/(g_m(x))^{1/(\beta_1-\beta_m)}$ 趋近于一有限极限并且 $\neq 0$; 在上式右边, 指标 j 取得使类似的比值趋近于 0. 与第 1 节中同样论证, 可见 (考虑到对于 $i > 1, \beta_1 > \beta_i$) 当 x 趋近于 0 时, $t(x)$ 趋近于一有限极限. 如果这极限不是零, 它满足方程

$$b_1 t^{\beta_1} + \sum_h b_h t^{\beta_h} = 0.$$

否则 x 及 $t(x)$ 之间的关系式与 x 及 $u(x)$ 之间的关系式有相同形状, 但是在方程中少一项, 于是可递推进行论证.

例如如果考虑关系式

$$y^7 + y^4 x \log x + y^2 x^2 - e^{-1/x} = 0,$$

我们得到有下列主要部分的三个"分支":

$$u_1(x) \sim \left(x \log \frac{1}{x}\right)^{\frac{1}{3}}, u_2(x) \sim \left(\frac{x}{\log \frac{1}{x}}\right)^{\frac{1}{2}}, \quad u_3(x) \sim \frac{1}{x} e^{-\frac{1}{2x}}.$$

习　题

1) 证明在 $+\infty$ 的邻域中, 函数 $f(x) = (x\cos^2 x + \sin^2 x)e^{x^2}$ 是单调的, 并且趋近于 $+\infty$, 但是比值 $f(x)/x^{\frac{1}{2}}e^{x^2}$ 和它的反比都不是有界的.

2) 设 φ 是一函数 >0, 对于 $x>0$ 确定, 并且是递增的.

a) 证明如果函数 $\log\varphi(x)/\log x$ 是递增的, 那么由 >0 的函数之间的关系式 $f \prec\!\!\prec g$ 可导出 $\varphi\circ f \prec\!\!\prec \varphi\circ g$.

b) 证明如果函数 $\log\varphi(x)/\log x$ 是递减的, 那么由 >0 的函数之间的关系式 $f\sim g$ 可导出 $\varphi\circ f\sim\varphi\circ g$.

3) 对于 $x>0$, 令 $f(x)=1/x$. 确定在 $+\infty$ 的邻域中连续可导的增函数 g, 使得 $f' \prec\!\!\prec g'$, 可是 $(1/g)' \prec\!\!\prec (1/f)'$ 不成立. (在以点 n (n 是整数 >0) 为中点的充分小的区间中, g' 取很大的值, 在这些区间外, 取 $g'(x)=1$.)

4) 在 $+\infty$ 的邻域中, 函数 $\dfrac{\sin x}{\sqrt{x}}+\dfrac{\sin^2 x}{x}$ 以函数 $\dfrac{\sin x}{\sqrt{x}}$ 作为广义主要部分 (7.6); 可是积分 $\displaystyle\int_1^{+\infty}\frac{\sin t}{\sqrt{t}}dt$ 收敛, 而积分 $\displaystyle\int_1^{+\infty}\left(\frac{\sin t}{\sqrt{t}}+\frac{\sin^2 t}{t}\right)dt$ 不收敛.

5) 对于整数 $n\geqslant 1$ 及 $x>0$, 递推地确定

$$e_1(x)=e^x,\quad e_n(x)=e_{n-1}(e^x);$$

对于任何 $\mu>0$, 在 $+\infty$ 的邻域内, 这是一个满足 $e_{n-1}(x^\mu) \prec\!\!\prec e_n(x)$ 的增函数; 把它的反函数记作 $l_n(x)$; 后者是在区间 $[e_n(0),+\infty[$ 中确定的, 并且对于任何 $\mu>0$, 在 $+\infty$ 的邻域内, 我们有 $l_n(x) \prec\!\!\prec (l_{n-1}(x))^\mu$.

a) 证明存在着对于 $x\geqslant 0$ 确定的 >0 的连续增函数 f, 使得对于任何 $x\geqslant 0, f(2x)=2^{f(x)}$ (在各区间 $[2^n,2^{n+1}]$ 中, 递推地确定 f). 证明对于任何整数 n, 在 $+\infty$ 的邻域中, 我们有 $f(x) \succ\!\!\succ e_n(x)$.

b) 证明如果 g 是 f 的反函数, 那么对于任何整数 n, 在 $+\infty$ 的邻域中, 我们有 $1 \prec\!\!\prec g(x) \prec\!\!\prec l_n(x)$.

6) 设 f 及 g 是在 $+\infty$ 的邻域中连续可导、并且 >0 的两个函数.

a) 设函数 f' 在 $+\infty$ 的邻域中单调并且 $\neq 0$. 证明如果 $g \prec\!\!\prec f/f'$, 那么在 $+\infty$ 的邻域中, 我们有 $f(x+g(x))\sim f(x)$ (用有限增量定理). 通过证明当只设 $g=O(f/f')$ 时, 上述结果不成立, 就表明了这结果是不能改进的.

b) 还设 $g(x)=o(x)$. 证明在下列每一种情况下, 我们有 $f(x-g(x))\sim f(x)$:

1° $|f'/f|$ 在 $+\infty$ 的邻域中是递增的;

2° $f'(x)/f(x)=O(1/x)$ 在 $+\infty$ 的邻域中成立;

3° 函数 $h(x)=|f(x)/f'(x)|$ 满足 $1 \prec\!\!\prec h(x) \prec\!\!\prec x$, 并且它还是可导的, 且满足 $h'(x)/h(x)=O(1/x)$ (注意在这种情况下, 我们有 $h(x-g(x))\sim h(x)$).

给出一个例子, 在其中 $g=o(f/f'), g(x)=O(x)$, 并且在 $+\infty$ 的邻域中,

$$f(x-g(x))=o(f(x)).$$

7) 求方程

$$x(u(x))^5+u(x)+1=0$$

所确定函数在 $x=0$ 的邻域中及在 $x=+\infty$ 的邻域中各 "分支" $u(x)$ 的渐近展开式.

8) 求由

$$2e^{u(x)-x}+u(x)+x=0$$

所确定的函数在 $x=-\infty$ 的邻域中以及由

$$x^{u(x)}-(u(x))^{2x}=0$$

所确定的函数在 $x=+\infty$ 的邻域中的渐近展开式.

9) 设 f 及 g 是 $+\infty$ 邻域中确定的两个实值函数. 还假定下列条件成立:

1° 方程 $f(x)=0$ 的根形成一趋向于 $+\infty$ 的增序列 $\{x_n\}$;

2° 存在着常数 $a>0, b\geqslant 0, c>0$, 使得对于任何 n 及任何满足 $|x-x_n|\leqslant c$ 的 $x, |f'(x_n)|\geqslant a, |f''(x)|\leqslant b$;

3° 当 x 趋向于 $+\infty$ 时, 函数 g, g' 及 g'' 趋近于 0.

令 $\Phi_n(u)=g(x_n+u)-g(x_n)-f(x_n+u)+f'(x_n)u$, 并且由下列条件对于 $n\geqslant 1$ 及 $m\geqslant 0$ 确定数 u_{mn}:

$$u_{0n}=0,$$

$$f'(x_n)u_{mn}=g(x_n)+\Phi_n(u_{m-1,n}) \quad \text{对于 } m\geqslant 1.$$

证明只要 n 充分大, 当 m 趋向于 $+\infty$ 时, 序列 $\{u_{mn}\}_{m\geqslant 0}$ 趋近于一个极限 u_n, 它满足

$$f(x_n+u_n)=g(x_n+u_n);$$

而且此外, 对于 m 的任何固定的值, 当 n 趋向于 $+\infty$ 时,

$$u_n-u_{mn}=o(u_{mn}-u_{m-1,n}).$$

应用这些结果, 求下列两方程的根 $x=z_n$ 的渐近展开式:

$$\tan x=ax(a>0), \quad \text{而且有} \quad z_n\sim(2n+1)\frac{\pi}{2};$$

$$\sin x=\frac{1}{\log x}, \quad \text{而且有} \quad z_n\sim n\pi.$$

应该怎样处理下列方程

$$\sin^2 x=\frac{1}{\log x},$$

其中上述条件 2° 不成立?

10) 对于任何实数 $t>0$, 把最大的整数 $n\leqslant t$ 记作 $[t]$. 证明函数 $f(x)=\dfrac{1}{x}-\left[\dfrac{1}{x}\right]$ 在区间 $]0,1]$ 中有反常积分, 并且我们有

$$\int_0^1\left(\frac{1}{t}-\left[\frac{1}{t}\right]\right)dt=1-\gamma \quad (\gamma \text{ 是欧拉常数}).$$

11) 设 $f(x)$ 是在区间 $]0,1]$ 中单调的函数, 并且反常积分 $\displaystyle\int_0^1 t^a f(t)dt$ 收敛. 证明我们有

$$\lim_{x\to 0} x^{a+1}f(x)=0$$

(求积分 $\int_x^{2x} t^a f(t)dt$ 的上界及下界).

由此导出: 如果 f 在区间 $[1,+\infty[$ 中单调, 并且如果反常积分 $\int_1^{+\infty} t^a f(t)dt$ 收敛, 我们有 $\lim\limits_{x\to+\infty} x^{a+1}f(x)=0$.

12) 研究下列反常积分的收敛性

$$\int_\pi^{+\infty} \frac{dx}{x^a(\sin x)^{p/q}} \quad (p \text{ 是整数 } >0, q \text{ 是奇整数 } >0),$$

$$\int_\pi^{+\infty} \frac{dx}{x^a|\sin x|^b}, \quad \int_0^{+\infty} \frac{x^c dx}{1+x^a|\sin x|^b}$$

$(a,b,c$ 是实数).

13) 实常数 a,b 是什么值时, 一般项是

$$u_n = \log n + a\log(n+1) + b\log(n+2)$$

的级数是收敛的?

14) 求当 n 趋向于 $+\infty$ 时,

$$(p_1a_1^n + p_2a_2^n + \cdots + p_ka_k^n)^{1/n}$$

的渐近展开式, 这里 p_j 及 a_j 是 >0 的数.

15) 求

$$\frac{1}{n^2+1} + \frac{1}{n^2+2} + \cdots + \frac{1}{kn^2-1} + \frac{1}{kn^2} \quad (\text{整数 } k>1)$$

的渐近展开式.

16) 设 f,g 是两函数 >0, 它们对于 $x>0$ 连续可导, 并且积分 $\int_1^{+\infty} f(t)dt$ 是无穷大, 令 $\mathrm{F}(x) = \int_1^x f(t)dt$.

a) 证明: 如果我们有 $\mathrm{F}(x)g'(x) = o(f(x))$ (由此可导出 $g(x) = o(\log \mathrm{F}(x))$), 就有一广义主要部分

$$\int_1^x f(t)e^{ig(t)}dt \sim \mathrm{F}(x)e^{ig(x)}$$

(分部积分).

b) 证明: 如果我们有 $\mathrm{F}(x)g'(x) \sim c.f(x)$ (c 是常数 $\neq 0$) (由此导出 $g(x) \sim c.\log \mathrm{F}(x)$), 就有

$$\int_1^x f(t)e^{ig(t)}dt \sim \frac{1}{1+ic}\mathrm{F}(x)e^{ig(x)} \quad (\text{用类似方法}).$$

c) 设 f 及 g 无穷可导, 并且 $|f(x)/g'(x)|$ 是递增的, 并且随着 x 趋向于 $+\infty$. 还设

$$\frac{d}{dx}\left(\frac{f(x)}{g'(x)}\right) = f(x)h(x),$$

其中 $h(x)=o(1)$, 并且 $h'(x)=o(1)$ (由此导出 $|\mathrm{F}(x)g'(x)| \succ\!\succ \log \mathrm{F}(x)$ 以及 $g(x) \succ\!\succ \log \mathrm{F}(x)$). 证明我们有

$$\int_1^x f(t)e^{ig(t)}dt \sim \frac{f(x)}{ig'(x)}e^{ig(x)}$$

(分部积分几次).

当积分 $\int_1^{+\infty} f(t)dt$ 收敛时 (在情形 c) 下), 对于 $\int_x^{+\infty} f(t)e^{ig(t)}dt$ 作出类似结果, 必须设 $\left|\frac{f(x)}{g'(x)}\right|$ 是递减的, 并且随着 $\frac{1}{x}$ 趋近于 0.

考虑积分 $\int_1^{+\infty} t^\alpha e^{it^\beta} dt$ 作为例子.

17) 作与在习题 16, 情形 a) 或 b) 中同样的假设, 还设 $f'(x) = o(f(x))$ 及 $g'(x) = o(1)$. 证明我们有: 在情形 a) 下,

$$\sum_{k=1}^n f(k)e^{ig(k)} \sim \mathrm{F}(n)e^{ig(n)};$$

在情形 b) 下,

$$\sum_{k=1}^n f(k)e^{ig(k)} \sim \frac{1}{1+ic}\mathrm{F}(n)e^{ig(n)}.$$

作为例子, 考虑和式 $\sum_{k=1}^n k^\alpha e^{ci(\log k)^\beta}$, 这里 $\alpha > 0$, 并且 $0 < \beta \leqslant 1$.

18) 设 f 是在开区间 $\mathrm{I} \subset \mathbb{R}$ 中二次可微的实值函数, 并且在 I 中, $f''(x) \geqslant \lambda > 0$. 证明对于 I 中满足 $a < b$ 的任何两点 a 及 b, 我们有

$$\left|\int_a^b e^{if(t)}dt\right| \leqslant \frac{8}{\sqrt{\lambda}}.$$

(化到在 $[a,b]$ 中 $f'(x) \geqslant 0$ 情形; 如果 $b-a > \frac{2}{\sqrt{\lambda}}$, 用点 $a+\frac{2}{\sqrt{\lambda}}$ 分划区间 $[a,b]$, 并在区间 $\left[a+\frac{2}{\sqrt{\lambda}}, b\right]$ 中分部积分.)

19) 设 $(r_n)_{n\geqslant 1}$ 是趋向于 $+\infty$ 的正增数列 $(r_n > 0)$. 对于任何 $r \geqslant 0$, 用 $\mathrm{N}(r)$ 表示满足 $r_n \leqslant r$ 的指标 r 的个数; N 在 $[0,+\infty[$ 中是分段为常数的函数.

a) 设连续函数 f 是 $[0,+\infty[$ 中一个分段连续函数 f' 的原函数的一个连续函数 f. 我们有

$$\sum_{r_n \leqslant r} f(r_n) = \mathrm{N}(r)f(r) - \int_0^r \mathrm{N}(t)f'(t)dt.$$

b) 设有一个对于 $r \geqslant 0$ 确定、并且取值 > 0 的函数 $\mathrm{L}(r)$. 如果它是单调的, 并且如果我们有

$$\lim_{r\to+\infty} \mathrm{L}(2r)/\mathrm{L}(r) = 1,$$

就说 $\mathrm{L}(r)$ 是缓单调的.

例如形如 $(\log r)^\alpha$, $(\log\log r)^\alpha$ 等函数都是缓单调的. 如果 L 是缓单调的, 我们有: 对任何数 $c > 0$,

$$\lim_{r\to+\infty} \mathrm{L}(cr)/\mathrm{L}(r) = 1,$$

并且 $\lim_{r\to+\infty} \frac{\log \mathrm{L}(r)}{\log r} = 0$ (对于整数 m, 考虑值 $r = 2^m$).

c) 如果对于序列 $\{r_n\}$, 我们有 $\mathrm{N}(r) \sim r^\lambda \mathrm{L}(r)$, 这里 λ 是一数 > 0, 并且 L 是一个缓单调函数, 就说这序列是正则的. 于是我们有 $\log \mathrm{N}(r) \sim \lambda \log r$, 并且 $\lambda = \inf\{\sigma > 0 : \sum_n r_n^{-\sigma}$ 收敛$\}$; λ 叫做序列 $\{r_n\}$ 的收敛指数.

d) 设 c 是一数 > 0, f 是区间 $[0, c]$ 中的分段连续函数. 证明我们有

$$\lim_{r \to +\infty} \frac{1}{\mathrm{N}(r)} \sum_{r_n \leqslant cr} f\left(\frac{r_n}{r}\right) = \int_0^{c^\lambda} f(t^{1/\lambda}) dt$$

(先对阶梯函数作出证明, 然后用 $[0, c]$ 中的阶梯函数一致逼近 f (第五章)).

20) 设 $\{a_n\}_{n \geqslant 1}$ 是一非负数列, 令

$$t_n = \sqrt{a_1 + \sqrt{a_2 + \cdots + \sqrt{a_n}}}.$$

a) 证明: 如果所有 $a_n = 1$, 序列 $\{t_n\}$ 趋近于 $\frac{1}{2}(1 + \sqrt{5})$.

(注意序列 $\{t_n\}$ 是递增的, 并且 $t_n^2 = 1 + t_{n-1} > t_{n-1}^2$.)

b) 证明: 如果对于任何 $n, a_n < e^{2^n}$, 序列 $\{t_n\}$ 收敛 (应用 a)). 反过来, 如果有一数 $\beta > 2$, 使得对于无穷个 n 的值, $a_n > e^{\beta^n}$, 证明对于 n 的这些值, 我们有 $t_n \geqslant \exp\left(\left(\frac{\beta}{2}\right)^n\right)$.

21) 设 f 是区间 $[0, b]$ 中的增函数, 并且在 0 的邻域中有下列形状的有限展开式

$$f(x) = x - ax^\alpha + o(x^\alpha), \quad \text{如果 } \alpha > 1, \text{ 并且 } a > 0.$$

a) 证明存在着两个确定的实数 $\lambda < 0$ 及 $c > 0$, 使得

$$f(cn^\lambda) - c(n+1)^\lambda = o(n^{\lambda - 1}).$$

b) 证明存在着 $b' < b$, 使得对于任何 $x_0 \in]0, b'[$, 由 $x_1 = f(x_0), \cdots, x_{n+1} = f(x_n), \cdots$ 所确定的序列是递减的, 并且趋近于 0, 而我们还有

$$x_n = cn^\lambda.$$

(如果 $c' < c < c''$, 注意我们有: 对于充分大的 n,

$$f(c'n^\lambda) > c'(n+1)^\lambda, \quad f(c''n^\lambda) < c''(n+1)^\lambda.$$

另一方面, 注意对于任何 n, 存在着 $p > 0$, 使得 $x_n > c'(n+p)^\lambda$; 并且由此导出: 对于任何 $m > 0$, 我们有 $x_{n+m} > c'(n+p+m)^\lambda$; 其次, 对于任何 n, 存在着 q, 使得 $x_q < c''n^\lambda$; 由此导出: 对于任何 $m > 0$, 我们有 $x_{q+m} < c''(n+m)^\lambda$.)

c) 特别, 对于任何 $x > 0$, 令 $\sin_1 x = \sin x$, 对于 $n \geqslant 2, \sin_n x = \sin(\sin_{n-1} x)$; 证明我们有

$$\sin_n x \sim \sqrt{\frac{3}{n}}.$$

22) 设 f 是在无界开集 $\mathrm{D}(\subset \mathbb{R}^2)$ 中连续, 并且 $\geqslant 0$ 的函数. 对于任何数 N, 用 Q_N 表示 $\mathbb{R}^2$ 中正方形 $|x| < N, |y| < N$. 我们说积分 $\iint_{\mathrm{D}} f(x, y) dx dy$ 收敛, 如果当 N 趋向于 $+\infty$

时, 积分 $\iint_{D\cap Q_N} f(x,y)dxdy$ 趋近于一极限 (作为定义, 这极限是积分 $\iint_D f(x,y)dxdy$ 的值; 要这极限存在, 只须这些积分 $\iint_{D\cap Q_N} f(x,y)dxdy$ 在 $\mathbb{R}$ 中有界).

a) 证明: 如果 $f(x,y)\leqslant C(x^2+y^2)^\alpha$ 在 D 中, 这里 $C>0$, 并且 $\alpha<-1$, 那么积分 $\iint_D f(x,y)dxdy$ 收敛. 由此导出: 如果 D 是象限 $x>0,y>0$, 并且如果 $f(x,y)=(a+bx+cy)^{-s}$, 这里 $a>0,b>0,c>0$, 并且 $s>2$, 那么积分 $\iint_D f(x,y)dxdy$ 收敛.

b) D 还是象限 $x>0,y>0$, 设 f 在 D 中是两次连续可导的函数, 并且设积分

$$\iint_D f(x,y)dxdy,\ \iint_D \left|\frac{\partial f}{\partial x}\right| dxdy,\ \iint_D \left|\frac{\partial f}{\partial y}\right| dxdy,\ \iint_D \left|\frac{\partial^2 f}{\partial x\partial y}\right| dxdy$$

都收敛. 证明二重级数 $\sum\limits_{m\geqslant 1,n\geqslant 1} f(m,n)$ 收敛. (用对 x 及对 y 的分部积分估计差式

$$f(m,n)-\int_m^{m+1}dx\int_n^{n+1}f(x,y)dy.)$$

由此导出: 在与 a) 中相同条件下, 二重级数 $\sum\limits_{m\geqslant 1,n\geqslant 1}(a+bm+cn)^{-s}$ 收敛. 由求部分和

$$\sum_{m=1}^{N}\left(\sum_{n=1}^{N}(a+bm+cn)^{-s}\right)$$

的上界, 给出上述结果的另一证明.

23) 设 h 是一整数 $\geqslant 1$. 证明当 n 趋向于 $+\infty$ 时, 存在着两常数 $a>0,b>0$, 使得

$$an^{\frac{4h-1}{2}}\leqslant\sum_{k=1}^{n-1}\frac{\sin^2\dfrac{\pi k^h}{n}}{\sin^2\dfrac{\pi k}{n}}\leqslant bn^{\frac{4h-1}{2}}.$$

(注意和式中相应于 k 及 $n-k$ 的项相等, 并且考虑在和式中分别满足下列两种情形的项:

$$1\leqslant k\leqslant\left[\left(\frac{n}{2}\right)^{\frac{1}{2h}}\right]\quad 及\quad \left[\left(\frac{n}{2}\right)^{\frac{1}{2h}}\right]<k<\frac{n}{2}.$$

对于第一种情形, 应用对 $\theta\leqslant\dfrac{\pi}{2p}$ 成立的上界估计:

$$\left|\frac{\sin p\theta}{\sin\theta}\right|\leqslant p.)$$

24) 设 x 是一实数 >0.

a) 设 n 是形如 a^m 的整数, 这里 a 是整数 >1, m 是整数 >1; 证明如果 $N_1(x)$ 是这样的整数 $n\leqslant x$ 的个数, 那么在 $+\infty$ 的邻域中,

$$N_1(x)=O\left(x^{\frac{1}{2}}\log x\right).$$

(注意 $2^m\leqslant x$ 及 $a^2\leqslant x$.)

b) 设 $n=a^b+c^d$, 这里 a,b,c,d 是整数 >1, 并且 b 及 d 不是两数都等于 2; 如果 $\mathrm{N}_2(x)$ 是这样的 $n\leqslant x$ 的个数, 证明在 $+\infty$ 的邻域中,

$$\mathrm{N}_2(x)=O\left(x^{\frac{5}{6}}(\log x)^2\right).$$

(注意可设 $b\geqslant 2, d\geqslant 3$, 因此 $c^3\leqslant x$.)

c) 设 n 是形如 a^b+c^d 的整数, 这里 $a\geqslant 0, c\geqslant 0, b\geqslant 2, d\geqslant 2$; 由 a) 及 b) 导出: 如果 $\mathrm{N}(x)$ 是这样的整数 $n\leqslant x$ 的个数, 我们有, 对于任何 $\varepsilon>0$, 在 $+\infty$ 的邻域中, $\mathrm{N}(x)\leqslant\left(\dfrac{3}{4}+\varepsilon\right)x$. (注意形如 a^2+b^2 的整数, 不可能形如 $4k+3$, 这里 k 是整数.)

25) 对于任何 $\alpha>0$, 证明当 n 趋向于 $+\infty$ 时, 下列公式成立:

$$1^{\alpha n}+2^{\alpha n}+\cdots+n^{\alpha n}\sim\frac{n^{\alpha n}}{1-e^{-\alpha}}.$$

(适当选取 λ, 按 k 的值 $[n^\lambda]$ 把和式 $\displaystyle\sum_{k=1}^{n-1}\left|\left(1-\frac{k}{n}\right)^{\alpha n}-e^{-k\alpha}\right|$ 分成两部分, 来求和式的上界.)

26) 对于任何数 $\alpha>0$, 证明当 n 趋向于 $+\infty$ 时, 有公式

$$(1!)^{-\frac{\alpha}{n}}+(2!)^{-\frac{\alpha}{n}}+\cdots+(n!)^{-\frac{\alpha}{n}}\sim\frac{1}{\alpha}\frac{n}{\log n}$$

(在这里按 p 的值 $[\varepsilon n]$ 把和式分成两部分, 把每一项 $(p!)^{-\frac{\alpha}{n}}$ 与 $n^{-\frac{\alpha p}{n}}$ 相比较, ε 是任一数 >0).

27) 设 f 是开区间 $]0,1[$ 中的分段连续函数, 反常积分 $\displaystyle\int_0^1 f(t)dt$ 收敛, 并且存在着两点 a,b 满足 $0<a<b<1$, 使得 f 在区间 $]0,a]$ 及 $[b,1[$ 每一个中都是单调的, 证明我们有

$$f\left(\frac{1}{n}\right)+f\left(\frac{2}{n}\right)+\cdots+f\left(\frac{n-1}{n}\right)\sim cn,$$

这里 $c=\displaystyle\int_0^1 f(t)dt$ (如果 $c\neq 0$, 否则上式左边是 $o(n)$).

由此导出: 对于 $\alpha>0$, 关系式

$$1^{\alpha-1}+2^{\alpha-1}+\cdots+n^{\alpha-1}\sim\frac{1}{\alpha}n^\alpha$$

的一个新证明.

28) 设 f 是在开区间 $]0,+\infty[$ 中的分段连续函数, 反常积分 $\displaystyle\int_0^{+\infty}f(t)dt$ 收敛, 并且存在着两点 a,b 满足 $0<a<b$, 使得 f 在区间 $]0,a]$ 及 $[b,+\infty[$ 的每一个中单调. 证明当 ξ 沿正值趋近于 0 时,

$$\sum_{n=1}^{\infty}f(n\xi)\sim c/\xi,$$

这里 $c=\displaystyle\int_0^{+\infty}f(t)dt$.

29) 设 f 是在闭区间 $0\leqslant x<+\infty$ 中的分段连续函数. 证明如果积分 $\displaystyle\int_0^{+\infty}f(t)e^{-at}dt$

收敛, 那么对于任何 $x > a$, 积分 $\int_0^{+\infty} f(t)e^{-xt}dt$ 也收敛. (应用函数 $\mathrm{F}(t) = \int_0^t f(s)e^{-as}ds$ 有界这一事实.)

30) 在幂级数

$$e^{n\alpha} = 1 + \frac{n\alpha}{1!} + \cdots + \frac{(n\alpha)^m}{m!} + \cdots$$

中 (这里 $\alpha > 0, n$ 是一整数 > 0), 令

$$(*) \qquad \mathrm{P}_n(\alpha) = \sum_{m=0}^{n} \frac{(n\alpha)^m}{m!}, \quad \mathrm{R}_n(\alpha) = \sum_{m=n+1}^{\infty} \frac{(n\alpha)^m}{m!},$$

使得 $\mathrm{P}_n(\alpha) + \mathrm{R}_n(\alpha) = e^{n\alpha}$.

a) 证明如果 $0 < \alpha < 1$, 我们有: 当 n 趋向于 $+\infty$ 时,

$$\mathrm{P}_n(\alpha) \sim e^{n\alpha}, \quad \mathrm{R}_n(\alpha) \sim \frac{\alpha}{1-\alpha}\frac{(e\alpha)^n}{\sqrt{2\pi n}},$$

并且对于 $\alpha > 1$,

$$\mathrm{P}_n(\alpha) \sim \frac{\alpha}{\alpha-1}\frac{(e\alpha)^n}{\sqrt{2\pi n}}, \quad \mathrm{R}_n(\alpha) \sim e^{n\alpha}.$$

b) 证明我们有: 当 n 趋向于 $+\infty$ 时,

$$\mathrm{P}_n(1) \sim \frac{1}{2}e^n, \quad \text{并且} \quad \mathrm{R}_n(1) \sim \frac{1}{2}e^n.$$

(证明 $\dfrac{\mathrm{P}_n(1) - \mathrm{R}_n(1)}{\mathrm{P}_n(1) + \mathrm{R}_n(1)}$ 随着 $1/n$ 趋近于 0; 在 $(*)$ 中考虑 m 的值 $n - [n^\lambda]$ 及 $n + [n^\lambda]$, 可把上列分子中的和式分成两部分, 这里 λ 是一数 < 1.)

第四章 含一个参变数的积分

1. 导 言

我们往往遇到有下列形状的单实变数 t 的函数:

$$\mathrm{I}(t)=\int_a^b \mathrm{F}(x,t)dx, \tag{1.1}$$

这里对于与一点 $t_0\in\mathbb{R}$ (或 $+\infty$) 邻近的每个 t, 积分存在 (也可能是作为反常积分 (第三章, 9) 存在). 现要求 $\mathrm{I}(t)$ 在 t_0 的邻域中的一个*主要部分* (或一个广义主要部分 (第三章, 7.6)). 为此考察两种情形, 在这些情形下, 通过对 F 作相当严格的假设, 就可解决这一问题; 而这些假设在应用中往往可以实现. 基本的想法是化到一种情况: t 趋近于 $+\infty, a$ 是有限数, 并且对于任何固定的 $\delta>0$, 积分 $\int_{a+\delta}^b \mathrm{F}(x,t)dx$ 对于积分 $\int_a^{a+\delta}\mathrm{F}(x,t)dx$ *是可略去不计的*. 对于每个 t, 在 a 的邻域中, 把函数 $x\to\mathrm{F}(x,t)$ 用它的*主要部分* $x\to\mathrm{G}(x,t)$ (假定存在) 来代替. 如果 $\mathrm{G}(x,t)$ 相当简单, 以致 $t\to\int_a^{a+\delta}\mathrm{G}(x,t)dx$ 有容易算出 (对于 $+\infty$ 的邻域中的 t) 的主要部分, 把它叫做 $\mathrm{I}(t)$ 的主要部分也是*合理的*. 证明这一事实要在求上界时小心一点, 这是由于引进了参数 δ; 它必须是 "小的", 一定要防止轻率地让它 "趋近于 0".

2. 拉普拉斯法

(2.1) 我们从研究一种特别简单的情形, 即积分

$$\mathrm{J}(t)=\int_0^b x^\alpha e^{t(a-cx^\beta)}dx \tag{2.1.1}$$

开始, 这里 a, c, α, β 是实数, $\alpha > -1, \beta > 0, c > 0, b$ 可以是一实数 > 0, 或 $+\infty$, 并且 t 趋向于 $+\infty$. 如果 $-1 < \alpha < 0$, 积分在 0 的邻域中是反常的; 并且如果 $b = +\infty$, 积分在 $+\infty$ 的邻域中是反常的. 但是在这两种情形下, 由于假设 $\alpha > -1, c > 0$ 以及 $\beta > 0$, 对于任何 $t > 0$, 积分显然收敛 (第三章, 9). 这积分可以写成

$$e^{at}\int_0^b x^\alpha e^{-ctx^\beta}dx,$$

在作变数代换 $u = ctx^\beta$ 后, 可写成

(2.1.2)
$$\frac{e^{at}}{\beta(ct)^{(\alpha+1)/\beta}}\int_0^{cb^\beta t} u^{\frac{\alpha+1}{\beta}-1}e^{-u}du.$$

这里当 $b = +\infty$ 时, 积分上限要换成 $+\infty$. 在所有情形下, 当 t 趋向于 $+\infty$ 时, (2.1.2) 中的积分趋近于 $\Gamma\left(\frac{\alpha+1}{\beta}\right)$ (第三章, 9.9), 由此得 $\mathrm{J}(t)$ 的主要部分

(2.1.3)
$$\mathrm{J}(t) \sim \frac{1}{\beta}\Gamma\left(\frac{\alpha+1}{\beta}\right)e^{at}(ct)^{-\frac{\alpha+1}{\beta}}.$$

应用第三章, 10.7.2 中法则, 还容易得到 (2.1.2) 中积分 (当 b 是有限数时) 的剩余的主要部分: 我们得到

(2.1.4)
$$\mathrm{J}(t) = \frac{1}{\beta}\Gamma\left(\frac{\alpha+1}{\beta}\right)e^{at}(ct)^{-\frac{\alpha+1}{\beta}}\left(1 + O(t^{\frac{\alpha+1}{\beta}-1}e^{-cb^\beta t})\right).$$

(2.2) 拉普拉斯法可应用于形如

(2.2.1)
$$\mathrm{I}(t) = \int_0^{+\infty} g(x)e^{th(x)}dx$$

的积分, 这里 t 趋向于 $+\infty$, 并且假设 $h(x)$ 在点 0 (并且只在这点) 取它的最大值 (设是有限的). 如果在 $x = 0$ 的邻域中, 还有渐近展开式

(2.2.2)
$$g(x) \sim Ax^\alpha, \quad h(x) = a - cx^\beta + o(x^\beta),$$

这里 $A \neq 0$, 并且 α, β 及 c 满足 (2.1) 中的条件, 而且如果在积分 (2.2.1) 中, 把 g 用它的主要部分来代替, 把 h 用它的展开式中前两项来代替, 就得到积分 $A\mathrm{J}(t)$; 已知它的主要部分 (2.1.3). 我们要证明; 在下面要确切说明的条件下, 用上述方法确实可得到 $\mathrm{I}(t)$ 的主要部分.

(2.3) 设函数 g 及 h 在开区间 $]0, +\infty[$ 中是分段连续的实值函数, 并且满足下列条件:

1° 反常积分 $\displaystyle\int_0^{+\infty} |g(x)|e^{h(x)}dx$ 收敛.

2° 存在着一个区间 $[0, \delta_0]$, 使得对于 $0 < \delta < \delta_0$, 及任何 $x \geqslant \delta$, 我们有 $h(x) \leqslant h(\delta)$.

3° 在 0 的邻域中, 我们有渐近展开式 (2.2.2), 这里 $\alpha > -1, \beta > 0, c > 0$.

在这些条件下, 我们有主要部分

(2.3.1) $$\mathrm{I}(t) \sim \frac{A}{\beta}\Gamma\left(\frac{\alpha+1}{\beta}\right)e^{at}(ct)^{-\frac{\alpha+1}{\beta}}.$$

注意积分 $\int_0^b g(x)e^{th(x)}dx$ 在 b 是有限正数情形, 如果对于 $x > b$, 取 $g(x) = 0, h(x) = a - 1$, 就立即化到 (2.2.1) 情形.

乘以 e^{-at}, 还可设 $a = 0$, 并且必要时改变符号, 可设 $A > 0$. 为了简化, 用

$$\varphi(t) = \frac{A}{\beta}\Gamma\left(\frac{\alpha+1}{\beta}\right)(ct)^{-\frac{\alpha+1}{\beta}} = A\int_0^\infty x^\alpha e^{-ctx^\beta}dx$$

表示在这种情形下 (2.3.1) 的右边; 我们要证明, 对于任何已给数 ε, 可以相继地:

1° 确定一数 $\delta \in [0, \delta_0]$ 及一数 $t_1 > 0$, 使得对于任何 $t \geqslant t_1$, 我们有

(2.3.2) $$\left(1-\frac{\varepsilon}{2}\right)\varphi(t) \leqslant \int_0^\delta g(x)e^{th(x)}dx \leqslant \left(1+\frac{\varepsilon}{2}\right)\varphi(t);$$

2° δ 及 t_1 已确定, 确定一数 $t_2 > 0$, 使得对于任何 $t \geqslant t_2$,

(2.3.3) $$\int_\delta^{+\infty} |g(x)|e^{th(x)}dx \leqslant \frac{\varepsilon}{2}\varphi(t).$$

由此断定, 对于任何 $t \geqslant \sup(t_1, t_2)$, 我们有

(2.3.4) $$(1-\varepsilon)\varphi(t) \leqslant \mathrm{I}(t) \leqslant (1+\varepsilon)\varphi(t),$$

这样就可证明定理.

1° 先任意给出一数 λ 满足 $0 < \lambda < 1$; 由假设, 存在着数 $\delta(\lambda) > 0$, 使得对于 $0 < x < \delta(\lambda)$, 我们有

(2.3.5) $$\begin{cases} A(1-\lambda)x^\alpha \leqslant g(x) \leqslant A(1+\lambda)x^\alpha, \\ -c(1+\lambda)x^\beta \leqslant h(x) \leqslant -c(1-\lambda)x^\beta. \end{cases}$$

由此断定我们有

$$\begin{aligned} A(1-\lambda)\int_0^{\delta(\lambda)} x^\alpha e^{-c(1+\lambda)tx^\beta}dx &\leqslant \int_0^{\delta(\lambda)} g(x)e^{th(x)}dx \\ &\leqslant A(1+\lambda)\int_0^{\delta(\lambda)} x^\alpha e^{-c(1-\lambda)tx^\beta}dx. \end{aligned}$$

然而当 $\delta(\lambda)$ 固定时, 由 (2.1.3), 上式中极左边和极右边的式子分别有 (对于 $+\infty$ 的邻域中的 t) 主要部分

$$\frac{A(1-\lambda)}{\beta}\Gamma\left(\frac{\alpha+1}{\beta}\right)(c(1+\lambda)t)^{-\frac{\alpha+1}{\beta}} = (1-\lambda)(1+\lambda)^{-\frac{\alpha+1}{\beta}}\varphi(t)$$

及

$$\frac{A(1+\lambda)}{\beta}\Gamma\left(\frac{\alpha+1}{\beta}\right)(c(1-\lambda)t)^{-\frac{\alpha+1}{\beta}} = (1+\lambda)(1-\lambda)^{-\frac{\alpha+1}{\beta}}\varphi(t).$$

然后先选取 λ, 使得

$$(1-\lambda)(1+\lambda)^{-\frac{\alpha+1}{\beta}} \geqslant \sqrt{1-\frac{\varepsilon}{2}} \quad \text{以及} \quad (1+\lambda)(1-\lambda)^{-\frac{\alpha+1}{\beta}} \leqslant \sqrt{1+\frac{\varepsilon}{2}}.$$

由于有关的 λ 的函数连续, 这是可能的. 然后取 $\delta=\delta(\lambda)$, 使得 $0<\delta<\delta_0$, 并且 (2.3.5) 成立. 由定义, 存在着 $t_1>0$, 使得对于 $t\geqslant t_1$, 我们有

$$A\int_0^{\delta} x^{\alpha}e^{-c(1+\lambda)tx^{\beta}}dx \geqslant (1-\lambda)(1+\lambda)^{-\frac{\alpha+1}{\beta}}\sqrt{1-\frac{\varepsilon}{2}}\varphi(t)$$

以及

$$A\int_0^{\delta} x^{\alpha}e^{-c(1-\lambda)tx^{\beta}}dx \leqslant (1+\lambda)(1-\lambda)^{-\frac{\alpha+1}{\beta}}\sqrt{1+\frac{\varepsilon}{2}}\varphi(t).$$

对于这样选出的 δ 及 t_1, 显然对于任何 $t\geqslant t_1$, 我们有 (2.3.2).

2° 令 $h(\delta)=-\mu<0$. 由假设, 我们有对于 $x\geqslant\delta, h(x)+\mu\leqslant 0$. 因此对于任何 $t>1, t(h(x)+\mu)\leqslant h(x)+\mu$, 这式也可写成

$$th(x)\leqslant -(t-1)\mu+h(x).$$

因此可以写出

$$\left|\int_{\delta}^{+\infty} g(x)e^{th(x)}dx\right| \leqslant \int_{\delta}^{+\infty}|g(x)|e^{th(x)}dx \leqslant Be^{-(t-1)\mu},$$

这里已令 $B=\displaystyle\int_{\delta}^{+\infty}|g(x)|e^{h(x)}dx$; 由假设, 这是一个有限数. 既然 $\mu>0$, 对于邻近 $+\infty$ 的 t, 我们有 $\varphi(t)\ggg e^{-\mu t}$, 从而存在着一数 t_2, 使得只要 $t\geqslant t_2$, 就有不等式 (2.3.3). 证完.

(2.4) 我们把形如

$$\int_{-\infty}^{+\infty} g(x)e^{th(x)}dx$$

的积分化到 (2.3) 中所考虑的情况, 这里 g,h 是分段连续可导的, 并且 h' 只在有限个点改变符号; 还假定在 h 取相对极大值的每一点的邻域中 (在通过平移把所考虑的点化到 0 后), 我们有 g 及 h 的形如 (2.2.2) 的渐近展开式; 然后用在那里 h' 改变符号的点把积分区间分成部分区间, 于是 h' 在每个部分区间中不变号; 通过线性变数代换可把在这些区间上的积分化成 (2.2.1) 类型的积分. 例如:

(2.5) *设函数 g 及 h 在 (有界或无界) 区间 $]a,b[$ 中二次可导; 设积分 $\displaystyle\int_a^b|g(x)|e^{h(x)}dx$ 是确定的, 并且 h' 只在满足 $a<c<b$ 的一点 c 变号, 而在这点 h 达到极大值; 还设 $g(c)\neq 0, h''(c)<0$. 那么对于 $+\infty$ 的邻域中的 t, 我们有*

$$\int_a^b g(x)e^{th(x)}dx \sim \Gamma\left(\frac{1}{2}\right)g(c)e^{th(x)}\sqrt{\frac{2}{-th''(c)}}. \tag{2.5.1}$$

(下面 (3.7.7) 要证明 $\Gamma\left(\dfrac{1}{2}\right)=\sqrt{\pi}$.)

例 (2.6) 对于 $+\infty$ 的邻域中的 t, 求下列积分的主要部分:

$$\int_0^{+\infty} x^{-x}e^{tx}dx = \int_0^{+\infty} e^{tx-x\log x}dx. \tag{2.6.1}$$

对于任何 $t>0$, 这一反常积分收敛. 这是因为当 x 趋向于 $+\infty$ 时, $(t+1)x-x\log x$ 趋向于 $-\infty$, 从而有 $e^{tx-x\log x}=o(e^{-x})$, 并且函数 $e^{tx-x\log x}$ 在点 $x=0$ 连续. 这积分不是 (2.2.1) 型的, 但可作变数代换化成这一类型. 实际求函数 $f(x)=tx-x\log x$ 在哪里达到极大值; 由于 $f'(x)=t-1-\log x$, 可见是在点 $x=e^{t-1}$ 达到. 于是令 $x=ue^{t-1}$, 已给反常积分变成

$$s\int_0^{+\infty} e^{sh(u)}du,$$

这里已令 $s=e^{t-1}$ 以及 $h(u)=u(1-\log u); h(u)$ 在点 $u=1$ 达到它的极大值, 而且 $h(1)=1, h''(1)=-1$. 因此应用 (2.5) 就得到

$$\int_0^{+\infty} x^{-x}e^{tx}dx \sim \sqrt{2\pi}e^{\frac{1}{2}(t-1)+e^{t-1}}. \tag{2.6.2}$$

3. 欧拉积分

(3.1) 我们已经遇到过第二类欧拉积分或伽马积分

$$\Gamma(x)=\int_0^{+\infty} t^{x-1}e^{-t}dt, \tag{3.1.1}$$

并且证明了对于 $x>0$, 它收敛; 对于 $x>0$, 显然有 $\Gamma(x)>0$. 我们把积分

$$\mathrm{B}(x,y)=\int_0^1 t^{x-1}(1-t)^{y-1}dt \tag{3.1.2}$$

叫做第一类欧拉积分或贝塔积分. 对于 $x>0$ 及 $y>0$, 这积分 (对于 $x<1$ 或 $y<1$, 它是反常的) 收敛. 由于变数代换 $t'=1-t$ 可表明

$$\mathrm{B}(y,x)=\mathrm{B}(x,y), \tag{3.1.3}$$

要证明积分 (3.1.2) 的收敛性, 只须证明它在点 0 收敛; 由于在 $t=0$ 的邻域中, $t^{x-1}(1-t)^{y-1}\sim t^{x-1}$ (第三章, 9), 积分 (3.1.2) 在点 0 收敛是明显的.

(3.2) 对于 $x>0$, 伽马函数满足

$$\Gamma(x+1)=x\Gamma(x). \tag{3.2.1}$$

特别地, 对于任何整数 $n>0$, 我们有

$$\Gamma(n+1)=n! \tag{3.2.2}$$

(换句话说, 伽马函数对任何 $x>0$ “外推” 了阶乘序列).

事实上, 对 $x>0$, 分部积分给出

$$\int_0^{+\infty} t^x e^{-t}dt = -t^x e^{-t}\Big|_0^{+\infty} + x\int_0^{+\infty} t^{x-1}e^{-t}dt$$

由此得出 (3.2.1). 因为 $\Gamma(1)=\int_0^{+\infty} e^{-t}dt=1$, 由对 n 的递推即得 (3.2.2).

由于伽马函数的这一基本性质, 对于 $x>-1$, 我们有时用 $x!$ 来代替 $\Gamma(x+1)$.

(3.3) 在计算中常遇的许多积分可化到欧拉积分. 在 (2.1) 中, 已经证明了公式

(3.3.1) $$\int_0^{+\infty} t^\alpha e^{-ct^\beta}dt = \frac{1}{\beta c^{\frac{\alpha+1}{\beta}}}\Gamma\left(\frac{\alpha+1}{\beta}\right),\ \text{这里 } \alpha>-1,\beta>0,c>0.$$

由此考虑到 (3.2.1), 特别有

(3.3.2) $$\int_0^{+\infty} e^{-t^x}dt = \Gamma\left(1+\frac{1}{x}\right),\ \text{这里 } x>0.$$

另一方面, 在 (3.1.2) 中作变数代换 $t=\sin^2\theta$, 就得到

(3.3.3) $$\int_0^{\frac{\pi}{2}} \sin^{2x-1}\theta\cos^{2y-1}\theta d\theta = \frac{1}{2}\mathrm{B}(x,y),\ \text{这里 } x>0,y>0.$$

(3.4) 对于任何实数 c, 当 n 趋向于 $+\infty$ 时, 函数 $\left(1-\dfrac{t}{n}\right)^{c+n}$ 有极限 e^{-t}. 这就使得现在要证明的下列公式看来是合理的: 对于 $x>0$,

(3.4.1) $$\Gamma(x) = \lim_{n\to\infty}\int_0^n t^{x-1}\left(1-\frac{t}{n}\right)^{c+n}dt.$$

给出一数 $\varepsilon>0$, 根据反常积分的定义 (第三章, 9), 存在着一个充分小的数 $a>0$ 及一个充分大的数 $A>0$, 使得我们有

(3.4.2) $$\left|\Gamma(x)-\int_a^A t^{x-1}e^{-t}dt\right| \leqslant \varepsilon.$$

为了证明 (3.4.1), 可以只考虑右边积分中 $n>A$ 情形, 并且把积分区间分成三个区间 $[0,a],[a,A]$ 及 $[A,n]$; 还可假定 $c+A>0$; 由于在区间 $[0,a]$ 中, $0\leqslant 1-\dfrac{t}{n}\leqslant 1$, 我们有

(3.4.3) $$\int_0^a t^{x-1}\left(1-\frac{t}{n}\right)^{c+n}dt \leqslant \int_0^a t^{x-1}dt = \frac{1}{x}a^x \leqslant \varepsilon;$$

上面最后一个不等式成立是因为在必要时可把 a 换成更小的数 (这样只会使 (3.4.2) 的左边更小).

为了求积分在 $[a, A]$ 中的上界, 要证明函数 $\varphi_n(t) = \dfrac{\left(1-\dfrac{t}{n}\right)^{c+n}}{e^{-t}}$ 在这区间中是递减的. 事实上, 我们有

$$\frac{\varphi_n'(t)}{\varphi_n(t)} = -\frac{c+n}{n\left(1-\dfrac{t}{n}\right)} + 1 = -\frac{c+t}{n-t}, \tag{3.4.4}$$

由此得上述结论. 由 $\varphi_n(t)$ 的上界得

$$\left(1-\frac{t}{n}\right)^{c+n} \leqslant \varphi_n(A)e^{-t}.$$

又因 $\varphi_n(A)$ 趋近于 1, 存在着 n_0, 使得 $n \geqslant n_0$ 时, 我们有

$$\int_A^n t^{x-1}\left(1-\frac{t}{n}\right)^{c+n} dt \leqslant 2\int_A^n t^{x-1}e^{-t}dt \leqslant 2\varepsilon, \tag{3.4.5}$$

上面最后一个不等式用到了 (3.4.2).

剩下来要求 $\left|\int_a^A t^{x-1}\left[e^{-t} - \left(1-\dfrac{t}{n}\right)^{c+n}\right]dt\right|$ 的上界. 我们有

$$e^{-t} - \left(1-\frac{t}{n}\right)^{c+n} = e^{-t}\left[1 - e^{(c+n)\log\left(1-\frac{t}{n}\right)+t}\right].$$

由泰勒公式, 对于 $0 \leqslant u < \dfrac{1}{2}$,

$$|\log(1-u)+u| \leqslant 2u^2,$$

由此得: 对于满足 $a \leqslant t \leqslant A$ 的任何 t 以及 $n > 2A$,

$$\left|(c+n)\log\left(1-\frac{t}{n}\right)+t\right| \leqslant 2(c+n)\frac{t^2}{n^2} + \frac{c}{n}t \leqslant \frac{C}{n},$$

这里 C 既与 t 无关, 也与 $n > 2A$ 无关. 由此导出

$$\left|\int_a^A t^{x-1}\left[e^{-t} - \left(1-\frac{t}{n}\right)^{c+n}\right]dt\right| \leqslant (1-e^{-C/n})\int_a^A t^{x-1}e^{-t}dt, \tag{3.4.6}$$

从而存在着 $n_1 > \sup(n_0, 2A)$, 使得对于 $n \geqslant n_1$, 上式右边 $\leqslant \varepsilon$. 考虑到 (3.4.2), (3.4.3) 及 (3.4.5), 由此断定, 只要 $n \geqslant n_1$,

$$\left|\Gamma(x) - \int_0^n t^{x-1}\left(1-\frac{t}{n}\right)^{c+n} dt\right| \leqslant 5\varepsilon.$$

证完.

(3.5) 我们要应用 (3.4.1) 来证明欧拉得到的下列两个基本公式: 对于 $x > 0, y > 0$,

$$\Gamma(x) = \lim_{n\to\infty}\frac{n^x.n!}{x(x+1)\cdots(x+n)}, \tag{3.5.1}$$

$$\mathrm{B}(x,y) = \frac{\Gamma(x)\Gamma(y)}{\Gamma(x+y)}. \tag{3.5.2}$$

(3.6) 先从证明下列引理开始:

$$\mathrm{B}(x+1,y)=\frac{x}{x+y}\mathrm{B}(x,y). \tag{3.6.1}$$

为此, 作分部积分写出如下:

$$\begin{aligned}\mathrm{B}(x+1,y)&=\int_0^1 t^x(1-t)^{y-1}dt=\int_0^1\left(\frac{t}{1-t}\right)^x(1-t)^{x+y-1}dt\\&=-\frac{(1-t)^{x+y}}{x+y}\left(\frac{t}{1-t}\right)^x\Bigg|_0^1+\frac{x}{x+y}\int_0^1(1-t)^{x+y}\left(\frac{t}{1-t}\right)^{x-1}\frac{dt}{(1-t)^2}\\&=\frac{x}{x+y}\int_0^1(1-t)^{y-1}t^{x-1}dt.\end{aligned}$$

(3.6.1) 得证. 考虑贝塔函数的对称性 (3.1.3), 由 (3.6.1) 可得: 对于任何整数 $n>0$,

$$\mathrm{B}(x,n+1)=\frac{n}{x+n}\mathrm{B}(x,n)=\frac{n}{x}\mathrm{B}(x+1,n),$$

然后对 n 递推, 得

$$\mathrm{B}(x,n+1)=\frac{n!}{x(x+1)\cdots(x+n-1)}\mathrm{B}(x+n,1). \tag{3.6.2}$$

但是我们有

$$\mathrm{B}(x+n,1)=\int_0^1 t^{x+n-1}dt=\frac{1}{x+n}t^{x+n}\Bigg|_0^1=\frac{1}{x+n},$$

因此

$$\mathrm{B}(x,n+1)=\frac{n!}{x(x+1)\cdots(x+n)}. \tag{3.6.3}$$

另一方面, 在公式 (3.4.1) 中取 $c=0$, 并且作变数代换 $t=nu$, 就得到

$$\Gamma(x)=\lim_{n\to\infty}n^x\mathrm{B}(x,n+1), \tag{3.6.4}$$

把 $\mathrm{B}(x,n+1)$ 用它的值 (3.6.3) 来代替, 最后得到欧拉公式 (3.5.1).

(3.7) 另一方面, 由 (3.6.1), 并对 n 递推, 可得

$$\mathrm{B}(x,y)=\frac{(x+y)(x+y+1)\cdots(x+y+n)}{x(x+1)\cdots(x+n)}\mathrm{B}(x+n+1,y), \tag{3.7.1}$$

从而

$$\mathrm{B}(x,y)=\lim_{n\to\infty}\frac{(x+y)(x+y+1)\cdots(x+y+n)}{x(x+1)\cdots(x+n)}\mathrm{B}(x+n+1,y). \tag{3.7.2}$$

求下列积分当 n 趋向于 $+\infty$ 时的主要部分:

$$\begin{aligned}\mathrm{B}(x+n+1,y) &= \int_0^1 t^{x+n}(1-t)^{y-1}dt = \int_0^1 t^{y-1}(1-t)^{x+n}dt \\ &= \int_0^1 g(t)e^{nh(t)}dt,\end{aligned}$$

这里已令

$$g(t)=t^{y-1}(1-t)^x, \text{ 并且 } h(t)=\log(1-t).$$

函数 h 在 $[0,1[$ 中是递减的. 又因在 $t=0$ 的邻域内, 我们有

$$g(t)\sim t^{y-1} \quad (y>0) \quad \text{及} \quad h(t)\sim -t,$$

于是我们有了应用拉普拉斯法 (2.3) 的条件, 从而

(3.7.3) $$\mathrm{B}(x+n+1,y)\sim \frac{1}{n^y}\Gamma(y).$$

可是欧拉公式 (3.5.1) 给出了 (对于 $+\infty$ 的邻域中的 n 的) 等价关系式

(3.7.4) $$x(x+1)\cdots(x+n)\sim \frac{n^x n!}{\Gamma(x)},$$

(3.7.5) $$(x+y)(x+y+1)\cdots(x+y+n)\sim \frac{n^{x+y}n!}{\Gamma(x+y)},$$

又因 $n^{x+y}=n^x n^y$, 代入 (3.7.2), 就得到欧拉公式 (3.5.2).

于是积分 (3.3.3) 可用伽马函数表示出来:

(3.7.6) $$\int_0^{\frac{\pi}{2}} \sin^{2x-1}\theta\cos^{2y-1}\theta d\theta = \frac{1}{2}\frac{\Gamma(x)\Gamma(y)}{\Gamma(x+y)},$$

这里 $x>0, y>0$. 如果在这公式中令 $x=y=\dfrac{1}{2}$, 由关系式 $\Gamma(1)=1$, 就得到

(3.7.7) $$\Gamma\left(\frac{1}{2}\right)=\sqrt{\pi};$$

由此应用函数方程 (3.2.1), 可得: 对于任何整数 $n>0$,

$$\Gamma\left(n+\frac{1}{2}\right)=\left(n-\frac{1}{2}\right)\cdot\left(n-\frac{3}{2}\right)\cdot\ \cdots\ \cdot\frac{3}{2}\cdot\frac{1}{2}\sqrt{\pi},$$

换句话说,

(3.7.8) $$\Gamma\left(n+\frac{1}{2}\right)=\frac{1\cdot 3\cdot 5\cdot\ \cdots\ \cdot(2n-1)}{2^n}\sqrt{\pi};$$

特别地, 在 (3.3.2) 中令 $x=2$, 就有

(3.7.9) $$\int_0^{+\infty} e^{-t^2}dt=\frac{1}{2}\sqrt{\pi}.$$

(3.8) 现在要求 $\Gamma(x)$ 的确切的主要部分 (第三章, 11.2.7), 即证明斯特林公式: 对于在 $+\infty$ 的邻域中任何实数 x,

(3.8.1) $$\Gamma(x) \sim \sqrt{2\pi} x^{x-\frac{1}{2}} e^{-x}.$$

我们要对积分

$$\Gamma(x+1) = \int_0^{+\infty} e^{x\log t - t} dt$$

应用拉普拉斯法. 被积的 t 的函数有对数导数 $\dfrac{x}{t} - 1$, 后者在 $]0, +\infty[$ 中在 $t = x$ 达到唯一的极大值. 作变数代换 $u = t/x$, 得

$$\Gamma(x+1) = x^{x+1} \int_0^{+\infty} e^{xh(u)} du,$$

这里函数 $h(u) = \log u - u$ 在 $u = 1$ 达到它的极大值 $h(1) = -1$, 并且 $h''(1) = -1$. 因此可应用公式 (2.5.1), 并且得到

(3.8.2) $$\Gamma(x+1) \sim \sqrt{2\pi} x^{x+\frac{1}{2}} e^{-x}.$$

为了得到 (3.8.1), 只须应用伽马函数的函数方程 (3.2.1).

对于在分析中常出现的 "大数的函数", 由此可导出它们的主要部分, 例如由 (3.8.1) 及 (3.7.4), 可导出: 对于任何实数 $a > 0$,

(3.8.3) $$a(a+1)\cdots(a+n) \sim \frac{\sqrt{2\pi}}{\Gamma(a)} n^{n+a+\frac{1}{2}} e^{-n}.$$

由 (3.2.1), 我们有

$$\frac{\Gamma(n+a+1)}{\Gamma(n+1)} = \frac{a(a+1)\cdots(a+n)}{n!}\Gamma(a),$$

从而

(3.8.4) $$\frac{\Gamma(n+a)}{\Gamma(n)} \sim n^a.$$

对于固定的实数 $k > 1$, 现在考虑二项式系数 $\dbinom{kn}{n}$ 在 n 趋向于 $+\infty$ 时情形. 可写出

$$\binom{kn}{n} = \frac{kn(kn-1)\cdots(kn-n+1)}{n!} = \frac{\Gamma(kn+1)}{\Gamma(n+1)\Gamma((k-1)n+1)},$$

由此应用 (3.8.2), 得到

(3.8.5) $$\binom{kn}{n} \sim \sqrt{\frac{k}{2\pi(k-1)n}} \left(\frac{k^k}{(k-1)^{k-1}}\right)^n.$$

特别地, 在 $(1+x)^{2n}$ 按二项展开式作出的展开式中, 最大的系数是 x^n 的系数 $\begin{pmatrix}2n\\n\end{pmatrix}$. 在 (3.8.5) 中取 $k=2$, 就得到: 对于 n 趋向于 $+\infty$, 我们有

$$\begin{pmatrix}2n\\n\end{pmatrix}\sim\frac{2^{2n}}{\sqrt{\pi n}}. \tag{3.8.6}$$

在第九章中, 我们还要深入研究伽马函数.

4. 平稳相位法

(4.1) 现在要研究性质完全不同的积分

$$\mathrm{I}(t)=\int_a^b g(x)e^{ith(x)}dx \tag{4.1.1}$$

的状态, 这里 g 及 h 是实值函数, 为了简单起见, 设它们在开区间 $]a,b[$ 中无穷可导; 积分可能是反常的, 这时对于每个充分大的实数 t, 设它是收敛的 (但一般不是绝对收敛的), 问题在于确定积分当 t 趋向 $+\infty$ 时的状态. 通过变数代换, 总可设 $]a,b[$ 是有界的.

我们先从一个引理开始, 给出不够精确的上界.

(4.2) *设 g 及 h 在有界开区间 $]a,b[$ 中满足下列条件:*

1° 在 a,b 中每一点, h 趋近于有限的极限, 并且 h' 在开区间中不取 0 值.

2° 在 a,b 中每一点, g/h' 有有限的极限, 并且或者 $\dfrac{d}{dx}\left(\dfrac{g(x)}{h'(x)}\right)$ 有有限极限, 或者它在这点的邻域内符号保持不变.

在这些条件下, 对于任何实数 $t>0$, 积分 (4.1.1) 收敛, 并且在 $+\infty$ 的邻域中, $\mathrm{I}(t)=O(1/t)$.

对于充分小的任何数 $\delta>0$, 作分部积分, 写出

$$\begin{aligned}\int_{a+\delta}^{b-\delta} g(x)e^{ith(x)}dx&=\frac{1}{it}\int_{a+\delta}^{b-\delta}\frac{g(x)}{h'(x)}\frac{d}{dx}(e^{ith(x)})dx\\&=\frac{1}{it}\left[\frac{g(b-\delta)}{h'(b-\delta)}e^{ith(b-\delta)}-\frac{g(a+\delta)}{h'(a+\delta)}e^{ith(a+\delta)}\right]\\&\quad-\frac{1}{it}\int_{a+\delta}^{b-\delta}e^{ith(x)}\frac{d}{dx}\left(\frac{g(x)}{h'(x)}\right)dx.\end{aligned} \tag{4.2.1}$$

为了研究 (4.2.1) 右边的积分, 可以只研究在区间 $[a+\delta,c]$ 及 $[d,b-\delta]$ 中的积分, 这里 c 及 d 是有限数: 事实上, 由于 $|e^{ith(x)}|=1$, 积分 $\displaystyle\int_c^d e^{ith(x)}\frac{d}{dx}\left(\frac{g(x)}{h'(x)}\right)dx$ 的绝对值以一个与 t 无关的数为上界. 同样, 如果 $\dfrac{d}{dx}\left(\dfrac{g(x)}{h'(x)}\right)$ 在 a (或在 b) 趋近于

一有限极限, 那么在 $[a+\delta,c]$ (或 $[d,b-\delta]$) 中的积分的绝对值以与 t 及 δ 无关的一数为上界. 因此例如假定 $\frac{d}{dx}\left(\frac{g(x)}{h'(x)}\right)$ 在 $]a,c]$ 中不变号. 那么积分

(4.2.2)
$$\int_{a+\delta}^{c} e^{ith(x)}\frac{d}{dx}\left(\frac{g(x)}{h'(x)}\right)dx$$

的绝对值以一个与 t 及 δ 无关的数为上界, 并且反常积分 $\int_a^b e^{ith(x)}\frac{d}{dx}\left(\frac{g(x)}{h'(x)}\right)dx$ 绝对收敛; 事实上, 由关于 $\frac{d}{dx}\left(\frac{g(x)}{h'(x)}\right)$ 的符号的假设, 我们有

$$\int_{a+\delta}^{c}\left|e^{ith(x)}\frac{d}{dx}\left(\frac{g(x)}{h'(x)}\right)\right|dx=\left|\int_{a+\delta}^{c}\frac{d}{dx}\left(\frac{g(x)}{h'(x)}\right)dx\right|=\left|\frac{g(c)}{h'(c)}-\frac{g(a+\delta)}{h'(a+\delta)}\right|,$$

并且当 δ 趋近于 0 时, 上列最后一项趋近于有限极限. 对于在 $[d,b-\delta]$ 中的积分, 同样进行论证. 因此在公式 (4.2.1) 中, 可令 δ 趋近于 0, 于是可看出: 存在着与 t 无关的数 A, 使得 $\mathrm{I}(t)$ 的绝对值有上界 A/t.

(4.3) 设 (4.2) 中的条件成立. 那么 (不严格地把 g/h' 的极限记作 $g(a)/h'(a)$ 及 $g(b)/h'(b)$, 例如即使 $g(a)=h'(a)=0$ 时也这样记) 积分 $\mathrm{I}(t)$ 在 $+\infty$ 的邻域中有广义主要部分 (第三章, 7.6)

(4.3.1)
$$\mathrm{I}(t)\sim\frac{1}{it}\left[\frac{g(b)}{h'(b)}e^{ith(b)}-\frac{g(a)}{h'(a)}e^{ith(a)}\right],$$

只要上式右边不恒等于零.

只要证明: 如果令

(4.3.2)
$$g_1(x)=\frac{d}{dx}\left(\frac{g(x)}{h'(x)}\right),$$

我们有: 对于 $+\infty$ 邻域中的 t,

(4.3.3)
$$\int_a^b g_1(x)e^{ith(x)}dx=o(1).$$

给出一数 $\varepsilon>0$; 既然在上面已经看出积分 (4.3.3) 绝对收敛, 可确定 $\delta>0$, 使得我们有

$$\int_a^{a+\delta}|g_1(x)|dx\leqslant\varepsilon \quad 及 \quad \int_{b-\delta}^{b}|g_1(x)|dx\leqslant\varepsilon.$$

这样固定了 δ; 因为在 $[a+\delta,b-\delta]$ 中每一点的邻域与 $]a,b[$ 的交集中, g_1 及 h 无穷可导, 并且 h' 在这些点不等于零, 所以可对积分 $\int_{a+\delta}^{b-\delta}g_1(x)e^{ith(x)}dx$ 应用 (4.2) 中的结果. 于是有一个 t_0, 使得对于 $t\geqslant t_0$, 我们有

$$\left|\int_{a+\delta}^{b-\delta}g_1(x)e^{ith(x)}dx\right|\leqslant\varepsilon,$$

这样就证明了对于 $t \geqslant t_0$, 我们有 $\left|\int_a^b g_1(x)e^{ith(x)}dx\right| \leqslant 3\varepsilon$. 证完.

(4.4) 当 (4.2) 中条件成立, 可是 (4.3.1) 的右边恒等于零时, 由上面所述, 我们有

(4.4.1) $$\mathrm{I}(t) = \int_a^b g(x)e^{ith(x)}dx = -\frac{1}{it}\int_a^b g_1(x)e^{ith(x)}dx = o(1/t).$$

为了进一步计算, 又回到了同样的问题, 不过要把 g 换成 g_1 而已. 这里不研究这种情形.

(4.5) 实用中最关切的情形是: 总是设函数 h' 在开区间 $]a,b[$ 中不取 0 值, 但在这区间的至少一个端点处, 它趋近于 0, 以致 g/h' 在这点趋向于 $\pm\infty$. 必要时可把区间 $]a,b[$ 分成两区间, 于是可设 g/h' 只在一个端点, 例如只在 a, 趋向于 $\pm\infty$. 我们要看到, 在最重要的情形下, $\mathrm{I}(t)$ 有优于 $1/t$ 的主要部分, 而且这一部分与 a 的邻域中 g 及 h 的性态无关. 直观地可以说, 在 x 从 a 变到 b, 使得积分很小情况下, 当 t 很大时, 在 $\mathbb{C}$ 平面上点 $g(x)e^{ith(x)}$ 围绕 0 "转动得很快"; 当 h' 在一点为 0 时, 转动的 "速度" 在这点的邻域中 "减慢" 得很快 ("相位" $th(x)$ 是 "平稳的"), 而且积分中与这邻域相应的部分比其他部分大.

我们还是从准确地讨论一种特殊情形开始:

(4.6) 设 α,β,a,c 是实数, 而且 $c \neq 0, 0<\alpha+1<\beta$. 那么当 t 趋向于 $+\infty$ 时, 我们有 (对于任何 $b>0$)

(4.6.1) $$\int_0^b x^\alpha e^{it(a+cx^\beta)}dx \sim A\frac{e^{iat}}{\beta(|c|t)^{\frac{\alpha+1}{\beta}}},$$

这里 A 是下列收敛积分的值;

(4.6.2) $$\int_0^{+\infty} u^{\frac{\alpha+1}{\beta}-1}e^{iu}du, \quad 如果\ c>0;$$

(4.6.3) $$\int_0^{+\infty} u^{\frac{\alpha+1}{\beta}-1}e^{-iu}du, \quad 如果\ c<0.$$

(我们在第八章中将要看到: 对于 $0<\lambda<1$,

(4.6.4) $$\begin{cases}\displaystyle\int_0^{+\infty} u^{\lambda-1}e^{iu}du = e^{\frac{1}{2}\lambda\pi i}\Gamma(\lambda),\\ \displaystyle\int_0^{+\infty} u^{\lambda-1}e^{-iu}du = e^{-\frac{1}{2}\lambda\pi i}\,\Gamma(\lambda).)\end{cases}$$

如果 $c>0$, 在积分 (4.6.1) 中作变数代换 $u=ctx^\beta$, 就得到

$$\frac{e^{iat}}{\beta(ct)^{\frac{\alpha+1}{\beta}}}\int_0^{cb^\beta t} u^{\frac{\alpha+1}{\beta}-1}e^{iu}du,$$

并且要回到证明: 对于 $0<\lambda<1$, 反常积分 $\int_0^{+\infty} u^{\lambda-1}e^{iu}du$ 收敛. 由于 $u^{\lambda-1}e^{iu}\sim u^{\lambda-1}$ 在 0 的邻域中, 因此积分在这邻域中绝对收敛 (第三章, 9). 另一方面, 用分部积分, 可以写出

(4.6.5) $$\int_1^N u^{\lambda-1}e^{iu}du=\frac{1}{i}u^{\lambda-1}e^{iu}\bigg|_1^N-\frac{(\lambda-1)}{i}\int_1^N u^{\lambda-2}e^{iu}du,$$

并且由于 $|u^{\lambda-2}e^{iu}|\leqslant u^{\lambda-2}$, 而 $\lambda-2<-1$, 上式右边的积分绝对收敛 (第三章, 9). 对于 $c<0$ 情形, 同样进行论证.

注意公式 (4.6.5) 还给出了积分 (4.6.4) 的剩余的主要部分:

(4.6.6) $$\int_N^{+\infty} u^{\lambda-1}e^{\pm iu}du\sim-\frac{1}{i}N^{\lambda-1}e^{\pm iN}=O(N^{\lambda-1}).$$

由此可见, 有了在实用中一般具有的条件, 与在 (2.3) 中一样, 当 g/h' 在点 a 趋向于 $\pm\infty$ 时, 求 (4.4.1) 的主要部分, 可把 g 及 h 用它们在 a 的邻域中的渐近展开式代入而得; 我们显然可化到 $a=0$ 情形.

(4.7) 设函数 g,h 在半开区间 $]0,b]$ 中满足下列条件:

1° g 及 h 连续可导, 并且 h' 不取零值;

2° 在 0 的一个邻域中, 我们有

(4.7.1) $$g(x)=Cx^\alpha(1+\theta(x)),\quad h(x)=a+cx^\beta(1+f(x)),$$

这里 α,β,a,c,C 是实常数: $c\neq0, C\neq0, 0<\alpha+1<\beta$, 并且 θ 及 f 在闭区间 $[0,b]$ 中连续且无穷可导, 还有 $\theta(0)=f(0)=0$.

在这些条件下, 我们有: 在 $+\infty$ 的邻域中,

(4.7.2) $$\int_a^b g(x)e^{ith(x)}dx\sim AC\frac{e^{iat}}{\beta(|c|t)^{\frac{\alpha+1}{\beta}}},$$

这里常数 A 有与 (4.6) 中相同的值.

例如设 $c>0$. 考虑函数

$$\varphi(x)=x(c+cf(x))^{1/\beta};$$

在包含在 $[0,b]$ 中的区间 $[0,\delta]$ 中, 这函数连续且无穷可导, 并且 $\varphi(0)=0, \varphi'(0)=c^{1/\beta}>0$; 因此可设 δ 取得充分小, 使得 φ 在 $[0,\delta]$ 中是严格递增的. 设 $\psi(u)$ 是 φ 在区间 $[0,\varphi(\delta)]$ 中的反函数, 它也是连续无穷可导及严格递增的, 并且 $\psi(0)=0, \psi'(0)=c^{-1/\beta}$, 因而可以写出

(4.7.3) $$g(\psi(u))=Cc^{-\alpha/\beta}u^\alpha+O(u^{\alpha+1}).$$

把区间 $[0,b]$ 分成 $[0,\delta]$ 及 $[\delta,b]$, 并且在 $[0,\delta]$ 中, 作变数代换 $u=\varphi(x)$; 我们得到

(4.7.4) $$\int_0^\delta g(x)e^{ith(x)}dx=Cc^{-\frac{\alpha+1}{\beta}}\int_0^{\varphi(\delta)}u^\alpha e^{it(a+u^\beta)}du+\int_0^{\varphi(\delta)}g_1(u)e^{ith_1(u)}du,$$

这里由于 (4.7.3) 及

$$h_1(u) = a + u^\beta,$$

$$g_1(u) = g(\psi(u))\psi'(u) - Cc^{-\frac{\alpha+1}{\beta}} u^\alpha = O(u^{\alpha+1}).$$

由于在 $u=0$ 的邻域中, 我们有 $g_1(u)/h_1'(u) = O(u^{\alpha-\beta+2})$, 由 (4.2) 可看出如果我们有 $\alpha+2 \geqslant \beta$, (4.7.4) 中第二个积分是 $O(1/t)$; 由于另一方面, h' 在闭区间 $[\delta, b]$ 中不取零值, 由 (4.2) 也有 $\int_\delta^b g(x)e^{ith(x)}dx = O(1/t)$. 于是在这种情形下由 (4.6) 得 (4.7.2). 如果还有 $\alpha+2<\beta$, 可对积分 $\int_0^{\varphi(\delta)} g_1(u)e^{ith_1(u)}du$ 与上面同样论证, 不过要把 α 换成 $\alpha+1$; 这是因为 $g_1(u) = C_1u^{\alpha+1}(1+\theta_1(u))$, 这里 θ_1 在 $[0,\varphi(\delta)]$ 中无穷可导. 递推论证, 直到达到满足 $\alpha+n \geqslant \beta$ 的一个整数 n, 这是可应用 (4.2) 的情形, 因此命题完全得证.

这里还要指出, 应用 (4.7) 的最常见的例子如下:

(4.8) *设实值函数 g, h 在有界闭区间 $[a,b]$ 中无穷可导, h' 只在这区间中满足 $a<c<b$ 的唯一一点 c 处是零, 并且我们有 $g(c)\neq 0, h''(c)\neq 0$. 那么对于在 $+\infty$ 的邻域中的 t, 我们有*

(4.8.1)

$$\begin{cases} \displaystyle\int_a^b g(x)e^{ith(x)}dx = \left(\frac{\pi}{2th''(c)}\right)^{1/2} g(c)e^{ith(c)+\frac{i\pi}{4}} + O\left(\frac{1}{t}\right), & \text{如果 } h''(c)>0; \\ \displaystyle\int_a^b g(x)e^{ith(x)}dx = \left(\frac{\pi}{-2th''(c)}\right)^{1/2} g(c)e^{ith(c)-\frac{i\pi}{4}} + O\left(\frac{1}{t}\right), & \text{如果 } h''(c)<0. \end{cases}$$

余项是 $O\left(\frac{1}{t}\right)$ 这一事实容易从 (4.6.6) 得出.

当然, 取积分 (4.1.1) 的实部和虚部, 以上所讲的可以 (借助于对 g 及 h 的假设) 确定下列函数当 t 趋向于 $+\infty$ 时的形态:

$$\int_a^b g(x)\cos(th(x))dx \quad \text{及} \quad \int_a^b g(x)\sin(th(x))dx.$$

习　题

1) 设 $\alpha>0$, 证明当 t 趋向于 $+\infty$ 时, 我们有

$$\int_0^{+\infty} x^{-\alpha x}t^x dx \sim \sqrt{\frac{2\pi}{e\alpha}}\, t^{\frac{1}{2\alpha}} \exp(e^{-1}\alpha t^{\frac{1}{\alpha}}).$$

2) 设 $0<\alpha<1$. 证明当 t 通过正数值趋近于 0 时, 我们有

$$\int_0^{+\infty} \exp\left(\frac{x^\alpha}{\alpha} - tx\right)dx \sim \sqrt{\frac{2\pi}{1-\alpha}}\, t^{\frac{\alpha-2}{2(1-\alpha)}} \exp\left(\frac{1-\alpha}{\alpha} t^{-\frac{\alpha}{1-\alpha}}\right).$$

3) a) 设在 $]0,+\infty[$ 中分段连续的实值函数 g, h 满足 (2.3) 中的条件 1° 及 2°, 并还设在 $\mathbb{R}$ 中区间 $]0,\delta[$ 中, 我们有

$$h(x) = a - cx, \quad \text{其中} \quad c>0,$$

$$(*)\qquad g(x)=\sum_{j=1}^{r}A_jx^{\alpha_j}+o(x^{\alpha_r}),$$ 其中 $-1<\alpha_1<\alpha_2<\cdots<\alpha_r$, 这些 $A_j\neq 0$. 证明

$$\mathrm{I}(t)=e^{at}\left(\sum_{j=1}^{r}A_j\Gamma(\alpha_j+1)(ct)^{-(\alpha_j+1)}+o(t^{-(\alpha_r+1)})\right).$$

b) 设 g 及 h 满足 (2.3) 中条件 1° 及 2°, 设在 $\mathbb{R}$ 中区间 $]0,\delta[$ 中, h 连续而且递减, 并在 0 的邻域中有渐近展开式

$$h(x)=a-c_1x^{\beta_1}-c_2x^{\beta_2}-\cdots-c_sx^{\beta_s}+o(x^{\beta_s}),$$

这里 $c_1>0, 0<\beta_1<\beta_2<\cdots<\beta_s$. 还设 $h'(x)$ 在 0 的邻域中有渐近展开式; 这一展开式可由 $h(x)$ 的渐近展开式逐项求导数而得. 于是 $y=\varphi(x)=(a-h(x))^{1/\beta_1}$ 在 0 的邻域中有反函数 $x=\psi(y)$, 它有渐近展开式 $\psi(y)=c_1^{-1/\beta_1}y+c_2'y^{\gamma_2}+\cdots$, 并且 $\psi'(y)$ 也有渐近展开式, 可由 $\psi(y)$ 的渐近展开式逐项求导而得. 于是我们有

$$\int_0^{\delta}g(x)e^{th(x)}dx=\int_0^{\varphi(\delta)}\psi'(y)g(\psi(y))e^{t(a-y^{\beta_1})}dy.$$

设 g 有渐近展开式 $(*)$, 借助 a), 由此导出 $\mathrm{I}(t)$ 的一个渐近展开式. 对函数 Γ, 对积分 (2.6.1), 并且对习题 1 和 2 中的积分作应用.

4) 假设同习题 3b), 求下列积分的渐近展开式:

$$\int_0^{\omega(t)}g(x)e^{th(x)}dx,$$

这里已知 $\omega(t)$ 随着 $1/t$ 趋近于 0, 并且已知 $\omega(t)$ 在 $+\infty$ 的邻域中的渐近展开式. 特别地:

1° 证明

$$\frac{1}{n!}\int_0^{n+\alpha\sqrt{n}+\beta}e^{-x}x^ndx=a+\frac{b}{\sqrt{n}}+o\left(\frac{1}{\sqrt{n}}\right),$$

这里常数 a 及 b 要确定为 α 及 β 的函数.

2° 证明如果 ξ 是方程 $\xi e^{1+\xi}=1$ 的唯一实根, 我们有

$$\frac{1}{n!}\int_0^{\xi n+\alpha\log n+\beta}e^{x}x^ndx\sim bn^a,$$

这里常数 a 及 b 要确定为 α,β 及 ξ 的函数.

5) a) 设 f 是在 $[0,+\infty[$ 中 >0 且连续可导的函数, 并且在 $+\infty$ 的邻域中, $\dfrac{f'(x)}{f(x)}\sim\dfrac{\alpha}{x}$, 其中 $\alpha>0$. 证明当 t 趋近于 0 时,

$$\int_0^{+\infty}e^{-tx}f(x)dx\sim\frac{\Gamma(\alpha+1)}{t}f\left(\frac{1}{t}\right).$$

推广到 $\dfrac{f'(x)}{f(x)}=o\left(\dfrac{1}{x}\right)$ 情形. (把积分区间分成 $\left[0,\dfrac{\lambda}{t}\right]$ 及 $\left[\dfrac{\lambda}{t},+\infty\right[$, 这里 λ 与 t 无关, 但是任意小; 并且注意由有限增量定理, 当 t 趋近于 0 时, $f\left(\dfrac{\lambda}{t}\right)\Big/f\left(\dfrac{1}{t}\right)$ 趋近于 λ^{α}.)

b) 求当 t 趋近于 0 时, 下列积分的主要部分:

$$\int_1^{+\infty} e^{-tx+(\log x)^2}dx$$

(考虑函数达到极大值的点 $x=\xi$).

6) 对于常数 $\alpha>0,\beta>0$ 的哪些值, 下列积分对任何 $t>0$ 收敛?

$$\int_0^{+\infty} e^{xt-x^\alpha t^\beta}dx,\quad \int_0^{+\infty} e^{-xt+x^\alpha t^\beta}dx,\quad \int_0^{+\infty} e^{-xt-x^\alpha t^\beta}dx.$$

当这些积分收敛时, 求它们当 t 趋近于 0 或趋向于 $+\infty$ 时的主要部分.

7) 对于实常数 α 及 β 的哪些值, 下面积分收敛?

$$\int_0^{+\infty} x^\alpha|\cos x|^{x^\beta}dx.$$

(为了在 $+\infty$ 的邻域中研究积分, 应用函数 $\mathrm{B}(u,v)$ 的值, 求每个积分 $\displaystyle\int_{n\pi}^{(n+1)\pi}|\cos x|^{x^\beta}dx$ 的上界和下界.)

8) a) 证明函数 Γ 是满足下列条件的唯一函数 $f(x)$: 我们有 $f(x+1)=xf(x)$ 及 $f(1)=1$, 并且函数 $g(x)=\left(\dfrac{e}{x}\right)^x f(x)$ 对于 $x>0$ 是递减的.

b) 对于已给 $y>0$, 函数 $x\to\mathrm{B}(x,y)$ 是对 $x>0$ 递减、并且满足下列条件的唯一函数 f:

$$f(1)=1/y\quad 及\quad f(x+1)=\frac{x}{x+y}f(x).$$

9) 设 g 及 h 是在区间 $[0,a]$ 中两个连续且 >0 的函数. 设在 0 的邻域中, 我们有 $g(x)\sim Ax^\alpha, h(x)\sim Bx^\beta$, 这里 $A>0,B>0,\alpha>-1,\beta>0$, 还设 μ 是 $\geqslant\dfrac{\alpha+1}{\beta}$ 的一数. 证明当 t 从 >0 趋近于 0 时, 我们有

$$\int_0^a\frac{g(x)dx}{(h(x)+t)^\mu}\sim Ct^{\frac{\alpha+1}{\beta}-\mu},\quad 如果\ \frac{\alpha+1}{\beta}<\mu;$$

$$\int_0^a\frac{g(x)dx}{(h(x)+t)^\mu}\sim C\log\frac{1}{t},\quad 如果\ \frac{\alpha+1}{\beta}=\mu.$$

这里 c 是一常数, 它可用 A,B,α,β,μ 及函数 Γ 表示出来. (用 (2.3) 中同样方法, 证明可把 g 及 h 用它们的主要部分来代替.) 作为例子, 由此导出: 当 k 在 $]0,1[$ 中趋近于 1 时, 我们有

$$\int_0^1\frac{dx}{\sqrt{(1-x^2)(1-k^2x^2)}}\sim\frac{1}{2}\log\frac{1}{1-k}.$$

10) 证明对于 $x>0$ 及 $y>0$, 我们有

$$\mathrm{B}(x,y)=\frac{1}{x}+\int_0^1 t^x\frac{(1-t)^{y-1}-1}{t}dt,$$

并且一方面考虑 t^x 的渐近展开式, 另一方面考虑 $\Gamma(x+1)$ 及 $\Gamma(x+y)$ 在 $x=0$ 的邻域中的泰勒展开式, 证明我们有 (高斯积分)

$$\Gamma'(1)-\frac{\Gamma'(y)}{\Gamma(y)}=\int_0^1\frac{(1-t)^{y-1}-1}{t}dt$$

(在第九章可看到 $\Gamma'(1) = -\gamma$, 这里 γ 是欧拉常数).

11) 举出一个例子, 在其中除去 h 在点 a 及 b 趋近于一有限极限外, (4.2) 中所有条件都成立, 并且在其中积分 (4.1.1) 对于 $t > 0$ 不收敛 (取 $g = h'$).

12) 确定实数 α, β, γ 的值, 使得积分

$$\int_0^{+\infty} \frac{x^\alpha e^{itx} dx}{(1+x^\beta)^\gamma}$$

对于任何 $t > 0$ 收敛; 在这种情形下, 求这积分当 t 趋向于 $+\infty$ 时的主要部分. 对下列积分解同样的问题:

$$\int_0^{+\infty} \frac{x^\alpha e^{ix} dx}{(x+t)^\beta}.$$

13) 设 f 是在区间 $[0, +\infty[$ 中 > 0 的连续可导函数, 并且在 $+\infty$ 的邻域内, $\dfrac{f'(x)}{f(x)} \sim \dfrac{\lambda - 1}{x}$, 这里 $0 < \lambda < 1$. 证明当 t 沿着 > 0 的值趋近于 0 时, 我们有

$$\int_0^{+\infty} e^{itx} f(x) dx \sim e^{\frac{1}{2}\lambda\pi i} \frac{\Gamma(\lambda)}{t} f\left(\frac{1}{t}\right)$$

(如同在习题 5a) 中一样把区间 $[0, +\infty[$ 分成 $[0, A]$ 及 $[A, +\infty[$ 进行论证, 这里取 A 为任意大的实数).

14) 当 t 趋向于 $+\infty$ 时, 求下列每一积分的主要部分:

$$\int_0^{+\infty} \frac{e^{i\left(x+\frac{t}{x}\right)} dx}{x}, \quad \int_0^{+\infty} \frac{e^{i\left(x-\frac{t}{x}\right)} dx}{x} \quad (a > 0)$$

(对于第一个积分, 令 $x = \sqrt{t}u$, 并且用平稳相位法).

15) 设 h 是 > 0 的连续增函数, 并且随着 x 趋向于 $+\infty$. 证明当 t 趋近于 0 时, 如果下列积分对 $t > 0$ 收敛, 我们有

$$\sum_{n=1}^{\infty} e^{-th(n)} \sim \int_1^{+\infty} e^{-th(x)} dx.$$

特别地,

$$\sum_{n=1}^{\infty} e^{-tn^\alpha} \sim \frac{1}{\alpha} \Gamma\left(\frac{1}{\alpha}\right) t^{-1/\alpha}, \quad \text{对于 } \alpha > 0;$$

$$\sum_{n=1}^{\infty} \log(1 - e^{-nt}) \sim -\frac{\pi^2}{6t}.$$

16) 设 f 是在 $[0, +\infty[$ 中 > 0 的连续可导函数, 并且在 $+\infty$ 的邻域中, $\dfrac{f'(x)}{f(x)} \sim \dfrac{\alpha}{x}$, 这里 $\alpha > 0$. 证明当 t 趋近于 0 时, 我们有 (参看习题 5):

$$\sum_{n=1}^{\infty} f(n) e^{-tn} \sim \int_0^{\infty} e^{-tx} f(x) dx \sim \frac{\Gamma(\alpha+1)}{t} f\left(\frac{1}{t}\right).$$

同样论证下列和式:

$$\sum_{n=1}^{\infty} f(n) e^{-tn^\beta}, \text{ 这里 } \beta > 1; \sum_{n=1}^{\infty} e^{n\gamma - tn}, \text{ 这里 } 0 < \gamma < 1.$$

17) 设对于 $x \geqslant 0, f$ 是 >0 的连续可导增函数, 并且 $\dfrac{f'(x)}{f(x)} \gg \dfrac{1}{x}$. 证明当 t 趋向于 $+\infty$ 时, 我们有

$$\sum_{n=0}^{\infty} e^{tn-f(n)} \sim \int_0^{\infty} e^{tx-f(x)}dx.$$

18) a) 应用斯特林公式, 证明函数

$$f_n(x) = \left| e^{-2x} - e^{-x}\sum_{k=0}^{n}(-1)^k\frac{x^k}{k!}\right|$$

在区间 $[0, +\infty[$ 中的极大值随着 $1/n$ 趋近于 0.

b) 对整数 $p > 2$ 递推, 由此导出: 对于任何 $\varepsilon > 0$, 存在着一个多项式 $\mathrm{P}(x)$, 使得对任何 $x \geqslant 0$,

$$|e^{-px} - e^{-x}\mathrm{P}(x)| \leqslant \varepsilon$$

(在 a) 中把 x 换成 $px/2$, 并对 $e^{-(p-1)x/2}$ 应用递推假设).

19) 设 k 是一整数 >0; 令 $x = k + \dfrac{1}{2}$, 并且考虑级数 (与 k 有关)

$$\mathrm{S}(k) = \sum_{n=1}^{\infty}\frac{1}{n^{1+\frac{1}{\log x}}\left|\log\dfrac{x}{n}\right|}.$$

证明当 k 趋向于 $+\infty$ 时, 我们有 $\mathrm{S}(k) = O(\log k)$. (把级数分成三个和式, 分别对应于 $1 \leqslant n < x/2, x/2 < n \leqslant 2x, 2x < n$, 并且分别求这三个和式的上界.)

20) 设 g 是 $\mathbb{R}$ 中分段连续的函数, 并且有周期 2ω. 令 $c = \dfrac{1}{2\omega}\displaystyle\int_0^{2\omega} g(t)dt$.

a) 证明我们有 $\displaystyle\int_x^{+\infty}\frac{1}{t}(c-g(t))dt = O\left(\frac{1}{x}\right)$ (分部积分).

b) 还设 g 是偶函数. 证明对于趋近于 $+\infty$ 的整数 n, 我们有

$$\int_{n\omega}^{+\infty}\frac{1}{t}(c-g(t))dt = O\left(\frac{1}{n^2}\right).$$

证明

$$\int_{(n-1)\omega}^{(n+1)\omega}\frac{g(t)}{t}dt = \frac{2c}{n} + O\left(\frac{1}{n^3}\right).$$

在 $+\infty$ 的邻域中, 下式是否正确:

$$\int_x^{+\infty}\frac{1}{t}(c-g(t))dt = O\left(\frac{1}{x^2}\right).$$

c) 设反常积分 $\displaystyle\int_0^1\frac{g(t)}{t}dt$ 存在. 证明如果 $\varphi(x)$ 是随着 x 趋向于 $+\infty$ 的函数, 并且 $\varphi(x) = o(x)$, 那么在 $+\infty$ 的邻域中, 我们有

$$\int_0^{1/\varphi(x)}\frac{g(xt)}{t}dt = c\log\frac{x}{\varphi(x)} + \int_0^1\frac{g(t)}{t}dt - \int_1^{+\infty}\frac{1}{t}(c-g(t))dt + O\left(\frac{\varphi(x)}{x}\right).$$

d) 设 $\mathrm{F}(x,t)$ 是一函数; 对于任何 $x > 0$, 它的偏导数 $t \to \dfrac{\partial\mathrm{F}}{\partial t}(x,t)$ 在 $[a,b]$ 中连续; 还

设对于 $x>0$ 有一个增函数 $\varphi(x)>0$, 使得我们有

$$\int_a^b \left|\frac{\partial \mathrm{F}}{\partial t}(x,t)\right| dt = O(\varphi(x)), \quad \mathrm{F}(x,b)=O(\varphi(x)).$$

证明我们有

$$\int_a^b \mathrm{F}(x,t)(c-g(xt))dt = O(\varphi(x)/x)$$

(分部积分).

特别地, 如果 $f(t)$ 在 $[a,b]$ 中分段连续可导, 我们有

$$\int_a^b f(t)g(xt)dt = c\int_a^b f(t)dt + O\left(\frac{1}{x}\right).$$

第五章　一致逼近

1.　两函数的偏差

(1.1) 与用十进位数 (或有理数) 来逼近 (用任何方式确定的) 未知数一样, 在分析中自然用我们认为已知的函数 (多项式、指数函数、三角函数等等) 来 “逼近” (用种种不同方式, 如级数的和、含一个参变数的积分、微分方程的解等等确定的) 未知复值函数. 但是与用绝对值 $|x-y|$ 度量两个实数或复数的偏差一样, 必须明确我们所理解的 “逼近”, 即用什么方式 “度量” 两个函数的 “偏差”. 最自然的想法是: 如果在两函数 f 及 g 都有定义的集 E 上, 函数 g “逼近” 函数 f, 那么对于每个 $x_0 \in \mathrm{E}$, g 的值 $g(x_0)$ 必须在通常意义下逼近 f 的值 $f(x_0)$, 即 $|f(x_0)-g(x_0)|$ 必须是 “小的”. 由于在 E 中每点 x_0 都应如此, 于是取数

$$d(f,g)=\sup_{x\in \mathrm{E}}|f(x)-g(x)| \tag{1.2}$$

作为 E 中所确定两复值函数 f,g 的 “偏差”.

当 f,g 是在 $\mathbb{R}$ 中区间 $\mathrm{E}=[a,b]$ 中确定的实值函数时, 我们所确定的 “偏差” 的想法, 可具体用图形表示: 所谓 $d(f,g)\leqslant\varepsilon$ 就是对于任何 $x\in \mathrm{E}$, 我们有 $g(x)-\varepsilon\leqslant f(x)\leqslant g(x)+\varepsilon$; 即 f 的图形完全包含在环绕着 g 的宽是 2ε 的 “带形” 内 (图 12).

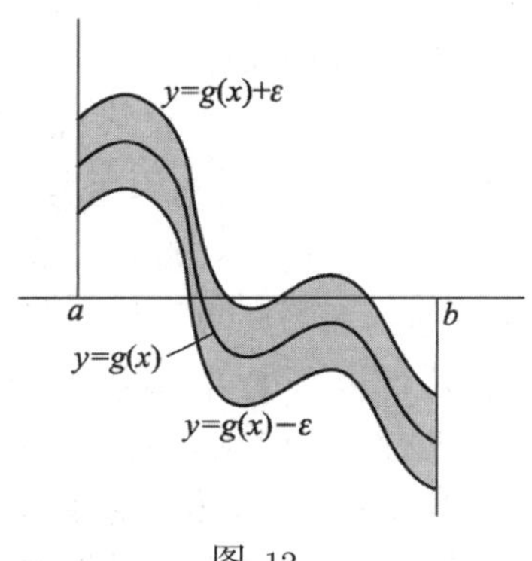

图 12

为了区分这种 “逼近” 概念与以后要考察的其他概念 (第九章, 9), 我们说这里讲的是在两函数都有定义的集 E 中, 一个函数被另一个函数一致逼近. 重要的是要指出这种概念主要依赖于所考虑的集 E:

如果 f 及 g 都在更大的集 E' 上有定义, 对于 $x \in \mathrm{E}$ 成立的关系式 $|f(x)-g(x)| \leqslant \varepsilon$ 完全不能导出对于 $x \in \mathrm{E}', |f(x)-g(x)| \leqslant \varepsilon$ 成立.

(1.3) 已给全部确定在同一集 E 上函数的两个集 $\mathcal{F}$ (“未知” 函数集) 及 $\mathcal{G}$ (“已知” 函数集); 如果对于任意的函数 $f \in \mathcal{F}$ 及任意的数 $\varepsilon > 0$, 存在着一个函数 $g \in \mathcal{G}$ (g 与 f 及 ε 有关) 使得偏差 $d(f, g) \leqslant \varepsilon$, 即对任何 $x \in \mathrm{E}$,

$$|f(x)-g(x)| \leqslant \varepsilon, \tag{1.3.1}$$

那么我们简单地说, $\mathcal{F}$ 中的函数可用 $\mathcal{G}$ 中的函数在 E 中一致逼近.

(1.4) 上列概念可立即推广到值是 $\mathbb{C}^n$ 中复向量的映射情形 (第一章, 1.6); 如果 $\boldsymbol{f}, \boldsymbol{g}$ 是在 E 中确定的两个这样的映射, 这时令

$$d(\boldsymbol{f}, \boldsymbol{g}) = \sup_{x \in \mathrm{E}} \|\boldsymbol{f}(x) - \boldsymbol{g}(x)\|, \tag{1.4.1}$$

那么 (1.3) 中的定义可不加改变转写出来.

2. 一致收敛与简单收敛

(2.1) 设 $\{g_n\}$ 是在集 E 中确定的复值函数序列, 并且 f 是 E 中确定的一个复值函数. 如果我们有

$$\lim_{n \to \infty} d(f, g_n) = 0, \tag{2.1.1}$$

就说序列 $\{g_n\}$ 在 E 中一致收敛于函数 f.

设有确定在 E 中的复值函数项 $\{u_n\}$ 的级数. 如果这级数的部分和 $s_n = u_1 + u_2 + \cdots + u_n$ 的序列在 E 中一致收敛于一个函数 s, 就说这级数在 E 中一致收敛于 s; s 叫做这一函数项级数的和.

(2.2) 已给在 E 中确定的复值函数的两个集 $\mathcal{F}, \mathcal{G}$, 要使 $\mathcal{F}$ 中的函数可由 $\mathcal{G}$ 中的函数在 E 中一致逼近, 必须而且只须对于任何 $f \in \mathcal{F}$, 存在着 $\mathcal{G}$ 中函数的一个序列 $\{g_n\}$ 在 E 中一致收敛于 f.

事实上, 如果存在着一个这样的序列, 由定义, 我们有关系式 (2.1.1), 因此对于任何 $\varepsilon > 0$, 存在着一个整数 n_0, 使得对于 $n \geqslant n_0$, 我们有 $d(f, g_n) \leqslant \varepsilon$, 这就证明了 $\mathcal{F}$ 中的函数可由 $\mathcal{G}$ 中的函数在 E 中一致逼近. 反过来, 如果情况是这样, 可以相继确定 $\mathcal{G}$ 中的函数 $g_1, g_2, \cdots, g_n, \cdots$, 使得 $d(f, g_1) \leqslant 1, d(f, g_2) \leqslant 1/2, \cdots, d(f, g_n) \leqslant 1/n, \cdots$. 因此由定义, 我们有 $\lim\limits_{n \to \infty} d(f, g_n) = 0$, 换句话说, 序列 $\{g_n\}$ 在 E 中一致收敛于 f.

(2.3) 我们说在 E 中确定的复值函数的一个序列 $\{g_n\}$ 在 E 中简单收敛于一个函数 f, 如果对于任何 $x \in \mathrm{E}$, 复数序列 $\{g_n(x)\}$ 以数 $f(x)$ 作为极限.

小心区分简单收敛概念与一致收敛概念是必要的. 如果序列 $\{g_n\}$ 在 E 中一致收敛于 f, 那么它也简单收敛于 f: 事实上, 对于任何 $x \in \mathrm{E}$, 由定义 (1.2), 我们有

$|f(x)-g_n(x)| \leqslant d(f,g_n)$, 并且由关系式 (2.1.1) 更加可导出 $\lim\limits_{n\to\infty}|f(x)-g_n(x)|=0$. 可是容易给出简单收敛于 0、但不一致收敛于 0 的序列 $\{g_n\}$ 作为例子. 在 $\mathrm{E}=[0,1]$ 中确定分段线性平移函数 (图 13) 如下:

(2.3.1)
$$\begin{cases} g_n(x)=2nx & \text{对于 } 0\leqslant x\leqslant 1/2n, \\ g_n(x)=2-2nx & \text{对于 } 1/2n\leqslant x\leqslant 1/n, \\ g_n(x)=0 & \text{对于 } 1/n\leqslant x\leqslant 1. \end{cases}$$

对于任何 $x\in\mathrm{E}$, 我们有 $\lim\limits_{n\to\infty}g_n(x)=0$; 对于 $x=0$, 这是明显的, 因为对于任何 $n, g_n(0)=0$; 对于 $x>0$, 存在着一个整数 n_0 (与 x 有关), 使得 $1/n_0<x$, 而对于 $n\geqslant n_0$, 我们有 $1/n<x$, 于是由定义 $g_n(x)=0$. 然而序列 $\{g_n\}$ 不一致收敛于 0, 因为我们有 $g_n(1/2n)=1$, 从而对于任何 n, $d(0,g_n)=1$: 从图形上明显可见, g_n 的图形绝不可能包含在中线是半宽度是 1/2 的一个"带形"内, 而函数 0 的图形也在这带形内 (图 13).

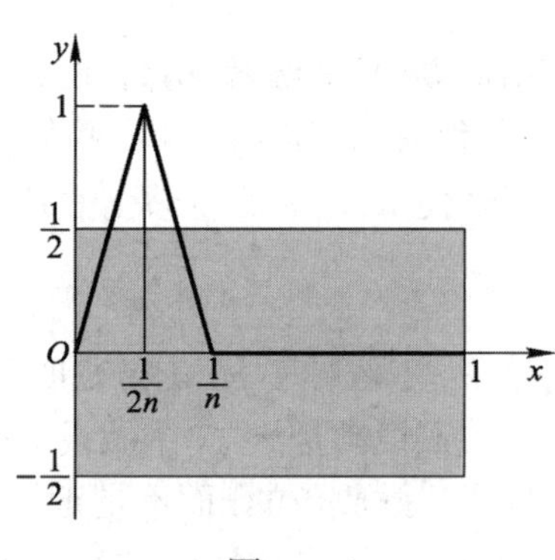

图 13

如果我们一般地分析两种收敛方式的关系, 可见如果序列 $\{g_n\}$ 简单收敛于 f, 那么对于已给的 $\varepsilon>0$, 并且对于每个 $x\in\mathrm{E}$, 有一整数 n_0, 使得对于任何 $n\geqslant n_0$,

$$|f(x)-g_n(x)|\leqslant\varepsilon,$$

可是这一整数 n_0 不仅依赖于 ε, 而且一般也依赖于 x (如我们在上面例子中看到的); 相反地, 如果序列 $\{g_n\}$ 一致收敛于 f, 一旦给出 $\varepsilon>0$, 可确定依赖于 ε、但不依赖于 x 的 n_0, 使得对于 $n\geqslant n_0$, 并且对于任何 $x\in\mathrm{E}$, $|f(x)-g_n(x)|\leqslant\varepsilon$.

(2.4) 在要证明一个函数序列 $\{g_n\}$ 在一个集 E 上的一致收敛性时, 最方便而且往往有效的方法是: 首先"把序列变换成级数" (第一章, 2.6) 并考虑函数项是 $u_n=g_n-g_{n-1}$ (约定取 $g_0=0$) 的级数: 既然 g_n 是一般项是 u_n 的级数的第 n 个部分和, 说序列 $\{g_n\}$ 在 E 中一致收敛于 f, 或者说一般项是 u_n 的级数在 E 中一致收敛, 并且有和 f, 完全是一回事. 然而对于复值函数项级数, 有一致收敛性的一个充分性判别法, 把这问题化成求上界的问题:

(2.5) *设有含正项 $\{\alpha_n\}$ 的一个级数收敛, 还设对于任何整数 n, 我们有 $\sup\limits_{x\in\mathrm{E}}|u_n(x)|\leqslant\alpha_n$ (即对任何 $x\in\mathrm{E}$,*

$$|u_n(x)|\leqslant\alpha_n).$$

那么一般项是 u_n 的级数在 E 中一致收敛.

事实上, 对于每个 $x\in\mathrm{E}$, 我们有: 对于任何 n, $|u_n(x)|\leqslant\alpha_n$, 因此由比较原理 (第一章, 2.2) 复数 $(u_n(x))$ 的级数绝对收敛, 从而收敛; 设 $s(x)$ 是它的和. 这样就在

E 中确定了一个复数值函数 s; 现证明级数 $\sum u_n$ 一致收敛于 s. 事实上, 对于给定的 n, 可写出

$$s(x)-(u_1(x)+\cdots+u_n(x))=u_{n+1}(x)+\cdots+u_{n+p}(x)+\cdots$$

并且既然上式右边的级数绝对收敛, 由第一章, 2.3.1 及第一章, 2.2.1, 我们有

$$\begin{aligned}(2.5.1)\qquad |s(x)-(u_1(x)+\cdots+u_n(x))| &\leqslant |u_{n+1}(x)|+\cdots+|u_{n+p}(x)|+\cdots\\ &\leqslant \alpha_{n+1}+\cdots+\alpha_{n+p}+\cdots.\end{aligned}$$

而由假设, 数值级数 $\{\alpha_n\}$ 收敛; 这就是说, 对于给定的 $\varepsilon>0$, 存在着只依赖于 ε 的 n_0, 使得对于任何 $n\geqslant n_0$, 我们有 $|\alpha_{n+1}+\cdots+\alpha_{n+p}+\cdots|\leqslant\varepsilon$. 因此由 (2.5.1) 导出: 对于任何 $n\geqslant n_0$ 及任何 $x\in\mathrm{E}$, 我们也有

$$|s(x)-(u_1(x)+\cdots+u_n(x))|\leqslant\varepsilon;$$

由于 n_0 不依赖于 x, 于是证明了级数一致收敛.

我们说满足 (2.5) 中假设的函数项级数 $\sum u_n$ 是正规收敛的; 要注意级数 $\sum u_n$ 可能是一致收敛的, 而不是正规收敛的 (参看习题 1).

(2.6) 设 $\{h_n\}$ 是在集 E 中确定的复值函数的序列, 而且所有这些函数都在复平面 $\mathbb{C}$ 中一个有界闭子集 F 中取值; 还设 f 是 F 中的一个连续复值函数. 那么如果在 E 中序列 $\{h_n\}$ 一致收敛于一个函数 g, 复合函数序列 $\{f\circ h_n\}$ 就在 E 中一致收敛于 $f\circ g$. 事实上, 我们有 $g(\mathrm{E})\subset\mathrm{F}$; 另一方面, 我们承认了的一个定理 (预篇, 5.6): 对于任何 $\varepsilon>0$, 存在着一数 $\delta>0$, 使得如果 z, z' 是满足 $|z-z'|\leqslant\delta$ 的 F 中两数, 就有 $|f(z)-f(z')|\leqslant\varepsilon$. 可是由假设, 存在着不依赖于 δ 的一数 n_0, 使得对于 $n\geqslant n_0$ 及任何 $x\in\mathrm{E}$, 我们有 $|g(x)-h_n(x)|\leqslant\delta$. 因此对于任何 $x\in\mathrm{E}$ 及任何 $n\geqslant n_0$, 我们有 $|f(g(x))-f(h_n(x))|\leqslant\varepsilon$, 上述论断得证.

(2.7) 请读者把以上确定的概念推广到取复向量值的映射 (1.4).

3. 一致收敛序列的性质

一致收敛概念的重要性在于: 对于一致收敛序列, 我们有很便于使用的一般结果, 而对于简单收敛序列, 这些结果不是必然成立的.

(3.1) 设 $\{g_n\}$ 是在集 $\mathrm{E}\subset\mathbb{R}^p$ 中确定并连续的复值函数序列, 并且它在 E 中一致收敛于函数 f. 那么 f 在 E 中连续.

更简短地说, *连续函数的一致极限是连续的*.

设 $\boldsymbol{a}=(a_1,\cdots,a_p)$ 是 E 中一点. 要证明 f 在点 $\boldsymbol{a}$ 连续, 由定义, 必须证明:

无论给定什么数 $\varepsilon>0$, 有与 ε 有关的一数 $\delta>0$, 使得对于满足 $\|\boldsymbol{x}-\boldsymbol{a}\|\leqslant\delta$ 的任何点 $\boldsymbol{x}\in\mathrm{E}$, 我们有

$$(3.1.1)\qquad |f(\boldsymbol{x})-f(\boldsymbol{a})|\leqslant\varepsilon.$$

一致收敛的假设表明, 存在着只与 ε 有关的一个整数 n_0, 使得对于任何 $n \geqslant n_0$ 以及任何 $\boldsymbol{x} \in \mathrm{E}$, 我们有

(3.1.2) $$|f(\boldsymbol{x}) - g_n(\boldsymbol{x})| \leqslant \frac{\varepsilon}{3}.$$

这样固定了 n_0 后, 应用函数 g_{n_0} 在点 $\boldsymbol{a}$ 连续这一事实: 于是有与 ε 无关的一数 $\delta > 0$, 使得对于 $\boldsymbol{x} \in \mathrm{E}$ 及 $\|\boldsymbol{x} - \boldsymbol{a}\| \leqslant \delta$, 我们有

(3.1.3) $$|g_{n_0}(\boldsymbol{x}) - g_{n_0}(\boldsymbol{a})| \leqslant \frac{\varepsilon}{3}.$$

把 (3.1.2) 应用到 $n = n_0$ 情形; 对于任何 $x \in \mathrm{E}$, 我们有

(3.1.4) $$|f(\boldsymbol{x}) - g_{n_0}(\boldsymbol{x})| \leqslant \frac{\varepsilon}{3},$$

并且特别对于 $\boldsymbol{x} = \boldsymbol{a}$,

(3.1.5) $$|f(\boldsymbol{a}) - g_{n_0}(\boldsymbol{a})| \leqslant \frac{\varepsilon}{3}.$$

可是我们可以写出

$$f(\boldsymbol{x}) - f(\boldsymbol{a}) = (f(\boldsymbol{x}) - g_{n_0}(\boldsymbol{x})) + (g_{n_0}(\boldsymbol{x}) - g_{n_0}(\boldsymbol{a})) + (g_{n_0}(\boldsymbol{a}) - f(\boldsymbol{a})).$$

于是由上式以及 (3.1.3), (3.1.4) 与 (3.1.5) 可导出: 对于满足 $\|\boldsymbol{x} - \boldsymbol{a}\| \leqslant \delta$ 的任何 $\boldsymbol{x} \in \mathrm{E}$, 我们有不等式 (3.1.1). 证完.

(3.2) 当不假设序列 $\{g_n\}$ 一致收敛于 f, 而只是简单收敛于 f 时, 可能 g_n 是连续的, 而 f 不连续, 下列例子就表明了这一点: 设 $\mathrm{E} = [0,1], g_n(x) = x^n$; 对于 $0 \leqslant x < 1$, 我们有 $\lim\limits_{n\to\infty} x^n = 0$, 而对于 $x = 1$, $\lim\limits_{n\to\infty} x^n = 1$ (图 14).

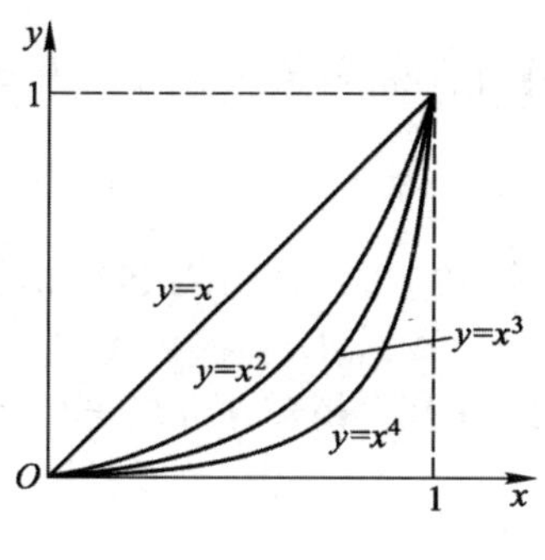

图 14

然而要注意: 连续函数序列 $\{g_n\}$ 的一致收敛性不是使极限 f 连续的必要条件. 这正是例 (2.3.1) 所表明的.

由 (3.1) 立即导出下列推论:

(3.3) 设 $u_1 + u_2 + \cdots + u_n + \cdots$ 是 E 中的连续函数项级数, 并且它在 E 中一致收敛. 那么这级数的和在 E 中连续.

事实上, 这级数的每个部分和是有限个连续函数的和, 从而是连续的.

(3.4) 设 $\mathrm{I} = [a, b]$ 是 $\mathbb{R}$ 中的有界闭区间, 并设 $\{g_n\}$ 是 E 中分段连续的复值函数序列, 而且它一致收敛于分段连续函数 f. 那么我们有

(3.4.1) $$\lim_{n\to\infty} \int_a^b g_n(t)dt = \int_a^b f(t)dt.$$

问题是要证明: 给定一数 $\varepsilon > 0$, 存在着只与 ε 有关的整数 n_0, 使得对于 $n \geqslant n_0$, 我们有

$$\left|\int_a^b f(t)dt - \int_a^b g_n(t)dt\right| \leqslant \varepsilon. \tag{3.4.2}$$

应用中值定理 (第一章, 3.3.1),

$$\left|\int_a^b f(t)dt - \int_a^b g_n(t)dt\right| \leqslant \int_a^b |f(t) - g_n(t)|dt.$$

由一致收敛性的假设, 存在着只与 ε 有关的一个整数 n_0, 使得对于 $n \geqslant n_0$ 及任何 $t \in \mathrm{I}$,

$$|f(t) - g_n(t)| \leqslant \varepsilon/(b-a). \tag{3.4.3}$$

于是由中值定理 (第一章, 3.2.4), 对于任何 $n \geqslant n_0$, 我们就有不等式 (3.4.2). 证完.

我们可观察到如果令 $\mathrm{F}(x) = \int_a^x f(t)dt, \mathrm{G}_n(x) = \int_a^x g_n(t)dt$, 上列证明也证明了: 对于 $n \geqslant n_0$ 及任何 $x \in \mathrm{I}$, 我们有

$$|\mathrm{F}(x) - \mathrm{G}_n(x)| \leqslant \varepsilon. \tag{3.4.4}$$

换句话说, 在点 a 是零的原函数 $\mathrm{G}_n(x) = \int_a^x g_n(t)dt$ 的序列一致收敛于在点 a 是零的原函数 $\mathrm{F}(x) = \int_a^x f(t)dt$.

由 (3.4) 还可得下列推论:

(3.5) 设 $u_1 + u_2 + \cdots + u_n + \cdots$ 是在 I 中分段连续函数项的级数, 它在 I 中一致收敛, 并且它的和是分段连续的. 那么我们有

$$\begin{aligned}&\int_a^b (u_1(t) + u_2(t) + \cdots + u_n(t) + \cdots)dt \\ &= \int_a^b u_1(t)dt + \int_a^b u_2(t)dt + \cdots + \int_a^b u_n(t)dt + \cdots\end{aligned} \tag{3.5.1}$$

(“一致收敛级数的逐项积分”).

注释 (3.6.1) 如果只设序列 $\{g_n\}$ 简单收敛于连续函数 f, (3.4) 中的结论可能不成立. 例如设 $\{g_n\}$ 是 (2.3.1) 中确定的序列, 并且令 $h_n(x) = ng_n(x)$; 立即看出对于任何 $x \in \mathrm{I} = [0, 1]$, 还是有 $\lim\limits_{n\to\infty} h_n(x) = 0$. 然而对任何整数 n, 我们有 $\int_0^1 h_n(t)dt = \dfrac{1}{2}$. 如果用 nh_n 代替 h_n, 对于任何 $x \in \mathrm{I}$, 还是有 $\lim\limits_{n\to\infty} nh_n(x) = 0$, 可是 $\lim\limits_{n\to\infty} \int_0^1 nh_n(t)dt = +\infty$.

(3.6.2) 然而要使 (3.4.1) 成立, 序列 $\{g_n\}$ 一致收敛于 f 不是必要条件; 这还是例 (2.3.1) 可表明的. 在这例中, $\int_0^1 g_n(t)dt = 1/2n$ 恰好趋近于 0.

(3.6.3) 在 (3.4) 中, 当把有界区间 I 换成无界区间时, 甚至当每个函数 g_n 在一个有界区间 (与 n 有关) 外是零, 并且序列 $\{g_n\}$ 一致收敛于 0 时, (3.4) 中结论不成立. 我们有这一事实的例子: 在区间 $[n^2,(n+1)^2]$ 之外, 取 $g_n(x)=0$; 在这区间中, 取 $g_n(x)=\dfrac{1}{n}$. 由于 $d(0,g_n)=1/n$, 序列 $\{g_n\}$ 在 $[0,+\infty[$ 中一致收敛于 0, 但是我们有

$$\int_0^{+\infty} g_n(t)dt = \frac{1}{n}((n+1)^2-n^2) = \frac{2n+1}{n},$$

它趋近于 2.

(3.6.4) 在 (3.4.4) 中已经看到: 对于在 I 中确定并且分段连续的函数序列, 它的一致收敛性可以说 "传到了" 这些函数在 a 点是零的原函数. 不要以为导数也有类似的性质. 这再一次说明了这一原理: 求导数是比求积分更难进行的运算 (第一章, 3.7). 例如在 $\mathrm{I}=[0,\pi]$ 中, 函数 $g_n(x)=\dfrac{1}{n}\sin nx$ 的序列一致收敛于 0, 但是我们有 $g_n'(x)=\cos nx$, 因此对任何 $n\geqslant 1, d(0,g_n')=1$.

(3.7) 我们可用较弱假设得到 (3.4) 中的结论. 事实上, 一方面设序列 $\{g_n\}$ 在 I 中一致有界, 换句话说, 存在着一数 $M>0$, 使得对于任何 $t\in\mathrm{I}$ 及任何 n, $|g_n(t)|\leqslant M$. 另一方面设在 I 中有有限个点

$$a=a_0<a_1<a_2<\cdots<a_m=b,$$

使得在不含 a_k 中任何点的任何有界闭区间 $[\alpha,\beta]$ 中 g_n 的限制的序列一致收敛于 f 的限制. 那么我们仍然有关系式 (3.4.1). 事实上, 取任何 $\varepsilon>0$, 使得对于 $1\leqslant k\leqslant n, 2\varepsilon<a_k-a_{k-1}$; 设正数 $\delta<\varepsilon/2m$, 并且用点 $a_0+\delta, a_1-\delta, a_1+\delta, a_2-\delta,\cdots,a_m-\delta$ 分划区间 I. 对于任何 n, 在下列每个区间中:

$$[a_0,a_0+\delta],\quad [a_1-\delta,a_1+\delta],\quad \cdots,\quad [a_m-\delta,a_m],$$

函数 $|f-g_n|$ 的积分的和至多等于 $2(M+N)m\delta\leqslant(M+N)\varepsilon$, 这里 $N=\sup\limits_{t\in\mathrm{I}}|f(t)|$; 这结果是由中值定理得到的. 另一方面, 存在着一个整数 n_0, 使得在余下的区间 $[a_0+\delta,a_1-\delta],[a_1+\delta,a_2-\delta],\cdots,[a_{m-1}+\delta,a_m-\delta]$ 的每一个中, 对于 $n\geqslant n_0$, 我们有 $|f(t)-g_n(t)|\leqslant\varepsilon/(b-a)$. 由此得不等式

$$\int_a^b |f(t)-g_n(t)|dt\leqslant(M+N+1)\varepsilon,$$

结论得证.

(3.8) 定理 (3.1) 及 (3.4) 可解释为在含两个整数指标的算式中, 作极限换序. 现在 $\mathbb{R}$ 中区间 I 中确定的函数 f 在一点 $a\in\mathrm{I}$ 连续, 事实上是表明: 对于趋近于 0 的任何实数序列 $\{r_m\}$, 我们有 $\lim\limits_{m\to\infty} f(a+r_m)=f(a)$. 因此 (3.1) 中的结果可解释为我们有

(3.8.1)
$$\lim_{m\to\infty}(\lim_{n\to\infty} g_n(a+r_m)) = \lim_{n\to\infty}(\lim_{m\to\infty} g_n(a+r_m)).$$

同样, 对于 $\mathrm{I}=[a,b]$ 中的分段连续函数 f, 把 "黎曼和", 即 f 的值的算术平均, 记作 $s_m(f)$,

$$s_m(f)=\frac{1}{m}\left(f\left(a+\frac{b-a}{m}\right)+f\left(a+2\frac{b-a}{m}\right)+\cdots\right.$$
$$\left.+f\left(a+k\frac{b-a}{m}\right)+\cdots+f(b)\right).$$

当 m 趋向于 $+\infty$ 时, $s_m(f)$ 以积分 $\int_a^b f(t)dt$ 作为极限. (3.4) 中的结果也可用作极限换序来解释:

(3.8.2) $$\lim_{m\to\infty}(\lim_{n\to\infty}s_m(g_n))=\lim_{n\to\infty}(\lim_{m\to\infty}s_m(g_n)).$$

最后, 我们注意到第四章, 第 2 及 4 节中的结果也可用 "极限换序" 来解释. 事实上, 如果我们用 $g_0(x)$ 及 $h_0(x)$ 表示函数 g 及 h 在 $x=0$ 的邻域中的渐近展开式 (第四章, 2.2.2), 第四章 2.3 中的结果可表述为: 我们有

(3.8.3) $$\lim_{n\to\infty}\left(\lim_{N\to\infty}\frac{\displaystyle\int_0^{1/n}g(x)e^{Nh(x)}dx}{\displaystyle\int_0^{1/n}g_0(x)e^{Nh_0(x)}dx}\right)=\lim_{N\to\infty}\left(\lim_{n\to\infty}\frac{\displaystyle\int_0^{1/n}g(x)e^{Nh(x)}dx}{\displaystyle\int_0^{1/n}g_0(x)e^{Nh_0(x)}dx}\right).$$

这是根据 第三章, 10.2, 我们有: 对于每个 n,

$$\lim_{N\to\infty}\frac{\displaystyle\int_{1/n}^{+\infty}g(x)e^{Nh(x)}dx}{\displaystyle\int_0^{1/n}g_0(x)e^{Nh_0(x)}dx}=0,$$

并且对于每个 N,

$$\lim_{n\to\infty}\frac{\displaystyle\int_0^{1/n}g(x)e^{Nh(x)}dx}{\displaystyle\int_0^{1/n}g_0(x)e^{Nh_0(x)}dx}=1.$$

(3.9) 本节中所有结果可立即推广到在 $\mathbb{C}^n$ 空间中取的映射.

4. 正 规 化

(4.1) 在历史上无穷小计算诞生初期已研究过的单实变函数的正规化, 也是现在在应用中最常遇到的. 这种正规化是很 "正规的", 是用无穷可导函数进行的 (甚至于用解析函数; 解析函数概念将在第六章中确定并进行研究). 相反地, 当我们要研究最一般的连续函数时, 会看到它们可能有很惊人的性质, 例如可能在任何点都没有导数 (这就导致不可能作出图形). 我们将要看到, 幸而任何连续函数在一个有界区间中可以用无穷可导函数一致逼近, 这样往往就使理论研究和实用都大为方便了.

(4.2) 我们想法的出发点是: 在每点取一包含它的小区间, 用这区间中函数值的 "平均值" 来代替在这点的函数值. 确切地说, 设 f 是在整个 $\mathbb{R}$ 中确定的分段连续复值

函数. 对于任何 $x \in \mathbb{R}$ 及任何 $h > 0$, 作为定义, f 在区间 $[x-h, x+h]$ 中的平均值是积分

$$f_h(x) = \frac{1}{2h}\int_{x-h}^{x+h} f(t)dt \tag{4.2.1}$$

(应用黎曼和, 可用函数 f 在区间 $[x-h, x+h]$ 中有规范分布各点处的值的算术平均来逼近这积分). 当函数 f 在点 x 连续时, 我们有 $\lim\limits_{h\to 0} f_h(x) = f(x)$; 事实上, 对于任何 $\varepsilon > 0$, 由假设, 存在着 $\delta > 0$, 使得对于 $x-\delta \leqslant t \leqslant x+\delta$, $|f(t) - f(x)| \leqslant \varepsilon$, 并且根据中值定理, 由此导出: 只要 $h < \delta$,

$$\left|\int_{x-h}^{x+h} (f(t) - f(x))dt\right| \leqslant 2\varepsilon h,$$

换句话说,

$$|f_h(x) - f(x)| \leqslant \varepsilon,$$

由此得上述论断.

因此对于每个固定的并且 "充分小的" h, 自然把函数 $x \to f_h(x)$ 看作 f 的一个 "逼近". 这种逼近的好处是: 即使 f 只是分段连续, 函数 f_h 本身在 $\mathbb{R}$ 中总是连续的 (习题 6). 现只以对于 $x < 0$ 等于 0, 对于 $x \geqslant 0$ 等于 1 的函数 ("赫维赛德函数") 证明这一结果. 我们可立即得到: 对于 $x \leqslant -h$, $f_h(x) = 0$; 对于 $x \geqslant h$, $f_h(x) = 1$; 对于 $-h \leqslant x \leqslant h$, $f_h(x) = \dfrac{x+h}{2h}$ (图 15). 当函数 f 有不连续点时, 根据 (3.1), 我们不可能用 f_h 作为 f 的一个一致逼近. 但是在任何情形下, 可作序列 $\{f_{1/n}\}$, 使得 $\{f_{1/n}(x)\}$ 在 f 的所有连续点有极限 $f(x)$; 而且这序列是由比原有函数 "更正规的" 连续函数构成的.

(4.3) 我们可以把公式 (4.2.1) 用略为不同的形式写出. 引进分段连续函数 (图 16)

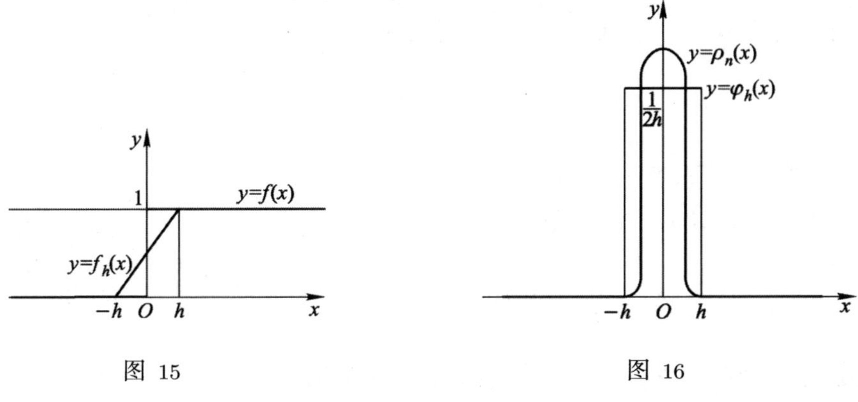

图 15　　图 16

$$\varphi_h(x) = \begin{cases} 0 & \text{对于 } x < h \text{ 或 } x > h, \\ 1/2h & \text{对于 } -h \leqslant x \leqslant h. \end{cases} \tag{4.3.1}$$

对于任何 $x \in \mathbb{R}$, 我们有 $\varphi_h(x) \geqslant 0$, 并且 (参看第三章, 9.7)

$$\int_{-\infty}^{+\infty} \varphi_h(x)dx = 1. \tag{4.3.2}$$

于是还可把公式 (4.2.1) 写成下列形式

$$f_h(x) = \int_{-\infty}^{+\infty} f(t)\varphi_h(x-t)dt. \tag{4.3.3}$$

被积函数在区间 $[x-h, x+h]$ 处是零, 而在这区间中等于 $f(t)/2h$ (第三章, 9.7).

一般地, 对于在 $\mathbb{R}$ 中分段连续、并且在一个有界区间 $\mathrm{I} = [-\alpha, \alpha]$ 以外是零的任何函数 φ, 我们把函数

$$x \to \int_{-\infty}^{+\infty} f(t)\varphi(x-t)dt \tag{4.3.4}$$

叫做 f 及 φ 的卷积, 记作 $f * \varphi$. 我们将要看到可以改进 (4.2) 中的方法, 把不连续函数 φ_h 换成连续、并且甚至于无穷可导的函数 ρ_n; ρ_n 的图形在一定意义下 "靠近" φ_h 的图形 (图 16).

(4.4) 确切地, 考虑在 $\mathbb{R}$ 中确定、并且有下列性质的函数 ρ:

1° ρ 在 $\mathbb{R}$ 中连续、$\geqslant 0$、并且当 $x < -\alpha$ 及 $x > \alpha$ 时是零.

2° 我们有

$$\int_{-\infty}^{+\infty} \rho(x)dx = 1. \tag{4.4.1}$$

(我们注意如果 ρ 满足条件 1°, 但不恒等于零, 我们有 $\beta = \displaystyle\int_{-\infty}^{+\infty} \rho(x)dx > 0$ (第一章, 3.2), 因此把 ρ 换成 ρ/β, $\dfrac{\rho}{\beta}$ 就满足 "正规" 条件 2°.)

对于任何整数 $n \geqslant 1$, 令

$$\rho_n(x) = n\rho(nx). \tag{4.4.2}$$

函数 ρ_n 仍然有性质 1°, 可是在区间 $\left[-\dfrac{\alpha}{n}, \dfrac{\alpha}{n}\right]$ 以外是零 (图 17); 我们还有: 由变数代换 $t = nx$,

$$n\int_{-\infty}^{+\infty} \rho(nx)dx = \int_{-\infty}^{+\infty} \rho(t)dt = 1.$$

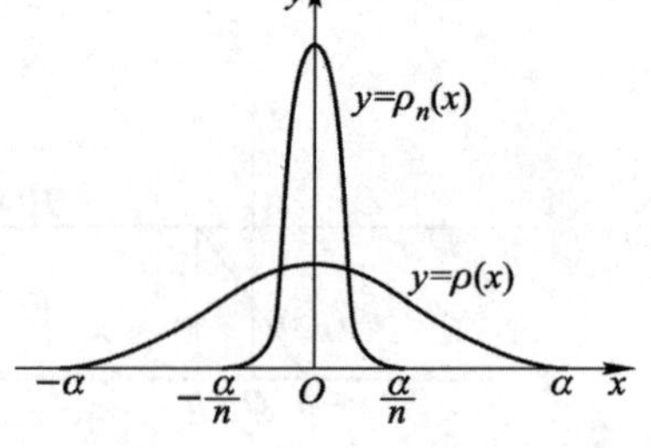

图 17

因此正规性条件 2° 对于 ρ_n 也成立. 于是我们可以看出在 f 是连续的任何点 x, 还是有

$$\lim_{n\to\infty} (f * \rho_n)(x) = f(x). \tag{4.4.3}$$

事实上, 由变数代换 $t=x-u$, 可以写出

$$(f*\rho_n)(x)=\int_{-\infty}^{+\infty}f(t)\rho_n(x-t)dt=\int_{-\infty}^{+\infty}f(x-u)\rho_n(u)du. \tag{4.4.4}$$

由于正规条件以及在区间 $\left[-\frac{\alpha}{n},\frac{\alpha}{n}\right]$ 外, $\rho_n(u)=0$, 于是可写出

$$\begin{aligned}f(x)-(f*\rho_n)(x)&=\int_{-\infty}^{+\infty}(f(x)-f(x-u))\rho_n(u)du\\&=\int_{-\alpha/n}^{\alpha/n}(f(x)-f(x-u))\rho_n(u)du.\end{aligned}$$

由假设, 对于任何已给 $\varepsilon>0$, 存在着 n_0, 使得对于 $n\geqslant n_0$, 我们有: 对于 $|u|\leqslant\frac{\alpha}{n}$, $|f(x)-f(x-u)|\leqslant\varepsilon$. 由于 ρ_n 是正的, 于是根据中值定理及正规条件, 由此可导出

$$\begin{aligned}&\left|\int_{-\alpha/n}^{\alpha/n}(f(x)-f(x-u))\rho_n(u)du\right|\\&=\int_{-\alpha/n}^{\alpha/n}|f(x)-f(x-u)|\rho_n(u)du\leqslant\varepsilon\int_{-\alpha/n}^{\alpha/n}\rho_n(u)du=\varepsilon.\end{aligned} \tag{4.4.5}$$

上述论断得证.

(4.5) 我们知道 (预篇, 3.4), 在 $\mathbb{R}$ 中有界闭区间 $\mathrm{I}=[a,b]$ 中的连续复值函数也在 I 中一致连续: 这就是说, 对于任何 $\varepsilon>0$, 存在着只与 ε 有关的一数 $\delta>0$, 使得由 I 中任何两点 x,x' 所满足的关系式 $|x-x'|\leqslant\delta$ 可导出 $|f(x)-f(x')|\leqslant\varepsilon$. 应用这一结果, 可以改进 (4.4) 中的结论: 如果函数 f 在任何有界开区间 $\mathrm{I}=]a,b[$ 中连续, 那么在任何更小的闭区间 $[a+\lambda,b-\lambda]$ (其中 $\lambda>0$) 中, 序列 $\{f*\rho_n\}$ 一致收敛于 f. 论证与上面的相同, 只要注意到由假设, 可取 n_0, 使得 $\left|\frac{\alpha}{n_0}\right|\leqslant\frac{\lambda}{2}$, 并且使得对于任何 $x\in[a+\lambda,b-\lambda]$ 以及满足 $|u|\leqslant\frac{\alpha}{n_0}$ 的任何 u, 我们有 $|f(x)-f(x-u)|\leqslant\varepsilon$; 于是只要 $n\geqslant n_0$, 对于任何 $x\in[a+\lambda,b-\lambda]$, 不等式 (4.4.5) 成立.

还要注意: 如果函数 f 在一个有界闭区间 $\mathrm{J}=[c,d]$ 外是零, 那么对于任何更大的区间 $[c-\lambda,d+\lambda]$ (其中 $\lambda>0$), 函数 $f*\rho_n$ 在这区间外是零, 只要 n 是充分大, 并且准确地说, 只要 $\left|\frac{\alpha}{n}\right|<\lambda$, 因为函数 $u\to f(x-u)\rho_n(u)$ 只有在 $-\frac{\alpha}{n}\leqslant u\leqslant\frac{\alpha}{n}$, 并且 $c\leqslant x-u\leqslant d$ 时才可能 $\neq 0$, 而由上两关系式可导出

$$c-\frac{\alpha}{n}\leqslant x\leqslant d+\frac{\alpha}{n}.$$

(4.6) 卷积 $f*\rho_n$ 的好处是:对于任何连续函数 f, 这些卷积可以说是 “接受了” 函数 ρ 的 “正则” 性质. 准确说, 如果 f 连续 (不一定可导), 并且如果 ρ 是 k 次连续可导,

那么 $f*\rho_n$ 是 k 次连续可导 (即使只设 f 是分段连续的, 这一结论仍然正确, 参看习题 7). 事实上, 对于 $\mathbb{R}$ 中任何有界区间 $]c,d[$ 及任何整数 n, 可以写出, 当 $x\in]c,d[$ 时,

$$(f*\rho_n)(x)=\int_{c-\alpha}^{d+\alpha}f(t)\rho_n(x-t)dt;$$

对于区间 $[c-\alpha,d+\alpha]$ 以外的 t, 被积函数是零. 既然两个变数的函数 $(t,x)\to f(t)\rho_n(x-t)$ 及它关于 x 的 $h(\leqslant k)$ 阶导数 $(t,x)\to f(t)\rho_n^{(h)}(x-t)$ 在 $]c-\alpha,d+\alpha[\times]c,d[$ 中是连续的, 于是关于含一个参变数的积分的导数存在及计算导数的莱布尼茨法则 (预篇, 4.6), 就可以应用. 这样就可证明上述论断, 并且给出

(4.6.1) $$(f*\rho_n)^{(h)}(x)=\int_{-\infty}^{+\infty}f(t)\rho_n^{(h)}(x-t)dt,$$

上式还可写成

(4.6.2) $$(f*\rho_n)^{(h)}=f*\rho_n^{(h)}.$$

(4.7) 以上所讲用卷积作出的 "正规化" 法还有一个重要的性质. 事实上, 公式 (4.4.4) 表明可使 f 及 ρ_n 起着类似的作用; 由此用同样的论证可以断定, 如果函数 f 本身在 $\mathbb{R}$ 中 k 次连续可导, 那么对于 $h\leqslant k$, 我们也有

(4.7.1) $$(f*\rho_n)^{(h)}=f^{(h)}*\rho_n,$$

并且由 (4.5) 中已证明的结果, 可以证明: 当 n 趋向于 $+\infty$ 时, 那么在 $\mathbb{R}$ 中任何有界区间中, 不仅正规化了的 $f*\rho_n$ 所成序列一致收敛于 f, 而且对于每个 $h\leqslant k$, h 阶导数 $(f*\rho_n)^{(h)}$ 的序列也一致收敛于 $f^{(h)}$.

(4.8) 剩下还要给出具有 (4.4) 中性质并且充分 "正规的" 函数 ρ 的实例. 当我们只要函数 ρ 直到某一 k 阶连续可导时, 这是容易做到的: 只须取

(4.8.1) $$\begin{aligned}\rho(x)&=(\alpha^2-x^2)^{k+1}\quad &&\text{对于}\ -\alpha\leqslant x\leqslant\alpha,\\ \rho(x)&=0 &&\text{对于}\ |x|>\alpha.\end{aligned}$$

要给出在 $\mathbb{R}$ 中满足 (4.4) 中条件 1° 并且无穷可导函数 ρ 的实例, 就略为难一点. 要得到这样的函数, 我们从下面确定的函数 g 出发:

(4.8.2) $$\begin{cases}g(x)=e^{-1/x^2} & \text{对于}\ x>0,\\ g(x)=0 & \text{对于}\ x\leqslant 0.\end{cases}$$

立即可见这函数连续, 并且对于 $x\neq 0$ 无穷可导. 我们将要看到在 $x=0$ 的一个邻域内, 它也是无穷可导的, 从而到处是无穷可导的. 为此只须对 h 递推证明: 对 $x\neq 0$ 确定的 $g^{(h)}(x)/x$ 随着 x 趋近于 0. 由于在 0 的邻域中, 对于任何幂函数 x^λ, e^{-1/x^2} 是可忽略的, 于是为了证明上述结果, 只须递推证明: 对于 $x>0$ 及 $h>1$, 我们有

(4.8.3) $$g^{(h)}(x)=\frac{\mathrm{P}_h(x)}{x^{3h}}e^{-1/x^2},$$

其中 $\mathrm{P}_h(x)$ 是一多项式. 而对这公式求导数, 就得到

$$\begin{aligned} g^{(h+1)}(x) &= \left(\frac{\mathrm{P}'_h(x)}{x^{3h}} - \frac{3h\mathrm{P}_h(x)}{x^{3h+1}} + \frac{2\mathrm{P}_h(x)}{x^{3h+3}}\right) e^{-1/x^2} \\ &= \frac{\mathrm{P}_{h+1}(x)}{x^{3(h+1)}} e^{-1/x^2}, \end{aligned}$$

其中 $\mathrm{P}_{h+1}(x)$ 是一多项式, 由此就证明了上述论断. 于是函数

$$\rho(x) = g(x+\alpha)g(\alpha - x) \tag{4.8.4}$$

满足 (4.4) 中条件 1°, 在 $\mathbb{R}$ 中无穷可导, 并且对于 $-\alpha < x < \alpha$, 大于 0; 将它乘以一个常数, 就可使所得结果满足正规条件 (4.4.1).

5. 魏尔斯特拉斯逼近定理

(5.1) 把第 4 节中所述卷积法作略为不同的应用, 可以证明重要的魏尔斯特拉斯逼近定理:

(5.2) *在有界闭区间 $[a,b]$ 中的任何连续复值函数可在 $[a,b]$ 中被多项式一致逼近.*

首先注意可以假设 $f(a) = f(b) = 0$, 然后在 $[a,b]$ 以外, 取 $f(x) = 0$, 把 f 开拓到整个 $\mathbb{R}$ 中. 事实上, 如果条件 $f(a) = f(b) = 0$ 不成立, 就考虑一个更大的区间 $[c,d]$, 即取 $c < a, b < d$, 并且用在点 c 取值 0、在点 a 取值 $f(a)$ (及在点 b 取值 $f(b)$、在点 d 取值 0) 的平移线性函数把 f 开拓到 $[c,a]$ (及 $[b,d]$). 用平移线性的变数代换, 还可以设 $a = -\frac{1}{2}, b = \frac{1}{2}$.

对于任何整数 $n \geqslant 1$, 令

$$\begin{cases} g_n(x) = (1-x^2)^n & \text{对于 } -1 \leqslant x \leqslant 1, \\ g_n(x) = 0 & \text{对于 } |x| > 1. \end{cases} \tag{5.2.1}$$

设 $a_n = \int_{-\infty}^{+\infty} g_n(t)dt = \int_{-1}^{1} g_n(t)dt$, 并且令 $h_n = a_n^{-1} g_n$; 于是我们有: 在 $]-1,1[$ 中, $h_n > 0$; 在这区间以外, $h_n(x) = 0$. h_n 在 $\mathbb{R}$ 中连续, 并且满足正规条件

$$\int_{-\infty}^{+\infty} h_n(t)dt = 1. \tag{5.2.2}$$

此外, 由于对于 $-1 \leqslant x \leqslant 1, 1 - x^2 \geqslant 1 - |x|$, 我们有

$$a_n \geqslant 2\int_0^1 (1-t)^n dt = 2/(n+1). \tag{5.2.3}$$

由此导出下列性质:

(5.2.4) *对于满足 $0 < \delta \leqslant 1$ 的任何数 δ, 当 n 趋向于 $+\infty$ 时, 函数 h_n 在两区间 $[-1,-\delta]$ 及 $[\delta,1]$ 的每一个中一致趋近于 0.*

事实上, 由于 h_n 是偶函数, 只须考虑区间 $[\delta,1]$, 而由 (5.2.3), 在这区间中, 我们有

$$0\leqslant h_n(x)\leqslant (n+1)(1-\delta^2)^n.$$

上述结论得证.

然后考虑对任何 $x\in\mathbb{R}$ 确定的函数

$$\begin{aligned}(f*h_n)(x)&=a_n^{-1}\int_{-\infty}^{+\infty}f(t)g_n(x-t)dt\\&=a_n^{-1}\int_{-\frac{1}{2}}^{\frac{1}{2}}f(t)g_n(x-t)dt.\end{aligned}\tag{5.2.5}$$

上列后一等式是由于 f 在区间 $\left[-\dfrac{1}{2},\dfrac{1}{2}\right]$ 以外是零. 当 x 属于区间 $\left[-\dfrac{1}{2},\dfrac{1}{2}\right]$ 时, 由于

$$-1\leqslant x-t\leqslant 1,$$

我们有 $g_n(x-t)=(1-(x-t)^2)^n$; 展开 $g_n(x-t)$ 并且代入 (5.2.5), 可见在 $\left[-\dfrac{1}{2},\dfrac{1}{2}\right]$ 中, 函数 $f*h_n$ 与次数 $\leqslant 2n$ 的一个多项式重合.

另一方面要证明当 n 趋向于 $+\infty$ 时, $f*h_n$ 在任何有界区间 $[-a,a]$ 中一致收敛于 f. 如同在 (4.4) 中, 我们有

$$f(x)-(f*h_n)(x)=\int_{-\infty}^{+\infty}(f(x)-f(x-t))h_n(t)dt.\tag{5.2.6}$$

给出一数 $\varepsilon>0$; 由 预篇, 3.4, 存在着与 ε 有关的一数 $\delta\in]0,1[$, 使得对于区间 $[-a-1,a+1]$ 中满足 $|x-x'|\leqslant\delta$ 的任意两点 x,x', 我们有 $|f(x)-f(x)'|\leqslant\varepsilon$. 数 δ 这样确定后, 把 (5.2.6) 的右边写成下列形式:

$$\begin{aligned}\int_{-\infty}^{-\delta}(f(x)-f(x-t))h_n(t)dt+\int_{-\delta}^{\delta}(f(x)-f(x-t))h_n(t)dt\\+\int_{\delta}^{+\infty}(f(x)-f(x-t))h_n(t)dt.\end{aligned}$$

由于 h_n 是正的, 并且满足正规条件 (5.2.2), 由中值定理可得: 对于满足 $-a\leqslant x\leqslant a$ 的任何 x,

$$\begin{aligned}\left|\int_{-\delta}^{\delta}(f(x)-f(x-t))h_n(t)dt\right|&\leqslant\int_{-\delta}^{\delta}|f(x)-f(x-t)|h_n(t)dt\\&\leqslant\varepsilon\int_{-\delta}^{\delta}h_n(t)dt\leqslant\varepsilon.\end{aligned}\tag{5.2.7}$$

另一方面, 函数 f 在 $\mathbb{R}$ 中有界, 设 $|f(x)|\leqslant A$; 于是由中值定理以及 h_n 在 $[-1,1]$ 以外是零, 就得到

$$\left|\int_{\delta}^{+\infty}(f(x)-f(x-t))h_n(t)dt\right|\leqslant 2A\int_{\delta}^{+\infty}h_n(t)dt=2A\int_{\delta}^{1}h_n(t)dt.\tag{5.2.8}$$

但是由 (5.2.4), 存在着一个 n_0 (与 δ 有关, 从而与 ε 有关), 使得对于 $n \geqslant n_0$, 我们有: 对于满足 $\delta \leqslant t \leqslant 1$ 的任何 $t, h_n(t) \leqslant \varepsilon/2A$. 于是由中值定理, 对于 $n \geqslant n_0$, 就有

(5.2.9)
$$\left|\int_\delta^1 (f(x) - f(x-t))h_n(t)dt\right| \leqslant \varepsilon.$$

同样证明 (h_n 是偶函数) 对于 $n \geqslant n_0$ 及任何 $x \in [-a, a]$,

$$\left|\int_{-1}^{-\delta} (f(x) - f(x-t))h_n(t)dt\right| \leqslant \varepsilon.$$

由此断定对于 $n \geqslant n_0$ 及任何 $x \in [-a, a]$, 我们有

$$|f(x) - (f * h_n)(x)| \leqslant 3\varepsilon.$$

定理得证.

我们注意到当函数 f 在 $\mathbb{R}$ 中直到 k 阶可导, 并且在一个有界区间以外是零时, 公式 (4.7.1) 及上面的推理可以证明: 直到 k 阶的导数 $(f * h_n)^{(p)}$ 在 $[-a, a]$ 中一致趋近于 $f^{(p)}$.

(5.3) (5.2) 中所讲的逼近法不很实用, 并且不能给出差距 $d(f, f * h_n)$ 的合适的上界; 关于一种较好的方法 (可是适用范围较小), 参看附录. 有益的是要记住最 "自然的" 逼近法, 即插值法, 不一定能用来立即作出收敛于 f 的多项式序列 ("龙格现象", 参看第九章, 附录).

附录　伯恩斯坦多项式

对于在 $[0, 1] = \mathrm{I}$ 中的连续函数 f, S. 伯恩斯坦作出了用多项式一致逼近它的明显的方法, 这种方法不需要无穷小分析中的任何运算.

我们把 n 次多项式

(1)
$$\mathrm{B}_n(f)(t) = \sum_{p=0}^{n} \binom{n}{p} f\left(\frac{p}{n}\right)(1-t)^{n-p}t^p$$

叫做 f 的第 n 个伯恩斯坦多项式. 现在要证明如果 f 在 I 中连续, 伯恩斯坦多项式序列 $\mathrm{B}_n(f)$ 在 I 中一致收敛于 f.

我们从下列恒等式开始:

(2)
$$1 = (1 - t + t)^n = \sum_{p=0}^{n} \binom{n}{p}(1-t)^{n-p}t^p.$$

从这关系式导出: 对于 I 中确定的任何有界函数 f, 由于函数 $\binom{n}{p}(1-t)^{n-p}t^p$ 在 I 中所取值 $\geqslant 0$, 我们有

(3)
$$|\mathrm{B}_n(f)(t)| \leqslant \sup_{t \in \mathrm{I}} |f(t)| \cdot \left(\sum_{p=0}^{n} \binom{n}{p}(1-t)^{n-p}t^p\right) = d(0, f).$$

已给 $\varepsilon>0$, 我们知道对于 I 中连续的任何函数 f, 由魏尔斯特拉斯定理, 存在着一个多项式 P, 使得 $d(f,\mathrm{P})\leqslant\varepsilon$; 于是由 (3) 得

$$d(\mathrm{B}_n(f),\mathrm{B}_n(\mathrm{P}))\leqslant d(f,\mathrm{P})\leqslant\varepsilon, \tag{4}$$

从而

$$d(f,\mathrm{B}_n(f))\leqslant 2\varepsilon+d(\mathrm{P},\mathrm{B}_n(\mathrm{P})). \tag{5}$$

如果我们证明了定理当 f 是多项式时正确, 那么它对于 I 中任何连续函数也正确. 因此由于线性, 只须当 $f(t)=t^m$ 时证明这定理. 事实上, 就 m 递推, 我们将可看到: 令 $f_m(t)=t^m$, 对于 $n\geqslant m$,

$$\mathrm{B}_n(f_m)(t)=t^m+\frac{1}{n}\mathrm{Q}_{m,n}(t), \tag{6}$$

这里 $\mathrm{Q}_{m,n}(t)$ 是次数 $\leqslant m$ 的多项式, 多项式系数的绝对值以与 n 无关的一数 A_m 为上界.

对于 $m=0$, 公式 (6) 简化成 (2), 这时 $\mathrm{Q}_{0,n}(t)=0$. 设对于整数 m, 这公式成立, 并且对 t 求导数; 由定义 (1), 我们得到, 对于 $n\geqslant m+1$,

$$\begin{aligned}&-\sum_{p=0}^{n-1}\binom{n}{p}\frac{p^m}{n^m}(n-p)(1-t)^{n-p-1}t^p+\sum_{p=1}^{n}\binom{n}{p}\frac{p^{m+1}}{n^m}(1-t)^{n-p}t^{p-1}\\&=m-t^{m-1}+\frac{1}{n}\mathrm{Q}'_{m,n}(t).\end{aligned} \tag{7}$$

由于 $(n-p)\dbinom{n}{p}=n\dbinom{n-1}{p}$, (7) 式左边第一项等于

$$-n\left(\frac{n-1}{n}\right)^m\mathrm{B}_{n-1}(f_m)(t)=-n\left(\frac{n-1}{n}\right)^m t^m-\left(\frac{n-1}{n}\right)^{m-1}\mathrm{Q}_{m,n-1}(t).$$

(7) 式两边乘以 $\dfrac{t}{n}$, 于是由 (1), 我们得到

$$\begin{aligned}\mathrm{B}_n(f_{m+1})(t)=t^{m+1}-\left(1-\left(\frac{n-1}{n}\right)^m\right)t^{m+1}+\frac{m}{n}t^m\\+\frac{t}{n^2}\mathrm{Q}'_{m,n}(t)+\left(\frac{n-1}{n}\right)\mathrm{Q}_{m,n-1}(t),\end{aligned}$$

这样就递推证明了 (6), 这里

$$A_{m+1}\leqslant 4\sup(m,mA_m).\ \text{证完}^{①}.$$

习 题

1) 如果 g_n 是 (3.6.3) 中所确定的函数, 证明一般项是 g_n 的级数一致收敛, 但不正规收敛.

① 译者注: 本附录所述关于伯恩斯坦多项式的定理, 用经典方法较易证明, 从而证明了魏尔斯特拉斯逼近定理. 这里在承认后一定理前提下, 证明前一定理, 证明较复杂; 似以采用经典证法为妥.

2) 设 $\{f_n\}$ 是在有界区间 $\mathrm{I}=[a,b]$ 中连续并且可导函数的一个序列; 假定存在着与 n 无关的一数 $M>0$, 使得对于任何 n 及任何 $t\in\mathrm{I}, |f'_n(t)|\leqslant M$. 证明如果序列 $\{f_n\}$ 在 I 中简单收敛于极限 f, 那么它在 I 中一致收敛. (注意对于任何 $\varepsilon>0$, 可把 I 分成有限个 (个数与 ε 有关) 区间 $[\alpha,\beta]$, 使得在分出的每个区间中, 对于任何 n 及任何 $x\in[\alpha,\beta]$,

$$|f_n(x)-f_n(\alpha)|\leqslant\varepsilon.)$$

3) 设 $\{f_n\}$ 是在开区间 I 内 p 次可导的实值函数序列; 设在 I 中序列 $\{f_n\}$ 简单收敛于一个 p 次可导的函数 f. 对于满足 $1\leqslant r\leqslant p$ 的任何 r, 证明对于任何数 $\delta>0$, 任何数 $\varepsilon>0$, 以及任何点 $x_0\in\mathrm{I}$, 存在着一个整数 N, 使得对于每个 $n\geqslant N$, 存在着一点 x_n, 使得

$$|x_n-x_0|\leqslant\delta,\ \text{并且}\ |f^{(r)}(x_n)-f^{(r)}(x_0)|\leqslant\varepsilon.$$

(首先用有限增量定理对 $r=1$ 证明这结果, 然后对 r 递推进行证明).

4) 对于任何整数 $n\geqslant 0$, 设

$$s_n=a_{n0}+a_{n1}+\cdots+a_{nm}+\cdots$$

是有下列性质的复数项级数: 存在着各项 $\geqslant 0$ 的一个收敛的数项级数

$$A_0+A_1+\cdots+A_m+\cdots,$$

使得对于任何 $n, |a_{nm}|\leqslant A_m$ (这就导致级数 s_n 是绝对收敛的). 假定对于任何 $m\geqslant 0$, 序列 $(a_{nm})_{n\geqslant 0}$ 有有限极限 a_m, 证明级数

$$s=a_0+a_1+\cdots+a_m+\cdots$$

收敛, 并且我们有 $s=\lim\limits_{n\to\infty}s_n$, (注意对于任何 $\varepsilon>0$, 存在着只与 ε 有关的一个整数 m_0, 使得

$$A_{m_0+1}+\cdots+A_m+\cdots\leqslant\varepsilon;$$

另一方面, 注意对于任何 m,

$$|a_0|+|a_1|+\cdots+|a_m|\leqslant A_0+A_1+\cdots+A_m+\cdots.)$$

5) 设 F 是在 $\mathbb{R}$ 中分段连续、并且 $\geqslant 0$ 的实值函数, 而且使反常积分 $\int_{-\infty}^{+\infty}\mathrm{F}(t)dt$ 收敛. 设 $\{f_n\}$ 是 $\mathbb{R}$ 中分段连续复值函数的一个序列, 并且满足下列条件: 1° 对于任何 n 及任何 $t\in\mathbb{R}, |f_n(t)|\leqslant\mathrm{F}(t)$; 2° 对任何有界区间 $[a,b]\subset\mathbb{R}$, 序列 $\{f_n\}$ 一致收敛. 如果 $f(t)=\lim\limits_{n\to\infty}f_n(t)$, 证明反常积分 $\int_{+\infty}^{+\infty}f(t)dt$ 收敛, 并且我们有

$$\lim_{n\to\infty}\int_{-\infty}^{+\infty}f_n(t)dt=\int_{-\infty}^{+\infty}f(t)dt.$$

(注意对于任何 $\varepsilon>0$, 存在着与 ε 有关的区间 $[-A,A]$, 使得 $\int_{-\infty}^{-A}\mathrm{F}(t)dt\leqslant\varepsilon$, 并且 $\int_{A}^{+\infty}\mathrm{F}(t)dt\leqslant\varepsilon$.)

6) 证明对于 $\mathbb{R}$ 中分段连续的任何函数 f, (4.2.1) 中所确定的"平均" f_h 对于任何 h 都是在 $\mathbb{R}$ 中连续的 (研究在 f 的不连续点处情况).

7) 设 f 是在 $\mathbb{R}$ 中分段连续的实值函数, 并且在一个有界闭区间 $[a,b]$ 以外是零.

a) 证明对于任何 $\varepsilon>0$, 存在着在一个有界闭区间以外是零的连续函数 g, 使得 $f\leqslant g$, 并且

$$\int_{-\infty}^{+\infty} g(t)dt \leqslant \int_{-\infty}^{+\infty} f(t)dt+\varepsilon.$$

(研究在 f 的不连续点处情况, 在适当区间内取 g 为线性函数.)

b) 用 (4.4) 中记号, 证明如果取的 ρ 是 k 次连续可导, 那么 $f*\rho_n$ 也是 k 次连续可导 (应用 a) 以及 ρ_n 的导数有界这一事实).

c) 证明对于任何 $\varepsilon>0$, 存在着两个多项式 P, Q, 使得在 $[a,b]$ 中, 我们有

$$\mathrm{P}(x)\leqslant f(x)\leqslant \mathrm{Q}(x),$$

并且

$$\int_a^b \mathrm{Q}(t)dt-\int_a^b \mathrm{P}(t)dt\leqslant\varepsilon$$

(应用 a) 及魏尔斯特拉斯定理).

8) 设 f 是有界闭区间 $[a,b]$ 中的分段连续函数. 证明如果对于任何整数 $n\geqslant 0$, 我们有

$$\int_a^b f(t)t^n dt=0,$$

那么除了在 f 的不连续点外, $f(x)=0$. (化到 f 是实值函数情形. 应用习题 7c), 证明对于任何 $\varepsilon>0$, 我们有 $\int_a^b f(t)^2dt\leqslant\varepsilon$.)

9) 设 f 是有界闭区间 $[a,b]$ 中的连续实值函数, 并且设对于 $0\leqslant k\leqslant n-1$, $\int_a^b f(t)t^k dt=0$. 证明如果 f 不恒等于零, 那么在 $]a,b[$ 中至少有 $n-1$ 个点, f 在这些点时取值 0, 并且过这些点时改变符号. (用反证法, 设至多有 $n-1$ 个这样的点 $c_1<c_2<\cdots<c_r(r\leqslant n-1)$, 并且考虑函数

$$f(t)(t-c_1)(t-c_2)\cdots(t-c_r);$$

它在 $[a,b]$ 中不改变符号.)

10) 设 f 是区间 $[0,+\infty[$ 中的连续复值函数, 并且对于实数 $k=k_0$, 积分 $\mathrm{J}(k)=\int_0^{+\infty} e^{-kt}f(t)dt$ 收敛. 我们知道 (第三章, 习题 29) $\mathrm{J}(k)$ 对于任何 $k\geqslant k_0$ 收敛. 证明如果存在着 $\alpha>0$, 使得对于任何整数 $n>1$, $\mathrm{J}(k_0+n\alpha)=0$, 那么 f 恒等于零. (注意如果 $\mathrm{F}(x)=\int_0^x e^{-k_0t}f(t)dt$, 那么 F 对于 $x\geqslant 0$ 连续并且有界, 而对于 $k-k_0=n\alpha$, 我们有 $\int_0^{+\infty} e^{(k-k_0)t}\mathrm{F}(t)dt=0$; 作适当的变数代换, 并且应用习题 8.)

11) 设 f 是在区间 $[0,+\infty[$ 中的连续函数, 并且在不含 0 的一个有界闭区间外是零. 证明对于任何 $\varepsilon>0$, 存在着一个多项式 $\mathrm{Q}(x)$, 使得我们有

$$\int_0^{+\infty}|f(x)-\mathrm{Q}(x)|e^{-x}dx\leqslant\varepsilon.$$

(由变数代换 $t=e^{-x}$, 先证明存在着一个多项式 $\mathrm{P}(t)$, 使得我们有

$$\int_0^{+\infty}|f(x)-\mathrm{P}(e^{-x})|e^{-x}dt\leqslant\varepsilon,$$

然后应用第四章, 习题 18.) 证明当 f 是在 $[0,+\infty[$ 中的任何有界连续函数时, 也有同样的结论.

12) 由习题 11 导出: 对于任何 $\mathbb{R}$ 中有界连续函数 f, 任给 $\varepsilon>0$, 存在着一个多项式 $\mathrm{R}(x)$, 使得

$$\int_{-\infty}^{+\infty}|f(x)-\mathrm{R}(x)|e^{-x^2}dt\leqslant\varepsilon.$$

(分别考虑 f 是奇函数的情形, 以及 f 是偶函数、并且在含 0 的一个开区间中是零的情形.)

13) a) 证明对于任何 $x>0$, 我们有

$$(*)\qquad \Gamma'(x)=\int_0^{+\infty}t^{x-t}e^{-t}\log t dt,$$

这里的积分绝对收敛. (对于任何 n, 考虑积分

$$g_n(x)=\int_{1/n}^{n}t^{x-1}e^{-t}\log t dt,$$

并且证明当 x 在有界闭区间 $[a,b](0<a<b)$ 中时, 上列积分一致收敛于 $(*)$ 式的右边; 然后应用 (3.4.4).)

特别地, 应用关系式 $\Gamma'(1)=-\gamma$ (第九章), 我们有

$$-\gamma=\int_0^{+\infty}e^{-t}\log t dt.$$

b) 由 a) 导出当 y 沿着 >0 的值趋近于 0 时的渐近展开式

$$\int_y^{+\infty}\frac{e^{-t}}{t}dt=\log\frac{1}{y}-\gamma+o(1).$$

由此导出: 对于满足下列条件的 $]0,+\infty[$ 中的连续函数 $f(t)$: 对于任何 $y>0$, 积分 $\int_y^{+\infty}f(t)dt$ 收敛, 并且我们有

$$\int_y^{+\infty}f(t)dt=\log\frac{1}{y}+o(1),$$

那么就有

$$\gamma=\int_0^{+\infty}\left(f(t)-\frac{e^{-t}}{t}\right)dt,$$

上式右边的积分收敛. 特别地, 我们有

$$\gamma=\int_0^{+\infty}e^{-t}\left(\frac{1}{1-e^{-t}}-\frac{1}{t}\right)dt.$$

第六章 解析函数

1. 泰勒级数

考虑在一点 $x_0 \in \mathbb{R}$ 的一个邻域

$$\mathrm{I} = [x_0 - \alpha, x_0 + \alpha]$$

中确定并且在这区间中无穷可导的复值函数 f. 由泰勒公式, 对于任何整数 n 及任何 $x \in \mathrm{I}$,

$$f(x) = f(x_0) + \frac{f'(x_0)}{1!}(x - x_0) + \cdots + \frac{f^{(n)}(x_0)}{n!}(x - x_0)^n + \mathrm{R}_n(x), \tag{1.1}$$

其中余项有上界

$$|\mathrm{R}_n(x)| \leqslant \frac{M_{n+1}}{(n+1)!}|x - x_0|^{n+1}, \tag{1.2}$$

这里 M_{n+1} 是 $|f^{(n+1)}(x)|$ 在 I 中的上确界. 我们自然希望多项式

$$\mathrm{P}_n(x) = f(x_0) + \frac{f'(x_0)}{1!}(x - x_0) + \cdots + \frac{f^{(n)}(x_0)}{n!}(x - x_0)^n \tag{1.3}$$

在 I 中一致收敛于 f. 一般说来, 这不是正确的, 以第五章, 4.8.2 中对于 $x_0 = 0$ 所确定的函数 g 作为例子就表明了这一点: 在点 0, g 的所有导数是零, 因此多项式 P_n 都恒等于零, 从而不可能在一个区间中收敛于 g (参看习题 2).

无穷可导函数 f 中能使多项式 (1.3) 在 x_0 的邻域中收敛于 f 的, 或者说它们本身是泰勒级数

$$f(x_0) + \frac{f'(x_0)}{1!}(x - x_0) + \cdots + \frac{f^{(n)}(x_0)}{n!}(x - x_0)^n + \cdots$$

的和的, 这些只构成无穷可导函数集的一个子集. 这些函数具有很突出的性质, 本章及下两章要来研究它们.

2. 幂 级 数

现在开始研究形如

(2.1) $$c_0 + c_1 z + \cdots + c_n z^n + \cdots$$

的级数的收敛性问题, 这里 c_n 是任意的复数. 这样的级数的各项不仅当 z 是任意实数时有意义, 而且当 z 也是复数时, 我们将可看到, 研究这种级数可以解释只限于在实数域中所想不到的一些现象. 因此今后任何时候设 c_n 和 z 都是复数. 当级数 (2.1) 收敛时, 它的和 $f(z)$ 是复数, 即复数 z 的函数. (2.1) 型的级数叫做 z 的幂级数.

(2.2) (阿贝尔引理) 设对于一个值 $z = z_0 \neq 0$, 级数 (2.1) 的各项一致有界:

(2.2.1) $$|c_n z_0^n| \leqslant M,$$

这里 M 与 n 无关. 那么:

(i) 对于满足 $|z| < |z_0|$ 的任何复数 z, 级数 (2.1) 绝对收敛.

(ii) 对于满足 $0 < r < |z_0|$ 的任何数 r, 级数 (2.1) 在闭圆盘 $|z| \leqslant r$ 中正规收敛.

(i) 由 (2.2.1), 对于 $|z| < |z_0|$, 我们有

$$|c_n z^n| = |c_n z_0^n| \cdot \left|\frac{z}{z_0}\right|^n \leqslant M \left|\frac{z}{z_0}\right|^n;$$

于是由比较原理 (第一章, 2.2) 就得到结论.

(ii) 对于 $|z| \leqslant r$, 同样有

$$|c_n z^n| \leqslant M \left(\frac{r}{|z_0|}\right)^n,$$

而且一般项是上式右边的级数收敛, 从而一般项是 $c_n z^n$ 的级数正规收敛 (第五章, 2.5).

(2.3) 设 B 是使序列 $(|c_n| r^n)$ 有上界的数 $r \geqslant 0$ 的集; 显然如果 $r \in \mathrm{B}$, 那么对于任何 $(0 <) r' < r$, 我们也有 $r' \in \mathrm{B}$. 集 B 的上确界 R (预篇, 2.2) 是一数 $\geqslant 0$, 或者是 $+\infty$; 我们说它是一般项是 $c_n z^n$ 的级数的收敛半径, 由阿贝尔引理, 对于 $0 \leqslant r < R$, 一般项是 $c_n z^n$ 的级数在闭圆盘 $|z| \leqslant r$ 中正规收敛; 相反地, 如果 $|z| > R$, 序列 $\{|c_n z^n|\}$ 无界, 于是一般项是 $c_n z^n$ 的级数当然不收敛. 开圆盘 $|z| < R$ 叫做级数的收敛圆盘; 因此平面 $\mathbb{C}$ 被分成了三个互不相交的子集:

收敛圆盘 $|z| < R$, 在其中级数收敛;

收敛圆盘的外集: $|z| > R$, 在其中不仅级数不收敛而且它的各项无界;

圆 $|z| = R$, 在圆上各点级数可能收敛, 也可能不收敛.

我们可能有 $R = 0$ 或 $R = +\infty$, 这时在上列三个子集中, 有一个或两个是空集.

例 (2.4) 设序列 $(|c_n|^{1/n})$ 有有限或无穷的极限 ρ. 如果 $0 < \rho < +\infty$, 对于满足 $0 < \rho' < \rho < \rho''$ 的任一对数 ρ', ρ'', 由极限的定义, 只要 n 充分大, 就有 $(\rho' r)^n \leqslant |c_n| r^n \leqslant (\rho'' r)^n$. 因此序列 $\{|c_n| r^n\}$ 当 $r < 1/\rho$ 时有界, 当 $r > 1/\rho$ 时无界, 于是我们有收敛半径 $R = 1/\rho$ ("柯西法则"). 如果 $\rho = 0$ (或 $\rho = +\infty$), 同样的推理可证明序列 $\{|c_n| r^n\}$ 对于任何 $r > 0$ 无界 (或对于任何 $r > 0$ 有界), 因此 $R = +\infty$ (或 $R = 0$). 约定取 $1/0 = +\infty$ 及 $1/+\infty = 0$, 就在所有情形下, 可以写出 $\mathrm{R} = 1/\rho$[①].

如果序列 $\{|c_n|\}$ 有主要部分 $|c_n| \sim a.\, g(n)$, 这里 $g \in \mathcal{E}$ (第三章, 2.1), 并且 $a > 0$; 从而我们要求序列 $\left(\dfrac{1}{n} \log g(n)\right)$ 的极限. 我们立即看出这极限只与第三章, 2.1 中的因子 $e^{\mathrm{P}(x)}$ 有关, 并且它在 $\gamma_1 = 1$ 时等于 c_1, 在 $\mathrm{P} = 0$ 或在 $\gamma_1 < 1$ 时等于 0, 在 $\gamma_1 > 1$ 及 $c_1 > 0$ 时等于 $+\infty$, 在 $\gamma_1 > 1$ 及 $c_1 < 0$ 时等于 $-\infty$. 由此得: 在 $\gamma_1 = 1$ 时, $R = e^{-c_1}$; 在 $\gamma < 1$ 或 $\mathrm{P} = 0$ 时, $R = 1$; 在 $\gamma_1 > 1$ 及 $c_1 > 0$ 时, $R = 0$; 在 $\gamma_1 > 1$ 及 $c_1 < 0$ 时, $R = +\infty$.

(2.4.1) 因此一般项是 $n^\alpha z^n$ 的所有级数的收敛半径是 1 (α 是任意的实数). 我们注意到: 如果 $\alpha < -1$, 级数在闭圆盘 $|z| \leqslant 1$ 中正规收敛; 如果 $\alpha \geqslant 0$, 级数在圆 $|z| = 1$ 上任何点不收敛, 这时它的一般项不趋近于 0; 最后, 如果 $-1 \leqslant \alpha < 0$, 级数在点 $z = 1$ 发散, 但是可以证明 (习题 4): 在圆 $|z| = 1$ 上任何其他点 $z = e^{i\theta} (0 < \theta < 2\pi)$, 级数收敛.

(2.4.2) 一般项是 $\dfrac{z^n}{n!}$ 的级数有收敛半径 $+\infty$, 因为由斯特林公式 (第四章, 3.8.2), 我们有 $\dfrac{1}{n} \log(n!) \sim \log n$, 而 $\log n$ 趋向于 $+\infty$.

我们注意这级数在任何开圆盘 $|z| < r$ 中一致收敛, 可是在整个平面 $\mathbb{C}$ 中不一致收敛.

(2.4.3) 同样的算法可证明: 一般项是 $n! z^n$ 的级数有收敛半径 0.

(2.4.4) 柯西法则不能应用到下列级数:

$$1 + z + z^2 + z^4 + z^8 + \cdots + z^{2^n} + \cdots,$$

因为级数各项的系数 c_n 取值 0 无穷多次, 并且取值 1 无穷多次. 可是显然对于任何 $n, |c_n| r^n \leqslant r^n$; 而对于 $|z| > 1$, 级数的一般项无界; 因此我们仍然有收敛半径 $R = 1$.

注释 (2.5). 如果 $f(z) = c_0 + c_1 z + \cdots + c_n z^n + \cdots$ 是在开圆盘 $|z| < r$ 中的收敛幂级数, 对于这圆盘中任何 z 取极限就立即得到

$$\overline{f(z)} = \overline{c}_0 + \overline{c}_1 \overline{z} + \cdots + \overline{c}_n \overline{z}^n + \cdots,$$

① 译者注: 这里似乎直接引进给出收敛半径的柯西 – 阿达马公式为好; 论证也不更复杂. 于是 "柯西法则" 是一特例. 下列 (2.4.4) 中级数的收敛半径也可由柯西 – 阿达马公式给出.

从而

$$\overline{f(\overline{z})} = \overline{c}_0 + \overline{c}_1 z + \cdots + \overline{c}_n z^n + \cdots .$$

当所有系数是实数时, 由此得 $f(\overline{z}) = \overline{f(z)}$; 如果 c_n 不完全是实数, 就不能得到这样的结果.

3. 孤立零点原理

(3.1) 考虑收敛半径 $R > 0$ 的幂级数

$$f(z) = c_0 + c_1 z + \cdots + c_n z^n + \cdots ,$$

这里 z 的值在收敛圆盘 $|z| < R$ 中. 那么 $f(z)$ 是在这开圆盘中的连续函数.

事实上, 对于 $0 < r < R$, 级数在闭圆盘 $|z| \leqslant r$ 中正规收敛; 由于满足 $|z_0| < R$ 的任何点 z_0 是一个开圆盘 $|z| < r$ 的内点, 这里 $0 < r < R$, 于是由第五章, 3.1 就可得到结论.

(3.2) (孤立零点原理) 在 (3.1) 中假设下, 还设 c_n 不全是零. 那么存在着一数 r_0, 使得 $0 < r_0 < R$, 并且对于 $0 < |z| < r_0, f(z) \neq 0$.

事实上, 由假设, 存在着一个最小的整数 $k \geqslant 0$, 使得 $c_k \neq 0$. 于是可写出

(3.2.1) $$f(z) = z^k g(z),$$

这里

(3.2.2) $$g(z) = c_k + c_{k+1} z + \cdots + c_{k+n} z^n + \cdots .$$

对于满足 $0 < |z| < R$ 的任何 z, 上列幂级数收敛, 因为它是用 $z^k \neq 0$ 除表示 $f(z)$ 的幂级数而得; 因此 R 也是表示 $g(z)$ 的幂级数的收敛半径, 从而对于 $|z| < R$, 函数 g 连续 (3.1). 但是我们有 $g(0) = c_k \neq 0$; 由于存在着 $r_0 > 0$, 使得对于 $|z| < r_0$, $|g(z) - g(0)| \leqslant |c_k|/2$, 由此断定: 对于 $|z| < r_0$, 我们有

$$|g(z)| \geqslant |g(0)| - |c_k|/2 = |c_k|/2,$$

并且更是有 $g(z) \neq 0$, 由 (3.2.1), 数 r_0 回答了所提出的问题. 这结果还可表述成下列形式:

(3.3) 如果幂级数

$$f(z) = c_0 + c_1 z + \cdots + c_n z^n + \cdots$$

在 $|z| < r (r > 0)$ 中收敛, 并且对于这圆盘中趋近于 0 的不同点的序列 $\{z_p\}, f(z_p) = 0$, 那么所有的系数 c_n 是零 (从而 f 恒等于零).

例如在圆心为 0 的开圆盘中, 不存在任何收敛幂级数等于 (第五章, 4.8.2) 在 $\mathbb{R}$ 中、心是 0 的区间中所确定的函数 g.

(3.4) 设

$$f(z) = a_0 + a_1 z + \cdots + a_n z^n + \cdots,$$
$$g(z) = b_0 + b_1 z + \cdots + b_n z^n + \cdots$$

是在同一开圆盘 $|z| < r$ $(r > 0)$ 收敛的两个幂级数. 如果在这圆盘中有一个趋近于 0 的不同点的序列 $\{z_p\}$, 使得对于任何 p,

$$f(z_p) = g(z_p),$$

那么对于任何 n, 我们有 $a_n = b_n$ (从而对于满足 $|z| < r$ 的任何 $z, f(z) = g(z)$).

事实上, 只须把 (3.3) 应用到级数 $f(z) - g(z)$.

还可更简单地表述这一结果: 一个函数只可能是在心是 0 的开圆盘中收敛的唯一一个幂级数的和.

4. 幂级数代入另一幂级数

(4.1) 先考虑两个次数 $\leqslant N$ 的复系数多项式

$$f(z) = \sum_{n \leqslant N} a_n z^n, \quad g(z) = \sum_{n \leqslant N} b_n z^n.$$

复合函数 $f(g(z))$ 还是一个多项式 (次数 $\leqslant N^2$). 要计算它, 先要计算每个乘积

$$(g(z))^m = \sum_{n_1 \leqslant N, \cdots, n_m \leqslant N} b_{n_1} b_{n_2} \cdots b_{n_m} z^{n_1 + n_2 + \cdots + n_m}, \tag{4.1.1}$$

在这里, 对于每个 $m \leqslant N$, 和式要对所有数系 $\{n_j\}_{1 \leqslant j \leqslant m}$ 作出, 其中整数 $n_j \leqslant N$. 然后我们有

$$f(g(z)) = \sum_{m \leqslant N} a_m (g(z))^m \tag{4.1.2}$$

并且把每一项 $(g(z))^m$ 用它的表示式 (4.1.1) 代入, 就得到所求的多项式

$$f(g(z)) = \sum_{p \leqslant N^2} c_p z^p, \tag{4.1.3}$$

其中系数 c_p 有表示式

$$c_p = \sum_{n_1 + n_2 + \cdots + n_m = p} a_m b_{n_1} b_{n_2} \cdots b_{n_m}, \tag{4.1.4}$$

和式是对所有 $m (\leqslant N)$ 的值作出, 而且对每个 m, 是对满足 $n_1 + n_2 + \cdots + n_m = p$ 的所有数系 $\{n_j\}_{1 \leqslant j \leqslant m}$ 中的数作出的.

(4.2) 我们将要看到, 在较窄的假设下, 可以把公式 (4.1.3) 及 (4.1.4) 推广到收敛的幂级数. 首先的困难是现在要考虑幂级数中指数任意大的幂 $(g(z))^m$, 并且当数 m 及数 n_j 可取所有整数值 $\geqslant 0$ 时, 对于像 (4.1.4) 右边所出现的那样的和, 必须给出一种意义 (如果可能的话).

为了明确构思, 把可能这样得到的各项, 按固定的次序排列. 对于每个整数 N, 把所有满足以下条件的整数有限序列 $\{n_j\}_{1\leqslant j\leqslant m}$ 的集记作 A_N: 项数 $m \leqslant N$, 每一项 $n_j \leqslant N$. 显然对于任何 N, 我们有 $\mathrm{A}_N \subset \mathrm{A}_{N+1}$; 集 A_N 是有限的, 因此 $\mathrm{B}_N = \mathrm{A}_{N+1} - \mathrm{A}_N$ 也是有限的 (作为约定, 令 $\mathrm{A}_0 = \varnothing$). 在每个有限集 B_N 中, 任意取定一种次序, 来列举所有的序列 $\{n_j\}_{1\leqslant j\leqslant m}$, 首先按选定的次序列举 B_1 中的序列, 然后按选定的次序列举 B_2 中的序列, 然后列举 B_3 中的序列, 如此等等, 这样例如就得到了前一些项:

$$
\begin{aligned}
&\mathrm{B}_1 : (0), (1),\\
&\mathrm{B}_2 : (2), (0,0), (0,1), (0,2), (1,0), (1,1), (1,2), (2,0), (2,1), (2,2),\\
&\mathrm{B}_3 : (3), (0,3), (1,3), (2,3), (3,3), (3,0), (3,1), (3,2), (0,0,0), (0,0,1), (0,0,2),\\
&\qquad (0,0,3), (1,0,0), \cdots .
\end{aligned}
$$

如果对每个整数 m 以及每个含 m 个项的序列 $\{n_j\}_{1\leqslant j\leqslant m}$ 给出一个复数 $\varphi(m, n_1, \cdots, n_m)$, 作为定义, 所谓和数

$$\sum_{\{n_j\}} \varphi(m, n_1, \cdots, n_m) \tag{4.2.1}$$

存在就是表明按所取次序排列序列 $\{n_j\}$ 而得的级数收敛; 作为定义, 这级数的和就是 (4.2.1) 中的数.

如果这级数还是绝对收敛的, 我们知道 (第一章, 2.4) 任意改变这级数各项的次序而得的级数仍然绝对收敛, 并且仍然有同样的和; 这就表明了在这种情形下, 上面所作出的选择次序不重要.

(4.3) 有了以上准备性的结果, 现在考虑两个幂级数

$$f(z) = a_0 + a_1 z + \cdots + a_n z^n + \cdots , \tag{4.3.1}$$

$$g(z) = b_0 + b_1 z + \cdots + b_n z^n + \cdots . \tag{4.3.2}$$

设它们分别在开圆盘 $|z| < r, |z| < r'(r > 0, r' > 0)$ 中收敛. 如果我们要用 $g(z)$ 代替 (4.3.1) 中的 z, 即作出级数 $f(g(z)) = \sum\limits_{m=0}^{\infty} a_m (g(z))^m$, 显然只有在 $|g(z)| < r$ 时才有意义. 事实上, 要能得到 $f(g(z))$ 作为一个幂级数的和, 要作比较窄的假设.

考虑幂级数

$$\mathrm{G}(z) = |b_0| + |b_1| z + \cdots + |b_n| z^n + \cdots . \tag{4.3.3}$$

由阿贝尔引理 (2.2), 幂级数 $g(z)$ 及 $\mathrm{G}(z)$ 有同样的收敛圆盘. 可以叙述定理如下:

(4.4) 设有一数 r'' 满足 $0 < r'' < r'$, 并且对于 $|z| < r''$, 我们有 $\mathrm{G}(|z|) < r$. 那么对于 $|z| < r''$, 我们有 $|g(z)| < r$, 并且数 $f(g(z))$ 是下列收敛级数的和:

$$f(g(z)) = c_0 + c_1 z + \cdots + c_p z^p + \cdots, \tag{4.4.1}$$

这里每个 c_p 是下列绝对收敛级数的和:

$$c_p = \sum_{n_1+n_2+\cdots+n_m=p} a_m b_{n_1} b_{n_2} \cdots b_{n_m} \tag{4.4.2}$$

((4.4.2) 式右边各项是按 (4.2) 中所述次序排列的).

从实用的观点说, 我们作出乘幂 $(g(z))^m$ 像在多项式情形一样, 合并有相同次数的 z 的单项式 (注意对于一个固定的 m, 只有有限个给定 p 次的单项式), 然后将所得幂级数 $a_m(g(z))^m$ "逐项相加" (这时有无穷个项).

先证明 (在 (4.2) 中意义下的) 级数

$$h(z) = \sum_{\{n_j\}} a_m b_{n_1} b_{n_2} \cdots b_{n_m} z^{n_1+\cdots+n_m} \tag{4.4.3}$$

对于 $|z| < r''$ 绝对收敛. 事实上, 只须证明存在着一个固定的数 $C > 0$, 使得对于任何整数 N, 我们有

$$\sum_{\{n_j\} \in \mathrm{A}_N} |a_m b_{n_1} b_{n_2} \cdots b_{n_m} z^{n_1+\cdots+n_m}| \leqslant C. \tag{4.4.4}$$

而由 A_N 的定义, 在 (4.4.4) 式左边的有限和中, $0 \leqslant m \leqslant N$, 并且 $0 \leqslant n_j \leqslant N$, 这里 $j \leqslant N$; 因此这个和就是

$$\sum_{m=0}^{N} |a_m| \left(\sum_{n=0}^{N} |b_n z^n| \right)^m \leqslant \sum_{m=0}^{N} |a_m| \mathrm{G}(|z|)^m \leqslant \sum_{m=0}^{\infty} |a_m| \mathrm{G}(|z|)^m = C;$$

这是因为由阿贝尔引理, 上面写出的最后一个级数收敛.

由于对于 $|z| < r', |g(z)| \leqslant \mathrm{G}(|z|)$ (第一章, 2.3.1), 由此立即导出: 对于 $|z| < r''$, 有关系式 $|g(z)| < r$. 于是对于 $|z| < r''$, 级数 $f(g(z)) = \sum_{m=0}^{\infty} a_m (g(z))^m$ 收敛; 要证明这级数的和等于 (4.4.3). 为此, 我们将证明这两个和的差可任意小. 固定一个 z, 使得 $|z| < r''$, 并且任给一个数 $\varepsilon > 0$. 既然级数 (4.4.3) 绝对收敛, 存在着一个整数 N_1, 使得对于任何 $N \geqslant N_1$, 我们有

$$\sum_{\{n_j\} \in \mathrm{A}_N} |a_m b_{n_1} \cdots b_{n_m} z^{n_1+\cdots+n_m}| - \sum_{\{n_j\} \in \mathrm{A}_{N_1}} |a_m b_{n_1} \cdots b_{n_m} z^{n_1+\cdots+n_m}| \leqslant \varepsilon. \tag{4.4.5}$$

对于任何 N, 令 $g_N(z) = \sum_{n=0}^{N} b_n z^n$. 由 (4.4.5), 可导出

$$\left| \sum_{m=0}^{N} a_m (g_N(z))^m - \sum_{m=0}^{N_1} a_m (g_{N_1}(z))^m \right| \leqslant \varepsilon, \tag{4.4.6}$$

这是因为展开上式右边, 就得到有限项的和的绝对值, 而这有限项的绝对值的和是 (4.4.5) 的右边, 关系式 (4.4.6) 还可写成

$$\left|\sum_{\{n_j\}\in \mathrm{A}_N} a_m b_{n_1}\cdots b_{n_m} z^{n_1+\cdots+n_m} - \sum_{m=0}^{N_1} a_m (g_{N_1}(z))^m\right| \leqslant \varepsilon, \tag{4.4.7}$$

并且令 N 趋向于 $+\infty$, 就得到

$$\left|h(z) - \sum_{m=0}^{N_1} a_m (g_{N_1}(z))^m\right| \leqslant \varepsilon. \tag{4.4.8}$$

我们有 $|g(z)|<r$; 设 δ 是满足 $0<\delta<r-|g(z)|$ 的一数; 由于一般项是 $a_m u^m$ 的级数对于 $|u|\leqslant |g(z)|+\delta<r$ 一致收敛 (2.2), 存在着整数 $N_2\geqslant N_1$, 使得对于 $N\geqslant N_2$ 及 $|u|\leqslant |g(z)|+\delta$, 我们有

$$\left|f(u) - \sum_{m=0}^{N} a_m u^m\right| \leqslant \varepsilon. \tag{4.4.9}$$

另一方面, 由于一般项是 $b_n z^n$ 的级数有和 $g(z)$, 存在着一个整数 $N_3\geqslant N_2$, 使得对于任何 $N\geqslant N_3$, 我们有 $|g(z)-g_N(z)|\leqslant\delta$, 从而由 (4.4.9),

$$\left|f(g_N(z)) - \sum_{m=0}^{N} a_m (g_N(z))^m\right| \leqslant \varepsilon. \tag{4.4.10}$$

最后, 由于 f 连续 (3.1), 可设 δ 取得充分小, 使得对于 $N\geqslant N_3$,

$$|f(g(z)) - f(g_N(z))| < \varepsilon. \tag{4.4.11}$$

因此由 (4.4.6), (4.4.8), (4.4.10) 及 (4.4.11), 我们有

$$|h(z) - f(g(z))| < 4\varepsilon,$$

上述论断得证.

其次证明 (4.4.2) 中每个级数绝对收敛; 由于 $r''>0$, 存在着 $z\neq 0$, 使得 $|z|<r''$. 于是就是要证明把 (4.4.2) 中各项乘以 z^p 所得级数绝对收敛; 但是这样得到的级数是 $h(z)$ 的部分级数, 由此论断得证 (第一章, 2.5), 还可看出对于任何整数 N, 由 (4.4.4), 我们有

$$|c_0| + |c_1 z| + \cdots + |c_N z^N| \leqslant C, \tag{4.4.12}$$

换句话说, 一般项是 $c_p z^p$ 的级数绝对收敛. 最后, 对于 $p\geqslant N^2$, 和式 $\sum\limits_{\{n_j\}\in \mathrm{A}_N} a_m b_{n_1}\cdots b_{n_m} z^{n_1+\cdots+n_m}$ 中所有项都在级数 (4.4.3) 的部分和

$$c_0 + c_1 z + \cdots + c_p z^p$$

中出现. 于是由 (4.4.5) 及第一章, 2.5.3 导出: 我们有对于 $p\geqslant N_1^2$,

$$|h(z) - (c_0 + c_1 z + \cdots + c_p z^p)| \leqslant \varepsilon. \text{ 证完.}$$

从定理 (4.4) 可推出下列推论:

(4.5) 用 (4.3) 中记号, 设有

$$|b_0| = |g(0)| < r, \tag{4.5.1}$$

那么存在着一数 r'' 满足 $0 < r'' < r'$, 使得对于 $|z| < r''$, 我们有 $\mathrm{G}(|z|) < r$; 从而 (4.4) 中结论对于 $|z| < r''$ 成立.

事实上, 我们有 $\mathrm{G}(0) = |b_0|$, 上列推论中结论由函数 G 在点 0 的连续性导出.

我们注意虽然由关系式 (4.5.1) 证明了满足 (4.4) 中假设的数 r'' 存在, 可是不能只靠这关系式得到所求数的下界.

5. 解 析 函 数

(5.1) 设 D 是平面 $\mathbb{C}$ 上的一个开集. 所谓在 D 中确定的复值函数 $f: \mathrm{D} \to \mathbb{C}$ 是解析的 (或全纯的), 就是说对于任何点 $z_0 \in \mathrm{D}$, 存在着一个开圆盘 $\Delta: |z - z_0| < r$ 包含在 D 内, 使得在这圆盘内,

$$f(z) = \sum_{n=0}^{\infty} c_n (z - z_0)^n, \tag{5.1.1}$$

这里上式右边是在 Δ 中收敛的 $z - z_0$ 的幂级数 (图 18). 更简单地就是说, 在任何点 $z_0 \in \mathrm{D}$ 的邻域中, f 可展开成 $z - z_0$ 的幂级数. 由于 (3.4), 这幂级数 (如果它存在) 必然是唯一的. 以后要显示这级数的系数的特性. 在整个 $\mathbb{C}$ 中解析的复值函数叫做整函数. 在圆盘 $|z| < r$ 中收敛的 z 的幂级数

$$f(z) = \sum_{n=0}^{\infty} a_n z^n \tag{5.1.2}$$

在这圆盘中解析; 我们注意到, 根据上述定义, 这并不是事先就明显的, 因为对 f 所作假设表明条件 (5.1.1) 对于 $z_0 = 0$ 成立, 可是并不能立即证明这条件也对圆盘中其他点 z_0 成立. 但这是正确的, 更准确地说:

(5.2) 如果幂级数 (5.1.2) 在圆盘 $\mathrm{D}: |z| < r$ 中收敛, 那么对于任何 $z_0 \in \mathrm{D}$, 存在着一个 (并且只有一个) $z - z_0$ 的幂级数对于

$$|z - z_0| < r - |z_0|$$

收敛, 并且满足 (5.1.1) (图 19).

事实上, 取 $g(t) = z_0 + t$, 应用代换定理 (4.4); 于是有 $\mathrm{G}(t) = |z_0| + t$, 并且对于 $|t| < r - |z_0|$, 条件 $\mathrm{G}(|t|) < r$ 成立. 因为由二项公式, 我们有

$$(z_0 + t)^n = \sum_{p=0}^{n} \binom{n}{p} z_0^{n-p} t^p, \tag{5.2.1}$$

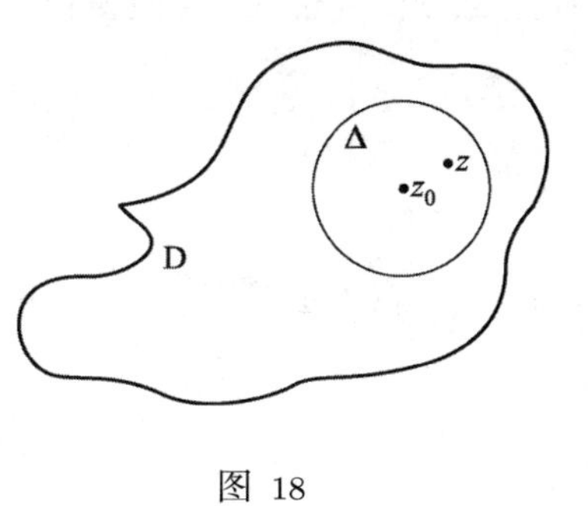

图 18

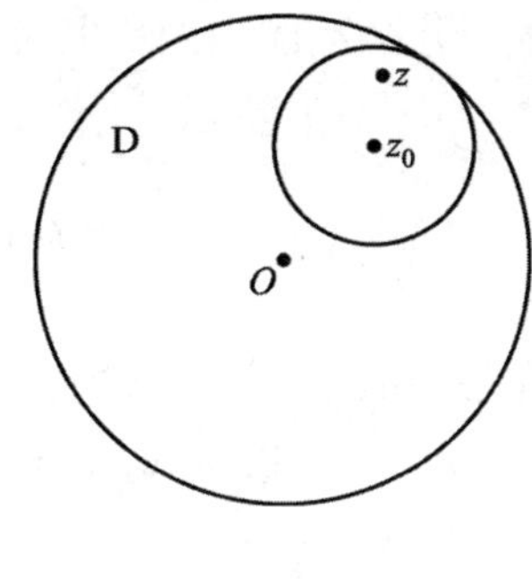

图 19

所以代换定理表明下列每个级数绝对收敛:

$$c_p = a_p + \binom{p+1}{1} a_{p+1} z_0 + \cdots + \binom{p+m}{m} a_{p+m} z_0^m + \cdots, \tag{5.2.2}$$

并且对于 $|t| < r - |z_0|$, 我们有

$$f(z_0 + t) = \sum_{p=0}^{\infty} c_p t^p; \tag{5.2.3}$$

上式右边的幂级数对于 $|t| < r - |z_0|$ 收敛 ((5.2.3) 的收敛半径还可能严格大于 $r - |z_0|$ (第七章, 7.3)). 还可简单地说, z 的幂级数是它的收敛圆盘中的解析函数.

我们也要注意上述定理的逆定理也完全不是事先就明显的: 如果函数 f 在开圆盘 $|z| < r$ 中解析, 那么有一个 z 的幂级数在这圆盘中收敛, 并且它的和等于 f. 定义只是说明了对于某一个 $r' < r$, 有一个这样的级数在圆盘 $|z| < r'$ 中收敛, 并且在这圆盘中等于 f, 可是不能说明可以取 $r' = r$. 以后要看到 (第七章, 7.3) 实际可以取 $r' = r$.

(5.3) 设 D, D' 是 $\mathbb{C}$ 中的两个开集, f 是 D 中的一个解析复值函数, g 是 D' 中的一个解析复值函数, 并且设 $g(\mathrm{D}') \subset \mathrm{D}$. 那么复合函数 $f \circ g$ 在 D' 中确定, 并且在 D' 中解析 (图 20)①.

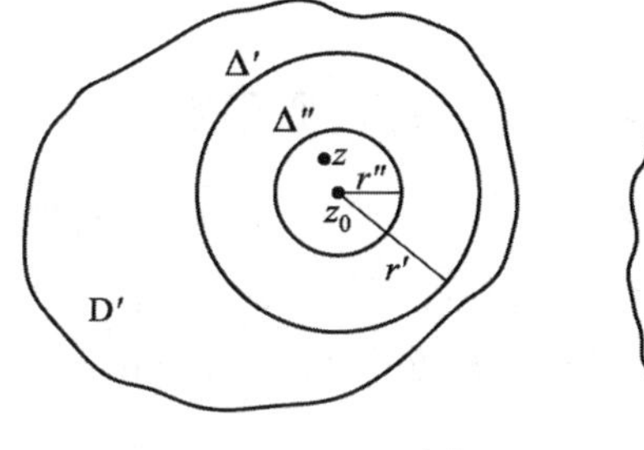

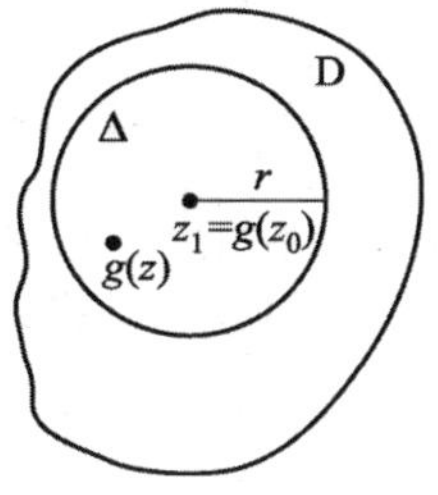

图 20

①要使图形更清楚, 把 z 的值及 $g(z)$ 的值表示在不同的两个平面上是合适的.

事实上, 设 $z_0 \in \mathrm{D}'$. 由假设, 存在着一个开圆盘 $\Delta' : |z-z_0| < r'$, 使得在 Δ' 中, 我们有

$$g(z) = \sum_{n=0}^{\infty} b_n (z - z_0)^n, \tag{5.3.1}$$

这里级数在 Δ' 中收敛. 另一方面, 由假设, 点 $z_1 = g(z_0)$ 属于 D, 因此存在着一个开圆盘 $\Delta : |z - z_1| < r$, 使得在 Δ 中, 我们有

$$f(z) = \sum_{n=0}^{\infty} a_n (z - z_1)^n, \tag{5.3.2}$$

这里级数在 Δ 中收敛. 由于幂级数

$$g(z) - g(z_0) = \sum_{n=1}^{\infty} b_n (z - z_0)^n$$

的常数项是零, 我们可应用 (4.5), 并且从而看出存在着一数 r'' 满足 $0 < r'' < r'$, 使得在圆盘 $\Delta'' = |z - z_0| < r''$ 内, 我们有 $g(z) \in \Delta$, 并且

$$f(g(z)) = \sum_{n=0}^{\infty} c_n (z - z_0)^n,$$

这里级数在圆盘 Δ 中收敛. 证完.

(5.4) 设 $\boldsymbol{f}$ 是在开集 $\mathrm{D} \subset \mathbb{C}$ 中确定、在 $\mathbb{C}^n$ 中取值的向量值映射. 如果 $\boldsymbol{f}$ 的每个分量 $f_j (1 \leqslant j \leqslant n)$ 在 D 中解析, 就说 $\boldsymbol{f}$ 在 D 中解析. 显然这就是说 (第一章, 2.7), 对于任何 $z_0 \in \mathrm{D}$, 存在着一个开圆盘 $\Delta : |z - z_0| < r$ 包含在 D 内, 使得在这圆盘中, 我们有

$$\boldsymbol{f}(z) = \sum_{m=0}^{\infty} \boldsymbol{a}_m (z - z_0)^m, \tag{5.4.1}$$

这里 $\boldsymbol{a}_m$ 是 $\mathbb{C}^n$ 中的向量, 并且上式右边的级数在 Δ 中收敛. 由这里的定义及阿贝尔引理可得: 对于满足 $0 < r' < r$ 的任何 r', (5.4.1) 右边的级数在圆盘 $|z - z_0| \leqslant r'$ 中正规收敛 (第五章, 2.7).

6. 解析函数的导数与原函数

(6.1) 设 D 是 $\mathbb{C}$ 中的一个开集, f 是在 D 中确定的一个连续复值函数. 所谓函数 f 在一点 $z_0 \in \mathrm{D}$ 有关于复变数 z 的导数, 就是说当 $u = s + it$ 在 $\mathbb{C}$ 中经 $\neq 0$ 趋近于 0 时 (这就是说, 当 (s, t) 在 $\mathbb{R}^2$ 中经 $\neq (0,0)$ 趋近于 $(0,0)$ 时 (预篇, 5.5)), 下列的极限存在

$$\frac{f(z_0 + u) - f(z_0)}{u} \tag{6.1.1}$$

(我们注意由假设, 有圆盘 $|z-z_0|<r(r>0)$ 包含在 D 内, 上式在 $|u|$ 充分小时就有意义). (6.1.1) 的极限叫做 f 在点 z_0 的导数, 记作 $f'(z_0)$ 或 $\mathrm{D}f(z_0)$.

必须注意 $z=s+it$ 的函数可能有关于 s 与 t 的所有阶的偏导数, 可是却没有关于 z 的导数. 最简单的例子是函数 $f:z\to\overline{z}=s-it$: 在 $z_0=0$, (6.1.1) 是 $\overline{u}/u$; 如果 $u=re^{i\theta},\overline{u}/u=e^{-2i\theta}$; 在每条射线 $\theta=\theta_0$ 上, 这函数是常数, 因此当 u 沿着这射线趋近于 0 时, $\overline{u}/u$ 有一极限, 可是这极限与 θ_0 有关. 因此 $\overline{u}/u$ 在 $\mathbb{R}^2$ 中在点 (0,0) 没有极限. 以后还要讲到导数 $f'(z_0)$ 存在的条件 (第七章, 9.4).

(6.2) 在开集 $\mathrm{D}\subset\mathbb{C}$ 中解析的复值函数 f 在任何点 $z\in\mathrm{D}$ 有导数 $f'(z)$, 并且函数 f' (也可记作 $\dfrac{df}{dz}$) 在 D 中解析.

用平移, 我们总可只考虑 D 是圆盘 $|z|<r$ 情形. 在这圆盘中, 我们有

(6.2.1) $$f(z)=\sum_{n=0}^{\infty}a_nz^n,$$

这里幂级数在 D 中收敛. 在 (5.2) 中我们已看出, 对于任何 $z_0\in\mathrm{D}$ 及满足 $|u|<r-|z_0|$ 的任何 $u\neq0$, 我们有

(6.2.2) $$\frac{f(z_0+u)-f(z_0)}{u}=c_1+c_2u+\cdots+c_pu^{p-1}+\cdots,$$

这里上式右边的级数收敛, c_p 由收敛级数 (5.2.2) 给出. 由于幂级数在它的收敛圆内连续 (3.1), 于是可看出 (6.1.1) 的极限存在, 并且由下列公式给出:

(6.2.3) $$f'(z_0)=a_1+2a_2z_0+\cdots+na_nz_0^{n-1}+\cdots.$$

换句话说, 上式可简单地对级数 (6.2.1) 逐项求导数而得. 由此立即得到下列推论:

(6.3) 在开集 $\mathrm{D}\subset\mathbb{C}$ 中的解析函数 f 在 D 中无穷可导, 并且它的所有导数在 D 中解析; 此外, 对于任何 $z_0\in\mathrm{D}$, 存在着一个圆盘 $|z-z_0|<\rho$, 在这圆盘中, 函数等于它的泰勒级数

(6.3.1) $$f(z)=f(z_0)+\frac{1}{1!}f'(z_0)(z-z_0)+\cdots+\frac{1}{p!}f^{(p)}(z_0)(z-z_0)^p+\cdots,$$

而上列级数在这圆盘中收敛.

事实上, 上列最后的论断可由幂级数 (5.2.3) 的系数的表达式 (5.2.2), 并对公式 (6.2.3) 递推应用而得.

我们还是写 $\dfrac{d^pf(z)}{dz^p}$ 来代替 $f^{(p)}(z)$, 并且约定写 $f^{(0)}=f$.

以后要证明 (第七章, 9.1): 相反地, 在开集 $\mathrm{D}\subset\mathbb{C}$ 中有连续导数的复值函数必然在 D 中解析.

(6.4) 已给在开集 $\mathrm{D}\subset\mathbb{C}$ 中的解析函数 f; 在 D 中的解析函数 F 叫做 f 的原函数, 只要对于任何 $z\in\mathrm{D},\mathrm{F}'(z)=f(z)$. 由以上所述, 与我们可能相信的相反, 在开集 D

中的解析函数, 并不一定在 D 中有原函数 (第七章, 3.2). 在第七及第八章将要详细研究这一问题, 这里只证明在一种特殊情形下解析函数有原函数:

(6.5) 如果幂级数

$$f(z) = a_0 + a_1(z - z_0) + \cdots + a_n(z - z_0)^n + \cdots \tag{6.5.1}$$

在圆盘 $|z - z_0| < r$ 中收敛, 那么级数

$$\mathrm{F}(z) = a_0(z - z_0) + \frac{a_1}{2}(z - z_0)^2 + \cdots + \frac{a_n}{n+1}(z - z_0)^{n+1} + \cdots \tag{6.5.2}$$

也在这圆盘中收敛, 并且它的和是 f 的原函数.

由于 (6.2.3), 只须证明级数 (6.5.2) 收敛. 而对于满足 $0 < \rho < r$ 的任何 ρ, 复数列 $\{a_n\rho^n\}$ 有界; 于是序列 $\left\{\dfrac{1}{n+1}a_n\rho^{n-1}\right\}$ 更加是有界的; 由阿贝尔引理 (2.2) 就可得到结论.

注释 (6.6) 导数的形式计算可不加改变地适用于解析函数: 对于两个解析函数 f, g, 我们有下列各公式, 只要这些公式有意义:

$$\begin{cases} (f+g)'(z) = f'(z) + g'(z), \quad (fg)'(z) = f'(z)g(z) + f(z)g'(z), \\ (f^n)'(z) = n(f(z))^{n-1}f'(z) \quad (n \in \mathbb{Z}), \end{cases} \tag{6.6.1}$$

$$(f \circ g)'(z) = f'(g(z))g'(z). \tag{6.6.2}$$

例如证明 (6.6.2): 对于任何 $\varepsilon \in]0,1]$, 存在着 $r > 0$, 使得对于 $|u| \leqslant r, |v| \leqslant r$, 我们有

$$|f(g(z)+u) - f(g(z)) - f'(g(z))u| \leqslant \varepsilon|u|, \tag{6.6.3}$$

$$|g(z+v) - g(z) - g'(z)v| \leqslant \varepsilon|v|. \tag{6.6.4}$$

由于 g 在点 z 连续, 存在着 $r' < r$, 使得对于 $|v| \leqslant r'$, 我们有 $|g(z+v) - g(z)| \leqslant r$; 在 (6.6.3) 中, 把 u 换成 $g(z+v) - g(z)$, 于是由 (6.6.4), 得到

$$|f(g(z+v)) - f(g(z)) - f'(g(z))g'(z)v| \leqslant A\varepsilon|v|,$$

这里 $A = |g'(z)| + |f'(g(z))| + 1$ 是与 ε 无关的. 由此得证.

同样推理可以证明: 如果 f 在开集 D 中解析, 并且 γ 是实函数 t 的复值函数, 在区间 $\mathrm{I} \subset \mathbb{R}$ 中连续、可导, 并且 $\gamma(\mathrm{I}) \subset \mathrm{D}$, 那么实变数 t 的复值函数 $t \to f(\gamma(t))$ 在 I 中可导, 并且我们有

$$(f \circ \gamma)'(t) = f'(\gamma(t))\gamma'(t). \tag{6.6.5}$$

设 f 在开集 $\mathrm{D} \subset \mathbb{C}$ 中解析, 且在 D 中包含端点是 a, b 的线段 (即形如 $a + t(b-a)$ 的点的集, 这里 $0 \leqslant t \leqslant 1$). 函数 $t \to f(a + t(b-a))$ 在区间 $[0,1]$ 内对于任何 n, 有

n 阶导数 $(b-a)^n f^{(n)}(a+t(b-a))$. 如果在 D 中有 $|f^{(n)}(z)| \leqslant M$, 那么简单应用第一章, 3.6 中结果, 就得到泰勒公式

$$(6.6.6) \qquad f(b)=f(a)+\frac{b-a}{1!}f'(a)+\cdots+\frac{(b-a)^{n-1}}{(n-1)!}f^{(n-1)}(a)+\mathrm{R}_n$$

以及 R_n 的上界

$$(6.6.7) \qquad |\mathrm{R}_n| \leqslant M\frac{(b-a)^n}{n!}.$$

同样可推广第一章, 3.6.2 中公式.

(6.7) 对于 $0<|z-z_0|<r$ 中连续的函数, 推广在第三章, 3.2 中的兰道记号是便于使用的. 如果 g 对于 $0<|z-z_0|<r$ 连续, 我们约定用 $O(g)$ (或 $o(g)$) 表示在 $0<|z-z_0|<r$ 中确定、并且满足下列条件的函数 f: 存在着 $M>0$ 及 z_0 的一个邻域 $|z-z_0|\leqslant c$, 在其中 $|f(z)|\leqslant M|g(z)|$ (或对于任何 $\varepsilon>0$, 存在着 $\delta>0$, 使得由关系式 $0<|z-z_0|\leqslant\delta$ 可导出 $|f(z)|\leqslant\varepsilon|g(z)|$). 解析函数 f 在点 z_0 的泰勒公式 (6.6.6) 于是可写成: 在 z_0 的邻域中,

$$(6.7.1) \quad f(z)=f(z_0)+\frac{f'(z_0)}{1!}(z-z_0)+\cdots+\frac{f^{(n-1)}(z_0)}{(n-1)!}(z-z_0)^{n-1}+O((z-z_0)^n).$$

(6.8) 本节中所有结果可立即推广到在 $\mathbb{C}^n$ 中取值的解析映射 (5.4); 请读者自行推广.

7. 解析开拓原理

(7.1) 对在开区间 I 中确定的单实变无穷可导函数 f, 可以改变它在任一小区间 $\mathrm{J}\subset\mathrm{I}$ 中的值, 而使它在 $\mathrm{I}-\mathrm{J}$ 中的值保持不变, 使得所得函数仍然是无穷可导的. 事实上, 我们已经看到 (第五章, 4.8.4), 有在 $\mathrm{I}-\mathrm{J}$ 中是零, 而在 J 中 $\neq 0$ 的无穷可导函数 h, 于是 $f+\alpha h$ 在 $\mathrm{I}-\mathrm{J}$ 中等于 f, 而在 J 中可取任意大的值 (取充分大的 α) (图 21).

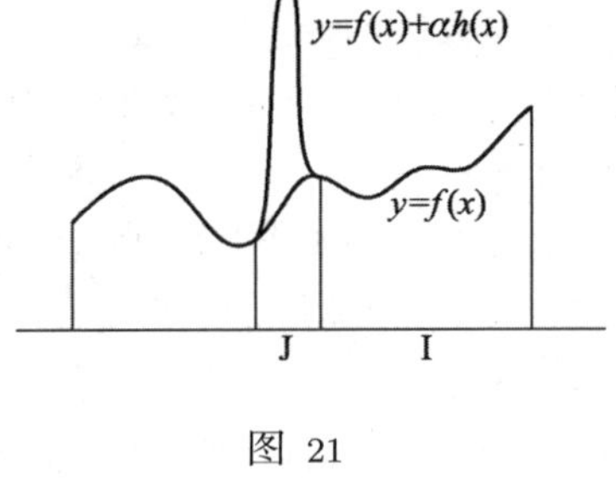

图 21

(7.2) 我们要看到, 相反地, 一个解析函数在确定它的集 D 中各点处的值, 可以说是 "互相关联的", 我们不能改变这函数在一点邻域中的值也不必 (如果要它仍然在 D 中解析) 改变离这点很远处各点的值. 孤立零点原理 (3.4) 就表明了这一点; 那个原理正是所谓 "解析开拓" 原理的一个特例.

为了叙述 "解析开拓原理", 必须还对所考虑的开集 D 加上条件. 例如如果 D 是两个不相交的开圆盘 D',D'' 的并集, 那么在 D' 中等于一个复常数 a'、在 D'' 中等于另一复常数 a'' 的函数显然是解析的, 可是显然两个这样的函数可能在 D' 中相等, 而在 D'' 中不相等. 对 D 要加的条件是: D 是连通开集 (预篇, 5.8).

(7.3) (解析开拓原理) 设 f, g 是在连通开集 $\mathrm{D} \subset \mathbb{C}$ 中的两个解析函数. 如果存在着一个 (任意小的) 非空开集 $\mathrm{U} \subset \mathrm{D}$, 使得 $f|\mathrm{U} = g|\mathrm{U}$, 那么我们有 $f = g$.

设 a 是 U 中一点, b 是 D 中任意另一点. 由假设, 存在着包含在 D 内的一条折线 $\mathrm{L}: t \to \lambda(t)$, 它是由分段平移线性函数映射出的 $[0,1]$ 的像, 而且 $\lambda(0) = a, \lambda(1) = b$ (图 22). 我们要考虑满足下列条件的 t 的值的集 A: 对于 $0 \leqslant s \leqslant t$, 有 $f(\lambda(s)) = g(\lambda(s))$. 既然 λ 是连续的, 并且 $a \in \mathrm{U}$, 由假设, 有一个区间 $0 \leqslant t \leqslant \alpha$ 包含在 A 中, 这里 $\alpha > 0$. 必须证明 $1 \in \mathrm{A}$; 为此, 要考虑 A 在 $[0,1]$ 中的上确界 $\rho \geqslant \alpha > 0$. 首先注意必须有 $\rho \in \mathrm{A}$: 事实上, A 中有趋近于 ρ 的一个增序列 $\{t_n\}$, 并且由于对任何 $n, f(\lambda(t_n)) = g(\lambda(t_n))$, 由连续性, 我们也有 $f(\lambda(\rho)) = g(\lambda(\rho))$. 于是还只要证明 $\rho = 1$. 用反证法, 假定 $\rho < 1$. 令 $z_0 = \lambda(\rho) \in \mathrm{D}$. 由假设, 存在着一个开圆盘 $\Delta: |z - z_0| < r$ 包含在 D 内, 在 D 中, f 及 g 等于两个收敛的 $z - z_0$ 的幂级数. 既然 $\rho > 0$, 于是有一不同的实数增序列 $\{t_n\}$ 趋近于 ρ, 并且使 $\lambda(t_n)$ 不相同且趋近于 z_0. 因此从某一个 n 开始, $\lambda(t_n) \in \Delta$; 而由假设, 对于任何 $n, f(\lambda(t_n)) = g(\lambda(t_n))$, 于是孤立零点原理表明 f 及 g 在 Δ 中的限制恒等. 可是有一区间 $[\rho, \rho + h] (h > 0)$ 使得 $\rho + h < 1$, 并且由 λ 的连续性, 对于 $\rho \leqslant t \leqslant \rho + h, \lambda(t) \in \Delta$; 于是对于满足 $0 \leqslant t \leqslant \rho + h$ 的任何 t, 应当有 $f(\lambda(t)) = g(\lambda(t))$, 从而 $\rho + h \in \mathrm{A}$, 与上确界 ρ 的定义 (预篇, 2.2) 相矛盾. 定理得证.

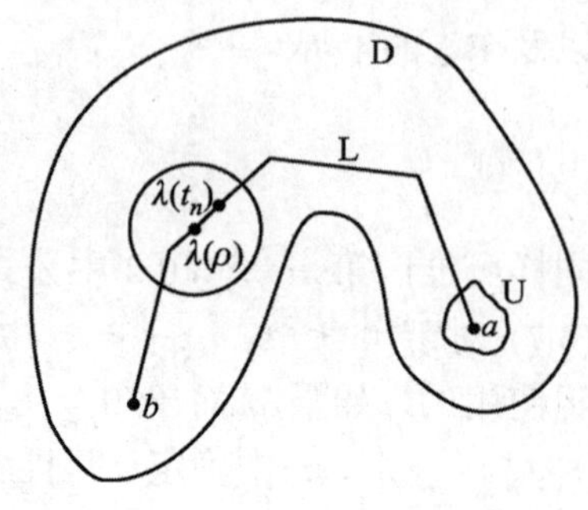

图 22

我们注意 (7.3) 显然也可应用于向量值解析映射.

(7.4) 当我们不设 f 及 g 在一个非空开集 $\mathrm{U} \subset \mathrm{D}$ 中的限制相等, 而只作下列假设时, (7.3) 中的结论仍然成立: 有一点 $a \in \mathrm{D}$, 并且 D 中有不相同点 z_n 的一个序列以 a 为极限, 使得对于任何 $n, f(z_n) = g(z_n)$. 事实上, 在包含在 D 中的一个开圆盘 $\mathrm{U}: |z - a| < \alpha$ 中, f 及 g 等于两个收敛的幂级数, 于是对 U 应用孤立零点原理, 就得到在 U 中 $f(z) = g(z)$. 这样就回到了 (7.3). 这一说明例如可应用到下列情形: 在包含在 D 中、不缩成一点 (但可任意短) 的直线段上所有点处 $f(z) = g(z)$ 成立.

注释 (7.5) 设函数 f 在连通开集 D 中解析, 并且在 D 中不恒等于零, 那么对于任何有界闭子集 $\mathrm{K} \subset \mathrm{D}$, 方程 $f(z) = 0$ 在 K 中只有有限个根. 事实上, 否则由我们所承认的一个定理, 可作出 $f(z) = 0$ 的不同根的一个无穷序列 $\{z_n\}$, 使它有一极限 $a \in \mathrm{K} \subset \mathrm{D}$. 把 (7.4) 应用到 f 及常数函数 0, 对于任何 $z \in \mathrm{D}$, 就应有 $f(z) = 0$, 与假设相矛盾.

8. 解析函数的实例

(8.1) 多项式 $\mathrm{P}(z) = a_0 + a_1 z + \cdots + a_n z^n$ 显然是对于任何 $z \in \mathbb{C}$ 收敛的幂级数, 从而是一整函数 (5.1). 由此及 (5.3) 立即导出: 对于在开集 $\mathrm{D} \subset \mathbb{C}$ 中的任何解析函数

f, 任何幂 f^n (n 是整数 $\geqslant 0$) 也在 D 中解析; 两个在 D 中解析函数的和 $f+g$ 显然在 D 中解析, 而由于 $fg = \frac{1}{4}((f+g)^2 - (f-g)^2)$, 可见它们的积 fg 也在 D 中解析.

由 (4.4) 可立即看出: 如果在一点 $z_0 \in \mathrm{D}$ 的邻域内有了 f 及 g 的 $z - z_0$ 的幂级数展开式, 那么把这两级数 "逐项相乘" 并且合并 $z - z_0$ 的同次单项式, 就得到 fg 的幂级数展开式.

(8.2) 函数 $1/z$ 在 $\mathbb{C} - \{0\}$ 中解析. 只须证明对于任何 $z_0 \neq 0, z - z_0$ 的幂级数

(8.2.1) $$\frac{1}{z_0} - \frac{(z-z_0)}{z_0^2} + \frac{(z-z_0)^2}{z_0^3} + \cdots + (-1)^n \frac{(z-z_0)^n}{z_0^{n+1}} + \cdots$$

对于 $|z - z_0| < |z_0|$ 收敛, 并且有和 $1/z$. 事实上, 对于任何复数 u 及任何整数 $n \geqslant 1$, 我们有恒等式

$$\frac{1}{1+u} = 1 - u + u^2 - \cdots + (-1)^n u^n + \frac{1 - (-1)^{n+1} u^{n+1}}{1+u}.$$

当 $|u| < 1$ 时, 我们有 $\lim\limits_{n \to \infty} u^{n+1} = 0$, 从而

$$\frac{1}{1+u} = 1 - u + u^2 - \cdots + (-1)^n u^n + \cdots;$$

级数对于 $|u| < 1$ 收敛. 把 u 换成 $\frac{z - z_0}{z_0}$, 就可看出: 对于 $|z - z_0| < |z_0|$, (8.2.1) 中级数收敛, 并且有和 $1/z$, 由这结果及 (5.3) 可见: 如果 f 在开集 D 中解析, 那么在 D 中由满足 $f(z) \neq 0$ 的点所组成的集 D$'$ 中, $1/f$ 是解析的. 如果 D 是连通的, 并且如果 f 在 D 中不恒等于零, 那么根据解析开拓原理 (7.4), D $-$ D$'$ 是由 D 中的孤立点组成的.

结合这一结果及 (8.1), 可见如果 f 及 g 在开集 D 中解析, 那么在 D 中由满足 $g(z) \neq 0$ 的点所组成的开集 D$'$ 中, f/g 是解析的. 特别地, 考虑有理分式 $\mathrm{P}(z)/\mathrm{Q}(z)$, 这里 P 及 Q 是多项式 (Q 不恒等于零). 在 $\mathrm{Q}(z) = 0$ 的根所组成的有限集的余集中, $\mathrm{P}(z)/\mathrm{Q}(z)$ 是解析函数.

(8.3) 设已知对于实数 $x, e^x, \cos x$ 及 $\sin x$ 的定义与这些函数的导数表达式, 还已知对于实数 x, x', 基本关系式 $e^{x+x'} = e^x e^{x'}$.

由泰勒公式, 对于任何实数 x 及任何整数 $n > 0$,

$$e^x = 1 + \frac{x}{1!} + \frac{x^2}{2!} + \cdots + \frac{x^n}{n!} + \mathrm{R}_n(x),$$

这里 $\mathrm{R}_n(x) = x^{n+1} e^{\theta x}/(n+1)!$, 并且 θ (与 x 有关) 满足 $0 \leqslant \theta \leqslant 1$. 由于 $|e^{\theta x}| \leqslant e^{|x|}$, 由斯特林公式 (第四章, 3.9.2) 可立即导出; 当 n 趋向于 $+\infty$ 时, $\mathrm{R}_n(x)$ 趋近于 0, 换句话说, 对于任何实数 x,

(8.3.1) $$e^x = 1 + \frac{x}{1!} + \frac{x^2}{2!} + \cdots + \frac{x^n}{n!} + \cdots,$$

上列幂级数收敛. 于是由阿贝尔引理 (2.2) 证明: 对于任何复数 z, 一般项是 $z^n/n!$ 的级数收敛. 因此对于任何复数 z, 可由公式

$$e^z = 1 + \frac{z}{1!} + \frac{z^2}{2!} + \cdots + \frac{z^n}{n!} + \cdots \tag{8.3.2}$$

定义一个整函数 (5.1), 并且还是把 e^z 叫做指数函数; 我们也把它记作 $\exp(z)$. 这种记号和这种名词之所以合理, 一方面由于对于实数 x, 有公式 (8.3.1), 一方面由于对于任何复数 z, z', 有函数 e^z 的基本性质:

$$e^{z+z'} = e^z e^{z'}. \tag{8.3.3}$$

为了不作计算证明这公式, 我们分两步进行. 首先, 如果 x 是实数, 对于任何复数 z, 我们有 $e^{z+x} = e^z e^x$. 事实上, 这式两边都是 z 的整函数 (5.3), 而当 z 是实数时, 这两边相等; 于是由解析开拓原理 (7.4), 这两边恒等. 其次, 对于任一固定的复数 z', 考虑函数 $z \to e^{z+z'}$ 及 $z \to e^z e^{z'}$, 由以上所述及 (5.3), 这是两个 z 的整函数, 而当 z 是实数时它们相等; 于是又由 (7.4), 公式 (8.3.3) 对任何复数 z, z' 成立.

在 (8.3.3) 中令 $z' = -z$, 就得到: 对于任何 $z \in \mathbb{C}$,

$$e^{-z} = 1/e^z. \tag{8.3.4}$$

另一方面, 对整数 $n > 0$ 递推, 由 (8.3.3) 可得 $e^{nz} = (e^z)^n$; 又由 (8.3.4), 对于任何 z 以及任何有理整数 n (正或负), 我们有

$$(e^z)^n = e^{nz}. \tag{8.3.5}$$

相反地, 要注意我们现在还不能写出公式 $(e^z)^{z'} = e^{zz'}$ (对于实数 z 及 z', 这公式正确), 因为当 a 及 z 全是复数时, 直到这里还没有给出 a^z 的任何意义 (参看第八章, 9.6).

(8.4) 用 (8.3) 中同样的推理, 对于任何实数 x, 可以得到 $\cos x$ 及 $\sin x$ 的收敛幂级数展开式

$$\cos x = 1 - \frac{x^2}{2!} + \frac{x^4}{4!} - \cdots + (-1)^n \frac{x^{2n}}{(2n)!} + \cdots,$$
$$\sin x = x - \frac{x^3}{3!} + \frac{x^5}{5!} + \cdots + (-1)^n \frac{x^{2n+1}}{(2n+1)!} + \cdots.$$

另一方面, 在 (8.3.1) 中用 ix 代替 z, 对于任何实数 x, 我们就得到欧拉公式

$$e^{ix} = \cos x + i \sin x; \tag{8.4.1}$$

这就表明约定用记号 e^{ix} 表示上式右边是合理的. 在 (8.4.1) 中, 把 x 换成 $-x$, 对于实数 x, 就得到下列公式

$$\cos x = \frac{1}{2}(e^{ix} + e^{-ix}), \quad \sin x = \frac{1}{2i}(e^{ix} - e^{-ix}). \tag{8.4.2}$$

(8.5) 现在考虑任一复数 $z=x+iy, x$ 及 y 是 z 的实部 $x=\mathcal{R}z$ 及虚部 $y=\mathfrak{I}z$. 由 (8.3.2) 及 (8.4.1) 导出

(8.5.1) $$e^z=e^x(\cos y+i\sin y),$$

换句话说,

(8.5.2) $$\mathcal{R}(e^z)=e^{\mathcal{R}z}\cos(\mathfrak{I}z),\quad \mathfrak{I}(e^z)=e^{\mathcal{R}(z)}\sin(\mathfrak{I}z).$$

由此得: 对于任何 $z\in\mathbb{C}$,

(8.5.3) $$|e^z|=e^x=e^{\mathcal{R}z}\neq 0,$$

(8.5.4) $$\overline{e^z}=e^{\overline{z}}=e^x(\cos y-i\sin y),$$

并且特别有: 对于任何实数 y,

(8.5.5) $$|e^{iy}|=1,$$

(8.5.6) $$\overline{e^{iy}}=e^{-iy}=1/e^{iy}.$$

对于任何 $z=x+iy$, 复数 e^z 的辐度 (或辐角) 是一个角, 它的测度用弧度表示就是实数 y (图 23). 特别地,

(8.5.7) $$e^{i\frac{\pi}{2}}=i,\quad e^{i\pi}=-1,\quad e^{\frac{3i\pi}{2}}=-i,\quad e^{2i\pi}=1,$$

于是由 (8.3.3),

(8.5.8) $$e^{z+i\pi}=-e^z,\quad e^{z+2i\pi}=e^z.$$

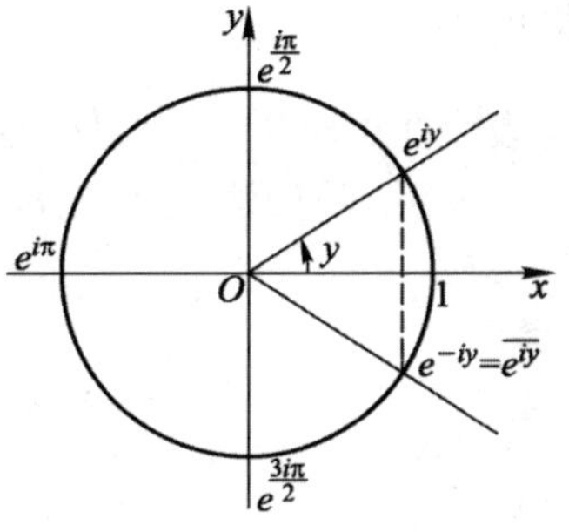

图 23

指数函数 e^z 是有虚周期 $2i\pi$ 的周期函数. 我们以后 (第八章, 9.2) 要对任何复数 a 研究方程 $e^z=a$. 这里只确定 $e^z=1$ 的根. 如果 $z=x+iy$, 由 (8.5.1) 及 (8.5.3), 可得 $e^x=1$, 从而 $x=0$; 又可得 $\cos y=1, \sin y=0$, 从而 $z=2ni\pi$ (n 是正或负整数).

(8.6) 复变数 z 的函数 $z\to e^{iz}$ 显然是一整函数, 它在整个 $\mathbb{C}$ 中等于收敛幂级数

(8.6.1) $$e^{iz}=1+i\frac{z}{1!}-\frac{z^2}{2!}-i\frac{z^3}{3!}+\cdots+\frac{i^nz^n}{n!}+\cdots.$$

因此可把余弦及正弦函数开拓到整个 $\mathbb{C}$ 中; 对于任何复数 z, 作为定义, 令

(8.6.2) $$\cos z=\frac{1}{2}(e^{iz}+e^{-iz}),\quad \sin z=\frac{1}{2i}(e^{iz}-e^{-iz});$$

由此显然可得

(8.6.3) $$e^{iz}=\cos z+i\sin z.$$

可是不要以为对于复数 $z, \cos z$ 及 $\sin z$ 是 e^{iz} 的实部和虚部! 而对于这样开拓出的三角函数, 容易分解出它们的实部和虚部. 事实上, 对于 $z = x + iy, x$ 与 y 是实数, 我们有

$$\cos z = \frac{1}{2}(e^{ix-y} + e^{-ix+y}) = \frac{1}{2}e^{-y}(\cos x + i\sin x) + \frac{1}{2}e^{y}(\cos x - i\sin x),$$

上式可写成

$$\cos z = \cos x \operatorname{ch} y - i \sin x \operatorname{sh} y. \tag{8.6.4}$$

同样可得

$$\sin z = \sin x \operatorname{ch} y + i \cos x \operatorname{sh} y. \tag{8.6.5}$$

由此得绝对值

$$\begin{cases} |\cos z| = \sqrt{\cos^2 x \operatorname{ch}^2 y + \sin^2 x \operatorname{sh}^2 y}, \\ |\sin z| = \sqrt{\sin^2 x \operatorname{ch}^2 y + \cos^2 x \operatorname{ch}^2 y}. \end{cases} \tag{8.6.6}$$

特别地, 对于 $x = 0$, 我们有

$$\cos(iy) = \operatorname{ch} y, \quad \sin(iy) = i \operatorname{sh} y \quad (y \text{ 是实数}), \tag{8.6.7}$$

这表明在虚轴上, 余弦及正弦函数的绝对值像指数函数那样增加.

最后, 我们注意函数 $\cos z$ 及 $\sin z$ 是整函数, 在整个 $\mathbb{C}$ 中分别等于下列两个收敛级数:

$$\begin{aligned} \cos z &= 1 - \frac{z^2}{2!} + \frac{z^4}{4!} - \cdots + (-1)^n \frac{z^{2n}}{(2n)!} + \cdots, \\ \sin z &= z - \frac{z^3}{3!} + \frac{z^5}{5!} - \cdots + (-1)^n \frac{z^{2n+1}}{(2n+1)!} + \cdots \end{aligned} \tag{8.6.8}$$

并且满足下列经典的关系式:

$$\cos^2 z + \sin^2 z = 1, \tag{8.6.9}$$

$$\begin{cases} \cos\left(z + \frac{\pi}{2}\right) = -\sin z, & \sin\left(z + \frac{\pi}{2}\right) = \cos z, \\ \cos(z + \pi) = -\cos z, & \sin(z + \pi) = -\sin z, \\ \cos(z + 2\pi) = \cos z, & \sin(z + 2\pi) = \sin z, \end{cases} \tag{8.6.10}$$

$$\cos(-z) = \cos z, \quad \sin(-z) = -\sin z, \tag{8.6.11}$$

$$\begin{cases} \cos(z + z') = \cos z \cos z' - \sin z \sin z', \\ \sin(z + z') = \sin z \cos z' + \cos z \sin z'. \end{cases} \tag{8.6.12}$$

上列各式或者可由定义直接得到, 或者像在 (8.3) 中一样, 应用解析开拓求得. 由 (8.6.7), 也可容易求得公式 (8.6.4) 及 (8.6.5).

方程 $\sin z=0$ 的根是满足关系式 $e^{iz}=e^{-iz}$, 即 $e^{2iz}=1$ 的数, 它们是实数

$$z=n\pi(n\in\mathbb{Z}).$$

由这结果及 (8.6.10), 可导出方程 $\cos z=0$ 的根是数 $\left(n+\frac{1}{2}\right)\pi$ (n 是正或负整数). 令

$$\begin{cases}\tan z=\dfrac{\sin z}{\cos z}, & \text{对于 } z\neq\left(n+\dfrac{1}{2}\right)\pi \quad (n\in\mathbb{Z}),\\ \cot z=\dfrac{\cos z}{\sin z}, & \text{对于 } z\neq n\pi \quad (n\in\mathbb{Z}).\end{cases} \tag{8.6.13}$$

这两函数把实变数 x 的已知函数开拓成复变数 z 的函数; 每个函数在确定它的开集中是解析函数. 由 (8.6.2), (8.6.10) 及 (8.6.11), 我们有

$$\tan z=\frac{1}{i}\frac{e^{2iz}-1}{e^{2iz}+1}, \quad \cot z=i\frac{e^{2iz}+1}{e^{2iz}-1}, \tag{8.6.14}$$

$$\tan\left(z+\frac{\pi}{2}\right)=-\cot z, \quad \tan(z+\pi)=\tan z, \tag{8.6.15}$$

$$\tan(-z)=-\tan z. \tag{8.6.16}$$

(8.7) 设 A 是一含复元素的 n 阶方阵 (可看作 $\mathbb{C}^{n^2}$ 中的一个向量). 对于任何 $z\in\mathbb{C}$, 幂级数

$$\sum_{k=0}^{\infty}\frac{A^k z^k}{k!} \tag{8.7.1}$$

绝对收敛. 事实上, 我们有 (第一章, 1.6.5)

$$\|A^k z^k\|=|z|^k\|A^k\|\leqslant(n|z|)^k\|A\|^k,$$

于是由指数级数收敛就得到结论. 如果 B 是第二个 n 阶方阵, 可以写出

$$\left(\sum_{k=0}^{\infty}\frac{A^k z^k}{k!}\right)\left(\sum_{k=0}^{\infty}\frac{B^k z^k}{k!}\right)=\sum_{j,k}\frac{A^j B^k z^{j+k}}{j!k!}, \tag{8.7.2}$$

上式右边的级数 (在任意排出各项后) 绝对收敛.

现设 A 及 B 是可换的. 在代数中我们已经看到: 如果 $\mathrm{P}(u,v),\mathrm{Q}(u,v)$ 是两个复系数多项式, 并且 $\mathrm{R}(u,v)=\mathrm{P}(u,v)\mathrm{Q}(u,v)$ 是它们的乘积, 我们有

$$\mathrm{P}(A,B)\mathrm{Q}(A,B)=\mathrm{R}(A,B).$$

而由恒等式 $e^{uz+vz}=e^{uz}e^{vz}$, 我们有

$$\sum_{j+k=m}\frac{u^j v^k}{j!k!}=\frac{(u+v)^m}{m!},$$

于是由 (8.7.2) 导出: 对于两个可换的矩阵 A, B, 我们有

$$\left(\sum_{k=0}^{\infty}\frac{A^k z^k}{k!}\right)\left(\sum_{k=0}^{\infty}\frac{B^k z^k}{k!}\right)=\sum_{k=0}^{\infty}\frac{(A+B)^k z^k}{k!}. \tag{8.7.3}$$

由于这一事实, 令

$$e^{Az}=\sum_{k=0}^{\infty}\frac{A^k z^k}{k!}, \tag{8.7.4}$$

并且把它也记作 $\exp(Az)$. 这是在 n 阶复矩阵空间中取值的一个整函数; 因此公式 (8.7.3) 可写成: 对于可换矩阵 A, B,

$$e^{(A+B)z}=e^{Az}e^{Bz} \tag{8.7.5}$$

(参看习题 10). 特别地, 对于任何复数 z, z', 我们有

$$e^{A(z+z')}=e^{Az}e^{Az'}=e^{Az'}e^{Az},\quad e^{Az}e^{-Az}=e^{-Az}e^{Az}=I, \tag{8.7.6}$$

这是因为显然 $e^O=I$ (O 是零矩阵, I 是单位矩阵). 这表明任何矩阵 e^{Az} 是可逆的 (参看第八章, 9.9). 另一方面, 由 (8.7.4) 得到 A 与 e^{Az} 是可换的.

对于 $A=I$, 我们有: 对任何整数 $k>1, A^k=I$, 由此得

$$e^{Iz}=Ie^z. \tag{8.7.7}$$

如果 P 是一个可逆方阵, 我们有 $(PAP^{-1})^k=PA^kP^{-1}$ 对于任何整数 $k>0$ 成立. 由此得

$$\exp(PAP^{-1}z)=P\exp(Az)P^{-1}. \tag{8.7.8}$$

如果 $n=r+s$, 并且如果矩阵 A 有下列形式:

$$A=\begin{pmatrix}B & 0\\ 0 & C\end{pmatrix}, \tag{8.7.9}$$

这里 B 是 r 阶方阵, C 是 s 阶方阵. 对任何整数 $k>0$, 我们有

$$A^k=\begin{pmatrix}B^k & 0\\ 0 & C^k\end{pmatrix}.$$

由此得

$$e^{Az}=\begin{pmatrix}e^{Bz} & 0\\ 0 & e^{Cz}\end{pmatrix}. \tag{8.7.10}$$

最后, 我们注意, 既然 (8.7.4) 右边的级数是 e^{Az} 在点 0 的泰勒级数, 由 (8.7.6) 可导出: 这函数在点 z_0 的泰勒级数是

$$e^{Az} = \sum_{k=0}^{\infty} e^{Az_0} A^k \frac{(z-z_0)^k}{k!}, \tag{8.7.11}$$

从而

$$\frac{d^k}{dz^k}(e^{Az}) = A^k e^{Az} = e^{Az} A^k. \tag{8.7.12}$$

9. 最大模原理

在 $\mathbb{R}$ 的一个区间中确定的无穷可导实值函数可在这区间中任一点达到相对极大值. 单复变数解析函数的状态完全不同.

(9.1) (最大模原理) 设 D 是 $\mathbb{C}$ 中的一个连通开集, 并且设 f 是 D 中的解析复值函数. 如果在一点 $z_0 \in \mathrm{D}_1$ (正) 函数 $z \to |f(z)|$ 达到相对极大值 (这就是说, 存在着包含在 D 中的开圆盘 $|z-z_0|<r$, 使得在这圆盘中, $|f(z)| \leqslant |f(z_0)|$), 那么 f 在 D 中是常数.

解析函数的这种状态初看起来很令人惊奇, 可是取一个含两项的多项式作为特例, 就容易看出产生这种状态的原因了. 设 $f(z)=c_0+c_k(z-z_0)^k$, 这里 $c_0 \neq 0, c_k \neq 0$ (整数 $k \geqslant 1$). 如果令 $z-z_0=\rho e^{i\theta}(\rho>0, 0 \leqslant \theta \leqslant 2\pi)$, 我们有

$$f(z) = c_0 + c_k\rho^k e^{ki\theta} = c_0\left(1+\left|\frac{c_k}{c_0}\right|\rho^k e^{i(k\theta+\alpha)}\right),$$

这里 α 是 c_k/c_0 的辐角. 当 θ 从 0 变到 2π 时, $k\theta$ 从 0 变到 $2k\pi$; 特别地, 我们可找到 θ, 使得 $k\theta+\alpha$ 成为 $2h\pi$ 的形状 (h 是整数), 从而

$$1+\left|\frac{c_k}{c_0}\right|\rho^k e^{i(k\theta+\alpha)} = 1+\left|\frac{c_k}{c_0}\right|\rho^k$$

是实数, 并且 >1. 因此对于 z 的相应数值, 我们有

$$|f(z)| > |c_0| = |f(z_0)|,$$

并且无论 $\rho=|z-z_0|$ 怎样小都是这样. 更形象地说, 当 z 围绕 z_0 "转动" 时, $f(z)$ 围绕 $f(z_0)$ "转动", 因此它的绝对值要取到一些严格大于 $|f(z_0)|$ 的值.

(9.1) 的证明就是把这种想法 "按正规形式写出". 由解析开拓原理 (7.3), 只须证明: 如果 $|f(z)|$ 在一点 z_0 达到相对极大值, f 在包含在 D 中的一个开圆盘中是常数. 而由定义, 在一个这样的圆盘中, 可以写出

$$f(z) = c_0 + c_1(z-z_0) + \cdots + c_n(z-z_0)^n + \cdots,$$

这里的级数在这圆盘中收敛, 而且 $c_0 = f(z_0)$. 于是只须证明由假设可导出:对于任何 $n \geqslant 1, c_n = 0$.

我们可以只考虑 $c_0 \neq 0$ 情形. 否则由假设可得在 z_0 的一个邻域中, $|f(z)| \leqslant 0$, 从而 $f(z) = 0$, 于是定理就证明了. 因此假设 $c_0 \neq 0$, 并且用反证法, 设有一个最小的整数 $k \geqslant 1$, 使得 $c_k \neq 0$. 对于 $|z - z_0| < r$, 可写出

$$f(z) = c_0(1 + b_k(z - z_0)^k(1 + (z - z_0)g(z))), \tag{9.1.1}$$

这里包含 $b_k = c_k/c_0$, 并且 $g(z)$ 在 $|z-z_0| < r$ 中是解析函数; 因此可设对于 $|z-z_0| \leqslant r/2, |g(z)| \leqslant M$ (M 与 z 无关). 取 $r' \leqslant r/2$, 使得 $Mr' \leqslant 1/2$; 令 $b_k = \rho e^{i\alpha}(\rho > 0, 0 \leqslant \alpha < 2\pi), z - z_0 = |z - z_0|e^{i\theta}(0 \leqslant \theta \leqslant 2\pi)$, 并且选取 θ, 使得 $k\theta + \alpha$ 是 2π 的整数倍; 由于 $k \geqslant 1$, 这是可能的. 于是我们有

$$b_k(z - z_0)^k = \rho|z - z_0|^k,$$

因此如果 $|z - z_0| \leqslant r', 1 + b_k(z - z_0)^k = 1 + \rho|z - z_0|^k > 0$, 并且

$$\begin{aligned}
&|1 + b_k(z - z_0)^k + b_k(z - z_0)^{k+1}g(z)| \\
&\geqslant |1 + b_k(z - z_0)^k| - |b_k(z - z_0)^{k+1}g(z)| \\
&\geqslant 1 + \rho|z - z_0|^k - \frac{1}{2}\rho|z - z_0|^k \geqslant 1 + \frac{1}{2}\rho|z - z_0|^k > 1.
\end{aligned}$$

换句话说, 对于满足 $|z - z_0| \leqslant r'$ 的任何 z, 并且 θ 如以上取定, 由 (9.1.1), 我们有 $|f(z)| > |c_0| = |f(z_0)|$, 与假设相矛盾. 证完.

(9.2) 我们已承认的一个定理如下: 在一个有界闭集 $\mathrm{A} \subset \mathbb{C}$ 中的连续实值函数在 A 中有上界和下界 (从而有界), 并且在 A 中至少有一点 $a' \in \mathrm{A}$ (及一点 $a'' \in \mathrm{A}$), 使得 $g(a') = \sup\limits_{z \in \mathrm{A}} g(z)$ (及 $g(a'') = \inf\limits_{g \in \mathrm{A}} g(z)$) (预篇, 5.6); 可能有无穷个点有这种性质 (例如当 g 是常数时); 我们说在这样的点 a' (及 a''), f 达到它在 A 中的上确界 (及下确界). 于是由最大模原理导出下列定理:

(9.3) 设 D 是 $\mathbb{C}$ 中的连通开集, f 是 D 中非常数的解析函数. 对于包含在 D 中的任何有界闭集 A, $|f(z)|$ 达到它在 A 中的上确界的点, 是 A 的边界点 (预篇, 5.5).

事实上, 我们注意到既然 $|f(z)|$ 在 D 中连续, 在 A 中 $|f(z)|$ 达到它的上确界的点总是存在的. 如果一个这样的点 z 是 A 的内点 (预篇, 5.5), 那么由定义, 应存在着一个开圆盘 $|z - z_0| < r(r > 0)$ 包含在 A 内 (从而在 D 内), 在这圆盘中应有 $|f(z)| \leqslant |f(z_0)|$, 与 (9.1) 并与 f 非常数的假设相矛盾.

应当注意 $|f(z)|$ 可能在 A 的整个边界上是常数. 作为例子, 取 $\mathrm{D} = \mathbb{C}$, A 是单位圆盘 $|z| \leqslant 1, f(z) = z$, 就表明了这一点.

作为 (9.3) 的推论, 容易证明 "代数基本定理" (或 "达朗贝尔 – 高斯定理"):

(9.4) (代数基本定理) 设

$$\mathrm{P}(z) = a_0 z^n + a_1 z^{n-1} + \cdots + a_n \tag{9.4.1}$$

是有复系数的非常数多项式 ($n \geqslant 1, a_0 \neq 0$). 那么存在着含 n 个 (相等或不相等的) 复数的有限序列 $\{z_j\}_{1\leqslant j\leqslant n}$, 使得

$$\mathrm{P}(z) = a_0(z-z_1)(z-z_2)\cdots(z-z_n). \tag{9.4.2}$$

我们知道只须证明存在着一个 $z_1 \in \mathbb{C}$, 使得 $\mathrm{P}(z_1) = 0$, 因为这样由代数证明就可写出 $\mathrm{P}(z) = (z-z_1)\mathrm{Q}(z)$, 这里 $\mathrm{Q}(z)$ 是一个 $n-1$ 次的多项式, 然后按 n 递推可完成证明. 为了证明 z_1 存在, 我们要采用反证法, 假定对于任何 $z \in \mathbb{C}, \mathrm{P}(z) \neq 0$. 于是由此应得: $1/\mathrm{P}(z)$ 在整个 $\mathbb{C}$ 中解析. 我们要看到这与最大模原理相矛盾.

由假设, 我们有 $\mathrm{P}(0) = a_n \neq 0$; 首先要看出存在着一个数 $R > 0$, 使得对于满足 $|z| \geqslant R$ 的任何 z, 我们有

$$|\mathrm{P}(z)| \geqslant 2|a_n|. \tag{9.4.3}$$

事实上, 对于 $z \neq 0$, 可以写出

$$\mathrm{P}(z) = a_0 z^n \left(1 + \frac{a_1}{a_0 z} + \cdots + \frac{a_n}{a_0 z^n}\right),$$

从而

$$|\mathrm{P}(z)| \geqslant |a_0| \cdot |z|^n \left(1 - \left|\frac{a_1}{a_0 z} + \cdots + \frac{a_n}{a_0 z^n}\right|\right). \tag{9.4.4}$$

然而对于 $|z| \geqslant 1$, 我们有

$$\left|\frac{a_1}{a_0 z} + \cdots + \frac{a_n}{a_0 z^n}\right| \leqslant \left|\frac{a_1}{a_0}\right| \frac{1}{|z|} + \cdots + \left|\frac{a_n}{a_0}\right| \frac{1}{|z|^n} \leqslant \frac{1}{|z|}\left(\left|\frac{a_1}{a_0}\right| + \cdots + \left|\frac{a_n}{a_0}\right|\right). \tag{9.4.5}$$

于是取数 R, 使得有

$$R \geqslant 1, \quad \frac{1}{R}\left(\left|\frac{a_1}{a_0}\right| + \cdots + \left|\frac{a_n}{a_0}\right|\right) \leqslant 1/2, \quad \frac{1}{2} a_0 R^n \geqslant 2|a_n|;$$

这显然是可能的. 对于 $|z| \geqslant R$, 由 (9.4.5), 我们有

$$\left|\frac{a_1}{a_0 z} + \cdots + \frac{a_n}{a_0 z^n}\right| \leqslant 1/2,$$

因此由 (9.4.4),

$$|\mathrm{P}(z)| \geqslant \frac{1}{2}|a_0| R^n \geqslant 2|a_n|.$$

现对解析函数 $1/\mathrm{P}(z)$ 应用 (9.3) 中的结果, 取 $\mathrm{D} = \mathbb{C}$, 取 A 为闭圆盘 $|z| \leqslant R$. 由于函数 $1/\mathrm{P}$ 不是常数, 它的绝对值 $1/|\mathrm{P}(z)|$ 应当在 A 的一个边界点上、即在满足 $|z| = R$ 的一点 z 上, 达到这一绝对值在 A 中的上确界; 可是我们已看到在这样一点, $\dfrac{1}{|\mathrm{P}(z)|} \leqslant \dfrac{1}{2|a_n|}$, 而 $\dfrac{1}{|\mathrm{P}(0)|} = \dfrac{1}{|a_n|}$. 既然 $a_0 \neq 0$, 这样就得到矛盾. 证完.

我们注意这里的推理不仅证明了方程 $\mathrm{P}(z)=0$ 有一个根, 而且还对这方程的根的绝对值, 给出了一个上界:

$$|z_j| \leqslant R_0 = \sup\left(1, 2\left(\left|\frac{a_1}{a_0}\right| + \cdots + \left|\frac{a_n}{a_0}\right|\right)\right). \tag{9.4.6}$$

这是因为对于 $|z| \geqslant R_0$, 我们有 $|\mathrm{P}(z)| \geqslant \frac{1}{2}|a_0|.|z|^n$.

还要注意这定理不能推广到整函数, 因为对于任何 $z \in \mathbb{C}, e^z \neq 0$.

习　　题

1) 设 $(z_n)_{n\geqslant 1}$ 是满足 $\mathcal{R}z_n \geqslant 0$ 的复数序列. 证明如果两个级数

$$z_1 + z_2 + \cdots + z_n + \cdots, \quad z_1^2 + z_2^2 + \cdots + z_n^2 + \cdots$$

收敛, 那么级数

$$|z_1|^2 + |z_2|^2 + \cdots + |z_n|^2 + \cdots$$

也收敛. 一般项是 $|z_n|$ 的级数是否收敛?

2) 考虑实变函数

$$f(x) = \sum_{n=0}^{\infty} e^{-n} e^{n^2 ix}.$$

a) 证明这级数以及逐项求导数任意多次而得的每个级数在 $\mathbb{R}$ 中正规收敛, 从而 f 在 $\mathbb{R}$ 中是无穷可导的.

b) 证明 f 在点 $x=0$ 的泰勒级数

$$f(0) + xf'(0) + \cdots + f^{(k)}(0)\frac{x^k}{k!} + \cdots$$

对于任何 $x \neq 0$ 不收敛. $\left(\text{应用阿贝尔引理, 用反证法作证: 如果这级数对于一个 } x>0 \text{ 绝对收敛, 注意那么对于任何整数 } N\text{, 就应有 } \sum_{k=0}^{\infty} |f^{(k)}(0)|\frac{x^k}{k!} \geqslant \sum_{n=0}^{N} e^{-n} e^{n^2 x}\right)$.

3) 设 $\{a_n\}$, $\{b_n\}$ 是两个复数序列.

a) 令 $\sigma_n = a_1 + a_2 + \cdots + a_n, \sigma_0 = 0$, 于是对于 $n \geqslant 1, a_n = \sigma_n - \sigma_{n-1}$. 由此导出

$$a_m b_m + \cdots + a_n b_n = \sum_{k=m}^{n-1} \sigma_k (b_k - b_{k+1}) - \sigma_{m-1} b_m + \sigma_n b_n$$

("阿贝尔部分和").

b) 由 a) 导出: 如果序列 $\{a_n\}$ 取得使序列 $\{\sigma_n\}$ 有界, 并且如果序列 $\{b_n\}$ 是由 >0 并且递减趋近于 0 的实数组成, 那么级数

$$s = a_1 b_1 + a_2 b_2 + \cdots + a_n b_n + \cdots \tag{*}$$

收敛, 并且满足 $|s| \leqslant Ab_1$, 这里 $A = \sup\limits_n |\sigma_n|$.

c) 设: 1° 序列 $\left(\dfrac{\sigma_n}{\sqrt{n}}\right)$ 有界; 2° 一般项是 $|b_n - b_{n+1}|\sqrt{n}$ 的级数收敛; 3° $\lim\limits_{n\to\infty} b_n\sqrt{n} = 0$. 证明级数 $(*)$ 收敛.

4) a) 证明: 如果 $\{a_n\}$ 是趋近于 0 的递减实数序列, 并且一般项是 a_n 的级数发散, 那么幂级数 $a_0 + a_1 z + \cdots + a_n z^n + \cdots$ 有收敛半径 1, 并且在圆 $|z| = 1$ 上除去 $z = 1$ 外的任何点, 这幂级数收敛 (应用习题 3b)).

b) 证明一般项是 $\dfrac{(-1)^{[\sqrt{n}]z^n}}{n}$ 的幂级数在收敛圆 $|z| = 1$ 上任何点收敛, 但在这圆上任何点都不绝对收敛. (分别考虑 $z = 1$ 及 $z \neq 1$ 情形; 在后一情形, 应用习题 3c).)

5) 考虑幂级数 $c_0 + c_1 z + \cdots + c_n z^n + \cdots$, 这里系数 c_n 确定如下. $c_n = \dfrac{p_n}{n}, p_n$ 表示这样的整数 $k \geqslant 1$ 的个数: $k!$ 可除尽 n. 证明这级数的收敛半径是 1, 并且这级数在所有点 $z = \exp(2ri\pi)$ 发散, 这里 r 是有理数. 证明: 反过来, 对于 $z = \exp(2ei\pi)$, 这级数收敛. (归结为研究有限和

$$\sum_{k=h}^{K} \frac{1}{k!} \sum_{n=m_k}^{N_k} \frac{1}{n} z^{k!n},$$

并且注意对于任何整数 $k \geqslant 1$, 我们有

$$\frac{1}{k+1} \leqslant k!e - [k!e] \leqslant \frac{e}{k+1}.)$$

6) 在 0 的邻域内, 有没有具有下列性质的解析函数 f: 当 n 趋向于 $+\infty$ 时, $f\left(\dfrac{1}{2n}\right) = f\left(\dfrac{1}{2n+1}\right) = \dfrac{1}{n}$, 或当 n 趋向于 $+\infty$ 时, $f\left(\dfrac{1}{n}\right) = f\left(-\dfrac{1}{n}\right) = \dfrac{1}{n^3}$? (考虑函数 $f(z) - 2z$ 或函数 $f(z) - z^3$.)

7) a) 设 f 在 $z = 0$ 的一个邻域中解析, 并且在 $\mathbb{R}$ 中趋近于 0 的不同点的序列上, 取实数值. 证明在 0 的邻域中, $f(\overline{z}) = \overline{f(z)}$.

b) 由 a) 导出: 如果 f 在点 $a_n > 0$ 取实数值, 并且如果对于任何 n, 还有 $f(a_{2n}) = f(a_{2n+1})$, 那么 f 在 0 的邻域中是常数.

8) 设 γ 是从 $[0, +\infty[$ 到 $\mathbb{C}$ 的连续映射, 并且 $|\gamma(t)|$ 随着 t 趋向于 $+\infty$. 证明当 t 趋向于 $+\infty$ 时, 只有在 $\mathcal{R}\gamma(t)$ 趋向于 $-\infty$ 情况下, 函数 $e^{\gamma(t)}$ 才可能趋近于一极限.

9) 证明我们有

$$\int_0^1 t^{-t} dt = \sum_{n=1}^{\infty} n^{-n}.$$

10) 给出两矩阵

$$A = \begin{bmatrix} 0 & 1 \\ 0 & 0 \end{bmatrix}, \quad B = \begin{bmatrix} 0 & 0 \\ 1 & 0 \end{bmatrix},$$

证明 $e^{A+B} \neq e^A e^B$.

11) a) 设 f 是圆盘 $\Delta : |z| < R$ 中的解析函数. 对于满足 $0 < r < R$ 的任何 r, 设 $\mathrm{M}(r)$ 是 $|f(z)|$ 当 $|z| = r$ 时的上确界. 证明如果 f 不是常数, $\mathrm{M}(r)$ 是 r 的严格增函数.

b) 证明如果对于 $r(0 < r < R)$ 的一个值, 函数 $\theta \to |f(re^{i\theta})|$ 是常数, 并且如果对于 $|z| < r$, $f(z) \neq 0$, 那么 f 是常数.

12) a) 设 f 是在开集 $\mathrm{D} \subset \mathbb{C}$ 中的解析函数, 并且设 F 是 D 中的一个有界闭子集. 证明 $\mathcal{R}f(z)$ 不能在 F 的内点达到它在 F 中的极大值或极小值 (考虑 $e^{f(z)}$).

b) 证明如果 D 是连通的, 并且如果 $f(z)$ 在包含在 D 中的一个圆 $|z-z_0|=r$ 上取实数值, 那么 f 是常数 (应用 a)).

13) 设 f 是在一个圆盘的外集 $|z|>R$ 中的有界解析函数. 对于任何 $r>R$, 设 $\mathrm{M}(r)$ 是 $|f(z)|$ 在 $|z|=r$ 上的上确界. 证明对于 $|z|>r, |f(z)| \leqslant \mathrm{M}(r)$, 并且如果函数 f 不是常数, $\mathrm{M}(r)$ 就是 r 的严格递减函数.

14) 设 f 是 n 次多项式; 采用习题 11 中的记号, 证明如果 $0<r_1<r_2$, 我们有

$$\frac{\mathrm{M}(r_1)}{r_1^n} \geqslant \frac{\mathrm{M}(r_2)}{r_2^n}.$$

15) 设 φ 是对 $x \geqslant 0$ 确定的一大于 0 的数值函数, 并且它随着 x 递增并趋向于 $+\infty$. 证明存在着一个整数序列 $\{k_n\}$, 满足 $k_1=1, k_n>k_{n-1}$, 并且对于 $n \geqslant 2, \left(\frac{n}{n-1}\right)^{k_n} > \varphi(n+1)$. 于是函数

$$f(z)=\varphi(z)+1+\sum_{n=2}^{\infty}\left(\frac{z}{n-1}\right)^{k_n}$$

是一整函数, 并且对于任何 $x \geqslant 0, f(x) \geqslant \varphi(x)$.

16) 设 $f(z)$ 是整函数

$$z-\frac{z^{2m+1}}{3!(2m+1)}+\cdots+(-1)^n \frac{z^{2nm+1}}{(2n+1)!(2nm+1)}+\cdots.$$

证明当 t 趋向于 $+\infty$ 时, 对于 $1 \leqslant k \leqslant 2m$, $|f(te^{(2k-1)i\pi/2m})|$ 趋向于 $+\infty$, 但是 $f(te^{ki\pi/m})$ 趋近于有限极限 $e^{\frac{ki\pi}{m}} \int_0^{+\infty} \frac{\sin x^m}{x^m} dx$.

17) 设 $f(z)=a_0+a_1z+\cdots+a_nz^n+\cdots$ 是有收敛半径 1 的幂级数.

a) 设级数 $s=a_0+a_1+\cdots+a_n+\cdots$ 收敛. 证明当 x 是实数、并且当 x 趋近于 1 并保持 <1 时, $f(x)$ 趋近于 s ("阿贝尔引理"). (应于习题 3a), 求和式 $\sum_{n=m}^{N} a_n(1-x^n)$ 的绝对值的上界.)

b) 设 $a_n \geqslant 0$, 并且一般项是 a_n 的级数发散. 证明当 x 是实数、并且趋近于 1 且保持 <1 时, $f(x)$ 趋向于 $+\infty$. (注意对于任何 N, 我们有 $f(x) \geqslant \sum_{n=0}^{N} a_n x^n$.)

c) 如果 $f(z)=(1+z)^{-2}, a_n$ 是实数, 并且当 N 趋向于 $+\infty$ 时, 和式 $\left|\sum_0^{2N} a_n\right|$ 的绝对值趋向于 $+\infty$; 但是当 x 趋近于 1 且保持 <1 时, $f(x)$ 趋近于有限极限.

18) 证明当 x 趋近于 1 且保持 <1 时, 我们有

$$1+x+x^4+\cdots+x^{n^2}+\cdots \sim \frac{\sqrt{\pi}}{2} \frac{1}{\sqrt{1-x}},$$

$$1+1^\alpha x+2^\alpha x^2+\cdots+n^\alpha x^n+\cdots \sim \Gamma(\alpha+1) \frac{1}{(1-x)^\alpha} \quad (\alpha>0)$$

(第四章, 习题 15 及 16).

同样证明我们有

$$\sum_{n=1}^{\infty} \frac{x^n}{1-x^n} \sim \frac{1}{1-x} \log \frac{1}{1-x}.$$

19) 证明当 x 是实数并且趋向于 $+\infty$ 时, 我们有

$$\sum_{n=1}^{\infty} \frac{(\log n)^x}{n^2} \sim \int_1^{+\infty} \frac{(\log t)^x}{t^2} dt \sim \Gamma(x+1),$$

$$\sum_{n=1}^{\infty} \frac{x^n}{(n!)^p} \sim \frac{1}{\sqrt{p}} (2\pi)^{\frac{1-p}{2}} x^{\frac{1-p}{2p}} e^{px^{1/p}} \quad (p>0).$$

第七章　柯西定理

关于在连通开集中所确定的解析函数, 它在不同点处的值是 "相互关联的". 这种 "相互关联性" 在解析开拓原理中已经表现出来了 (第六章, 7.3). 如同柯西那样引进一种新的强有力的工具, 即复函数沿包含在 $\mathbb{C}$ 中 "道路" 的曲线积分, 这种性质还可更加明显地表现出来. 我们在下面要看到, 对于 (例如) 一个圆盘中的解析函数, 无论从理论观点或在实用中来说, 只要知道函数在圆盘的边界圆上的值, 就可标出它在圆盘中的值.

1.　道路与环路

(1.1) 一条道路是从 $\mathbb{R}$ 中一个有界闭区间 I (不缩成一点) 到 $\mathbb{C}$ 中的一个连续映射:

(1.1.1)
$$\gamma : \mathrm{I} = [a, b] \to \mathbb{C},$$

并且还设 γ 在 I 中分段连续可导, 这就是说, γ 在 I 中有分段连续的导数 γ' (预篇, 4.3), 而 γ 是函数 γ' 的一个原函数 $\gamma(t) = c + \int_a^t \gamma'(s)ds$. 当 t 从 a 变到 b 时, $\gamma(t)$ 在平面 $\mathbb{C}$ 上描出一条 "轨道" $\gamma(\mathrm{I})$ (γ 的像); 在 γ' 的连续点 t 处, $\gamma'(t) \neq 0$[①], 从而 $\gamma(\mathrm{I})$ 在这点 t 处以向量 $\gamma'(t) \in \mathbb{C}$ 作为它的有向切线 (图 24); 在 γ' 的不连续点 t 处, γ' 不连续, 并且有不为零的左极限及右极限, 与 "角点" 相对应. 对于不同的 t, γ 可能取相同的值; 相应地,"轨道" $\gamma(\mathrm{I})$ 可能有 "重点". 根据我们承认了的一个定理 (预篇, 5.6), 集 $\gamma(\mathrm{I})$ 是闭集.

例 (1.2.1) 如果 γ 在 I 中是常数, $\gamma(\mathrm{I})$ 就缩成了一点 ("常道路").

---

①译者注: 这里 $\gamma'(t) \neq 0$ 包含在道路定义的要求中.

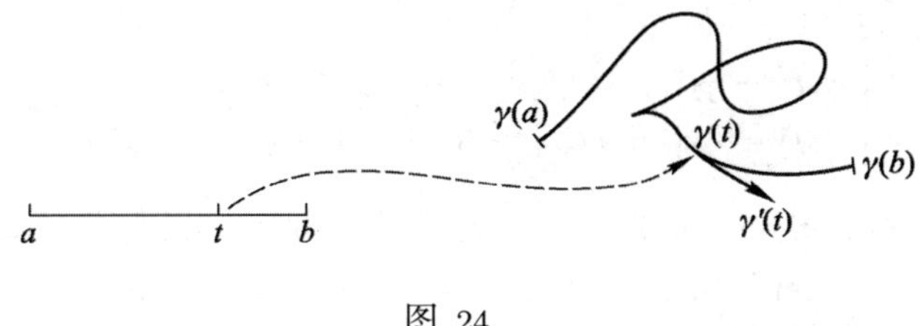

图 24

(1.2.2) 设 α 是一实数 $\neq 0$, 并且 $|\alpha| < 1$; $\varepsilon_\alpha : t \to e^{2\pi i\alpha t}$ 是在 $\mathrm{I} = [0,1]$ 中确定的映射, 它是一条道路, 并且是单位圆 $|z| = 1$ 的一个子集. 如果 α 是一 (正或负) 整数 $n \neq 0$, 那么 $\gamma(\mathrm{I})$ 是整个单位圆, 可是圆上每点被 t 的 n 个不同的值所取得; 我们还说 ε_n 是 "环绕过 n 次的单位圆".

(1.2.3) 设 c, d 是 $\mathbb{C}$ 中两个数; 对于 $0 \leqslant t \leqslant 2$, 确定函数 $\gamma(t)$ 如下:

$$\begin{cases} \gamma(t) = c(1-t) + dt & \text{对于 } 0 \leqslant t \leqslant 1; \\ \gamma(t) = d(2-t) + c(t-1) & \text{对于 } 1 \leqslant t \leqslant 2. \end{cases}$$

γ 的像是有端点 c, d 的线段, 可是道路 γ 可称为 "反复描过两次的线段". 点 $t = 1$ 是 γ' 的一个不连续点.

这些例子表明, 主要不要混淆道路 γ 与 "曲线" $\gamma(\mathrm{I})$. 可以说道路是 "用参数表示出的曲线", 在以下讲述中, "参数表示" 与曲线同样重要.

(1.3) 如果 (1.1.1) 中的道路 γ 满足 $\gamma(\mathrm{I}) \subset \mathrm{D}$, 这里 D 是 $\mathbb{C}$ 中的一个开集, 就说道路 γ 包含在 D 中. 点 $\gamma(a)$ 叫做这道路的起点, 点 $\gamma(b)$ 叫做它的终点; 有时也把 $\gamma(a)$ 与 $\gamma(b)$ 叫做 γ 的 "端点", 也说 "γ 连接 $\gamma(a)$ 与 $\gamma(b)$ 两点". 要使开集 $\mathrm{D} \subset \mathbb{C}$ 中任意两点 c, d 可用一条道路连接起来, 只须 D 是连通集 (预篇, 5.8); 由我们承认的一个定理, 这条件也是必要的. 如果 (1.1.1) 中的道路 γ 满足 $\gamma(a) = \gamma(b)$, 还把 γ 叫做 "起点是 $\gamma(a)$ 的环路". (1.2.1) 及 (1.2.3) 中的实例都是环路. ε_α 当 α 是整数时也是环路, 但在其他情形下都不是环路 (虽然 ε_α 能 "反复经过" 这道路的起点多次).

(1.4) 已给道路 (1.1.1), 把下列道路叫做与 γ 反向的道路, 记作 γ^0:

$$\gamma^0 : t \to \gamma(a + b - t),$$

它也是在 I 中确定的. γ^0 以 γ 的终点 $\gamma(b)$ 作为起点, 以 γ 的起点 $\gamma(a)$ 作为终点; 我们可以把 γ^0 叫做 "反向通过的道路 γ".

(1.5) 已给两条道路

$$\gamma_1 : \mathrm{I}_1 = [a, b] \to \mathbb{C},$$
$$r_2 : \mathrm{I}_2 = [c, d] \to \mathbb{C},$$

使 γ_2 的起点 $\gamma_2(c)$ 是 γ_1 的终点 $\gamma_1(b)$, 那么下列道路叫做 γ_1 与 γ_2 相衔接的道路, 记作 $\gamma = \gamma_1 \vee \gamma_2$:

$$\gamma : [a, d + b - c] \to \mathbb{C};$$

它的定义如下:

$$\begin{cases}\gamma(t)=\gamma_1(t) & \text{对于 } a\leqslant t\leqslant b,\\ \gamma(t)=\gamma_2(t-b+c) & \text{对于 } b\leqslant t\leqslant d+b-c\end{cases}$$

(图 25); $\gamma_1\vee\gamma_2$ 的起点是 γ_1 的起点, $\gamma_1\vee\gamma_2$ 的终点是 γ_2 的终点. (1.2.3) 中的例子可写在 $\gamma_1\vee\gamma_1^0$, 这里 γ_1 是在 $[0,1]$ 中确定的道路 $t\to c(1-t)+dt$. 一般地, 对于任何道路 γ, 相衔接的道路 $\gamma\vee\gamma^0$ 是一环路, 它的起点就是 γ 的起点.

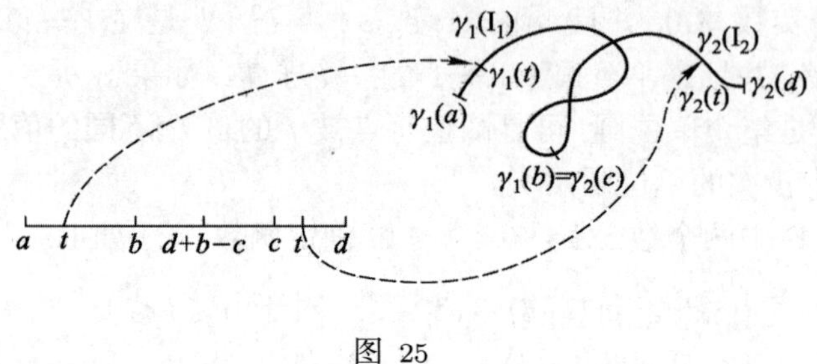

图 25

对于任何道路 $\gamma:[a,b]\to\mathbb{C}$ 以及满足 $a<c<b$ 的任何点 c,γ 就是它分别在 $[a,c]$ 及 $[c,b]$ 中的限制 γ_1 及 γ_2 相衔接的道路. 特别地, 环路总是两条道路相衔接的道路 (有无穷多种衔接方式). 此外, 用同样的记号, γ 是有起点 $\gamma(a)$ 的环路, 那么道路 $\gamma'=\gamma_2\vee\gamma_1$ 也是确定的 (因为 γ_2 的终点是 γ_1 的起点), 并且还是有起点 $\gamma(c)$ 的环路; 我们说这是从 γ "取点 $\gamma(c)$ 作为起点" 而得的环路.

(1.6) 设 $\gamma_1:\mathrm{I}_1=[a,b]\to\mathbb{C},\gamma_2:\mathrm{I}_2=[c,d]\to\mathbb{C}$ 是两条道路. 所谓 γ_1 与 γ_2 等价, 就是说存在着一个连续及分段连续可导的递增双射 $\varphi:\mathrm{I}_2\to\mathrm{I}_1$, 以及反函数 φ^{-1}, 使得在 I_2 中, $\gamma_2(t)=\gamma_1(\varphi(t))$. $\gamma_1(\mathrm{I}_1)$ 与 $\gamma_2(\mathrm{I}_2)$ 的像相同, γ_1 与 γ_2 的起点与终点相同; 可是例 (1.2.2) 表明这些条件还不足以使两条道路等价. 我们注意: 对于任何道路 (1.1.1), 道路 $t\to\gamma(\lambda t+\mu)$ 与 γ 等价, 这里 $\lambda>0,\mu$ 是任一实数. 如果我们只考虑在 $\mathbb{R}$ 的固定区间 I 中, 例如在 [0,1] 中确定的道路, 那么可能只相差一等价关系. 当不会产生混淆时, 可把道路用描画它的像与走向的图形来表示.

2. 沿道路的积分

(2.1) 设 $\gamma:[a,b]\to\mathbb{C}$ 是一条道路, f 是 $\gamma(\mathrm{I})$ 中的一个连续复值函数 (不必设 f 在 $\gamma(\mathrm{I})$ 以外确定, 更加不必设函数 f 是解析的!). 于是复值函数 $t\to f(\gamma(t))\gamma'(t)$ 在 $[a,b]$ 中分段连续, 并且它在这区间中的积分是确定的 (第一章, 3.1). 作为定义, 把复数

$$\int_\gamma f(z)dz=\int_a^b f(\gamma(t))\gamma'(t)dt \tag{2.1.1}$$

叫做 f 沿道路 γ 的积分. 在这种记号中, 当然可把 z 用任何字母来代替.

上列定义表明: 沿道路 γ 的积分不但与集 $\gamma(\mathrm{I})$ 有关, 而且与它的 "参数表示" γ 有关 (参看上面 (2.1.1)). 可是如果 $\gamma_1 : [a,b] \to \mathbb{C}$ 及 $\gamma_2 : [c,d] \to \mathbb{C}$ 是两条等价的道路 (1.6), 我们有

(2.1.2) $$\int_{\gamma_1} f(z)dz = \int_{\gamma_2} f(z)dz.$$

事实上, 如果 $\varphi : [c,d] \to [a,b]$ 是一个连续、并且分段连续可导的递增双射, 而且 $\gamma_2 = \gamma_1 \circ \varphi$, 那么在 $[c,d]$ 中除去有限个点外, 我们有 $\gamma_2'(t) = \gamma_1'(\varphi(t))\varphi'(t)$; 于是由变数代换公式 (预篇, 4.5.5).

$$\begin{aligned}\int_{\gamma_2} f(z)dz &= \int_c^d f(\gamma_2(t))\gamma_2'(t)dt = \int_c^d f(\gamma_1(\varphi(t)))\gamma_1'(\varphi(t))\varphi'(t)dt \\ &= \int_{\varphi(c)}^{\varphi(d)} f(\gamma_1(u))\gamma_1'(u)du = \int_a^b f(\gamma_1(u))\gamma_1'(u)du \\ &= \int_{\gamma_1} f(z)dz.\end{aligned}$$

如果对于 $z \in \gamma(\mathrm{I})$, 函数 f 满足 $|f(z)| \leqslant M$, 由定义 (2.1.1) 及中值公式 (第一章, 3.3.2) 可导出

(2.1.3) $$\left|\int_\gamma f(z)dz\right| \leqslant M\int_a^b |\gamma'(t)|dt = ML,$$

这里 L 就是 "曲线" $t \to \gamma(t)$ 的长度.

(2.2) 定义 (2.1.1) 及积分的计算法则 (预篇, 4.5) 可立即表明: 对于两条方向相反道路 (1.4) 我们有

(2.2.1) $$\int_{\gamma^0} f(z)dz = -\int_\gamma f(z)dz,$$

并且对于两条道路 γ_1 及 γ_2 相衔接的道路 $\gamma = \gamma_1 \vee \gamma_2$ (1.5), 我们有

(2.2.2) $$\int_\gamma f(z)dz = \int_{\gamma_1} f(z)dz + \int_{\gamma_2} f(z)dz.$$

由于当交换上式右边两项的次序时, 和数的值不变, 于是根据 (1.5), 由 (2.2.2) 可导出: 如果 γ 是一环路, 积分 $\int_\gamma f(z)dz$ 的值与环路的起点无关.

如果 γ 是一常环路 (1.2.1), 我们有: 对于任何函数 f,

$$\int_\gamma f(z)dz = 0.$$

最后, 设道路 γ 包含在开集 $\mathrm{D} \subset \mathbb{C}$ 中, 并且设 u 是 D 中的解析函数; 那么如果 Γ 是复合道路 $t \to u(\gamma(t))$, 由第六章, 6.6.5, 我们有

(2.2.3) $$\int_\gamma f(u(z))u'(z)dz = \int_\Gamma f(w)dw.$$

3. 解析函数的原函数问题

(3.1) 设 $D \subset \mathbb{C}$ 是一连通开集. 我们已经指出 (第六章, 6.4), 在 D 中解析的某些函数可能在 D 中没有原函数. 有了沿道路积分的概念, 可以作出这种原函数存在的必要与充分条件.

(3.2) 要使得在 D 中的解析函数在 D 中有原函数, 必须而且只须对于包含在 D 中的任何环路 γ, 我们有 $\int_\gamma f(z)dz = 0$. 当这条件成立时, f 在 D 中的任何原函数可求得如下:

$$\mathrm{F}(x) = C + \int_{\alpha(z)} f(u)du, \tag{3.2.1}$$

这里 $\alpha(z)$ 是包含在 D 内一起点是 (任意) 定点 $z_0 \in \mathrm{D}$、终点是 z 的任一条道路. f 在 D 中两个原函数的差是常数.

所述条件的必要性可立即证明: 如果 F 是 f 在 D 中的一个原函数, 那么对于包含在 D 内的任何道路 $\gamma : [a,b] \to \mathbb{C}$, 我们有: 在 $[a,b]$ 中,

$$f(\gamma(t))\gamma'(t) = \frac{d}{dt}\mathrm{F}(\gamma(t))$$

(第六章, 6.6.5), 因此 $\int_\gamma f(u)du = \mathrm{F}(\gamma(b)) - \mathrm{F}(\gamma(a))$, 并且特别地, 如果 γ 是一环路, $\int_\gamma f(u)du = 0$. 这也证明了: 如果 f 在 D 中有原函数, 那么对于起点是 z_0、终点是 z 的任何道路 $\alpha(z)$ (用定理叙述中的记号), 我们有 $\mathrm{F}(z) - \mathrm{F}(z_0) = \int_{\alpha(z)} f(u)du$ (注意由于 D 是连通的, 这样的道路 $\alpha(z)$ 存在. 这就特别证明了必要条件中最后一个论断.

现在还要证明: 要原函数存在, 上述条件是充分的. 首先, 当这条件成立时, (3.2.1) 右边的积分只与 z 及 z_0 有关, 与以 z_0 为起点、以 z 为终点的道路 $\alpha(z)$ 无关. 事实上, 这一论断可证明如下: 如果 $\alpha(z)$ 及 $\beta(z)$ 是求上述积分所沿的两条道路, 那么 $\gamma = \alpha(z) \vee \beta(z)^0$ 是起点为 z_0 的一条环路, $\int_{\alpha(z)} f(u)du - \int_{\beta(z)} f(u)du = \int_\gamma f(u)du = 0$ ((2.2.1) 及 (2.2.2)), 从而 $\int_{\alpha(z)} f(u)du = \int_{\beta(z)} f(u)du$. 因此公式 (3.2.1) 确定 D 中的一个函数 F (一旦选取了 C 及 z_0). 还要证明这函数定解析的, 并且有导数 f. 而对任何点 $z_1 \in \mathrm{D}$, 有一圆盘 $\Delta : |z - z_1| < r$ 包含在 D 内, 在这圆盘中 f 可展开成 $z - z_1$ 的幂级数, 因此 f 在 D 中有一个 (解析的) 原函数 F_1 (第六章, 6.5), 可设 F_1 在点 z_1 是零. 对于 Δ 中起点是 z_1、终点是 z 的任何道路 $\lambda(z)$, 我们有 $\mathrm{F}_1(z) = \int_{\lambda(z)} f(u)du$. 然而如果 $\alpha(z_1)$ 是 D 中起点是 z_0、终点是 z_1 的一条道路, 那么 $\alpha(z_1) \vee \lambda(z)$ 是 D 中

起点是 z_0、终点是 z 的一条道路, 因而我们有 (2.2.1): 对于任何点 $z \in \Delta$,

$$\mathrm{F}(z) = \mathrm{F}(z_1) + \mathrm{F}_1(z);$$

命题得证.

由于积分 $\int_{\alpha(z)} f(u)du$ 与所选取的联结 z_0 及 z 的道路无关, 当不会产生混淆时, 我们也把这积分写成 $\int_{z_0}^{z} f(u)du$; 我们注意: 只有当对于包含在 D 中的任何环路 γ, $\int_\gamma f(z)dz = 0$ 时, 上列积分记号才有意义.

(3.3) (3.2) 中条件不成立的典型的例子是: $\mathrm{D} = \mathbb{C} - \{0\}$, 即 $\{0\}$ 在 $\mathbb{C}$ 中的余集 (它是连通的 (预篇, 5.8)) 并且 $f(z) = 1/z$ (它在 D 中解析 (第六章, 8.2)) 情形. 如果考虑环路 $\varepsilon_1 : t \to e^{it}$, 它是在 $[0, 2\pi]$ 中确定的, 并且显然包含在 D 内, 那么我们有

$$\int_{\varepsilon_1} \frac{dz}{z} = \int_0^{2\pi} i\frac{e^{it}}{e^{it}}dt = 2i\pi \neq 0.$$

一般说来, 对于一个已给连通开集 $\mathrm{D} \subset \mathbb{C}$, 有一些在 D 中解析的函数在 D 中有原函数 (例如多项式), 但是可能有一些在 D 中没有原函数. 我们将要看到, 如果 D 满足一个几何性质的条件, 那么所有在 D 中解析的函数都在 D 中有原函数.

4. 道路的同伦与环路的同伦. 单连通区域

(4.1) 两条道路同伦的直观概念是从一条道路到另一条 "连续形变" 的概念. 下列数学定义把这概念作出了明确表述:

(4.2) 设 D 是 $\mathbb{C}$ 中的一个开集, $\gamma_1 : \mathrm{I} \to \mathbb{C}, \gamma_2 : \mathrm{I} \to \mathbb{C}$ 是确定在同一区间 $\mathrm{I} = [a, b]$ 中、并且包含在 D 中的两条道路 (参看 (1.6)). 所谓在 D 中从 γ_1 到 γ_2 的同伦映射是一个连续映射 $\varphi : \mathrm{I} \times \mathrm{J} \to \mathrm{D}$, 这里 $\mathrm{J} = [c, d]$ 是 $\mathbb{R}$ 中的一个区间, 并且对于任何 $t \in \mathrm{I}, \varphi(t, c) = \gamma_1(t), \varphi(t, d) = \gamma_2(t)$.

注意我们要求函数

$$(t, s) \to \varphi(t, s)$$

对两个变数 s 及 t 连续, 而不是只要求分别对 t 及对 s 连续. 反之, 除了道路 γ_1 及 γ_2 的定义中所需条件外, 对 φ 不加上任何可导的条件.

当在 D 中有从 γ_1 到 γ_2 的同伦映射时, 我们说 γ_2 在 D 中与 γ_1 同伦.

当 γ_1 及 γ_2 是 D 中的环路时, 所谓 γ_1 及 γ_2 作为 D 中的环路是同伦的, 就是说在 D 中存在着从 γ_1 到 γ_2 的一个同伦映射 $\varphi : \mathrm{I} \times \mathrm{J} \to \mathrm{D}$, 还带有补充性质: 对于任何 $t \in \mathrm{J}, \varphi(a, s) = \varphi(b, s)$. 直观地说, 同伦映射 φ 在映射中不把环路 "解开". 这样的同伦映射也叫做环路的同伦映射.

必须注意: 包含在 D 中的两个环路可能在包含 D 的一个开集 D′ 中是同伦的 (作为环路), 可是在 D 中并不同伦 (参看 (4.5)).

在 D 中道路的同伦是一种等价关系. 事实上, 这关系的等价性是明显的 (对任何 s, 取 $\varphi(t,s)=\gamma(t)$). 要看出: 如果有从 γ_1 到 γ_2 的一个同伦映射 $\varphi:\mathrm{I}\times\mathrm{J}\to\mathrm{D}$, 也有从 γ_2 到 γ_1 的一个同伦映射; 只须考虑由 $\varphi^0(t,s)=\varphi(t,c+d-s)$ 所确定的同伦映射 $\varphi^0:\mathrm{I}\times\mathrm{J}\to\mathrm{D}$. 最后, 这关系的可递性的证明如下: 考虑从 γ_1 到 γ_2 的同伦映射 $\varphi_1:\mathrm{I}\times\mathrm{J}_1\to\mathrm{D}$ 以及从 γ_2 到 γ_3 的同伦映射 $\varphi_2:\mathrm{I}\times\mathrm{J}_2\to\mathrm{D}$, 这里 $\mathrm{J}_1=[c_1,d_1]$, 并且 $\mathrm{J}_2=[c_2,d_2]$. 令 $\mathrm{J}_3=[c_1,d_1+d_2-c_2]$, 并且确定 $\varphi_3:\mathrm{I}\times\mathrm{J}_3\to\mathrm{D}$ 由下列条件: 在 $\mathrm{I}\times\mathrm{J}_1$ 中, $\varphi_3(t,s)=\varphi_1(t,s)$; 对于 $(t,s)\in\mathrm{I}\times[d_1,d_1+d_2-c_2],\varphi_3(t,s)=\varphi_2(t,s+c_2-d_1)$; 可立即证明 φ_3 是在 D 中从 γ_1 到 γ_3 的一个同伦.

此外, 用同样的推理环路的同伦也是一种等价关系; 上面作出的同伦映射 φ^0 及 φ_3 是环路的同伦映射, 只要 φ,φ_1 及 φ_2 也是环路的同伦映射.

(4.3) 我们说包含在 D 中的环路 γ 与 D *中一点同伦*, 就是说它作为环路在 D 中与一个常环路同伦 (1.2.1). 设 D 是一个连通开集; 如果 D 中任何环路与 D 中一点同伦, 我们就说 D 是*单连通的* (或是一*单连通区域*).

(4.4) *单连通区域的实例*. 已给一个开集 $\mathrm{D}\subset\mathbb{C}$; 如果一定点 $a\in\mathrm{D}$, 对于任何点 $z\in\mathrm{D}$, 连接 a 及 z 的线段: $t\to(1-t)a+tz(0\leqslant t\leqslant 1)$ 包含在 D 内, 就说集 D *对于点 a 是星形的*. 这样的开集显然是连通的 (预篇, 5.8); 而且它还是单连通的. 事实上, 设 $\mathrm{I}\to\mathrm{D}$ 是 D 中的一个环路, 而且 $\mathrm{I}=[\alpha,\beta]$. 用公式 $\varphi(t,s)=sa+(1-s)\gamma(t)$ 确定一个同伦映射 $\varphi:\mathrm{I}\times[0,1]\to\mathrm{D}$. 显然 $\varphi(t,0)=\gamma(t)$, 并且 $\varphi(t,1)=a;\varphi$ 显然是连续的, 并且由假设, φ 的值属于 D. 上述论断得证.

作为对于一点的星形开集的实例, 可举出整个平面 $\mathbb{C}$, 半平面, 开圆盘, 矩形的内部, 椭圆的内部, 等等; 在所有这些情形, 有关集甚至对其中每点都是星形的 (于是说它是*凸的*). 作为其他例, 现举出圆盘 $|z|<1$ 中除去有限条半径上的线段

$$z=te^{i\theta_k}\text{ 而且 }\rho_k\leqslant t\leqslant 1,0<\rho_k<1$$

而得的集 (图 26); 可立即证明这开集对于 0 是星形的. 有限个对于 a 的星形开集 (或凸开集) 的交集是一个对于 a 的星形开集 (或凸开集).

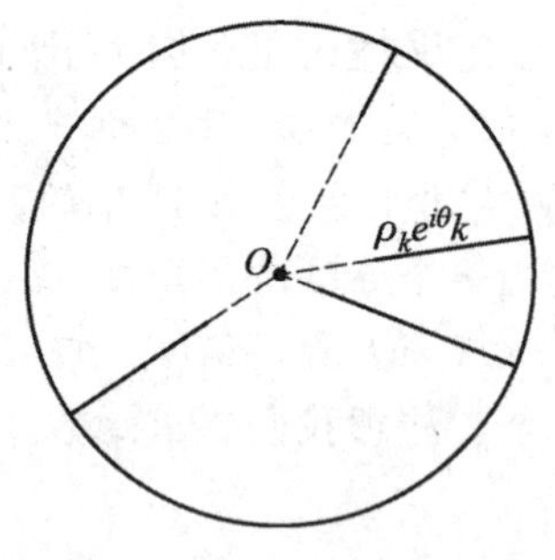

图 26

作为非星形单连通集的实例, 现举出半平面 $\Im z>0$ 中, 除去有限条闭半直线 $z=t+i\beta_k$, 而且 $-\infty<t\leqslant\alpha_k$ 而得的集 (图 27) (习题 1).

(4.5) 在下面我们要看到, 作为柯西定理及 (3.3) 的推论, 虽然 $\mathbb{C}$ 是单连通的, 可是连通集 $\mathbb{C}-\{0\}$, 即一点的余集, *却不是单连通的*: $\mathbb{C}-\{0\}$ 中的一个环路在 $\mathbb{C}$ 中与一点同伦, 而在 $\mathbb{C}-\{0\}$ 中却不一定与一点同伦.

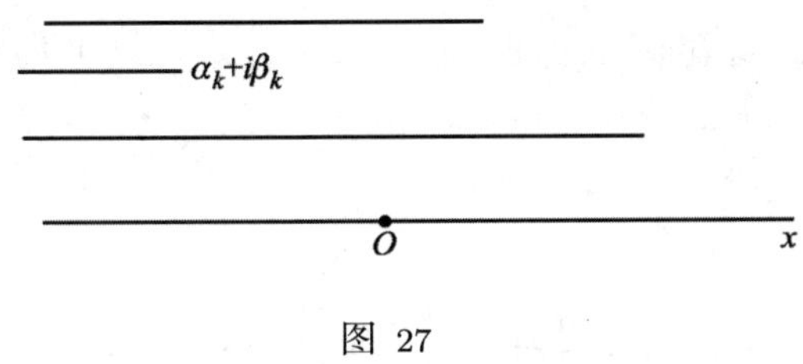

图 27

5. 柯西定理

(5.1) (柯西定理) 设 $D\subset\mathbb{C}$ 是一连通开集, 并且设 f 是在 D 中的解析函数. 如果 γ_1 及 γ_2 是包含在 D 中的两条环路, 并且在 D 中作为环路是同伦的, 那么我们有

(5.1.1)
$$\int_{\gamma_1} f(z)dz=\int_{\gamma_2} f(z)dz.$$

特别地, 如果 D 是单连通的 (4.3), 那么对于包含在 D 中的任何环路 γ, 我们有

(5.1.2)
$$\int_{\gamma} f(z)dz=0.$$

我们只指出证明的想法, 而不对每一步作出严格的证明 (参看 [FA], (9.6.3)).

可设环路 γ_1,γ_2 是在 $\mathbb{R}$ 中同一区间 $I=[a,b]$ 上确定的; 设 $\varphi: I\times J\to D$ 是 D 中从 γ_1 到 γ_2 的一个同伦, 这里 $J=[c,d]$. 我们开始把 I (及 J) 分成有限个子区间 $[a_h,a_{h+1}](0\leqslant h\leqslant n-1)$ (及 $[c_k,c_{k+1}](0\leqslant k\leqslant m-1)$), 使得矩形 $[a_h,a_{h+1}]\times[c_k,c_{k+1}]$ 的像 $\varphi(R_{hk})$ 完全包含在心是 z_{hk} 的一个圆盘 $\Delta_{hk}\subset D$ 中; 在 Δ_{hk} 中, f 可展开成 $z-z_{hk}$ 的幂级数, 从而 (第六章, 6.5) 在 Δ_{hk} 中有一原函数 (图 28).

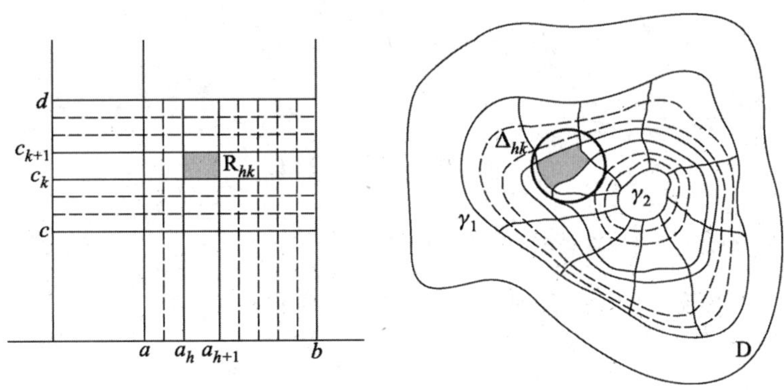

图 28

然后考虑矩形 R_{hk} 的四个顶点, 由 φ 作出的四顶点的像是 Δ_{hk} 中的四点, 把这四点用 Δ_{hk} 中四条直线段连接起来 (图 29):

β_{hk} 起点是 $u_{hk}=\varphi(a_h,c_k)$, 终点是 $u_{h,k+1}=\varphi(a_h,c_{k+1})$;

$\beta_{h+1,k}$ 起点是 $u_{h+1,k}=\varphi(a_{h+1},c_k)$, 终点是 $u_{h+1,k+1}=\varphi(a_{h+1},c_{k+1})$;

$\alpha_{h,k}$ 起点是 u_{hk}, 终点是 $u_{h+1,k}$;

$\alpha_{h,k+1}$ 起点是 $u_{h,k+1}$, 终点是 $u_{h+1,k+1}$.

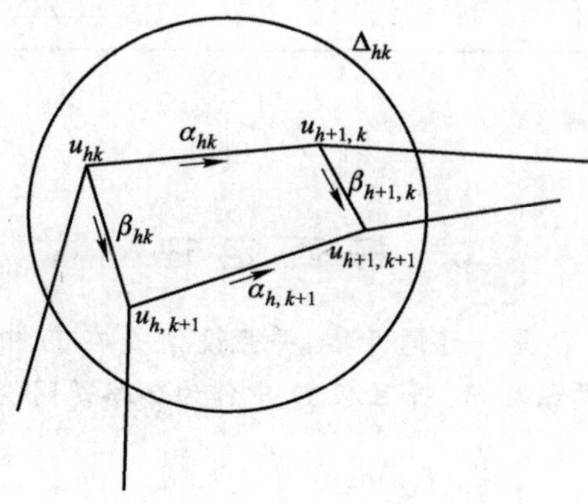

图 29

把 (3.2) 中的结果应用到环路

$$\alpha_{hk} \vee \beta_{h+1,k} \vee \alpha^0_{h,k+1} \vee \beta^0_{hk}$$

就得到

$$\int_{\beta_{hk}} f(z)dz + \int_{\alpha_{h,k+1}} f(z)dz = \int_{\alpha_{hk}} f(z)dz + \int_{\beta_{h+1,k}} f(z)dz. \tag{5.1.3}$$

现在注意互相衔接的道路 $\alpha_k = \alpha_{0,k} \vee \alpha_{1,k} \vee \cdots \vee \alpha_{n-1,k}$ 是 D 中的一条环路 (因 φ 是环路的一个同伦映射); 由于同样的理由, 我们有 $\beta_{0,k} = \beta_{n,k}$. 把 n 个关系式 (5.1.3) 的左边和右边分别相加, 我们得到

$$\int_{\alpha_k} f(z)dz = \int_{\alpha_{k+1}} f(z)dz, \tag{5.1.4}$$

由此特别得

$$\int_{\alpha_0} f(z)dz = \int_{\alpha_m} f(z)dz. \tag{5.1.5}$$

同样可证明 $\int_{\alpha_0} f(z)dz = \int_{\gamma_1} f(z)dz$ 以及 $\int_{\alpha_m} f(z)dz = \int_{\gamma_2} f(z)dz$. 证完.

(5.2) 如果 D 是单连通区域, D 中任何解析函数在 D 中有原函数.

这结果是由 (5.1) 及 (3.2) 导出的.

6. 点关于环路的指标

(6.1) 设 $\gamma : \mathrm{I} = [c,d] \to \mathbb{C}$ 是 $\mathbb{C}$ 中的一个环路, 并且设 a 是 $\mathbb{C}$ 中不属于 $\gamma(\mathrm{I})$ 的一点. 那么数

$$j(a;\gamma) = \frac{1}{2\pi i}\int_{\gamma} \frac{dz}{z-a} \tag{6.1.1}$$

是一 (正或负) 整数.

对于任何 $t\in \mathrm{I}$, 令 $h(t)=\int_c^t \frac{\gamma'(s)ds}{\gamma(s)-a}$, 于是 $2\pi i j(a;\gamma)=h(d)$. 由于 h 是一个分段连续函数的原函数, 除去 t 是 I 中有限个点外, 我们有 $h'(t)=\frac{\gamma'(t)}{\gamma(t)-a}$. 令

$$g(t)=e^{-h(t)}(\gamma(t)-a).$$

根据上面的计算, 除去 t 是 I 中有限个点外, 我们有

$$g'(t)=-h'(t)e^{-h(t)}(\gamma(t)-a)+\gamma'(t)e^{-h(t)}=0.$$

于是连续函数 g 在 I 中是常数, 并且特别有 $g(c)=g(d)$. 但是 $h(c)=0$, 因此

$$g(c)=\gamma(c)-a,$$

从而

$$e^{-h(d)}(\gamma(d)-a)=\gamma(c)-a.$$

由假设, γ 是一环路, 于是 $\gamma(d)=\gamma(c)$, 并且对于复数 $h(d)$, 有关系式 $e^{-h(d)}=1$. 根据第六章, 8.5, 由此得: 对于一个 $n\in\mathbb{Z}, h(d)=2n\pi i$.

这样确定的整数 $j(a;\gamma)$ 叫做 a 关于环路 γ 的指标; 我们要记得它只是对于 $a\notin\gamma(\mathrm{I})$ 确定的. 我们要看到这个数是确切的数学概念, 它与 "环路 γ 环绕 a 的次数" 这一直观想法相对应.

由定义 (6.1.1) 及公式 (2.2.1) 与 (2.2.2), 显然有

(6.1.2) $$j(a;\gamma^0)=-j(a;\gamma),$$

(6.1.3) $$j(a;\gamma_1\vee\gamma_2)=j(a;\gamma_1)+j(a;\gamma_2),$$

这里 γ,γ_1,γ_2 是环路, 它们的像不包含 a, 并且设 γ_1 及 γ_2 有相同的起点 (于是 $\gamma_1\vee\gamma_2$ 也是有相同起点的环路).

(6.2) 设 a 是 $\mathbb{C}$ 中一点, γ_1,γ_2 是 $\mathbb{C}-\{a\}$ 中两环路, 而且作为环路在 $\mathbb{C}-\{a\}$ 中同伦; 那么我们有 $j(a;\gamma_1)=j(a;\gamma_2)$.

把柯西定理 (5.1) 应用到 $\mathbb{C}-\{a\}$ 中的解析函数 $1/(z-a)$, 可立即得到这一推论.

(6.3) 设 γ 是 $\mathbb{C}$ 中的环路; 对于包含在 $\mathbb{C}-\gamma(\mathrm{I})$ 中的任何连通开集 D, 函数 $z\to j(z;\gamma)$ 是常数.

只须证明: 对于任何 $z_0\in \mathrm{D}$, 在 D 中包含的任何开圆盘 $\Delta:|z-z_0|<r(r>0)$ 中, 我们有 $j(z;\gamma)=j(z_0;\gamma)$. 事实上, 这样就证明了函数 $z\to j(z;\gamma)$ 在 D 中局部是常数; 由于 D 是连通的, 这函数在 D 中是常数 (预篇, 5.9). 因此我们要证明: 包含在 D 中、并且心是 z_0 的任何开圆盘 Δ 中, 我们有 $j(z;\gamma)=j(z_0;\gamma)$.

为此, 用 γ_1 表示环路 $t \to \gamma(t)-(z-z_0)$, 注意到我们有

$$j(z;\gamma)=\frac{1}{2\pi i}\int_\gamma \frac{du}{u-z}=\frac{1}{2\pi i}\int_{\gamma_1}\frac{du}{u-z_0}=j(z_0;r_1).$$

而由于同伦映射

$$\varphi(t,s)=\gamma(t)-s(z-z_0)\quad (0\leqslant s\leqslant 1),$$

作为环路, γ_1 在 $\mathbb{C}-\{z_0\}$ 中与 γ_1 是同伦的. 事实上, 要是我们有 $\varphi(t,s)=z_0$, 对于 $t\in \mathrm{I}$ 及一个 $s\in[0,1]$, 就会有 $\gamma(t)=sz+(1-s)z_0$. 可是点 $sz+(1-s)z_0$ 属于 Δ, 而由假设, $\gamma(\mathrm{I})$ 与 Δ 不相交. 现在只须应用 (6.2).

(6.4) 设 $\varepsilon_n: t\to e^{nit}(0\leqslant t\leqslant 2\pi)$ 是 “绕过 n 次的圆” (1.2.1) (n 是正或负整数). 对于满足 $|z|<1$ 的任何 z, 我们有 $j(z;\varepsilon_n)=n$, 而对于满足 $|z|>1$ 的任何 z, 我们有 $j(z;\varepsilon_n)=0$.

单位圆盘 $|z|<1$ 及单位圆盘的外部 $|z|>1$ 是与单位圆 $|z|=1$ 不相交的连通开集 (预篇, 5.8). 因此只须证明: 对于单位圆盘中一点 $z_0, j(z_0;\varepsilon_n)=n$, 而对于这圆盘外一点 $z_1, j(z_1;\varepsilon_n)=0$. 如果取 $z_0=0$, 我们有

$$j(0;\varepsilon_n)=\frac{1}{2\pi i}\int_{\varepsilon_n}\frac{du}{u}=\frac{1}{2\pi i}\int_0^{2\pi}\frac{nie^{nit}dt}{e^{nit}}=n.$$

另一方面, 对于 $|z_1|>1, z_1$ 不包含在开圆盘 $|z|<|z_1|$ 内, 而单位圆盘却包含在这圆盘内. 由于已知开圆盘是单连通的 (4.4), 关于 z_1 的论断可由下列更一般的结果导出:

(6.5) 设 $\mathrm{D}\subset\mathbb{C}$ 是一个单连通区域, 并且如果 γ 是包含在 D 中的一条环路. 那么对于任何点 $a\notin \mathrm{D}$, 我们有 $j(a;\gamma)=0$.

事实上, $z\to\dfrac{1}{z-a}$ 在 D 中解析. 于是由柯西定理 (5.1) 及指标的定义 (6.1) 导出上列结论.

(6.6) 指标计算法. 在许多情形下, 下列方法可以作为计算指标的实用方法. 由于可用平移, 可以只考虑 $a=0$ 情形 (当然 $0\notin\gamma(\mathrm{I})$). 还设实数轴 $\mathfrak{I}z=0$ 只与 $\gamma(\mathrm{I})$ 在有限个点相交. 令 $\gamma(t)=u(t)+iv(t)$, 这里 $u(t)$ 及 $v(t)$ 是实数值函数. 在 I 中有有限个点

$$t_1<t_2<\cdots<t_N,$$

在这些点处, v 改变符号. 设 $\mathrm{I}=[t_1,t_N]$, 使得 $\gamma(t_1)=\gamma(t_N)$, 并且在 I 中, $\gamma(t)\neq 0$. 然后把 γ 开拓到整个 $\mathbb{R}$ 中, 成为周期是 t_N-t_1 的周期函数. 点 $t_k(1\leqslant k\leqslant N)$ 可分成四个集:

M_1: 我们有 $u(t_k)>0$, 并且当 t 按增大的方向通过 t_k 时, $v(t)$ 由 $-$ 号变成 $+$ 号;

M_2: 我们有 $u(t_k)>0$, 并且当 t 按增大的方向通过 t_k 时, $v(t)$ 由 $+$ 号变成 $-$ 号;

M_3: 我们有 $u(t_k) < 0$, 并且当 t 按增大的方向通过 t_k 时, $v(t)$ 由 + 号变成 − 号;

M_4: 我们有 $u(t_k) < 0$, 并且当 t 按增大的方向通过 t_k 时, $v(t)$ 由 − 号变成 + 号 (图 30).

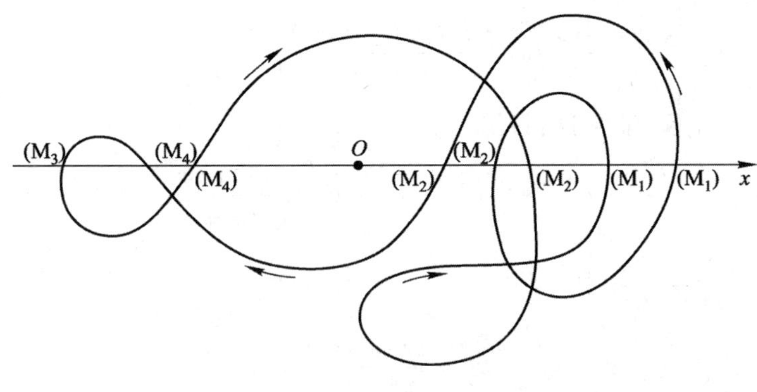

图 30

我们注意 t_1 及 t_N 属于同一集 M_k, 并且 N 是奇数; 因为当 h 充分小时, 对于 $t = t_1 - h$ 及 $t = t_N + h, v$ 有不同的符号, 而且改变过符号 N 次. 于是对于满足 $1 \leqslant k \leqslant N$ 的任何整数 k, 确定一个数

$$\begin{cases} \delta_k = +1, & \text{如果 } t_k \in M_1, \quad \text{或 } t_k \in M_3; \\ \delta_k = -1, & \text{如果 } t_k \in M_2, \quad \text{或 } t_k \in M_4. \end{cases} \tag{6.6.1}$$

(直观地说, 如果在 t_k 的邻域中, δ_k 是正的, $\gamma(t)$ 环绕 0 "作正向转动"; 如果 δ_k 是负的, 转向正好相反.) 于是我们有

$$j(0;\gamma) = \frac{1}{2}\sum_{k=1}^{N-1} \delta_k. \tag{6.6.2}$$

证明是容易的: 在积分

$$j(0,\gamma) = \frac{1}{2i\pi}\int_{t_1}^{t_N} \frac{\gamma'(t)dt}{\gamma(t)} \tag{6.6.3}$$

中, 把积分区间用点 $t_k(2 \leqslant k \leqslant N-1)$ 作出分划. 例如设 $t_k \in M_2$; 由定义, 对于

$$t_k < t < t_{k+1},$$

我们有 $v(t) < 0$, 并且不可能有 $t_{k+1} \in M_1$ 或 $t_{k+1} \in M_4$. 因此对于 $t_k \leqslant t \leqslant t_{k+1}$, 可写出 $u(t) + iv(t) = \sqrt{u^2(t) + v^2(t)}e^{i\theta(t)}$, 这里 $\theta(t)$ 是一个确定的可导函数, 它在 $[-\pi, 0]$ 中取值, 对于 $t = t_k$ 取值 0; 至于对于 $t = t_{k+1}$, 当 $t_{k+1} \in M_1$ 时取值 0, 当

$t_{k+1} \in \mathrm{M}_4$ 时取值 $-\pi$. 另一方面, 可以只计算积分

$$\frac{1}{2i\pi}\int_{t_k}^{t_{k+1}}\frac{\gamma'(t)dt}{\gamma(t)}$$

的实部, 即

(6.6.4)
$$\frac{1}{2\pi}\int_{t_k}^{t_{k+1}}\frac{u(t)v'(t)-v(t)u'(t)}{u^2(t)+v^2(t)}dt.$$

但由初等的导数计算, 证明我们有

$$u'+iv'=e^{i\theta}\left(i\theta'\sqrt{u^2+v^2}+\frac{uu'+vv'}{\sqrt{u^2+v^2}}\right)$$

并且由 $e^{-i\theta}=\dfrac{u-iv}{\sqrt{u^2+v^2}}$, 就得到

(6.6.5)
$$\theta'=\frac{uv'-vu'}{u^2+v^2};$$

代入 (6.6.4), 我们有

$$\mathcal{R}\left(\frac{1}{2i\pi}\int_{t_k}^{t_{k+1}}\frac{\gamma'(t)dt}{\gamma(t)}\right)=\frac{1}{2\pi}(\theta(t_{k+1})-\theta(t_k)),$$

最后得到表达式 $\dfrac{1}{4}(\delta_k+\delta_{k+1})$. 其他情形同样计算, 于是求得公式 (6.6.2).

应用环绕原点的旋转, 可立即把已考虑过的情形, 转移到过 0 的任一直线 L 的情形, 但要求 L 与 $\gamma(\mathrm{I})$ 只有有限个交点.

一种有意义的情形是正实半轴 $\mathbb{R}_+ : \mathfrak{I}z=0, \mathcal{R}z\geqslant 0$ 与 $\gamma(\mathrm{I})$ 只相交于一点情形 (或由此通过旋转导出的情形); 可设这交点与 $t=t_1$ 及 $t=t_N$ 相对应. 于是根据前面的定义, 其他 $t_j(2\leqslant j\leqslant N-1)$ 共有偶数个. 例如如果 $t_1\in\mathrm{M}_1$, 那么必然有 $t_2\in\mathrm{M}_3$. 至于其余的 $t_j(2\leqslant j\leqslant N-1)$, 当 j 是偶数时在 M_3 中, 当 j 是奇数时在 M_4 中; 因此这些点在 (6.6.2) 中给出的值是 $\dfrac{1}{2}$, 从而我们有

(6.6.6)
$$j(0;\gamma)=1.$$

如果有 $t_1\in\mathrm{M}_2$, 同样可证明 $j(0;\gamma)=-1$.

7. 柯西公式

(7.1) (柯西公式) 设 $\mathrm{D}\subset\mathbb{C}$ 是一个单连通区域, 并且设 γ: $\mathrm{I}\to\mathrm{D}$ 是 D 中的一条环路 (图 31). 那么对于任何 D 中的解析函数 f 及任何点 $x\in\mathrm{D}-\gamma(\mathrm{I})$, 我们有

(7.1.1)
$$j(x;\gamma)f(x)=\frac{1}{2\pi i}\int_\gamma\frac{f(z)dz}{z-x}.$$

用下列条件确定在 D 中的函数 $g(z)$:

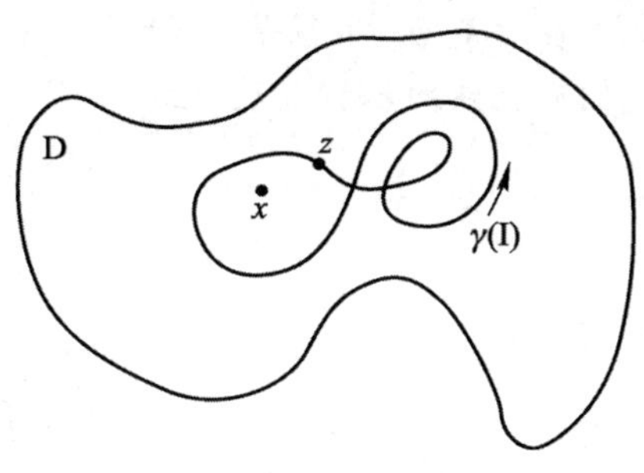

图 31

(7.1.2) $$\begin{cases} g(z) = \dfrac{f(z)-f(x)}{z-x} & \text{对于 } z \neq x, \\ g(x) = f'(x), \end{cases}$$

并且要证明这函数在 D 中解析. 对于 $z \neq x$, 这是明显的 (第六章, 8.2); 还只要考察在 x 的一个邻域中的情况. 设 $\Delta : |z-x| < r$ 是包含在 D 中的一个圆盘, 在这圆盘中泰勒级数

$$f(z) = f(x) + \frac{f'(x)}{1!}(z-x) + \cdots + \frac{f^{(n)}(x)}{n!}(z-x)^n + \cdots$$

收敛 (第六章, 6.3). 定义 (7.1.2) 表明: 对于任何 $z \in \Delta, g(z)$ 是收敛的 $z-x$ 的幂级数

$$f'(x) + \frac{f''(x)}{2!}(z-x) + \cdots + \frac{f^{(n)}(x)}{n!}(z-x)^{n-1} + \cdots$$

的和, 因此 g 在 D 中解析. 因为 D 是单连通的, 由柯西定理 (5.1), 我们有 $\int_\gamma g(z)dz = 0$. 又因 $x \notin \gamma(\mathrm{I})$, 由此得 $\int_\gamma \frac{f(z)-f(x)}{z-x}dz = 0$, 从而

$$\int_\gamma \frac{f(z)dz}{z-x} = f(x)\int_\gamma \frac{dz}{z-x} = 2\pi i j(x;\gamma)f(x).$$

当 $j(x;\gamma) \neq 0$ 时, 柯西公式特别有意义: 例如如果 D 包含一个闭圆盘 $|z-a| \leqslant r$, 那么对于有相同圆心和相同半径的开圆盘 $|x-a| < r$ 中任何点 x,

(7.1.3) $$f(x) = \frac{1}{2\pi i}\int_\gamma \frac{f(z)dz}{z-x},$$

这里 γ 是在 $[0, 2\pi]$ 中确定的环路 $t \to a + re^{it}$. 因此当已知 f 在圆周 $|x-a| = r$ 上的值时, 就有了给出 f 在圆盘 $|x-a| < r$ 中的值的公式.

反过来, (7.1.1) 右边那种类型的积分是参变数 x 的解析函数. 更一般地:

(7.2) 设 $\gamma : \mathrm{I} = [b, c] \to \mathbb{C}$ 是 $\mathbb{C}$ 中的一条道路, 并且设 $g : \gamma(\mathrm{I}) \to \mathbb{C}$ 是确定在 $\gamma(\mathrm{I})$ 上的连续函数 (不设 g 在集 $\gamma(\mathrm{I})$ 以外有定义, 更加不设 g 是解析函数). 那么函数

(7.2.1) $$f(z) = \int_\gamma \frac{g(u)du}{u-z}$$

在集 $\mathbb{C} - \gamma(\mathrm{I})$ 中确定, 并且是解析的. 准确地说, 对于任何点 $a \in \mathbb{C} - \gamma(\mathrm{I})$, 如果对于任何整数 $n \geqslant 0$, 令

(7.2.2) $$c_n = \int_\gamma \frac{g(u)du}{(u-a)^{n+1}},$$

那么在心是 a、半径是 a 到闭集 $\gamma(\mathrm{I})$ 的距离 $d(a,\gamma(\mathrm{I}))$ 的任何开圆盘中 (预篇, 5.6), 我们有收敛的幂级数展开式

$$f(z)=\sum_{n=0}^{\infty}c_n(z-a)^n, \tag{7.2.3}$$

我们还有

$$f^{(n)}(a)=n!c_n=n!\int_{\gamma}\frac{g(u)du}{(u-a)^{n+1}}. \tag{7.2.4}$$

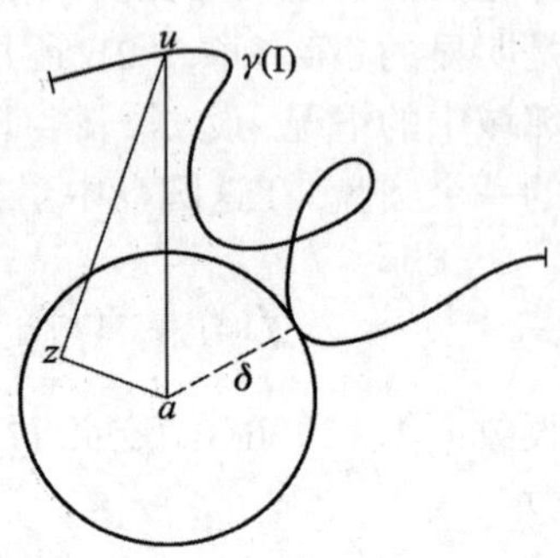

图 32

令 $\delta=d(a,\gamma(\mathrm{I}))>0$, 并且设 $|z-a|=q\delta$, 这里 $0\leqslant q<1$. 由定义, 我们有

$$\delta=\inf_{u\in\gamma(\mathrm{I})}|u-a|,$$

于是对于任何 $u\in\gamma(\mathrm{I})$, 我们有 $|u-a|\geqslant\delta$; 从而对于任何 $u\in\gamma(\mathrm{I}),\left|\dfrac{z-a}{u-a}\right|\leqslant q<1$ (图 32). 因此对于任何 $u\in\gamma(\mathrm{I})$, 可以写出

$$\frac{1}{u-z}=\frac{1}{(u-a)\left(1-\dfrac{z-a}{u-a}\right)}=\sum_{n=0}^{\infty}\frac{(z-a)^n}{(u-a)^{n+1}}, \tag{7.2.5}$$

这里级数是收敛的, 级数各项有上界如下: 对于 $n\geqslant 0$,

$$\left|\frac{(z-a)^n}{(u-a)^{n+1}}\right|\leqslant\frac{q^n}{\delta}. \tag{7.2.6}$$

由定义, 我们有

$$f(z)=\int_b^c\frac{g(\gamma(t))\gamma'(t)dt}{\gamma(t)-z}=\int_b^c g(\gamma(t))\gamma'(t)\left(\sum_{n=0}^{\infty}\frac{(z-a)^n}{(\gamma(t)-a)^{n+1}}\right)dt,$$

并且不等式 (7.2.6) 表明, 当 t 在 $[b,c]$ 中取值时, 被积级数是正规收敛的 (第五章, 2.5). 事实上, 既然在 $[b,c]$ 中, g 是连续的, γ' 是分段连续的, 那么存在着一个数 M, 使得对于任何 $t\in\mathrm{I}$,

$$|g(\gamma(t))\gamma'(t)|\leqslant M,$$

从而对于任何 $t\in\mathrm{I}$,

$$\left|g(\gamma(t))\gamma'(t)\frac{(z-a)^n}{(\gamma(t)-a)^{n+1}}\right|\leqslant M\frac{q^n}{\delta};$$

这样就证明了上述论断. 应用第五章, 3.5, 就得到收敛的级数展开式, 即 (7.2.3):

$$f(z)=\sum_{n=0}^{\infty}(z-a)^n\int_b^c\frac{g(\gamma(t))\gamma'(t)dt}{(\gamma(t)-a)^{n+1}}.$$

如果在 $\gamma(\mathrm{I})$ 上, $|g(u)| \leqslant M$, 由 (7.2.2) 可导出系数 c_n 的上界:

$$|c_n| \leqslant \frac{ML}{\delta^{n+1}},$$

这里 L 是 "曲线" $\gamma(\mathrm{I})$ 的长度 (参看 (2.1.3)).

结合 (7.2) 及柯西公式 (7.1), 可以解答第六章, 5.2 中自然提出的问题:

(7.3) 如果函数 f 在开集 D 中解析, 那么对于任何点 $a \in \mathrm{D}$, 在心是 a、半径等于 a 到 $\mathbb{C}-\mathrm{D}$ 的距离的整个开圆盘中 (换句话说, 在整个包含在 D 内、心是 a 的最大开圆盘中), f 在点 a 的泰勒级数收敛, 并且有和 $f(z)$.

如果 $0 < r < d(a, \mathbb{C}-\mathrm{D})$, 事实上可在开圆盘 $|z-a| < r$ 中应用柯西公式 (7.1.1): 在 $0 \leqslant t \leqslant 2\pi$ 中, 取 $\gamma: t \to a + re^{it}$, 就得到 $j(z;r) = 1$ (6.4). 应用 (7.2), 我们得到 f 的 $z-a$ 的幂级数展开式, 这级数在 $|z-a| < r$ 中收敛. 已知 (第六章, 6.3) 这展开式必然是泰勒级数, 并且由于 r 可与 $d(a, \mathbb{C}-\mathrm{D})$ 任意接近, 命题得证.

在第八章中我们将要看到: 如果对 D 或 f 不作补充假设, 包含在 D 内的、心是 a 的最大开圆盘一般比 f 在点 a 的泰勒级数的收敛圆盘小 (换句话说, 后一圆盘 "超出了" D 的范围).

命题 7.3 有下列推论:

(7.4) 如果 f 是整函数, 它在 $\mathbb{C}$ 中任何点的泰勒级数在整个 $\mathbb{C}$ 中收敛.

注释 (7.5) 如果把公式 (7.2.4) 应用到 (7.1) 中的情形, 可以看出: 在 (7.1) 中的假设下, 我们不仅有公式 (7.1.1), 而且对于任何整数 $n \geqslant 1$, 对于任何 $x \notin \gamma(\mathrm{I})$, 还有

$$j(x;\gamma) f^{(n)}(x) = \frac{n!}{2\pi i} \int_\gamma \frac{f(z)dz}{(z-x)^{n+1}}; \tag{7.5.1}$$

换句话说, 在使 $j(x;\gamma) \neq 0$ 的点 x 处, 不但 f 的值, 而且它的所有导数的值都可由 f 在集 $\gamma(\mathrm{I})$ 中的值明显确定.

(7.6) 考虑变数的复数值使我们能了解在只考虑单实变函数时令人惊奇的一些现象. 例如考虑函数 $f(z) = \dfrac{1}{1+z^2}$. 如果 z 只取实数值, 这是在整个 $\mathbb{R}$ 中确定的一个连续函数, 并且对于每点 $a \in \mathbb{R}$, 在心是 a 的一个开区间中, $f(x)$ 是一个 $x-a$ 的幂级数的和, 即 f 在点 a 的泰勒级数的和. 可是对于任何点 $a \in \mathbb{R}$, 这级数不可能在整个 $\mathbb{R}$ 中收敛. 假定有一个这样的级数在整个 $\mathbb{R}$ 中收敛, 那么由阿贝尔引理, 它也应在整个 $\mathbb{C}$ 中收敛, 并且它的和应是一个整函数 $g(z)$. $g(z)$ 与 $f(z)$ 在 $\mathbb{R}$ 中一个区间中相等, 从而在 f 是解析的连通开集 $\mathbb{C}-\{i,-i\}$ 中, $g(z)$ 与 $f(z)$ 相等 (第六章, 7.4). 可是这是荒谬的, 因为当 z 在 $\mathbb{C}-\{i,-i\}$ 中趋近于 i 或 $-i$ 时, $|f(z)|$ 趋向于 $+\infty$, 而 g 却应在 i 及 $-i$ 连续. 实变函数 $\dfrac{1}{1+x^2}$ 在 $\mathbb{R}$ 中任何点是解析的; 可是它的泰勒级数有上述表现的原因是: 它不能开拓成一个复变数整函数 (即在 $\mathbb{C}$ 中任何点解析的函数). 函数 $f(z)$ 有在第八章中要讲到的奇点 $\pm i$; 当只考虑变数的实值时, 这些点显然不会出现.

8. 柯西不等式. 刘维尔定理

(8.1) (柯西不等式). 设 f 是开集 $\mathrm{D} \subset \mathbb{C}$ 中的解析函数; 设 a 是 D 中一点, $\Delta : |z-a| \leqslant r$ 是包含在 D 中的一个闭圆盘, 并且设 M 是 $|f(z)|$ 在 Δ 的边界即圆 $\Gamma : |z-a| = r$ 上的上确界. 那么对于任何整数 $n \geqslant 0$, 我们有

(8.1.1)
$$|f^{(n)}(a)| \leqslant \frac{n!M}{r^n},$$

这里约定令 $f^{(0)} = f$.

事实上, 应用公式 (7.5.1), 取下列环路作为 γ:

$$t \to a + re^{it}(0 \leqslant t \leqslant 2\pi) \quad 并取\ x = a;$$

于是得

$$f^{(n)}(a) = \frac{n!}{2\pi r^n} \int_0^{2\pi} f(a + re^{it}) e^{-nit} dt,$$

并且由于 $|e^{-nit}| = 1$, 不等式 (8.1.1) 可立即由中值定理 (第一章, 3.3.2) 推出.

由此导出下列定理.

(8.2) (刘维尔定理) 在整个 $\mathbb{C}$ 中有界的整函数必然是常数.

事实上, 设 $f(z) = \sum\limits_{n=0}^{\infty} c_n z^n$ 是一整函数, 这里的幂级数在整个 $\mathbb{C}$ 中收敛 (7.4). 如果对于任何 $z \in \mathbb{C}, |f(z)| \leqslant M$, 我们可应用 (8.1.1), 取 Δ 为心是 0、半径 r 任意大的一个开圆盘; 于是对于任何 $n \geqslant 1$,

$$|c_n| \leqslant M.r^{-n}.$$

可是当 r 趋向于 $+\infty$ 时, 上式右边趋近于 0 (因 $n \geqslant 1$), 而且由于上式左边与 r 无关, 从而对于 $n \geqslant 1$, 必然有 $c_n = 0$, 因此在 $\mathbb{C}$ 中, $f(z) = c_0$.

注释 (8.3) 当我们只用实变数时, 还是没有任何与 (8.1) 或 (8.2) 相类似的结果. 例如整函数 $\sin kz$ 对于任何实数 x, 满足 $|\sin kx| \leqslant 1$, 可是它的导数 (在 $\mathbb{R}$ 中) 没有上界只与函数在 $\mathbb{R}$ 中的上确界有关; 另一方面, 这函数在 $\mathbb{R}$ 中有界, 可是不是常数.

9. 柯西条件

值得注意的是: 只是连续可导的这一事实就足以刻画单复变数解析函数:

(9.1) 在开集 $\mathrm{D} \subset \mathbb{C}$ 中确定、并且连续可导的任何复值函数在 D 中解析 (从而在 D 中无穷可导).

设 f 在 D 中连续可导. 要证明对于包含在 D 中的任何闭圆盘 $\Delta : |z-a| \leqslant r$ (图 33), $f(z)$ 在开圆盘 $|z-a| < r$ 中等于一个收敛的 $z-a$ 的幂级数之和. 如果考虑环路 $\gamma : t \to a + re^{it}(0 \leqslant t \leqslant 2\pi)$, 由 (7.2), 只须证明对于开圆盘 $|z-a| < r$ 中的 z,

我们有

$$f(z)=\frac{1}{2\pi i}\int_{\gamma}\frac{f(u)du}{u-z}. \tag{9.1.1}$$

为此, 对于 $0\leqslant\lambda\leqslant 1$, 令

$$g(\lambda)=\frac{1}{2\pi i}\int_{\gamma}\frac{f(z+\lambda(u-z))}{u-z}du \tag{9.1.2}$$

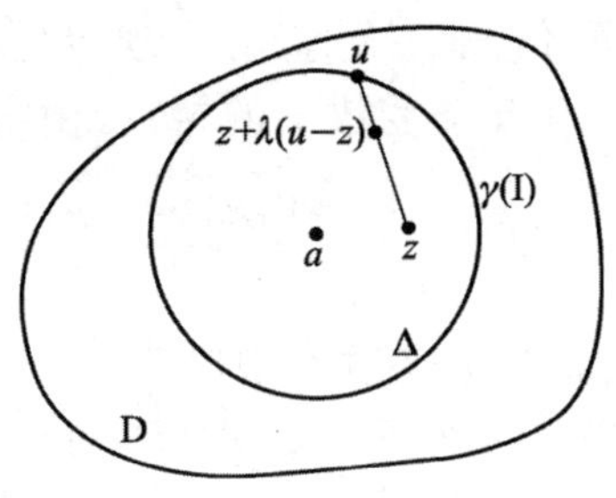

图 33

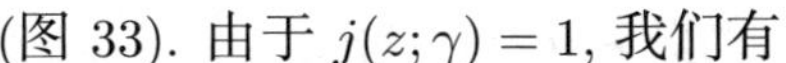
(图 33). 由于 $j(z;\gamma)=1$, 我们有

$$g(1)=\frac{1}{2\pi i}\int_{\gamma}\frac{f(u)du}{u-z},\quad g(0)=\frac{1}{2\pi i}\int_{\gamma}\frac{f(z)du}{u-z}=f(z)\cdot\frac{1}{2\pi i}\int_{\gamma}\frac{du}{u-z}=f(z).$$

要证明 (9.1.1), 只须证明 g 在 $[0,1]$ 中是常数.

$g(\lambda)$ 可写成

$$g(\lambda)=\frac{r}{2\pi}\int_{0}^{2\pi}\frac{f(z+\lambda(a+re^{it}-z))}{a+re^{it}-z}e^{it}dt.$$

由含参变数的积分的性质以及关于 f 的可导性的假设, 可见 g 在闭区间 $[0,1]$ 中连续, 并且在开区间 $]0,1[$ 中可导, 它的导数可由积分号下求导数的公式求得 (预篇, 4.6.4):

$$g'(\lambda)=\frac{r}{2\pi}\int_{0}^{2\pi}f'(z+\lambda(a+re^{it}-z))e^{it}dt. \tag{9.1.3}$$

可是注意到我们有

$$\frac{\partial}{\partial t}(f(z+\lambda(a+re^{it}-z)))=i\lambda re^{it}f'(z+\lambda(a+re^{it}-z)).$$

因此由 (9.1.3) 得: 对于 $0<\lambda<1$,

$$g'(\lambda)=\frac{1}{2\pi i\lambda}f(z+\lambda(a+re^{it}-z))\Big|_{0}^{2\pi}=0,$$

这表明 g 在开区间 $]0,1[$ 中是常数, 并且由于它在闭区间 [0,1] 中连续, 于是有 $g(0)=g(1)$. 证完.

(9.2) 在这里还注意单复变函数与单实变函数的不同表现. 一个单实变函数可能连续可导, 可是却没有二阶导数; 函数 $x|x|$ 作为例子就表明了这一点.

(9.3) 在开集 $\mathrm{D}\subset\mathbb{C}$ 中确定的任何复值 (解析或否) 函数可写成

$$f(x+iy)=\mathrm{P}(x,y)+i\mathrm{Q}(x,y), \tag{9.3.1}$$

这里 P 及 Q 是在 D 中确定的两个实值函数, 并且相反地, 对于任何一对这样的函数, 公式 (9.3.1) 就确定 D 中一个复值函数. 说 f 在 D 中连续, 与说 P 及 Q 在 D 中连续

等价. 设 f 是连续的, 现在要求 P 及 Q 要满足什么条件, 函数 f 在一点 $z_0 = x_0 + iy_0$ 有关于复变数 z 的导数. 由定义 (第六章, 6.1), 考虑表示式

$$\frac{\mathrm{P}(x_0+s, y_0+t) + i\mathrm{Q}(x_0+s, y_0+t) - \mathrm{P}(x_0, y_0) - i\mathrm{Q}(x_0, y_0)}{s+it}; \tag{9.3.2}$$

当 (s,t) 在 $\mathbb{R}^2$ 中保持 $\neq (0,0)$, 但趋近于 (0,0) 时, 上列表示式必须趋近于一极限, 并且特别当 (s,t) 沿着每条通过原点的直线 $\alpha s + \beta t = 0$ 趋近于 (0,0) 时, 上列表示式必须趋近于同一极限. 现取两个坐标轴作为这种曲线: 如果在 (9.3.2) 中令 $t=0$, 当 s 趋近于 0 时, 既然此式必须有极限, 于是偏导数 $\frac{\partial \mathrm{P}}{\partial x}(x_0, y_0)$ 及 $\frac{\partial \mathrm{Q}}{\partial x}(x_0, y_0)$ 必须存在, 而且 (9.3.2) 的极限值是

$$\frac{\partial \mathrm{P}}{\partial x}(x_0, y_0) + i\frac{\partial \mathrm{Q}}{\partial x}(x_0, y_0). \tag{9.3.3}$$

同样, 如果在 (9.3.2) 中令 $s=0$, 当 t 趋近于 0 时, 偏导数 $\frac{\partial \mathrm{P}}{\partial y}(x_0, y_0)$ 及 $\frac{\partial \mathrm{Q}}{\partial y}(x_0, y_0)$ 必须存在, (9.3.2) 的极限是

$$-i\frac{\partial \mathrm{P}}{\partial y}(x_0, y_0) + \frac{\partial \mathrm{Q}}{\partial y}(x_0, y_0). \tag{9.3.4}$$

比较上列求得的两值, 可见 P 及 Q 的偏导数必须满足柯西条件

$$\frac{\partial \mathrm{P}}{\partial x}(x_0, y_0) = \frac{\partial \mathrm{Q}}{\partial y}(x_0, y_0), \quad \frac{\partial \mathrm{P}}{\partial y}(x_0, y_0) = -\frac{\partial \mathrm{Q}}{\partial x}(x_0, y_0). \tag{9.3.5}$$

反过来有:

(9.4) *设函数 P 及 Q 在 D 中有连续的一阶偏导数, 并且这些偏导数在 D 中恒等地满足柯西条件*

$$\frac{\partial \mathrm{P}}{\partial x} = \frac{\partial \mathrm{Q}}{\partial y}, \quad \frac{\partial \mathrm{P}}{\partial y} = -\frac{\partial \mathrm{Q}}{\partial x}, \tag{9.4.1}$$

那么函数 $f(x+iy) = \mathrm{P}(x,y) + i\mathrm{Q}(x,y)$ 在 D 中解析.

只须证明在任何点 (x_0, y_0), (9.3.2) 的极限存在: 于是函数 $f(z)$ 在 D 中任何点有导数, 并且这导数的表达式 (9.3.3), 连同 P 及 Q 的偏导数连续这一假设, 就表明了 $f'(z)$ 在 D 中连续. 这样可应用 (9.1) 得到结论.

考虑差式

$$\begin{aligned}\mathrm{F}(s,t) = {} & \mathrm{P}(x_0+s, y_0+t) + i\mathrm{Q}(x_0+s, y_0+t) - \mathrm{P}(x_0, y_0) \\ & - i\mathrm{Q}(x_0, y_0) - (s+it)\left(\frac{\partial \mathrm{P}}{\partial x}(x_0, y_0) + i\frac{\partial \mathrm{Q}}{\partial x}(x_0, y_0)\right).\end{aligned}$$

我们有

$$\mathcal{R}\mathrm{F}(s,t) = \mathrm{P}(x_0+s, y_0+t) - \mathrm{P}(x_0, y_0) - s\frac{\partial \mathrm{P}}{\partial x}(x_0, y_0) + t\frac{\partial \mathrm{Q}}{\partial x}(x_0, y_0).$$

由柯西条件, 上式可写成

$$\mathcal{R}\mathrm{F}(s,t)=\mathrm{P}(x_0+s,y_0+t)-\mathrm{P}(x_0,y_0)-s\frac{\partial \mathrm{P}}{\partial x}(x_0,y_0)-t\frac{\partial \mathrm{P}}{\partial y}(x_0,y_0),$$

同样, 我们有

$$\mathfrak{I}\mathrm{F}(s,t)=\mathrm{Q}(x_0+s,y_0+t)-\mathrm{Q}(x_0,y_0)-s\frac{\partial \mathrm{Q}}{\partial x}(x_0,y_0)-t\frac{\partial \mathrm{Q}}{\partial y}(x_0,y_0).$$

由于 P 及 Q 的一阶偏导数连续, 可以应用中值定理 (第一章, 3.6.2): 对于任何 $\varepsilon>0$, 存在着一数 $r>0$, 使得当 $|s|\leqslant r$ 及 $|t|\leqslant r$ 时, 我们有

$$|\mathcal{R}\mathrm{F}(s,t)|\leqslant\frac{\varepsilon}{2}|s+it|,\quad |\mathfrak{I}\mathrm{F}(s,t)|\leqslant\frac{\varepsilon}{2}|s+it|,$$

因而

$$|\mathrm{F}(s,t)|\leqslant\varepsilon|s+it|,$$

这样就证明了 (9.3.2) 的极限存在.

写出 (9.4.1) 的一种更简短的等价方式如下:

(9.4.2)
$$\frac{\partial f}{\partial x}+i\frac{\partial f}{\partial y}=0.$$

(9.5) 当连续可导的实值函数 P,Q 在 D 中满足柯西条件时, 由 (9.4) 及解析函数是无穷可导的这一事实可见, P 及 Q 在 D 中当然也是无穷可导的, 并且我们有

$$f^{(n)}(x+iy)=\frac{\partial^n \mathrm{P}}{\partial x^n}+i\frac{\partial^n \mathrm{Q}}{\partial x^n}=(-i)^n\left(\frac{\partial^n \mathrm{P}}{\partial y^n}+i\frac{\partial^n \mathrm{Q}}{\partial y^n}\right).$$

此外, 函数 $\frac{\partial^n \mathrm{P}}{\partial x^n}$ 与 $\frac{\partial^n \mathrm{Q}}{\partial x^n}$ $\left(\text{及 } \frac{\partial^n \mathrm{P}}{\partial y^n}\text{与 } \frac{\partial^n \mathrm{Q}}{\partial y^n}\right)$ 也满足柯西条件; 特别地, 对于 $n=1$, 我们有

$$\frac{\partial}{\partial x}\left(\frac{\partial \mathrm{P}}{\partial x}\right)=\frac{\partial}{\partial y}\left(\frac{\partial \mathrm{Q}}{\partial x}\right),\quad \frac{\partial}{\partial y}\left(\frac{\partial \mathrm{P}}{\partial y}\right)=-\frac{\partial}{\partial x}\left(\frac{\partial \mathrm{Q}}{\partial y}\right),$$

而且由于 $\frac{\partial}{\partial y}\left(\frac{\partial \mathrm{Q}}{\partial x}\right)=\frac{\partial}{\partial x}\left(\frac{\partial \mathrm{Q}}{\partial y}\right)$, 对于 P 得到了拉普拉斯方程

(9.5.1)
$$\frac{\partial^2 \mathrm{P}}{\partial x^2}+\frac{\partial^2 \mathrm{P}}{\partial y^2}=0.$$

而且同样可证明 Q (它是 $-if$ 的实部) 也是这方程的解.

反过来, 在 D 中满足拉普拉斯方程 (9.5.1) 的二次可导函数 P 不一定是 D 中一个解析函数的实部 (参看第八章, 9.3); 然而我们有下列结果:

(9.6) 设 $\mathrm{P}(x,y)$ 是在正方形 $\mathrm{D}:|x-x_0|<r,|y-y_0|<r$ 中的二次连续可微函数, 并且在 D 中满足拉普拉斯方程 (9.5.1). 那么存在着一个在 D 中的解析函数 f, 使得 $\mathcal{R}f(x+iy)=\mathrm{P}(x,y)$, 并且所有具有这种性质的函数有形状 $f+c$, 这里 c 是一常数.

注意如果 $\mathcal{R}f(x+iy)=\mathrm{P}(x,y)$, 由柯西条件及 (9.3.3), 我们有 $f'(x+iy)=\dfrac{\partial\mathrm{P}}{\partial x}(x,y)-i\dfrac{\partial\mathrm{P}}{\partial y}(x,y)$. 由于 D 是连通的, 上列后一个论断由 (3.2) 导出. 为了证明 f 存在, 由 (9.4), 只须证明存在着一个连续可微函数 $\mathrm{Q}(x,y)$ 在 D 中满足柯西条件 (9.4.1); 而这样的函数可由下列公式确定:

$$\mathrm{Q}(x_0+s,y_0+t)=-\int_0^s\frac{\partial\mathrm{P}}{\partial y}(x_0+u,y_0)du+\int_0^t\frac{\partial\mathrm{P}}{\partial x}(x_0+s,y_0+v)dv.$$

事实上, 应用积分号下求导数的公式 (预篇, 4.6.4), 我们有

$$\frac{\partial\mathrm{Q}}{\partial y}(x_0+s,y_0+t)=\frac{\partial\mathrm{P}}{\partial x}(x_0+s,y_0+t),$$
$$\frac{\partial\mathrm{Q}}{\partial x}(x_0+s,y_0+t)=-\frac{\partial\mathrm{P}}{\partial y}(x_0+s,y_0)+\int_0^t\frac{\partial^2\mathrm{P}}{\partial x^2}(x_0+s,y_0+v)dv.$$

可是由拉普拉斯方程,

$$\begin{aligned}\int_0^t\frac{\partial^2\mathrm{P}}{\partial x^2}(x_0+s,y_0+v)dv&=-\int_0^t\frac{\partial^2\mathrm{P}}{\partial y^2}(x_0+s,y_0+v)dv\\&=-\frac{\partial\mathrm{P}}{\partial y}(x_0+s,y_0+t)+\frac{\partial\mathrm{P}}{\partial y}(x_0+s,y_0).\end{aligned}$$

命题得证.

应用柯西定理证明中同样的推理 (5.1), 不难把 (9.6) 中的结果推广到 D 是单连通开集情形.

10. 魏尔斯特拉斯收敛定理

(10.1) (魏尔斯特拉斯收敛定理) 设 $\{f_n\}$ 是开集 $\mathrm{D}\subset\mathbb{C}$ 中的一个解析函数序列, 并且设对于 D 中所包含的任何闭圆盘 Δ, 序列 $\{f_n(z)\}$ 在 Δ 中一致收敛于一个极限 $f(z)$. 那么函数 f 在 D 中解析, 并且对于 D 中所包含的任何闭圆盘 Δ 及任何整数 $k\geqslant 1$, 导函数序列 $\{f_n^{(k)}(z)\}$ 在 Δ 中一致收敛于 $f^{(k)}(z)$ (比较第五章, 3.6.4).

事实上, 设 $\Delta:|z-z_0|\leqslant r$ 是包含在 D 中的一个闭圆盘, 并且设 γ 是环路 $t\to z_0+re^{it}(0\leqslant t\leqslant 2\pi)$. 函数 f 在 D 中是连续的 (第五章, 3.1); 要证明它在开圆盘 $|z-z_0|<r$ 中解析, 由 (7.2), 只须证明对于这圆盘中任何点 z, 我们有

(10.1.1) $$f(z)=\frac{1}{2\pi i}\int_\gamma\frac{f(u)du}{u-z}.$$

而由柯西公式 (7.1), 我们有

$$f_n(z)=\frac{1}{2\pi i}\int_\gamma\frac{f_n(u)du}{u-z}=\frac{r}{2\pi}\int_0^{2\pi}\frac{f_n(z_0+re^{it})e^{it}dt}{z_0+re^{it}-z}.$$

但是对于固定的 z, 函数序列 $t\to\dfrac{f_n(z_0+re^{it})e^{it}}{z_0+re^{it}-z}$ 在 $[0,2\pi]$ 中一致收敛于 $t\to$

$\dfrac{f(z_0+re^{it})e^{it}}{z_0+re^{it}-z}$. 事实上, 我们有

$$|z-z_0-re^{it}|\geqslant r-|z-z_0|,$$

并且由假设, 对于任何 $\varepsilon>0$, 存在着 n_0, 使得对于 $n\geqslant n_0$ 及对于任何 $t\in[0,2\pi]$, 我们有 $|f(z_0+re^{it})-f_n(z_0+re^{it})|\leqslant\varepsilon$. 由此得: 对于 $n\geqslant n_0$, 并且对于任何 $t\in[0,2\pi]$, 我们有

$$\left|\frac{(f_n(z_0+re^{it})-f(z_0+re^{it}))e^{it}}{z_0+re^{it}-z}\right|\leqslant\frac{\varepsilon}{r-|z-z_0|}. \tag{10.1.2}$$

关于函数序列一致收敛的论断得证. 由在积分中取一致极限, 立即可得关系式 (10.1.1) (第五章, 3.4).

这样还可对 $n\geqslant n_0$ 求得上界如下:

$$|f(z)-f_n(z)|\geqslant\frac{\varepsilon r}{r-|z-z_0|}. \tag{10.1.3}$$

由此可证明: 只要设序列 $\{f_n(u)\}$ 在圆周 $|u-z_0|=r$ 上一致收敛于 $f(u)$, 就可导出在任何圆盘

$$|z-z_0|\leqslant r',\quad 这里\ r'<r$$

中, 序列 $\{f_n(z)\}$ 一致收敛于 $f(z)$.

同样, 从关系式 (7.5.1)

$$f_n^{(k)}(z)=\frac{k!}{2\pi i}\int_\gamma\frac{f_n(u)du}{(u-z)^{k+1}}$$

以及关于 $f^{(k)}(z)$ 的类似公式出发, 可对 $n\geqslant n_0$ 求得上界如下:

$$|f^{(k)}(z)-f_n^{(k)}(z)|\leqslant\frac{k!\varepsilon r}{(r-|z-z_0|)^{k+1}}. \tag{10.1.4}$$

由此可证明: 对于任何 $r'\in]0,r[$, $f_n^{(k)}(z)$ 在圆盘 $|z-z_0|\leqslant r'$ 中一致收敛于 $f^{(k)}(z)$.

魏尔斯特拉斯定理可以看作推广了这一事实: 幂级数在它的收敛圆盘内是解析函数 (第六章, 5.2). 同样, 下列结果推广了 (7.2):

(10.2) 设 $\gamma:\mathrm{I}=[a,b]\to\mathbb{C}$ 是 $\mathbb{C}$ 中的一条道路; 还设 D 是 $\mathbb{C}$ 中的一个开集, 并且在 $\mathrm{D}\times\gamma(\mathrm{I})$ 中给出具有下列性质的一个复值函数 $(z,u)\to g(z,u)$:

1° 对于任何 $u\in\gamma(\mathrm{I})$, 函数 $z\to g(z,u)$ 在 D 中解析;

2° 函数 $(z,u)\to g(z,u)$ 及 $(z,u)\to\dfrac{\partial g}{\partial z}(z,u)$ 在 $\mathrm{D}\times\gamma(\mathrm{I})$ 中连续.

(注意集 D 及 $\gamma(\mathrm{I})$ 在 $\mathbb{C}$ 中没有任何必须的关系).

在这些条件下,

$$f(z)=\int_\gamma g(z,u)du \tag{10.2.1}$$

在 D 中解析.

事实上, 令

$$\mathrm{R}(x,y)=f(x+iy)=\int_a^b g(x+iy,\gamma(t))\gamma'(t)dt.$$

含一个参变数的积分的性质表明: R 连续, 有连续的一阶偏导数 $\dfrac{\partial \mathrm{R}}{\partial x},\dfrac{\partial \mathrm{R}}{\partial y}$, 并且我们有

$$\frac{\partial \mathrm{R}}{\partial x}+i\frac{\partial \mathrm{R}}{\partial y}=\int_a^b\left(\frac{\partial}{\partial x}g(x+iy,\gamma(t))+i\frac{\partial}{\partial y}g(x+iy,\gamma(t))\right)\gamma'(t)dt=0.$$

于是由柯西条件 (9.4.2) 就证明了 (10.2).

(10.3) 由魏尔斯特拉斯定理 (10.1) 可把 (10.2) 推广到更一般的积分. 所谓在 $\mathbb{C}$ 中的无端点道路是确定在 $\mathbb{R}$ 中的一个 (有界或无界) 开区间 $\mathrm{I}=]a,b[$ 中的一个映射 $\gamma:\mathrm{I}\to\mathbb{C}$, 对于包含在 I 中的任何闭区间 $[c,d],\gamma$ 在 $[c,d]$ 中的限制是一条道路 (在第 1 节中确定的意义下); 当 t 趋近于 a 或 b 时, 不设 $\gamma(t)$ 趋近于一极限. 如果 f 是 $\gamma(\mathrm{I})$ 中的连续复值函数, 我们把 $\displaystyle\int_\gamma f(\gamma(t))\gamma'(t)dt$ (当它存在时) 叫做 f 沿无端点道路 γ 的反常积分 (第三章, 9.7), 也把它记作 $\displaystyle\int_\gamma f(z)dz$. 有了这一定义, 我们有:

(10.4) 设 $\gamma:\mathrm{I}=]a,b[\to\mathbb{C}$ 是 $\mathbb{C}$ 中的一条无端点道路: 还设 $\mathrm{D}\subset\mathbb{C}$ 是 $\mathbb{C}$ 中一个开集, 并且给出 $\mathrm{D}\times\gamma(\mathrm{I})$ 中的一个复值函数 $(z,u)\to g(z,u)$, 它具有 (10.2) 中的性质 1° 及 2°, 并且满足下列条件:

3° 对于任意的闭圆盘 $\Delta\subset\mathrm{D}$, 任意的闭区间 $\mathrm{J}\subset\mathrm{I}$, 以及任一数 $\varepsilon>0$, 存在着包含在 I 内的一个闭区间 $[c_0,d_0]\subset\mathrm{I}$, 它包含 J, 并且如果 γ_0 是 γ 在 $[c_0,d_0]$ 中的限制, 对于任何 $z\in\Delta$, 我们有

$$\left|\int_\gamma g(z,u)du-\int_{\gamma_0}g(z,u)du\right|\leqslant\varepsilon.$$

在这些条件下, 函数 $f(z)=\displaystyle\int_\gamma g(z,u)du$ 在 D 中解析.

应用假设, 并且对所有整数 $n>1$, 取 $\varepsilon=1/n$. 我们得到一个道路序列 $\gamma_n:[c_n,d_n]\to\mathbb{C}$, 这些 γ_n 是 γ 在区间 $[c_n,d_n]\subset\mathrm{I}$ 中的限制, 这里 c_n 趋近于 a,d_n 趋近于 b, 而且对于任何 $z\in\Delta$,

$$\left|\int_\gamma g(z,u)du-\int_{\gamma_n}g(z,u)du\right|\leqslant 1/n.$$

因为由 (10.2), 函数 $f_n(z)=\displaystyle\int_{\gamma_n}g(z,u)du$ 在 D 中解析, 并且在 Δ 中一致收敛于 $f(z)$, 所以由 (10.1), f 在 D 中解析.

例 (10.4.1) 第二类欧拉积分

$$\Gamma(z)=\int_0^{+\infty}e^{(z-1)\log t-t}dt \tag{10.4.2}$$

不仅对于 z 是实数且 >0 时是确定的, 而且对于 $\mathcal{R}z>0$ 是确定的; 这是因为对于 $z=x+iy$ 及 $x>0, |e^{(z-1)\log t}e^{-t}|=t^{x-1}e^{-t}$, 所以反常积分绝对收敛. 函数 $(z,t)\to e^{(z-1)\log t-t}$ 及 $(z,t)\to \log t.e^{(z-1)\log t-t}$ 在半平面 $\mathrm{D}:\mathcal{R}z>0$ 与 $\mathrm{I}=]0,+\infty[$ 的乘积中连续, 并且对于任何 $t\in\mathrm{I}, z\to e^{(z-1)\log t-t}$ 在 D 中解析. 最后, 对于 $0<h<1$ 及 $\mathcal{R}z\geqslant a>0$, 我们有

$$\left|\int_0^h e^{(z-1)\log t-t}dt\right|\leqslant\int_0^h t^{a-1}dt=\frac{1}{a}h^a,$$

它 (对于固定的 a) 随着 h 可任意小; 同样, 对于 $N>1$ 及 $\mathcal{R}z\leqslant b$, 我们有

$$\left|\int_N^{+\infty} e^{(z-1)\log t-t}dt\right|\leqslant\int_N^{+\infty} t^{b-1}e^{-t}dt,$$

它 (对于固定的 b) 随着 $1/N$ 任意小. 因此 (10.4) 中的条件 3° 被满足, 并且 $\Gamma(z)$ 对于 $\mathcal{R}z>0$ 是解析的.

注释 (10.5) 在 (10.1) 中条件下, 设对于任何闭圆盘 $\Delta\subset\mathrm{D}$, 集 $f_n(\Delta)$ 都包含在同一有界闭集 $\mathrm{F}\subset\mathbb{C}$ 中, 设 u 是在包含 F 的一个开集 E 中的解析函数. 那么由第五章, 2.6, (在 D 中解析的) 复合函数序列 $u\circ f_n$ 在任何闭圆盘 $\Delta\subset\mathrm{D}$ 中一致收敛, 并且以解析函数 $u\circ f$ 为极限.

(10.6) 魏尔斯特拉斯收敛定理 (10.1) 与魏尔斯特拉斯逼近定理 (第五章, 5.2) 初看起好像是矛盾的: 第一个定理表明多项式的一致极限是解析函数, 而第二个定理却表明多项式的一致极限可能是任何连续函数. 这一表面上的悖论的理由是: 在 (10.1) 中, 要求一致收敛在 $\mathbb{C}$ 中的一个非空开集中成立; 而在第五章, 5.2 中, 只要求一致收敛在一个直线段中成立, 而在这直线段外, 序列一般甚至于不收敛.

习　题

1) 设 F 是平面 $\mathbb{C}$ 上有限条互不相交的半射线的并集, 每条半射线由下列形状的方程所确定: $\mathfrak{I}z=\beta_j, \mathcal{R}z\leqslant\alpha_j$, 或 $\mathfrak{I}z=\beta_j, \mathcal{R}z\geqslant\alpha_j$. 证明余集 $\mathbb{C}-\mathrm{F}$ 是单连通的 (按半射线的条数递推论证).

2) 设 γ 是开集 $\mathrm{D}\subset\mathbb{C}$ 中的一条道路, 证明环路 $\gamma\vee\gamma^0$ 与 D 中一点同伦.

3) 设函数 f 在闭圆盘 $|z|\leqslant1$ 中确定并且有界, 在开圆盘 $|z|<1$ 中解析, 在 $|z|\leqslant1$ 除去有限个点外连续. 证明我们有

$$\frac{1}{2\pi}\int_0^{2\pi}f(e^{i\theta})d\theta=f(0).$$

(应用在 $|z| \leqslant 1$ 中不含不连续点的有界闭集中, f 一致连续. 把积分区间用 $\theta \to f(e^{i\theta})$ 的不连续点作出分划, 求出当 r 趋近于 1 时, 差式 $\int_0^{2\pi}(f(e^{i\theta}) - f(re^{i\theta}))d\theta$ 的上界.)

由此导出 $|f(0)| \leqslant \frac{1}{2\pi}\int_0^{2\pi}|f(e^{i\theta})|d\theta$, 并且如果 f 在一个包含圆盘 $|z| \leqslant 1$ 的开集中解析, 只有当 f 在 $|z| \leqslant 1$ 中是常数时, 上式才能成为等式 (应用第六章, 习题 11).

4) 设 $f_1, \cdots, f_r$ 是在连通开集 $\mathrm{D} \subset \mathbb{C}$ 内的解析函数; 证明只有当所有 f_j 在 D 中都是常数时, 函数 $\varphi(z) = |f_1(z)| + |f_2(z)| + \cdots + |f_r(z)|$ 才可能在 D 中一点达到相对极大值. (注意对于充分小的 r, 我们有

$$\varphi(z_0) \leqslant \frac{1}{2\pi}\int_0^{2\pi}\varphi(z_0 + re^{i\theta})d\theta,$$

并且只有在下述情形下, 上式才能成为等式: 对于每个 j, 函数 f_j 满足关系式 $|f_j(z_0)| = \frac{1}{2\pi}\int_0^{2\pi}|f_j(z_0 + re^{i\theta})|d\theta$ (习题 3).

由此导出: 如果有一解析函数 f, 使得在 D 中

$$|f(z)| = |f_1(z)| + |f_2(z)| + \cdots + |f_r(z)|,$$

那么函数 f_j 和 f 都成比例 (考虑函数 f_j/f).

5) 设

$$f(z) = a_0 + a_1 z + \cdots + a_n z^n + \cdots$$

是圆盘 $|z| < 1$ 中的收敛幂级数. 设 $|f(z)| < \frac{1}{1 - |z|}$. 证明我们有

$$|a_n| \leqslant \left(1 + \frac{1}{n}\right)^n (n+1) < e(n+1).$$

6) 设

$$f(z) = a_0 + a_1 z + \cdots + a_n z^n + \cdots$$

是 $|z| < 1$ 中收敛的幂级数. 设在圆 $|z| = r < 1$ 上, 我们有 $|f(z)| \leqslant M$. 如果对于一个满足 $|z_0| < r$ 的 $z_0, f(z_0) = 0$, 证明我们有

$$|z_0| \geqslant \frac{|a_0| r}{M + |a_0|}.$$

7) 对于在开集 $\mathrm{D} \subset \mathbb{C}$ 中确定的任何两实变数的复值函数 $f(x, y)$, 设 $\mathrm{F}(z, \overline{z}) = f\left(\frac{1}{2}(z + \overline{z}), \frac{1}{2i}(z - \overline{z})\right)$. 要使得 f 在 D 中解析, 必须而且只须 $\frac{\partial \mathrm{F}}{\partial \overline{z}} = 0$.

8) 如果 f 是 D 中的解析函数, 并且如果令 $\mathrm{F}(x, y) = |f(x + iy)|^2$, 证明我们有

$$\frac{\partial^2 \mathrm{F}}{\partial x^2} + \frac{\partial^2 \mathrm{F}}{\partial y^2} = 4|f'(z)|^2.$$

由此导出: 不存在一对非常数的解析函数 f, g, 使得 $\mathcal{R}g(z) = |f(z)|$.

9) 设 $f(z) = a_0 + a_1 z + \cdots + a_n z^n + \cdots$ 是在圆盘 $|z| < R$ 中收敛的幂级数, 并且对于 $0 < r < R$ 及 $0 \leqslant \theta \leqslant 2\pi$, 令

$$\mathrm{U}(r, \theta) = \mathcal{R}f(re^{i\theta}), \quad \mathrm{V}(r, \theta) = \mathfrak{I}f(re^{i\theta}).$$

证明我们有, 对于 $n \geqslant 1$,

$$a_n = \frac{1}{\pi r^n}\int_0^{2\pi} \mathrm{U}(r,\theta)e^{-ni\theta}d\theta = \frac{i}{\pi r^n}\int_0^{2\pi} \mathrm{V}(r,\theta)e^{-ni\theta}d\theta.$$

由此导出: 如果 $f(0)$ 是实数, 我们有, 对于 $|z| < r$,

$$f(z) = \frac{1}{2\pi}\int_0^{2\pi} \mathrm{U}(r,\theta)\frac{r+ze^{-i\theta}}{r-ze^{-i\theta}}d\theta.$$

10) a) 设 $f(z) = \dfrac{1}{2} + a_1 z + \cdots + a_n z^n + \cdots$ 是在圆盘 $|z| < 1$ 中收敛的幂级数. 如果对于 $|z| < 1$, 我们有 $\mathcal{R}f(z) \geqslant 0$, 那么对于任何 $n \geqslant 1$, 我们有 $|a_n| \leqslant 1$ (应用习题 9).

b) 设 $f(z) = a_0 + a_1 z + \cdots + a_n z^n + \cdots$ 是在圆盘 $|z| < R$ 中收敛的幂级数, 并且设在这圆盘内, 我们有 $\mathcal{R}f(z) \leqslant A$. 证明对于 $0 \leqslant r < R$, 我们有

$$|a_0| + |a_1|r + \cdots + |a_n|r^n + \cdots \leqslant |a_0| + \frac{2r}{R-r}(A - \mathcal{R}a_0).$$

(取适当的常数 α, β, 作函数 $\alpha + \beta f(Rz)$, 把问题化到 a) 的情形.)

11) 给出一个幂级数 $\sum\limits_{n=0}^{\infty} a_n z^n$ 为例, 使它在闭圆盘 $|z| \leqslant 1$ 中绝对并且一致收敛, 可是导出级数 $\sum\limits_{n=0}^{\infty} n a_n z^{n-1}$ 在开圆盘 $|z| < 1$ 中不一致收敛.

12) 证明: 对于 $-1 \leqslant x \leqslant 0$, 幂级数 $\sum\limits_{n=0}^{\infty} x^n/n$ 一致收敛, 但是绝对值的级数在半开区间 $-1 < x \leqslant 0$ 中不一致收敛.

13) 对下列每个级数, 求使它收敛的点 $z \in \mathbb{C}$ 所组成的集:

$$\sum_{n=0}^{\infty}\left(z^n + \frac{1}{2^n z^n}\right), \quad \sum_{n=1}^{\infty}\left(\frac{z(z+n)}{n}\right)^n, \quad \sum_{n=1}^{\infty}\frac{\sin nz}{n},$$

$$\sum_{n=0}^{\infty}\frac{2^n}{z^{2n}+1}, \quad \sum_{n=1}^{\infty}\frac{z^n}{1-z^n}, \quad \sum_{n=0}^{\infty}\frac{z^n}{1+z^{2n}}.$$

(对于最后两级数, 要用到这一事实: 如果 θ 是无理数, 存在着整数的一个增序列 $\{n_k\}$, 使得 $\lim\limits_{k\to\infty}(n_k\theta - [n_k\theta] = 0.)$ 上列这些级数在哪里一致收敛?

14) 证明如果级数 $a_1 + a_2 + \cdots + a_n + \cdots$ 收敛, 那么对于满足 $|z| \neq 1$ 的任何 z, 级数 $\sum\limits_{n=1}^{\infty}\dfrac{a_n z^n}{1-z^n}$ 收敛; 反过来, 如果级数 $a_1 + a_2 + \cdots + a_n + \cdots$ 不收敛, 并且如果 $R \leqslant 1$ 是幂级数 $\sum\limits_{n=1}^{\infty} a_n z^n$ 的收敛半径, 那么级数 $\sum\limits_{n=1}^{\infty}\dfrac{a_n z^n}{1-z^n}$ 对于 $|z| < R$ 收敛, 对于 $|z| > R$ 不收敛. (注意由阿贝尔引理, 如果一般项是 $\sum\limits_{n=1}^{\infty}\dfrac{a_n z_0^n}{1-z_0^n}$ 的级数对于 $|z_0| > 1$ 收敛, 那么一般项是 $\dfrac{a_n}{1-z_0^n}$ 的级数也是这样.) 级数 $\sum\limits_{n=1}^{\infty}\dfrac{a_n z^n}{1-z^n}$ 在哪里一致收敛?

如果 $f(z) = a_1 z + a_2 z^2 + \cdots + a_n z^n + \cdots$, 证明对于 $|z| < R$, 一般项是 $f(z^k)$ 的级数

$(k \geqslant 1)$ 绝对收敛并且有和 $\sum_{n=1}^{\infty} \frac{a_n z^n}{1-z^n}$, 并且这和本身等于幂级数

$$c_1 z + c_2 z^2 + \cdots + c_n z^n + \cdots,$$

这里对于任何 $n \geqslant 1, c_n = \sum_{d|n} a_d$, 而 d 取遍可以整除 n 的大于或等于 1 的整数.

15) 级数

$$\frac{1}{1-z} + \frac{z}{1-z^2} + \frac{z^2}{1-z^4} + \cdots + \frac{z^{2^{n-1}}}{1-z^{2^n}} + \cdots$$

对于 $|z| < 1$ 及对于 $|z| > 1$ 收敛; 它的和对于 $|z| < 1$ 等于 1, 而对于 $|z| > 1$ 等于 0.

16) 证明一般项是 $\frac{(-1)^n}{z+n}$ 的级数对于不等于整数 $-n(n \in \mathbb{N})$ 的任何 $z \in \mathbb{C}$ 收敛, 在不含任何负整数的有界闭集中一致收敛, 而在 $\mathbb{C}$ 中任何点都不绝对收敛.

17) a) 证明在满足 $r \geqslant 0, |\theta| \leqslant \frac{\pi}{4}$ 的点 $z + re^{i\theta}$ 所组成的集 S 中, 一般项是 $\frac{z}{(1+z^2)^n}$ 的级数绝对收敛, 但不一致收敛.

b) 证明在 S 中一般项是 $\frac{(-1)^n z}{(1+z^2)^n}$ 的级数绝对并且一致收敛, 但是一般项是 $\left|\frac{z}{(1+z^2)^n}\right|$ 的级数不一致收敛.

18) 设 $\{\lambda_n\}$ 是一个严格增实数序列, 并且 $\lim_{n\to\infty} \lambda_n = +\infty$. 证明如果级数 $\sum_{n=0}^{\infty} a_n e^{-\lambda_n z}$ (“狄利克雷级数”) 在一点 $z_0 = x_0 + iy_0$ 收敛 (或绝对收敛), 它在满足 $x > x_0$ 的任何点 $z = x + iy$ 收敛 (或绝对收敛); 此外, 在由满足 $r > 0$ 及 $|\theta| \leqslant \alpha$ 的点 $z = z_0 + re^{i\theta}$ 所组成的扇形中, 级数一致收敛, 这里 $0 < \alpha < \frac{\pi}{2}$. (写出 $a_n e^{-\lambda_n z} = a_n e^{-\lambda_n z_0} e^{-\lambda_n (z-z_0)}$; 应用第六章, 习题 3a), 以及不等式: 对于满足 $a < b$ 的实数 a, b,

$$|e^{-az} - e^{-bz}| = \left|z \int_a^b e^{-zt} dt\right| \leqslant \frac{|z|}{x}(e^{-ax} - e^{-bx}). \text{ 此时 } a_n \geqslant 0.)$$

19) 求出下列狄利克雷级数对于 z 的哪些值收敛 (及绝对收敛):

$$\sum_{n=1}^{\infty} (-1)^n e^{-z\log n}, \quad \sum_{n=2}^{\infty} \frac{(-1)^n}{n} e^{-z\log\log n},$$
$$\sum_{n=2}^{\infty} (-1)^n e^{-z\log\log n}, \quad \sum_{n=2}^{\infty} \frac{(-1)^n}{\sqrt{n}} e^{-z\log\log n}.$$

20) 对于 $z \in \mathbb{C}$ 的哪些值下列积分收敛, 并且在哪里它们确定 z 的解析函数?

$$\int_0^{+\infty} \frac{\sin t}{t^z} dt, \quad \int_0^{+\infty} \frac{\cos t}{t^z} dt, \quad \int_0^{+\infty} \frac{\sin tz}{t} dt,$$
$$\int_c^{c+i\infty} \frac{e^{zt}}{t} dt, \quad \int_{c-i\infty}^{c+i\infty} \frac{e^{zt}}{t} dt, \quad \int_{c-i\infty}^{c+i\infty} \frac{z^t}{t} dt \quad (\text{实数 } c \neq 0).$$

(在以上最后三个积分中, 沿着取积分的道路所用记号表示或者是半射线 $t \to c + it (t \geqslant 0)$, 或者是直线 $t \to c + it (t \in \mathbb{R})$; 关于 $z^t = e^{t\log z}$ 的定义, 见第八章, 9.6.)

21) 令 $g(z) = \int_0^z e^{-u^2/2} du (\exp(-z^2/2)$ 在 $\mathbb{C}$ 中的原函数).

a) 证明对于 $-\frac{\pi}{4} \leqslant \theta \leqslant \frac{\pi}{4}$ $\left(或\ \frac{3\pi}{4} \leqslant \theta \leqslant \frac{5\pi}{4}\right)$, 当 r 趋向于 $+\infty$ 时, $g(re^{i\theta})$ 一致趋近于 $\sqrt{\frac{\pi}{2}}$ $\left(或\ -\sqrt{-\frac{\pi}{2}}\right)$.

b) 证明存在着一个递减的 >0 的数列 $\{a_m\}_{m\geqslant 0}$, 使得级数

$$f(z) = a_0 g(z) + a_1 g(z^8) + a_2 g(z^{64}) + \cdots + a_m g(z^{8m}) + \cdots$$

在任何圆盘 $|z| \leqslant R$ 中一致收敛, 从而是一整函数; 此外, 还可取序列 $\{a_m\}$, 使得对于任何 m, 我们有

$$a_{m+1} + a_{m+2} + \cdots \leqslant \frac{1}{2} a_m;$$

在这种情形下, 对于任何序列 $\{\varepsilon_m\}_{m\geqslant 0}$, 这里 ε_m 等于 $+1$ 或 -1, 级数 $\sum\limits_{m=0}^{\infty} \varepsilon_m a_m$ 收敛, 可是对应于不同的序列 $\{\varepsilon_m\}$, 这种级数有不同的和.

令 $\delta_m = 2(1-\varepsilon_m)$, 并且 $\theta = 2\sum\limits_{m=0}^{\infty} \frac{\delta_m}{8^{m+1}}$. 利用 a) 证明: 当 r 趋向于 $+\infty$ 时, $f(re^{i\theta})$ 趋近于 $\sum\limits_{m=0}^{\infty} \varepsilon_m a_m$ (考察 $8^m\theta$ 的值).

22) 设 f 是在 $\mathbb{R}$ 的区间 $]x_0-c, x_0+c[$ 中无穷可导的复值函数. 证明要使得在 $\mathbb{C}$ 中存在着一个圆盘 $|z-x_0|<r<c$ 与一个在这圆盘内解析的函数 g, 而且在区间 $]x_0-r, x_0+r[$ 中, $g(x)=f(x)$, 必须而且只须存在着一个数 $b<c$, 一个整数 $k \geqslant 0$ 以及一数 $A \geqslant 0$, 使得对于 $x_0-b \leqslant x \leqslant x_0+b$ 以及任何整数 $n \geqslant 0$, 我们有

$$|f^{(n)}(x)| \leqslant A^n (n+k)!$$

(要看出这条件是必要的, 应用柯西不等式; 要看出它是充分的, 求 f 在点 x_0 的泰勒公式余项的上界).

第八章　解析函数的奇点. 留数

1.　解析开拓与奇点

设 f 是在连通开集 $\mathrm{D} \subset \mathbb{C}$ 中的解析函数; 如果 z_0 是 D 中一点, 我们知道 f 在点 z_0 的泰勒级数在 D 所包含的、心是 z_0 的最大开圆盘 $\Delta : |z - z_0| < r$ 中收敛 (第七章, 7.3). 可是, 如同我们所已注意到, 可能 (并且这是常见的情形) 这级数的收敛圆盘 Δ_0 (第五章, 2.3) 比 Δ 更大 (图 34). 由于 Δ 的边界 $|z - z_0| = r$ 至少包含 D 的边界上一点 z_1 (预篇, 5.5), 可见存在着一个函数 g, 在包含 z_1 的开集 Δ_0 中解析, 并且在开集 (由于 z_1 是 D 的边界点, 这不是空集) $\Delta_0 \bigcap \mathrm{D}$ 与 f 相等.

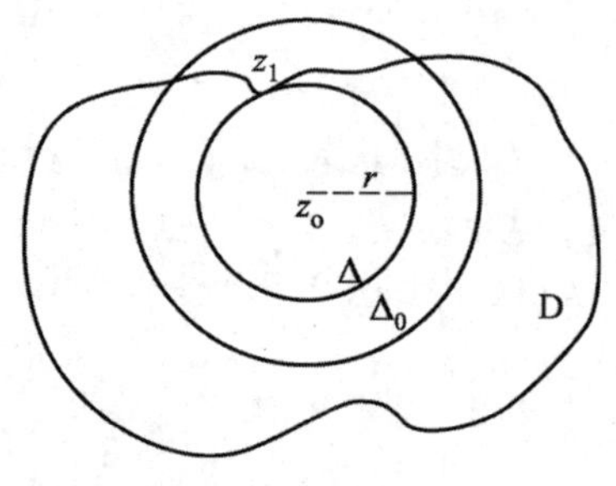

图 34

这就导致一般可把 D 的边界点 z_1 分成两类: 如果存在着一个包含 z_1 的连通开集 Δ_0 以及一个在 Δ_0 中的解析函数 g, 它在以 z_1 为边界点的开集 $\mathrm{D}_1 \subset \mathrm{D} \bigcap \Delta_0$ 中, 与 f 相等, 就说 z_1 是正则点 (对于 f). 否则就说 z_1 是 f 的奇点.

容易想到当 z_1 是 D 的边界点而且是 f 的正则点时, 可以 (用前面的记号) 把解析函数 f 开拓到比 D 更大的开集 $\mathrm{D} \bigcup \Delta_0$ 中, 使函数在 D 中等于 f, 在 Δ_0 中等于 g. 当 f 与 g 在整个 $\mathrm{D} \bigcap \Delta_0$ 中相等时, 事实上这是可能的; 当 $\mathrm{D} \bigcap \Delta_0$ 是连通集时, 由解析开拓原理 (第六章, 7.3), 就自动出现这种情形.

可是可能出现下述情形: z_1 是 f 的一个正则点, 交集 $\mathrm{D} \bigcap \Delta_0$ 不是连通的 (图 35), 并且 f 与 g 不在整个交集中相等, 而 (由定义) 只是在 $\mathrm{D} \bigcap \Delta_0$ 的一个连通开子集中相等; z_1 是这子集的边界点. 由于一个函数在一点只能有一个值, 于是不可能如

上面提出的在 $D\bigcup\Delta_0$ 中确定一个函数. 在后面 (8.7) 还要看到这种现象的实例: 无论含 z_1 的开集 Δ_0 怎样小, 并且虽然 z_1 是正则点, 还是不可能开拓 f.

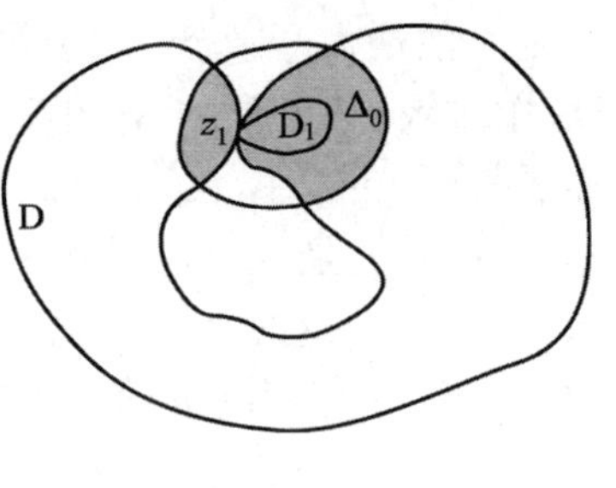

图 35

是否可把 f 解析开拓到比 D 更大的开集因此同时与 f 及 D 的几何性质有关. 例如当 D 是开圆盘、开半平面或矩形的内部时, 对于以 D 的任一边界点 z_1 为心的开圆盘 $\Delta_0, D\bigcap\Delta_0$ 是连通的, 并且如果 z_1 是 f 的正则点, 那么对于充分小的圆盘 Δ_0, 就可把 f 开拓到 $D\bigcup\Delta_0$. 由此导出下列命题:

(1.1) 设 $f(z)=c_0+c_1z+\cdots+c_nz^n+\cdots$ 是 z 的幂级数, 它的收敛半径 $R>0$ 并且是有限的. 那么这级数的收敛圆盘 $D:|z-z_0|<R$ 至少有一个边界点同时是 f 的奇点.

事实上, 假定这命题不成立. 那么对于 D 的任何边界点 u (这时 $|u|=R$), 应存在着一个心是 u、半径 >0 的一个开圆盘 Δ_u, 而在 Δ_u 中应有一解析函数 g_u 在 $D\bigcap\Delta_u$ 中与 f 相等. 而且对于满足 $|u|=|u'|=R$ 的不同两点 u,u', 如果交集 $\Delta_u\bigcap\Delta_{u'}$ 不是空集, 那么函数 g_u 与 $g_{u'}$ 在 $\Delta_u\bigcap\Delta_{u'}$ 中相等. 事实上, 这时交集 $D\bigcap\Delta_u\bigcap\Delta_{u'}$ 是非空开集 (图 36), 由假设, 函数 g_u 及 $g_{u'}$ 与 f 在其中相等, 又因 $\Delta_u\bigcap\Delta_{u'}$ 是连通的, 由解析开拓原理 (第六章, 7.3), 可见 g_u 与 $g_{u'}$ 在 $\Delta_u\bigcap\Delta_{u'}$ 中相等. 于是设 D' 是由 D 及所有 Δ_u 所形成的开并集, 这里 u 取遍圆 $|u|=R$ 上的值. 在 D' 中可以确定一个函数 g, 使它在 D 中等于 f, 在每个圆盘 Δ_u 中等于 g_u; 由以上所述, 在 D' 中每点只能得到一个值, 这样就确定了 D' 中一个函数 g, 它显然是解析的, 并且开拓了 f. 由定义, 圆 $|u|=R$ 上所有点都属于 D', 因此包含在 D' 内、

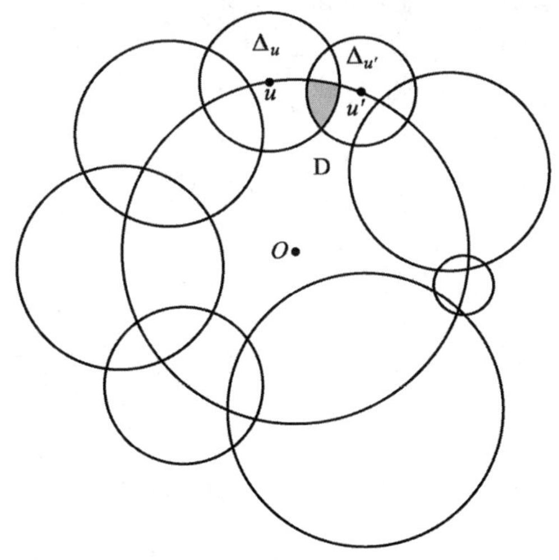

图 36

心是 0 的最大开圆盘 D_0 有半径 $R_0 > R$ (预篇, 5.6). g 在点 0 的泰勒级数于是应在 D_0 中收敛 (第七章, 7.3); 但这级数应与 f 在点 0 的泰勒级数相同, 这样就得到矛盾. 命题得证.

(1.2) 如果 f 是一个连通开集 D 中的解析函数, 可能 D_1 的所有边界点都是 f 的奇点 (习题 2). 这时在一个比 D 大的开集中, 不存在任何由 f 开拓出的解析函数; 我们有时说 D 是函数 f 的 "自然存在域". 最常见的情况是在 D 的边界点中, 有些是 f 的正则点, 有些是奇点. 我们以后 (8.7) 再讨论解析开拓问题所可能提出的难题. 现在先详细研究一种特别简单的情形, 即孤立边界点情形.

2. 孤立奇点: 洛朗级数

(2.1) 设 D 是 $\mathbb{C}$ 中的开集, 并且 a 是它的一个边界点, 如果存在着心是 a 的一个开圆盘 $\Delta : |z-a| < r, \Delta$ 中除 a 外所有点属于 D, 就说 a 是 D 的一个孤立边界点, 可以表明这就是说, D 中除 a 外没有任何边界点. 我们要研究 D 中解析函数在 a 的邻域中的性质, 因此可以只考虑 $D = \Delta - \{a\}$ 情形.

这样的集是开环形 $S : r_1 < |z-a| < r_2$ 的一种特殊情形, 这里 $0 \leqslant r_1 < r_2$. 因此我们要更一般地考虑这种环形中的解析函数.

首先, S 是连通开集, 可是不是单连通的: 事实上, 如果 $r_1 < r < r_2$, 并且如果 γ 是环路 $t \to a + re^{it}$ $(0 \leqslant t \leqslant 2\pi)$, 积分 $\int_\gamma \frac{dz}{z-a}$ 等于 $2\pi i$ (第七章, 3.3), 而函数 $1/(z-a)$ 在 S 中解析; 我们的论断由柯西定理可得 (第七章, 5.1). 而由柯西定理, 还可得下列推论:

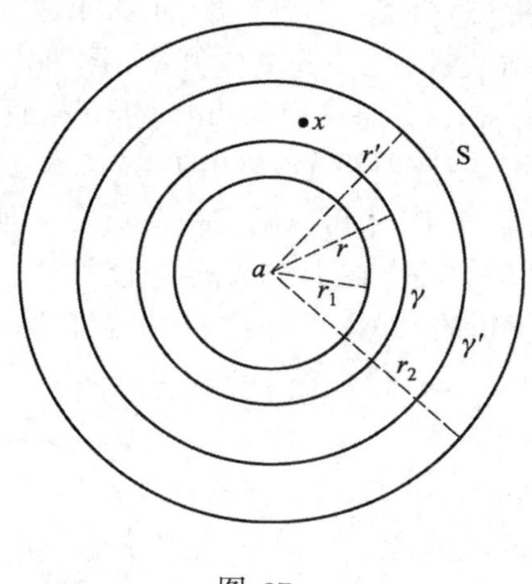

图 37

(2.2) 如果 $r_1 < r < r' < r_2$, 并且如果用 γ 及 γ' 表示环路 $t \to a + re^{it}$ 及 $t \to a + r'e^{it}$ $(0 \leqslant t \leqslant 2\pi)$, 那么对于在 S 中解析的任何函数 f, 我们有

$$\int_\gamma f(z)dz = \int_{\gamma'} f(z)dz.$$

事实上, 只须证明 (第七章, 5.1), γ 及 γ' 作为环路, 在 S 中是同伦的. 这可从考虑下列同伦映射立即看出:

$$\varphi(t,s) = a + (r(1-s) + sr')e^{it}, \quad \text{这里 } 0 \leqslant t \leqslant 2\pi, \text{ 并且 } 0 \leqslant s \leqslant 1.$$

从命题 (2.2) 可导出下列公式来代替柯西公式 (第七章, 7.1) (在非单连通集 S 中不能应用):

(2.3) 设 f 是 S 中的解析函数; 用 (2.2) 中的记号, 我们有: 对于 $r < |x-a| < r'$,

$$f(x) = \frac{1}{2\pi i}\int_{\gamma'} \frac{f(z)dz}{z-x} - \frac{1}{2\pi i}\int_{\gamma} \frac{f(z)dz}{z-x}. \tag{2.3.1}$$

事实上, 如同在第七章, 7.1 中一样, 还是在 S 中确定函数 $g(z)$:

$$\begin{cases} g(z) = \dfrac{f(z)-f(x)}{z-x} & \text{对于 } z \neq x, \\ g(x) = f'(x). \end{cases}$$

与第七章, 7.1 同样的论证表明, g 在 S 中解析. 对这函数应用 (2.2), 就得到

$$\int_{\gamma} \frac{f(z)dz}{z-x} - f(x)\int_{\gamma} \frac{dz}{z-x} = \int_{\gamma'} \frac{f(z)dz}{z-x} - f(x)\int_{\gamma'} \frac{dz}{z-x}.$$

可是由关于 x 的假设, 我们有 $\displaystyle\int_{\gamma} \frac{dz}{z-x} = 0$ 以及 $\displaystyle\int_{\gamma'} \frac{dz}{z-x} = 2\pi i$ (第七章, 6.4), 由此得公式 (2.3.1).

由此导出 $f(z)$ 的一个级数展开式, 用来代替泰勒展开式:

(2.4) 用 (2.2) 中的记号, 我们有: 对于 S 中任何解析函数 f 以及任何 $z \in$ S,

$$f(z) = \sum_{n=0}^{\infty} c_n (z-a)^n + \sum_{n=1}^{\infty} \frac{d_n}{(z-a)^n}, \tag{2.4.1}$$

这里幂级数 $\displaystyle\sum_{n=0}^{\infty} c_n(z-a)^n$ 对于 $|z-a| < r_2$ 收敛, $\left(\dfrac{1}{z-a} \text{ 的}\right)$ 幂级数 $\displaystyle\sum_{n=1}^{\infty} \frac{d_n}{(z-a)^n}$ 对于 $|z-a| > r_1$ 收敛, 并且系数由下列公式给出:

$$c_n = \frac{1}{2\pi i}\int_{\gamma} \frac{f(z)dz}{(z-a)^{n+1}}, \quad d_n = \frac{1}{2\pi i}\int_{\gamma} f(z)(z-a)^{n-1}dz; \tag{2.4.2}$$

这些公式对任何下列环路成立: $\gamma: t \to a + re^{it}$ $(0 \leqslant t \leqslant 2\pi)$ 而且 $r_1 < r < r_2$ (f 在 S 中的 "洛朗展开式").

事实上, 设 z 是 S 中任一点. 由于 $r_1 < |z-a| < r_2$, 可找到两数 r, r', 使得 $r_1 < r < |z-a| < r' < r_2$, 由第七章, 7.2, 我们有

$$\frac{1}{2\pi i}\int_{\gamma'} \frac{f(u)du}{u-z} = \sum_{n=0}^{\infty} c_n (z-a)^n,$$

这里

$$c_n = \frac{1}{2\pi i}\int_{\gamma'} \frac{f(u)du}{(u-a)^{n+1}};$$

上列级数对于 $|z-a| < r'$ 收敛.

另一方面, 对于 $|u-a|=r$, 可写出

$$\frac{1}{u-z}=-\frac{1}{z-a}\left(\frac{1}{1-\frac{u-a}{z-a}}\right) \tag{2.4.3}$$
$$=-\left(\frac{1}{z-a}+\cdots+\frac{(u-a)^{n-1}}{(z-a)^n}+\cdots\right),$$

这里上列级数收敛, 而且

$$\left|\frac{(u-a)^{n-1}}{(z-a)^n}\right|=\frac{r^{n-1}}{|z-a|^n}=\frac{1}{r}\left|\frac{r}{z-a}\right|^n. \tag{2.4.4}$$

由于函数 f 在圆 $|u-a|=r$ 上连续 (从而有界), 由第五章, 2.5, 并由 (2.4.4), 一般项如下的级数

$$\frac{r^n f(a+re^{it})e^{nit}}{(z-a)^n}$$

对于 $0\leqslant t\leqslant 2\pi$ 正规收敛; 应用第五章, 3.5, 我们得到

$$-\frac{1}{2\pi i}\int_\gamma \frac{f(u)du}{u-z}=\sum_{n=1}^{\infty}\frac{d_n}{(z-a)^n},$$

这里

$$d_n=\frac{1}{2\pi i}\int_0^{2\pi} ir^n f(a+re^{it})e^{nit}dt=\frac{1}{2\pi i}\int_\gamma f(u)(u-a)^{n-1}du;$$

上列级数对于 $|z-a|>r$ 收敛. 如果考虑到 (2.2) 以及函数 $f(z)/(z-a)^{n+1}$ 与 $f(z)(z-a)^{n-1}$ 在 S 中解析这一事实, 可见在上面 c_n 及 d_n 的表示式中可以把半径 r 与 r' 用满足 $r_1<r''<r_2$ 的任何数 r'' 来代替. 由此可见, 级数 $\sum\limits_{n=0}^{\infty}c_n(z-a)^n$ 及 $\sum\limits_{n=1}^{\infty}\frac{d_n}{(z-a)^n}$ 分别对于 $|z-a|<r_2$ 及 $|z-a|>r_1$ 收敛; 最后由以上所述及 (2.3.1) 就得到公式 (2.4.1).

(2.5) 我们注意 $f(z)$ 只有一个形如 (2.4.1) 的展开式, 其中含两项分别是 $z-a$ 及 $\frac{1}{z-a}$ 的幂级数, 它们对于 $r_1<|z-a|<r_2$ 收敛.

事实上, 如果我们有一个这样的展开式

$$f(z)=\sum_{n=0}^{\infty}c'_n(z-a)^n+\sum_{n=1}^{\infty}\frac{d'_n}{(z-a)^n},$$

由第六章, 2.2, 根据对上面两个幂级数的收敛性所作假设, 对于 $r_1<r'<r''<r_2$, 级数 $\sum\limits_{n=1}^{\infty}c'_n(z-a)^n$ 对于 $|z-a|<r''$ 正规收敛, 并且级数 $\sum\limits_{n=1}^{\infty}\frac{d'_n}{(z-a)^n}$ 对于 $|z-a|>r'$

正规收敛. 因此对于满足 $r_1 < r < r_2$ 的任何数 r, 以及任何 (正或负) 整数 m, 由第五章, 3.5, 可以写出

$$\int_\gamma f(z)(z-a)^m dz = \sum_{n=0}^{\infty} c'_n \int_\gamma (z-a)^{m+n} dz + \sum_{n=1}^{\infty} d'_n \int_\gamma (z-a)^{m-n} dz,$$

这里 γ 如同在(2.4)中那样确定. 但

(2.5.1) $$\int_\gamma (z-a)^p dz = r^{p+1} i \int_0^{2\pi} e^{(p+1)it} dt = \begin{cases} 0, & \text{如果 } p \neq -1, \\ 2\pi i, & \text{如果 } p = -1, \end{cases}$$

因此由 (2.4.2), 就得到对于 $n \geqslant 0, c'_n = c_n$, 对于 $n \geqslant 1, d'_n = d_n$.

3. 解析函数在孤立奇点的邻域中的研究

(3.1) 现回到研究在 "带洞圆盘" $\Delta - \{a\} : 0 < |z-a| < r$ 中解析的函数 f. 由上节, 它有唯一的洛朗展开式 (2.4.1), 是在 $\Delta - \{a\}$ 中收敛的级数. 函数

(3.1.1) $$u(z) = \sum_{n=1}^{\infty} \frac{d_n}{(z-a)^n}$$

叫做 f 在点 a 的奇异部分. 既然这级数对于 $z - a \neq 0$ 收敛, 函数

(3.1.2) $$v(x) = u\left(a + \frac{1}{x}\right) = \sum_{n=1}^{\infty} d_n x^n$$

是复变数 x 的整函数. 因此函数 $f(z) - u(z)$ 是 Δ 中的一个解析函数在 $\Delta - \{a\}$ 中的限制. 我们把 (已给 f 的) 孤立边界点按照相应奇异部分的性质分类:

1° 先假设 u 恒等于零, 换句话说, 对于任何 $n \geqslant 1, d_n = 0$, 那么对于 $0 < |z-a| < r$, 我们有

$$f(z) = \sum_{n=0}^{\infty} c_n (z-a)^n.$$

但上式右边在整个开圆盘 $\Delta : |z-a| < r$ 中解析, 因此它把 f 开拓到 Δ. 而且反过来, 如果 f 可开拓成在 Δ 中解析的一个函数, 那么由柯西定理 (第六章, 5.1), 及 d_n 的表示式 (2.4.2), 可见对于 $n \geqslant 1, d_n = 0$. 因此我们现在考察的情形是 a 为 f 的正则边界点的情形 (第 1 节). 当 f 不恒等于零时, 使 $c_m \neq 0$ 的最小的数 $m \geqslant 0$ 叫做 f 在点 a 的阶, 记作 $\omega(a; f)$. 说 $\omega(a; f) = 0$ 表示 (开拓到 Δ 的) 函数 f 在点 a 不等于零; 如果 $\omega(a; f) = m \geqslant 1$, 可写出 $f(z) = (z-a)^m f_1(z)$, 这里 $f_1(a) \neq 0$, 并且我们说 a 是 f 的 m 阶零点或 m 重零点 (对于 $m = 1, 2, 3, \cdots$, 分别说单零点, 二或三阶零点, 二或三重零点, $\cdots\cdots$).

2° 其次假设整函数 (3.1.2) 是不恒等于零的一个多项式, 从而

$$u(z) = \frac{d_1}{z-a} + \frac{d_2}{(z-a)^2} + \cdots + \frac{d_n}{(z-a)^n}, \tag{3.1.3}$$

这里 $d_n \neq 0$. 我们说 a 是 f 的 n 阶或 n 重极点 (对于 $n = 1, 2, 3, \cdots$, 分别说单极点, 二或三阶极点, 二或三重极点, $\cdots\cdots$). 数 $-n$ 还叫做 f 在点 a 的阶, 记作 $\omega(a; f)$; 可以写出 $f(z) = (z-a)^{-n} f_1(z)$, 这里

$$f_1(z) = d_n + d_{n-1}(z-a) + \cdots + d_1(z-a)^{n-1} + \sum_{k=0}^{\infty} c_k (z-a)^{n+k};$$

上式右边的级数在 Δ 中收敛. 因此 f_1 在 Δ 中解析, 并且我们有 $f_1(a) \neq 0$.

3° 最后假设整函数 (3.1.2) 是非多项式的整函数 (或也可说是超越整函数); 换句话说, 对整数 n 的无穷多个值, $d_n \neq 0$. 在这种情形下, 我们说 a 是 f 的一个孤立本性奇点. 对于任何超越整函数 v, 函数 $v(1/z)$ 以 $z = 0$ 作为本性奇点.

(3.2) 当 f 是在连通开集 $\mathrm{D} \subset \mathbb{C}$ 中确定的不恒等于零的解析函数, 并且当 a 是 D 的一个孤立边界点, 但不是 f 的本性奇点时, 可确定 f 在点 a 的阶. 这一 (正或负) 整数 $\omega(a; f)$ 的特性还可描述如下:

(3.3) 要使在 D 中的解析函数在点 a 有等于 m 的阶, 必须而且只须当 z 保持在 D 中趋近于 a 时, $|(z-a)^k f(z)|$ 对于 $k > -m$ 趋近于 0; 对于 $k < -m$ 趋向于 $+\infty$. 考虑这样的 (正或负) 整数 k; 当 z 保持在 D 中趋近于 a 时, $(z-a)^k f(z)$ 保持有界; 也可说 $-m$ 是这些 k 中最小的整数.

以上叙述条件的必要性可由下列事实立即得到: 写出

$$|(z-a)^k f(z)| = |z-a|^{k+m} |f_1(z)|,$$

这里 f_1 在点 a 是解析的, $\neq 0$, 并且在点 a, 它趋近于有限极限 $f_1(a) \neq 0$. 为了看出条件是充分的, 首先注意由这条件, f 在 D 中不恒等于零; 因此只要证明 a 不是 f 的本性奇点; 为此只须看出 f 在点 a 的洛朗展开式中, 对于 $n > -m$, 所有系数 d_n 都是零. 而用 (2.4) 中的记号, 我们有

$$d_n = \frac{r^n}{2\pi} \int_0^{2\pi} f(a + re^{it}) e^{nit} dt, \tag{3.3.1}$$

这里 $r > 0$ 可取得任意小. 由假设, 对于任何 $\varepsilon > 0$, 存在着一数 $r_0 > 0$, 使得对于 $0 < r < r_0$, 我们有

$$|f(a + re^{it})| \leqslant \varepsilon r^{-n};$$

由 (3.3.1) 及中值定理, 我们于是有 $|d_n| \leqslant \varepsilon$, 并且由于 ε 是任意的, 从而 $d_n = 0$.

判别法 (3.3) 的好处是: 由它可确定 f 在点 a 的阶, 而不必预先知道 f 在这点的洛朗展开式.

注释 (3.3.2) 我们要注意: 如果 a 是 f 的一个孤立本性奇点, 那么由 (3.3), 无论对于整数 k 的任何值, 当 z 趋近于 a 时, $|(z-a)^k f(z)|$ 不能保持有界. 函数 $\sin(1/z)$ 这一实例 (对于 $a=0$) 从另一方面表明: 在 a 的邻域中, f 可能有无穷个零点, 于是对于函数 $1/f$, a 不必然是孤立奇点. 当还有在 D 中 $f(z) \neq 0$ 这一条件时, 点 a 是 $1/f$ 的孤立本性奇点 (否则 a 是 f 的极点或零点); 由此可见, 对于 k 的任何值, $|(z-a)^k/f(z)|$ 不可能保持有界.

(3.3.3) 计算 (不恒等于零的) 解析函数的在点 a 的各阶导数 (第六章, 6.2.3) 立即表明:阶 $\omega(a;f)$ 是满足下列条件的最小的整数 m: 对于 $0 \leqslant k \leqslant m-1, f^{(k)}(a)=0$, 并且 $f^{(m)}(a) \neq 0$.

(3.4) 设 D 是 $\mathbb{C}$ 中的连通开集, a 是 D 的一个孤立边界点, f, g 是在 D 中解析、在点 a 分别有一个阶的函数. 那么

(i) 函数 fg 在 D 中解析、在点 a 有阶满足下式:

(3.4.1) $$\omega(a;fg)=\omega(a;f)+\omega(a;g).$$

(ii) 函数 $f+g$ 在 D 中解析; 如果它不恒等于零, 它在点 a 有阶满足下式:

(3.4.2) $$\omega(a;f+g) \geqslant \inf(\omega(a;f),\omega(a;g)).$$

如果还有 $\omega(a;f) \neq \omega(a;g)$, 我们有

(3.4.3) $$\omega(a;f+g)=\inf(\omega(a;f),\omega(a;g)).$$

(iii) 存在着一个心是 a 的开圆盘 Δ, 使得 $1/f$ 在 $\Delta-\{a\}$ 中解析; $1/f$ 在点 a 有阶满足下式:

(3.4.4) $$\omega(a;1/f)=-\omega(a;f).$$

(3.4) 中所有结果可由 (3.3) 及下列事实导出: 如果 $\omega(a;f)=m, \omega(a;g)=n$, 我们就有

$$f(z)=(z-a)^m f_1(z), \quad g(z)=(z-a)^n g_1(z),$$

这 f_1 及 g_1 在心为 a 的一个开圆盘中解析, 并且 $f_1(a) \neq 0$, $g_1(a) \neq 0$. 结论 (i) 可立即得到; 例如如果 $n \geqslant m$, 我们有

$$f(z)+g(z)=(z-a)^m(f_1(z)+(z-a)^{n-m}g_1(z))$$

并且函数 $f_1(z)+(z-a)^{n-m}g_1(z)$ 在 a 的一个邻域中解析; 当 z 趋近于 a 时, 这函数在 $n>m$ 情形下趋近于 $f_1(a)$, 在 $n=m$ 情形下趋近于 $f_1(a)+g_1(a)$. 最后, 由孤立零点原理 (第六章, 3.2), 存在着心为 a 的一个开圆盘 Δ, 使得在 Δ 中, $f_1(z) \neq 0$; 由此得结论 (iii).

(3.5) 已给一个开集 $\mathrm{D} \subset \mathbb{C}$ 及 D 的孤立边界点 a_n 的一个 (有限或无穷) 序列, 这些 a_n 组成的集与 D 的并集仍然是 $\mathbb{C}$ 中一开集, 记作 D′. 如果一个复值函数 f 在 D 中解析, 而 D′ 中的每个点 a_n, 或者是 f 的正则点, 或者是它的极点, 我们可用不十分准确的语言说, 在 D 中解析的函数 f 在 D′ 中亚纯. 显然, D′ 中两个亚纯函数的和与积仍然是 D′ 中的亚纯函数. 可以证明: 如果 D′ 是连通集, f 是在 D′ 中不恒等于零的亚纯函数, 那么也可把它在 D′ 中的零点 b_n 排成一个 (有限或无穷) 序列. 如果 D″ 是 b_n 组成的集在 D 中的余集, 那么所有 a_n 及 b_n 都是 D″ 的孤立边界点. 事实上, 这些 b_n 是孤立点由孤立零点原理可知 (第六章, 3.2); 另一方面, 既然当 z 趋近于一个极点 a_n 时, $|f(z)|$ 趋向于 $+\infty$ (3.3), 于是 a_n 有一个邻域不含任何零点 b_m. 因此可以断定函数 $1/f$ 也在 D′ 中亚纯.

4. 留 数 定 理

(4.1) 设 $v(z)=\sum\limits_{n=0}^{\infty} d_n z^n$ 是 $\mathbb{C}$ 中的一个整函数. 对于任何 $a \in \mathbb{C}$ 及任何满足 $a \notin \gamma(\mathrm{I})$ 的环路 $\gamma: \mathrm{I} \to \mathbb{C}$, 我们有

(4.1.1)
$$\int_\gamma v\left(\frac{1}{z-a}\right) dz = 2\pi i d_1 j(a;\gamma).$$

设 $\delta>0$ 是从 a 到 $\gamma(\mathrm{I})$ 的距离; 由于级数 $\sum\limits_{n=0}^{\infty} d_n z^n$ 对于 $|z|<2/\delta$ 正规收敛, 一般项是

$$\frac{d_n\gamma'(t)}{(\gamma(t)-a)^n}$$

的级数对于 $t \in \mathrm{I}$ 正规收敛. 由第五章, 3.5, 我们有

$$\int_\gamma v\left(\frac{1}{z-a}\right) dz = \sum_{n=0}^{\infty} d_n \int_\gamma \frac{dz}{(z-a)^n}.$$

而对于 $n=0$ 以及 $n \geqslant 2$, 函数 $\dfrac{1}{(z-a)^n}$ 在 $\mathbb{C}-\{a\}$ 中有原函数 $(1-n)(z-a)^{1-n}$, 因此积分 $\displaystyle\int_\gamma \frac{dz}{(z-a)^n}$ 是零 (第七章, 3.2), 又由指标的定义 (第七章, 6.1), 就得到公式 (4.1.1).

(4.2) 由 (4.1), 当 a 是连通开集 $\mathrm{D} \subset \mathbb{C}$ 的一个孤立边界点, 并且 f 是 D 中的解析函数时, 在 f 在点 a 的洛朗展开式中, 把 $\dfrac{1}{z-a}$ 的系数 d_1 叫做 f 在点 a 的留数, 记作 $\operatorname{Res}_a f$, 这是因为由 (4.1) 及 (2.4), 在计算积分 $\displaystyle\int_\gamma f(z)dz$ 时, 取 f 在点 a 的洛朗展开式作逐项积分, 在所有各项的相应积分中, 只有含 $\dfrac{1}{z-a}$ 一项的相应积分可能

不为零. 留数这一名称是由此得到的.

(4.3) (留数定理) 设 $\mathrm{D}\subset\mathbb{C}$ 是单连通开集, $a_1,a_2,\cdots,a_n$ 是 D 中不相同的点, 并且这些 a_k 是开集 $\mathrm{D}'=\mathrm{D}-\{a_1,a_2,\cdots,a_n\}$ 的孤立边界点. 对于 D′ 中任何复值解析函数 f 及 D′ 中的任何环路 γ, 我们有

$$\int_\gamma f(z)dz=2\pi i\sum_{k=1}^{n} j(a_k;\gamma)\ \mathrm{Res}_{a_k} f. \tag{4.3.1}$$

函数 f 在每一个点 a_k 的邻域中有一个洛朗展开式; 设 $u_k(z)$ 是 f 在点 a_k 的奇异部分 (3.1); 这是 $\dfrac{1}{z-a_k}$ 的一个整函数 (但可能恒等于零). 考虑在 D′ 中的解析函数

$$g(z)=f(z)-u_1(z)-u_2(z)-\cdots-u_n(z)$$

并且要证明所有点 a_k 都是 g 的正则点. 事实上, 设 Δ 是心为 a_k、包含在 D 内、并且不含任何点 $a_j\neq a_k$ 的一个开圆盘; 那么在 $\Delta-\{a_k\}$ 中可写出

$$g(z)=(f(z)-u_k(z))-\sum_{j\neq k}u_j(z).$$

由于对于 $j\neq k$, 点 a_k 是 $u_j(z)$ 的正则点, 从而这点也是 $\sum\limits_{j\neq k}u_j(z)$ 的正则点; 又由点 a_k 的定义, 它也是 $f(z)-u_k(z)$ 的正则点 (3.1), 从而它是 g 的正则点. 于是可把 g 开拓成在整个 D 中解析的函数. 又因 D 是单连通的, 由柯西定理 (第七章, 5.1) 得

$$\int_\gamma g(z)dz=0.$$

另一方面, 由 (4.1), 对于每个 k, 我们有

$$\int_\gamma u_k(z)dz=2\pi i j(a_k;\gamma)\ \mathrm{Res}_{a_k}u_k,$$

并且由定义, $\mathrm{Res}_{a_k}u_k=\mathrm{Res}_{a_k}f$; 由此得公式 (4.3.1).

(4.4) 函数 f 在孤立奇点 a 的留数的计算可化成求整函数 v 的泰勒展开式的第一项, 这里 $v\left(\dfrac{1}{z-a}\right)$ 是 f 在点 a 的奇异部分.

在 a 是 m 阶极点的特殊情形, 可以写出

$$f(z)=\frac{f_1(z)}{(z-a)^m},$$

这里 f 在 a 的一个邻域中解析, 并且 $f_1(a)\neq 0$ (3.1); 把 $f(z)$ 用在点 a 的洛朗展开式来代替, 可以看出 $\mathrm{Res}_a f$ 是 $f_1(z)$ 在点 a 的泰勒展开式中 $(z-a)^{m-1}$ 的系数.

特别常见的情形是单极点的情形, 换句话说, 即

$$f(z)=\frac{f_1(z)}{z-a} \tag{4.4.1}$$

情形, 这里 f 在点 a 解析, 并且 $f_1(a)\neq 0$; 于是有

$$\operatorname{Res}_a f=f_1(a). \tag{4.4.2}$$

函数 f 往往有下列形式

$$f(z)=\frac{\mathrm{P}(z)}{\mathrm{Q}(z)}, \tag{4.4.3}$$

这里 P 及 Q 在点 a 解析, $\mathrm{P}(a)\neq 0$, 并且 a 是 Q 的一个单零点; 这时我们有

$$\operatorname{Res}_a f=\frac{\mathrm{P}(a)}{\mathrm{Q}'(a)}. \tag{4.4.4}$$

这是因为可写出 $\mathrm{Q}(z)=(z-a)\mathrm{Q}_1(z)$, 这里 Q_1 在点 a 解析, $\mathrm{Q}_1(a)\neq 0$, 又因 $\mathrm{Q}'(z)=\mathrm{Q}_1(z)+(z-a)\mathrm{Q}_1'(z)$, 于是

$$\mathrm{Q}'(a)=\mathrm{Q}_1(a).$$

取 $f_1=\mathrm{P}/\mathrm{Q}_1$, 应用公式 (4.4.1), 就从 (4.4.2) 导出 (4.4.4).

要注意不要乱用这些公式, 不要以为当 $f(z)=f_1(z)/(z-a)^m$, 并且 $m\geqslant 2, f_1(a)\neq 0$ 时, f 在点 a 的留数等于 $f_1(a)$!

5.　留数定理对计算积分的应用

(5.1) 用来计算某些反常积分

$$\int_{-\infty}^{+\infty} f(x)dx \tag{5.1.1}$$

的留数法如下. 设 f 是一个函数 f 在 $\mathbb{R}$ 中的限制 (仍然记作 f). 例如设这一函数在形如 $\mathrm{D}=\mathrm{D}'-\{a_1,\cdots,a_n\}$ 的开集中解析, 这里 D 包含闭半平面 $\mathfrak{I}z\geqslant 0$, 这些 a_k 是开半平面 $\mathfrak{I}z>0$ 中的点 (当然这些半平面也可分别用 $\mathfrak{I}z\leqslant 0$ 及 $\mathfrak{I}z<0$ 来代替) (图 38). 考虑由下列两条道路

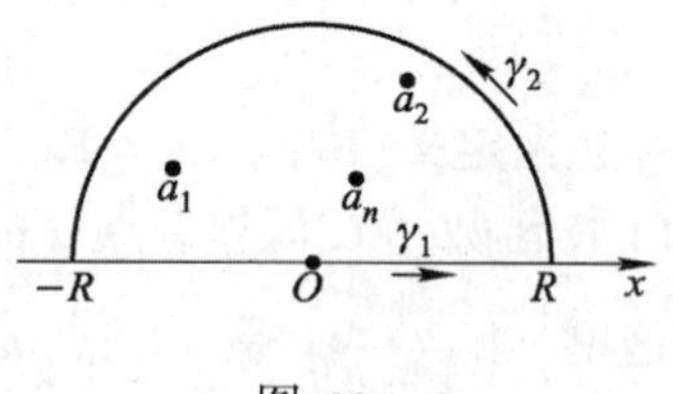

图 38

$$\gamma_1: t\to t \quad 对于\ -R\leqslant t\leqslant R,$$
$$\gamma_2: t\to Re^{it} \quad 对于\ 0\leqslant t\leqslant \pi\ (也记作\ \gamma_{2,R}),$$

相衔接而得的环路 γ, 即 $\gamma_1\vee\gamma_2$, 这里取 R 使得对于所有指标 $k, R>|a_k|$; 于是立即得到 (第七章, 6.6): 对于任何 k, 我们有

$$j(a_k;\gamma)=1,$$

从而由留数定理可写出

$$\int_{-R}^{R} f(x)dx + \int_{\gamma_2} f(z)dz = \int_{\gamma} f(z)dz = 2\pi i \sum_{k=1}^{n} \operatorname{Res}_{a_k} f. \tag{5.1.2}$$

如果还有

$$\lim_{R\to+\infty} \int_{\gamma_{2,R}} f(z)dz = 0, \tag{5.1.3}$$

那么由 (5.1.2), 取极限就得到

$$\int_{-\infty}^{+\infty} f(x)dx = 2\pi i \sum_{k=1}^{n} \operatorname{Res}_{a_k} f. \tag{5.1.4}$$

例 (5.2) 先设 $f(z) = \dfrac{\mathrm{P}(z)}{\mathrm{Q}(z)}$ 是有理分式, 这里 P 及 Q 是互素的多项式, 并且 Q 的任何零点都不是实数. 还设我们有

$$\deg \mathrm{Q} \geqslant \deg \mathrm{P} + 2, \tag{5.2.1}$$

那么 (5.1.4) 成立, 其中 a_k 是 Q 的零点中满足 $\Im a_k > 0$ 的.

事实上, 如果我们有

$$\mathrm{P}(z) = c_0 z^m + \cdots + c_m, \quad \mathrm{Q}(z) = b_0 z^n + \cdots + b_n,$$

这里 $c_0 \neq 0, b_0 \neq 0$, 那么第六章, 9.4 中的计算表明, 存在着一数 $R_0 > 0$, 使得当 $R \geqslant R_0$ 时, 我们有

$$|\mathrm{P}(Re^{it})| \leqslant 2|c_0|R^m, \quad |\mathrm{Q}(Re^{it})| \geqslant \frac{1}{2}|b_0|R^n,$$

从而用 (5.1) 中的记号, 得

$$\left|\int_{\gamma_{2,R}} f(z)dz\right| \leqslant \int_0^{\pi} \frac{|\mathrm{P}(Re^{it})|}{|\mathrm{Q}(Re^{it})|} R dt \leqslant 4\pi \frac{|c_0|}{|b_0|} R^{m+1-n}.$$

这就证明了条件 (5.1.3) 成立.

例如要证明

$$\int_{-\infty}^{+\infty} \frac{dx}{(x^2+1)^3} = \frac{3\pi}{8}. \tag{5.2.2}$$

在这里 $\dfrac{1}{(z^2+1)^3}$ 只有一个极点在半平面 $\Im z > 0$ 中, 即点 i, 因此我们有

$$\int_{-\infty}^{+\infty} \frac{dx}{(x^2+1)^3} = 2\pi i \operatorname{Res}_i f.$$

为了得到在点 i 的留数, 在上列有理分式中令 $z=i+t$, 并且在 $t=0$ 的邻域中, 展开直到含 $1/t$ 的项:

$$\frac{1}{(z^2+1)^3}=\frac{1}{t^3(2i+t)^3}=-\frac{1}{8it^3}\left(1+\frac{t}{2i}\right)^{-3}=-\frac{1}{8it^3}\left(1-\frac{3t}{2i}-\frac{3t^2}{2}+o(t^2)\right).$$

于是留数等于 $\frac{3}{16i}$, 公式 (5.2.2) 得证.

(5.3) 现设

$$f(z)=g(z)e^{miz},$$

这里 $m>0, g$ 在 $\mathrm{D}'=\mathrm{D}-\{a_1,\cdots,a_n\}$ 中解析. 我们要用到下列引理:

(5.3.1) (若尔当引理) 当 R 趋向于 $+\infty$ 时, 积分

(5.3.2) $$\int_0^{\pi}R|e^{imRe^{it}}|dt \quad (\text{对于 } m>0)$$

有界. 如果存在着一个序列 $\{R_n\}$ 趋向于 $+\infty$, 并且使得函数序列 $g(R_ne^{it})$ 在区间 $[0,\pi]$ 中一致趋近于 0, 那么相应的积分序列

$$\int_{\gamma_2,R_n}f(z)dz=i\int_0^{\pi}g(R_ne^{it})R_ne^{imR_ne^{it}}dt$$

趋近于 0.

事实上, 我们有 $|e^{imRe^{it}}|=e^{-mR\sin t}$, 又因 $\sin t=\sin(\pi-t)$, 可以写出

$$\int_0^{\pi}e^{-mR\sin t}dt=2\int_0^{\frac{\pi}{2}}e^{-mR\sin t}dt,$$

而在区间 $\left[0,\frac{\pi}{2}\right]$ 中, 我们有 $\tan t\geqslant t$, 这表明 $\frac{\sin t}{t}$ 是递减的, 从而 $\frac{\sin t}{t}\geqslant\frac{2}{\pi}$, 或 $\sin t\geqslant\frac{2t}{\pi}$, 于是可将下列积分的上界:

$$\int_0^{\frac{\pi}{2}}e^{-mR\sin t}dt\leqslant\int_0^{\frac{\pi}{2}}e^{-\frac{2mRt}{\pi}}dt\leqslant\frac{\pi}{2mR}.$$

由此可证明引理.

例如证明我们有: 对于 $a>0$,

(5.3.3) $$\int_0^{+\infty}\frac{\cos xdx}{x^2+a^2}=\frac{\pi}{2a}e^{-a}.$$

由于被积函数是偶函数, 而 $\frac{\sin x}{x^2+a^2}$ 是奇函数, 可见上列积分也等于 $\frac{1}{2}\int_{-\infty}^{+\infty}\frac{e^{ix}dx}{x^2+a^2}$. 因此我们在应用 (5.3.1) 的条件下, $g(z)=\frac{1}{z^2+a^2}$ 在半平面 $\mathfrak{I}z>0$ 中的

唯一极点是 ai, 它是一个单极点. 因此我们有 $\operatorname{Res}_{ai}f = \dfrac{e^{-a}}{2ai}$ (4.4.4), 由此得公式 (5.3.3).

(5.4) 在下述情形下, 也可用上列方法计算 $\displaystyle\int_{-\infty}^{+\infty} f(x)dx$: 对于一个趋向于 $+\infty$ 的 >0 的数列 $\{R_n\}$, 积分 $\displaystyle\int_{\gamma_2, R_n} f(z)dz$ 序列趋近于一个不一定是零的极限 (习题 9).

6. 留数定理对解方程的应用

设 f 是在开集 $\mathrm{D} \subset \mathbb{C}$ 中的解析函数; 解方程 $f(z) = 0$ 就是要求出具有任意逼近度的零点. 这当然是比单实变函数的类似问题 (第二章, 1) 要难得多的一个问题. 可是至少还是有一个理论上的 "隔" 根法, 即可确定一些开集 $\mathrm{A} \subset \mathrm{D}$, 在 A 中方程根的个数是确知的. 这是由留数定理的下列推论所得结果:

(6.1) 设 $\mathrm{D} \subset \mathbb{C}$ 是一个单连通开集, f 是在 D 中的亚纯函数 (3.5), 它在 D 中只有有限个极点 $b_1, \cdots, b_n$ 及有限个零点 $a_1, \cdots, a_m$. 那么对于 D 中满足下列条件的任何环路 $\gamma : \mathrm{I} \to \mathrm{D}$: $\gamma(\mathrm{I})$ 不含 f 的任何极点及零点, 并且对于在 D 中解析的任何函数 g, 我们有

(6.1.1)
$$\int_\gamma g(z)\frac{f'(z)}{f(z)}dz = 2\pi i \sum_{k=1}^{m} j(a_k; \gamma)\omega(a_k; f)g(a_k) + 2\pi i \sum_{h=1}^{n} j(b_h; \gamma)\omega(b_h; f)g(b_h).$$

我们注意: 当 $c \in \mathrm{D}$ 既不是 f 的零点, 也不是它的极点时, c 是函数 f'/f 的正则点; 反过来, 如果 c 是 f 的零点或极点, 那么 c 是 f'/f 的单极点, 而在这点的留数是 c 作为 f 的零点或极点时的阶 $\omega(c; f)$ (3.1). 事实上, 在 c 的邻域内, 我们有

$$f(z) = (z - c)^r f_1(z),$$

这里 $r = \omega(c; f)$, f_1 在点 c 解析, 并且 $f_1(c) \neq 0$; 由此得

$$\frac{f'(z)}{f(z)} = \frac{r}{z - c} + \frac{f_1'(z)}{f_1(z)}.$$

既然 c 是 f_1'/f_1 的正则点, 由此得上述结论. 由这一结果及留数定理可立即得到公式 (6.1.1).

特别取常数 1 作为 $g(z)$, 由第七章, 2.2.3 及指标的定义, 可得:

(6.2) 在 (6.1) 中条件下, 设 $\Gamma : \mathrm{I} \to \mathbb{C}$ 是环路 $t \to f(\gamma(t))$. 那么我们有

(6.2.1)
$$j(0; \Gamma) = \sum_{k=1}^{m} j(a_k; \gamma)\omega(a_k; f) + \sum_{h=1}^{n} j(b_h; \gamma)\omega(b_h; f).$$

现设 f 在 D 中解析, 并且在 D 中只有有限个零点; 还设选取环路 γ, 使集 D$-\gamma$(I) 是两个开集 A, B 的并集, 而且在 A 中, $j(z;\gamma)=1$; 在 B 中 $j(z;\gamma)=0$. 在这种特别情形下, 我们有

(6.2.2)
$$\sum_{a_k\in \mathrm{A}} \omega(a_k;f)=j(0;\Gamma),$$

上式左边的和是对所有 $a_k\in \mathrm{A}$ 的指标 k 作出的; 这就是所谓 "f 在 A 中按阶的重数计算出的零点个数". 因此确定这数化成了计算指标, 为此已有在第七章, 6.6 中所讲述的一般方法.

例 (6.3) 函数 $f(z)=e^z+z$ 是一整函数. 求证在由 $0<\mathfrak{I}z<\pi$ 所确定的 "带形" 内, 方程

(6.3.1)
$$e^z+z-a=0$$

只有一个根, 这里复数 a 满足下列条件: 1° $\mathfrak{I}a>0$; 2° 如果 $\mathfrak{I}a=\pi$, 那么 $\mathcal{R}a>-1$.

我们要应用公式 (6.2.2), 并取 Γ 为下列四条道路相衔接成的 "矩形"(图 39):

$$\begin{aligned}
&\gamma_1: t\to t, && -R\leqslant t\leqslant R;\\
&\gamma_2: t\to R+it, && 0\leqslant t\leqslant \pi;\\
&\gamma_3: t\to \pi i-t, && -R\leqslant t\leqslant R;\\
&\gamma_4: t\to -R+\pi i-it, && 0\leqslant t\leqslant \pi.
\end{aligned}$$

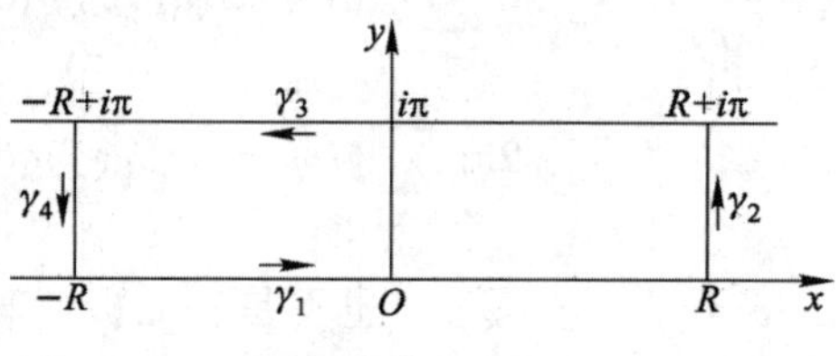

图 39

要证明的是: 对于取得充分大的 R, $j(a;\Gamma)=1$. 为此 (第七章, 6.6), 只须存在着起点是 a 的一条半射线 H, 与环路 $f\circ\gamma$ 的像 L_0 只相交于一点. 除了当同时有 $\mathfrak{I}a>\pi$ 及 $\mathcal{R}a<-1$ 之外, 取半射线 $t\to a-it, 0\leqslant t<+\infty$ 作为 H (图 40). 因为 $t\to f(\gamma_1(t))$ 是严格递增的实值函数; $t\to f(\gamma_3(t))$ 有虚部 π, 并且有实部 $\leqslant -1$; 而最后, $t\to f(\gamma_4(t))$ 的实部至多等于 $-R+e^{-R}$, 所以只须证明曲线 $t\to f(\gamma_2(t))$ 当 $0\leqslant t\leqslant\pi$ 时与 H 不相交. 而我们有

$$f(\gamma_2(t))=(R+e^R\cos t)+i(t+e^R\sin t),$$

并且由于函数 $t\to R+e^R\cos t$ 当 $0\leqslant t\leqslant\pi$ 时是严格递减的, $t+e^R\sin t$ 当 $t=\dfrac{\pi}{2}$ 时等于 $\dfrac{\pi}{2}+R$, 只须证明: 当这函数取值 -1 时, 对于 t 的相应值 t_0, 及充分大的 R (函数 $t+e^R\sin t$ 当 $t_0\leqslant t\leqslant\pi$ 时是递减的), 我们有 $t_0+e^R\sin t_0>\sup(\mathfrak{I}a,\pi)$. 可是我们有 $\cos t_0=-(R+1)e^{-R}$, 因此只要 R 充分大, 就有

$$\cos t_0\geqslant -\frac{\sqrt{2}}{2},\quad \sin t_0\geqslant\frac{\sqrt{2}}{2},\quad \text{并且 } t_0+e^R\sin t_0\geqslant\frac{\sqrt{2}}{2}e^R,$$

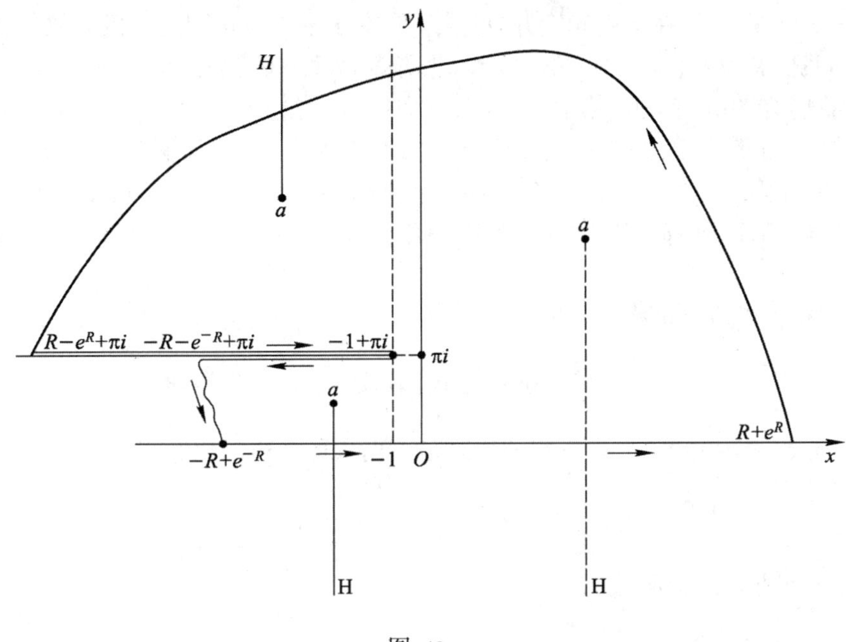

图 40

前述论断得证. 如果 $\mathfrak{I}a > \pi$, 并且 $\mathcal{R}a < -1$, 反过来取半射线 $t \to a + it, 0 \leqslant t < +\infty$ 作为 H (图 40), 这时要证明的是 H 只与曲线 $t \to f(\gamma_2(t))$ 相交于一点. 证法完全与以上相同, 这时也要用函数 $t \to R + e^R \cos t$ 的递减性.

通过深入的研究, 可以把 (6.3.1) 中取定 a 所得方程的根, 用更加准确的方式 "定位", 并且这样可求得与根任意逼近的数值 (当 a 的数值取定时), 或者求得当 $|a|$ 趋向于 $+\infty$ 时, 根的一个渐近展开式.

(6.4) 在许多重要情形下, 要 "隔" 一个方程的根, 可把这方程用由下列定理求出的 "近似" 方程来代替.

(6.5) (鲁歇定理) 设 $\mathrm{D} \subset \mathbb{C}$ 是一个单连通开集, f, g 是 D 中两个解析函数, $\gamma : \mathrm{I} \to \mathrm{D}$ 是包含在 D 中的一条环路, 并且 $\gamma(\mathrm{I})$ 不包含 f 的任何零点. 还设在集 $\gamma(\mathrm{I})$ 上, $|g(z)| < |f(z)|$, 那么 $\gamma(\mathrm{I})$ 也不包含 $f + g$ 的任何零点. 用 $a_1, \cdots, a_r$ (及 $b_1, \cdots, b_s$) 表示 f (及 $f + g$) 的零点; 设它们对于 γ 的指标 $\neq 0$. 我们就有

$$\sum_{h=1}^{r} j(a_h; \gamma)\omega(a_h; f) = \sum_{k=1}^{s} j(b_k; \gamma)\omega(b_k; f + g). \tag{6.5.1}$$

上面第一个论断是明显的, 因为由 $f(z) + g(z) = 0$ 可导出 $|f(z)| = |g(z)|$. 为了证明第二个论断, 考虑函数 $h = (f + g)/f$, 它是 D 中的亚纯函数; 我们有

$$\frac{h'}{h} = \frac{(f+g)'}{f+g} - \frac{f'}{f},$$

并且由 (6.2.1), 只须证明: 如果 $\Gamma : \mathrm{I} \to \mathbb{C}$ 是环路 $t \to h(\gamma(t))$, 我们有 $j(0; \Gamma) = 0$. 而

函数 $|g(\gamma(t))/f(\gamma(t))|$ 在 I 中确定并且连续, 它在 I 中一点达到它的极大值 r (预篇, 3.2), 从而我们有 $|h(\gamma(t))-1| \leqslant r < 1$; 因此由第七章, 6.5, 而且圆盘 $|z-1|<1$ 是单连通的, 我们有 $j(0;\Gamma)=0$ (第七章, 4.4).

最常见的情形是在 (6.2.2) 的条件下应用鲁歇定理. 这定理说明: $f+g$ 在 A 中零点按重数计算的个数, 与 f 在 A 中同样计算的零点的个数相同. 这定理的好处是检验假设只要求知道 $|g|$ (以及 $|f|$) 在集 $\gamma(\mathrm{I})$ 上而不是在整个 D 中的一个上界 (及下界).

例 (6.6) 求把下列方程的根 "定位":

(6.6.1)
$$\tan z = a(z-\alpha),$$

这里 $a \neq 0$, α 表示复数; 上列方程的根就是下列方程左边函数的零点:

(6.6.2)
$$a(z-\alpha)\cos z - \sin z = 0,$$

把它们与下列方程左边函数的零点相比较:

(6.6.3)
$$a(z-\alpha)\cos z = 0.$$

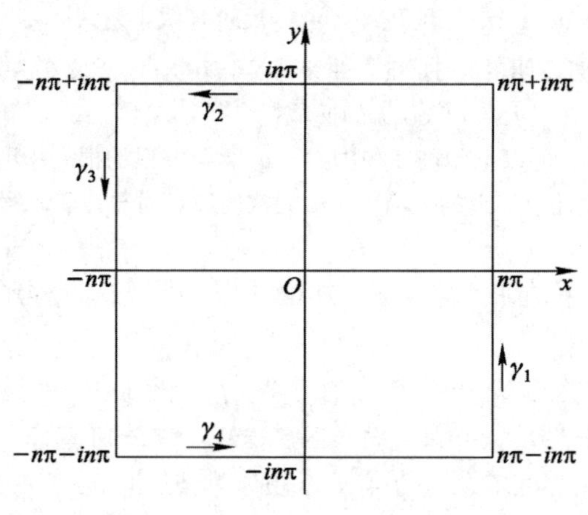

图 41

上列方程左边函数的零点是已知的, 即点 $z=\alpha$ 与 $\cos z$ 的零点 $(2n+1)\dfrac{\pi}{2}$ (n 是正或负整数). 我们要应用鲁歇定理, 取 $\mathrm{D}=\mathbb{C}$, 取 γ 是下列四条道路相衔接而成的 "矩形" 的边界:

$$\begin{aligned}
\gamma_1 &: t \to n\pi + it, && -n\pi \leqslant t \leqslant n\pi,\\
\gamma_2 &: t \to ni\pi - t, && -n\pi \leqslant t \leqslant n\pi,\\
\gamma_3 &: t \to -n\pi - it, && -n\pi \leqslant t \leqslant n\pi,\\
\gamma_4 &: t \to -ni\pi + t, && -n\pi \leqslant t \leqslant n\pi.
\end{aligned}$$

由于当 n 充分大时, $\dfrac{1}{|a(z-\alpha)|}$ 在 $\gamma(\mathrm{I})$ 上任意小, 可看出只要证明在 $\gamma(\mathrm{I})$ 上, 函数 $\tan z$ 以一个与 n 无关的数为界. 考虑到 $\tan z$ 的周期性, γ_1 及 γ_3 的取法以及第六章, 8.6.14 中公式 $\tan z=\dfrac{2i}{1+e^{2iz}}-i$, 于是只要证明下列引理:

(6.6.4) 对于任何数 $\delta>0$, 函数 $\dfrac{1}{1+e^{iz}}$ 在半平面 $\mathfrak{I}z\geqslant\delta$ 中有界.

事实上, 如果令 $z=x+iy$, 我们有 $|1+e^{iz}|\geqslant 1-|e^{iz}|=1-e^{-y}\geqslant 1-e^{-\delta}$. 鲁歇定理表明: 只要 n 充分大, 方程 (6.6.1) 恰好有 $2n+1$ 个根满足 $|\mathcal{R}z|<n$ 及 $|\mathfrak{I}z|<n$. 一旦得到了这结果, 对于 (6.6.1) 的所有根, 除去有限个以外, 可以改进这一结果 (当 a 及 α 固定时). 事实上, 这时只须把鲁歇定理应用到一个正方形 Q_n; 它的心是 $(2n+1)\dfrac{\pi}{2}$, 边与坐标轴平行并且等于满足 $0<\delta<\dfrac{\pi}{2}$ 的任一数 δ; 在 Q_n 的边界上, 由于周期性, $|\tan z|$ 的最大值 $M(\delta)$ 与 n 无关; 只要 $|n|$ 充分大, 以至

$$\frac{M(\delta)}{|a|\left(|2n+1|\dfrac{\pi}{2}-|\alpha|\right)}<1,$$

就可断定方程 (6.6.2) 在 Q_n 中恰好有一个根.

注释 (6.7) 以上所讲的一些方法往往可以不仅用来确定方程 $f(z)=0$ 在其中恰好有一单根的开集 $\mathrm{A}\subset\mathrm{D}$, 而且可以选取 A 充分小, 使得对于已证明存在的根, 求出误差任意小的近似数值. 这是由第二章第 3 节及第二章第 4 节中所述方法推得的; 在这些讲述中, 当把区间 $[x_0-c,x_0+c]$ 换成圆盘 $|z-z_0|\leqslant c$ 时, 所得结果不加改变地成立 (证明也相同). 事实上, 第二章中所述的方法只是根据中值定理, 而如我们在第六章, 6.6 中所已看到, 中值定理可以推广到圆盘中的解析函数.

7. 解析函数的反演: I 局部问题

(7.1) 考虑单实变数 x 的一个实值函数, 它在一个区间 $\mathrm{I}:|x-x_0|\leqslant r$ 中连续可导, 而且导数 $f'(x)$ 在 I 中保持定号 (于是 f 在 I 中严格单调). 这时我们知道 (预篇, 3.3) 对于端点是 $f(x_0-r),f(x_0+r)$ 的区间 J 中的任何点 y, 方程 $f(x)=y$ 在 I 中有一个、并且只有一个根; 如果把这个根记作 $h(y)$, 那么函数 h 在 J 中连续可导, 并且在 J 中任何点 y 有导数 $1/f'(h(y))$. 现在要证明这结果可以推广到单复变数解析函数.

(7.2) 设 f 是在开圆盘 $\mathrm{D}:|z-z_0|<r$ 中的解析函数, 并且 $f'(z_0)\neq 0$. 那么存在着一个开圆盘 $\mathrm{D}':|z-z_0|<r'$ (而且 $r'\leqslant r$) 及一个心是 $w_0=f(z_0)$ 的开圆盘 $\Delta:|w-w_0|<\rho$, 使得对于任何 $w\in\Delta$, 方程 $f(z)=w$ 有一个并且只有一个根 $z=h(w)$ 属于 D'; 此外, 这样确定的函数在 Δ 中解析, 并且对于任何 $w\in\Delta$,

$$h'(w)=1/f'(h(w)).$$

由于 $f'(z_0)\neq 0$, 存在着充分小的 $r'>0$, 使得对于 $z\in\mathrm{D}':|z-z_0|<r',|f(z)-$

$f(z_0)| \geqslant \frac{1}{2}|f'(z_0)| \cdot |z - z_0|$. 在 D' 中确定函数 $g(z)$ 如下: 它在 $z \neq z_0$ 时等于 $\frac{z - z_0}{f(z) - f(z_0)}$, 在 $z = z_0$ 时等于 $1/f'(z_0)$; 于是 $g(z)$ 在 D' 中解析, 从而可把方程 $f(z) = w$ 写成下列形式:

(7.2.1) $$z - z_0 - (w - w_0)g(z) = 0.$$

通过对 z 及 w 的平移, 可设 $z_0 = w_0 = 0$. 于是 (7.2) 中的结论可由下列更精确的定理导出.

(7.3) 设 g 是在包含闭圆盘 $\mathrm{D} : |z| \leqslant r(r > 0)$ 的一个开集中的解析函数, 并且令 $M = \sup\limits_{|z|=r} |g(z)|$. 那么对于满足 $|w| < r/M$ 的任何 w, 方程

(7.3.1) $$z - wg(z) = 0$$

在开圆盘 $\mathring{\mathrm{D}}: |z| < r$ 中有一个、并且只有一个根 $z = h(w)$. 这函数 h 在圆盘 $\Delta : |w| < r/M$ 中解析, 而且准确地说, 对于在 $\mathring{\mathrm{D}}$ 中解析的任何函数 F, 我们有在 Δ 中收敛的泰勒展开式

(7.3.2) $$\mathrm{F}(h(w)) = \mathrm{F}(0) + \sum_{n=1}^{\infty} \frac{w^n}{n!} \left(\frac{d^{n-1}}{dz^{n-1}} (\mathrm{F}'(z)(g(z))^n) \right)_{z=0},$$

这展开式中的系数是相应导数在 $z = 0$ 的值. 特别地,

(7.3.3) $$h(w) = \sum_{n=1}^{\infty} \frac{w^n}{n!} \left(\frac{d^{n-1}}{dz^{n-1}} (g(z))^n \right)_{z=0}$$

("拉格朗日反演公式").

如果 $|w| < r/M$, 在圆 $|z| = r$ 上, 我们有上界 $\left|\frac{wg(z)}{z}\right| < 1$, 从而根据鲁歇定理 (6.5), 方程 (7.3.1) 有一个并且只有一个单根 $z = h(w)$ 满足 $|h(w)| < r$. 如果 γ 是环路 $t \to re^{it}(0 \leqslant t \leqslant 2\pi)$, 由留数定理得到下列公式

(7.3.4) $$\mathrm{F}(h(w)) = \frac{1}{2\pi i} \int_{\gamma} \frac{(1 - wg'(z))\mathrm{F}(z)dz}{z - wg(z)};$$

这里用到被积函数在单极点 $z = h(w)$ 处留数的表示式 (4.4.4). 此外, 对于 $|z| = r$, 可写出

$$\frac{1}{z - wg(z)} = \sum_{n=0}^{\infty} \frac{w^n (g(z))^n}{z^{n+1}};$$

由于 $\left|\frac{wg(z)}{z}\right| \leqslant \frac{M|w|}{r} < 1$, 上列级数是正规收敛的. 因此我们有 (第五章, 3.5)

(7.3.5) $$\mathrm{F}(h(w)) = \sum_{n=0}^{\infty} \frac{w^n}{2\pi i} \int_{\gamma} \frac{\mathrm{F}(z)(g(z))^n}{z^{n+1}} dz - \sum_{n=0}^{\infty} \frac{w^{n+1}}{2\pi i} \int_{\gamma} \frac{\mathrm{F}(z)g'(z)(g(z))^n dz}{z^{n+1}}.$$

另一方面, 由第七章, 7.5.1 的公式得

$$\frac{1}{2\pi i}\int_\gamma \frac{\mathrm{F}(z)(g(z))^n}{z^{n+1}}dz = \frac{1}{n!}\left(\frac{d^n}{dz^n}\mathrm{F}(z)(g(z))^n\right)_{z=0}$$

$$= \frac{1}{n!}\left(\frac{d^{n-1}}{dz^{n-1}}(\mathrm{F}'(z)(g(z))^n + n\mathrm{F}(z)g'(z)(g(z))^{n-1})\right)_{z=0},$$

同样,

$$\int_\gamma \frac{\mathrm{F}(z)g'(z)(g(z))^n}{z^{n+1}}dz = \frac{1}{n!}\left(\frac{d^n}{dz^n}(\mathrm{F}(z)g'(z)(g(z))^n)\right)_{z=0}.$$

把这些结果代入 (7.3.5), 就得到公式 (7.3.2).

公式 (7.3.3) 中要计算任意阶的导数. 一般说来它更具有理论意义, 而不是实用意义.

8. 解析函数的反演: Ⅱ 整体问题

(8.1) 设 f 是连通开集 D 中的解析函数; 如果 f 在 D 中不是常数, 集 $f(\mathrm{D})$ 是 $\mathbb{C}$ 中的开集. 如果还设 f 是单射, 我们有在 D 中 $f'(z) \neq 0$, 存在着一个并且只有一个在 $f(\mathrm{D})$ 中解析的函数 g, 对于任何 $w \in \mathrm{D}$, 满足 $f(g(w)) = w$, 而且 $g'(w) = \dfrac{1}{f'(g(w))}$.

设 $z_0 \in \mathrm{D}$, 并且令 $w_0 = f(z_0)$. 要证明存在着一个数 $\rho > 0$, 使得对于满足 $|w-w_0| < \rho$ 的任何 w, 方程 $f(z) = w$ 在 D 中至少有一个根. 既然 f 不是常数, 对于一个整数 $k > 1$, 可写出 $f(z)-f(z_0) = (z-z_0)^k g(z)$, 这里 $g(z)$ 在 D 中解析, 并且 $g(z_0) \neq 0$ (第六章, 7.3). 由于 g 是连续的, 存在着一个 $r > 0$, 使得对于 $|z-z_0| \leqslant r$, 我们有 $\left|\dfrac{g(z)-g(z_0)}{g(z_0)}\right| \leqslant \dfrac{1}{2}$, 从而 $|g(z)| \geqslant \dfrac{1}{2}|g(z_0)|$. 注意方程 $f(z) = w$ 也可写成 $u(z) = 0$, 这里 $u(z) = (z-z_0)^k - \dfrac{w-w_0}{g(z)}$; 令 $v(z) = (z-z_0)^k$, 并且用鲁歇定理 (6.5) 比较方程 $u(z) = 0$ 及 $v(z) = 0$. 确定数 $\rho > 0$, 使 $\rho < \dfrac{1}{2}r^k|g(z_0)|$, 那么对于 $|z-z_0| = r$ 及 $|w-w_0| < \rho$, 我们有

$$\frac{|w-w_0|}{|(z-z_0)^k g(z)|} \leqslant \frac{2\rho}{r^k|g(z_0)|} < 1.$$

这就证明了在圆盘 $|z-z_0| < r$ 内, 按根的重数计算, 方程 $u(z) = 0$ 及方程 $v(z) = 0$ 的根的个数相同. 这样证明了 (8.1) 中第一个论断. 要证明如果 f 是单射, 在 D 内我们有 $f'(z) \neq 0$, 用反证法. 假定 $f'(z_0) = 0$, 因而用上面的记号, 我们有 $k \geqslant 2$. 由于 f' 在 D 中不恒等于零 (否则 f 应当是常数), 根据孤立零点原理, 可设对于 $|z-z_0| < r$, 并且 $z \neq z_0$, 我们有 $f'(z) \neq 0$. 然而对于 $|w_1 - w_0| < \rho$ 及 $w_1 \neq 0$, 刚才看到方程 $f(z) = w_1$ 有 k 个根 (按根的重数计算) 在圆盘 $|z-z_0| < r$ 中. 因为这些根与 z_0 不同, 所以对于其中每个根, $f'(z) \neq 0$; 从而每个根都是单根, 并且彼此不相等, 与 f 在 D 中是单射的假设相矛盾. 于是立即得到 (8.1) 中最后的论断: 这是因为对于任何 $w \in f(\mathrm{D})$, 存在着唯一一数 $g(w) \in \mathrm{D}$ 满足 $f(g(w)) = w$, 并且因为 $f'(g(w)) \neq 0$, 由 (7.2), g 在点 w 是解析的.

(8.2) 因此当在 D 中的解析函数 f 是单射时, 它在 D 中的反演问题已经解决了. 当 f 不是单射时, 就有 $w \in f(\mathrm{D})$ 的值, 使得方程 $f(z) = w$ 有一个以上不同的根; 因为一

个函数在每点只能有唯一一个值, 我们设想存在着一个以上在 $f(\mathrm{D})$ 中确定的解析函数 $g_1(w), g_2(w), \cdots$, 使得 $f(g_1(w)) = w, f(g_2(w)) = w$, 等等. 在实域中, 实际上有这种类型的结果: 例如对于从 $\mathbb{R}$ 到它本身的映射 $f : x \to x^2$, 我们有 $f(\mathbb{R}) = [0, +\infty[$, 并且实际上有两个在 $f(\mathbb{R})$ 上确定的连续函数是 f 的 "反" 函数.

(8.3) 我们将要看到在复域中, 一般 (当在 D 中的解析函数 f 不是单射时) 不可能确定一个在整个 $f(\mathrm{D})$ 中连续的函数 $w \to g(w)$, 使得在 $f(\mathrm{D})$ 中, $f(g(w)) = w$; 于是 f 在整个集 $f(\mathrm{D})$ 中更加没有 "反"解析函数. 最简单的例子是 $\mathbb{C}$ 中的函数 $f(z) = z^2$, 它已经显示出这种不可能性了. 对于任何 $w = re^{it}$, 这里 $r > 0, -\pi \leqslant t \leqslant \pi$, 这时我们有 $f(\mathbb{C}) = \mathbb{C}$, 方程 $z^2 = w$ 有两个根 $z_1 = \sqrt{r}e^{it/2}$ 及 $z_2 = -z_1 = \sqrt{r}e^{i\left(\pi + \frac{t}{2}\right)}$.

用反证法, 假定存在着在 $\mathbb{C}$ 中连续的一个函数 g, 使得对于任何 $w \in \mathbb{C}$, $(g(w))^2 = w$. 特别地, 对于 $-\pi < \theta < \pi$, 应可写出 $g(e^{i\theta}) = e^{i\varphi(\theta)}$, 这里 φ 应当是这样一个函数: 在 $]-\pi, +\pi[$ 中每点, 应当取 $\frac{1}{2}\theta, \pi + \frac{1}{2}\theta$ 之中的一个值; $e^{i\varphi(\theta)}$ 应当在 $]-\pi, \pi[$ 中连续, 而且在点 π 及 $-\pi$ 趋近于同一极限. 例如假定 $\varphi(0) = 0$; 如果在一点 $\theta_0 \in]-\pi, \pi[$, 我们有 $\varphi(\theta_0) = \frac{1}{2}\theta_0$, 那么在心是 θ_0、长度任意小的一个区间中, 也必然有 $\varphi(\theta) = \frac{1}{2}\theta$, 因为在这样的区间中, $e^{i\theta_0/2} - e^{i\left(\pi + \frac{\theta}{2}\right)}$ 任意接近于 $2e^{i\theta_0/2}$. 于是由假设, 差 $e^{i\varphi(\theta)} - e^{i\varphi(\theta_0)}$ 必然任意小. 因此把预篇, 5.9 应用到局部是常数的函数 $\varphi(\theta) - \frac{1}{2}\theta$, 可见这函数在 $]-\pi, \pi[$ 中必然恒等于零. 但是这样当 θ 趋近于 π, θ' 趋近于 $-\pi$ 时, $e^{i\varphi(\theta)}$ 趋近于 i, 而 $e^{i\varphi(\theta')}$ 趋近于 $-i$; 而由假设, 这两极限应当相等. 因此我们得到一个矛盾.

(8.4) 如果我们要说函数 $f : z \to z^2$ 的 "反函数", 必须把定义域加以限制. 例如可进行如下: 设 D_0 是半射线 $\mathrm{L}_0 = -\mathbb{R}_+ =]-\infty, 0]$ 在 $\mathbb{C}$ 中的余集, 即满足 $r > 0, -\pi < \theta < \pi$ (不含等式) 的点 $re^{i\theta}$ 的集 (图 42). 我们注意: 对于任何 $w \in \mathrm{D}_0$, 满足下列条件的 r 及 θ 的值是以唯一的方式确定的: $re^{i\theta} = w, r > 0$, 并且 $-\pi < \theta < \pi$. 如果 $w = s + it$, 这里 s 及 t 是实数, 我们有 $r = (s^2 + t^2)^{\frac{1}{2}}$, 并且 $\theta = 2\mathrm{Arctan}\dfrac{t}{r + s}$. 因此可以令 $g_0(w) = \sqrt{r}e^{i\theta/2}$, 并且上列公式表明 g_0 在 D_0 中连续, 并且 $g_0(\mathrm{D}_0)$ 是开半平面 $\mathrm{H} : \mathcal{R}z > 0$. 由于 $f(\mathrm{H}) = D_0$, 并且 f 是到 H 的单射, 可见 g_0 是 D_0 中的解析函数, 并且满足 $f(g_0(w)) = w$ (8.1); 我们也有 $f(-g_0(w)) = w$, 并且我们说两个解析函数 g_0 及 $-g_0$ 是 f 在 D_0 中的反函数的两个分支. 我们注意: 只要给出这两函数中的一个在 D_0 中仅仅一点处的值, 就可完全确定这一函数 (因为这函数除符号外是已知的).

集 D_0 也叫做沿着负半实轴 $\mathrm{L}_0 = -\mathbb{R}_+$ 割开的平面. 注意在 $-\mathbb{R}_+$ 上的一点 $-s_0 < 0$, 函数 g_0 没有极限: 当 t 通过 > 0 的值趋近于 $\mathbb{R}$ 中的 0 时, $g_0(-s_0 + it)$ 趋近于极限 $i\sqrt{s_0}$, 而 $g_0(-s_0 - it)$ 趋近于极限 $-i\sqrt{s_0}$.

(8.5) 我们也可不沿着负实轴 "割开" 平面, 而对于满足 $0 \leqslant \alpha < 2\pi$ 的任何 α, 考虑半射线 $\mathrm{L}_\alpha = e^{i\alpha}\mathrm{L}_0 : r \to re^{i\alpha}(0 \leqslant r < +\infty)$ 的余集 $\mathrm{D}_\alpha = e^{i\alpha}\mathrm{D}_0$ ("沿着 L_α 割开的" 平面). 于是还是可以确定 f 在 D_α 中的反函数的两个 "分支" g_α 及 $-g_\alpha$, 对于

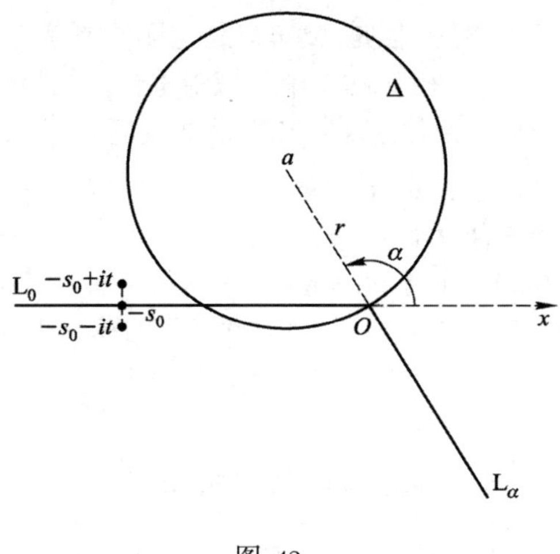

图 42

$r>0$, 它们满足 $g_\alpha(re^{i\alpha})=g_0(re^{i\alpha})$; g_α 及 $-g_\alpha$ 在 "割线"L_α 的点处没有确定; 交集 $D_\alpha\bigcap D_0$ 是两个没有公共点的开集的并集, 即由两条半射线 L_0 及 L_α 所确定的两个 "角形域"; 如果 g_α 与 g_0 在两个角形域中之一相重合, 它与 $-g_0$ 在另一角形域中相重合, 因为 g_0 (及 g_α) 在 L_0 (及 L_α) 的每一边趋近于不同的极限. 更一般地可以证明: 在不含点 0 的任何单连通开集 D 中, 存在着两个解析函数 g 及 $-g$, 满足 $(g(w))^2=w$. 在解析函数论中, 要说到 $f:z\to z^2$ 的反函数的一个 "分支" g, 只有当下列两点确定时才有意义: 1° 用来确定函数 g 的单连通开集 D; 2° g 在 D 中一点处所取的值. 这样就有无穷个 (像 g_α 那样的) 函数, 每一个在不同的、可是最大的开集中确定. 所谓最大, 就是表明不能把有关函数开拓到更大的开集中; 除在 0 外, 函数 g_α 在 D_α 的边界点没有极限.

(8.6) 这种情形看来令人惊奇; 但是为了作出弥补, 不能如同许多教本中不幸所为, 说是可以定义函数 $z\to z^2$ 的所谓反 "多值函数", 认为这种所谓 "函数" 在每个不等于 0 的点有两个值. 事实上, 这种定义不过是废话, 因为这些教本的作者避免对新引进的数学量给出一点点计算方法. 这样当然就使上述所谓 "定义" 完全无用了. 容易看出这种无用会是怎样的, 因为认为所谓 "函数"$\sqrt{z}$ 有两个没有区别的值, 就不得不认为 $\sqrt{z}+2\sqrt{z}$ 有 4 个值, $\sqrt{z}+2\sqrt{z}+4\sqrt{z}$ 有 8 个值, 如此等等. 这样任何计算都不可能了.

事实上, 有解决 "多值函数" 悖论的一种理论, 即深刻并且强有力的 "黎曼曲面" 论, 可是它超过了本书的水平.

(8.7) 函数 $f:z\to z^2$ 的反演问题可以表明本章第 1 节中所提到的 "解析开拓" 问题的困难. 考虑 D_0 中一点 $a=re^{i\alpha}$, 并且求函数 $g_0(z)$ 在点 a 的泰勒级数的收敛圆盘 Δ. 注意这圆盘不能包含点 $z=0$, 因为由解析开拓原理 (第六章, 7.3), 这级数的和在 Δ 中满足关系式 $(h(z))^2=z$, 因此应有 $h(0)=0$ 及 $2h(z)h'(z)=1$, 并且从而

$2h(0)h'(0)=1$; 这显然是荒谬的. 但是 Δ 正好是这样的圆盘 $|z-a|<r$, 它的边界通过点 0. 事实上, 函数 g_0 与 g_α 在 a 的一个邻域中重合, 并且 g_α 在上列圆盘中解析, 因此由第七章, 7.3 即得所需结论. 这样, 如果例如我们有 $\frac{\pi}{2}<\alpha<\pi$, 交集 $\mathrm{D}_0\bigcap\Delta$ *不是连通的* (图 42), 并且 g_0 在点 a 的泰勒级数的和 $h(z)$ 与 g_0 在 $\mathrm{D}_0\bigcap\Delta$ 包含在半平面 $\mathfrak{I}z>0$ 中一部分重合, 而与 $-g_0$ 在 $\mathrm{D}_0\bigcap\Delta$ 包含在半平面 $\mathfrak{I}z<0$ 中一部分重合, 点 $z=0$ 是函数 h 的一个*奇点*, 圆 $|z-a|=r$ 上所有其他点都是 h 的*正则点*. 但是虽然表面上, $z=0$ *不是* (2.1) 中所确定意义下的*孤立奇点*; 这是一种新类型的奇点, 有时叫做*支点*.

9. 对数函数

(9.1) 在函数 $f:z\to z^2$ 的研究中, 出现了像半平面 $\mathrm{H}:\mathcal{R}z>0$ 这样的一种 "最大" 开集, 使得在 H 中, f 是单射; 而在任何更大的开集中, f 不是单射. 我们要证明对于指数函数, 同样有这种最大开集; 这样就可确定它的 "反函数" 的 "分支".

(9.2) 令 $z=x+iy, w=s+it=e^z$ (x,y,s,t 是实数); 因此我们有 (第六章, 8.5.1)

$$s=e^x\cos y,\quad t=e^x\sin y; \tag{9.2.1}$$

由于 $e^x>0$, 由此可得

$$e^x=\sqrt{s^2+t^2}. \tag{9.2.2}$$

当 w 在 $\mathbb{C}$ 中给定时, 只要 $w\neq 0$, 上列方程有唯一解:

$$x=\log\sqrt{s^2+t^2}=\log|w|; \tag{9.2.3}$$

一旦这样确定了 x,y 就是下列方程的解:

$$\cos y=\frac{s}{|w|},\quad \sin y=\frac{t}{|w|},$$

这组方程总有无穷个解, 其中有*一个并且只有一个*解满足不等式 $-\pi<y_0\leqslant\pi$, 所有其他解的形状是 $y_0+2k\pi$, 这里 $k\in\mathbb{Z}$. 如果令 $y_0=\mathrm{Am}\,w$ (用不准确的语言, 还是把这数叫做 w 的*辐角*), 对于 $w\neq 0$, 我们有

$$\mathrm{Am}\,w=2\mathrm{Arctan}\frac{t}{s+|w|}, \tag{9.2.4}$$

这里对于 $t=0, s<0$, 约定取 $\mathrm{Am}\,w=\pi$. 因此我们看出: 对于给定的 $w\neq 0$, 方程 $e^z=w$ 的解是复数

$$z=\log|w|+i(\mathrm{Am}\,w+2k\pi),\quad k\in\mathbb{Z}. \tag{9.2.5}$$

(9.3) 这些结果特别表明: 函数 $f: z \to e^z$ 在开集 $\mathrm{B}: -\pi < \Im z < \pi$ 中是单射. B 中的直线 $y = y_0(-\pi < y_0 < \pi)$ 由 f 映射成的像是开半射线 $w = e^x e^{iy_0}(-\infty < x < +\infty)$ (不包含点 0); 线段 $x = x_0, -\pi < y < \pi$ 的像是圆 $|w| = e^{x_0}$ 除去点 $w = -e^{x_0}$. 因此开集 $f(\mathrm{B})$ 是 (8.4) 中所确定的割开了的平面 D_0. 应用 (8.1), 可见函数 $w \to \log|w| + i\mathrm{Am}\, w$ 在 D_0 中解析, 并且是从 D_0 到 "带形" B 上的一个双射; 把它记作 $w \to \log w$, 并且说它是 D_0 中对数的主要分支, 因此有: 对于 $w \in \mathrm{D}_0$ 及 $z \in \mathrm{B}$,

(9.3.1) $$e^{\log w} = w, \quad \log(e^z) = z$$

并且对于 $w \in \mathrm{D}_0$,

(9.3.2) $$\log w = \log|w| + i\mathrm{Am}\, w.$$

在 D_0 中连续并且满足 $e^{g(w)} = w$ 的任何其他函数 g 有形状 $g_k(w) = \log w + 2k\pi i$, 这里 $k \in \mathbb{Z}$; 这是因为差式 $g(w) - \log w$ 根据 (9.2.5) 必然是 $2\pi i$ 的整数倍, 而且由于上列差式在 D_0 中连续, 并且由于 D_0 是连通的 (预篇, 5.9), 这差式必然是常数. 函数 g_k 叫做对数在 D_0 中的分支; 可见在这里有无穷个分支; 对数在 D_0 中的一个分支由它在一个实数点 $x > 0$ 的值完全确定, 这是由于

$$g_k(x) = \log x + 2k\pi i.$$

在一点 $-s_0 < 0$, 函数 $\log w$ 没有极限, 因为当 t 在 $\mathbb{R}$ 中通过 > 0 的值趋近于 0 时, $\mathrm{Am}\,(-s_0 + it)$ 趋近于 π, $\mathrm{Am}\,(-s_0 - it)$ 趋近于 $-\pi$. 当 w 趋近于 0 时 (从 D_0 中趋近于 0 时), $\log|w|$ 趋向于 $+\infty$, 从而 $|\log w|$ 也是这样. 因此对于 e^z 的 "反函数", 集 D_0 是一个最大区域.

我们注意在 $\mathbb{C} - \{0\}$ 中确定的函数 $\log\sqrt{s^2 + t^2}$ 是拉普拉斯方程 (第七章, 9.5.1) 在这开集中的一个解; 可是在 $\mathbb{C} - \{0\}$ 中, 不存在任何解析函数以 $\log\sqrt{s^2 + t^2}$ 作为它的实部. 这是因为由柯西条件, 一个这样的函数在 D_0 中应当有形状 $\log w + C$ (C 是常数), 并且已知这函数不能开拓成在 $\mathbb{C} - \{0\}$ 中连续的函数.

(9.4) 由 (8.1), 在 D_0 中, 我们有

(9.4.1) $$\frac{d}{dw}(\log w) = \frac{1}{w},$$

由此导出函数 $\log w$ 在点 $w = 1$ 的泰勒级数是

(9.4.2) $$\log(1 + z) = z - \frac{z^2}{2} + \cdots + \frac{(-1)^{n-1}}{n} z^n + \cdots.$$

与 (8.7) 中的同样推理表明这一幂级数的收敛圆盘是 $|z| < 1$.

如果 $w \in \mathrm{D}_0$, 我们也有 $w^{-1} \in \mathrm{D}_0$, 这是因为 $\mathrm{Am}\,(w^{-1}) = \mathrm{Am}\,(\bar{w}) = -\mathrm{Am}\,(w)$; 由此导出: 在 D_0 中, 我们有

(9.4.3) $$\log(w^{-1}) = -\log w.$$

反之, 对于 D_0 中的 w_1, w_2, 关系式

$$\mathrm{Am}\,(w_1 w_2) = \mathrm{Am}\,w_1 + \mathrm{Am}\,w_2 \tag{9.4.4}$$

只有在下列条件下才成立:

$$-\pi < \mathrm{Am}\,w_1 + \mathrm{Am}\,w_2 < \pi. \tag{9.4.5}$$

当上列关系式成立时, 我们有

$$\log(w_1 w_2) = \log w_1 + \log w_2. \tag{9.4.6}$$

反过来, 如果 $\mathrm{Am}\,(w_1) + \mathrm{Am}\,(w_2) > \pi$ (或 $\mathrm{Am}\,(w_1) + \mathrm{Am}\,(w_2) < -\pi$), 我们有

$$\log(w_1 w_2) = \log w_1 + \log w_2 - 2i\pi$$

(或 $\log(w_1 w_2) = \log w_1 + \log w_2 + 2i\pi$); 如果 $\mathrm{Am}\,(w_1) + \mathrm{Am}\,(w_2) = \pm\pi$, $\log(w_1 w_2)$ 不能确定, 因为 $w_1 w_2$ 是实数, 并且 < 0.

(9.5) 代替考虑对数在 D_0 中的分支, 对于满足 $0 \leqslant \alpha < 2\pi$ 的任何 α, 我们可考虑对数在割开了的平面 $D_\alpha = e^{i\alpha} D_0$ 中的分支; 它们是函数

$$g_{\alpha,k}(w) = i\alpha + g_k(e^{-i\alpha} w) = i(\alpha + 2k\pi) + \log(e^{-i\alpha} w).$$

函数 $g_{\alpha,k}$ 在点 $w_0 = re^{i\alpha} (r > 0)$ 的泰勒级数是

$$g_{\alpha,k}(w_0 + z) = \log r + i(\alpha + 2k\pi) + \sum_{n=1}^{\infty} \frac{(-1)^{n-1}}{n} \left(\frac{z}{w_0}\right)^n, \tag{9.5.1}$$

并且它的收敛圆盘是 $|z| < r = |w_0|$, 收敛圆上的唯一奇点 (也叫做 "支点" 或 "分歧点") 是点 $z = -w_0$. 特别地, 在点 $w_0 = re^{i\alpha}$, 这里 $-\dfrac{\pi}{2} \leqslant \alpha \leqslant \dfrac{\pi}{2}$, $\log w$ 的泰勒级数在收敛圆盘 Δ 中任何点等于 $\log(w_0 + z)$; 反过来, 当 $\dfrac{\pi}{2} < \alpha < \pi$ $\left(\text{或 } -\pi < \alpha < -\dfrac{\pi}{2}\right)$ 时, 在 $D_0 \bigcap \Delta$ 包含在半平面 $\mathfrak{I}w > 0$ (或 $\mathfrak{I}w < 0$) 的部分中, 这级数的和是 $\log(w_0 + z)$; 而在 $D_0 \bigcap \Delta$ 包含在半平面 $\mathfrak{I}w < 0$ (或 $\mathfrak{I}w > 0$) 的部分中, 是 $\log(w_0 + z) + 2i\pi$ (或 $\log(w_0 + z) - 2i\pi$).

(9.6) 有了对数的主要分支的定义, 已给任何复数 λ, 对任何 $z \in D_0$, 就可用下列公式确定 "λ 次" 幂函数

$$z^\lambda = e^{\lambda \log z}. \tag{9.6.1}$$

采用这一定义, 无论 λ 及 μ 是任何复数, 我们有: 对于 $z \in D_0$,

$$z^{\lambda+\mu} = z^\lambda z^\mu \quad \text{及} \quad (z^\lambda)^\mu = z^{\lambda\mu} \ (\text{如果 } z^\lambda \in D_0), \tag{9.6.2}$$

并且特别地, 对于 $z \in \mathrm{B}, z' \in \mathbb{C}$, $(e^z)^{z'} = e^{zz'}$. 由于根据 (9.3.1), $z^1 = z$, 对于任何正或负整数 n, 函数 z^n 与通常意义下 z 的 n 次幂相同. 在 D_0 中, 我们也有

$$\frac{d}{dz}(z^\lambda) = \lambda z^{\lambda-1}; \tag{9.6.3}$$

这是因为由 (9.4.1) 及 (9.6.2), 我们有

$$\frac{d}{dz}(e^{\lambda \log z}) = \frac{\lambda}{z} e^{\lambda \log z} = \frac{\lambda}{z} z^\lambda = \lambda z^{\lambda-1}.$$

z^λ 在点 1 的泰勒级数是

$$(1+z)^\lambda = 1 + \binom{\lambda}{1} z + \binom{\lambda}{2} z^2 + \cdots + \binom{\lambda}{n} z^n + \cdots. \tag{9.6.4}$$

我们立即看出 (9.3), 除了当 λ 是 (正或负) 整数时, 函数 z^λ 在实数点 $-x < 0$ 没有极限, 因此 D_0 是函数 z^λ 的一个最大域; 反过来, 对于整数 $n \geqslant 0, z^n$ 是整函数, 并且对于整数 $n < 0, z^n$ 在点 0 有一独个 $|n|$ 阶极点. (8.7) 中的推理表明, 除了当 λ 是整数 $\geqslant 0$ 时, 级数 (9.6.4) 的收敛圆盘是 $|z| < 1$, 并且 -1 是收敛圆上的唯一奇点.

公式

$$(z_1 z_2)^\lambda = z_1^\lambda z_2^\lambda \tag{9.6.5}$$

只有当 $-\pi < \mathrm{Am}\, z_1 + \mathrm{Am}\, z_2 < \pi$ 时成立 (参看 (9.4.4)); 否则, 上式右边要乘以 $e^{2i\lambda\pi}$ 或 $e^{-2i\lambda\pi}$. 此外, 如果在 (9.6.1) 中把 $\log z$ 换成对数在 D_0 中的其他 "分支", 就得到 λ 次幂在 D_0 中的其他分支, 即函数 $e^{2k\lambda\pi i} z^\lambda$. 如果 λ 不是有理数, 所有这些函数都不相同; 反过来, 如果 $\lambda = p/q$, 这里 p 及 q 是互素的整数 $(q > 0), z^\lambda$ 在 D_0 中恰好有 q 个不同的 "分支", 可写作 $\omega^h z^{p/q}$, 这里 $w = e^{2i\pi/q}$ 是辐角 > 0 的 "1 的 q 次根" 中, 有最小辐角的一个根, h 取从 0 到 $q-1$ 的所有整数值. 特别地, 对于 $p/q = \frac{1}{2}$, 又可找到 (8.4) 中考虑的两个函数 g_0 及 $-g_0$. 当然, 对于 $0 \leqslant \alpha < 2\pi$, 也有 λ 次幂在开集 D_α 中的相应 "分支".

例 (9.6.6) 作为实际计算的例子, 确定复数 i^i. 由定义, 这是数 $e^{i \log i}$, 并且我们有 $\log i = i\frac{\pi}{2}$, 因此 $i^i = e^{-\frac{\pi}{2}}$.

(9.7) 我们毕竟往往会遇到有多个 "支点" 的函数. 现不寻求作出一般理论, 只有考虑一个典型的例子, 即形状如下的乘积

$$z^{\lambda_0}(z-a_1)^{\lambda_1} \cdots (z-a_r)^{\lambda_r}, \tag{9.7.1}$$

这里 $a_j (1 \leqslant j \leqslant r)$ 是互不相等并且 $\neq 0$ 的复数, λ_j 是任何复数. 为了给出这样函数的意义, 必须先确定它的定义域. 如果

$$a_j = \rho_j e^{i\alpha_j} (0 \leqslant \alpha_j \leqslant 2\pi),$$

我们取沿着半射线 L_0 及 $a_j + L_{\pi+\alpha_j}$ (采用 (8.4) 中的记号) “割开的” 平面 (图 43) 作为例子; 然后必须把乘积 (9.7.1) 中每个因子所选的 “分支” 在平面 “割开” 后所得开集 D 中一点处确定; 于是这乘积就是 D 中确定了的函数, 并且作为定义函数 (9.7.1) 就是这函数. 当然我们也可把某些因子 $(z-a_j)^{\lambda_j}$ 用 $\log(z-a_j)$, 或者甚至用它们的乘幂 $(\log(z-a_j))^{\lambda_j}$ 等等来代替.

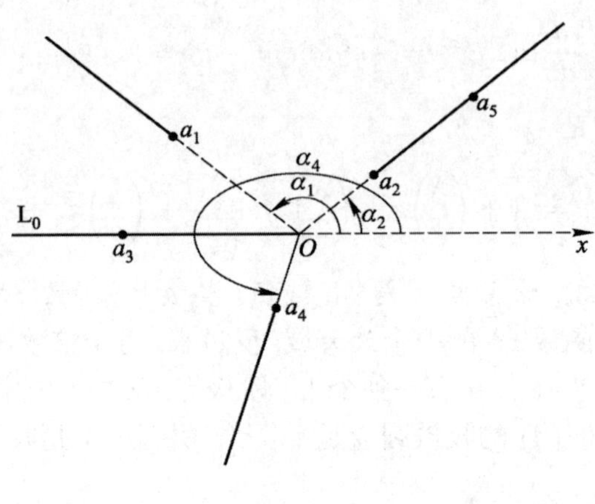

图 43

注释 (9.8) 设 f 是在 “割开了的平面” D_0 (8.4) 中的解析函数, 并且假定存在着一个在 $\mathbb{C}-\{0\}$ 中连续的函数 g, 它与 f 在 D_0 中重合 (这假设也可表述为: 在负半实轴上的每点 $-x<0$, 当 z 从 D_0 中趋近于 $-x$ 时, $f(z)$ 有极限, 而且对于 $x>0$, 这极限是 $-x$ 的连续函数). 那么 g 在 $\mathbb{C}-\{0\}$ 中解析 (换句话说, 0 是 f 的一个正则点或孤立奇点, 但不是一个支点).

上述结果可由下列更一般的命题导出:

(9.8.1) 设 P_+ 及 P_- 是开半平面 $\mathfrak{I}z>0, \mathfrak{I}z<0$, D 是 $\mathbb{C}$ 中一个开集, f 是 D 中的连续复值函数. 还假定 f 在两开集 $D\bigcap P_+, D\bigcap P_-$ 中解析; 那么 f 在 D 中解析.

问题就是要看出 f 在实数点 $x_0\in D$ 解析. 考虑心是 x_0、并且包含在 D 中的一个正方形 $Q:|x-x_0|\leqslant a, |y|\leqslant a$. 要证明对于 $Q\bigcap P_+$ 或 $Q\bigcap P_-$ 中的任何内点 z, 如果 γ 是如同 (6.6) 中那样确定的 “正方形 Q 的边界”, 我们有

$$2\pi i f(z)=\int_\gamma \frac{f(u)du}{u-z}. \tag{9.8.2}$$

但是上式右边是在正方形 Q 的整个内部解析的函数 (7.2); 因为这函数在 $Q\bigcap P_+$ 及 $Q\bigcap P_-$ 中与 f 重合, 并且 f 是连续的, 所以 (9.8.2) 的两边在 Q 的整个内部相等, 由此即得结论. 因此还只需证明 (9.8.2). 假如假定 $\mathfrak{I}z>0$; 那么柯西公式表明我们有: 对于 $0<h<\mathfrak{I}z$,

$$2\pi i f(z)=\int_{\gamma_h'} \frac{f(u)du}{u-z} \quad 并且 \quad 0=\int_{\gamma_h''} \frac{f(u)du}{u-z},$$

这里 γ_h' 表示顶点是 $x_0-a+ih, x_0+a+ih, x_0+a+ia, x_0-a+ia$ 的 “矩形的边界”, γ_h'' 表示与上矩形关于实数轴为对称的矩形的边界 (图 44). 把上列两公式相加, 可见 (9.8.2) 两

边的差等于

$$\int_{-a}^{a}\left(\frac{f(x_0+ih+t)}{x_0+ih+t-z}-\frac{f(x_0-ih+t)}{x_0-ih+t-z}\right)dt$$
$$-i\int_{-h}^{h}\left(\frac{f(x_0+a+it)}{x_0+a+it-z}-\frac{f(x_0-a+it)}{x_0-a+it-z}\right)dt.$$

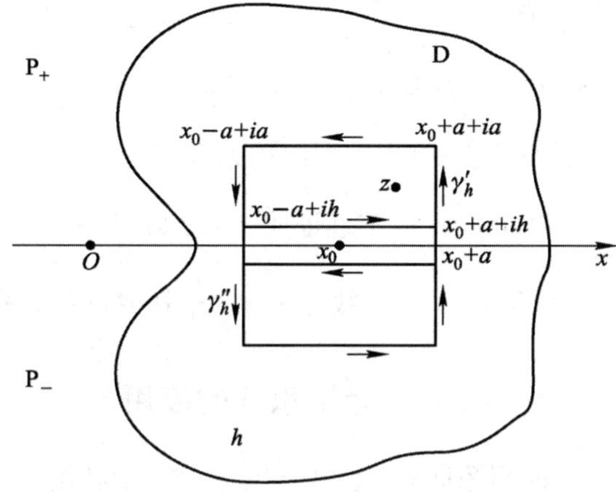

图 44

由函数 f 在 Q 中的一致连续性 (预篇, 5.6) 以及中值定理, 立即可见上列和式的绝对值随着 h 成为任意小, 由此得 (9.8.2). 对于 $\mathfrak{I}z<0$ 情形同样作出证明.

(9.8.3) 特别考虑在半平面 S : $\mathcal{R}w<a$ 中解析的函数 $\mathrm{F}(w)$, 设它在 S 中满足 $\mathrm{F}(w+2i\pi)=\mathrm{F}(w)$. 那么如果 Δ 是圆盘 $|z|<e^a$, 就存在着在 $\Delta-\{0\}$ 中的一个解析函数满足 $\mathrm{F}(w)=\mathrm{G}(e^w)$. 事实上, 函数 $\mathrm{F}(\log z)$ 在 $\Delta\bigcap \mathrm{D}_0$ 中解析, 并且由假设, 对于 $0<r<e^a, \mathrm{F}(\log r-i\pi)=\mathrm{F}(\log r+i\pi)$, 从而这函数可开拓成在 $\Delta-\{0\}$ 中的连续函数 $\mathrm{G}(z)$; 对它可应用以上结果.

(9.8.4) 同样, 考虑在圆盘 $\Delta:|z|<a$ 中解析的函数 $\mathrm{F}(z)$, 设对于一个整数 $m>0$, 我们有 $\mathrm{F}(e^{\frac{2\pi i}{m}}z)=\mathrm{F}(z)$. 那么在圆盘 $|z|<a^m$ 中, 存在着一个解析函数 $\mathrm{G}(z)$, 并且对于 $|z|<a, \mathrm{F}(z)=\mathrm{G}(z^m)$. 考虑在 $\Delta\bigcap \mathrm{D}_0$ 中的函数 $\mathrm{F}(z^{1/m})$, 论证与 (9.8.3) 中相同.

(9.9) 我们已经看到 (第六章, 8.7.6) 对于任何复数方阵 A, 指数映射 e^A 是可逆矩阵. 反过来, 我们要看出, 对于任何复数可逆矩阵 B, 至少有一个矩阵 A, 满足 $e^A=B$ (由于 $e^{A+2n\pi iI}=e^A$, 应当有无穷多个矩阵具有这种性质). 为此, 考虑到第六章, 8.7.8, 可设 B 是写成若尔当标准型的; 然后应用第六章, 8.7.10, 可以化成 B 是若尔当矩阵 $\lambda I+\mathcal{N}$ 情形, 在这里

$$\mathcal{N}=\begin{pmatrix}0&1&0&\cdots&0\\0&0&1&\cdots&0\\\vdots&\vdots&\vdots&&\vdots\\0&0&0&\cdots&1\\0&0&0&\cdots&0\end{pmatrix}.$$

由于 B 是可逆的, 由假设有 $\lambda \neq 0$, 因此存在着 $\mu \in \mathbb{C}$, 使得 $e^{\mu} = \lambda$, 从而 $e^{\mu I} = \lambda I$; 由于 $B = \lambda I(I+\lambda^{-1}\mathcal{N})$, 并且 I 与 C 可换的, 只须找到一个矩阵 C, 使得 $e^C = I+\lambda^{-1}\mathcal{N}$ (参看第六章, 8.7.5). 注意我们有 $\mathcal{N}^n = 0$; 我们要看到, 把幂级数 $\log(1+z)$ (9.4.2) 前 $n-1$ 项中的 z 换成 $\lambda^{-1}\mathcal{N}$ 而得的矩阵

$$C = \lambda^{-1}\mathcal{N} - \frac{\lambda^{-2}}{2}\mathcal{N}^2 + \cdots + (-1)\frac{n\lambda^{-(n-1)}}{n-1}\mathcal{N}^{n-1}$$

就可解答这一问题. 显然 $C^n = 0$, 因此 $e^C = \mathrm{I} + \frac{1}{1!}C + \frac{1}{2!}C^2 + \cdots + \frac{1}{(n-1)!}C^{n-1}$. 因为由定义, 对于 $|z| < 1, e^{\log(1+z)} = 1+z$, 所以关系式 $e^C = \mathrm{I}+\lambda^{-1}\mathcal{N}$ 可由幂级数代入幂级数的定理 (第六章, 4.4) 得出. 这定理证明: 在级数 $e^z = \sum_{k=0}^{\infty}\frac{z^k}{k!}$ 中, 用 $\log(1+z)$ 代替 z, 所得幂级数除常数项及 z 的系数等于 1 外, 其他各项的系数都是 0.

10. 对计算积分的应用

(10.1) 作为第一个应用, 证明第四章, 公式 (4.6.4): 对于满足 $0 < \lambda < 1$ 的任何实数 λ,

$$\begin{cases} \int_0^{+\infty} x^{\lambda-1}e^{ix}dx = e^{\frac{1}{2}\lambda\pi i}\Gamma(\lambda), \\ \int_0^{+\infty} x^{\lambda-1}e^{-ix}dx = e^{-\frac{1}{2}\lambda\pi i}\Gamma(\lambda). \end{cases} \tag{10.1.1}$$

例如证明上列第一个公式, 在沿着负实半轴 L_0 割开的平面中, 考虑函数 $f(z) = z^{\lambda-1}e^{iz}$; 对于 z 的 $(\lambda-1)$ 次幂, 取由 (9.6.1) 确定的 "分支", 于是对于实数 $x > 0$, 它等于幂函数 $x^{\lambda-1}$ (在实数意义下). 现对这解析函数应用柯西定理 (第七章, 5.2), 取下列互相衔接的四条道路 $\gamma_1 \vee \gamma_2 \vee \gamma_3 \vee \gamma_4$ 作为环路 γ:

$$\begin{aligned} &\gamma_1(t) = t && \text{对于} \quad r \leqslant t \leqslant R, \\ &\gamma_2(t) = Re^{it} && \text{对于} \quad 0 \leqslant t \leqslant \frac{\pi}{2}, \\ &\gamma_3(t) = -it && \text{对于} \quad -R \leqslant t \leqslant -r, \\ &\gamma_4(t) = re^{i(\frac{\pi}{2}-t)} && \text{对于} \quad 0 \leqslant t \leqslant \frac{\pi}{2}, \end{aligned}$$

这里 $0 < r < R$ (图 45). 沿着 L_0 割开的平面是单连通的, 因此我们有

$$\int_{\gamma_1} f(z)dz + \int_{\gamma_2} f(z)dz + \int_{\gamma_3} f(z)dz + \int_{\gamma_4} f(z)dz = 0. \tag{10.1.2}$$

由定义以及所选取的 f 的分支, 我们有

$$\int_{\gamma_1} f(z)dz = \int_r^R x^{\lambda-1}e^{ix}dx, \tag{10.1.3}$$

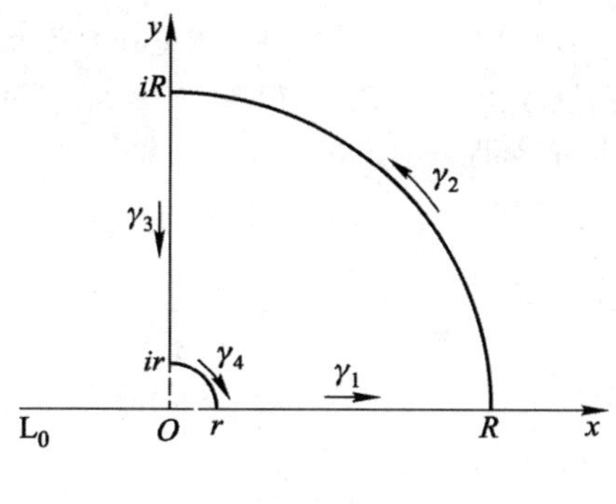

图 45

并且对于 $z = iy$, 这里及 $y > 0$, 由定义有

$$z^{\lambda-1} = e^{(\lambda-1)\log z} = e^{(\lambda-1)(\log y + i\frac{\pi}{2})} = e^{(\lambda-1)i\frac{\pi}{2}} y^{\lambda-1};$$

因此

(10.1.4) $$\int_{\gamma_3} f(z)dz = -e^{\frac{1}{2}\lambda\pi i} \int_r^R t^{\lambda-1} e^{-t} dt.$$

我们注意由定义, 当 r 趋近于 0, 并且 R 趋向于 $+\infty$ 时, (10.1.4) 的右边趋近于 (10.1.1) 中第一个公式的变了号的右边; 于是还只需要证明在这些条件下, 沿 γ_2 及 γ_4 的积分都趋近于 0. 然而我们有

$$\left|\int_{\gamma_2} f(z)dz\right| \leqslant \int_0^{\frac{\pi}{2}} R^\lambda e^{-R\sin t} dt,$$

并且既然 $0 < \lambda < 1$, 由若尔当引理 (5.3.2), 上式右边随着 $1/R$ 趋近于 0; 同样, 我们有

$$\left|\int_{\gamma_4} f(z)dz\right| \leqslant r^\lambda \int_0^{\frac{\pi}{2}} e^{-r\sin t} dt \leqslant \frac{\pi r^\lambda}{2},$$

它随着 r 趋近于 0. 我们可同样证明 (10.1.1) 中第二个公式, 但这时积分要沿着与 γ 关于实数轴对称的环路.

(10.2) 现在给出计算下列形状的积分的一般方法

(10.2.1) $$\int_0^{+\infty} x^{\lambda-1} \mathrm{Q}(x) dx,$$

这里 λ 是一个 > 0 的实数, Q 是 (有复系数的) 有理分式, 没有实极点 $\geqslant 0$, 并且满足 $\mathrm{Q}(0) \neq 0$ 以及 $\lim\limits_{x\to+\infty} x^\lambda |\mathrm{Q}(x)| = 0$ (后一条件等于说: 如果 $\mathrm{Q} = \mathrm{F}/\mathrm{G}$, 这里 F 及 G 是多项式, 我们就有 $\deg \mathrm{F} < \deg \mathrm{G} - \lambda$).

这次我们要在沿着正半实数轴 $\mathrm{L}_{2\pi}$ 割开的平面 $\mathrm{D}_{2\pi}$ 中考虑函数

$$f(z) = (-z)^{\lambda-1} \mathrm{Q}(z).$$

作为定义, 在 $D_{2\pi}$ 中取 $(-z)^{\lambda-1}=e^{(\lambda-1)\log(-z)}$ (这是有意义的, 由于 $-z\in D_0$, 并且对数的主要分支在 D_0 中正好是确定的). 函数 f 在 $D_{2\pi}$ 中亚纯. 于是考虑由下列四条道路互相衔接 $\gamma_1\vee\gamma_2\vee\gamma_3\vee\gamma_4$ 而得的环路 γ (图 46)

$$\begin{aligned}
&\gamma_1(t)=e^{i\alpha}t &&\text{对于}\quad r\leqslant t\leqslant R,\\
&\gamma_2(t)=Re^{it} &&\text{对于}\quad \alpha\leqslant t\leqslant 2\pi-\alpha,\\
&\gamma_3(t)=-e^{-i\alpha}t &&\text{对于}\quad -R\leqslant t\leqslant -r,\\
&\gamma_4(t)=re^{i(2\pi-t)} &&\text{对于}\quad \alpha\leqslant t\leqslant 2\pi-\alpha.
\end{aligned}$$

由于 γ 包含在 $D_{2\pi}$ 中, 由留数定理 (4.3), 我们有

$$\int_{\gamma_1}f(z)dz+\int_{\gamma_2}f(z)dz+\int_{\gamma_3}f(z)dz+\int_{\gamma_4}f(z)dz=2\pi i\sum_k \mathrm{Res}_{a_k}f, \tag{10.2.2}$$

这里和式是对关于环路 γ 指标 $\neq 0$ 的 f 的极点作出. (立即可见 $D_{2\pi}$ 中任何点关于 γ 有等于 0 或 1 的指标; 参看第六章, 2.2.3). 考虑到上面提到的 $(-z)^{\lambda-1}$ 的定义, 首先可看出: 当在 (10.2.2) 中固定 r 及 R, 令 α 趋近于 0 时, 沿 γ_1 及 γ_2 的积分分别趋近于

$$e^{-(\lambda-1)i\pi}\int_r^R t^{\lambda-1}Q(t)dt\quad 及\quad -e^{(\lambda-1)i\pi}\int_r^R t^{\lambda-1}Q(t)dt.$$

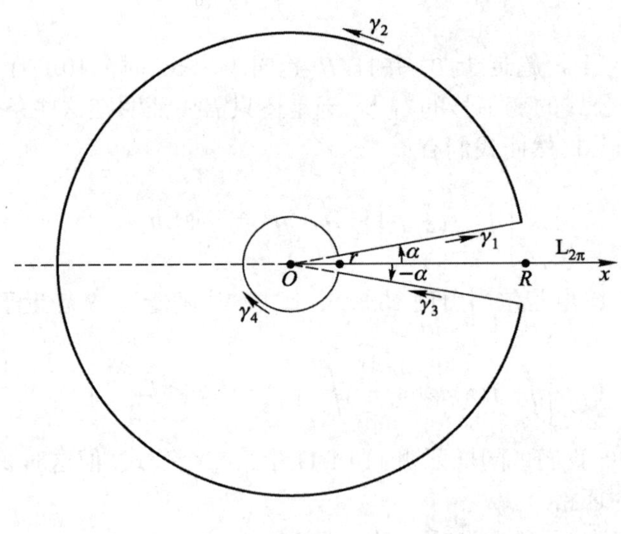

图 46

另一方面, 我们有

$$\left|\int_{\gamma_2}f(z)dz\right|\leqslant\int_0^{2\pi}R^\lambda|Q(Re^{it})|dt,\quad \left|\int_{\gamma_4}f(z)dz\right|\leqslant\int_0^{2\pi}r^\lambda|Q(re^{it})|dt,$$

并且由所作假设, 当 R 趋向于 $+\infty$, 并且 r 趋近于 0 时, 上两不等式的右边趋近于 0.

由此看出: 考虑到 $\sin((\lambda-1)\pi)=-\sin\lambda\pi$, 取极限就可得到

$$\int_0^{+\infty}x^{\lambda-1}Q(x)dx=\frac{\pi}{\sin\lambda\pi}\sum_k \mathrm{Res}_{a_k}f, \tag{10.2.3}$$

这里和式是对有理分式 $Q(z)$ 的所有极点作出的.

例如取 $Q(z)=\dfrac{1}{1+z}$, 并且 $0<\lambda<1$. 这时 $Q(z)$ 只有一个极点 $z=-1$, 它是单极点; 并且因此 f 在这点有留数 1 (考虑到由 "分支" $z^{\lambda-1}$ 的定义, $1^{\lambda-1}=1$). 由此得公式: 对于 $0<\lambda<1$,

(10.2.4)
$$\int_0^{+\infty}\frac{x^{\lambda-1}}{1+x}dx=\frac{\pi}{\sin\lambda\pi}.$$

11. 对无穷乘积的应用

(11.1) 复数的 "无穷乘积" 概念完全与级数的概念相仿, 不过乘法代替了加法. 已给复数序列 $\{a_n\}$, 从这序列出发作出 "部分乘积"

$$p_1=a_1,\quad p_2=a_1a_2,\quad \cdots,\quad p_n=a_1a_2\cdots a_n,\quad \cdots.$$

如果序列 $\{p_n\}$ 在 $\mathbb{C}$ 中收敛, 就说一般因子是 a_n 的无穷乘积收敛; 序列 $\{p_n\}$ 的极限 p 叫做序列 $\{a_n\}$ 的无穷乘积, 记作

(11.1.1)
$$p=\prod_{n=1}^{\infty}a_n.$$

由于数 0 有对乘法的特别性质, 从而无穷乘积具有几种特性, 而级数却没有相应的性质: 如果至少有一个 a_n 是 0, 从某一阶起, 我们有 $p_n=0$, 并且无论序列 $\{a_n\}$ 中其他项是怎样的, 序列 $\{p_n\}$ 收敛于 0. 我们约定 (除非明确提出相反的约定) 只考虑没有一项是零的序列 $\{a_n\}$, 并且只有当 $p=\lim\limits_{n\to\infty}p_n$ 不是零时, 才把无穷乘积看作收敛 (那么我们说乘积在严格意义下收敛).

(11.2) 在上述约定下, 对于任何 $n\geqslant 2$, 可以写出 $a_n=p_n/p_{n-1}$; 因此如果无穷乘积在严格意义下收敛 (从而由约定, 收敛于 $p\neq 0$), 我们有 $\lim\limits_{n\to\infty}a_n=1$; 通常也写出 $a_n=1+u_n$, 并且如果无穷乘积在严格意义下收敛, 我们有 $\lim\limits_{n\to\infty}u_n=0$. 当然, 无穷乘积收敛的这一必要性判别法不是充分性判别法.

更一般地, 对于任何整数 $k\geqslant 0, n\geqslant 2$,

$$a_na_{n+1}\cdots a_{n+k}=p_{n+k}/p_{n-1}.$$

因此如果 $\{a_n\}$ 的无穷乘积在严格意义下收敛, 那么存在着一数 n_0, 使得对于 $n\geqslant n_0$, 我们有, 对于任何 $k\geqslant 0$,

(11.2.1)
$$|a_na_{n+1}\cdots a_{n+k}-1|\leqslant\frac{1}{2}.$$

由此导出, 对于 $n \geqslant n_0$ 及任何 $k \geqslant 0$, 用 (9.2.4) 中的记号, 我们有

$$|\mathrm{Am}\,(a_n a_{n+1} \cdots a_{n+k})| \leqslant \frac{\pi}{4} \tag{11.2.2}$$

并且

$$\mathrm{Am}\,(a_n a_{n+1} \cdots a_{n+k}) = \mathrm{Am}\, a_n + \mathrm{Am}\, a_{n+1} + \cdots + \mathrm{Am}\, a_{n+k}. \tag{11.2.3}$$

事实上, 关系式 (11.2.2) 可由 (11.2.1) 立即推出; 另一方面, 对 k 递推可证明 (11.2.3), 而这些关系式对于 $k=0$ 是明显的: 由于 $|\mathrm{Am}\,(a_n a_{n+1} \cdots a_{n+k-1})| \leqslant \dfrac{\pi}{4}$, 并且

$$|\mathrm{Am}\,(a_{n+k})| \leqslant \frac{\pi}{4},$$

我们有 $|\mathrm{Am}\,(a_n a_{n+1} \cdots a_{n+k-1}) + \mathrm{Am}\,(a_{n+k})| \leqslant \dfrac{\pi}{2}$, 并且关系式 (11.2.3) 因此可由递推假设及 (9.4.4) 导出.

(11.3) 对任何整数 $m \geqslant 1$, 可以写出: 对于 $n > m$

$$p_n = p_m(a_{m+1} \cdots a_n)$$

并且因此 (由于 $p_m \neq 0$) 要使序列 $\{p_n\}$ 收敛, 必须而且只须序列 $(a_m a_{m+1} \cdots a_n)_{n \geqslant m}$ 收敛, 并且我们有

$$\lim_{n\to\infty} p_n = p_{m-1} \lim_{n\to\infty} (a_m a_{m+1} \cdots a_n).$$

换句话说, 无穷乘积的严格收敛性只与从某一阶起的 (而且阶数是任意的) 因子 a_n 有关, 与级数的情形相似. 由于 (11.2.1) 在研究 (在严格意义下) 收敛的无穷乘积时, 可以只研究对于任何 n, 满足 $1 + u_n = a_n$, 而且 $|u_n| \leqslant \dfrac{1}{2}$ 的无穷乘积 (在考虑无穷乘积的因子时, 可以只从某一阶开始). 由于 (11.2.3) 及 (9.4.6), 可以写出

$$\log p_n = \log a_1 + \cdots + \log a_n + 2hi\pi. \tag{11.3.1}$$

这里的对数应理解为 (9.3) 中所确定的 “主要分支”, 并且整数 h 对于 $n \geqslant n_0$ 是常数. 考虑到函数 log 及 exp 连续, 可见说无穷乘积 $\prod\limits_{n=1}^{\infty} a_n$ 在严格意义下收敛与说级数 $\sum\limits_{n=1}^{\infty} \log a_n$ 收敛是同一件事, 并且我们有

$$\prod_{n=1}^{\infty} a_n = \exp\left(\sum_{n=1}^{\infty} \log a_n\right). \tag{11.3.2}$$

(11.4) 如果一般项是 u_n 的级数绝对收敛 (并且对于任何 $n, u_n \neq -1$), 那么无穷乘积

$\prod_{n=1}^{\infty}(1+u_n)$ 收敛.

只须证明一般项是 $\log(1+u_n)$ 的级数收敛; 其实我们要看到这级数绝对收敛. 事实上, 可以只考虑对于任何 $n, |u_n| \leqslant \frac{1}{2}$ 情形, 由于对数的二阶导数 $-1/(1+z)^2$ 在圆盘 $|z| \leqslant \frac{1}{2}$ 中的绝对值有上界 4, 于是根据泰勒公式 (第六章, 6.6), 对于任何 n

(11.4.1) $$|\log(1+u_n)| \leqslant |u_n| + 2|u_n|^2 \leqslant 2|u_n|.$$

我们可以说当一般项是 u_n 的级数绝对收敛时, 无穷乘积 $\prod_{n=1}^{\infty}(1+u_n)$ 绝对收敛. 要注意可能级数 $\sum_{n=1}^{\infty} u_n$ 收敛 (但不绝对收敛), 而无穷乘积 $\prod_{n=1}^{\infty}(1+u_n)$ 不收敛; 反过来也是这样 (习题 28).

(11.5) 设 $\{u_n\}$ 是在开集 $\mathrm{D} \subset \mathbb{C}$ 中的一个解析函数序列, 并且假定对于任何闭圆盘 $\Delta \subset \mathrm{D}$, 一般项是 $u_n(z)$ 的级数在 Δ 中正规收敛 (第五章, 2.6). 那么无穷乘积 $f(z) = \prod_{n=1}^{\infty}(1+u_n(z))$ ① 是在 D 中的解析函数; 它在 D 中的零点是每个因子 $1+u_n(z)$ 的零点, 在一个零点处的阶 $\omega(a;f)$ 是一些阶 $\omega(a;1+u_n)$ (除对有限个 n 的值外, 它们都是零) 的和. 此外, 考虑不包含 f 的任何零点的任何闭圆盘 $\Delta \subset \mathrm{D}$; 一般项是 $\frac{u_n'(z)}{1+u_n(z)}$ 的级数在 Δ 中一致收敛, 并且我们有: 对于任何 $z \in \Delta$,

(11.5.1) $$\frac{f'(z)}{f(z)} = \sum_{n=1}^{\infty} \frac{u_n'(z)}{1+u_n(z)}.$$

由假设, 对于任何闭圆盘 $\Delta \subset \mathrm{D}$, 有一个收敛正项级数 $\sum_{n=1}^{\infty} \alpha_n$, 使得对于任何 $z \in \Delta, |u_n(z)| \leqslant \alpha_n$. 如果选取 n_0, 使得对于 $n \geqslant n_0, \alpha_n \leqslant \frac{1}{2}$, 那么由不等式 (11.4.1) 可得: 对于任何 $z \in \Delta$ 及任何 $n \geqslant n_0, |\log(1+u_n(z))| \leqslant 2\alpha_n$, 从而可见一般项是 $\log(1+u_n(z))$ (这里 $n \geqslant n_0$) 的级数在 Δ 中正规收敛. 因此对于任何 $z \in \Delta$, 无穷乘积 $\prod_{n=n_0}^{\infty}(1+u_n(z)) = \exp\left(\sum_{n=n_0}^{\infty} \log(1+u_n(z))\right)$ 收敛 (在严格意义下, 从而 $\neq 0$). 由第五章, 2.6, 这一无穷乘积是 Δ 中的一个解析函数序列的一致极限, 从而由魏尔斯特拉斯收敛定理 (第七章, 10.5), 它在 Δ 中解析, 并且把它乘以有限乘积 $\prod_{n=1}^{n_0-1}(1+u_n(z))$ 而得

①与 (11.1) 中做的约定不同, 这里容许出现这种情形: 对于某些 $z \in \mathrm{D}$, 我们有, 对于 n 的某些值, $u_n(z) = -1$; 这时我们说无穷乘积在这些点收敛于零.

的 $\prod_{n=1}^{\infty}(1+u_n(z))$ 也在 Δ 中解析. 如果还假设对于任何整数 n, 在 Δ 中, $1+u_n(z)\neq 0$, 那么在 Δ 中 $\dfrac{u_n'(z)}{1+u_n(z)}$ 是解析函数, 并且对于 $n\geqslant n_0$, 它们是在 Δ 中确定的解析函数 $\log(1+u_n(z))$ 的导数; 这些导数所构成的级数一致收敛可由第七章, 10.1 导出. 此外, 如果对于任何整数 N, 令 $g_N(z)=\prod_{n=1}^{N}(1+u_n(z))$ 在 Δ 中收敛于 $f(z)$, 因此由第七章, 10.1, 序列 $(g_N'(z)/g_N(z))$ 在 Δ 中收敛于 $f'(z)/f(z)$. (11.5) 证完.

我们注意在 (11.5) 中条件下, 部分乘积序列 $\prod_{n=1}^{N}(1+u_n(z))$ 在整个闭圆盘 $\Delta\subset \mathrm{D}$ 中一致收敛于 $f(z)$. 这是因为用同样的记号, 可以写出

$$\prod_{n=1}^{N}(1+u_n(z))=\prod_{n=1}^{n_0-1}(1+u_n(z)).\prod_{n=n_0}^{N}(1+u_n(z)),$$

而且上式右边第一个因子在 Δ 中有界.

习 题

1) 设 f 是圆环 $\mathrm{S}: 0<r<|z|<r'$, 这里 $r<1<r'$, 并且设

$$f(z)=\sum_{n=1}^{\infty}\frac{a_{-n}}{z^n}+1+\sum_{n=1}^{\infty}a_nz^n$$

是它的洛朗级数. 如果 $r<\rho<1$, 证明我们有

$$2-a_n-a_{-n}=\frac{2}{\pi}\int_0^{2\pi}f(e^{i\theta})\sin^2\frac{n\theta}{2}d\theta,$$
$$2\rho^n+a_{-n}+a_n\rho^{2n}=\frac{2}{\pi}\int_0^{2\pi}f(\rho e^{i\theta})\cos^2\frac{2\theta}{2}d\theta.$$

由此导出: 如果在 S 中, $\mathcal{R}f(z)\geqslant 0$, 我们有: 对于 $n\geqslant 1$, $\mathcal{R}a_n\leqslant\dfrac{2}{1-\rho^n}$, 并且考虑 $f(e^{i\alpha}z)$ 及 $f(\rho/z)$, 断定我们有

$$|a_n|\leqslant\frac{2}{1-\rho^n}\quad \text{及对于 } n\geqslant 1, |a_{-n}|\leqslant\frac{2\rho^n}{1-\rho^n}.$$

2) 考虑幂级数

$$f(z)=1+z^2+z^4+z^8+\cdots+z^{2^n}+\cdots,$$

它的收敛半径是 1. 证明我们有

$$f(z)=z^2+f(z^2)=z^2+z^4+f(z^4)=\cdots,$$

证明圆 $|z|=1$ 所有点都是函数 f 的奇点 (应用第六章, 习题 17b)).

3) 设 D 是一个连通开集, 它包含一个圆盘的外集 $|z|>R$. 设 f 是 D 中的解析函数, 并且满足

$$\lim_{z\to 0} f(1/z)=c.$$

证明对于包含在 $|z|>R$ 中的任何环路 γ, 我们有: 对于任何 $x\in \mathrm{D}$, 但不属于环路的像,

$$\int_\gamma \frac{f(z)dz}{z-x}=2\pi i j(0;\gamma)c+2\pi i(j(x;\gamma)-j(0;\gamma))f(x).$$

(注意对于任一个 $R'>R,\gamma$ 在 $|z|>R$ 中与圆盘外部 $|z|>R'$ 所包含的一个环路同伦.)

4) 设 $c_0+c_1z+\cdots+c_nz^n+\cdots$ 是有有限收敛半径 $R>0$ 的一个幂级数.

a) 设 D 是包含闭圆盘 $|z|\leqslant R$ 的一个开集, 上列函数的和是 D 中一个亚纯函数 f 在 $|z|<R$ 中的限制. 如果 f 只有一个 m 阶极点在圆 $|z|=R$ 上, 证明我们有: 对于一个常数 A 及一个 $R'>R$

$$c_n=An^{m-1}z_0^{-n}+o(R'^{-n}).$$

(考虑 f 在点 z_0 的奇异部分 $u(z)$ 及差式 $f(z)-u(z)$.)

b) 更一般地, 如果在圆 $|z|=R$ 上, $z_1,\cdots,z_r$ 是 f 的不同极点, 它们的最大阶是 m, 那么我们有

$$c_n=n^{m-1}\left(\sum_{j=1}^r A_jz_j^{-n}\right)+o(n^{m-2}R^{-n})=O(n^{m-1}R^{-n}),$$

这里 A_j 是常数 $\neq 0$. 由此导出: 不可能存无穷个由 $r+1$ 个相接连的整数 $n_k,n_k+1,\cdots,n_k+r$ 组成的序列, 对于每一个序列中所有整数, $c_n=0$ (级数中有 “无穷组接连缺 $r+1$ 项”) (应用范德蒙德行列式). 如果 $r=1$, 我们有 $\lim\limits_{n\to\infty}\dfrac{c_n}{c_{n+1}}=z_1$.

5) 设 $f(z)=c_0+c_1z+\cdots+c_nz^n+\cdots$ 是收敛半径 $R=1$ 的幂级数; 如果 $c_n=o(n^{\alpha-1})$, 并且 $\alpha>0$, 证明当 r 从 <1 趋近于 1 时, 我们有 $\lim\limits_{r\to 1}(1-r)^\alpha f(re^{i\theta})=0$ 对于 $0\leqslant\theta\leqslant 2\pi$ 一致成立 (注意 $\left|\begin{pmatrix}-\alpha\\ n\end{pmatrix}\right|\sim an^{\alpha-1}$). 由此特别导出: 如果 $\lim\limits_{n\to\infty}c_n=0$, 那么在 $|z|=1$ 上, f 不可能有奇点是极点.

6) 设 $f(z)=a_0+a_1z+\cdots+a_nz^n+\cdots$ 是有收敛半径 R 的实系数幂级数; 设在圆 $|z|=R$ 上, f 仅有的两个奇点是两个极点 $Re^{i\alpha}$ 及 $Re^{-i\alpha}$, 而且 $0<\alpha<\pi$. 证明如果 V_n 是序列 $\{a_j\}_{0\leqslant j\leqslant n}$ 变号的次数, 我们有

$$\lim_{n\to\infty}\frac{\mathrm{V}_n}{n}=\frac{\alpha}{\pi}.$$

7) 把留数定理应用到积分 $\displaystyle\int_\gamma\frac{f(z)dz}{(z-a)(z-b)}$, 这里 $a\neq b$, 并且 γ 是环路 $t\to Re^{it}$, 由此证明刘维尔定理.

8) 用留数法计算下列形状的积分:

$$\int_0^{2\pi}\mathrm{R}(\cos\theta,\sin\theta)d\theta,$$

这里 $\mathrm{R}(u,v)$ 是有理分式; 对于任何值 $u=\cos\theta, v=\sin\theta$, 并且 $0\leqslant\theta\leqslant 2\pi$, 分母不是零. 例:

$$\text{对于 } a>b>0,\quad \int_0^{2\pi}\frac{d\theta}{(a+b\cos\theta)^2}=\frac{2\pi a}{(a^2-b^2)^{3/2}};$$

$$\int_0^{2\pi}\left(\frac{\sin\dfrac{n\theta}{2}}{\sin\dfrac{\theta}{2}}\right)^2 d\theta=2\pi n.$$

9) 证明我们有

$$\int_0^{+\infty}\frac{\sin x}{x}dx=\frac{\pi}{2},\quad \int_0^{+\infty}\frac{\sin^3 x}{x^3}dx=\frac{3\pi}{8},$$

$$\int_0^{+\infty}e^{a\cos bx}\sin(a\sin bx)\frac{dx}{x}=\frac{\pi}{2}(e^a-1)\quad (a>0,b>0)$$

(沿着图 47 中的环路积分).

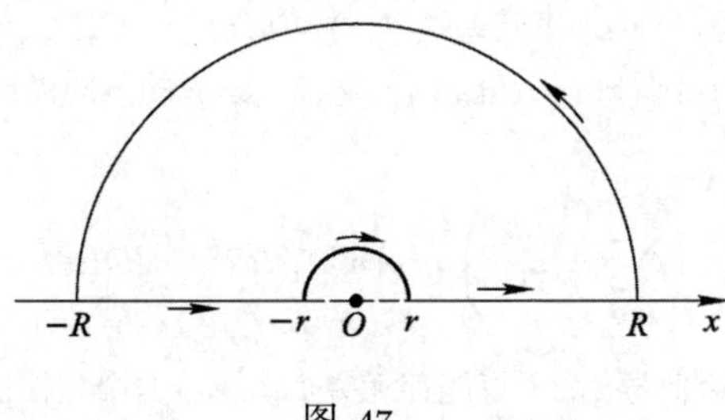

图 47

10) 证明我们有

$$\int_0^{2\pi}e^{\cos\theta}\cos(n\theta-\sin\theta)d\theta=\frac{2\pi}{n!}\quad (\text{整数 } n\geqslant 0).$$

11) a) 证明如果 $\lambda>0$, 并且 a 是实数, 那么我们有

$$\int_{-\infty}^{+\infty}e^{-\lambda x^2}\cos(2\lambda ax)dx=\sqrt{\frac{\pi}{\lambda}}e^{-\lambda a^2}$$

(沿着顶点是 $\pm R$ 及 $\pm R+ia$ 的矩形, 作 $e^{-\lambda z^2}$ 的积分).

b) 证明对于 $a>0,b>0$, 我们有

$$\int_{-\infty}^{+\infty}e^{-ia^2t^2-2ibt}dt=\frac{\sqrt{\pi}}{a}e^{-\frac{\pi i}{4}+i\frac{b^2}{a^2}},$$

由此得

$$\int_{-\infty}^{+\infty}e^{-ia^2t^2}\cos 2bt dt=\frac{\sqrt{\pi}}{2a}e^{-\frac{\pi i}{4}+i\frac{b^2}{a^2}}.$$

12) 证明对于实数 a, 我们有

$$\int_0^{+\infty}\frac{\sin ax}{\operatorname{sh}x}dx=\frac{\pi}{2}\operatorname{th}\frac{\pi a}{2},\quad \int_0^{+\infty}\frac{x\cos ax}{\operatorname{sh}x}dx=\frac{\pi^2 e^{\pi a}}{(e^{\pi a}+1)^2}$$

(取积分沿着顶点是 $\pm R$ 及 $+R+2\pi i$ 的矩形, 并用小的半圆避开点 0 及 $2\pi i$).

13) 计算积分 (这里 $t>0, c>0$)

$$\frac{1}{2\pi i}\int_{c-i\infty}^{c+i\infty}\frac{e^{zt}dz}{z^{n+1}},\quad \frac{1}{2\pi i}\int_{c-i\infty}^{c+i\infty}\frac{t^z dz}{z^{n+1}}.$$

14) 设 f 是圆盘 $\mathrm{D}:|z|<R$ 中的解析函数. 设 $z_0=r_0e^{i\theta_0}$ 是满足 $r_0<R$ 并且 $\neq 0$ 的一点, 令 $f(z_0)=\rho_0e^{i\omega_0}$; 对于 $\mathbb{R}$ 中邻近 θ_0 的 θ, 以及 $z=r_0e^{i\theta}$, 可以写出 $f(z)=\rho e^{i\omega}$, 并且 $\rho>0$, ω 在区间 $]\omega_0-\pi,\omega_0+\pi[$ 中. 证明我们有

$$(*)\qquad \frac{d\omega}{d\theta}=\mathcal{R}\left(z\frac{f'(z)}{f(z)}\right).$$

例子 $f(z)=z^2$ 表明: 在 D 中可以有 $\mathcal{R}\left(z\frac{f'(z)}{f(z)}\right)\geqslant 0$, 而 f 不是单射. 证明如果 f 在 D 中是单射, 而且此外如果在 D 中, 对于 $z\neq 0, \mathcal{R}\left(z\frac{f'(z)}{f(z)}\right)\geqslant 0$, 那么我们必然有 $f(0)=0$, 而且 $f(\mathrm{D})$ 是关于 0 的星形集 (对于 $0<r<R$, 把 (6.1) 应用于环路 $t\to re^{it}$).

15) 证明: 设 α,β 是两个实数 $\neq 0$. 如果 n 是偶数, 多项式

$$z^{2n}+\alpha z^{2n-1}+\beta^2$$

在半平面 $\mathcal{R}z>0$ 中零点的个数等于 n; 如果 n 是奇数, 它在 $\mathcal{R}z>0$ 中零点的个数当 $\alpha>0$ 时等于 $n-1$, 当 $\alpha<0$ 时等于 $n+1$. (把 (6.1) 应用到由半圆 $t\to Re^{it}\left(-\frac{\pi}{2}\leqslant t\leqslant\frac{\pi}{2}\right)$ 和它的直径

$$t\to -it(-R\leqslant t\leqslant R)$$

所形成的环路, 这里 R 是充分大的; 应用习题 14 中公式 (*)).

16) 证明对于整数 $n>1$, 方程 $\sin z-z=0$ 在带形 $2n\pi<\mathcal{R}z<(2n+1)\pi$ 中有两个根, 而在带形 $(2n-1)\pi<\mathcal{R}z<2n\pi$ 中没有根. 此外, 存在着一数 $k>0$, 使得对于充分大的 n, 方程有一个并且只有一个根 $x+iy$ 满足下列条件: $\left|x-\left(2n\pi+\frac{\pi}{2}\right)\right|\leqslant k\frac{\log n}{n}, |y-\log(4n\pi)|\leqslant k\frac{\log n}{n}$. (把 (6.2) 中的方法应用到矩形 $2n\pi\leqslant\mathcal{R}z\leqslant(2n+1)\pi, \alpha\leqslant\mathfrak{I}z\leqslant\beta$ 的边界, 这里 α 及 β 是适当的正数; 然后应用牛顿法.)

17) a) 考虑方程

$$z-\frac{\pi}{2}-w\sin z=0.$$

证明对于满足 $0<r<\frac{\pi}{2}$ 的任何 r, 并且对于 $|w|<\frac{2r}{e^r+e^{-r}}$, 这方程有一个并且只有一个根 $z=h(w)$ 满足 $\left|z-\frac{\pi}{2}\right|<r$. 如果 $\rho=1.19\cdots$ 是方程

$$e^{2\rho}=\frac{\rho+1}{\rho-1}$$

的大于 0 的根, 由此导出: $h(w)$ 在圆盘 $|w|<(\rho^2-1)^{\frac{1}{2}}=0.6627\cdots$ 中解析.

b) 如果令 $f(z)=\left(z-\frac{\pi}{2}\right)/\sin z$, 并且如果 z_0 是方程 $f'(z)=0$ 的一根, 证明在一

个心是 0 并且包含点 $w_0 = f(z_0)$ 的一个圆盘中解析. 证明存在着一个这样的根 z_0, 使得 $|w_0| = (\rho^2 - 1)^{\frac{1}{2}}$, 并且由此导出 $h(w)$ 在点 $w = 0$ 的泰勒级数的收敛半径是 $(\rho^2 - 1)^{\frac{1}{2}}$.

18) 设 f 是圆盘 $|z| < R$ 中的解析函数. 对于满足 $0 < r < R$ 的任何 r, 证明: 如果对于 $|z| = r, f(z) \neq 0$, 那么 $f(z)$ 所有属于圆盘 $|z| < r$ 的零点的个数至多等于 $\mathcal{R}\left(z\dfrac{f'(z)}{f(z)}\right)$ 对于 $|z| = r$ 的上确界.

19) 证明有实系数 a_j, b_j 的三角多项式

$$a_m \cos m\theta + b_m \sin m\theta + a_{m+1} \cos(m+1)\theta + b_{m+1} \sin(m+1)\theta + \cdots + a_n \cos n\theta + b_n \sin n\theta$$

在区间 $0 \leqslant \theta < 2\pi$ 中至少有 $2m$ 个不同的实根. (把 (6.1) 应用到多项式

$$(a_m - ib_m)z^m + (a_{m+1} - ib_{m+1})z^{m+1} + \cdots + (a_n - ib_n)z^n.)$$

20) 设

$$a_0 + a_1 \cos\theta + a_2 \cos 2\theta + \cdots + a_n \cos n\theta$$

是一三角多项式, 这里 $0 < a_0 < a_1 < \cdots < a_n$. 证明这多项式在区间 $0 \leqslant \theta < 2\pi$ 中有 $2n$ 个不同的根. (用解习题 19 同样的方法, 并用第二章, 习题 10.)

21) 设 λ 是实数, 并且 > 1. 证明方程

$$\lambda - z - e^{-z} = 0$$

只有一个根 (必然是实数) 满足 $\mathcal{R}z \geqslant 0$.

22) 设 $f(t)$ 是在区间 $0 \leqslant t \leqslant 1$ 中两次连续可导的实值函数. 考虑整函数

$$\mathrm{F}(z) = \int_0^1 f(t) \sin zt dt.$$

a) 证明如果 $|f(1)| > |f(0)|$, 那么 F 有无穷个实数零点及有限个非实数零点.

b) 证明如果 $|f(1)| < |f(0)|$, 那么 F 有无穷个非实数零点及有限个实数零点 (用两次分部积分比较 F 的零点及

$$f(0) - f(1) \cos z$$

的零点).

23) 证明对于充分大的 N, 整函数

$$\sum_{n=0}^{\infty} \frac{z^{n^3}}{(n^3)!}$$

在圆盘 $|z| < N^3$ 中恰好有 N^3 个零点 (把幂级数与它的一项 $\dfrac{z^{N^3}}{(N^3)!}$ 相比较).

24) a) 证明方程 $ze^{-z} = w$ 在 $w = 0$ 的邻域内有解析解 $z = h(w)$, 这解在 $w = 0$ 有泰勒级数

$$h(w) = w + \frac{2w^2}{2!} + \cdots + \frac{n^{n-1}w^n}{n!} + \cdots.$$

此外, 对于任何复常数 α, 我们有

$$e^{\alpha h(w)}=1+\sum_{n=1}^{\infty}\frac{\alpha(\alpha+n)^{n-1}}{n!}w^n,$$

$$\frac{e^{\alpha h(w)}}{1-h(w)}=\sum_{n=0}^{\infty}\frac{(\alpha+n)^n}{n!}w^n;$$

这些级数有收敛半径 $1/e$ (应用 (7.3.2)).

b) 证明级数

$$1+\sum_{n=1}^{\infty}\frac{\alpha(\alpha+n)^{n-1}}{n!}x^ne^{-nx}$$

对于 $x\geqslant 0$ 正规收敛; 它的和对于 $0\leqslant x\leqslant 1$ 等于 $e^{\alpha x}$, 而对于 $x\geqslant 1$ 等于 $e^{\alpha x'}$, 这里 x' 是 0 与 1 之间的实数, 并且满足 $x'e^{x'}=xe^x$.

25) 计算积分

$$\int_0^1\frac{x^{1-p}(1-x)^p}{(1+x)^3}dx,\quad \int_0^1\frac{x^{1-p}(1-x)^p}{1+x^2}dx\quad (-1<p<2)$$

(沿着图 48 中的环路取函数的适当分支的积分).

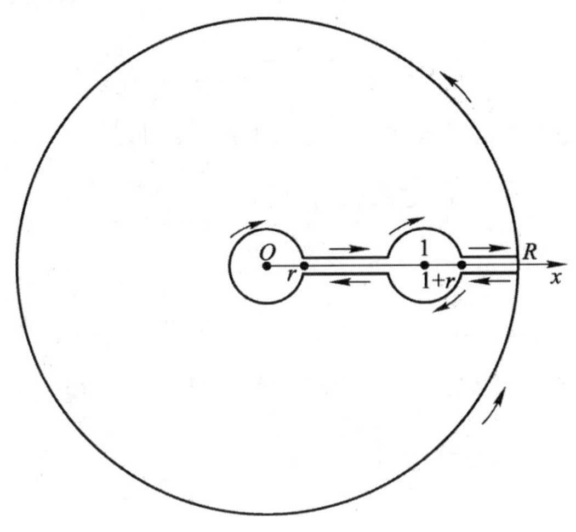

图 48

26) 计算积分

$$\int_0^{+\infty}\frac{\log^2 x dx}{x^2+a^2},\quad \int_0^{+\infty}\frac{\log x dx}{(x+1)^2\sqrt{x}}$$

(应用图 47 中的环路).

27) 对于 $a>0$, 整数 $n>0$, 计算积分

$$\int_0^{+\infty}\frac{dx}{(x^2+a^2)((\log x)^2+(2n+1)^2\pi^2)},\int_0^{+\infty}\frac{dx}{(x^2+a^2)((\log x)^2+4n^2\pi^2)}.$$

(对于 $\log z$ 的适当分支, 考虑函数

$$\frac{1}{z^a+a^2}\left(\frac{1}{\log z-(2n+1)i\pi}+\frac{1}{\log z-(2n-1)i\pi}+\cdots+\frac{1}{\log z+(2n-1)i\pi}\right)$$

与

$$\frac{1}{z^2+a^2}\left(\frac{1}{\log z-2ni\pi}+\frac{1}{\log z-(2n-2)i\pi}+\cdots+\frac{1}{\log z+(2n-2)i\pi}\right),$$

并且用图 47 或图 48 中环路.)

28) a) 无穷乘积 $\prod_{n=1}^{\infty}\left(1+\frac{(-1)^n}{\sqrt{n}}\right)$ 收敛于 0, 可是一般项是 $\frac{(-1)^n}{\sqrt{n}}$ 的级数收敛.

b) 无穷乘积 $\prod_{n=1}^{\infty}(1+u_n)$ 在严格意义下收敛, 这里 $u_{2n-1}=-\frac{1}{\sqrt{n}}, u_{2n}=\frac{1}{\sqrt{n}}+\frac{1}{n}$; 可是一般项是 u_n 的级数不收敛.

29) 设 $a_1,\cdots,a_r$ 是整数 >0. 考虑用非负整数作出的方程

$$a_1x_1+a_2x_2+\cdots+a_rx_r=n.$$

用 A_n 表示这方程的解 $(x_1,x_2,\cdots,x_r)$ 的个数.

a) 证明幂级数 $\sum_{n=0}^{\infty}A_nz^n$ 在圆盘 $|z|<1$ 中收敛, 并且它的和是有理函数

$$(*)\qquad \frac{1}{(1-z^{a_1})(1-z^{a_2})\cdots(1-z^{a_r})}.$$

b) 证明如果 $a_1,\cdots,a_r$ 各数的最大公约数是 1, 我们有

$$A_n\sim\frac{1}{(r-1)!a_1a_2\cdots a_r}n^{r-1}$$

(应用习题 4a)).

c) 证明方程 $x+2y+3z=n$ 由大于或等于 0 的整数所构成解 (x,y,z) 的个数, 是与 $\frac{(n+3)^2}{12}$ 最邻近的整数 (把相应的有理函数 $(*)$ 分解成简单分式).

30) 无穷乘积 $\prod_{n=1}^{\infty}(1+z^n)$ 及 $\prod_{n=1}^{\infty}(1-z^{2n-1})$ 当 $|z|<1$ 时在严格意义下收敛. 证明我们有

$$\prod_{n=1}^{\infty}(1+z^n).\prod_{n=1}^{\infty}(1-z^{2n-1})=1.$$

(如果 $\mathrm{F}(z)$ 是上式左边的函数, 注意 $\mathrm{F}(z^2)=\mathrm{F}(z)$.)

31) 当 $|q|<1$ 时, 无穷乘积 $\mathrm{F}(z)=\prod_{n=1}^{\infty}(1-q^nz)$ 对任何 $z\in\mathbb{C}$ 在严格意义下收敛, 从而是一整函数. 应用函数方程 $\mathrm{F}(z)=(1-qz)\mathrm{F}(qz)$, 计算幂级数展开式

$$\mathrm{F}(z)=a_0+a_1z+\cdots+a_nz^n+\cdots$$

的系数. 同样计算下列幂级数展开式的系数:

$$\frac{1}{\mathrm{F}(z)}=b_0+b_1z+\cdots+b_nz^n+\cdots.$$

从计算 a_n 导出: 当 t 趋向于 $+\infty$ 时, 我们有

$$\mathrm{F}(-t) \sim A\int_1^{+\infty} q^{x(x+1)/2}t^x dx,$$

这里 A 是一常数 $\neq 0$, 并且用拉普拉斯法计算上列积分.

32) 当 $\alpha > 0, \beta > 0$ 两数取什么值时, 积分 $\displaystyle\int_0^{+\infty} \frac{\sin(x^\alpha)}{x^\beta}dx$ 收敛, 并且等于什么数值?

33) 设 $\omega_1 < \omega_2 < \cdots < \omega_r$ 是实数, $A_j (1 \leqslant j \leqslant r)$ 是 $\neq 0$ 的复数. 考虑函数 $\mathrm{F}(z) = \displaystyle\sum_{j=1}^{r} A_j \exp(\omega_j z)$.

a) 证明存在着一数 $c > 0$, 使得 $\mathrm{F}(z)$ 的所有零点包含在带形 $|\mathcal{R}z| < c$ 中.

b) 设 α 是一实数. 证明如果 $\mathrm{N}(t)$ 是 $\mathrm{F}(z)$ 在带形 $\alpha < \Im z < \alpha + t$ 中零点的个数, 我们有

$$\left|\mathrm{N}(t) - \frac{\omega_r - \omega_1}{2\pi}t\right| \leqslant r - 1$$

(用 (6.1) 中方法).

第九章 解析函数对逼近问题的应用

1. 鞍 点 法

在第四章中, 我们研究过在 $t=+\infty$ 的邻域中有下列形状

$$\mathrm{I}(t)=\int_a^b g(x)e^{th(x)}dx \tag{1.1}$$

的单实变数 t 的函数; 曾经研究过的情形是: g 是实值函数, 而 h 是或者取实数值 (第六章, 2), 或者取纯虚数值 (第六章, 4) 的函数. 我们要看到, 当 g 及 h 是任何复数值函数时, 对 g 及 h 作补充假设, 就可着手研究 $\mathrm{I}(t)$. 设有沿着道路 L 的积分

$$\mathrm{I}(t)=\int_{\mathrm{L}} g(z)e^{th(z)}dz, \tag{1.2}$$

这里 L 包含在开集 $\mathrm{D}\subset\mathbb{C}$ 中, 并且 g 及 h 在 D 中解析 (g 及 h 不再有 (1.1) 中那样的含义). 现只考虑 (1.2) 通过变数代换而得到的积分 (1.1) (第七章, 2.1.1). 还设 D 是单连通的, 那么对于在 D 中与 L 有相同起点和终点的任何道路 L, 由第七章, 5.2, 我们有 (1.2) 中的

$$\mathrm{I}(t)=\int_{\mathrm{L}'} g(z)e^{th(z)}dz. \tag{1.3}$$

上列积分的值与端点给定的道路 L′ 的选取 “无关”. 鞍点法的想法是利用这种无关性, 选取道路使得可对所得积分应用拉普拉斯法 (由于 h 取复数值, 要略作改变). 准确地说, 我们有 $|e^{th(z)}|=e^{t\mathcal{R}(h(z))}$, 而 L′ 的 “有利的” 选取是要使 $\mathcal{R}h(z)$ 在 L′ 上唯一一点达到它的最大值. 可能要把道路 L′ 分成互相衔接的两条道路, 除符号

外, 可设使 $\mathcal{R}(h(z))$ 达到极大的点是 L′ 的起点, 由平移, 可只考虑起点是 $z=0$ 的情形.

(1.4) I) 对 g 及 h 的假设.

既然已设 h 及 g 在 $z=0$ 解析, 因此在这点的邻域内, 我们有 (第六章, 6.7)

$$g(z) \sim Az^n, \quad h(z) = a + cz^m + O(z^{m+1}), \tag{1.4.1}$$

这里 n 是整数 $\geqslant 0, m$ 是整数 $\geqslant 1, a, c$ 及 A 是复数, 而且 $A \neq 0, c = \rho e^{i\alpha} \neq 0$ (显然可以只考虑 h 不是常数情形). 数 cz^m 的辐角在这里起着主要的作用, 因为这数的实部的符号、从而 $\mathcal{R}(h(z)-a)$ 在 $z=0$ 的邻域中的符号都是由它确定的. 准确地说, 设 S_0 是由满足 $u \geqslant 0$ 及

$$-\frac{\pi}{2m} \leqslant \theta - \frac{\pi - \alpha}{m} \leqslant \frac{\pi}{2m} \tag{1.4.2}$$

的点 $z = ue^{i\theta}$ 所形成的 “扇形”. 由于 $cz^m = \rho u^m e^{i(\alpha + m\theta)}$, 在 S_0 中, 我们有 $\frac{\pi}{2} \leqslant m\theta + \alpha \leqslant \frac{3\pi}{2}$, 从而在这扇形中, $\mathcal{R}(cz^m) \leqslant 0$. 在 $m-1$ 个其他扇形 $S_k = e^{\frac{2ki\pi}{m}} S_0 (1 \leqslant k \leqslant m-1)$ 中, 也是这样, 从而在 m 个扇形 $S'_k = e^{\frac{(2k+1)i\pi}{m}} S_0 (0 \leqslant k \leqslant m-1)$ 中, 我们有 $\mathcal{R}(cz^m) \geqslant 0$ (图 49). 如果对于满足 $0 \leqslant k \leqslant m-1$ 的整数 k, θ 取

$$\omega = \frac{(2k+1)\pi - \alpha}{m} \tag{1.4.3}$$

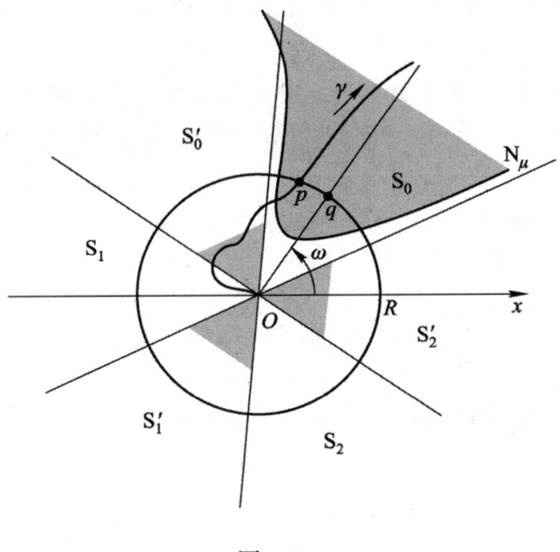

图 49

各值中的一值, 于是可写出

$$h(ze^{i\omega}) = a - \rho z^m \mathrm{F}(z), \tag{1.4.4}$$

这里 F 在点 $z=0$ 解析, 并且 $\mathrm{F}(0)=1$. 函数 $z(\mathrm{F}(z))^{1/m}$ (这里 $\frac{1}{m}$ 次幂的分支是第八章, 9.6 中所确定的主要分支) 因此在一个开圆盘 $\Delta_0:|z|<R_0$ 中解析, 并且可设 R_0 充分小, 使得这函数所确定的映射是从 Δ_0 到包含 0 的一个单连通开集 U 上的双射 (第八章, 8.1); 此外, 从 U 到 Δ_0 上的逆双射 $w\to\mathrm{G}(w)$ 也是解析的, 并且 $\mathrm{G}(0)=0,\mathrm{G}'(0)=1$ (第八章, 8.1). 设 $r>0$ 使得圆盘 $\mathrm{V}:|w|<r$ 包含在 U 中, R 满足 $0<R<R_0$, 并且映射 $z\to z(\mathrm{F}(z))^{1/m}$ 使圆盘 $\Delta:|z|<R$ 的像已含在圆盘 V 中. 如果对于 $0\leqslant s\leqslant R$, 令

$$s(\mathrm{F}(s))^{1/m}=\mathrm{P}(s)+i\mathrm{Q}(s)\quad (\mathrm{P}\text{ 及 }\mathrm{Q}\text{ 是实值函数}),$$

还可设 R 取得充分小, 使得我们有

$$|\mathrm{Q}(R)|\leqslant|\mathrm{P}(R)|\tan\frac{\pi}{4m}$$

(既然 $\mathrm{P}'(0)=1$, 并且 $\mathrm{Q}'(0)=0$). 在下面设 R 及 r 两数满足上列条件.

(1.5) Ⅱ) 对道路的假设. 一上来就考虑没有终点的道路是合适的 (第七章, 10.3):

(1.5.1) $$\gamma:\mathbb{R}_+=[0,+\infty[\to\mathrm{D},$$

通常道路的情形是一种特殊情形. 设对于满足 $0\leqslant k\leqslant m-1$ 的一个整数 k, 这条道路满足下列条件 (图 49):

1° 存在着一数 $s_0>0$, 使得我们有

$$\gamma(0)=0;\ \text{对于 } 0\leqslant s\leqslant s_0, |\gamma(s)|\leqslant \mathrm{R}; |\gamma(s_0)|=\mathrm{R},$$

点 $p=\gamma(s_0)$ 在扇形 S_k 中.

2° 存在着一数 $\mu>0$, 使得如果 N_μ 是满足 $\mathcal{R}(h(z))\leqslant\mathcal{R}(a)-\mu$ 的点 z 所构成的集, 我们有: 对于 $s\geqslant s_0,\gamma(s)\in\mathrm{N}_\mu$, 而且使得联结点 p 与点 $q=Re^{i\omega}$ 的圆弧 λ 也包含在 N_μ 中.

于是我们有下列结果:

(1.6) (对于同一整数 k) 假设 (1.4) 及 (1.5) 成立, 还设反常积分

$$\int_0^{+\infty}|g(\gamma(s))|e^{\mathcal{R}h(\gamma(s))}|\gamma'(s)|ds$$

收敛. 那么我们有 (在第六章, 7.6 中意义下的) 主要部分

(1.6.1) $$\int_\gamma g(z)e^{th(z)}dz\sim\frac{\mathrm{A}}{m}\Gamma\left(\frac{n+1}{m}\right)(\rho t)^{-\frac{n+1}{m}}e^{at+(n+1)i\omega}.$$

显然可在积分中加上因子 e^{at}, 从而为了简单起见, 可设 $a=0$, 用与第四章, 2.3 中同样的推理, 可证明我们有

(1.6.2) $$\int_{s_0}^{+\infty}|g(\gamma(s))|e^{t\mathcal{R}h(\gamma(s))}|\gamma'(s)|ds\leqslant Be^{-(t-1)\mu},$$

这里 $B=\int_0^{+\infty}|g(\gamma(s))|e^{\mathcal{R}h(\gamma(s))})|\gamma'(s)|ds$. 由于 (1.6.2) 的右边与 (1.6.1) 右边的绝对值相比是可忽略的, 可以只证明 (1.6.2) 的右边是

$$\int_{\gamma_0} g(z)e^{th(z)}dz$$

的主要部分, 这里 $\gamma_0:[0,s_0]\to\Delta$ 是道路 γ 的限制. 由柯西定理, 用第七章, 3.2 中的记号, 我们也有

$$\int_{\gamma_0} g(z)e^{th(z)}dz=\int_0^q g(z)e^{th(z)}dz+\int_\lambda g(z)e^{th(z)}dz \tag{1.6.3}$$

并且由对弧 λ 的假设 $(1.5, 2^\circ)$, (1.6.3) 右边第二个积分的绝对值小于 (1.6.2) 的右边, 这里我们把 B 换成下列常数:

$$R\frac{\pi}{2m}\sup_{|z|\leqslant R}|g(z)e^{h(z)}|.$$

因此还只要估计 (1.6.3) 右边第一个积分. 然而用 (1.4) 中的记号, 可写出

$$\int_0^q g(z)e^{th(z)}dz=\int_\beta g_1(w)e^{-\rho t w^m}dw,$$

这里 $g_1(w)=e^{iw}g(\mathrm{G}(w)e^{iw})\mathrm{G}'(w)$, 并且 $\beta:[0,R]\to\mathrm{V}$ 是起点为 0、终点为 w_0 的道路

$$s\to s(\mathrm{F}(s))^{1/m}=\mathrm{P}(s)+i\mathrm{Q}(s).$$

再在 U 中应用柯西的定理, 我们有

$$\int_\beta g_1(w)e^{-\rho t w^m}dw=\int_0^r g_1(w)e^{-\rho t w^m}dw+\int_\sigma g_1(w)e^{-\rho t w^m}dw, \tag{1.6.4}$$

这里 σ 是起点为 w_0、终点为 r 的线段 (图 50). 根据 R 及 r 的选取, 在 σ 上任何点, 我们有 $\mathcal{R}w^m\geqslant\dfrac{\sqrt{2}}{2}|w_0|^m$, 因此

$$\left|\int_\sigma g_1(w)e^{-\rho t w^m}dw\right|\leqslant Me^{-kt}, \tag{1.6.5}$$

这里 $M=\sup\limits_{|w|\leqslant r}|g_1(w)|$, 并且 $k=\rho\dfrac{\sqrt{2}}{2}|w_0|^m$. 最后可见要计算下列积分的主要部分:

$$\int_0^r g_1(w)e^{-\rho t w^m}dw, \tag{1.6.6}$$

并且由于在 0 的邻域内, $g_1(w)\sim Aw^n e^{(n+1)iw}$, 我们就达到了 (分别考虑 (1.6.6) 的实部及虚部) 可用拉普拉斯法处理的情形 (第四章, 2.3). 证完.

(1.7) 现回到原先提出的积分 (1.2). “鞍点法” 的困难在于怎样选取道路 L′: 必须选取 L′ 使得可对积分 (1.3) 应用 (1.6), 或者可把积分 (1.3) 分解成另外两个积分, 对它们可应用 (1.6). 有两种可能性:

1° 在 D 中存在着连接 L 的两端点的一条道路 L′, 使得 $\mathcal{R}(h(z))$ 在一个端点上达到它在L′ 上的最大值. “正常” 情形是在 (1.4.1) 中, 我们有 $m=1, n=0$.

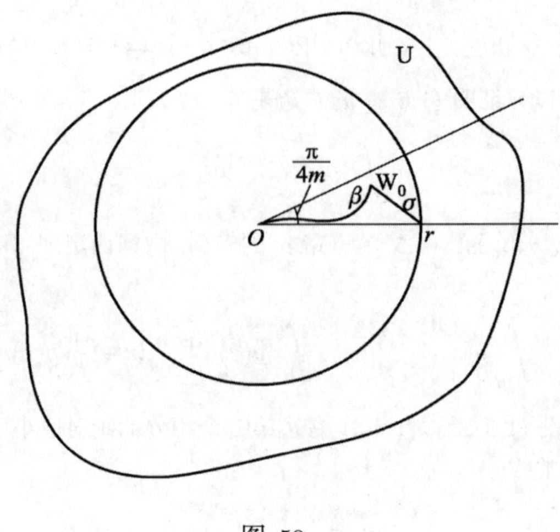

图 50

2° 不存在包含在 D 中的道路 L′ 具有上述性质, 在这种情形下, 只有对于 $\mathcal{R}h(z)$ 在 L′ 上取最大值的点 $z_0, m \geqslant 2$ 成立时, 换句话说, 即 z_0 满足方程

$$h'(z_0) = 0 \tag{1.7.1}$$

时, 才可能应用 (1.6).

事实上, 在相反情况下 $(m = 1)$, 应用 (1.6) 把 (1.3) 分解所得两个积分的主要部分是反号的, 从而不能得到关于 (1.3) 的任何结论. 于是对于 $m = 1$ 只有一个扇形 S_k; 在 z_0 满足 (1.7.1) 情形, 由于同样的理由, (1.6) 中对两个部分积分的映射必须在不同的扇形 S_k 作出 (用形象化的语言说, 道路 L′ 必须 "达到" 点 z_0, 并且从 z_0"出发" 到不同的扇形 S_k).

于是 "正常的" 情形是 $n = 0$ 及 $m = 2$ 情形, 换句话说,

$$h''(z_0) \neq 0. \tag{1.7.2}$$

(1.8) 为了确定 L′, 通常必须对于参数 u 的实数值, 研究曲线 $\mathcal{R}(h(z)) = u$ (空间 $\mathbb{R}^3$ 中, 方程

$$x_3 = \mathcal{R}(h(x_1 + ix_2))$$

所表示曲面 Σ 的 "水平曲线"). (1.7) 中情形 1° 是这种情形: 用 u_1 及 $u_2 \geqslant u_1$ 表示 $\mathcal{R}(h(z))$ 在 L 的端点处的值, D 中满足 $u_1 < \mathcal{R}(h(z)) < u_2$ 的 z 所形成的开集是连通的 (图 51). 如果不是这样, 必须从确定方程 (1.7.1) 的解 z_0 开始. 条件 (1.7.2) 还成立的 "正常" 情形是曲面 Σ 在点 z_0 呈现出一个 "坳口" 的情形 (图 52), 于是水平曲线

$$\mathcal{R}(h(z)) = \mathcal{R}(h(z_0))$$

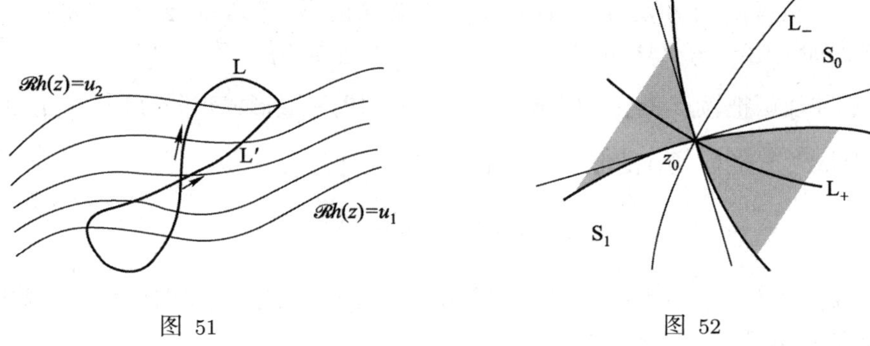

图 51　　　　图 52

在点 z_0 有两个 "分支", 它们的切线夹成两个扇形 S_0 及 S_1. 方程

$$\mathfrak{I}(h(z)) = \mathfrak{I}(h(z_0))$$

的曲线也在 z_0 的邻域内表示两个 "分支", 它们的切线是水平曲线 $\mathcal{R}(h(z)) = \mathcal{R}(h(z_0))$ 两切线夹角的平分线; 这两 "分支" 是曲线 Σ 的最大斜率线, 其中一条是峰线 L_+, 完全在满足 $\mathcal{R}(h(z)) \geqslant \mathcal{R}(h(z_0))$ 的点 z 所构成的集中, 另一条是谷线 L_-, 完全在满足 $\mathcal{R}(h(z)) \leqslant \mathcal{R}(h(z_0))$ 的点 z 所构成的集中 (两 "谷" 在坳口处联结起来). 鞍点法的结果可概述如下: 把积分 (1.3) 用沿谷线 L_- 在坳口 z_0 处切线上一短段的积分来代替, 并且把积分中 g 及 h 用它们的展开式 (1.4.1) 来代替. 这当然要设可把原来的道路 L 用通过坳口并且满足条件 (1.5) 一条道路 L′ 来代替. 考虑到积分 (1.3) 已被分解成另外两个积分, 于是它的主要部分 ("正常" 情形 $n = 0, m = 2$ 由下列公式 (第四章, 2.5.1) 的推广) 给出:

$$\pm\sqrt{\frac{2\pi}{t|h''|(z_0)|}}e^{i\left(\frac{\pi-\alpha}{2}\right)}g(z_0)e^{th(z_0)}, \tag{1.8.1}$$

这里已令

$$h''(z_0) = |h''(z_0)|e^{i\alpha}. \tag{1.8.2}$$

(1.8.1) 的符号与在谷线 L_- 上的 "走向" 有关, 而选取的走向必须是从包含 L′ 的起点的 "谷" 走向包含它的终点的 "谷".

注释 (1.9) 如果方程 (1.7.1) 在 D 中有多个解, 事先已确知 (至多) 只有一个解是适用的 (即可用满足 (1.5) 中所有条件并且通过 z_0 的一条道路 L′ 连接 L 的端点), 除非 $\mathcal{R}(h(z))$ 在其中两个 "坳口" 处不取同一值 (否则应有两个不等价的主要部分, 这是荒谬的); "坳口" 的选取可能是一个难题.

(1.10) 当在积分 (1.2) 中, L 是一条 "没有终点的道路" 时 (第七章, 10.3), 不能突然把 L 用另一条 "没有终点的道路" 来代替, 而不证实这种不能由柯西定理直接导出的运算; 通常必须从常用的道路出发, 取极限, 而对常用的道路就可应用柯西定理 (见下面例 (2.1) 及 (2.2)).

(1.11) 鞍点法可推广到 g 及 h 在 D 中有孤立奇点情形 (第八章, 2.1); 于是在 (1.3) 的右边必须加上由 $g(z)e^{ih(z)}$ 的奇点的留数所产生之项 (第八章, 4.3).

(1.12) 我们往往可把鞍点法或类似推理方法应用到更一般形式积分 $\int_{\mathrm{L}} e^{h(t,z)}dz$ 的渐近研究. 要探索道路 L 的 "变形", 使变形后的道路通过方程

$$x_3 = \mathcal{R}(h(t, x_1 + ix_2))$$

所表示曲面的 "坳口", 这时的 "坳口" 可能与 t 有关; 通过变数代换有时可以化到 "坳口" 是固定的情形 (参看 (2.2)).

2. 鞍点法应用的实例

(2.1) 取

$$\mathrm{I}(t) = \int_0^{+\infty} e^{t((1+i)x-x^3)}dx. \tag{2.1.1}$$

这积分对于任何 $t > 0$ 绝对收敛 (第四章, 9.1). 这是因为

$$|e^{t((1+i)x-x^3)}| = e^{t(x-x^3)} \lll e^{-tx^3/2}.$$

在这里没有终点的道路 L 是正半实轴 $\mathbb{R}_+$. 先证明只要 $0 \leqslant \varphi < \frac{\pi}{6}$, 就可用任意一条半射线 $\mathrm{L}' : s \to e^{i\varphi}s(0 \leqslant s < +\infty)$ 来代替 L. 为此, 只须对下列互相衔接的三条道路所构成的环路 (图 53)

$$\gamma_1 : s \to s, \quad 0 \leqslant s \leqslant R;$$
$$\gamma_2 : s \to Re^{is}, \quad 0 \leqslant s \leqslant \varphi;$$
$$\gamma_3 : s \to e^{i\varphi}(R - s), \quad 0 \leqslant s \leqslant R$$

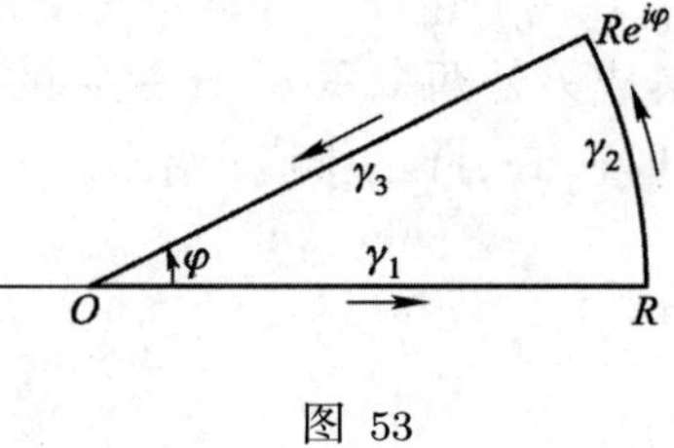

图 53

应用柯西定理. 由于 $e^{t((1+i)z-z^3)}$ 是一整函数, 沿这环路的积分是 0. 另一方面, 对于 $0 \leqslant s \leqslant \varphi$, 我们有

$$|\exp((1+i)Re^{is} - R^3e^{3is})| = \exp(R(\cos s - \sin s) - R^3\cos 3s),$$

并且立即可见只要 R 充分大, 就有: 对于 $0 \leqslant s \leqslant \varphi, k = \frac{1}{2}\cos 3\varphi$,

$$R.\ \exp(R(\cos s - \sin s) - R^3\cos 3s) \leqslant e^{-kR^3}.$$

因此当 $R \to +\infty$ 时, $\int_{\gamma_2} e^{t((1+i)z-z^3)}dz$ 趋近于 0. 上述论断得证.

如果我们应用鞍点法, 在这里有 $g(z) = 1, h(z) = (1+i)z - z^3$, 从而 $h'(z) = 1 + i - 3z^2, h''(z) = -6z$; 于是有两个 "坳口" $\pm z_0$, 这里

$$z_0 = 2^{1/4}3^{-1/2}.e^{i\pi/8}. \tag{2.1.2}$$

由以上所述, 要计算 (2.1.1), 可以把 $\mathrm{L}=\mathbb{R}_+$ 用通过坳口 z_0 的半射线 $\mathrm{L}': s \to se^{i\pi/8}(0 \leqslant s < +\infty)$ 来代替, 这里是在 ("正常") 条件 $n=0, m=2$ 下, 并且我们有 $\alpha=\dfrac{9\pi}{8}$, 因此 $\omega=-\dfrac{\pi}{16}$. 此外, 沿着 L', 我们有

$$h(z)=h(se^{i\pi/8}) \doteq e^{3i\pi/8}(2^{1/2}s-s^3),$$

并且可立即证明对于 $0 \leqslant s < +\infty, \mathcal{R}(h(se^{i\pi/8})$ 在唯一一点 $s_0=2^{1/4}3^{-1/2}$ 达到它的极大值. L' 满足 (1.5) 中条件; 此外, h 在 z_0 的邻域中的泰勒展开式是 $h(z_0+u)=h(z_0)-3z_0u^2+o(u^3)$, 并且过 z_0 的谷线在 z_0 的切线与实轴平行. 由 (1.8) 中所给出的法则, 积分 (2.1.1) 的主要部分等于 $e^{th(z_0)}\mathrm{J}(t)$ 的主要部分, 而

(2.1.3) $$\mathrm{J}(t)=\int_{-r}^{+r} e^{-3tz_0x^2}dx$$

$$=2t^{-\frac{1}{2}}\int_0^{r\sqrt{t}} f(x)dx,$$

这里 $r>0$, 并且已令

(2.1.4) $$f(z)=\exp(-(2^{1/8}3^{1/4}e^{i\pi/16}z)^2).$$

用与上面相同的论证可证明我们有 $\displaystyle\int_{\mathrm{L}} f(z)dz=\int_{\mathrm{L}''} f(z)dz$, 这里 L'' 是半射线 $u \to e^{-i\pi/16}u(0 \leqslant u < +\infty)$. 于是最后得到

(2.1.5) $$\mathrm{I}(t) \sim e^{-\pi i/16}2^{-1/8}3^{-1/4}\pi^{1/2}t^{-1/2}\exp(2^{7/4}3^{-3/2}e^{3i\pi/8}t).$$

(2.2) 艾里不等式. 设 L 是对 $-\infty < s < +\infty$ 确定的一条没有终点的道路

$$s \to r(s)e^{i\varphi(s)},$$

并且满足下列条件:

1° $\lim\limits_{s\to+\infty} r(s)=+\infty$, 并且在 $+\infty$ 的邻域中, 我们有

$$\frac{2\pi}{3} \leqslant \varphi(s) \leqslant \frac{2\pi}{3}+\frac{\pi}{6};$$

2° $\lim\limits_{s\to-\infty} r(s)=+\infty$, 并且在 $-\infty$ 的邻域中, 我们有

$$-\frac{2\pi}{3}-\frac{\pi}{6} \leqslant \varphi(s) \leqslant -\frac{2\pi}{3}$$

(图 54). 首先我们要证明: 对于任何实数 $t>0$, 艾里积分 (参看第七章, 10.3)

(2.2.1) $$\mathrm{Ai}\,(t^2)=\frac{1}{2i\pi}\int_L \exp\left(t^2z-\frac{1}{3}z^3\right)dz$$

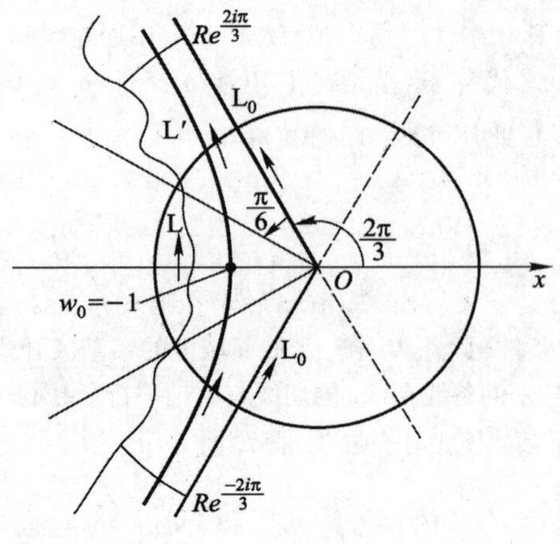

图 54

存在, 并且在道路 L 满足上述条件下, 这积分与 L 无关. 为此, 考虑由下列两条半射线相衔接而成的没有终点的道路 L_0:

$$\begin{aligned} &s \to se^{2i\pi/3} && (0 \leqslant s < +\infty), \\ &s \to -se^{-2i\pi/3} && (-\infty < s \leqslant 0). \end{aligned}$$

由于对任何复常数 a, 在 $+\infty$ 的邻域内, $\left|\exp\left(as - \frac{1}{3}s^3\right)\right| \leqslant \exp\left(-\frac{1}{6}s^3\right)$, 显然积分 $\int_{L_0} \exp\left(t^2 z - \frac{1}{3}z^3\right) dz$ 存在, 以通常的方式应用柯西定理 (图 54), 上述论断是下列事实的推论: 对于 $R > 0$ 及 $\frac{2\pi}{3} \leqslant \theta \leqslant \frac{2\pi}{3} + \frac{\pi}{6}$, 我们有 $\left|\exp(t^2 Re^{i\theta} - \frac{1}{3}R^3 e^{3i\theta})\right| \leqslant \exp\left(t^2 R\cos\frac{5\pi}{6}\right)$, 并且当 R 趋向于 $+\infty$ 时, $R\exp\left(t^2 R\cos\frac{5\pi}{6}\right)$ 趋近于 0 (参看第八章, 5.3.2).

我们要在 t 趋向于 $+\infty$ 时, 对艾里积分应用鞍点法. 作变数代换 $z = tw$, 我们有

(2.2.2) $$\mathrm{Ai}\,(t^2) = \frac{t}{2i\pi}\int_{t^{-1}L} \exp\left(t^3\left(w - \frac{1}{3}w^3\right)\right) dw.$$

这里 $t^{-1}L$ 显然满足前面的条件 1° 及 2°. 上列积分是 (1.2) 型的, 这里 $g(w) = 1, h(w) = w - \frac{1}{3}w^3$; 有两个坳口 $w = \pm 1$, 即 $h'(w) = 1 - w^2 = 0$ 的根; 由于 $h''(w) = -2w$, 我们是在 (1.7.2) 表示的 "正常" 情形下. 要证明取坳口 $w_0 = -1$, 就可应用鞍点法. 如果令 $w = x + iy$ (x, y 表示实数), 我们有

$$\mathfrak{I}(h(w)) = y\left(1 - x^2 + \frac{1}{3}y^2\right)$$

并且可立即证明过 w_0 的峰线是实轴，谷线是双曲线

$$\mathrm{L}': 1-x^2+\frac{1}{3}y^2=0$$

与 $x<0$ 相应的分支；这双曲线的渐近线是组成 L_0 的两条半射线. 因此可取谷线 L' 本身作为 $t^{-1}\mathrm{L}$ 来计算积分 (2.2.2) (应注意在应用鞍点法时, 这样做是很特殊的). 于是用 (1.8) 中给出的法则时, 要把 L' 用对于 $r>0$ 的道路

$$u \to -1+iu \quad (-r \leqslant u \leqslant r)$$

来代替, 把 $h(-1+iu)$ 用它的泰勒展开式的前两项 $-\dfrac{2}{3}-u^2$ 来代替; 我们得到积分

$$\frac{te^{-2t^2/3}}{2\pi}\int_{-r}^{r} e^{-t^3u^2}du,$$

由此最后得主要部分

$$\mathrm{Ai}\,(t^2) \sim \frac{e^{-2t^{3/3}}}{2\sqrt{\pi t}}. \tag{2.2.3}$$

注释 (2.3) 当我们在公式 (2.2.3) 中把 t 换成 $te^{i\omega}$ (t 仍然趋向于 $+\infty$) 时, 只要有 $|w|<\dfrac{\pi}{6}$, 所得公式仍然是准确的. 这一结果用与上面差不多一样的推理就可证明.

3. 欧拉展开式

(3.1) 如果 f 是 $\mathbb{C}$ 中的亚纯函数 (第八章, 3.5), $\{a_n\}_{n\geqslant 1}$ 是它的极点的 (有限或无穷) 序列, 其排列使得有

$$|a_n| \leqslant |a_{n+1}|;$$

如果序列 $\{a_n\}$ 是无穷的, 我们有 $\lim\limits_{n\to\infty}|a_n|=+\infty$. 我们要讲述柯西提出的一种方法, 在一些重要的情况下, 对于非极点 a_n 的任何 z, 可把 $f(z)$ 用收敛的级数展开式表示. 这样就推广了有理分式的 “简单分式展开式”.

考虑趋近于 $+\infty$ 的一个实数增序列 $\{r_\nu\}_{\nu\geqslant 0}$, 其中各数都不等于所有的绝对值 $|a_n|$. 用 Γ_ν 表示按正向绕过一次的圆

$$\Gamma_\nu: \theta \to r_\nu e^{i\theta} \quad (0 \leqslant \theta \leqslant 2\pi).$$

由留数定理 (第八章, 4.3), 对于每个 ν,

$$\sum_{|a_k|<r_\nu} \mathrm{Res}_{\,a_k} f = \frac{1}{2i\pi}\int_{\Gamma_\nu} f(z)dz = \frac{1}{2\pi}\int_0^{2\pi} \mathrm{F}_\nu(\theta)d\theta, \tag{3.1.1}$$

这里已令

(3.1.2) $$\mathrm{F}_\nu(\theta) = r_\nu f(r_\nu e^{i\theta})e^{i\theta}.$$

如果当 ν 趋向于 $+\infty$ 时, 积分 $\dfrac{1}{2\pi}\displaystyle\int_0^{2\pi} \mathrm{F}_\nu(\theta)d\theta$ 有极限 A, 因而可见一般项是

$$\sum_{r_\nu<|a_k|<r_{\nu+1}} \mathrm{Res}_{\,a_k} f$$

的级数收敛, 并且我们有

(3.1.3) $$A = \sum_{\nu=0}^{\infty}\left(\sum_{r_\nu<|a_n|<r_{\nu+1}} \mathrm{Res}_{\,a_k} f\right).$$

特别:

(3.2) 用 (3.1) 中的记号, 设函数 f 是奇函数, 并且存在着一数 $M > 0$, 使得对于任何整数 ν 及任何 θ, $|f(r_\nu e^{i\theta})| \leqslant M$. 那么对于不等于极点 $a_n(n \geqslant 1)$ 的任何 $x \in \mathbb{C}$, 我们有

(3.2.1) $$-f(x) = \sum_{\nu=0}^{\infty}\left(\sum_{r_\nu<|a_k|<r_{\nu+1}} \mathrm{Res}_{\,a_k}\left(\frac{f(z)}{z-x}\right)\right),$$

这里上式右边的级数收敛.

事实上, 把 (3.1) 应用于亚纯函数 $g(z) = \dfrac{f(z)}{z-x}$; 这函数有极点 $a_n(n \geqslant 1)$ 及有留数 $f(x)$ 的单极点 x. 由于 f 是奇函数, 这时我们有

$$\begin{aligned}\int_0^{2\pi} \mathrm{F}_\nu(\theta)d\theta &= \int_0^{2\pi} \frac{r_\nu f(r_\nu e^{i\theta})e^{i\theta}d\theta}{r_\nu e^{i\theta}-x}\\ &= \int_0^{\pi} r_\nu f(r_\nu e^{i\theta})e^{i\theta}\left[\frac{1}{r_\nu e^{i\theta}-x} - \frac{1}{r_\nu e^{i\theta}+x}\right]d\theta\\ &= 2x\int_0^{\pi} \frac{r_\nu f(r_\nu e^{i\theta})e^{i\theta}d\theta}{r_\nu^2 e^{2i\theta}-x^2},\end{aligned}$$

并且对于满足 $|x| < r_\nu$ 的任何 ν, 我们有

$$\left|\int_0^{2\pi} \mathrm{F}_\nu(\theta)d\theta\right| \leqslant 2\pi M\frac{r_\nu|x|}{r_\nu^2-|x|^2},$$

这里当 ν 趋向于 $+\infty$ 时, 上式右边趋近于 0, 由此得 (3.2) 中的结论.

(3.3) 把 (3.2) 应用于亚纯函数 $f(z) = \cot z$; 它是奇函数, 并且以点 $n\pi(n \in \mathbb{Z})$ 作为单极点, 在这里取 $r_\nu = (2\nu+1)\dfrac{\pi}{2}$. 由于 f 的周期性, 于是由第八章, 6.6.4 可导出:

(3.2) 中条件成立. 事实上, 在由

$$0 \leqslant \mathcal{R}z \leqslant \pi, \quad |z| > \frac{\pi}{4}, \quad |z-\pi| \geqslant \frac{\pi}{4}, \quad |\mathfrak{I}z| \leqslant 1$$

所确定的有界闭集 R_0 中 (图 55), $f(z)$ 连续. 如果 M_0 是 $|f(z)|$ 在 R_0 中的上确界, 那么对于任何整数 $h \in \mathbb{Z}$, 在 $\mathrm{R}_0 + k\pi$ 中, 我们也有 $|f(z+k\pi)| \leqslant M_0$. 于是由第八章, 6.6.4, 存在着一数 $M > 0$, 使得如果对于任何整数 $n \in \mathbb{Z}$, 关系式 $|z - n\pi| \geqslant \dfrac{\pi}{4}$ 成立, 就可导出 $|\cot z| \leqslant M$. 由于无论 n 及 ν 是什么整数, 对于满足 $|z| = (2\nu+1)\dfrac{\pi}{2}$ 的任何 z, 我们有 $|z - n\pi| \geqslant \dfrac{\pi}{4}$, 由此可得结论.

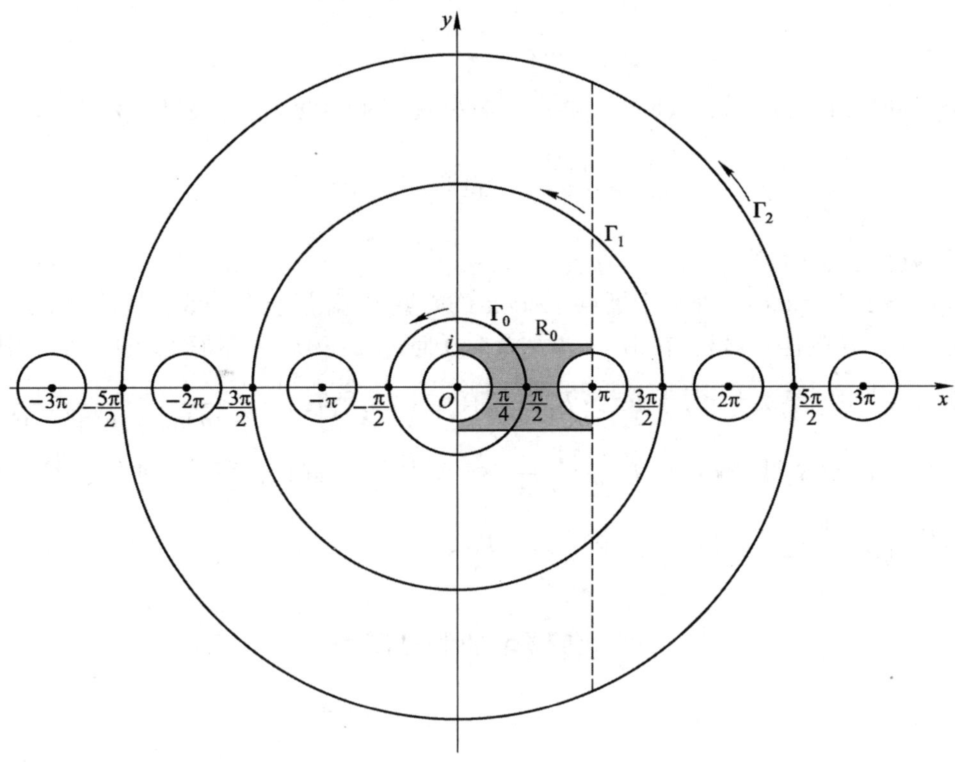

图 55

把公式第八章, 4.4.4 应用到函数 $\dfrac{\cos z}{(z-x)\sin z}$, 就得到 $\dfrac{\cot z}{z-x}$ 在每点 $n\pi$ 的留数等于 $\dfrac{1}{n\pi - x}$. 因此我们有 $\cot z$ 的欧拉展开式

(3.3.1)
$$\cot z = \frac{1}{z} + 2z \sum_{n=1}^{\infty} \frac{1}{z^2 - n^2\pi^2}.$$

(3.4) 从余切的欧拉展开式可导出正弦的欧拉展开式. 但这次是把 $\sin z$ 展开成无穷

乘积 (第八章, 11):

$$\sin z = z\prod_{n=1}^{\infty}\left(1-\frac{z^2}{n^2\pi^2}\right), \tag{3.4.1}$$

这里无穷乘积在任何闭圆盘 $|z| \leqslant R$ 中一致收敛 (第八章, 11.6). 事实上, 由第八章, 11.5 以及一般项是 $z^2/n^2\pi^2$ 的级数在圆盘 $|z| \leqslant R$ 中正规收敛这一事实可导出无穷乘积的一致收敛性. 由于 $1-\dfrac{z^2}{n^2-\pi^2}$ 的对数导数是 $\dfrac{2z}{z^2-n^2\pi^2}$, 根据第八章, 11.5, 如果 $h(z)$ 是 (3.4.1) 的右边所表示的整函数, 对于不等于 $n\pi$ 这些数的 z, 我们有

$$\frac{h'(z)}{h(z)} = \cot z.$$

由此立即导出: $h(z)/\sin z$ 对于 $z \neq n\pi$ 有导数 0, 因此是常数. 又因另一方面,

$$\lim_{z\to 0}\frac{h(z)}{z} = \lim_{z\to 0}\frac{\sin z}{z} = 1,$$

于是得公式 (3.4.1).

(3.5) 对于级数 (3.3.1), 在一个极点 $z = n\pi$ 的邻域中, 显然没有一致收敛性. 对于满足 $0 < r < R$ 的任一对数, 在由 $|z| \leqslant R$ 及对任何 $n, |z-n\pi| \geqslant r$ 所确定的闭集 E 中, 级数正规收敛. 事实上, 对于 $n\pi > R$, 我们有: 当 $z \in \mathrm{E}$ 时, $\left|\dfrac{1}{z^2-n^2\pi}\right| \leqslant \dfrac{1}{n^2\pi^2-R^2}$; 此外, 当 $n\pi \leqslant R$ 时, 每个函数 $\dfrac{1}{z^2-n^2\pi^2}$ 在 E 中解析; 并且存在 α_n, 使得对于这些 n 的值, $\left|\dfrac{1}{z^2-n^2\pi^2}\right| \leqslant \alpha_n$. 这样就证明了上述论断.

4. 复域中的伽马函数

对于任何实数 $x > 0$, 欧拉公式 (第四章, 3.5.1) 也可写成

$$\begin{aligned}\frac{1}{\Gamma(x)} &= \lim_{n\to\infty}\frac{x(x+1)\cdots(x+n)}{(n+1)^x n!}\\ &= \lim_{n\to\infty} x\prod_{k=1}^{n}\left(1+\frac{x}{k}\right)\exp\left(x\log\frac{k}{k+1}\right).\end{aligned} \tag{4.1}$$

换句话说, $\dfrac{1}{\Gamma(x)}$ 可用无穷乘积表示出来. 然而这乘积中的每个因子是对任何 $z \in \mathbb{C}$ 所确定的整函数

$$1 + u_n(z) = \left(1+\frac{z}{n}\right)\exp\left(z\log\frac{n}{n+1}\right) \tag{4.2}$$

在 z 是实数x 时的值. 我们要看出无穷乘积 $\prod_{n=1}^{\infty}(1+u_n(z))$ 在任何圆盘 $|z|<R$ 中一致收敛 (第八章, 11.6); 为此, 只须证明一般项是 $u_n(z)$ 的级数在这圆盘中正规收敛 (第八章, 11.5), 然而把泰勒公式 (第六章, 6.6.6) 应用到对 $\left|\dfrac{z}{n}\right|<1$ 解析的函数

$$\log\left(1+\frac{z}{n}\right)+z\log\frac{n}{n+1},$$

可证明对于 $\left|\dfrac{z}{n}\right|\leqslant\dfrac{1}{2}$, 我们有

$$\left|\log\left(1+\frac{z}{n}\right)+z\log\frac{n}{n+1}\right|\leqslant 2\left|\frac{z^2}{n^2}\right|,$$

然后把泰勒公式应用到函数 e^z, 对于 $\left|\dfrac{z}{n}\right|\leqslant\dfrac{1}{2}$, 我们得到

$$|u_n(z)|=\left|\exp\left(\log\left(1+\frac{z}{n}\right)+z\log\frac{n}{n+1}\right)-1\right|\leqslant 2e^{\frac{1}{2}}\left|\frac{z^2}{n^2}\right|;$$

上述论断得证.

因此对于任何复数 z, 作为定义, 令

$$\frac{1}{\Gamma(z)}=\lim_{n\to\infty}\frac{z(z+1)\cdots(z+n)}{(n+1)^z n!}=\lim_{n\to\infty}\frac{z(z+1)\cdots(z+n)}{n^z\cdot n!}. \tag{4.3}$$

现证明这定义的一个等价的形式是

$$\frac{1}{\Gamma(z)}=ze^{\gamma z}\prod_{n=1}^{\infty}\left(1+\frac{z}{n}\right)e^{-z/n} \tag{4.4}$$

(魏尔斯特拉斯公式), 这里 γ 是欧拉常数 (第三章, 11.12.2).

事实上, 我们有

$$\begin{aligned}&\prod_{k=1}^{n}\exp\left(z\log\frac{k}{k+1}+\frac{z}{k}\right)\\&=\exp\left(z\left(\log\frac{1}{2}+\log\frac{2}{3}+\cdots+\log\frac{n}{n+1}+1+\frac{1}{2}+\cdots+\frac{1}{n}\right)\right)\\&=\exp\left(z\left(1+\frac{1}{2}+\cdots+\frac{1}{n}-\log(n+1)\right)\right),\end{aligned}$$

由定义, 当 n 趋向于 $+\infty$ 时, 上面最后一式趋近于 $e^{\gamma z}$. 因此由无穷乘积的定义就得到公式 (4.4).

此外, 和上面一样, 对于 $\left|\dfrac{z}{n}\right|<1$, 我们有

$$\left|\log\left(1+\frac{z}{n}\right)-\frac{z}{n}\right|\leqslant 2\left|\frac{z^2}{n^2}\right|,$$

于是如果令 $1+v_n(z)=\left(1+\dfrac{z}{n}\right)e^{-z/n}$, 那么一般项是 $v_n(z)$ 的级数也在任何圆盘 $|z|\leqslant R$ 中正规收敛.

(4.5) 于是由 (4.3) 或 (4.4) 所确定的函数 $\dfrac{1}{\Gamma(z)}$ 是一整函数, 以点 $z=-n$ (n 是整数 $\geqslant 0$) 为单零点, 并且 $\Gamma(\bar{z})=\overline{\Gamma(z)}$. 因此它的倒函数 $\Gamma(z)$ 在 $\mathbb{C}$ 中亚纯, 并且以点 $z=-n$ 为单极点. 直接由 (4.3), 或者由解析开拓原理 (第六章, 7.3), 可知这样开拓出的函数 $\Gamma(z)$ 还是满足函数方程

(4.5.1)
$$\Gamma(z+1)=z\Gamma(z).$$

另一方面, 由魏尔斯特拉斯公式 (4.4) 及第八章, 11.5.1 导出: 对于不等于所有点 $-n$ 的任何 z, 我们有

(4.5.2)
$$\frac{\Gamma'(z)}{\Gamma(z)}=-\gamma-\frac{1}{z}+\sum_{n=1}^{\infty}\frac{z}{n(z+n)};$$

这级数在不含所有极点 $-n$ 的任何闭圆盘中正规收敛. 特别地, 既然

$$\sum_{n=1}^{\infty}\frac{1}{n(n+1)}=\sum_{n=1}^{\infty}\left(\frac{1}{n}-\frac{1}{n+1}\right)=1,$$

对于 $z=1$, 我们有

(4.5.3)
$$\Gamma'(1)=-\gamma.$$

(4.6) 对于 $z\in\mathbb{C}$, 我们有

(4.6.1)
$$\frac{1}{\Gamma(z)\Gamma(1-z)}=\frac{1}{\pi}\sin\pi z$$

((欧拉) 互补公式).

事实上, 由 (4.3), (4.6.1) 的左边是有限的. 在

$$\begin{aligned}&\frac{z(z+1)\cdots(z+n)(1-z)(2-z)\cdots(n+1-z)}{n^{z+1-z}(n!)^2}\\&=z\frac{n+1-z}{n}\left(1-\frac{z^2}{1^2}\right)\left(1-\frac{z^2}{2^2}\right)\cdots\left(1-\frac{z^2}{n^2}\right)\end{aligned}$$

中令 n 趋向于 $+\infty$, 于是由 $\sin z$ 的欧拉展开式 (3.4.1) 可得 (4.6.1).

特别地, 对于任何实数 t, 我们有

(4.6.2)
$$|\Gamma(it)|=\sqrt{\frac{\pi}{t\,\mathrm{sh}\,\pi t}}$$

及

(4.6.3)
$$\left|\Gamma\left(\frac{1}{2}+it\right)\right|=\sqrt{\frac{\pi}{\mathrm{ch}\,\pi t}}.$$

这些结果可立即由互补公式得到, 只须注意到由 (4.5.1), 我们有

$$\Gamma(1-it) = -it\Gamma(-it) = -it\overline{\Gamma(it)}$$

及

$$\Gamma\left(1-\left(\frac{1}{2}+it\right)\right) = \Gamma\left(\frac{1}{2}-it\right) = \overline{\Gamma\left(\frac{1}{2}+it\right)}.$$

(4.7) 对于任何整数 $p>1$, 我们有

(4.7.1) $$\Gamma\left(\frac{z}{p}\right)\Gamma\left(\frac{z+1}{p}\right)\cdots\Gamma\left(\frac{z+p-1}{p}\right) = (2\pi)^{\frac{p-1}{2}} p^{\frac{1}{2}-z}\Gamma(z)$$

(勒让德 – 高斯公式).

既然 $\Gamma\left(\dfrac{z+p}{p}\right) = \dfrac{z}{p}\Gamma\left(\dfrac{z}{p}\right)$, 只须计算下式

$$f(z) = \Gamma\left(\frac{z+1}{p}\right)\Gamma\left(\frac{z+2}{p}\right)\cdots\Gamma\left(\frac{z+p}{p}\right).$$

由 (4.3), $1/f(z)$ 是下式当 n 趋向于 $+\infty$ 时的极限:

(4.7.2) $$\left\{\left(\frac{z+1}{p}\right)\left(\frac{z+1}{p}+1\right)\cdots\left(\frac{z+1}{p}+n\right)\left(\frac{z+2}{p}\right)\cdots\left(\frac{z+2}{p}+n\right)\right.$$
$$\left.\cdots\left(\frac{z+p}{p}\right)\left(\frac{z+p}{p}+1\right)\cdots\left(\frac{z+p}{p}+n\right)\right\}/(n!)^p n^{\frac{z+1}{p}+\frac{z+2}{p}+\cdots+\frac{z+p}{p}};$$

上式也可写成

$$\frac{(z+1)(z+2)\cdots(z+(n+1)p)}{(n!)^p p^{(n+1)p} n^{z+\frac{p+1}{2}}},$$

并且特别有

(4.7.3) $$\frac{1}{f(0)} = \lim_{n\to\infty}\frac{((n+1)p)!}{(n!)^p p^{(n+1)p} n^{\frac{p+1}{2}}},$$

因此 $f(0)/f(z)$ 是下式的极限:

$$\frac{(z+1)(z+2)\cdots(z+(n+1)p)}{n^z((n+1)p)!} = \frac{1}{z}\left(\frac{(n+1)p}{n}\right)^z\frac{z(z+1)(z+2)\cdots(z+(n+1)p)}{((n+1)p)^z((n+1)p)!}.$$

既然 $\left(\dfrac{(n+1)p}{n}\right)^z$ 趋近于 p^z, 可看出由 (4.3), 我们有

(4.7.4) $$\frac{f(0)}{f(z)} = \frac{p^z}{z}\frac{1}{\Gamma(z)}.$$

还只须用公式 (4.7.3) 估计 $f(0)$, 这只要直接应用斯特林公式 (第四章, 3.8.2).

(4.8) 最后对任何 $z \in \mathbb{C}$, 用沿没有终点道路的积分作出 $\dfrac{1}{\Gamma(z)}$ 的表示式. 设 L 是包含在 D_0 (沿负半实轴割开的平面) 中、对于 $-\infty < t < +\infty$ 由 $t \to r(t)e^{i\varphi(t)}$ 确定的一条没有终点的道路 (图 56), 并且对于 $\delta > 0$, 它还满足下列条件:

1° $\lim\limits_{t\to+\infty} r(t) = +\infty$, 在 $+\infty$ 的邻域中, $\dfrac{\pi}{2} + \delta \leqslant \varphi(t) < \pi$;

2° $\lim\limits_{t\to-\infty} r(t) = +\infty$, 在 $-\infty$ 的邻域中, $-\pi < \varphi(t) \leqslant -\dfrac{\pi}{2} - \delta$.

我们要看出: 对于任何 $z \in \mathbb{C}$, 就有

(4.8.1) $$\frac{1}{\Gamma(z)} = \frac{1}{2\pi i}\int_{\mathrm{L}} u^{-z}e^u du.$$

在对 L 所作的条件下, 上式右边的积分当然存在 (汉克尔积分); 对 u^{-z} 我们取的是这函数的主要分支 (第八章, 9.6). 计算与艾里积分 (2.2) 的类似计算很接近, 这里只指出计算的主要步骤. 考虑没有终点的特别道路 $\mathrm{H}_{\alpha,r}$ (图 56), 并且在单连通开集 D_0 中应用柯西定理, 可证 (4.8.1) 中的积分是确定的, 并且等于沿着 $\mathrm{H}_{\alpha,r}$ 取的同一积分. 为此, 只须注意对于 $u = Re^{i\theta}$ 及 $\dfrac{\pi}{2} + \delta \leqslant \theta \leqslant \dfrac{3\pi}{z} - \delta$, 我们有上界: $|u^{-z}e^u| \leqslant R^\beta e^{-R\sin\delta}$,

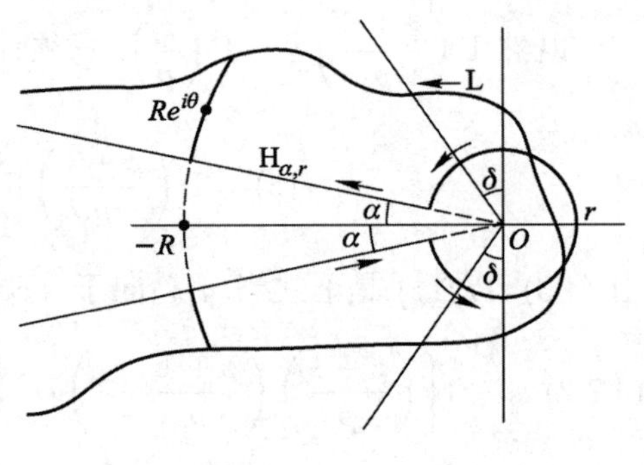

图 56

这里 β 与 u 无关. 然后令 α 趋近于 0, 求得沿 $\mathrm{H}_{\alpha,r}$ 的积分等于

$$\int_\gamma u^{-z}e^u du - e^{-i\pi z}\int_r^{+\infty} t^{-z}e^{-t}dt + e^{+i\pi z}\int_r^{+\infty} t^{-z}e^{-t}dt,$$

这里 γ 是道路 $t \to re^{it}, -\pi \leqslant t \leqslant \pi$. 现设 $\mathcal{R}(1-z) > 0$. 那么沿 γ 的积分随着 r 趋近于 0, 并且 $\displaystyle\int_r^{+\infty} t^{-z}e^{-t}dt$ 趋近于 $\Gamma(1-z)$ (第七章, 10.4.1); 因此由互补公式 (4.6.1), 我们得到下式

$$2i\sin\pi z\Gamma(1-z) = \frac{2i\pi}{\Gamma(z)}$$

作为积分 $\displaystyle\int_{\mathrm{L}} u^{-z}e^u du$ 的值. 可是 (4.8.1) 的右边是 z 的整函数 (第七章, 10.4); 由解析开拓原理, 等式 (4.8.1) 对任何 $z \in \mathbb{C}$ 成立.

5. 伯努利数与多项式

(5.1) 函数 $\dfrac{1}{e^z - 1}$ 在 $\mathbb{C}$ 中是亚纯的, 并且以方程 $e^z - 1 = 0$ 的根 $2n\pi i$ 为极点. 由于

e^z-1 的导数没有零点, 上述极点显然是单极点. 我们还可写出

(5.1.1) $$\frac{1}{e^z-1}=-\frac{1}{2}+\frac{1}{2}\frac{e^z+1}{e^z-1},$$

而 $\dfrac{e^z+1}{e^z-1}$ 是奇函数, 因此它在 $z=0$ 的邻域中的洛朗展开式只含奇次幂项. $\dfrac{1}{e^z-1}$ 在点 $z=0$ 的留数是 1, 于是它的洛朗展开式 (由第七章, 7.3, 这展开式在 $0<|z|<2\pi$ 时收敛) 有下列形状

(5.1.2) $$\frac{1}{e^z-1}=\frac{1}{z}-\frac{1}{2}+\sum_{n=1}^{\infty}(-1)^{n-1}\frac{\mathrm{B}_n}{(2n)!}z^{2n-1},$$

并且作为定义, B_n 叫做第 n 个伯努利数. 这些数是有理数, 证明如下: 我们可写出

$$\frac{1}{e^z-1}=\frac{1}{z(1-u(z))},$$

这里

$$u(z)=\frac{1+z-e^z}{z}=-\frac{z}{2!}-\frac{z^2}{3!}-\cdots-\frac{z^n}{(n+1)!}-\cdots,$$

于是在幂级数

$$\frac{1}{1-z}=1+z+z^2+\cdots+z^n+\cdots$$

中, 把 z 用 $u(z)$ 来代替, 就得到 $\dfrac{z}{e^z-1}$ 的泰勒级数展开式 (第六章, 1.1), 它的系数也是 $\dfrac{1}{e^z-1}$ 在 $z=0$ 的洛朗展开式的系数. 而在 $\dfrac{z}{e^z-1}$ 的展开式中, z^n 的系数是对于 $k\leqslant n,(u(z))^k$ 中 z^n 的系数的和. 因此伯努利数是有理数, 通过计算可得前八个伯努利数:

(5.1.3) $$\begin{aligned}&\mathrm{B}_1=\frac{1}{6},\quad \mathrm{B}_2=\frac{1}{30},\quad \mathrm{B}_3=\frac{1}{42},\quad \mathrm{B}_4=\frac{1}{30},\\ &\mathrm{B}_5=\frac{5}{66},\quad \mathrm{B}_6=\frac{691}{2730},\quad \mathrm{B}_7=\frac{7}{6},\quad \mathrm{B}_8=\frac{3617}{510}.\end{aligned}$$

在数学中, 从代数数论到微分拓扑, 这些数的分子都起着重要的作用. 下面要证明它们都 >0, 并且求得当 n 趋向 $+\infty$ 时 B_n 的主要部分.

(5.2) 对于任何复数 x, 函数 $\dfrac{e^{zx}}{e^z-1}$ 与 $\dfrac{1}{e^z-1}$ 有相同的极点, 并且它在 0 的邻域中的洛朗展开式可由展开式 (5.1.2) 与 $e^{zx}=\displaystyle\sum_{n=0}^{\infty}\frac{x^nz^n}{n!}$ 相乘而得, 于是对于 $|z|<2\pi$ 以及任何 $x\in\mathbb{C}$, 我们有

(5.2.1) $$\frac{e^{zx}}{e^z-1}=\frac{1}{z}+\sum_{n=1}^{\infty}\frac{\varphi_n(x)}{n!}z^{n-1},$$

这里对任何整数 $n\geqslant 1,\varphi_n(x)$ 是多项式

(5.2.2) $$\varphi_n(x)=x^n-\frac{n}{2}x^{n-1}+\binom{n}{2}\mathrm{B}_1x^{n-2}-\binom{n}{4}\mathrm{B}_2x^{n-4}+\binom{n}{6}\mathrm{B}_3x^{n-6}-\cdots,$$

和式直到最后一个幂 $\geqslant 0$ 为止. 在 (5.2.1) 中把 x 换成 $x+1$, 由恒等式

$$\frac{e^{z(x+1)}}{e^z-1}=e^{zx}+\frac{e^{zx}}{e^{z-1}},$$

可以导出关系式

(5.2.3) $$\varphi_n(x+1)-\varphi_n(x)=nx^{n-1}$$

(第六章, 3.4). 在 (5.2.1) 中把 x 换成 $1-x$, 同样从恒等式

$$\frac{e^{z(1-x)}}{e^z-1}=-\frac{e^{-zx}}{e^{-z}-1}$$

可导出关系式

(5.2.4) $$\varphi_n(1-x)=(-1)^n\varphi_n(x).$$

对 $x=0$, 比较 (5.1.2) 及 (5.2.1), 我们有

$$\varphi_{2k+1}(0)=0 \quad 及 \quad \varphi_{2k}(0)=(-1)^{k+1}\mathrm{B}_k.$$

多项式 $\varphi_n(x)$ 叫做伯努利多项式. 由这些多项式的表示式 (5.2.1), 当在其中用 1 代替 x, 并且用到 (5.2.3), 就得到

(5.2.5) $$0=1-n+\binom{2n}{2}\mathrm{B}_1-\binom{2n}{4}\mathrm{B}_2+\cdots+(-1)^n\binom{2n}{2n-2}\mathrm{B}_{n-1},$$

由此得到的递推关系式可用来计算伯努利数.

(5.3) 由公式 (5.2.1) 也可导出: 对于 $n\geqslant 1$,

(5.3.1) $$\frac{\varphi_n(x)}{n!}=\operatorname{Res}\frac{e^{zx}}{z^n(e^z-1)},$$

并且由留数定理, 还可得

(5.3.2) $$\frac{\varphi_n(x)}{n!}=\frac{1}{2\pi i}\int_\gamma\frac{e^{zx}dz}{z^n(e^z-1)};$$

上式对任何环路 $\gamma: t\to re^{it}(0\leqslant t\leqslant 2\pi)$ 成立, 这里 $0<r<2\pi$. 如果应用莱布尼茨公式对 (5.3.2) 右边的积分求关于 x 的导数, 就对 $n\geqslant 2$ 得到恒等式

(5.3.3) $$\varphi_n'(x)=n\varphi_{n-1}(x).$$

6. 伯努利多项式的三角展开式

对于 $k\geqslant 1$, 令 $f_k(z,x)=\dfrac{e^{zx}}{z^k(e^z-1)}$; 对于任何 $x\in\mathbb{C}$, 这是 $\mathbb{C}$ 中的 z 的亚纯函

数, 它在点 0 有 $k+1$ 阶极点; 对于有理整数 n, 并且 $|n|>1$, 它的每一点 $2n\pi i$ 为单极点. 对任何整数 $\nu \geqslant 1$, 令 $r_\nu=(2\nu-1)\pi$. 我们要对 $f_k(z,x)$ 及环路

$$\Gamma_\nu : \theta \to r_\nu e^{i\theta} \quad (0 \leqslant \theta \leqslant 2\pi)$$

应用留数定理. 考虑到公式 (5.3.1) 及第八章, 4.4.4, 我们得到

$$(6.1) \qquad \frac{\varphi_k(x)}{k!}+\sum_{n=1}^{\nu-1}\left(\frac{e^{2n\pi ix}}{(2n\pi i)^k}+\frac{e^{-2n\pi ix}}{(-2n\pi i)^k}\right)=\frac{1}{2\pi}\int_0^{2\pi} r_\nu f_k(r_\nu e^{i\theta},x)e^{i\theta}d\theta.$$

由此要导出下列命题:

(6.2) 设 x 是满足 $0\leqslant x\leqslant 1$ 的实数. 那么对任何 $k\geqslant 1$, 我们有

$$(6.2.1) \qquad \varphi_{2k}(x)=(-1)^{k+1}2(2k)!\sum_{n=1}^{\infty}\frac{\cos 2n\pi x}{(2n\pi)^{2k}},$$

$$(6.2.2) \qquad \varphi_{2k+1}(x)=(-1)^{k+1}2(2k+1)!\sum_{n=1}^{\infty}\frac{\sin 2n\pi x}{(2n\pi)^{2k+1}},$$

上列级数对 $0\leqslant x\leqslant 1$ 正规收敛. 对于 $0<x<1$, 我们也有

$$(6.2.3) \qquad x-\frac{1}{2}=\varphi_1(x)=-\sum_{n=1}^{\infty}\frac{\sin 2n\pi x}{n\pi},$$

这里右边的级数在任何区间 $[\alpha,1-\alpha]\left(0<\alpha<\dfrac{1}{2}\right)$ 中一致收敛, 并且这里部分和 $\displaystyle\sum_{n=1}^{N}\frac{\sin 2n\pi x}{n\pi}$ 的绝对值一致以一个与 N 及 $x(0\leqslant x\leqslant 1)$ 无关的数 A 为上界.

对于 $k\geqslant 1$, 级数 (6.2.1) 及 (6.2.2) 正规收敛是显然的, 因此为了证明上列第一个结论, 只须证明对于满足 $0\leqslant x\leqslant 1$ 的任何 x 及 $k\geqslant 2$, 当 ν 趋向于 $+\infty$ 时, (6.1) 右边的积分趋近于 0. 然而如果 $z=s+it$, 由于关系式 $x\geqslant 0$ 及 $1-x\geqslant 0$, 当 $s\leqslant 0$ 时, 我们有

$$\left|\frac{e^{zx}}{e^z-1}\right|=\left|\frac{e^{xs}}{e^z-1}\right|\leqslant\frac{1}{|e^z-1|},$$

当 $s\geqslant 0$ 时, 则有

$$\left|\frac{e^{zx}}{e^z-1}\right|=\left|\frac{e^{-s(1-x)}}{1-e^{-z}}\right|\leqslant\frac{1}{|1-e^{-z}|}.$$

与 (3.3) 中同样的推理可证明: 有一数 M 与 ν 无关, 使得对于 $|z|=r_\nu$, $\left|\dfrac{1}{e^z-1}\right|\leqslant M$, 因此对于任何 $\nu\geqslant 1$ 及任何 $k\geqslant 1$, 无论 $x\in[0,1]$ 及 $\theta\in[0,2\pi]$ 是什么数, 我们有

$$(6.2.4) \qquad |r_\nu f_k(r_\nu e^{i\theta},x)|\leqslant\frac{M}{r_\nu^{k-1}},$$

由此即得结论 (第五章, 3.4).

同样的推理可证明级数 (6.2.3) 的所有部分和在 $[0,1]$ 中一致以数 $\mathrm{M}+\dfrac{1}{2}$ 为界.

最后证明对于 $\alpha \leqslant x \leqslant 1-\alpha$, (6.2.3) 一致收敛于 $\varphi_1(x)$. 已给 $\varepsilon > 0$, 先确定一数 $\delta > 0$, 使得 $4M\delta \leqslant \varepsilon$. 于是由 (6.2.4) 对于 $k=1$, 可见我们有

$$\left|\int_{\frac{\pi}{2}-\delta}^{\frac{\pi}{2}+\delta} r_\nu f_1(r_\nu e^{i\theta}, x) e^{i\theta} d\theta\right| \leqslant \frac{\varepsilon}{2} \quad \text{及} \quad \left|\int_{\frac{3\pi}{2}-\delta}^{\frac{3\pi}{2}+\delta} r_\nu f_1(r_\nu e^{i\theta}, x) e^{i\theta} d\theta\right| \leqslant \frac{\varepsilon}{2}.$$

另一方面, 对于 $\dfrac{\pi}{2}+\delta \leqslant \theta \leqslant \dfrac{3\pi}{2}-\delta$ 及 $\alpha \leqslant x \leqslant 1-\alpha$, 我们有

$$|e^{xr_\nu e^{i\theta}}| = e^{xr_\nu \cos\theta} \leqslant e^{-\alpha r_\nu \sin\delta},$$

因此对于 θ 及 x 的这些值, $|r_\nu f_1(r_\nu e^{i\theta}, x)| \leqslant M e^{-\alpha r_\nu \sin\delta}$; 利用关系式 $\dfrac{e^{zx}}{e^z-1} = \dfrac{e^{-z(1-x)}}{1-e^{-z}}$, 同样证明: 对 $0 \leqslant \theta \leqslant \dfrac{\pi}{2}-\delta$ 与 $\dfrac{3\pi}{2}+\delta \leqslant \theta \leqslant 2\pi$, 以及 $\alpha \leqslant x \leqslant 1-\alpha$, 同样的不等式成立. 因此我们有: 只要 ν 充分大,

$$\left|\frac{1}{2\pi}\int_0^{2\pi} r_\nu f_1(r_\nu e^{i\theta}, x) e^{i\theta} d\theta\right| \leqslant \varepsilon + M e^{-\alpha r_\nu \sin\delta} \leqslant 2\varepsilon.$$

证完.

(6.3) 由公式 (6.2.1), 特别对于 $x=0$, 并且考虑到 (5.2.2), 我们就得到伯努利数的欧拉公式

$$\mathrm{B}_k = \frac{2(2k)!}{(2\pi)^{2k}} \sum_{n=1}^{\infty} \frac{1}{n^{2k}}. \tag{6.3.1}$$

由此看出, 这些数都 > 0; 此外, 由于有

$$\sum_{n=2}^{\infty} \frac{1}{n^{2k}} \leqslant \int_1^{\infty} \frac{dx}{x^{2k}} = \frac{1}{2k-1},$$

可见当 k 趋向于 $+\infty$ 时, $\displaystyle\sum_{n=1}^{\infty} \frac{1}{n^{2k}}$ 趋近于 1, 并且由斯特林公式 (第四章, 3.9.2), 求得 B_k 的主要部分:

$$\mathrm{B}_k \sim 4\sqrt{\pi} \frac{k^{2k+\frac{1}{2}}}{(e\pi)^{2k}}, \tag{6.3.2}$$

上式右边是趋向于 $+\infty$ 很快的函数.

(6.4) (6.2.1) 及 (6.2.2) 的右边是 $\mathbb{R}$ 中的连续函数, 并且是有周期 1 的周期函数; 这些函数在区间 $[0,1]$ 中分别与 φ_{2k} 及 φ_{2k+1} 重合, 把它们记作 $\tilde{\varphi}_{2k}$ 及 $\tilde{\varphi}_{2k+1} (k \geqslant 1)$. 由 (5.1.2) 及 (5.2.1), 我们有

$$\tilde{\varphi}_{2k}(0) = (-1)^{k+1} \mathrm{B}_k, \tag{6.4.1}$$

从而对任何$x \in \mathbb{R}$, 由 (6.2.1),

$$|\tilde{\varphi}_{2k}(x)| \leqslant \mathrm{B}_k. \tag{6.4.2}$$

另一方面, 我们有

(6.4.3) $$\tilde{\varphi}_{2k+1}(0)=\tilde{\varphi}_{2k+1}\left(\frac{1}{2}\right)=0,$$

并且由于 (5.3.3) 及 (5.2.4), 利用中值定理, 从 (6.4.2) 出发, 就可得到对任何 $x\in\mathbb{R}$ 成立的不等式

(6.4.4) $$|\tilde{\varphi}_{2k+1}(x)|\leqslant\left(k+\frac{1}{2}\right)\mathrm{B}_k.$$

(6.5) (6.2.3) 右边的级数也对任何 $x\in\mathbb{R}$ 收敛, 并且是有周期 1 的周期函数. 可是它的和在点 $x=n\in\mathbb{Z}$ 是 0, 并且对 $0<x<1$ 等于 $x-\dfrac{1}{2}$; 把这一级数和记作 $\tilde{\varphi}_1(x)$, 因此它在 $\mathbb{R}$ 中是分段连续函数, 但在点 $n\in\mathbb{Z}$ 不连续, 并且有关系式 $\tilde{\varphi}_1(n)=0,\tilde{\varphi}_1(n+)=-\dfrac{1}{2},\tilde{\varphi}_1(n-)=\dfrac{1}{2}$. 这就意味着级数 (6.2.3) 不可能在含一点 $n\in\mathbb{Z}$ 的任何区间中一致收敛 (第五章, 3.1) (参看习题 3.4).

由以上所述并由 (5.3.3), 可见对于 $k\geqslant 3$, 函数 $\tilde{\varphi}_k$ 在 $\mathbb{R}$ 中连续可导, 并且我们有

(6.5.1) $$\tilde{\varphi}_k'(x)=k\tilde{\varphi}_{k-1}(x).$$

除去在点 $n\in\mathbb{Z}$ 外, 函数 $\tilde{\varphi}_2$ 有连续的导数, 并且等于 $2\tilde{\varphi}_1$. 对于 $k\leqslant 4$, 图 57 给出了函数 $\tilde{\varphi}_k$ 的图形.

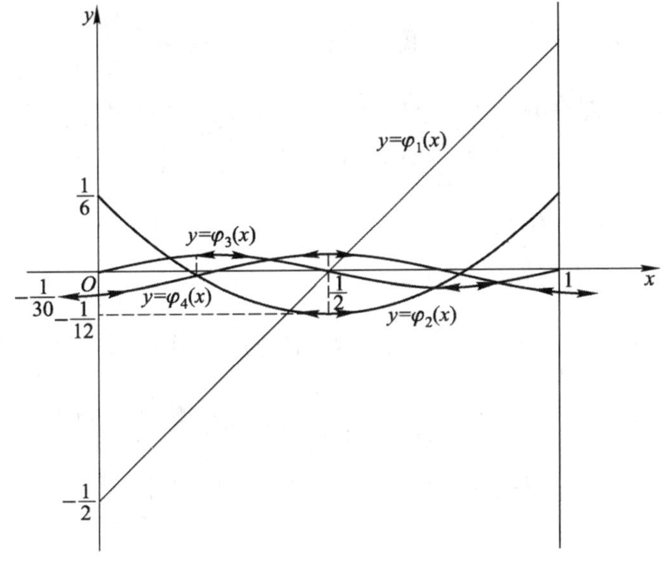

图 57

7. 欧拉 – 麦克劳林公式

(7.1) 设两实数 α, β 及两有理整数 m, n 满足下列条件.

$$m-1<\alpha \leqslant m<n \leqslant \beta<n+1.$$

那么对于在区间 $[\alpha, \beta]$ 中连续的任何复值函数 f, 如果它还是在 $[\alpha, \beta]$ 中分段连续函数 f' 的原函数, 我们就有

(7.1.1)
$$\begin{aligned}
& f(m)+f(m+1)+\cdots+f(n) \\
= & \int_\alpha^\beta f(t) d t-\tilde{\varphi}_1(\alpha+) f(\alpha)+\tilde{\varphi}_1(\beta-) f(\beta)+\int_\alpha^\beta \tilde{\varphi}_1(t) f'(t) d t .
\end{aligned}$$

事实上, 用整数点 $m, m+1, \cdots, n$ 分解区间 $[\alpha, \beta]$, 在所得每个区间中, 考虑到 φ_1' 是常数, 并且等于 1, 计算分段连续函数 $\tilde{\varphi}_1(x) f'(x)$ 的积分; 如果 $m \leqslant k<k+1 \leqslant n$, 由分部积分公式得

$$\begin{aligned}
& \int_k^{k+1} \tilde{\varphi}_1(t) f'(t) d t=\frac{1}{2}(f(k+1)+f(k))-\int_k^{k+1} f(t) d t, \\
& \int_\alpha^m \tilde{\varphi}_1(t) f'(t) d t=\frac{1}{2} f(m)-\tilde{\varphi}_1(\alpha+) f(\alpha)-\int_\alpha^m f(t) d t, \\
& \int_n^\beta \tilde{\varphi}_1(t) f'(t) d t=\tilde{\varphi}_1(\beta-) f(\beta)+\frac{1}{2} f(n)-\int_n^\beta f(t) d t,
\end{aligned}$$

如我们分别考虑 $m=\alpha, m>\alpha$ (及 $n=\beta, n<\beta$) 情形时所看到的; 作这些积分的和, 即得 (7.1.1).

特别地, 对于 $\alpha=m<n=\beta$, 我们得到

(7.1.2)
$$\begin{aligned}
& f(m)+f(m+1)+\cdots+f(n) \\
= & \int_m^n f(t) d t+\frac{1}{2}(f(m)+f(n))+\int_m^n \tilde{\varphi}_1(t) f'(t) d t .
\end{aligned}$$

(7.2) 现设 f 在 $[\alpha, \beta]$ 中有分段连续的 $(2r+1)$ 阶导数. 考虑到 (6.5.1), 并且就 h 递推, 我们有, 对于 $1 \leqslant h \leqslant 2r$,

(7.2.1)
$$\begin{aligned}
\frac{1}{h!} \int_\alpha^\beta \tilde{\varphi}_h(t) f^{(h)}(t) d t= & \frac{1}{(h+1)!}\left(\tilde{\varphi}_{h+1}(\beta) f^{(h)}(\beta)-\tilde{\varphi}_{h+1}(\alpha) f^{(h)}(\alpha)\right) \\
& -\frac{1}{(h+1)!} \int_\alpha^\beta \tilde{\varphi}_{h+1}(t) f^{(h+1)}(t) d t,
\end{aligned}$$

由此组合这些公式的左边与右边以及 (7.1.1) 就得到关系式

(7.2.2)
$$\begin{aligned}
& f(m)+f(m+1)+\cdots+f(n) \\
= & \int_\alpha^\beta f(t) d t+\sum_{h=1}^{2r+1}(-1)^h \frac{\tilde{\varphi}_h(\beta+) f^{(h-1)}(\beta)-\tilde{\varphi}_h(\alpha-) f^{(h+1)}(\alpha)}{h!}+\mathrm{R}_{2r+1},
\end{aligned}$$

这里

(7.2.3) $$\mathrm{R}_{2r+1} = \frac{1}{(2r+1)!}\int_{\alpha}^{\beta} \tilde{\varphi}_{2r+1}(t) f^{(2r+1)}(t)dt.$$

由于 (6.4.1) 及 (6.4.3), 我们对 $\alpha = m < n = \beta$ 情形, 从这里特别得到欧拉 – 麦克劳林求和公式

(7.2.4) $$\begin{aligned} &f(m) + f(m+1) + \cdots + f(n) \\ &= \int_m^n f(t)dt + \frac{1}{2}(f(m) + f(n)) + \sum_{h=1}^{r}(-1)^{h-1}\frac{\mathrm{B}_h}{(2h)!}(f^{(2h-1)}(n) - f^{2h-1}(m)) + \mathrm{R}_r \end{aligned}$$

以及余项的估计

(7.2.5) $$|\mathrm{R}_r| \leqslant \frac{\left(r+\frac{1}{2}\right)\mathrm{B}_r}{(2r+1)!}\int_m^n |f^{(2r+1)}(t)|dt,$$

上列估计是把中值公式应用到 (7.2.3), 并且考虑到估计式 (6.4.4) 求得的. 如果应用 (6.3.1), 就得到

(7.2.6) $$|\mathrm{R}_r| \leqslant \frac{2}{(2\pi)^{2r}}\int_m^n |f^{(2r+1)}(t)|dt.$$

(7.3) 设对 $x \geqslant 0$ 确定的函数 g 取实值、无穷可导, 还设它的所有导数 $g^{(h)}$ 是单调的, 并且在 $+\infty$ 的邻域中,

(7.3.1) $$g^{(h+1)}(x) = o(|g^{(h)}(x)|).$$

由欧拉 – 麦克劳林公式, 还可一下子推出和式

(7.3.2) $$G(n) = g(0) + g(1) + \cdots + g(n)$$

当 n 趋向于 $+\infty$ 时有任意精确度的渐近展开式.

先设有整数 r 使得

$$|g^{(2r-1)}(x)|$$

随着 x 趋向于 $+\infty$. 于是可写出

(7.3.3) $$\begin{aligned} g(1) + g(2) + \cdots + g(n) &= \int_1^n g(t)dt + \frac{1}{2}g(n) + \frac{\mathrm{B}_1}{2}g'(n) \\ &\quad + \cdots + (-1)^{r-1}\frac{\mathrm{B}_r}{(2r)!}g^{(2r-1)}(n) + o(g^{(2r-1)}(n)); \end{aligned}$$

上式右边每一项与前面一项相比是可忽略的.

如果相反地, 有一整数 $q < r$, 使得 $|g^{(2q-1)}(x)|$ 趋向于 $+\infty$, 而 $g^{(2q+1)}(x)$ 趋近于 0, 那么可写出

(7.3.4)
$$
\begin{aligned}
&g(1)+g(2)+\cdots+g(n)\\
&=\int_1^n g(t)dt+\frac{1}{2}g(n)+\sum_{h=1}^{q}(-1)^{h-1}\frac{\mathrm{B}_h}{(2h)!}g^{(2h-1)}(n)\\
&\quad+C+\sum_{h=q+1}^{r}(-1)^{h-1}\frac{\mathrm{B}_h}{(2h)!}g^{(2h-1)}(n)+o(g^{(2r-1)}(n)),
\end{aligned}
$$

上式中 C 是常数 (一般 $\neq 0$), 并且上式右边每一项与前面一项相比是可忽略的.

关于 $g(x)$ 趋近于 0, 而一般项是 $g(n)$ 的级数发散或收敛的情形, 可同样进行讨论 (这时必须在 (7.2.4) 中令 n 趋向于 $+\infty$, 使得有级数的余项的展开式). 然后把所得表示式中每一项用关于 $\mathcal{E}$ 的渐近展开式来代替 (第三章, 6).

例 (7.4) 取 $g(x)=\exp(x^{1/\lambda})$, 这里 $\lambda>1$; 这是属于 g 的所有导数趋向于 $+\infty$ 情况. 考虑到展开式

(7.4.1)
$$
\begin{aligned}
\int_1^u t^{\lambda-1}e^t dt&=u^{\lambda-1}e^u-(\lambda-1)u^{\lambda-2}e^u\\
&\quad+\cdots+(-1)^k(\lambda-1)\cdots(\lambda-k+1)u^{\lambda-k}e^u+o(u^{\lambda-k}e^u),
\end{aligned}
$$

由 (7.3.3), 例如设 $\lambda<\dfrac{5}{4}$, 我们得到含 6 项的展开式

(7.4.2)
$$
\begin{aligned}
&\exp(1^{1/\lambda})+\exp(2^{1/\lambda})+\cdots+\exp(n^{1/\lambda})\\
&=\exp(n^{1/\lambda})\left[\lambda n^{1-\frac{1}{\lambda}}+\frac{1}{2}+\frac{1}{12\lambda}n^{\frac{1}{\lambda}-1}-\frac{1}{720\lambda^3}n^{\frac{3}{\lambda}-3}\right.\\
&\quad\left.-\lambda(\lambda-1)n^{1-\frac{2}{\lambda}}+\frac{\lambda-1}{240\lambda^3}n^{\frac{2}{\lambda}-3}+o\left(n^{\frac{2}{\lambda}-3}\right)\right].
\end{aligned}
$$

(7.5) 取 $g(x)=x^\alpha$, 这里 $\alpha\geqslant 0$. 如果 q 是满足下列不等式的一个整数

$$2q-1<\alpha<2q+1,$$

这是属于可应用 (7.3.4) 的情形. 由此得展开式

(7.5.1)
$$
\begin{aligned}
&1^\alpha+2^\alpha\cdots+n^\alpha\\
&=\frac{n^{\alpha+1}}{\alpha+1}+\frac{1}{2}n^\alpha+\sum_{h=1}^{q}(-1)^{h-1}\frac{\mathrm{B}_h}{(2h)!}\alpha(\alpha-1)\cdots(\alpha-2h+2)n^{\alpha-2h+1}+C\\
&\quad+\sum_{h=q+1}^{r}(-1)^{h-1}\frac{B_h}{(2h)!}\alpha(\alpha-1)\cdots(\alpha-2h+2)n^{\alpha-2h+1}+o(n^{\alpha-2r+1}),
\end{aligned}
$$

这里 C 是一常数.

在这里我们注意: 当 $\alpha = k$ 是一整数 $\geqslant 1$ 时, 由 (5.2.3), 我们有准确的公式

$$1^k + 2^k + \cdots + n^k = \frac{1}{k+1}(\varphi_{k+1}(n+1) - \varphi_{k+1}(0)). \tag{7.5.2}$$

(7.6) $\log \Gamma(z)$ 的渐近展开式. 在下面, 我们约定对于实数 $x > 0$, 令 $\log(-x) = \log x + i\pi$. 由 $\dfrac{1}{\Gamma(z)}$ 的无穷乘积表示式 (4.2) 可以证明: 如果 x 是实数 $> 0, z$ 是 D_0 (沿负实半轴割开的平面) 中任一复数, 那么一般项是

$$\log(z+n) - \log(x+n) + (z-x)\log\frac{n}{n+1}$$

的级数收敛, 并且有和

$$\log\Gamma(x) - \log\Gamma(z) + 2ki\pi,$$

这里 k 是一整数. 对于 t 是实数 $\geqslant 0$, 令 $f(t) = \log(z+t) - \log(x+t)$. 对 f 应用欧拉 – 麦克劳林求和公式, 就得到

$$\begin{aligned} &f(0) + f(1) + \cdots + f(n) \\ &= \int_0^n f(t)dt + \frac{1}{2}(f(0) + f(n)) \\ &\quad + \sum_{h=1}^{p}(-1)^{h-1}\frac{\mathrm{B}_h}{(2h)!}(f^{(2h-1)}(n) - f^{(2h-1)}(0)) + \mathrm{T}_p(n), \end{aligned} \tag{7.6.1}$$

这里

$$|\mathrm{T}_p(n)| \leqslant \frac{2}{(2\pi)^{2r}}\int_0^n |f^{(2p+1)}(t)|dt. \tag{7.6.2}$$

然而 $f(n)$ 以及所有导数 $f^{(h)}(n)$ 随着 $1/n$ 趋近于 0. 另一方面, 我们有

$$\int_0^n \log(z+t)dt = (z+n)(\log(z+1) - 1) - z(\log z - 1),$$

由此得

$$\int_0^n f(t)dt = (z-x)\log n + h(x,z) + O\left(\frac{1}{n}\right),$$

这里 h 与 n 无关, 从而考虑到开始作的说明, 可见当 n 趋向于 $+\infty$ 时 (p 是固定的), $\mathrm{T}_p(x)$ 有一极限 $\mathrm{R}_p(x,z)$, 并且可写出

$$\log\Gamma(z) - g(z) = \log\Gamma(x) - g(x) + \mathrm{R}_p(x,z) + 2ki\pi, \tag{7.6.3}$$

这里已令

$$g(z) = z\log z - z - \frac{1}{2}\log z + \sum_{h=1}^{p}\frac{(-1)^{h-1}\mathrm{B}_h}{2h(2h-1)z^{2h-1}}. \tag{7.6.4}$$

设 $x \geqslant A$ 及 $w(z) = \sup(\mathcal{R}z, |\mathfrak{I}z|) \geqslant A$, 估计 $\mathrm{R}_p(x,z)$ 的上界. 由于

$$f^{(m)}(t) = (-1)^{m-1}(m-1)!\left(\frac{1}{(z+t)^m} - \frac{1}{(x+t)^m}\right),$$

只须估计 $\displaystyle\int_0^{+\infty} \frac{dt}{|z+t|^m}$; 如果 $\mathcal{R}z \geqslant A$, 我们有 $|z+t| > A+t$, 由此得

$$\int_0^{+\infty} \frac{dt}{|z+t|^m} \leqslant \int_0^{+\infty} \frac{dt}{(A+t)^m} = \frac{1}{(m-1)A^{m-1}}$$

并且如果 $|\mathfrak{I}z| \geqslant A$, 我们有 $|z+t| \geqslant (A^2+(s+t)^2)^{\frac{1}{2}}$, 这里 $s = \mathcal{R}z$, 由此得

$$\int_0^{+\infty} \frac{dt}{|z+t|^m} \leqslant \int_{-\infty}^{+\infty} \frac{dt}{(A^2+t^2)^{m/2}} = \frac{2}{A^{m-1}} \int_0^{+\infty} \frac{dt}{(1+t^2)^{m/2}}.$$

于是断定有一个只与 p 有关的常数 C_p, 使得在上面的条件下, 我们有 $|\mathrm{R}_p(x,z)| \leqslant \dfrac{C_p}{A^{2p}}$.

有了这一结果, 又由斯特林公式已知, 当 x 趋向于 $+\infty$ 时, $\log\Gamma(x) - g(x)$ 趋近于 $\dfrac{1}{2}\log 2\pi$. 因此当 $\omega(z)$ 趋向于 $+\infty$ 时, 我们有斯特林展开式, 其中 k_z 是与 z 有关的整数:

(7.6.5)
$$\begin{aligned}\log\Gamma(z) = {} & z\log z - z - \frac{1}{2}\log z + \frac{1}{2}\log 2\pi \\ & + \sum_{h=1}^{p} \frac{(-1)^{h-1}\mathrm{B}_h}{2h(2h-1)} \frac{1}{z^{2h-1}} + 2k_z i\pi + O\left(\frac{1}{(\omega(z))^{2p}}\right).\end{aligned}$$

这公式可用来推广第四章, 3.8 中的公式到参变数是复数的情形. 特别对于任何复数 z, 我们有

(7.6.6)
$$z(z+1)\cdots(z+n) \sim \frac{\sqrt{2\pi}}{\Gamma(z)} n^{n+z+\frac{1}{2}} e^{-n}$$

以及

(7.6.7)
$$\frac{\Gamma(n+z)}{\Gamma(n)} \sim n^z.$$

同样, 如果 z 是复数, 不是整数 $\geqslant 0$, 我们有

(7.6.8)
$$\binom{z}{n} = \frac{(-1)^n\Gamma(n-z)}{\Gamma(-z)\Gamma(n+1)} \sim \frac{(-1)^n}{\Gamma(-z)} n^{-z-1}.$$

最后, 与上面同样的推理可得

(7.6.9)
$$\frac{\Gamma'(z)}{\Gamma(z)} = \log z - \frac{1}{2z} - \sum_{h=1}^{p} \frac{(-1)^{h-1}\mathrm{B}_h}{2h} \frac{1}{z^{2h}} + O\left(\frac{1}{(\omega(z))^{2p+1}}\right).$$

要证明对于实数 x, (7.6.9) 左、右两边的差趋近于 0, 必须在这里应用公式

$$\int_x^{x+1} \frac{\Gamma'(t)}{\Gamma(t)} dt = \log\Gamma(x+1) - \log\Gamma(x) = \log x.$$

8. 傅里叶级数与用三角多项式的逼近

(8.1) 有限个指数函数 e^{imx} (m 是 s 或负整数, x 是实变数) 的任何 (复系数) 线性组合, 即形如

(8.1.1)
$$\mathrm{P}(x)=\sum_{m=-N}^{N}c_m e^{imx}$$

的函数, 叫做实变数 x 的三角多项式, 这里 $c_m\in\mathbb{C},-N\leqslant m\leqslant N$. 对于固定的 N, (8.1.1) 叫做次数$\leqslant N$ 的三角多项式.

把 e^{imx} 分成实部和虚部, 同样可说三角多项式是有下列形状的函数

(8.1.2)
$$x\to\sum_{m=0}^{N}(a_m\cos mx+b_m\sin mx),$$

这里 a_m 及 b_m 是由下式给出的复数:

(8.1.3)
$$\begin{cases}a_m=c_m+c_{-m}, & b_m=i(c_m-c_{-m}) \quad \text{对于 } m>0;\\ a_0=c_0, & b_0=0.\end{cases}$$

(8.2) 三角多项式是有周期 2π 的周期连续函数. 此外, 系数 c_m 的值由 $\mathrm{P}(x)$ 的值完全确定 (换句话说, 三角多项式只有在它的系数都是零时才可能恒等于零). 事实上, 由关系式: 在 $m\neq 0$ 时, $\int_0^{2\pi}e^{mit}dt=0$ 及 $\int_0^{2\pi}dt=2\pi$, 可得公式: 对于 $-N\leqslant m\leqslant N$,

(8.2.1)
$$c_m=\frac{1}{2\pi}\int_0^{2\pi}\mathrm{P}(t)e^{-imt}dt$$

及对于 $|m|>N$, $\int_0^{2\pi}\mathrm{P}(t)e^{-imt}dt=0$. 此外在这些公式中, 由被积函数的周期性, 可把区间 $[0,2\pi]$ 换成任何区间 $[a,a+2\pi]$. 由 (8.2.1), 如果三角多项式 $\mathrm{P}(x)$ 的值都是实数, 我们有 $c_{-m}=\bar{c}_m$, 并且从而系数 a_m 及 b_m 也是实数; 逆命题是明显的.

(8.3) 现在更一般地考虑在 $[0,2\pi]$ 中分段连续的复值周期函数 f, 它有周期 2π (从而由周期性, 它在 $\mathbb{R}$ 中分段连续). 注意在 $[0,2\pi]$ 中分段连续的任何复值函数 g 在 $]0,2\pi[$ 中可看作是周期为 2π 的一个分段连续函数 f 的限制, 不过要改变 g 在点 0 及 2π 的值, 使得 $g(0)=g(2\pi)$; 然后对于任何整数 $k\in\mathbb{Z}$ 及 $0\leqslant x\leqslant 2\pi$, 取

$$f(x+2k\pi)=g(x),$$

注意只有当 g 在 $[0,2\pi]$ 中连续, 并且使得 $g(0)=g(2\pi)$ 时, g 才是一个连续周期函数在 $[0,2\pi]$ 中的限制.

有了以上说明并采用上面的记号, 对于任何整数 $m \in \mathbb{Z}$, 我们把复数

$$c_m = \frac{1}{2\pi}\int_0^{2\pi} f(t)e^{-imt}dt \tag{8.3.1}$$

叫做 f (或 g) 的傅里叶系数; 一般说来, 有无穷个这种系数 $\neq 0$; 注意如果改变 f 在 $[0,2\pi]$ 中有限个点处的值, 这些系数不改变. 还令

$$\begin{cases} a_m = c_m + c_{-m} = \dfrac{1}{\pi}\displaystyle\int_0^{2\pi} f(t)\cos mtdt \\ b_m = i(c_m - c_{-m}) = \dfrac{1}{\pi}\displaystyle\int_0^{2\pi} f(t)\sin mtdt \end{cases} \quad \text{对于整数 } m > 0; \tag{8.3.2}$$

$$a_0 = c_0 = \frac{1}{2\pi}\int_0^{2\pi} f(t)dt, \tag{8.3.3}$$

因而如果 f 取实数值, a_m 及 b_m 都是实数. 当然在上列公式中区间 $[0,2\pi]$ 可用任何区间 $[a, a+2\pi]$ 来代替.

与在 (8.1) 中所述类似, 我们自然地把三角多项式

$$\mathrm{P}_N(x) = \sum_{m=-N}^{N} c_m e^{imx} \tag{8.3.4}$$

与 f 联系起来, 这里取 f 的傅里叶系数作为 c_m. 我们把 P_N 叫做 f 的傅里叶多项式; 它们也是 f 的傅里叶级数

$$a_0 + \sum_{m=1}^{\infty}(a_m \cos mx + b_m \sin mx) \tag{8.3.5}$$

的部分和. 我们可能希望级数 (8.3.5) 收敛 (至少是简单收敛) 于 f; 可是有连续周期函数的实例告诉我们, 它的傅里叶级数在某些点发散 (习题 30). 下面要对分段连续函数给出傅里叶级数收敛以及一致收敛的判别法.

(8.4) 设 f 是有周期 2π 的周期函数, 并且是分段连续的. 如果可把 $[0,2\pi]$ 分成有限个区间 $[\alpha,\beta]$, 使得在每个开区间 $]\alpha,\beta[$ 中, f 连续, 并且是 $]\alpha,\beta[$ 中分段连续函数 f' 的原函数 (预篇, 4.3 及第三章, 9.7), 我们就简称 f 是分段可导的; 还设积分 $\displaystyle\int_\alpha^\beta |f'(t)|dt$ 是确定的 (它可能是反常积分 (第三章, 9.7)). 确定了这种术语, 有判别法如下:

(8.5) 设 f 是有周期 2π 的复值周期函数, 并且它在 $\mathbb{R}$ 中分段连续及分段可导 (8.4). 那么 f 的傅里叶级数 (8.3.5) 对任何 $x \in \mathbb{R}$ 收敛, 并且有和 $\dfrac{1}{2}(f(x+) + f(x-))$. 此外, 在不包含 f 的不连续点的任何闭区间中, 这级数一致收敛, 并且部分和 $\mathrm{P}_N(x)$ 的绝对值以与 N 及 x 无关的一数 M 作为上界①.

①译者注: 这定理的证明似乎比传统的证明更复杂.

A) 先设 f 连续 (并且分段可导). 那么由假设, 积分 $\int_0^{2\pi}\left(\frac{t}{2\pi}-\frac{1}{2}\right)f'(t)dt$ 绝对收敛, 从而 (第三章, 9.8) 可应用分部积分公式, 得到

$$\int_0^{2\pi}\left(\frac{t}{2\pi}-\frac{1}{2}\right)f'(t)dt=\left(\frac{t}{2\pi}-\frac{1}{2}\right)f(t)\Big|_0^{2\pi}-\frac{1}{2\pi}\int_0^{2\pi}f(t)dt \tag{8.5.1}$$

又因为 f 是连续及周期的, 由此得到

$$f(0)=\frac{1}{2\pi}\int_0^{2\pi}f(t)dt+\int_0^{2\pi}\left(\frac{t}{2\pi}-\frac{1}{2}\right)f'(t)dt. \tag{8.5.2}$$

在上式中, 用函数 $t\to f(t+x)$ (对于任何 $x\in\mathbb{R}$) 代替函数 $t\to f(t)$, 由 f 的周期性, 得到

$$f(x)=\frac{1}{2\pi}\int_0^{2\pi}f(t)dt+\int_0^{2\pi}\left(\frac{t}{2\pi}-\frac{1}{2}\right)f'(t+x)dt. \tag{8.5.3}$$

然而对于 $0<t<2\pi$, 已知我们有

$$\frac{t}{2\pi}-\frac{1}{2}=-\sum_{n=1}^{\infty}\frac{\sin nt}{n\pi}, \tag{8.5.4}$$

上式在任何区间 $[\alpha,2\pi-\alpha](0<\alpha<2\pi)$ 中一致收敛, 并且部分和

$$\mathrm{S}_N(t)=-\sum_{n=1}^{N}\frac{\sin nt}{n\pi}$$

的绝对值以与 N 及 t 无关的一数 A 为上界 (6.2). 我们要由此导出: 对于 $x\in\mathbb{R}$,

$$\int_0^{2\pi}\left(\frac{t}{2\pi}-\frac{1}{2}\right)f'(t+x)dt=-\sum_{n=1}^{\infty}\int_0^{2\pi}\frac{\sin nt}{n\pi}f'(t+x)dt, \tag{8.5.5}$$

上列级数在 $\mathbb{R}$ 中一致收敛, 并且部分和

$$\mathrm{Q}_N(x)=-\sum_{n=1}^{N}\int_0^{2\pi}\frac{\sin nt}{n\pi}f'(t+x)dt=\int_0^{2\pi}\mathrm{S}_N(t)f'(t+x)dt$$

的绝对值以与 N 及 x 无关的一数为上界. 最后这一事实可由中值定理立即推出, 这是因为由周期性, 并且考虑到关于 f' 的假设, 可得

$$|\mathrm{Q}_N(x)|\leqslant A\int_0^{2\pi}|f'(t+x)|dt=\mathrm{A}\int_0^{2\pi}|f'(t)|dt.$$

由关于 f' 的假设还可导出: 任给 $\varepsilon>0$, 存在着一数 $\delta>0$, 使得对任何 $x\in\mathbb{R}$, 我们有 (第三章, 9.6)

$$\int_0^{\delta}|f'(t+x)|dt\leqslant\varepsilon,\quad \int_{2\pi-\delta}^{2\pi}|f'(t+x)|dt\leqslant\varepsilon.$$

这样选取了 δ 后, 可以找到 N_0, 使得当 $N \geqslant N_0$ 时, 对于区间 $[\delta, 2\pi-\delta]$ 中的任何 t, 我们有 $\left|\frac{t}{2\pi}-\frac{1}{2}-\mathrm{S}_N(t)\right| \leqslant \varepsilon$. 由此可得: 对于 $N \geqslant N_0$ 及任何 $x \in \mathbb{R}$, 我们有

$$\begin{aligned}&\left|\int_0^{2\pi}\left(\frac{t}{2\pi}-\frac{1}{2}\right)f'(t+x)dt-\mathrm{Q}_N(x)\right|\\ \leqslant\ & (A+1)\int_0^{\delta}|f'(t+x)|dt+(A+1)\int_{2\pi-\delta}^{2\pi}|f'(t+x)|dt\\ &+\varepsilon\int_{\delta}^{2\pi-\delta}|f'(t+x)|dt\\ \leqslant\ & \varepsilon\left(2(A+1)+\int_0^{2\pi}|f'(t)|dt\right),\end{aligned}$$

这样就证明了当 N 趋向于 $+\infty$ 时, $\mathrm{Q}_N(x)$ 趋近于 (8.5.3) 中第二个积分.

由于 f 连续, 作分部积分, 对于 $n \geqslant 1$, 可得

$$\begin{aligned}\int_0^{2\pi}\frac{\sin nt}{n\pi}f'(t+x)dt &= \left.\frac{\sin nt}{n\pi}f(t+x)\right|_0^{2\pi}-\frac{1}{\pi}\int_0^{2\pi}\cos nt f(t+x)dt\\ &= -\frac{1}{\pi}\int_0^{2\pi}\cos n(t-x)f(t)dt=-(a_n\cos nx+b_n\sin nx),\end{aligned}$$

又由于 $\frac{1}{2\pi}\int_0^{2\pi}f(t)dt=a_0$, 于是把 (8.5.3) 中第二个积分用由 (8.5.5) 求得的值来代替, 就从 (8.5.3) 的右边得到了 f 的傅里叶级数.

B) 现转到只设 f 分段连续 (并且分段可导) 的一般情形, 并且设 $x_1<x_2<\cdots<x_r$ 是 f 在 $[0,2\pi]$ 中的不连续点. 对于满足 $1 \leqslant k \leqslant r$ 的任何 k, 令

$$\lambda_k=f(x_k+)-f(x_k-) \tag{8.5.6}$$

(函数 f 在点 x_k 的 "跳跃"). 那么显然函数 $g(x)=f(x)-\sum_{k=1}^{r}\lambda_k\tilde{\varphi}_1\left(\frac{x-x_k}{2\pi}\right)$ ((6.4) 中的记号) 在 $\mathbb{R}$ 中是连续的, 周期的, 并且是分段可导的. 于是可对它应用 A) 中的结果. 此外, 可立即证明 (8.5.4) 的右边是函数 $\tilde{\varphi}_1(t)$ 的傅里叶级数, 并且可由 (6.2) 中所述及下列关系式得到结论:

$$\tilde{\varphi}_1(0+)=-\tilde{\varphi}_1(0-)=-\frac{1}{2}.$$

(8.6) 我们已经指出: 如果只设函数 f 在 $\mathbb{R}$ 中是周期的 (有周期 2π) 及连续的, f 的傅里叶级数不一定在任何点收敛. 也可能出现这种情况: 傅里叶级数收敛, 可是它的部分和在 $\mathbb{R}$ 中都不是一致有界的 (习题 30).

然而可以用三角多项式在 $\mathbb{R}$ 中一致逼近 f. 换句话说, 对于周期连续函数, 有与魏尔斯特拉斯逼近定理相类似的一个结果:

(8.7) 设 f 是 $\mathbb{R}$ 中的周期连续函数, 有周期 2π, 那么对于任意的 $\varepsilon > 0$, 存在着一个三角多项式 P, 使得对于任何 $x \in \mathbb{R}$,

(8.7.1) $$|f(x) - \mathrm{P}(x)| \leqslant \varepsilon.$$

事实上, 用第五章, 4.4 中的记号, 考虑函数 $f_n = f * \rho_n$, 这里选取的 "正规化" 函数 ρ 是无穷可导的; 于是我们知道 f_n 是无穷可导的 (第五章, 4.6), 并且由定义 (第五章, 4.4.4), f_n 是周期的, 有周期 2π. 然后 (第五章, 4.5) 可找到充分大的 n, 使得在 $[0, 2\pi]$ 中, $|f(x) - f_n(x)| \leqslant \dfrac{\varepsilon}{2}$, 因而由周期性, 这一不等式在 $\mathbb{R}$ 中到处成立. 可是我们可对函数 f_n 应用 (8.5), 从而 f_n 的傅里叶级数有一部分和 P, 使得对于任何 $x \in \mathbb{R}, |f_n(x) - \mathrm{P}(x)| \leqslant \dfrac{\varepsilon}{2}$, 显然三角多项式 P 就是问题的解.

(8.8) 我们往往考虑在 $\mathbb{R}$ 中分段连续、并且有任意周期 $T > 0$ 的周期函数; 如果 f 是这样的函数, 令 $g(x) = f\left(\dfrac{T}{2\pi}x\right)$, 就得到一个分段连续、并且有周期 2π 的周期函数 g. 我们把 g 的傅里叶系数叫做 f 的傅里叶系数; 由 (8.3.1), 它们可写作

(8.8.1) $$c_m = \frac{1}{T}\int_0^T f(t)\exp\left(-\frac{2\pi imt}{T}\right)dt.$$

对于有任意周期 T 的函数, 可立即转述前面的所有定义及所有结果.

傅里叶级数在物理及力学的应用中的意义是重大的, e^{imt} 类型的 "简单" 周期函数特别易于使用, 由此产生了用 "简单" 函数或用有限个 "简单" 函数的线性组合来逼近任何周期函数 (大量自然现象要涉及这种函数) 的想法. 函数 f 的这种逼近表示式, 作为 "简单" 周期函数的 "叠加", 也叫做 f 的 "调和分析" (对于 $m > 1$, 函数 e^{mit} 有时叫做 e^{it} 的 "调和"), 它与往往可与实验阐明的自然现象对应.

9. 平均平方逼近与傅里叶级数

(9.1) 在第五章所引进把一个函数的 "逼近" 用另一函数作出的想法, 引出了与已研究过的 "一致逼近" 概念不相同的一些逼近概念. 这里只考虑在 $\mathbb{R}$ 中有界区间 $\mathrm{I} = [a, b]$ 中确定的分段连续复值函数. 对于这样的两个函数 f 及 g, 不把第五章, 1.3 中确定的数 $d(f, g)$ 作为这两函数的 "差距", 而是选取数

(9.1.1) $$d_1(f, g) = \int_a^b |f(t) - g(t)|dt.$$

当 f 及 g 取实数值时, 这个数有简单的几何意义: 它是 f 及 g 的图形所围出的 "面积" (图 58). 注意这个数值与 f 及 g 在它们的不连续点处的值无关, 这就表明由它导出的 "逼近" 概念与一致逼近大不相同. 可是即使对于连续函数 f 及 $g, d_1(f, g)$ 可能很小, 而 $d(f, g)$ 都不是这样. 例如对于第五章, 2.3.1 中所确定的函数 g_n, 我们

有 $d(0, g_n) = 1$, 而 $d_1(0, g_n) = 1/2n$. 就图形样式, 可以说如果 $d_1(f, g)$ 是 "小的", f 及 g 的值可能很不相同, 而这只可能在 "小的" 区间中出现; 并且 f 及 g 的值相差愈 "大", 出现这种现象的区间就会愈 "小". 为了表明这种 "补偿" 我们把以 "差距" $d_1(f, g)$ 为基础的逼近概念叫做 "平均逼近".

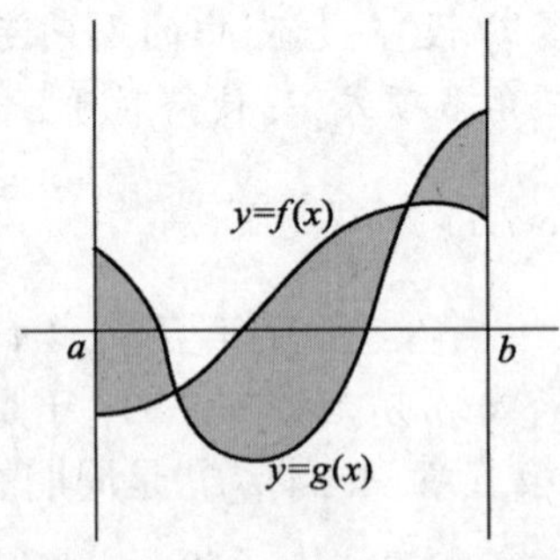

图 58

(9.2) 在公式 (9.1.1) 中, 可以把 $|f(t) - g(t)|$ 用 $|f(t) - g(t)|^p$ 来代替, 这里 p 是一个固定的正数; 为了种种理由, 我们宁可取数

$$(9.2.1) \qquad d_p(f, g) = \left(\int_a^b |f(t) - g(t)|^p dt \right)^{1/p}$$

作为 f 与 g 的 "差距". 这数有齐次的性质: 如果把 f 及 g 乘以相同的常数 $c, d_p(f, g)$ 就会乘以 $|c|$.

注意对于所有这些 "差距", 用连续函数可以任意逼近在 I 中分段连续的函数 (与一致逼近的情况不同 (第五章, 3.1)). 事实上, 如果 $a_1 < a_2 < \cdots < a_r$ 是分段连续函数 f 的不连续点, 并且如果把这样的连续函数叫做 f_n; 它在区间 $\left[a_k - \frac{1}{n}, a_k + \frac{1}{n} \right]$ ($k = 1, 2, \cdots, n$ 是充分大的正数) 以外等于 f, 而在这些区间中的形式是 $t \to \alpha t + \beta$ (图 59), 那么可看出

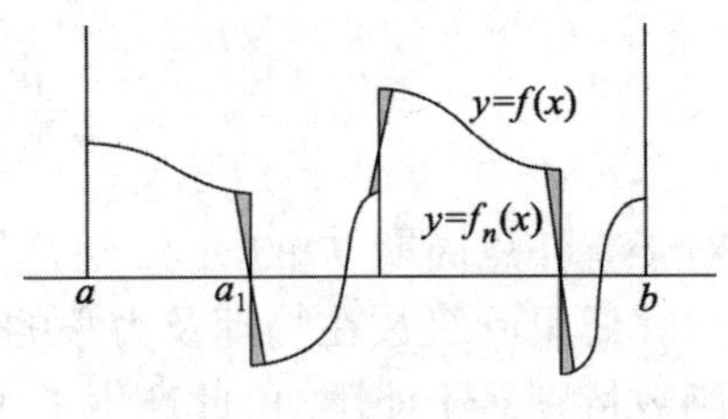

图 59

$$|f(t) - f_n(t)| \leqslant 2M,$$

这里 M 表示 $|f(t)|$ 在 I 中的上确界; 由此立即导出我们有

$$d_p(f, f_n) \leqslant 2M(2r/n)^{1/p},$$

上式右边随着 $1/n$ 任意小.

我们甚至可取 f_n, 使得 $f_n(a) = f_n(b) = 0$. 为此, 只须在区间 $\left[a, a + \frac{1}{n} \right]$ 及 $\left[b - \frac{1}{n}, b \right]$ 中, 把 f 换成一个适当的平移线性函数 $t \to \alpha t + \beta$.

(9.3) 当 $p = 2$ 时, 用 "差距" (9.2.1) 作计算特别简单. 在这种情形. 我们就说 "平方差距" 及 "平均平方逼近". 下面证明对于平方差距, 傅里叶多项式有一种重要的极值性质:

(9.4) 设 f 是 $\mathrm{I} = [0, 2\pi]$ 中的分段连续函数, 并且设

$$c_m = \frac{1}{2\pi} \int_0^{2\pi} f(t) e^{-imt} dt$$

是它的傅里叶系数. 在所有次数 $\leqslant N$ 的三角多项式中, f 的傅里叶多项式 $\mathrm{P}_N(t)$ 是使平方差距 $d_2(f,\mathrm{Q})$ 达到最小值的唯一三角多项式, 并且我们有

$$(9.4.1)\qquad (d_2(f,\mathrm{P}_N))^2=\int_0^{2\pi}|f(t)|^2dt-2\pi\sum_{m=-N}^{N}|c_m|^2.$$

事实上, 对于次数 $\leqslant N$ 的任何三角多项式 $\mathrm{Q}(t)=\sum_{m=-N}^{N}d_me^{imt}$, 可以写出

$$\begin{aligned}|f(t)-\mathrm{Q}(t)|^2&=(f(t)-\mathrm{Q}(t))(\overline{f(t)}-\overline{\mathrm{Q}(t)})\\&=|f(t)|^2-\sum_{-N}^{N}d_m\overline{f(t)}e^{imt}-\sum_{-N}^{N}\bar{d}_mf(t)e^{-imt}+\sum_{m=-N}^{N}\sum_{n=-N}^{N}d_m\bar{d}_ne^{i(m-n)t}.\end{aligned}$$

由定义 (8.3.1), 通过积分得到

$$(d_2(f,\mathrm{Q}))^2=\int_0^{2\pi}|f(t)|^2dt-2\pi\sum_{-N}^{N}(\bar{c}_md_m+c_m\bar{d}_m)+2\pi\sum_{-N}^{N}|d_m|^2,$$

上式也可写成

$$\begin{aligned}(d_2(f,\mathrm{Q}))^2&=\int_0^{2\pi}|f(t)|^2dt-2\pi\sum_{-N}^{N}|c_m|^2+2\pi\sum_{-N}^{N}|c_m-d_m|^2\\&=(d_2(f,\mathrm{P}_N))^2+2\pi\sum_{-N}^{N}|c_m-d_m|^2.\end{aligned}$$

由此即证明上述命题.

由这命题及 (8.7) 得:

(9.5) 对于在 $[0,2\pi]$ 中分段连续的任何函数 f, 级数 $\sum_{-\infty}^{+\infty}|c_m|^2$ 收敛, 并且我们有

$$(9.5.1)\qquad \sum_{-\infty}^{+\infty}|c_m|^2=\frac{1}{2\pi}\int_0^{2\pi}|f(t)|^2dt\quad(\text{帕塞瓦尔关系式}).$$

事实上, 首先由 (9.4.1), 对于任何整数 N, 得到不等式

$$(9.5.2)\qquad \sum_{-N}^{N}|c_m|^2\leqslant\frac{1}{2\pi}\int_0^{2\pi}|f(t)|^2dt.$$

这就证明了 (9.5.1) 左边的级数收敛. 另一方面, 对于任何 $\varepsilon>0$, 存在着有周期 2π 的一个周期连续函数 g, 使得 $d_2(f,g)\leqslant\varepsilon$ (9.2). 然后, 由 (8.7), 有一三角多项式 Q, 在 $[0,2\pi]$ 中满足 $|g(x)-\mathrm{Q}(x)|\leqslant\varepsilon$, 由此通过积分得 $d_2(g,\mathrm{Q})\leqslant\sqrt{2\pi}\varepsilon$, 并且最后由闵可夫斯基不等式 (第一章, 4.6) 得

$$d_2(f,\mathrm{Q})\leqslant\varepsilon(1+\sqrt{2\pi}).$$

然而由 (9.4.1) 如果 Q 的次数 $\leqslant N$, 我们有 $d_2(f, \mathrm{P}_N) \leqslant d_2(f, \mathrm{Q})$, 并且这样就证明了可使 (9.5.2) 两边的差任意小. (9.5.1) 得证.

当函数 f 取实值时, 用 (8.3.2) 中的记号, 公式 (9.5.1) 可写成

(9.5.3)
$$2a_0^2 + \sum_{m=1}^{\infty}(a_m^2 + b_m^2) = \frac{1}{\pi}\int_0^{2\pi}(f(t))^2 dt.$$

由 (9.5) 可导出下列推论, 它表明知道了一个分段连续函数的傅里叶系数就主要地决定了它:

(9.6) 如果 f 及 g 是 $[0, 2\pi]$ 中的分段连续函数, 并且有相同的傅里叶系数, 那么除了在 f 或 g 的不连续点处外, $f(t) = g(t)$.

考虑差式 $f - g$, 就立即化到 $g = 0$ 情形, 因此在 (9.5.1) 中, 由假设, 系数 c_m 都等于零. 由关系式 $\int_0^{2\pi} |f(t)|^2 dt = 0$ 可导出: 除了在 f 的不连续点处外, $f(t) = 0$ (第一章, 3.1).

10. 傅里叶系数与正规性质

(10.1) 由 (9.5) 得: 对于 $[0, 2\pi]$ 中的任何分段连续函数 f, 它的两个方向无穷的傅里叶系数序列 $\{c_m\}_{m\in\mathbb{Z}}$ 会使无穷级数 $\sum_{-\infty}^{+\infty} |c_m|^2$ 收敛, 并且特别我们有 $\lim_{m\to\infty} c_m = \lim_{m\to\infty} c_{-m} = 0$. 现在要看到, 傅里叶系数序列收敛于 0 的速度是与函数 f 的 "正规性质" 紧密联系着的: 大体上, 函数越是可导, 傅里叶系数趋近于 0 越快, 并且反过来也是这样.

(10.2) 对于任何函数 f, 如果它是有周期 2π 的连续周期函数, 并且是一个分段连续函数 f' 的原函数, 那么我们有 $\lim_{m\to\infty} mc_m = \lim_{n\to\infty} mc_{-m} = 0$, 并且更准确地, 级数 $\sum_{-\infty}^{+\infty} m^2 |c_m|^2$ 收敛.

事实上, 由分部积分, 我们有: 对于 $m \neq 0$,

$$c_m = \frac{1}{2\pi}\int_0^{2\pi} f(t)e^{-imt}dt = \frac{-1}{2\pi im}f(t)e^{-imt}\Big|_0^{2\pi} + \frac{1}{2\pi im}\int_0^{2\pi} f'(t)e^{-imt}dt,$$

并且由此得: 如果 c_m' 是 f' 的有指标 m 的傅里叶系数, 由 f 的周期性, 就有

(10.2.1)
$$c_m' = imc_m.$$

于是只须对函数 f' 应用 (9.5).

由递推得:

(10.3) 如果周期连续函数 f 是 k 次连续可导的, 级数 $\sum_{-\infty}^{+\infty}|m^k c_m|^2$ 收敛, 并且特别有: 当 m 趋向于 $\pm\infty$ 时, $c_m = o(1/m^k)$.

(10.4) 上面的命题没有逆命题: 例如一个连续函数 f 可使级数 $\sum_{-\infty}^{+\infty}|mc_m|^2$ 收敛, 而 f 却不是到处可导的. 这问题与一个更一般的问题有联系: 已给 (在两个方向) 无穷的一个序列 $\{c_m\}_{m\in\mathbb{Z}}$, 是否存在着分段连续的、或在 $\mathbb{R}$ 中连续的、或 k 次连续可导的一个周期函数 f, 以 $\{c_m\}$ 作为它的傅里叶系数序列? 我们不知道回答这问题的必要与充分条件, 而非同语反复. 现在只给出部分回答上述问题的简单的充分条件.

(10.5) 如果级数 $\sum_{-\infty}^{+\infty}|c_m|$ (或 $\sum_{-\infty}^{+\infty}m^k|c_m|$) 收敛, 那么序列 $\{c_m\}$ 是 $\mathbb{R}$ 中一个连续 (或 k 次连续可导) 函数 f 的傅里叶系数序列, 并且 f (或 f 的前 k 个导数中每一个) 的傅里叶级数正规收敛于 f (或所考虑的 f 的导数).

事实上, 由于 $|c_m e^{mit}| = |c_m|$, 级数 $\sum_{-\infty}^{+\infty}c_m e^{mit}$ 在 $\mathbb{R}$ 中正规收敛, 并且它的和 $f(t)$ 是一周期连续函数 (第五章, 3.1). 在 f 的傅里叶系数 $\frac{1}{2\pi}\int_0^{2\pi}f(t)e^{-int}dt$ 的计算中, 可把 $f(t)$ 用级数 $\sum_{-\infty}^{+\infty}c_m e^{mit}$ 来代替, 并且逐项积分 (第五章, 3.4). 于是得到 c_n 的值, 并且在设级数 $\sum_{-\infty}^{+\infty}|c_m|$ 收敛时证明了命题.

如果设级数 $\sum_{-\infty}^{+\infty}m|c_m|$ 收敛，由于对于 $m \neq 0, |c_m| \leqslant m|c_m|$，可见级数 $\sum_{-\infty}^{+\infty}|c_m|$ 也收敛. 由以上论证, 函数 $g(t) = \sum_{-\infty}^{+\infty}imc_m e^{mit}$ 是周期连续的, 并且由第五章, 3.4, 我们有

$$f(t) - f(0) = \int_0^t g(u)du,$$

从而 $g(t) = f'(t)$. 当级数 $\sum_{-\infty}^{+\infty}m^k|c_m|$ 收敛时, 可就 k 递推同样进行论证.

我们要仔细注意一个 "三角级数" (8.3.5) 可能对任何 $x \in \mathbb{R}$ 收敛, 可是它的和 f 不连续 (甚至无界); 例如可能 f 在开区间 $]0, 2\pi[$ 中连续, 但在区间两端点趋向于 $+\infty$ 或 $-\infty$, 并且 (反常) 积分 $\int_0^{2\pi}f(t)e^{-imt}dt$ 不收敛, 以致我们甚至不能谈及 f 的傅里叶系数.

对于 (10.4) 中提出的问题, 只有就解析函数得到了完全令人满意的答案:

(10.6) 要使得在开带形 $|\Im z| < r$ 中, 有一个周期是 2π 的解析函数, 它在 $\mathbb{R}$ 中的限制有傅里叶系数 $\{c_m\}_{m\in\mathbb{Z}}$, 必须而且只须对于任何 $\rho \in]0, r[$, 我们有: 当 m 趋向于 $+\infty$ 时, $c_m = O(e^{-|m|\rho})$.

事实上, 设 f 是在开带形 $|\Im z| < r$ 中有周期 2π 的解析周期函数. 那么对于 $0 < \rho < r$, 把柯西定理应用到由

$$\begin{aligned} &t \to t \quad (0 \leqslant t \leqslant 2\pi), \\ &t \to 2\pi + it \quad (0 \leqslant t \leqslant \rho), \\ &t \to 2\pi + i\rho - t \quad (0 \leqslant t \leqslant 2\pi), \\ &t \to i\rho - it \quad (0 \leqslant t \leqslant \rho) \end{aligned}$$

互相衔接而成的矩形 (图 60), 由于 f 的周期性, 就得到公式

$$c_m = \frac{e^{m\rho}}{2\pi}\int_0^{2\pi} f(i\rho + t)e^{-imt}dt;$$

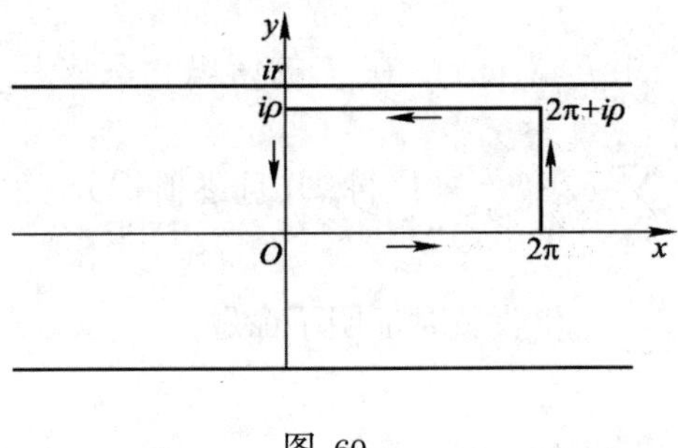

图 60

由此可见, 当 m 趋向于 $-\infty$ 时, $c_m = O(e^{m\rho})$. 考虑与上列矩形关于实轴为对称的矩形, 同样证明当 m 趋向于 $+\infty$ 时, 我们有 $c_m = O(e^{-m\rho})$.

相反地, 设对于 $0 < \rho < r$, 当 m 趋向于 $\pm\infty$ 时, 我们有 $c_m = O(e^{-|m|\rho})$. 于是 w 及 $1/w$ 的幂级数

$$\sum_{m=0}^{\infty} c_m w^m \quad 及 \quad \sum_{m=1}^{\infty} c_{-m} w^{-m}$$

分别对于 $|w| < e^{\rho}$ 及 $|w| > e^{-\rho}$ 收敛. 从而

$$g(w) = \sum_{m=0}^{\infty} c_m w^m + \sum_{m=1}^{\infty} c_{-m} w^{-m} \tag{10.6.1}$$

是圆环 $e^{-\rho} < |w| < e^{\rho}$ 中的解析函数, 上式右边是洛朗展开式 (第八章, 2). 由于级数 $\sum_{-\infty}^{+\infty} |c_m|$ 显然收敛, 序列 $\{c_m\}_{m\in\mathbb{Z}}$ 是函数 $f(x) = g(e^{ix})$ 的傅里叶系数序列. 此外,

由假设 (10.6.1) 的右边对 $e^{-r} < |w| < e^{r}$ 收敛, 因此函数 $g(e^{iz})$ 对于 $|\mathfrak{I}z| < r$ 是解析的.

注释 (10.7) 设 f 是 $\mathbb{R}$ 中取实值、分段连续的周期函数, 并且有周期 2π; 考虑它的傅里叶级数 (8.3.5) (我们记得: 即使 f 是连续的, (8.3.5) 也不一定在任何点收敛). 我们知道 (10.1), 系数 a_m 及 b_m 随着 $1/m$ 趋近于 0, 因此幂级数 $\sum\limits_{m=0}^{\infty}(a_m - ib_m)z^m$ 对于 $|z| < 1$ 收敛. 如果还有级数 $\sum\limits_{m=0}^{\infty}(|a_m| + |b_m|)$ 收敛, 那么上面的幂级数甚至对于 $|z| = 1$ 收敛, 并且它的和 $\mathrm{F}(z)$ 对于 $|z| \leqslant 1$ 连续, 对于 $|z| < 1$ 解析, 并且满足 $f(\theta) = \mathcal{R}(\mathrm{F}(e^{i\theta}))$. 可是当我们只设 f 是连续周期函数, 一般不存在具有上述性质的函数 $\mathrm{F}(z)$.

附录 龙格现象

为了 "逼近" 在 $\mathbb{R}$ 的有界闭区间 $\mathrm{I} = [a, b]$ 中确定的连续复值函数 f, 一种很流行的方法在于考虑 I 中的 n 个点 $a_1 < a_2 < \cdots < a_n$ (最通常取 n 个等距点, 并取 $a_1 = a, a_n = b$) 以及由条件

(1) $$\mathrm{P}_n(a_j) = f(a_j) \quad \text{对于 } 1 \leqslant j \leqslant n$$

确定的次数 $\leqslant n-1$ 的 "插值多项式" $\mathrm{P}_n(x)$.

如果用 $\omega_n(x)$ 表示 n 次多项式

(2) $$\omega_n(x) = (x-a_1)(x-a_2)\cdots(x-a_n),$$

容易证明 (第八章, 4.4.4): 解答上述问题的唯一的次数 $\leqslant n-1$ 的多项式可由拉格朗日插值公式给出:

(3) $$\mathrm{P}_n(x) = \sum_{j=1}^{n} \frac{f(a_j)\omega_n(x)}{(x-a_j)\omega_n'(a_j)}$$

(这多项式事实上是问题的一个解, 并且两个解的差必然是 $\omega_n(x)$ 的倍数, 而两个解的差是次数 $\leqslant n-1$ 的多项式, 因此是 0).

人们倾向 (特别是在对物理的应用中) 不加证明而认为: 当令 n 趋向于 $+\infty$ 时, $\mathrm{P}_n(x)$ 在 $[a, b]$ 中一致收敛于 $f(x)$. 然而设开集 $\mathrm{D} \subset \mathbb{C}$ 包含实轴上区间 I, 即使对于 D 中确定的解析函数, 上述认定也可能不正确 (龙格现象).

事实上, 对于 $\alpha > 0$, 取

(4) $$f(z) = \frac{1}{z^2 + \alpha^2}.$$

这是 $\mathbb{C}$ 中的一个亚纯函数, 有单极点 $\pm\alpha i$. 设 $\gamma: t \to Re^{it}$, 这时 $0 \leqslant t \leqslant 2\pi$, 还有 $R \geqslant |x|, R \geqslant \alpha$, 而且对于 $1 \leqslant j \leqslant n, R \geqslant |a_j|$. 考虑积分

$$\frac{1}{2\pi i}\int_{\gamma} \frac{f(z)\omega_n(x)dz}{(z-x)\omega_n(z)},$$

这里 x 不等于 a_j 及 $\pm\alpha i$. 显然这积分的绝对值以 A/R^{n+2} 为上界, 这里 A 是一常数. 被积函数 $g(z)=\dfrac{f(z)w_n(x)}{(z-x)w_n(z)}$ 在极点的留数是 $f(x)$, 并且在每个极点 a_j, 它等于

$$\frac{f(a_j)\omega_n(x)}{(a_j-x)\omega_n'(a_j)}.$$

最后, 我们有

$$\mathrm{Res}_{\alpha i}(g)=\frac{\omega_n(x)}{2\alpha i(\alpha i-x)\omega_n(\alpha i)},\quad \mathrm{Res}_{-\alpha i}(g)=\frac{\omega_n(x)}{2\alpha i(\alpha i+x)\omega_n(-\alpha i)}.$$

我们要限于考虑这种情形: $[a,b]=[-1,+1], n=2m$ 是偶数, 并且取点 $\pm(2k+1)/2m$ (这里 $0\leqslant k\leqslant m-1$) 作为 a_j. 于是我们有

$$\omega_n(\alpha i)=\omega_n(-\alpha i)=(-1)^m\left(\alpha^2+\frac{1}{4m^2}\right)\left(\alpha^2+\frac{9}{4m^2}\right)\cdots\left(\alpha^2+\frac{(2m-1)^2}{4m^2}\right), \tag{5}$$

应用留数定理, 令 R 趋向于 $+\infty$, 并考虑 (3), 得到公式

$$f(x)-\mathrm{P}_n(x)=\frac{1}{x^2+\alpha^2}\frac{\omega_n(x)}{\omega_n(\alpha i)}. \tag{6}$$

用这公式可证明: 当 α 取得充分小时, 差式 $f(1)-\mathrm{P}_n(1)$ 在 n 趋向于 $+\infty$ 时不趋近于 0.

事实上, 我们有: 由斯特林公式,

$$\omega_n(1)=\frac{1}{2m}\cdot\frac{3}{2m}\cdot\frac{5}{2m}\cdot\cdots\cdot\frac{4m-1}{2m}\sim\sqrt{2}\left(\frac{2}{e}\right)^n. \tag{7}$$

另一方面, 我们有: 由 (5),

$$\log|\omega_n(\alpha i)|=\sum_{k=0}^{m-1}\log\left(\alpha^2+\frac{(2k+1)^2}{4m^2}\right),$$

并且用欧拉 – 麦克劳林公式容易证明我们有

$$|\omega_n(\alpha i)|\sim c.\beta^n\quad (c\text{ 是常数}\neq 0), \tag{8}$$

这里

$$\log\beta=\int_0^1\log(\alpha^2+t^2)dt=\log(1+\alpha^2)-2+2\alpha\mathrm{Arctan}\cdot\frac{1}{\alpha}.$$

当 α 趋近于 0 时, 上式趋近于 -2, 因此存在着 $\alpha>0$, 使得 $\log\beta<\log\left(\dfrac{2}{e}\right)=\log 2-1$. 于是由公式 (6), (7) 及 (8) 得

$$|f(1)|-\mathrm{P}_n(1)|\sim c'\left(\frac{2}{e\beta}\right)^n\ (c'\text{ 为常数}\neq 0),$$

从而上列差式的绝对值趋向于 $+\infty$.

习　题

1) 用鞍点法证明当 t 趋向于 $+\infty$ 时, 我们有

$$\int_{-\infty}^{+\infty}\left(\frac{e^{ix}}{1+x^2}\right)^t dx \sim \frac{(\pi(2-\sqrt{2})/t)^{1/2}e^{-(\sqrt{2}-1)t}}{(2\sqrt{2}-2)^t}.$$

2) 用鞍点法证明当 n 趋向于 $+\infty$ 时, 我们有

$$\int_{-\infty}^{+\infty}\frac{e^{ix}}{(x^3+3x-2i)^n}dx \sim 2e\left(\frac{i}{4}\right)^n\sqrt{\frac{\pi}{3n}}$$

((1.7.1) 有两个根, 但只有一个适用).

3) 设 $\mathrm{A}_n=\{1,2,\cdots,n\}$; 考虑集 $\mathcal{C}_n\subset\mathfrak{B}(\mathfrak{B}(\mathrm{A}_n))$, 这里 $\mathfrak{B}(\mathfrak{B}(\mathrm{A}_n))$ 是由把 A_n 分成非空子集的分划所形成的, 用 d_n 表示其中元素个数.

a) 证明我们有 $d_1=1$, 并且约定令 $d_0=1$, 对于 $n\geqslant 0$, 我们有递推关系式

$$d_{n+1}=\binom{n}{0}d_0+\binom{n}{1}d_1+\cdots+\binom{n}{n}d_n$$

(对于每个 k, 考虑 A_{n+1} 的这些分划: 其中有一元素是 A_{n+1} 的一个子集, 含 $k+1$ 个元素, 并且包含 $n+1$).

b) 由 a) 导出我们有: 对于任何 $z\in\mathbb{C}$,

$$\exp(e^z-1)=\sum_{n=0}^{\infty}\frac{d_n}{n!}z^n,$$

从而

$$d_n=\frac{n!}{2e\pi i}\int_\gamma \exp(e^z)z^{-n-1}dz,$$

这里 γ 是满足 $j(0;\gamma)=1$ 的一个环路.

c) 证明应用鞍点法导致考虑坳口 $z=u$, 这里 u 是方程 $xe^x=n+1$ 的实根. 先证明我们有

$$\int_\gamma \exp(e^z)z^{-n-1}dz=\int_{u-i\infty}^{u+i\infty}\exp(e^z)z^{-n-1}dz.$$

令 $z=u+iy$, 这里 $y\in\mathbb{R}$, 然后证明这积分等价于

$$i\exp(e^u-ue^u\log u)\int_{-\infty}^{+\infty}\exp(e^u(e^{iy}-1))dy,$$

并且对这积分应用鞍点法, 最后得到

$$d_n\sim\frac{n!}{e\sqrt{2\pi}}\exp\left(e^u-ue^u\log u-\frac{1}{2}u\right).$$

然后应用 u 的渐近展开式, 得

$$\log d_n\sim n\log n.$$

4) 对于充分大的 n, 整函数

$$\sin z-az\cos z\quad (a \text{ 是复数 }\neq 1)$$

在开圆盘 $|z| < n\pi$ 中有 $2n+1$ 个单零点 0 及 $\pm\lambda_j(1 \leqslant j \leqslant n)$. 证明公式

$$\sin z - az\cos z = (1-a)z\prod_{n=1}^{\infty}\left(1-\frac{z^2}{\lambda_n^2}\right)$$

(应用作 $\sin z$ 的欧拉乘积展开式时所用的同样方法).

5) 设 $\mathrm{F}(z)$ 是满足下式的一个整函数:

$$|\mathrm{F}(z)| \leqslant Ce^{\rho|\Im z|},$$

这里 C 及 ρ 是常数 >0. 证明我们有

$$\frac{d}{dz}\left(\frac{\mathrm{F}(z)}{\sin\rho z}\right) = -\sum_{n=-\infty}^{+\infty}\frac{(-1)^n\rho\mathrm{F}\left(\frac{n\pi}{\rho}\right)}{(\rho z-n\pi)^2}$$

(用第 3 节中的方法). 由此导出: 如果 F 还是奇的, 我们有

$$\frac{\mathrm{F}(z)}{2\rho z\cos\rho z} = \sum_{n=0}^{+\infty}\frac{(-1)^n\mathrm{F}\left(\frac{\left(n+\frac{1}{2}\right)\pi}{\rho}\right)}{\left(n+\frac{1}{2}\right)^2\pi^2-\rho^2z^2}.$$

6) 用第 3 节中的方法, 证明下列恒等式:

$$\left.\begin{aligned}\frac{\pi}{2}\frac{\sin az}{\sin\pi z} &= \sum_{n=1}^{\infty}(-1)^n\frac{n\sin na}{z^2-n^2},\\ \frac{\pi}{2z}\frac{\cos az}{\sin\pi z} &= \frac{1}{2z^2}+\sum_{n=1}^{\infty}(-1)^n\frac{\cos na}{z^2-n^2},\end{aligned}\right\}(-\pi\leqslant a\leqslant\pi)$$

$$\sum_{n=0}^{\infty}\frac{1}{a+bn^2} = -\frac{1}{2a}+\frac{\pi}{2\sqrt{ab}}\coth\left(\pi\sqrt{\frac{a}{b}}\right), 0<a, 0<b,$$

$$\sum_{n=1}^{\infty}(-1)^n\frac{\pi}{e^{\pi an}-e^{-\pi an}} = -\frac{1}{4\pi a}-\frac{1}{a^2}\sum_{n=1}^{\infty}(-1)^n\frac{n}{e^{\frac{n\pi}{a}}-e^{-\frac{n\pi}{a}}}\quad (a \text{ 是实数 } \neq 0).$$

7) 证明公式

$$\prod_{n=1}^{\infty}\left(1+\frac{z(1-z)}{n(n+1)}\right) = \frac{\sin\pi z}{\pi z(1-z)}.$$

8) 设 $a_1,\cdots,a_k,b_1,\cdots,b_k$ 是 $2k$ 个复数, 但不是 0 或正整数. 证明要使无穷乘积

$$\prod_{n=1}^{\infty}\frac{(n-a_1)(n-a_2)\cdots(n-a_k)}{(n-b_1)(n-b_2)\cdots(n-b_k)}$$

绝对收敛, 必须而且只须我们有

$$a_1+\cdots+a_k = b_1+\cdots+b_k.$$

如果这条件成立, 证明上列乘积等于

$$\prod_{j=1}^{k}\frac{\Gamma(1-b_j)}{\Gamma(1-a_j)}.$$

9) 设 a,b 是满足 $\mathcal{R}a>0,\mathcal{R}b>0,\mathcal{R}(a+b)>1$ 的两个复数. 证明我们有

$$\int_{-\infty}^{+\infty}\frac{dt}{(1+it)^a(1-it)^b}=\frac{\pi}{2^{a+b-2}}\cdot\frac{\Gamma(a+b-1)}{\Gamma(a)\Gamma(b)}.$$

10) 设 f 是带形 $\alpha<\mathcal{R}z<\beta$ 中的一个解析函数, 并且设 m 及 n 是满足 $\alpha<m<n<\beta$ 的两整数. 如果令 $z=s+it$ (s,t 是实数), 写出 $q(s,t)=\dfrac{1}{2i}\ (f(s+it)-f(s-it))$.

a) 设对于 $\alpha<s<\beta$,

$$\lim_{t\to\pm\infty}e^{-2\pi|t|}f(s+it)=0$$

一致成立. 证明我们有

$$f(m)+f(m+1)+\cdots+f(n)=\int_m^n f(s)ds+\frac{1}{2}(f(m)+f(n))$$
$$+2\int_0^{+\infty}\frac{q(n,t)-q(m,t)}{e^{2\pi t}-1}dt.$$

(对函数 $\pi f(z)\cot\pi z$ 应用留数定理, 沿顶点是 $m+iN,\ n\pm iN$ 的矩形积分, 通过小的半圆避开 m 及 n; 然后令 N 趋向于 $+\infty$).

b) 设 k 是一整数 >0, 并且设对于 $\alpha<s<\beta$,

$$\lim_{t\to\pm\infty}e^{-2(k+1)\pi|t|}f(s+it)=0$$

一致成立; 还设 $\alpha<0$. 证明

$$f(0)+f(1)+\cdots+f(n-1)=\frac{1}{2}(f(0)-f(n))+\int_0^n f(s)ds$$
$$+2\sum_{h=1}^{k}\left(\int_0^n f(s)\cos 2\pi hs ds\right)+2\int_0^{+\infty}\frac{(q(n,t)-q(0,t))e^{-2k\pi t}}{e^{2\pi t}-1}dt$$

(用与上面同样方法证明, 写出

$$\frac{e^{-2k\pi iz}}{e^{2\pi iz}-1}=\frac{1}{e^{2\pi iz}-1}-e^{-2\pi iz}-e^{-4\pi iz}-\cdots-e^{-2k\pi iz}).$$

11) 从习题 10a) 导出: 我们有

$$\log n!=\left(n+\frac{1}{2}\right)\log n-n+1-2\int_0^{+\infty}\frac{\operatorname{Arctan} t}{e^{2\pi t}-1}dt+2\int_0^{+\infty}\frac{\operatorname{Arctan}\dfrac{t}{n}}{e^{2\pi t}-1}dt.$$

用斯特林公式, 由此导出

$$\int_0^{+\infty}\frac{\operatorname{Arctan} t}{e^{2\pi t}-1}dt=\frac{1-\log\sqrt{2\pi}}{2}.$$

对于欧拉常数 γ, 同样证明公式

$$\gamma = \frac{1}{2} + 2\int_0^{+\infty} \frac{t}{1+t^2}\frac{dt}{e^{2\pi t}-1}.$$

12) 设 p, n 是两整数 >1, 并且互素.

a) 证明如果 p 及 n 是奇数, 我们有

$$\sum_{k=0}^{n-1} e^{\frac{p\pi i}{n}k^2} = 0$$

(把 k 换成 $n-k$).

b) 设 p 及 n 不都是奇数. 应用习题 10b), 证明我们有

$$\sum_{k=0}^{n-1} e^{\frac{p\pi i}{n}k^2} = \int_0^n \mathrm{F}_0(s)ds + 2\sum_{h=1}^{p-1}\int_0^n \mathrm{F}_h(s)ds + i\int_0^{+\infty} e^{-\frac{p\pi i}{n}t^2}\left(\frac{e^{2\pi t}-e^{-(4p-2)\pi t}}{e^{2\pi t}-1}\right)dt,$$

这里已令 $\mathrm{F}_h(z) = e^{\frac{p\pi i}{n}z^2}\cos 2h\pi z$.

c) 应用柯西定理, 证明我们有

$$\int_n^{+\infty} \mathrm{F}_h(s)ds = i\int_0^{+\infty} \mathrm{F}_h(n+it)dt = \frac{i}{2}\int_0^{+\infty} e^{-\frac{p\pi i}{n}t^2-2p\pi t}\left(e^{2h\pi t}+e^{-2h\pi t}\right)dt.$$

应用第八章, 习题 11b), 由此导出我们有

$$\int_0^n \mathrm{F}_0(s)ds + 2\sum_{h=1}^{p-1}\int_0^n \mathrm{F}_h(s)ds$$
$$= e^{\frac{\pi i}{4}}\sqrt{\frac{n}{p}}\left(\frac{1}{2}+\sum_{h=1}^{p-1} e^{-\frac{n\pi i}{p}h^2}\right) + i\int_0^{+\infty} e^{-\frac{p\pi i}{n}t^2}\left(\frac{e^{-(4p-2)\pi t}-1}{e^{2\pi t}-1}\right)dt.$$

d) 最后我们得到

$$\sum_{k=0}^{n-1} e^{\frac{p\pi i}{n}k^2} = e^{\frac{\pi i}{4}}\sqrt{\frac{n}{p}}\sum_{h=0}^{p-1} e^{-\frac{n\pi i}{p}h^2}.$$

特别地, 对于 $p=2$ 及奇数 n, 我们有高斯和式:

$$\sum_{h=0}^{n-1} e^{\frac{2\pi i}{n}h^2} = \frac{1-i^n}{i-1}\sqrt{n}.$$

13) 应用第四章, 习题 13 给出的欧拉常数 γ 的表示式以及公式 $\frac{1}{z+m} = \int_0^{+\infty} e^{-(z+m)t}dt$, 由公式 (4.5.2) 导出对于 $\mathcal{R}z > 0$ 成立的下式:

$$\frac{\Gamma'(z)}{\Gamma(z)} = \int_0^{+\infty}\left(\frac{e^{-t}}{t} - \frac{e^{-zt}}{1-e^{-t}}\right)dt.$$

14) 由斯特林展开式导出: 对于 $z = s+it$, 当 t 趋向于 $+\infty$ 时, 我们有

$$\Gamma(s+it) = e^{i\frac{\pi}{2}\left(s-\frac{1}{2}\right)} e^{-\frac{\pi}{2}t} t^{s-\frac{1}{2}} e^{it(\log t-1)}(1+u(s,t)),$$

这里当 s 在 $\mathbb{R}$ 中任何有界区间中变动时, $u(s,t)$ 随着 $1/t$ 一致趋近于 0.

15) 设 t 是一个固定的实数 $\neq 0$. 证明当 s 趋向于 $+\infty$ 时, 我们有

$$|\Gamma(-s+it)| \sim \sqrt{\frac{\pi}{2}} s^{-s-\frac{1}{2}} e^{s} (\operatorname{sh}^2 \pi t + \sin^2 \pi s)^{-\frac{1}{2}}$$

(应用互补的关系式).

16) 从欧拉常数的积分表示式

$$\gamma = \int_0^{+\infty} \left(\frac{1}{1+t} - e^{-t} \right) \frac{dt}{t}$$

(第五章, 习题 13) 出发, 用柯西定理证明

$$\gamma = \int_0^{+\infty} \left(\frac{1}{1+t^2} - \cos t \right) \frac{dt}{t} = \int_0^1 \frac{1-\cos t}{t} dt - \int_1^{+\infty} \frac{\cos t}{t} dt.$$

17) 设 b 是一正实数; 用 R_n 表示由下式确定的矩形:

$$-n - \frac{1}{2} < \mathcal{R}z < -n + \frac{1}{2}, \quad |\mathfrak{I}z| < b.$$

对于任何复数 w, 证明当 n 充分大时, 方程 $\dfrac{1}{\Gamma(z)} = w$ 在 R_n 中恰好有一个零点 (应用鲁歇定理及互补关系式).

18) 令

$$\frac{1}{\Gamma(1-z)} = \sum_{n=0}^{\infty} \frac{c_n}{n!} z^n,$$

即在整个 $\mathbb{C}$ 中收敛的一个幂级数.

a) 应用汉克尔积分 (4.8.1) 及变数代换 $u = e^v$, 证明我们有

$$c_n = \mathfrak{I} \int_\gamma v^n \exp(e^v) dv, \tag{$*$}$$

这里 γ 是由下列两条道路相衔接而成的道路:

$$\gamma_1 : t \to \pi + it, \quad 0 \leqslant t \leqslant \beta,$$
$$\gamma_2 : t \to t + i\beta, \quad \pi \leqslant t < +\infty.$$

b) 对 $(*)$ 中出现的积分应用鞍点法, 导致考虑方程

$$ze^z = -n \quad (n \text{ 是整数} \geqslant 1) \tag{$**$}$$

的根. 对于满足 $0 < y < \pi$ 的 $z = x + iy$, 研究 ze^z 的实部及虚部, 证明在带形 $0 < y < \pi$ 中, 方程 $(**)$ 恰好有一个根 $\rho(n) = \alpha(n) + i\beta(n)$. 求 $|ze^z|$ 的上界, 证明只要 n 充分大, 就有

$$\log n - \log\log n < \alpha(n) < \log n.$$

在 $(**)$ 中令 $z=(1+w)\log(-n)$ (对于负实数的对数, 用 (7.6) 中的约定), 证明可对给出 w 的方程应用拉格朗日反演公式, 并且由此导出渐近展开式

$$\alpha(n)=\log n-\log\log n+\frac{\log\log n}{\log n}+O\left(\left(\frac{\log\log n}{\log n}\right)^2\right),$$

$$\beta(n)=\pi i\left(1-\frac{1}{\log n}-\frac{\log\log n}{(\log n)^2}+O\left(\frac{1}{(\log n)^2}\right)\right).$$

c) 为了应用鞍点法, 选取 $\beta=\beta(n)$, 使得只要 n 充分大, 道路 γ 经过 $\rho(n)$. 为了估计沿 γ_2 的积分, 用点

$$\alpha(n)\pm n^{-2/5}$$

分解积分区间 $\pi\leqslant t<+\infty$, 并且应用对 $f(z)=e^z+n\log z$ 的直到三阶导数在 γ_2 上的估计. 由此得到 c_n 的主要部分:

$$c_n\sim\sqrt{\frac{2\log n}{\pi n}}\Im(\rho(n)^n e^{-n/\rho(n)}).$$

19) 设 x_n 是方程 $\Gamma'(x)=0$ 在区间

$$]-n,-n+1[$$

中的根. 证明我们有

$$x_n=-n+\frac{1}{\log n}+O\left(\frac{1}{(\log n)^2}\right)$$

(应用公式 (4.5.2) 及互补关系式). 由此导出

$$\Gamma(x_n)\sim\frac{(-1)^n}{\sqrt{2\pi}}n^{-n-\frac{1}{2}}e^{n+1}\log n.$$

20) 设 $g(z)$ 是半平面 $\mathcal{R}z>c_0$ 中的解析函数. 还设存在着满足 $0<\alpha<\pi$ 的一数 α, 对于它下列条件成立: 对于任何 $c>c_0$ 及任何 $\varepsilon>0$, 存在着 $t_0>0$, 使得对于 $t\geqslant t_0, -\frac{\pi}{2}\leqslant\theta\leqslant\frac{\pi}{2}$, 我们有

$$|g(c+te^{i\theta})|<e^{(\alpha+\varepsilon)t}.$$

a) 设 m 是一整数 $>c_0$ (正或负), 并且设 c 是满足 $m-1<c<m$ 的一个实数. 证明存在着一个数 $r_0>0$, 使得对于满足 $-r_0<x\leqslant 0$ 的实数x, 我们有 (用第七章, 习题 20 的记号)

$$(*)\qquad \sum_{n=m}^{+\infty}g(n)x^n=-\int_{c-i\infty}^{c+i\infty}\frac{g(z)x^z dz}{e^{2\pi iz}-1}$$

(对于心是点 c、半径是 $n+\frac{1}{2}-c$ 的半圆 (n 趋向于 $+\infty$) 所作成的环路应用留数定理).

b) 证明 $(*)$ 的右边是复变数 $x=re^{i\theta}$ 的函数, 它在由下式确定的开集 S 中解析:

$$r>0,\quad \alpha<\theta<2\pi-\alpha.$$

幂级数 $f(x)=\sum_{n=0}^{\infty} g(n)x^n$ 有收敛半径 $R \geqslant e^{-\alpha}$, 它可开拓成在 f 的收敛圆盘及 S 的开并集中的解析函数. 如果 $-(k+1)<c_0<-k$, 这里 k 是一整数 >0, 那么就有在任何 "扇形" $\alpha+\varepsilon \leqslant \theta \leqslant 2\pi-\alpha-\varepsilon$ ($\varepsilon>0$ 是任意的) 中成立的渐近展开式:

$$\mathrm{F}(x)=-\frac{g(-1)}{x}-\frac{g(-2)}{x^2}-\cdots-\frac{g(-k)}{x^k}+o(|x|^{c_0}).$$

21) 考虑整函数

$$f(z)=\sum_{n=0}^{\infty}\frac{z^n}{\Gamma(1+\alpha n)}$$

($0<\alpha<2$). 由习题 20 导出: 对于任何 $k>0$, 我们有渐近展开式

$$f(z)=-\frac{1}{z\Gamma(1-\alpha)}-\frac{1}{z^2\Gamma(1-2\alpha)}-\cdots-\frac{1}{z^k\Gamma(1-k\alpha)}+O(|z|^{-c}),$$

这里 $k<c<k+1$; 上列展开式在任何扇形 $\frac{\pi\alpha}{2}+\varepsilon \leqslant \theta \leqslant 2\pi-\frac{\pi\alpha}{2}-\varepsilon$ 中成立.

22) 设 β 是一实数 >2. 考虑整函数

$$\mathrm{E}_\beta(z)=\sum_{n=0}^{\infty}\frac{z^n}{(\log(n+\beta))^n}.$$

a) 证明对于任何 $\varepsilon>0$, 我们有渐近展开式

$$\mathrm{E}_\beta(z)=-\frac{\log(\beta-1)}{z}+o\left(\frac{1}{z}\right)$$

在扇形 $\varepsilon \leqslant \theta \leqslant 2\pi-\varepsilon$ 中成立.

b) 如果 $\gamma>\beta>2$, 证明不恒等于零的整函数

$$f(z)=\exp(-\mathrm{E}_\beta(z))-\exp(-\mathrm{E}_\gamma(z))$$

使得对于任何 θ, 有

$$\lim_{r\to+\infty} f(re^{i\theta})=0.$$

为什么这结果与刘维尔定理不相矛盾?

23) 设 f, g 是两函数 >0, 对于 $x>0$ 无穷可导, 并且令 $h(x)=f(x)e^{ig(x)}$.

a) 设在 $+\infty$ 的邻域内, $h(x)=o(1)$; 设积分

$$\int_1^{+\infty} f(t)e^{ig(t)}dt$$

收敛, 并且积分 $\int_1^{+\infty}|h'(t)|dt$ 也收敛. 证明级数 $\sum_{n=1}^{\infty} f(n)e^{ig(n)}$ 收敛 (应用欧拉 – 麦克劳林求和公式).

b) 设 f 及 g 满足第三章, 习题 16 中三个假设之一, 并且 $\int_1^x |h''(t)|dt=o(|h(x)|)$. 证明我们有

$$\sum_{k=1}^{n} f(k)e^{ig(k)} \sim \int_1^n f(t)e^{ig(t)}dt$$

(证明方法同上).

24) 应用习题 23 证明级数

$$\sum_{n=2}^{\infty} \frac{n^{-ai-1}}{\log\log n}$$

对于任何实数 $a \neq 0$ 收敛, 但不绝对收敛. 由此导出幂级数

$$\sum_{n=2}^{\infty} \frac{n^{-ai-1} z^n}{\log\log n}$$

有收敛圆盘 $|z| < 1$, 它对于 $|z| \leqslant 1$ 一致收敛, 但对 $|z| = 1$ 不绝对收敛 (应用阿贝尔部分和).

25) 证明积分 $\int_1^{+\infty} e^{i\Gamma(t)} dt$ 收敛, 但是对于任何形如 $2\pi p/q$ (p, q 是整数) 的 θ, 部分和 $\sum_{k=1}^{n} e^{i\theta\Gamma(k)}$ 随着 n 趋向于 $+\infty$.

26) 证明在 $+\infty$ 的邻域内, 我们有

$$\frac{1}{\sin\frac{\pi}{n}} + \frac{1}{\sin\frac{2\pi}{n}} + \cdots + \frac{1}{\sin\frac{(n-1)\pi}{n}} = \frac{2n}{\pi}\log n + \frac{2n}{\pi}\left(\gamma - \log\frac{\pi}{2}\right) + o(1)$$

(对和式

$$\sum_{k=1}^{n-1} \left(\frac{1}{\sin\frac{k\pi}{n}} - \frac{1}{\frac{k\pi}{n}} - \frac{1}{\frac{(n-k)\pi}{n}} \right)$$

应用欧拉 – 麦克劳林公式).

27) 证明对于任何 $x > 0$, 我们有

$$\int_x^{x+1} \log\Gamma(t) dt = x(\log x - 1) + \frac{1}{2}\log 2\pi$$

(拉伯积分). 我们可先证明上式左边有 $x(\log x - 1) + C$ 的形状, 这里 C 是常数; 为了找到 C, 可应用 Γ 的函数方程, 然后或者应用斯特林公式, 或者在勒让德 – 高斯公式中取极限.

28) 设 c_m 是开区间 $]0, 2\pi[$ 中分段连续函数 f 确定的傅里叶系数, 并且反常积分 $\int_0^{2\pi} |f(t)| dt$ 收敛.

特别设 $f(x)$ 是一个三角级数 $a_0 + \sum_{m=1}^{\infty} (a_m \cos mx + b_m \sin mx)$ 的和. 这级数在任何区间 $[\alpha, 2\pi - \alpha] (\alpha > 0)$ 中一致收敛于 $f(x)$. 如果积分 $\int_0^{2\pi} |f(t)| dt$ 还是收敛的, 证明上列级数就是 $f(x)$ 的傅里叶级数.

特别证明: 对于 $0 < x < 2\pi$, 我们有

$$\log\left(2\sin\frac{1}{2}x\right) = -\cos x - \frac{\cos 2x}{2} - \cdots - \frac{\cos mx}{m} - \cdots;$$

上式右边的级数是它的和的傅里叶级数 (把第六章习题 17 应用到 $\log(1 - z)$ 在点 0 的泰勒级数).

29) 设函数 F 在 $\mathbb{C}$ 中包含闭带形 $0 \leqslant \mathcal{R}z \leqslant 1$ 的一个开集中解析. 设有

$$\lim_{t \to \pm\infty} e^{-2\pi|t|}\mathrm{F}(s+it) = 0$$

对于 $0 \leqslant s \leqslant 1$ 一致地成立. 考虑 F 按 $2\pi x$ 的倍数作出的傅里叶级数

$$\mathrm{F}(x) = A_0 + \sum_{m=1}^{\infty}(A_m \cos 2\pi m x + B_m \sin 2\pi m x),$$

设上列等式对于 $0 < x < 1$ 成立. 如果令

$$p(s,t) = \frac{1}{2}(\mathrm{F}(s+it) + \mathrm{F}(s-it)), \quad q(s,t) = \frac{1}{2i}(\mathrm{F}(s+it) - \mathrm{F}(s-it)),$$

证明我们有: 对于 $m \geqslant 1$,

$$A_m = 2\int_0^{+\infty} e^{-2m\pi t}(q(1,t) - q(0,t))dt,$$

$$B_m = -2\int_0^{+\infty} e^{-2m\pi t}(p(1,t) - p(0,t))dt$$

(用与习题 10 所用同样方法证明).

特别, 我们有 $\log\Gamma(x)$ 的傅里叶级数:

$$\log\Gamma(x) = \frac{1}{2}\log 2\pi + \sum_{m=1}^{\infty}\left(\frac{\cos 2\pi m x}{2m} + (\gamma + \log 2m\pi)\frac{\sin 2\pi m x}{\pi m}\right)$$

(应用拉伯积分以及对第二类欧拉积分求导数而得的 $\Gamma'(x)$ 的表示式).

30) 设 f 是 $[0, 2\pi]$ 中的分段连续函数, 并且设 $c_m (m \in \mathbb{Z})$ 是它的傅里叶系数. 证明我们有

$$\mathrm{P}_N(x) = \frac{1}{2\pi}\int_0^{2\pi} \frac{\sin\left(N + \frac{1}{2}\right)(x-t)}{\sin\frac{x-t}{2}} f(t)dt.$$

a) 要使 f 的傅里叶级数在 f 的一个连续点 x_0 收敛, 并且有和 $f(x_0)$, 必须而且只须我们有

$$\lim_{N \to \infty} \frac{1}{2\pi}\int_0^{2\pi} \frac{\sin Nu}{u}(f(x_0+u) - f(x_0))du = 0.$$

由此导出: 如果这条件成立, 对于在 x_0 的一个邻域中等于 f 的任何分段连续函数 g, 它的傅里叶级数也在点 x_0 收敛于 $g(x_0)$.

b) 应用 a), 对于下列结果作出一个新的证明: 如果 f 在 x_0 的一个邻域中有连续的导数, 那么 f 的傅里叶级数在点 x_0 收敛于 $f(x_0)$ (分部积分).

c) 对任何整数 $p > 1$, 用 $g_p(x)$ 表示一函数, 它对

$$\frac{2\pi}{2^{2p}+1} \leqslant x \leqslant \frac{2^p\pi}{2^{2p}+1},$$

等于

$$2^{-p/2}\sin\frac{2^{2p}+1}{2}x;$$

而在 $[0, 2\pi]$ 中其他点等于 0.

证明可用递推由下列条件确定一个严格增加的整数序列 $\{p_k\}$: 如果令

$$h_n(x) = g_{p_1}(x) + g_{p_2}(x) + \cdots + g_{p_n}(x),$$

我们有

$$\frac{2^{p_{n+1}}}{2^{2p_{n+1}}+1} < \frac{2}{2^{2p_n+1}}$$

并且对于 $N > 2^{2p_{n+1}-1}$,

$$\left|\int_0^{2\pi} \frac{\sin Nu}{u} h_n(u)du\right| \leqslant 1.$$

由此导出: 函数 $h(x) = \lim\limits_{n\to\infty} h_n(x)$ 在 $[0, 2\pi]$ 中连续, 但是它的傅里叶级数在点 $x = 0$ 不收敛.

d) 如果 f 是连续的奇函数, 它的傅里叶级数在点 0 收敛. 利用这一性质确定一个连续函数 f, 它的傅里叶级数在任何点收敛, 但和 $|\mathrm{P}_N(x)|$ 在 $[0, 2\pi]$ 中不一致有界. (不用函数 $g_p(x)$, 而用函数

$$g_p\left(x - \frac{2^{p+2}\pi}{2^{2p}+1}\right)$$

来确定在 $[0, \pi]$ 中的函数, 然后在 $[-\pi, 0]$ 中取 $f(x) = -f(-x)$.)

31) 函数 $f(x) = \sin\dfrac{1}{x}$ 在 $]0, 2\pi]$ 中连续, 但在点 0 不连续 · 证明它的傅里叶级数在点 0 是确定的, 并且收敛于 0 (应用第四章, 习题 14).

32) 证明函数 $f(x) = \sum\limits_{n=1}^{\infty} \dfrac{\sin nx}{n^2}$ 是连续的, 并且有傅里叶级数, 它的系数满足 $\sum\limits_{m=-\infty}^{+\infty} |mc_m|^2 < +\infty$, 可是这函数在点 $x = 0$ 不可导 (参看习题 28).

33) 设 f 是连续可导、周期为 2π 的周期函数. 证明如果 $\int_0^{2\pi} f(t)dt = 0$, 那么除非 $f(x) = a\cos x + b\sin x$, 我们有

$$\int_0^{2\pi} |f(t)|^2 dt < \int_0^{2\pi} |f'(t)|^2 dt.$$

34) a) 证明恒等式

$$\cos t + \cos 2t + \cdots + \cos nt = \frac{\sin\dfrac{nt}{2}\cos\dfrac{(n+1)t}{2}}{\sin\dfrac{t}{2}}$$

$$= \frac{1}{2}\sin(n+1)t\cot\frac{t}{2} - \cos^2\frac{(n+1)t}{2}.$$

b) 证明在区间 $0 \leqslant t \leqslant \pi$ 中, 三角多项式

$$\mathrm{A}(n, t) = \sin t + \frac{1}{2}\sin 2t + \cdots + \frac{1}{n}\sin nt$$

在 $\dfrac{\pi}{n+1}, \dfrac{3\pi}{n+1}, \cdots, \dfrac{(2q-1)\pi}{n+1}$ (这里 $q = \left[\dfrac{n+1}{2}\right]$) 中每一点, 有一相对极大值; 在 $\dfrac{2\pi}{n}$, $\dfrac{4\pi}{n}, \cdots, \dfrac{2(q-1)\pi}{n}$ 中每一点, 有一相对极小值.

c) 应用 a), 证明我们有

$$\mathrm{A}\left(n,(2\nu+1)\frac{\pi}{n+1}\right)-\mathrm{A}\left(n,(2\nu-1)\frac{\pi}{n+1}\right)\leqslant\frac{1}{2}\int_{\frac{(2\nu-1)\pi}{n+1}}^{\frac{(2\nu+1)\pi}{n+1}}\sin(n+1)t\cot\frac{t}{2}dt$$

并且由此导出: 对于 $1\leqslant\nu\leqslant q$,

$$\mathrm{A}\left(n,(2\nu+1)\frac{\pi}{n+1}\right)<\mathrm{A}\left(n,(2\nu-1)\frac{\pi}{n+1}\right).$$

d) 由 b) 及 c) 导出: 我们有

$$\mathrm{A}\left(n,\frac{\pi}{n+1}\right)>\mathrm{A}\left(n-1,\frac{\pi}{n}\right),$$

并且证明 $\mathrm{A}\left(n,\frac{\pi}{n+1}\right)$ 构成的增序列以下列数为极限:

$$\int_0^{\pi}\frac{\sin t}{t}dt=1.851\ 9\cdots$$

(把 $\mathrm{A}\left(n,\frac{\pi}{n+1}\right)$ 看作黎曼和). 这个数比函数 $\frac{\pi-t}{2}=\sum_{n=1}^{\infty}\frac{\sin nt}{n}$ 在区间 $]0,2\pi[$ 中的极大值更大 (吉布斯现象).

第十章　保形表示

1. 保形映射的特性

(1.1) 设 D 是 $\mathbb{R}^2$ 中的一个开集. 我们记得 $\mathbb{R}^2$ 中 D 的连续可微映射是一个映射

$$\mathrm{F}:(x,y)\to(\mathrm{P}(x,y),\mathrm{Q}(x,y)),$$

这里 P 及 Q 有连续的偏导数. 考虑这样的一个映射, 并且设 $z_0=(x_0,y_0)$ 是 D 中一点. 设 $\gamma: t\to(u(t),v(t))$ 是在 $\mathbb{R}$ 中区间 $\mathrm{I}=[0,a]$ 中确定、并且满足 $\gamma(0)=z_0$ 的一条道路. 任一条这样的道路 γ, 通过映射 F 与一条道路 $t\to\mathrm{F}(\gamma(t))=(\mathrm{P}(u(t),v(t)),\mathrm{Q}(u(t),v(t)))$ 相对应; 后一条道路也是在 I 中确定, 并且通过 $\mathrm{F}(z_0)$. 设 γ 在点 0 可导, 并且满足 $(u'(0),v'(0))\neq(0,0)$, 于是 γ 在点 z_0 有方向参数是 $(u'(0),v'(0))$ 的切线; 道路 $\mathrm{F}\circ\gamma$ 在点 $\mathrm{F}(z_0)$ 从而有方向参数是

$$\begin{aligned}&\mathrm{P}'_x(x_0,y_0)u'(0)+\mathrm{P}'_y(x_0,y_0)v'(0),\\&\mathrm{Q}'_x(x_0,y_0)u'(0)+\mathrm{Q}'_y(x_0,y_0)v'(0)\end{aligned}\tag{1.1.1}$$

的切线, 只要这两数不同时是零. 于是由映射 F, 可见在点 z_0, 有从 $\mathbb{R}^2$ 到 $\mathbb{R}^2$ 的线性映射

$$J(\mathrm{F})(z_0):(\xi,\eta)\to J(\mathrm{F})(z_0).(\xi,\eta),$$

这里 $J(\mathrm{F})(z_0)$ 是矩阵

$$\begin{pmatrix}\mathrm{P}'_x(x_0,y_0)&\mathrm{P}'_y(x_0,y_0)\\\mathrm{Q}'_x(x_0,y_0)&\mathrm{Q}'_y(x_0,y_0)\end{pmatrix},\tag{1.1.2}$$

叫做 F 在点 z_0 的雅可比矩阵; 这一映射也叫做 F 在点 z_0 的切线性映射. 如果 $J(\mathrm{F})(z_0)$ 的行列式不等于零, 就说 F 在点 z_0 的切线性映射是正则的; 于是如果两数

$u'(0), v'(0)$ 不全是零, (1.1.1) 中的两数也不全是零; 因此可以说 F 在点 z_0 的切线映射把通过 z_0 的道路 γ 在 z_0 的切向量, 变换成已变换道路 $F\circ\gamma$ 在 $F(z_0)$ 的切向量; 从而如果两条道路 γ_1 及 γ_2 在 z_0 有同一切向量, 那么这切向量通过映射 $J(F)(z_0)$ 而得的像, 是两条道路 $F\circ\gamma_1$ 及 $F\circ\gamma_2$ 在 $F(z_0)$ 的共同切向量.

(1.2) 已给一个连续可微映射 F; 如果 F 在点 z_0 的切线性映射是一个 (正则) 正相似映射, 就说 F 是保形的[①]. 在代数中, 我们已知这种映射的特征可用保持两条直线的 (有向) 夹角不变来描述; 还可描述为: 这种映射把两条正交直线映射成两条正交直线, 且保持从交角的一边到另一边的转向不变. 如果我们约定说过 z_0 的两条道路 γ_1 及 γ_2 的 (有向) 夹角是 (作为定义) 在点 z_0 处 γ_1 及 γ_2 的切线的 (有向) 夹角, 于是可以说 F 在点 z_0 保形的性质表明它保持通过 z_0 的道路之间的 (有向) 夹角不变 (图 61)[①], 特别地, 如果两条道路正交 (换句话说, 它们的夹角是 $\pm\frac{\pi}{2}$), 映射出的两条道路也正交.

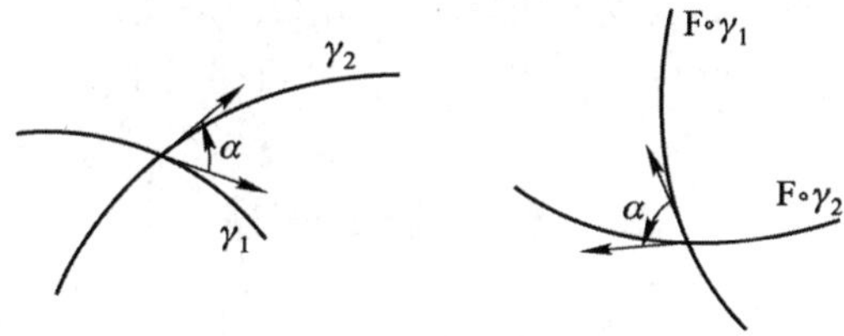

图 61

在代数中已知正相似矩阵的形式如下:

$$\begin{pmatrix} \alpha & \beta \\ -\beta & \alpha \end{pmatrix}.$$

因此要使 F 在点 z_0 是保形的, 由雅可比矩阵的表示式 (1.1.2), 必须而且只须在点 z_0 我们有

$$\frac{\partial P}{\partial x}(x_0, y_0) = \frac{\partial Q}{\partial y}(x_0, y_0), \quad \frac{\partial P}{\partial y}(x_0, y_0) = -\frac{\partial Q}{\partial x}(x_0, y_0), \tag{1.2.1}$$

并且 $\frac{\partial P}{\partial x}(x_0, y_0)$ 及 $\frac{\partial P}{\partial y}(x_0, y_0)$ 不全是零.

(1.3) 要使在开集 $D\subset\mathbb{C}$ 中的连续可微映射 F 在 D 中每点是保形的, 必须而且只须 $F(z)$ 在 D 中解析, 并且在 D 中 $F'(z)\neq 0$.

事实上, 条件 (1.2.1) 就是柯西条件 (第七章, 9.3.5). 考虑到解析函数的导数表

[①]译者注: 以上论证中已设 $J(F)(z_0)$ 的行列式不等于 0. 由于已设 P 及 Q 有连续的偏导数, $J(F)(z)$ 的行列式在 z_0 的一个邻域中不等于 0. 于是 F 在这邻域中每点的切线性映射都是正则的. 因此这邻域中任一小三角形, 通过 F 映射成与原三角形近似相似的曲边三角形; 这邻域中圆 $|z-z_0|=\rho$ 的像也与圆近似. 因此说映射 F 是保形的. 事实上,"保形" 的原文 "conforme" 由 "con" 及 "forme" 两部分构成. "con" 的意思是 "保" 或 "同", "forme" 的意思是 "形".

示式 $\mathrm{F}'(z)=\dfrac{\partial P}{\partial x}(x,y)+i\dfrac{\partial \mathrm{Q}}{\partial x}(x,y)$, 因此由第七章, 9.4 以及上面的结果, 就可得到命题 (1.3).

注意当 F 是解析的, 并且 $\mathrm{F}'(z_0)\neq 0$ 时, 在点 x_0 的切线性映射可简单地用从 $\mathbb{C}$ 到 $\mathbb{C}$ 的复位似映射

$$\zeta\to \mathrm{F}'(z_0)\cdot\zeta \tag{1.3.1}$$

来表示.

(1.4) 设 F 是在开集 $\mathrm{D}\subset\mathbb{C}$ 中的非常数解析函数. 已知 (第八章, 8.1) 像 F(D) 是 $\mathbb{C}$ 中的一个开集, 并且如果 F 是单射, 在 D 中有 $\mathrm{F}'(z)\neq 0$. 在后一情形下, 可见 F 是 D 中的保形映射; 还说 F 是 D 在 F(D) 上的保形表示. 显然反函数 $w\to \mathrm{F}^{-1}(w)$ 在 F(D) 中解析, 并且是 F(D) 在 D 上的保形表示 (第八章, 8.1).

(1.5) 当在一点 $z_0\in\mathrm{D}, \mathrm{F}'(z_0)=0$ 并且 F 不是常数时, 设 k 是满足 $\mathrm{F}^{(k)}(z_0)\neq 0$ 的最小的大于 0 的整数, 那么立即可见: 如果 $\alpha\in[0,2\pi[$ 是通过 z_0 的两条道路 γ_1 及 γ_2 之间有向角的测度, 两条道路 $\mathrm{F}\circ\gamma_1$ 及 $\mathrm{F}\circ\gamma_2$ 之间在点 $\mathrm{F}(z_0)$ 的有向角有测度 $k\alpha$.

2. 保形表示问题

(2.1) 保形表示的正问题可不太严格地表述如下: 已给在开集 $\mathrm{D}\subset\mathbb{C}$ 中的非常数解析函数 F, F 是 D 中的单射吗? 如果是, 可以 "确定" 像 F(D) 吗? 我们记得 F 是单射的必要条件是在 D 中, $\mathrm{F}'(z)\neq 0$. 可是它不是充分条件; 以在扇形 $1\leqslant r\leqslant 2, -\dfrac{3\pi}{4}\leqslant\theta\leqslant\dfrac{3\pi}{4}$ 中的函数 $\mathrm{F}(z)=z^2$ 为例就可表明这一点. 在下面有一些简单的例子, 可明白确定曲线 $x\to \mathrm{F}(x+iy_0)$ 或 $y\to \mathrm{F}(x_0+iy)$ 是 D 内与坐标轴平行直线一部分的像, 或明白确定曲线 $r\to \mathrm{F}(re^{i\theta_0})$ 或 $\theta\to \mathrm{F}(r_0e^{i\theta})$ 是 D 内起点是 0 的半射线或心是圆的一部分的像.于是可像这样验证 F 是不是单射.

(2.2) 另一重要情形是 F 在开集 D_0 中解析, 而 D_0 包含 D 和它的边界 L, 并且 L 是一个环路 γ 上点的集, D 是 $\mathbb{C}-\mathrm{L}$ 中满足 $j(z;\gamma)=1$ 的点 z 所组成的集. 于是如果 Γ 是复合环路 $t\to \mathrm{F}(\gamma(t))$, 那么 F 是 D 中的单射的一个必要与充分条件是: 对于任何点 $w\notin \mathrm{F}(\mathrm{L})$, 我们有 $j(w;\Gamma)=0$ 或 $j(w;\Gamma)=1$, 并且 F(D) 是满足 $j(w;\Gamma)=1$ 的点 w 所构成的集 (第八章, 6.2.2).

最后 D 的边界 L 还可能不是连通的, 而 D 是开集序列 $\{\mathrm{D}_n\}$ 的并集, 这里每个开集 D_n 都属于上述类型. 当我们 "猜测" F(D) 应当是怎样时, 只须验证对于这集合中任何点 w, 当 n 充分大时, 有 $j(w;\Gamma_n)=1$ (Γ_n 是与 D_n 相对应的复合环路). 例如对于函数 $\mathrm{F}(z)=e^z+z$, 第八章, 6.3 中的论证表明: F 在带形 $\mathrm{B}:0<\mathcal{I}z<\pi$ 中是单射, 并且 F(B) 是沿半射线 $\mathcal{I}w=\pi, \mathcal{R}w\leqslant -1$ "割开" 的半平面 $\mathcal{I}w>0$.

(2.3) 保形表示的反问题是: 已给在平面 $\mathbb{C}$ 中两个开集 D,D', 求定出一个在 D 中解析的函数 F, 使它是 D 在 D' 上的保形表示. 这不是总是可能的: 例如如果 D 是单连

通的, D′ 同样必须是单连通的; 但是这条件完全不是充分的, 因为如刘维尔定理 (第七章, 8.2) 所表明, 没有整个 $\mathbb{C}$ 在一个有界开集 D′ 上的保形表示. 首先由黎曼叙述、但在这里不作证明的一个定理说: 当 D 及 D′ 都是单连通开集、但都不是 $\mathbb{C}$ 时, 上述问题总有一个解; 特别地, 对于任何单连通开集 $D \neq \mathbb{C}$, 总存在着一个在开单位圆盘 $D_0 : |z| < 1$ 中解析的函数 F, 它是 D_0 在 D 上的保形表示. F 的 "近似" 计算是数值计算中的一个难题.

(2.4) 保形表示的反问题在涉及牛顿位势的所有物理问题中有重要应用. 所谓牛顿位势就是在 $\mathbb{C}$ 中一个开集中确定并且满足拉普拉斯方程 (第七章, 9.5.1)

(2.4.1) $$\frac{\partial^2 V}{\partial x^2} + \frac{\partial^2 V}{\partial y^2} = 0$$

的一个函数. 牛顿位势在多种多样的物理问题中出现 (例如电场, 磁场, 重力场, 势理论, 流体力学理论等); 认真说来, 在这些理论中出现的是含三个变量的拉普拉斯方程 $\frac{\partial^2 V}{\partial x^2} + \frac{\partial^2 V}{\partial y^2} + \frac{\partial^2 V}{\partial z^2} = 0$, 但是在许多情形下, 至少作为第一次近似, 可以设 V 与 z 无关.

保形表示解决的一个典型问题如下: 例如在 $\mathbb{C}$ 中有一个边界是 L 的闭集 K, 考虑 K 的外点所构成的开集 E (图 62); 设已知一个在 E 中解析的函数 F, 它是 E 在单位圆盘的外集 $|z| > 1$ 上的一个保形表示; 还设 F 可开拓成 $E \bigcup L$ 中的连续函数, 而且 F(L) 是圆 $|z| = 1$ (这并非总是可能的, 例如当 K 是闭单位圆盘及半径射线上一条线段的并集时 (图 63), 就不可能). 于是函数 $V(x, y) = \log |F(x + iy)|$ 是 E 中的一个牛顿位势, 它可连续开拓到 $E \bigcup L$ 中, 并且在 L 上是常数 (L 就是所谓等位线); 在多种应用中, 知道 (至少近似地) 位势有这种性质是主要的.

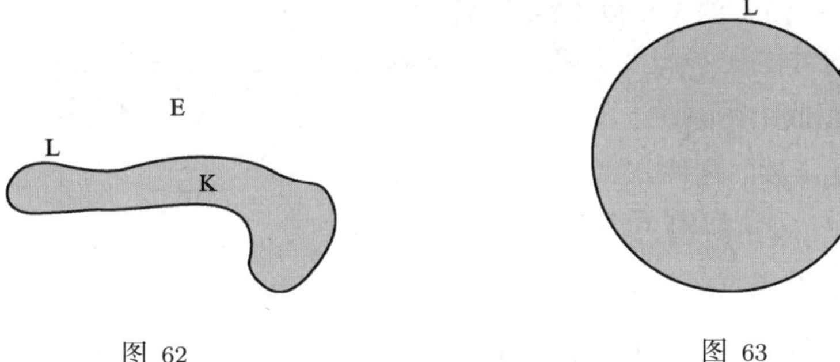

图 62　　图 63

3. 分式线性变换

(3.1) 形状如下的有理函数叫做非退化的分式线性函数:

(3.1.1) $$F(z) = \frac{az + b}{cz + d},$$

这里 a, b, c, d 是满足下式的四个复常数:

$$ad - bc \neq 0. \tag{3.1.2}$$

如果 $c = 0$, 那么必然有 $a \neq 0$, 并且 F 是一个非常数的平移线性函数 $z \to az + b$; 如果 $c \neq 0$, F 有唯一一个单极点 $-d/c$. 当 $c = 0$ 时, 用 D 表示平面 $\mathbb{C}$, 否则用 D 表示开集 $\mathbb{C} - \left\{-\dfrac{d}{c}\right\}$. 其次, 当 $c = 0$ 时, 用 D′ 表示平面 $\mathbb{C}$; 否则用 D′ 表示开集 $\mathbb{C} - \left\{\dfrac{a}{c}\right\}$. 于是 F 是从 D 到 D′ 上的一个双射; 逆双射

$$w \to \frac{-dw + b}{cw - a} \tag{3.1.3}$$

也是一个非退化分式线性函数.

(3.2) 当 $c = 0$ 时, 可写出 $\mathrm{F}(z) = a\left(z + \dfrac{b}{a}\right)$; 当 $c \neq 0$ 时, 可写出

$$\mathrm{F}(z) = \frac{a}{c} + \frac{bc - ad}{c^2} \cdot \frac{1}{z + \dfrac{d}{c}}. \tag{3.2.1}$$

由此可见, F 可由下列三种特别简单类型的分式线性函数复合组成:

$$z \to z + a, \tag{3.2.2}$$

$$z \to kz \quad (k \neq 0), \tag{3.2.3}$$

$$z \to \frac{1}{z}. \tag{3.2.4}$$

这三种相应的保形表示有简单的几何解释: 变换 (3.2.2) 是作向量 a 的平移; 变换 (3.2.3) 是比值 $\rho = |k|$, 转角 $\alpha = \mathrm{Am}k$ 的正相似变换; 最后 (3.2.4) 由关于实数轴的对称 $z \to \overline{z}$ 及有极点 0 及幂次 1 的反演 $z \to \dfrac{1}{\overline{z}}$ 组成 (图 64).

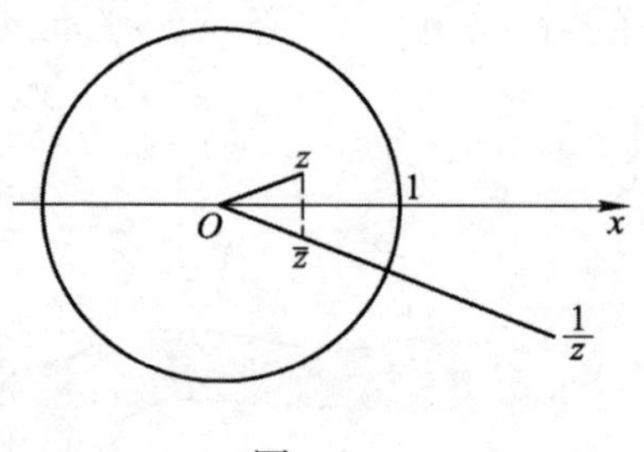

图 64

由分式线性函数的这种分解可立即看出: 如果圆 Γ 不含点 $-d/c$, 圆 Γ 由 F 作出的像是一个圆, 否则 $\Gamma - \left\{-\dfrac{d}{c}\right\}$ 的像是一条直线.

事实上, 只须对 (3.2.4) 证明这一结果. Γ 是点 $z = z_0(1 + \rho e^{i\theta})$ 的集, 这里 $0 \leqslant \theta \leqslant 2\pi$. 我们立即证明: 如果 $\rho \neq 1$, 就有

$$\frac{1}{1 + \rho e^{i\theta}} = \frac{1}{1 - \rho^2} - \frac{\rho}{1 - \rho^2} \frac{\rho + e^{i\theta}}{1 + \rho e^{i\theta}},$$

又因 $|\rho + e^{i\theta}| = |\rho + e^{-i\theta}| = |e^{-i\theta}(1 + \rho e^{i\theta})| = |1 + \rho e^{i\theta}|$,

$$\left|\frac{1}{z_0(1 + \rho e^{i\theta})} - \frac{1}{z_0(1 - \rho^2)}\right|$$

是常数; 反过来, 如果 $\rho = 1$, 我们有

$$\frac{1}{1+e^{i\theta}} = \frac{1}{2} - i\tan\frac{\theta}{2}.$$

由以上结果立即导出: 如果 D 是不包含点 $-\frac{d}{c}$ 的开圆盘或开半平面, F(D) 是一开圆盘或一开半平面; 反过来, 如果 $-\frac{d}{c} \in \mathrm{D}, \mathrm{F}\left(\mathrm{D} - \left\{-\frac{d}{c}\right\}\right)$ 是一个圆盘的外集. 如果 D 是一个圆盘的外集, 并且如果 $-\frac{d}{c} \notin \mathrm{D}, \mathrm{F(D)}$ 是一开圆盘或开半平面; 如果反过来, $-\frac{d}{c} \in \mathrm{D}, \mathrm{F}\left(\mathrm{D} - \left\{-\frac{d}{c}\right\}\right)$ 的形状是 $\mathrm{D}' - \left\{\frac{a}{c}\right\}$, 这里 D′ 是一个圆盘的外集.

特别地:

(3.3) 对于满足 $\Im a > 0$ 的任何复数 a, 分式线性函数

(3.3.1) $$z \to \frac{z-a}{z-\overline{a}}$$

是开半平面 $\Im z > 0$ 在开圆盘 $|z| < 1$ 上的保形表示; 并且把点 a 变换成点 0.

(3.4) 对于满足 $|a| < 1$ 的任何复数 a 及任何实数 α, 分式线性函数

(3.4.1) $$z \to e^{i\alpha}\frac{z-a}{\overline{a}z-1}$$

是圆盘 $|z| < 1$ 在它本身上的一个保形表示, 它把点 a 变换成点 0. 可以证明, 没有其他的从单位圆盘到它本身上的保形表示 (习题 8).

4. 保形表示的实例

(4.1) 设 α 是一实数 $\geqslant \frac{1}{2}$, 并且设 D 是满足

(4.1.1) $$r > 0, \quad 0 < \theta < \frac{\pi}{\alpha}$$

的点 $z = re^{i\theta}$ 所组成的开角扇形. 那么函数 $z \to e^{i\pi\alpha}(-z)^\alpha$ 在 D 中解析 (第八章, 9.6); 包含在 D 的开半射线 $r \to re^{i\theta}$ (r 在 $]0, +\infty[$ 中变动, θ 固定) 由这函数映射成的像是半射线 $r \to r^\alpha e^{\alpha i\theta}$. 由此立即断定: 函数 $z \to e^{i\pi\alpha}(-z)^\alpha$ 是开角扇形 D 在开半平面 $\Im z > 0$ 上的一个保形表示. 与 (3.3.1) 结合, 对于 D 就得到黎曼问题 (2.3) 的明显的解, 即 D 在单位圆盘上的一个保形表示. 例如对于 $\alpha = 2, z \to \frac{z^2-i}{z^2+i}$ 是“直角”在单位圆盘上的一个保形表示. 对于 $\alpha = \frac{1}{2}, z \to \frac{(-z)^{1/2}-1}{(-z)^{1/2}+1}$ 是把沿正实轴割开的平面在单位圆盘上的保形表示; 考虑反保形表示, 可见时于任何实数 $c > 0$,

(4.1.2) $$w \to -c\left(\frac{w+1}{w-1}\right)^2$$

是单位圆盘在沿 $\mathbb{R}_+$ 割开的平面上的保形表示.

(4.2) 考虑函数

(4.2.1) $$F(z)=\frac{1}{2}\left(z+\frac{1}{z}\right).$$

它在 $\mathbb{C}$ 中亚纯, 并且在 $z=0$ 有单极点. 由于 $F\left(\frac{1}{z}\right)=F(z)$, 可见单位圆盘的外集由 F 映射出的像, 与 (开) 单位圆盘除去点 0 ("去心圆盘") 的像相同. 如果令 $z=re^{i\theta}(r>0), F(z)=u+iv$, 我们立即得到

(4.2.2) $$u=\frac{1}{2}\left(r+\frac{1}{r}\right)\cos\theta,\quad v=\frac{1}{2}\left(r-\frac{1}{r}\right)\sin\theta.$$

因此对于 $r\neq 1$, 圆 $|z|=r$ 由 F 映射出的像是有焦点 ± 1、及有半轴 $\frac{1}{2}\left(r+\frac{1}{r}\right)$, $\frac{1}{2}\left|r-\frac{1}{r}\right|$ 的椭圆; 对于 $r=1$, 这个像退化成端点是 ± 1 的线段. 半射线 $r\to re^{i\theta}(r>0)$ (对于 $\theta\neq 0,\pm\frac{\pi}{2}$ 及 π) 由 F 映射的像是有焦点 ± 1 的双曲线的一支 (图 65). 最后指出: 考虑用端点是 ± 1 的线段 "割开" 的平面; F 是单位圆盘的外集 $|z|>1$ 在这 "割开" 的平面上的保形表示.

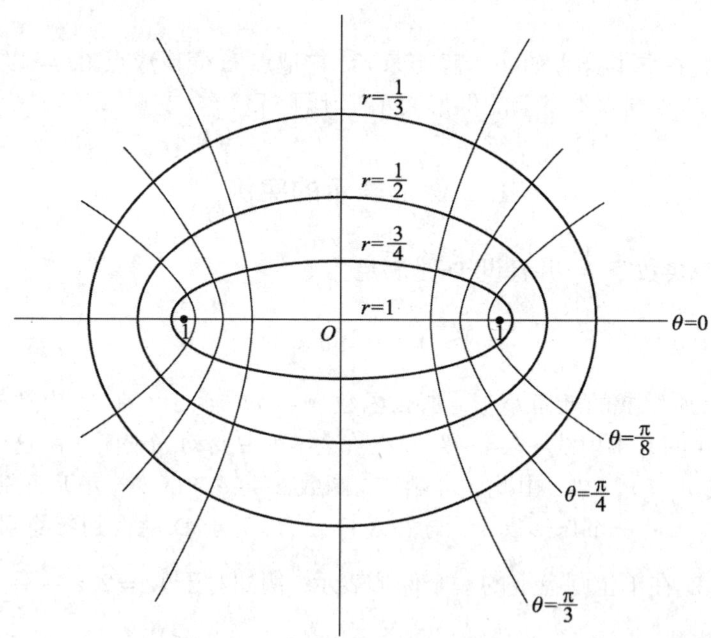

图 65

考虑与端点是 ± 1 的线段相邻近的 "机翼剖面". 用这里不讲的逼近方法, 可导出单位圆盘的外集在这 "剖面" 的外集上的保形表示 (图 66).

(4.3) 在第八章, 9.4 中对函数 $z \to \log z$ 的研究表明: 这函数是沿负半实轴割开的平面在 "带形" $|\mathfrak{I}z| < \pi$ 上的保形表示, 半射线 $r \to re^{i\theta}$ 变换成与实数轴平行的直线 $r \to \log r + i\theta$, 除去点 $-r$ 的圆 $\theta \to re^{i\theta}$ 变换成与虚数轴平行的开线段 $\theta \to \log r + i\theta (-\pi < \theta < \pi)$. 因此函数 $\log z$ 是开角扇形 $\theta_1 < \theta < \theta_2$ 在带形 $\theta_1 < \mathfrak{I}z < \theta_2$ 上的保形表示; 指数函数则实现反保形表示.

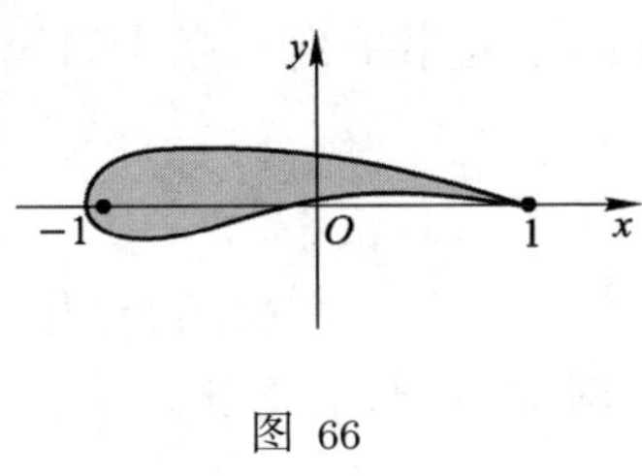

图 66

(4.4) 函数 $z \to \sin z = \dfrac{1}{2i}(e^{iz} - e^{-iz})$ 可以看做是下列四个函数的复合函数:

$$\begin{aligned} &z \to iz, \\ &z \to e^z, \\ &z \to -iz, \\ &z \to \frac{1}{2}\left(z + \frac{1}{z}\right); \end{aligned}$$

而这些函数都已经研究过了. 例如容易导出

$$z \to \sin z$$

是半带形

$$-\frac{\pi}{2} < \mathcal{R}z < \frac{\pi}{2}, \quad \mathfrak{I}z > 0$$

在半平面 $\mathfrak{I}z > 0$ 上的保形表示 (图 67).

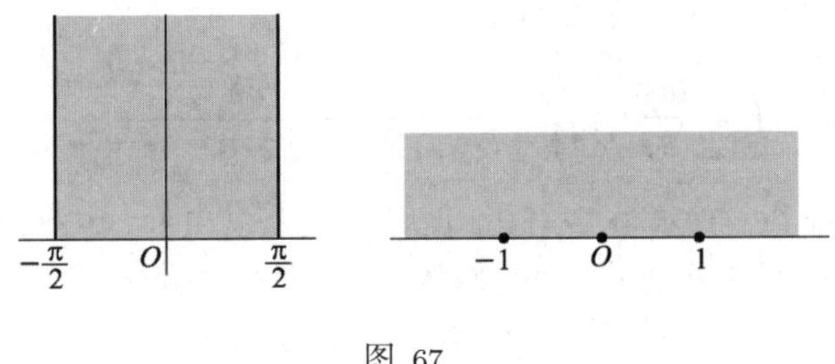

图 67

5. 施瓦茨 – 克里斯托费尔变换

(5.1) 考虑实数的一个有限增序列

$$a_1 < a_2 < \cdots < a_n \quad (n \geqslant 3)$$

以及满足下列条件的 n 的实数的序列 $\{\mu_h\}_{1 \leqslant h \leqslant n}$:

$$\text{对于任何 } h, \quad 0 < \mu_h < 1, \quad \sum_{h=1}^{n} \mu_h = 2. \tag{5.1.1}$$

设 D_0 是沿下列 n 条半射线割开的平面: 对于 $1 \leqslant h \leqslant n$

$$\mathcal{R}z = a_h, \quad \mathfrak{I}z \leqslant 0$$

(图 68). 与第八章, 9.6 相比较, 改变记号, 用 $(z-a_h)^{\mu_h}$ 表示在 D_0 中解析、并且对于实数 $x < a_1$, 等于

$$|x-a_h|^{\mu_h} e^{i\mu_h \pi}$$

的函数. 由 (5.1.1), 对于实数 $z < a_1$, 函数

(5.1.2) $$f(z) = (z-a_1)^{\mu_1}(z-a_2)^{\mu_2}\cdots(z-a_n)^{\mu_n}$$

仍然是实数, 并且 > 0. 当 x 在实轴上递增, 在 x 穿过点 a_h 时, $f(x)$ 的辐角增加 $-\mu_h\pi$; 因此对于实数 $z > a_n$, $f(z)$ 还是实数, 并且 > 0.

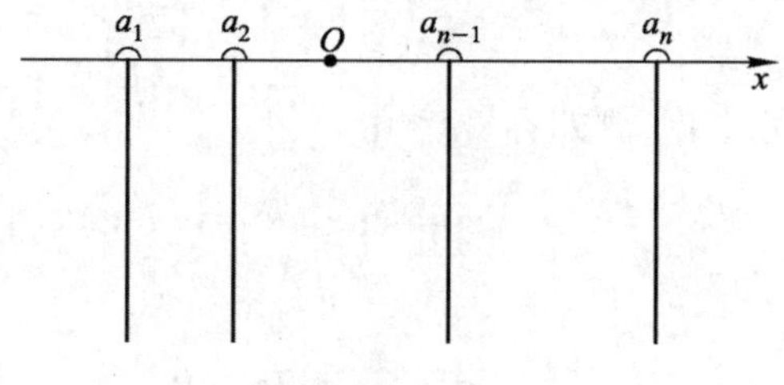

图 68

(5.2) 由平移, 总可设 $a_1 > 0$. 考虑函数

(5.2.1) $$\mathrm{F}(z) = \int_0^z \frac{du}{f(u)} = \int_0^z \frac{du}{(u-a_1)^{\mu_1}(u-a_2)^{\mu_2}\cdots(u-a_n)^{\mu_n}};$$

它显然在开半平面 $\mathrm{D}: \mathfrak{I}z > 0$ 中解析, 但是事实上也在 D_0 中解析. 为了看出后一性质, 只须证明 D_0 是单连通的. 而我们从 D_0 中任何环路 γ 有到 D 中环路一个同伦 $(t,s) \to \varphi(\gamma(t), s)$: 只要对于 $y \geqslant 0$, 取 $\varphi(x+iy, s) = x+iy+is$, 对于 $y \leqslant 0$, 取 $\varphi(x+iy,s) = x+i(1-s)y+is$ $(0 \leqslant s \leqslant 1)$. 有了这些结果, 可见在假设 (5.2.1) 下, 函数 F 是从 D 到一个凸集 P 上的保形表示, 而 P 的边界 L 是有顶角 $(1-\mu_h)\pi$ $(1 \leqslant h \leqslant n)$ 的一个 n 边形 ("施瓦茨 – 克里斯托费尔变换").

由 (5.1.1), 可见反常积分 $\displaystyle\int_{a_{h-1}}^{a_h} \frac{dx}{|f(x)|} (2 \leqslant h \leqslant n), \int_{a_n}^{+\infty} \frac{dx}{|f(x)|}$, 以及 $\displaystyle\int_{-\infty}^{a_1} \frac{dx}{|f(x)|}$ 都是收敛的.

把 (2.2) 中的方法应用到一些环路 Γ_ν, 它们每个的像由心是 0 且半径是较大 R 的半圆、心是 a_h 的 n 个较小半圆以及实数轴上若干线段组成 (图 69). 柯西定理表明沿这种环路的积分是零, 于是立即可见, 对于 $x \in \mathbb{R}$, 环路 $\mathrm{F} \circ \Gamma_\nu$ 取极限时趋近于 $x \to \mathrm{F}(x)$ (把 F 连续开拓到点 a_h 及 $+\infty$). 根据 $f(x)$ 中的变数代换, 考虑实数 x 越

过每点 a_h 的情况, 又立即可见, 上述环路的像 L 是由对于 $1 \leqslant h \leqslant n-1$, 起点是 $c_h = \mathrm{F}(a_h)$、终点是 $c_{h+1} = \mathrm{F}(a_{h+1})$ 的线段以及起点是 c_n、终点是 c_1 的线段互相衔接而成, 而且 $\dfrac{c_{h+1}-c_h}{c_h-c_{h-1}}$ 有辐角 $\mu_h\pi$. 应用 (2.2) 研究 $\mathrm{F}(x)$ 的实部及虚部的变化方向, 而且不难验证任何与虚数轴的平行线至多与 L 相交两点, 除非上述线段中有一个与虚数轴平行; 因此可应用第七章, 6.6.6.

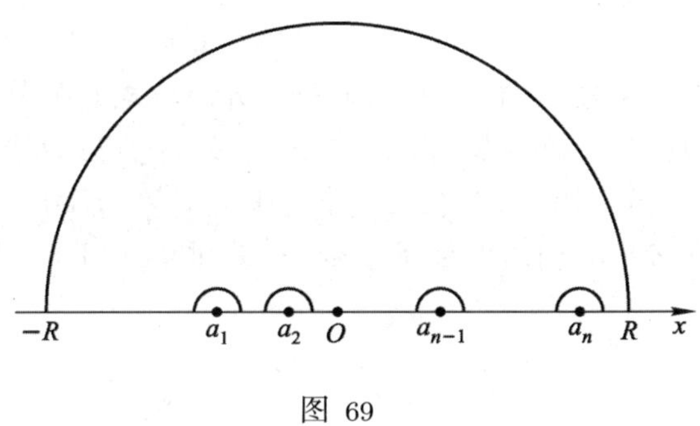

图 69

注意到既然对于任何分式线性变换 $z \to \dfrac{az+b}{cz+d}$, 这里 a, b, c, d 是实数, 并且 $ad-bc=1$, 半平面是不变的, 可见当把 F 用 $\displaystyle\int_0^z \frac{du}{(cu+d)^2 f\left(\dfrac{au+b}{cu+d}\right)}$ 来代替时, F(D) 不变. 特别地, 取分式线性变换 $z \to a_n - \dfrac{1}{z}$, 可见可以考虑用保形表示

(5.2.2)
$$z \to \int_0^z \frac{du}{(u-b_1)^{\mu_1}\cdots(u-b_{n-1})^{\mu_{n-1}}}$$

来代替 F (相差一个相似变换), 这里 b_h 是任意一些实数, μ_h 满足 (5.1.1) 中第一个条件以及条件 $\displaystyle\sum_{h=1}^{n-1}\mu_h < 2$.

当已知多边形 L 的顶点时, 只要 $n \geqslant 5$, 确定 (5.2.2) 中的 b_h 是数值计算的一个难题. 对于 $n=3$, 通过平移及位似变换, 在 (5.2.2) 中可化到 $b_1=0, b_2=1$ 情形; 如果令 $\mu_1 = 1-\alpha, \mu_2 = 1-\beta$, 那么 P 就是角为 $\alpha\pi, \beta\pi, \gamma\pi$ 的三角形 $(\gamma = 1-\alpha-\beta)$, 并且角 $\gamma\pi$ 的对边的长是

$$c = \int_0^1 x^{\alpha-1}(1-x)^{\beta-1}dx = \frac{\Gamma(\alpha)\Gamma(\beta)}{\Gamma(\alpha+\beta)} = \frac{1}{\pi}\sin\gamma\pi\Gamma(\alpha)\Gamma(\beta)\Gamma(\gamma).$$

(5.3) 当对实数 μ_h 不加任何条件时,也可研究解析函数 F. 可是虽然 F(D) 的边界仍然是一些线段的并集, 而 F 却不必然是 D 中的单射 (习题 23).

6. 对称原理

(6.1) 已给 $\mathbb{C}$ 中一直线 L, 它是由平移线性函数 $\gamma : t \to at + b$ (a 及 b 是复数, $a \neq 0$) 作出的 $\mathbb{R}$ 的像, γ 作出的 $\mathbb{R}$ 中有界非空开区间的像叫做 L 上的开线段; 作为定义, 开线段的两端点是 γ 作出的上述区间端点的像; 同样把 γ 作出的向右或向左无穷开区间的像叫做 L 上的开半射线.

(6.2) 设 P 是 $\mathbb{C}$ 中的一个开半平面, L 是 P 的边界直线, D 是包含在 P 中的一个开集; 设 D 的边界包含一个集 S, 它是 L 上的一个开线段或开半射线. 设 f 是确定并且包含在 $\mathrm{D}\bigcup\mathrm{S}$ 中的一个复值函数, 在 D 中解析, 并且 $f(\mathrm{S})$ 包含在一个直线 L$'$ 中. 设 σ, σ' 是关于直线 L 及 L$'$ 的对称映射. 那么在 D, S 及 $\sigma(\mathrm{D})$ 的并集, 即一开集 U 中, 有一解析函数 g, 它在 $\mathrm{D}\bigcup\mathrm{S}$ 中与 f 重合, 并且对于任何 $z \in \mathrm{D}$,

$$g(\sigma(z)) = \sigma'(g(z)). \tag{6.2.1}$$

由对 z 及对 $f(z)$ 的平移线性映射, 总可设 L 及 L$'$ 都是实数轴, 因此 σ 及 σ' 都是对称映射 $z \to \overline{z}$ (图 70). 设 $x_0 \in \mathrm{S}$; 对于 $f(\mathrm{S})$ 的假设表明 f 在 S 中取实数值. 于是考虑在 $\sigma(\mathrm{D})\bigcup\mathrm{S}$ 中的函数 $f_1 : z \to \overline{f(\overline{z})}$; 它在 $\sigma(\mathrm{D})\bigcup\mathrm{S}$ 中连续, 在 $\sigma(\mathrm{D})$ 中解析, 并且在 S 中与 f 重合. 因此有一函数 g 在开集 $\mathrm{U} = \mathrm{D}\bigcup\mathrm{S}\bigcup\sigma(\mathrm{D})$ 中连续, 在 D 中与 f 重合, 在 $\sigma(\mathrm{D})$ 中与 f_1 重合, 因此 g 在 D 中及 $\sigma(\mathrm{D})$ 中解析; 由第八章, 9.8.1, g 在 U 中解析.

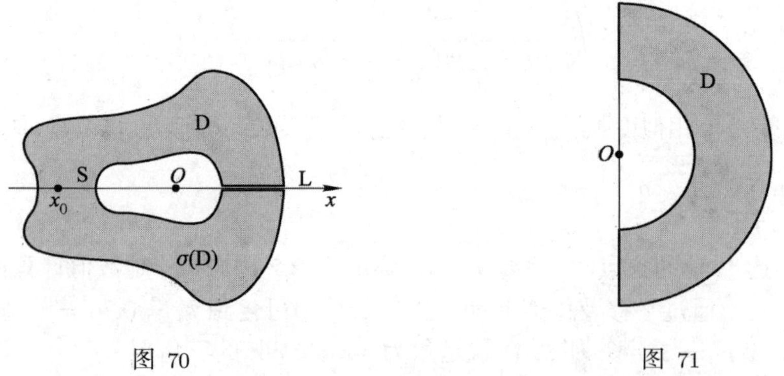

图 70　　图 71

注释 (6.3) 可能 D 的边界包含几个线段 $\mathrm{S}_j (1 \leqslant j \leqslant k)$ 具有前述性质, 每个 $f(\mathrm{S}_j)$ 包含在一条直线 L'_j 中. 不要以为可把 f 开拓到 D, $\sigma(\mathrm{D})$ 及所有线段 S_j 的并集即一开集中. 设 D 是半圆环 $1 < |z| < 2, \mathcal{R}z > 0$ (图 71), 并且 $f(z) = z^{\lambda}$, 而 λ 不是整数这一实例就可说明这一点 (第八章, 9.6). 然而当所有直线 L'_j 都相同时, 可以作出前述开拓.

7. 椭圆函数与保形表示

(7.1) 我们要求从开半平面 $D : \mathfrak{I}w > 0$ 到矩形上的保形表示 $w \to z = F(w)$. 这问题由施瓦茨 - 克里斯托费尔变换 (5.2.1) 解决, 这里取 $n = 4$, 并且对任何 h, 取 $\mu_h = \frac{1}{2}$; 换句话说, 可取

(7.1.1) $$z = F(w) = \int_0^w \frac{du}{\sqrt{(1-u^2)(1-k^2u^2)}}, \quad \text{这里 } 0 < k < 1,$$

应取被积函数的分支, 使得在 $\mu = 0$ 时, 它等于 1. 矩形 $R_0 = F(D)$ 的顶点是点 $-K, K, K + iK', -K + iK'$, 这里 K 及 K' 是正实数, 并且由下列两式给出:

(7.1.2) $$K = \int_0^1 \frac{du}{\sqrt{(1-u^2)(1-k^2u^2)}}, \quad K' = \int_1^{\frac{1}{k}} \frac{du}{\sqrt{(u^2-1)(1-k^2u^2)}}$$

(图 72). 用

(7.1.3) $$z \to \operatorname{sn} z$$

记 F 的互反函数, 它在 R_0 中解析, 并且是 R_0 在 D 上的保形表示. 注意对纯虚数 $w = it$, 我们有

$$F(it) = i \int_0^t \frac{du}{\sqrt{(1+u^2)(1+k^2u^2)}},$$

换句话说, $F(it)$ 是纯虚数, 并且可对半虚数轴 $\mathcal{R}w = 0, \mathfrak{I}w > 0$ 应用对称原理 (6.2). 这就表明在 R_0 中, 我们有

(7.1.4) $$\operatorname{sn}(-\bar{z}) = -\overline{\operatorname{sn} z}.$$

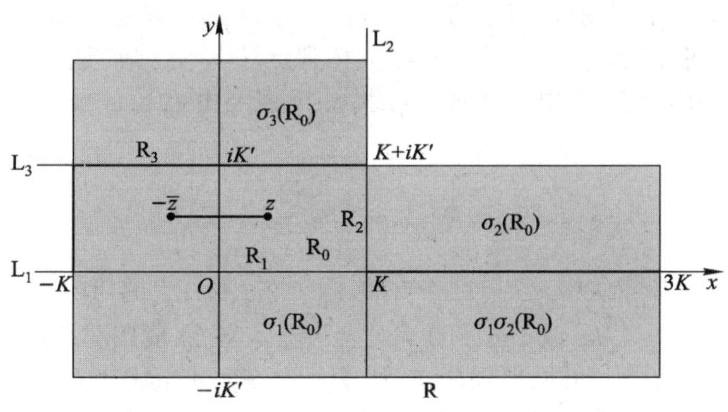

图 72

在下面, 我们要看到, 可以把函数 $z \to \operatorname{sn} z$ 在 $\mathbb{C}$ 中开拓成有双周期性质

(7.1.5) $$\operatorname{sn}(z + 4K) = \operatorname{sn}(z), \quad \operatorname{sn}(z + 2iK') = \operatorname{sn}(z)$$

的亚纯函数.

(7.2) 设 $\sigma_1 : z \to \overline{z}, \sigma_2 : z \to 2K - \overline{z}$ 分别是关于实数轴 $\mathrm{L}_1 : \mathfrak{I}z = 0$ 及关于虚数轴平行的直线 $\mathrm{L}_2 : \mathcal{R}z = K$ 的对称映射; 注意 $\sigma_1\sigma_2 = \sigma_2\sigma_1$ 是关于点 K 的对称映射 $z \to 2K - z$. 我们可就实数轴上的线段 $]-1, 1[$ 及线段 $]1, 1/k[$ 对函数 F 应用对称原理 (6.2). 考虑沿两条半射线 $\mathfrak{I}w = 0, \mathcal{R}w \geqslant 1$ 以及 $\mathfrak{I}w = 0, \mathcal{R}w \leqslant -1$ 割开的平面 D_1, 于是一方面得到 F 到 D_1 的开拓 F_1, 而 F_1 还是 D_1 中的单射; $\mathrm{F}_1(\mathrm{D}_1)$ 是矩形 $\mathrm{R}_1 : -K < \mathcal{R}z < K, -K' < \mathfrak{I}z < K'$. 另一方面, 考虑沿两条半射线 $\mathfrak{I}w = 0, \mathcal{R}w \leqslant 1$ 及 $\mathfrak{I}w = 0, \mathcal{R}w \geqslant 1/k$ 割开的平面 D_2. 我们有 F 到 D_2 的开拓 F_2, 而 F_2 还是 D_2 中的单射. $\mathrm{F}_2(\mathrm{D}_2)$ 是矩形 $\mathcal{R}_2 : -K < \mathcal{R}z < 3K, 0 < \mathfrak{I}z < K'$. 因此可把 $\operatorname{sn} z$ 开拓成 $\mathrm{R}_1 \bigcup \mathrm{R}_2$ 中的解析函数, 并且对于 $z \in \mathrm{R}_0$, 我们有

(7.2.1) $$\operatorname{sn} \overline{z} = \overline{\operatorname{sn} z}, \operatorname{sn}(2K - \overline{z}) = \overline{\operatorname{sn} z}.$$

最后, 就线段 $\mathfrak{I}z = 0, -K \leqslant \mathcal{R}z \leqslant K$ 以及 $\mathcal{R}z = K, 0 \leqslant \mathfrak{I}z \leqslant K'$, 对在 $\mathrm{R}_1 \bigcup \mathrm{R}_2$ 中的函数 $\operatorname{sn} z$, 两次应用对称原理. 如果 R 是由 $-K < \mathcal{R}z < 3K, -K' < \mathfrak{I}z < K'$ 所确定的矩形, 于是得到 $\operatorname{sn} z$ 的两种开拓, 一个在 R 内线段 $\mathfrak{I}z = 0, K \leqslant \mathcal{R}z < 3K$ 的余集中, 另一个在 R 内线段 $\mathcal{R}z = K, -K' < \mathfrak{I}z \leqslant 0$ 的余集中. 此外, 由 (7.2.1), 这两种开拓在 R_0 关于点 K 的对称映像 $\sigma_1\sigma_2(\mathrm{R}_0)$ 中重合, 因此在 $\mathrm{R} - \{K\}$ 中确定了一个解析函数 $\operatorname{sn} z$, 它满足关系式 (7.2.1) 以及由此所得推论

(7.2.2) $$\operatorname{sn}(2K - z) = \operatorname{sn} z.$$

此外, $\mathrm{F}(w)$ 的定义表明: 对于任意小的 $\varepsilon > 0$, 存在着 $r > 0$, 使得对于 $w \in \mathrm{D}$ 并且 $|w| > r$, 我们有 $|\mathrm{F}(w) - iK'| \leqslant \varepsilon$; 由此导出: 对于满足 $|z - K| < \varepsilon$ 的点 $z \in \mathrm{R}_0$, 必然有 $|\operatorname{sn} z| \leqslant r$. $\operatorname{sn} z$ 前后相继的开拓表明: 对于 $|z - K| \leqslant \varepsilon$ 及 $z \neq K$, 也有 $|\operatorname{sn} z| \leqslant r$. 由此可见, 函数 $\operatorname{sn} z$ 也可连续开拓到点 $z = K$, 从而这函数在 R 中解析 (第八章, 3.3). 显然它在 R 中满足 (7.2.2), (7.2.1) 以及由 (7.4.1) 及 (7.2.1) 得到的推论: 对于 $z \in \mathrm{R}_1$,

(7.2.3) $$\operatorname{sn}(z + 2K) = \operatorname{sn}(-z) = -\operatorname{sn} z.$$

(7.3) 现设 $\sigma_3 : z \to 2iK' - \overline{z}$ 是对于直线 $\mathrm{L}_3 : \mathfrak{I}w = K'$ 的对称映射. 可就开半射线 $\mathfrak{I}w = 0, \mathcal{R}w > 1/k$, 或 $\mathfrak{I}w = 0, \mathcal{R}w < -1/k$ 对 F 应用对称原理; 由于这两半射线的像都在 L_3 上, 可见得到从 F 到 D_3 的一个开拓 F_3; 这里 D_3 是沿线段 $\mathfrak{I}w = 0, -1/k \leqslant \mathcal{R}w \leqslant 1/k$ 割开的平面, 并且 F_3 还是 D_3 中的单射, $\mathrm{F}_3(\mathrm{D}_3)$ 是点 iK' 在矩形 $\mathrm{R}_3 : -K < \mathcal{R}z < K, 0 < \mathfrak{I}z < 2K'$ 中的余集, 因此还可把 $\operatorname{sn} z$ 开拓到 $\mathrm{R}_3 - \{iK'\}$, 并且对于任何 $z \in \mathrm{R}_0$, 我们有

(7.3.1) $$\operatorname{sn}(2iK' - \overline{z}) = \overline{\operatorname{sn} z}.$$

这样在 $(\mathrm{R}_1 \bigcup \mathrm{R}_3) - \{iK'\}$ 中确定了 $\operatorname{sn} z$, 并且此外作为 (7.2.1) 及 (7.3.1) 的推论, 可见对于 $z \in \sigma_1(\mathrm{R}_0)$,

(7.3.2) $$\operatorname{sn}(z + 2iK') = \operatorname{sn} z.$$

(7.4) $\operatorname{sn} z$ 的开拓的最后一步就是: 对任何 $z \in \mathrm{R}_1$, 以及任一对有理整数 (m, n), 由公式

(7.4.1) $$\operatorname{sn}(z + 2mK + 2inK') = (-1)^m \operatorname{sn} z$$

确定 $\mathbb{C}$ 中的亚纯函数 $\operatorname{sn} z$. $\mathbb{C}$ 中不在所有直线 $\mathcal{R}z = (2m+1)K$ 或 $\mathfrak{I}z = (2n+1)K'$ 上的任何点可唯一地写成 $z + 2mK + 2inK'$, 其中 $z \in \mathrm{R}_1$; 因此除了可能在上述直线上外, (7.4.1) 确定了 $\operatorname{sn} z$. 但是由于 $\operatorname{sn} z$ 到 R 中有满足 (7.2.3) 开拓, 因此有对于 $\mathcal{R}z = K, -K' < \mathfrak{I}z < K'$ 的解析开拓. 由此可见, $\operatorname{sn} z$ 可连续开拓到所有直线 $\mathcal{R}z = (2m+1)K$, 可能除去这些直线与所有直线 $\mathfrak{I}z = (2n+1)K'$ 的交点外. 同样, 由于我们有 $\operatorname{sn} z$ 到 $(\mathrm{R}_1 \bigcup \mathrm{R}_3) - \{iK'\}$ 的解析开拓, 而且在 $\sigma_1(\mathrm{R}_0)$ 中满足 (7.3.2), 可见 $\operatorname{sn} z$ 可连续开拓到所有直线 $\mathfrak{I}z = (2n+1)K'$, 可能除去这些直线与所有直线 $\mathcal{R}z = (2m+1)K$ 的交点以及点 $2mK + (2n+1)iK'$ 外. 其次与 (7.2) 中同样的论证表明, $\operatorname{sn} z$ 在点 $(2m+1)K + i(2n+1)K'$ 的邻域中有界. 于是 $\operatorname{sn} z$ 在点集 $\{2mK + i(2n+1)K'\}$ 的余集中解析.

最后只要证明点 $2mK + i(2n+1)K'$ 是 $\operatorname{sn} z$ 的单极点. 由 (7.4.1), 只须考虑点 iK'. 应用第八章, 3.3, 要证明当 z 趋近于 iK' 时, 乘积 $(z - iK')\operatorname{sn} z$ 的绝对值有界. 而这乘积等于

(7.4.2) $$-w \int_w^\infty \frac{du}{\sqrt{(1-u^2)(1-k^2u^2)}};$$

上列积分是沿着半射线 $u = tw$ 取的, 这里 $t \geqslant 1$. 于是只须证明, 当 $|w|$ 趋向于 $+\infty$ 时, 表达式 (7.4.2) 有界. 但上列积分等于

$$\int_1^{+\infty} \frac{dt}{\sqrt{(1-t^2w^2)(1-k^2t^2w^2)}},$$

并且只要 $|w| > 2/k$, 就有

$$\sqrt{(1-t^2w^2)(1-k^2t^2w^2)} \geqslant \sqrt{(t^2-1)(4t^2-1)},$$

而积分

$$\int_1^{+\infty} \frac{dt}{\sqrt{(t^2-1)(4t^2-1)}}$$

收敛, 由此即得结论.

(7.5) 概括已得结果, 可见已在 $\mathbb{C}$ 中确定一个亚纯函数 $\operatorname{sn} z$, 它对不是极点的任何点 z, 满足 (7.4.1), 从而有双周期关系式:

$$\operatorname{sn}(z+4mK+2inK')=\operatorname{sn} z. \tag{7.5.1}$$

从 (7.1.4) 及 (7.2.1) 出发作解析开拓, 也有

$$\operatorname{sn}(-z)=-\operatorname{sn} z, \tag{7.5.2}$$

$$\operatorname{sn}(\overline{z})=\overline{\operatorname{sn} z}. \tag{7.5.3}$$

像 R 那样, 边长是 $4K$ 及 $2K'$ 的矩形, 叫做 $\operatorname{sn} z$ 的基本周期矩形. 设集 R_1' 是 R_1、线段 $\mathcal{R}z=K, 0\leqslant \Im z\leqslant K'$、线段 $\Im z=K', -K\leqslant \mathcal{R}z<0$、线段 $\Im z=K', 0<\mathcal{R}z\leqslant K$ 以及线段 $\mathcal{R}z=-K, 0\leqslant \Im z\leqslant K'$ 的并集. 限制 $\operatorname{sn} z$ 在集 R_1' 中, 就有整个平面 $\mathbb{C}$ 上的一个双射. 除了四个值

$$w_0=\pm 1, \quad w_0=\pm\frac{1}{k}$$

以外, 方程

$$\operatorname{sn} z=w_0 \tag{7.5.4}$$

在 $\mathrm{R}'=\mathrm{R}_1'\bigcup(\mathrm{R}_1'+2K)$ 中恰好有两个单根.

方程 $\operatorname{sn} z=1$ 在点

$$K+4mK+2inK'$$

有无穷个二重根, 而方程 $\operatorname{sn} z=\dfrac{1}{k}$ 在点

$$K+iK'+4mK+2inK'$$

有无穷个二重根. 关于重根这一事实不难立即看出, 只须注意到经过变换 $z\to\operatorname{sn} z$ (1.5), 过有关点道路之间的角是双重的. 由以上所述及 (7.5.2), 可得 $\operatorname{sn} z=-1$ 及 $\operatorname{sn} z=-\dfrac{1}{k}$ 的根. 因此导数 $(\operatorname{sn} z)'$ 的零点是点 $(2m+1)K+inK'$.

(7.6) 由以上所述, 亚纯函数

$$1-\operatorname{sn}^2 z, \quad 1-k^2\operatorname{sn}^2 z$$

的所有极点都是二重极点, 而且所有零点都是二重零点. 于是 (第八章, 9.8) 还用下列条件确定 $\mathbb{C}$ 中两个亚纯函数

$$\operatorname{cn}^2 z=1-\operatorname{sn}^2 z, \quad \operatorname{cn} 0=1, \tag{7.6.1}$$

(7.6.2) $$\mathrm{dn}^2 z = 1 - k^2 \mathrm{sn}^2 z, \quad \mathrm{dn}\, 0 = 1.$$

三个函数 sn, cn, dn 叫做雅可比椭圆函数; 它们都是有基本周期 $4K'$ 及 $2iK'$ 的双周期函数, 并且有相同的 (单) 极点. 此外, 显然在 R_0 中, 函数 $\mathrm{sn}\, z$ 是微分方程

(7.6.3) $$w'^2 = (1 - w^2)(1 - k^2 w^2)$$

的一个解, 于是由解析开拓, 对于不是 $\mathrm{sn}\, z$ 的极点的任何 z,

(7.6.4) $$\left(\frac{d}{dz}\mathrm{sn}\, z\right)^2 = \mathrm{cn}^2 z . \mathrm{dn}^2 z.$$

但根据 $\mathrm{sn}\, z$ 的定义, 其在原点的导数等于 1 (7.1), 于是从 (7.6.4) 推出, 我们有

$$\frac{d}{dz}\mathrm{sn}\, z = \mathrm{cn}\, z\, \mathrm{dn}\, z.$$

习　题

1) 设 $f(z) = \dfrac{az+b}{cz+d}$ 是不恒等于 z 的分式线性函数; 方程 $f(z) = z$ 的解叫做保形表示 $w = f(z)$ 的不动点. 如果变换 f 没有不动点, 这变换就叫做抛物型的, 并且关系式等价于

$$\frac{1}{w-\alpha} = \frac{1}{z-\alpha} + h,$$

或等价于

$$w = z + h.$$

如果有一个或两个不动点, 关系式 $w = f(z)$ 等价于

$$w - \alpha = k(z - \alpha),$$

或等价于

$$\frac{w-\alpha}{w-\beta} = k\frac{z-\alpha}{z-\beta} \quad (\alpha \neq \beta),$$

这里 $k \neq 1$. 如果 k 是实数, 并且 > 0, 就说 f 是双曲型的; 如果 $k = e^{i\theta}, \theta$ 是实数, 就说 f 是椭圆型的: 对于 k 的其他数值, 就说 f 是斜驶型的. 写出用 a, b, c, d 表示的上述四种情形的条件.

2) 把圆盘 $|z| < 1$ 变成它本身的变换

$$w = e^{i\alpha}\frac{z-a}{\overline{a}z-1} \quad (\alpha \text{ 是实数})$$

不可能是椭圆型的, 双曲型的或恒等变换; a 应取什么值, 这变换才可能属于这三种类型中每一种类型?

3) a) 设 f 是包含圆盘 $|z| \leqslant 1$ 的一个开集中的亚纯函数; 设 $|f(z)|$ 在圆 $|z| = 1$ 上是常数. 证明 f 有下列形状:

$$f(z) = c\prod_{j=1}^{m}\frac{z-a_j}{\overline{a}_j z-1}\cdot\prod_{k=1}^{n}\frac{\overline{b}_k z-1}{z-b_k} \quad (c \text{ 是常数})$$

(设 $a_1,\cdots,a_m$ 及 $b_1,\cdots,b_n$ 分别是 f 在圆盘 $|z|<1$ 中的零点及极点, 它们的个数是按零点及极点的重数计算的; 应用第六章, 习题 11b), 证明上式右边的乘积除 $f(z)$, 商必然是一常数).

b) 如果还设 f 在圆盘 $|z|<1$ 中没有极点, 证明对于满足 $|w|<1$ 的任何 w, 方程 $f(z)=w$ 在圆盘 $|z|<1$ 中恰好有 m 个根 (按根的重数计算) (考虑函数 $f(z)-w$, 并且应用鲁歇定理).

c) 由 b) 导出: 在圆盘 $|z|<1$ 到它本身的保形表示中, 可以开拓成圆盘 $|z|<R(R>1)$ 中的解析函数的, 只可能是分式线性函数 (3.4.1) (参看习题 8).

4) a) 证明函数

$$f(z)=\frac{4a}{(z+1)^2}$$

是单位圆盘 $|z|<1$ 在一条抛物线的外部的保形表示.

b) 证明函数

$$f(z)=\frac{z}{(1-z)^2}$$

是圆盘 $|z|<1$ 在沿着半射线 $\mathfrak{I}w=0,\mathcal{R}w\leqslant-\dfrac{1}{4}$ 割开的平面上的保形表示.

5) 证明函数

$$f(z)=\frac{z}{\sqrt{z^2+1}}$$

是沿着半射线 $\mathcal{R}z=0,\mathfrak{I}z\geqslant 1$ 割开的半平面 $\mathfrak{I}z>0$ 在平面 $\mathfrak{I}w>0$ 的保形表示.

6) 设 $f(z)=a_0+a_1z+\cdots+a_nz^n+\cdots$ 是在圆盘 $|z|<R$ 中的解析函数. 设 $\mathrm{D}(f)$ 是数

$$|f(z_1)-f(z_2)|\quad(|z_1|<R,|z_2|<R)$$

的上确界. 证明我们有

$$|a_1|R\leqslant\frac{1}{2}\mathrm{D}(f).$$

(注意对于 $0<r<R$, 我们有

$$4\pi ra_1=\int_0^{2\pi}(f(re^{i\theta})-f(-re^{i\theta}))e^{-i\theta}d\theta.)$$

7) 设 S 是圆环 $r\leqslant|z|\leqslant R$, f 是在包含 S 的开集 D 中的解析函数, 并且在 S 中是单射; 证明如果 $f(z)=\displaystyle\sum_{n=-\infty}^{+\infty}a_nz^n$ 是 f 的洛朗展开式, $f(\mathrm{S})$ 的面积由下式给出:

$$\pi\sum_{n=\infty}^{+\infty}n|a_n|^2(R^{2n}-r^{2n}).$$

(应用在重积分中变量代换公式 (K − R, 151 页).)

8) 设 $\mathrm{D}:|z|<\mathrm{R}$ 是开圆盘, f 是 D 中单射解析函数; 设面积 $\mathrm{A}(f(\mathrm{D}))$ 是有限的. 对于满足 $0<r<R$ 的任何 r, 设 D_r 是圆盘 $|z|<r,\mathrm{A}(f(\mathrm{D}_r))$ 是 $f(\mathrm{D}_r)$ 的面积; 证明

$$\frac{\mathrm{A}(f(\mathrm{D}))}{\mathrm{A}(f(\mathrm{D}_r))}\geqslant\frac{R^2}{r^2},$$

并且上式只有在 f 是一次多项式时才可能成为等式. 特别地, 我们有 $\mathrm{A}(f(\mathrm{D}))\geqslant\pi R^2|f'(0)|^2$, 这式也只有在 f 是一次多项式时才可能成为等式.

由此导出: 如果 f 是单位圆盘 $|z|<1$ 在它本身上的保形表示, 并且 $f(0)=0$, 那么我们有 $f(z)=e^{i\alpha}z$ (对 f 及 f 的反函数应用上面的结果). 因此单位圆盘在它本身上的任何保形表示有形状 (3.4.1).

9) 设 f 是单位圆盘 $|z|<1$ 中的解析函数, 并且在 D 中, $|f(z)|<M$. 设 $a_1,\cdots,a_n$ 是 f 在 D 中的零点, 个数要按重数计算. 证明我们有

(1) $$|f(z)|\leqslant M\left|\prod_{k=1}^{n}\frac{z-a_k}{\overline{a}_k z-1}\right|.$$

(如果 h 是用上式右边的乘积除 f 所得的商, 注意对于任何 $\varepsilon>0$, 存在着 r 使得 $1-\varepsilon<r<1$, 并且对于 $|z|=r, |h(z)|\leqslant M(1+\varepsilon)$, 然后应用最大值原理.)

特别地, 我们有

(2) $$|f(0)|\leqslant\prod_{k=1}^{n}|a_k|.$$

更特别地, 如果在 D 中, $|f(z)|\leqslant M$, 并且如果 $f(0)=0$, 我们有: 在 D 中,

(3) $$|f(z)|\leqslant M|z|$$

(施瓦茨引理). 从而在这种情形下, 也有

(4) $$|f'(0)|\leqslant M.$$

10) 设 g_1,g_2 是单位圆盘 $\mathrm{D}:|z|<1$ 在 $\mathbb{C}$ 中开集 $\mathrm{U}_1,\mathrm{U}_2$ 上的保形表示, 并且 $g_1(0)=c_1, g_2(0)=c_2$. 对于满足 $0<r<1$ 的任何 r, 设 $\mathrm{U}_1(r)$ 及 $\mathrm{U}_2(r)$ 是圆盘 $\mathrm{D}_r:|z|<r$ 分别由 g_1 及 g_2 映射出的像. 证明如果 f 是 U_1 中的解析函数, 并且 $f(\mathrm{U}_1)\subset\mathrm{U}_2, f(c_1)=c_2$, 那么对于满足 $0<r<1$ 的任何 r, 我们有

$$f(\mathrm{U}_1(r))\subset\mathrm{U}_2(r)$$

(对函数 $g_2^{-1}\circ f\circ g_1$ 应用习题 9).

11) 设 f 是单位圆盘 $\mathrm{D}:|z|<1$ 中的解析函数, 并且在 D 中, $|f(z)|<1$. 证明对于任何点 $a\in\mathrm{D}$, 我们有

(1) $$\left|\frac{f(z)-f(a)}{1-f(z)\overline{f(a)}}\right|\leqslant\left|\frac{z-a}{1-\overline{a}z}\right|$$

(参看习题 10). 特别地, 对于任何 $z\in\mathrm{D}$, 我们有

(2) $$|f'(z)|\leqslant\frac{1-|f(z)|^2}{1-|z|^2}.$$

更特别地, 我们还有

(3) $$\frac{|f(0)|-|z|}{1-|f(0)||z|}\leqslant|f(z)|\leqslant\frac{|f(0)|+|z|}{1+|f(0)||z|}.$$

12) a) 在与习题 11 中同样假设下, 证明对于 $|z_1| \leqslant r$ 及 $|z_2| \leqslant r$, 这里 $0 < r < 1$, 我们有

$$\left|\frac{f(z_1)-f(z_2)}{z_1-z_2}\right| \leqslant \frac{1}{1-r^2}$$

(用习题 11 中不等式 (2)).

b) 如果我们有 $f(z_1) = f(z_2) = \beta$, 并且 $|z_1| = |z_2| = \rho < 1$, 此外如果 $f(0) = 0$, 证明我们有

$$\left|\frac{f(z)-\beta}{1-\overline{\beta}f(z)}\right| \leqslant \left|\frac{z-z_1}{1-\overline{z}_1 z}\right| \cdot \left|\frac{z-z_2}{1-\overline{z}_2 z}\right|,$$

并且由此导出 $|\beta| \leqslant \rho^2$.

c) 在与 b) 中同样假设下, 证明如果 $|f'(0)| = \alpha \neq 0$, 那么对于满足 $|z| = \rho$ 的任何 z,

$$\rho(\alpha-\rho) \leqslant (1-\alpha\rho)|f(z)|$$

(对 $f(z)/z$ 应用习题 11 中关系式 (3)).

d) 由 c) 导出 f 在圆盘 $|z| < \rho_0$ 中是单射, 这里 $\rho_0 = \dfrac{\alpha}{1+\sqrt{1-\alpha^2}}$ (应用鲁歇定理, 注意到如果 r 是满足下列条件的最小正数 (> 0) : D 中有不同两点 z_1 及 $z_2, |z_1| = r, |z_2| \geqslant r$, 并且 $f(z_1) = f(z_2)$, 那么用反证法, 可见必然有 $|z_2| = r$).

13) 设对于 $|z| < R$, f 是解析函数, 并且设 $\mathrm{A}(R) = \sup\limits_{|z| \leqslant R} \mathcal{R}f(z)$. 证明: 如果对于 $r < R$, 令 $\mathrm{A}(r) = \sup\limits_{|z| \leqslant r} \mathcal{R}f(z)$, 那么就有

$$\mathrm{A}(r) \leqslant \frac{R-r}{R+r}\mathrm{A}(0) + \frac{2r}{R+r}\mathrm{A}(R)$$

(应用习题 10).

14) 设对于 $|z| < R$, f 是有界的解析函数, 又设

$$\mathrm{M}(R) = \sup_{|z| < R} |f(z)|.$$

证明如果对于 $|z| < R, f(z) \neq 0$, 并且如果对于 $0 < r < R$, 令 $\mathrm{M}(r) = \sup\limits_{|z| < r} |f(z)|$, 那么就有

$$\mathrm{M}(r) \leqslant \mathrm{M}(0)^{\frac{R-r}{R+r}} \mathrm{M}(R)^{\frac{2r}{R+r}}$$

(应用习题 13).

15) 设 $\{f_n\}$ 是 $|z| < 1$ 中解析函数的序列, 并且对于任何 n 及对于 $|z| < 1$,

$$|f_n(z)| \leqslant 1, \quad 并且 \quad f_n(z) \neq 0.$$

证明如果 $\lim\limits_{n\to\infty} f_n(0) = 0$, 那么对于满足 $|z| < 1$ 的任何 z, $\lim\limits_{n\to\infty} f_n(z) = 0$, 而且在任何圆盘 $|z| \leqslant r < 1$ 中, 收敛性是一致的 (应用习题 14).

16) 设 f 是单位圆盘 $\mathrm{D} : |z| < 1$ 中的解析函数, $f(0)$ 是实数, 并且在 D 中, $\mathcal{R}f(z) \geqslant 0$. 证明我们有

$$f(0)\frac{1-|z|}{1+|z|} \leqslant \mathcal{R}f(z) \leqslant f(0)\frac{1+|z|}{1-|z|}, \quad |\mathcal{I}f(z)| \leqslant f(0)\frac{2|z|}{1-|z|^2},$$

$$f(0)\frac{1-|z|}{1+|z|} \leqslant |f(z)| \leqslant f(0)\frac{1+|z|}{1-|z|}$$

(应用习题 10, 取 $\mathrm{U}_1 = \mathrm{D}$, 取 U_2 为半平面 $\mathcal{R}z > 0$).

17) 设 f 是 $\mathrm{D}: |z| < 1$ 中的解析函数, $f(0) = 0$, 并且在 D 中, $|\mathcal{R}f(z)| < 1$. 证明对于 $z \in \mathrm{D}$, 我们有

$$|\mathcal{R}f(z)| \leqslant \frac{4}{\pi}\mathrm{Arctan}|z|, \quad |\mathfrak{I}f(z)| \leqslant \frac{2}{\pi}\log\frac{1+|z|}{1-|z|}$$

(应用习题 10, 取 $\mathrm{U}_1 = \mathrm{D}$, 取 U_2 为带形 $|\mathcal{R}z| < 1$).

18) 设 f 是 $\mathrm{D}: |z| < 1$ 中的有界解析函数, 并且不恒等于零. 证明如果 f 在 D 中有无穷个零点 $a_n (n \geqslant 1)$, 那么级数

$$\sum_{n=1}^{\infty} \log|a_n|$$

收敛, 从而级数 $\sum\limits_{n=1}^{\infty}(1-|a_n|)$ 也收敛 (参看习题 9).

19) 设 f 是在单位圆盘的外集 $\mathrm{E}: |z| > 1$ 中的解析函数, 并且设它的洛朗级数有下列形状:

$$f(z) = z + b_0 + \frac{b_1}{z} + \cdots + \frac{b_n}{z^n} + \cdots.$$

证明如果 f 在 E 中是单射, 就必然有

(1) $$|b_1|^2 + 2|b_2|^2 + \cdots + n|b_n|^2 + \cdots \leqslant 1$$

(应用习题 7). 特别有

(2) $$|b_1| \leqslant 1,$$

并且等式只可能在 f 有下列形状时才成立:

$$f(z) = z + b_0 + \frac{e^{i\alpha}}{b}.$$

从 (1) 导出: 在 E 中我们有

$$|f'(z)| \leqslant \frac{|z^2|}{|z|^2 - 1}$$

(应用关于级数的柯西 – 施瓦茨不等式).

20) 在本习题中, 承认: 如果 h 是单连通开集 D 中的解析函数, 并且在 D 中, $h(z) \neq 0$, 那么在 D 中存在着解析的函数 g, 在 D 中满足 $(g(z))^2 = h(z)$①: 特别地, 设 f 满足习题 19 中的假设, 并且在 E 中, $f(z) \neq 0$; 那么存在着在 E 中解析的一个函数 g, 满足 $(g(z))^2 = f(z^2)$, 并且 g 的洛朗展开式有形状 $z + b_0' + \cdots$ (对于 $|z| < 1$, 把以上所述应用到函数 $zf(1/z)$). 把习题 19 中的不等式 (2) 应用到 g, 由此导出我们有 $|b_0| \leqslant 2$.

21) 设 f 是单位圆盘 $\mathrm{D}: |z| < 1$ 中的解析函数, 并且 $f(0) = 0, f'(0) = 1$. 于是有

$$f(z) = z + a_2 z^2 + \cdots + a_n z^n + \cdots.$$

①参看 [FA], X, 第 2 节, 习题 6; 或参考余家荣, 复变函数 (第 4 版), 高等教育出版社, 2007; 第 197 页.

设 f 在 D 中是单射.

a) 证明我们有 $|a_2| \leqslant 2$, 这里等式只有当 f 有下列形状时才可能成立:

$$(*) \qquad f(z) = \frac{z}{(1+e^{i\alpha}z)^2} \quad (\alpha \text{ 是实数}).$$

(把习题 20 应用到函数 $(f(z^{-1}))^{-1}$.)

b) 由刘维尔定理, 开集 $f(\mathrm{D})$ 不可能是整个平面, 因此它的边界 F 不是空集. 证明 $d(0,\mathrm{F}) \geqslant \frac{1}{4}$, 这里等式只可能由有 $(*)$ 形状的函数达到. 在这种情形下, $f(\mathrm{D})$ 是沿半射线 $t \to e^{i\alpha}t\left(t \geqslant \frac{1}{4}\right)$ 割开的平面. (如果 $c \in \mathrm{F}$, 考虑函数 $\frac{cf(z)}{c-f(z)}$.)

22) 设 g 是在开集 D 中的单射解析函数, 并且设 $h = g^{-1}$ 是从 $g(\mathrm{D})$ 到 D 上的逆映射. 对于 D 中任何道路 γ 及 $g(\mathrm{D})$ 中连续的任何函数 F, 我们有

$$\int_{g\circ r} \mathrm{F}(w)h'(w)dw = \int_\gamma \mathrm{F}(g(z))dz.$$

现把这公式应用到 D 包含闭单位圆盘 $|z| \leqslant 1$ 及环路 $\gamma : t \to e^{it}$ $(0 \leqslant t \leqslant 2\pi)$ 情形. 设开集 D 包含圆盘 $|z| \leqslant R$. 对于 D 中任何解析函数 f, 由柯西公式

$$2\pi i f(0) = \int_\gamma \frac{f(z)}{z}dz,$$

用保形变换 $g(z) = \dfrac{R(z-\zeta)}{R^2 - \bar{\zeta}z}$ 作映射, 导出 f 的泊松公式

$$f(re^{i\varphi}) = \frac{1}{2\pi}\int_0^{2\pi} f(Re^{i\theta})\frac{R^2 - r^2}{R^2 - 2Rr\cos(\theta-\varphi) + r^2}d\theta \quad (0 < r < R).$$

23) 在公式 (5.2.1) 中, 设对任何 $h, -1 < \mu_h < 1$, 并且 $\sum\limits_h \mu_h \geqslant 2$. 设所有 μ_h 是固定的, 并且除了一个 a_j 以外, 所有其他 a_h 也是固定的, 而 a_j 在 a_{j-1} 及 a_{j+1} 之间变动. 证明这时所有长度 $|c_{h+1} - c_h|$ 都是 a_j 的连续函数, 当 a_j 趋近于 a_{j-1} 时, 这些长度中, 除了 $|c_j - c_{j-1}|$ 趋近于 0 外, 其他长度分别趋近于非 0 的极限. 由此导出映射 F 不是单射的实例 (取 $n = 10$, 除了 $\mu_3 = \mu_4 = \mu_5 = -\frac{1}{2}$ 外, 其他 μ_h 都等于 $\frac{1}{2}$).

24) 证明函数

$$\int_{z_0}^z \frac{\sqrt{1-u^4}du}{u^2} \quad (z_0 \neq 0)$$

是单位圆盘 $|z| < 1$ 在正方形的外集上的保形表示.

25) 单位圆盘由下列函数

$$\int_0^z \frac{du}{(1-u^n)^{2/n}}, \int_0^z \frac{(1-u^n)^\lambda du}{(1+u^n)^{\lambda+2/n}} \quad \left(-1 < \lambda < 1 - \frac{2}{n}\right)$$

映射出的像是什么? 在包含每个像的所有心是 0 的圆盘中, 求最小圆盘的半径.

26) 圆盘 $|z| < 1$ 由形如

$$f(z) = \frac{1}{z}\prod_{k=1}^n (z - a_k)^{\lambda_k}$$

的函数映射出的像是什么? 这里 $|a_k|=1, 0<\lambda_k<1$, 并且 $\sum\limits_{k=1}^{n}\lambda_k=2$.

27) 用第 7 节中的记号, 令

$$q=\exp(-\pi K'/K)<1,\quad \zeta=\exp(\pi iz/2K).$$

对于不等于所有 q^{-m} 的任何 ζ, 无穷乘积 $\prod\limits_{m=0}^{\infty}(1-q^m\zeta)$ 严格收敛. 证明 $\mathbb{C}$ 中的亚纯函数

$$f(z)=\zeta\frac{\prod\limits_{m=0}^{\infty}(1-q^{2m}\zeta^{-2})(1-q^{2m}\zeta^2)}{\prod\limits_{m=0}^{\infty}(1-q^{2m+1}\zeta^{-2})(1-q^{2m+1}\zeta^2)}$$

有周期 $4K$ 及 $2iK'$, 并且有与 $\operatorname{sn} z$ 相同的零点及极点, 还有相同的重数. 用刘维尔定理, 由此导出我们有 $\operatorname{sn} z=Cf(z)$, 这里 C 是一常数. 利用关系式 $\operatorname{sn} K=1$, $\operatorname{sn}(K+K')=k^{-1}$ 确定 C, 并且证明我们有

$$C=-iq^{1/4}k^{-1/2}.$$

28) 对于 $|q|<1$ 及任何 $\zeta\in\mathbb{C}$, 令

$$\begin{aligned}\varphi_n(\zeta)&=(1+q\zeta)(1+q\zeta^{-1})(1+q^3\zeta)(1+q^3\zeta^{-1})\cdots(1+q^{2n-1}\zeta)(1+q^{2n-1}\zeta^{-1})\\&=c_0+c_1(\zeta+\zeta^{-1})+c_2(\zeta^2+\zeta^{-2})+\cdots+c_n(\zeta^n+\zeta^{-n}).\end{aligned}$$

a) 利用 $\varphi_n(q^2\zeta)$ 与 $\varphi_n(\zeta)$ 之间的关系确定系数 c_n.

b) 由 a) 取极限, 导出关系式

$$\prod_{n=1}^{\infty}(1+q^{2n-1}\zeta)(1+q^{2n-1}\zeta^{-1})(1-q^{2n})=\sum_{n=-\infty}^{+\infty}q^{n^2}\zeta^n.$$

由此导出恒等式

$$\prod_{n=1}^{\infty}(1-q^n)=\sum_{n=-\infty}^{+\infty}(-1)^nq^{\frac{3n^2+n}{2}},$$

$$\frac{\prod\limits_{n=1}^{\infty}(1-q^{2n})}{\prod\limits_{n=1}^{\infty}(1-q^{2n-1})}=\sum_{n=0}^{+\infty}q^{\frac{n(n+1)}{2}},$$

$$\frac{\prod\limits_{n=1}^{\infty}(1-q^n)}{\prod\limits_{n=1}^{\infty}(1+q^n)}=1-2q+2q^4+\cdots+(-1)^n2q^{n^2}+\cdots$$

(在 q 及 z 中代入适当数值).

c) 令

$$\theta(z)=\sum_{n=-\infty}^{+\infty}(-1)^nq^{n^2}\zeta^{2n}=\sum_{n=-\infty}^{+\infty}(-1)^n\exp\left(\frac{n\pi iz-n^2\pi K'}{K}\right).$$

证明我们有

$$\theta(z+2K)=\theta(z),\theta(z+2iK')=-\frac{1}{q}e^{-\frac{\pi iz}{K}}\theta(z).$$

用函数 $\theta(z)$ 表示 $\operatorname{sn} z$.

第十一章 微分方程

1. 解与近似解

(1.1) 已给在开集 $\mathrm{D} \subset \mathbb{R}^2$ 中确定并且连续的实值函数 $(t, x) \to f(t, x)$, 一阶微分方程

$$x' = f(t, x) \tag{1.1.1}$$

在开区间 $\mathrm{I} \subset \mathbb{R}$ 中的一个解是在 I 中确定、连续并且可导的一个实值函数 $t \to u(t)$, 使得对于任何 $t \in \mathrm{I}, (t, u(t)) \in \mathrm{D}$, 并且 $u'(t) = f(t, u(t))$. 就几何来说, 与任何点 $(t, x) \in \mathrm{D}$ 相对应, 有分量是 $(1, f(t, x))$ 的向量 $v(t, x)$; 说 u 是 (1.1.1) 的一个解, 就是说 u 的图形包含在 D 内, 并且在每点 (t, x) 有方向向量是 $v(t, x)$ 的切线 (图 73). 简单的例子表明一定会想到存在着含一个参变数的无穷个解, 从而可对解加上补充条件. 最常见的条件是给出 D 中一点 (t_0, x_0), 求图形包含这点的解; 这就是说, 要求所求的解满足条件

$$u(t_0) = x_0. \tag{1.1.2}$$

关于 (1.1.1) 的满足 (1.1.2) 的解, 存在与唯一性问题叫做关于 (1.1.1) 的柯西问题, 并且 (1.1.2) 叫做这方程的初始条件; 这一名称起源于应用中, t 往往用来表示时间.

(1.2) 所谓 (1.1.1) 的一个解 u 满足柯西条件 (1.1.2), 也是表明, 在 I 中, u 满足积分方程

$$u(t) = x_0 + \int_{t_0}^{t} f(s, u(s))ds. \tag{1.2.1}$$

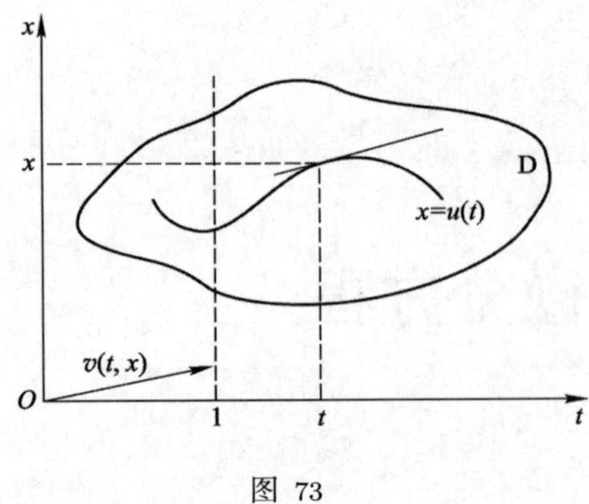

图 73

由于求积分比求导数较易操作, 为了解关于 (1.1.1) 的柯西问题, 求满足 (1.2.1) 的连续函数 u 是最可行的方法 (第一章, 3.7).

(1.3) 由几种特别强调的简单情形 (例如一阶线性方程), 就相信用 "积分法", 即计算几次已知函数的原函数, 一般可以求得 (1.1.1) 的解, 那是太天真了. 这里与别处一样, 分析的目标是作出种种意义下近似解的算法.

(1.4) 随着微分方程的 "解" 的概念, 我们引进一种新概念. 已给区间 $\mathrm{I} \subset \mathbb{R}$ 及一数 $\varepsilon > 0$. 设有一实值函数 v 在 I 中连续, 并且是在 I 中分段连续函数 v' 的原函数. 如果对于任何 $t \in \mathrm{I}$, 我们有 $(t, v(t)) \in \mathrm{D}$, 并且如果除了在 v' 的不连续点处以外, 我们有

$$(1.4.1) \qquad |v'(t) - f(t, v(t))| \leqslant \varepsilon,$$

那么就说 v 是 (1.1.1) 的相差为 ε 的近似解.

下面可看到, 对于完全一般的已给方程 (1.1.1), 有作近似解的多种方法. 应用近似解概念的另一种情形是可以解出与方程 (1.1.1) 相邻近方程 $x' = g(t, x)$. 准确地说, 如果在 D 中, f 及 g 连续, 并且满足

$$|f(t, x) - g(t, x)| \leqslant \varepsilon,$$

显然对于 $x' = g(t, x)$ 的任何解 v, 我们有关系式 (1.4.1).

2. 近似解的比较

(2.1) 近似解的概念, 如近似这一定语所表明, 只有在确定它的区间中实际 "逼近" 一个解才有意义. 要有准确的叙述, 必须消去 (1.1.1) 的解中出现的任意参数, 即考虑柯西问题. 于是必须还要求近似解 v 也满足条件 (1.1.2), 或更一般地, 要求 v 使得 $|v(t_0) - x_0|$ 小于一个给定的数. 于是问题就在于考虑柯西问题的解 u (假定存在) 与

"相差为 ε 的近似解" v, 要求两者之差的绝对值 $|u(t)-v(t)|$ 对于 $t\in \mathrm{I}$ 的上界, 这一上界是由已给各量即 f, ε 及 $|v(t_0)-x_0|$ 的函数表出的.

如果对 f 除了连续以外不作其他假设, 上述问题没有解 (参看 (3.8.2)). 因此要引进利普希茨函数的概念.

(2.2) 设函数 f 在 D 中确定、连续, 并且具有 (1.1) 中的性质, 还设常数 $k>0$. 如果对 D 中有相同横坐标的任意两点 (t,x_1) 及 (t,x_2), 我们有

$$|f(t,x_1)-f(t,x_2)|\leqslant k|x_1-x_2|. \tag{2.2.1}$$

就说对 $k>0$, 函数 f (关于 x) 是利普希茨的.

上述性质成立的一个重要情形是: 对于任何 $t\in \mathrm{pr}_1(\mathrm{D})$, 函数 $x\to f(t,x)$ 是分段连续函数 $\dfrac{\partial f}{\partial x}$ 的原函数, 并且存在着与 t 无关的一个数 k, 使得对于 $(t,x)\in \mathrm{D}$,

$$\left|\frac{\partial f}{\partial x}(t,x)\right|\leqslant k; \tag{2.2.2}$$

于是关系式 (2.2.1) 就是中值定理的推论.

$\mathbb{R}^2$ 中确定的函数 $f(t,x)=\sqrt{|x|}$ 是非利普希茨函数的一个例子: 当 x 沿着 >0 的值趋近于 0 时 $f(t,x)/x$ 趋向于 $+\infty$ (参看 (3.8.2)).

(2.1) 中所提出的问题由下列基本命题解决; 它更一般地比较两个近似解 (而不预测 "真实" 解是否存在).

(2.3) 设 f 是在开集 $\mathrm{D}\subset\mathbb{R}^2$ 中确定的连续实数值函数, 并且满足不等式 (2.2.1). 设 u_1,u_2 是在区间 $\mathrm{I}\subset\mathbb{R}$ 中的两个连续实数值函数, 它们是在这区间中两个分段连续函数的原函数, 在 I 中还满足条件 $(t,u_1(t))\in \mathrm{D}$ 及 $(t,u_2(t))\in \mathrm{D}$, 而且除了在 u_1' 及 u_2' 的不连续点处外,

$$|u_1'(t)-f(t,u_1(t))|\leqslant\varepsilon_1,\quad |u_2'(t)-f(t,u_2(t))|\leqslant\varepsilon_2. \tag{2.3.1}$$

还设 $t_0\in \mathrm{I}$, 并且设

$$|u_1(t_0)-u_2(t_0)|\leqslant\delta. \tag{2.3.2}$$

那么对于任何 $t\in \mathrm{I}$, 我们有

$$|u_1(t)-u_2(t)|\leqslant\delta e^{k|t-t_0|}+\frac{\varepsilon}{k}(e^{k|t-t_0|}-1), \tag{2.3.3}$$

这里

$$\varepsilon=\varepsilon_1+\varepsilon_2.$$

为了证明上列不等式, 先引进对这种类型问题很有用的一个引理. 我们可把它描述为一个 "线性积分不等式的解".

(2.3.4) (格朗沃尔引理). 在 $\mathbb{R}$ 中闭区间 $[0,c]$ 中, 设三个函数 $\varphi, \psi, w \geqslant 0$, 分段连续, 并且除了在不连续点处外,

$$w(t) \leqslant \varphi(t) + \int_0^t \psi(s)w(s)ds. \tag{2.3.5}$$

那么除了在不连续点处外, 我们有

$$w(t) \leqslant \varphi(t) + \int_0^t \varphi(s)\psi(s)\exp\left(\int_s^t \psi(\xi)d\xi\right)ds. \tag{2.3.6}$$

令

$$y(t) = \int_0^t \psi(s)w(s)ds. \tag{2.3.7}$$

事实上, 这是一个连续函数, 是分段连续函数 $\psi(t)w(t)$ 的原函数. 用 $\psi(t)$ 乘 (2.3.5) 的两边. 除了在不连续点处外, 我们得到

$$y'(t) - \psi(t)y(t) \leqslant \varphi(t)\psi(t). \tag{2.3.8}$$

一次线性微分方程的解法提示我们, 引进函数

$$z(t) = y(t)\exp\left(-\int_0^t \psi(s)ds\right), \tag{2.3.9}$$

并且用 $\exp\left(-\int_0^t \psi(s)ds\right)$ 乘 (2.3.8) 的两边. 于是除了在不连续点处外, 得到

$$z'(t) \leqslant \varphi(t)\psi(t)\exp\left(-\int_0^t \psi(s)ds\right). \tag{2.3.10}$$

由于另一方面, $z(0) = y(0) = 0$, 由此得

$$z(t) \leqslant \int_0^t \varphi(s)\psi(s)\exp\left(-\int_0^s \psi(\xi)d\xi\right)ds;$$

代入 (2.3.9), 得

$$y(t) \leqslant \int_0^t \varphi(s)\psi(s)\exp\left(\int_s^t \psi(\xi)d\xi\right)ds,$$

并且最后, 由于从 (2.3.5) 导出 $w(t) \leqslant \varphi(t) + y(t)$, 我们就得到 (2.3.6).

证明了上列引理后, 注意到除了在不连续点处外, 下列不等式成立:

$$|u_i'(t) - f(t, u_i(t))| \leqslant \varepsilon_i \quad (i = 1, 2).$$

于是由中值定理导出: 对于 $t \geqslant t_0$

$$\left|u_i(t) - u_i(t_0) - \int_{t_0}^t f(s, u_i(s))ds\right| \leqslant \varepsilon_i(t - t_0) \quad (i = 1, 2),$$

从而

$$\left|u_1(t)-u_2(t)-(u_1(t_0)-u_2(t_0))-\int_{t_0}^{t}(f(s,u_1(s))-f(s,u_2(s))ds\right|\leqslant\varepsilon(t-t_0).$$

但是由于 f 是利普希茨的, 由 (2.2.1) 得

$$|f(s,u_1(s))-f(s,u_2(s))|\leqslant k(u_1(s)-u_2(s)|.$$

于是令 $w(t)=|u_1(t)-u_2(t)|$, 就得到不等式

(2.3.11)
$$w(t)\leqslant w(t_0)+\varepsilon(t-t_0)+k\int_{t_0}^{t}w(s)ds.$$

对上式应用格朗沃尔引理, 就对 $t\geqslant t_0$ 情形得到 (2.3.3). $t\leqslant t_0$ 情形的结果可由变数代换 $t'=-t$ 导出.

3. 柯西 – 利普希茨方法

(3.1) 设函数 f 在 D 中有界: $|f(t,x)|\leqslant M$, 并且在 D 中一致连续, 这就是说 (预篇, 5.6), 对于任何 $\varepsilon>0$, 存在着一数 $\delta>0$ (只与 ε 有关), 使得由关系式

$$(t_1,x_1)\in \mathrm{D},(t_2,x_2)\in \mathrm{D},|t_1-t_2|\leqslant\delta,|x_1-x_2|\leqslant\delta$$

可导出

$$|f(t_1,x_1)-f(t_2,x_2)|\leqslant\varepsilon.$$

我们注意如果 D 是凸的, 并且如果 f 有连续的有界偏导数 $\dfrac{\partial f}{\partial t}$ 及 $\dfrac{\partial f}{\partial x}$, 由中值定理 (第一章, 3.6), 上列条件成立.

对于任何 $\varepsilon>0$, 我们要作出 (1.1.1) 的相差为 ε 的近似解, 并且使它满足柯西条件 (1.1.2). 为此, 考虑任一点 $(t_1,x_1)\in \mathrm{D}$, 并且在区间 $[t_1,t_1+h]$ 中, 考虑平移线性函数

$$u:t\to x_1+f(t_1,x_1)(t-t_1),$$

换句话说, 就是一个平移线性函数, 它的斜率恰好是 f 在点 (t_1,x_1) 的值. 为了考察在区间 $[t_1,t_1+h]$ 中, 这函数是否是相差为 ε 的近似解, 必须作出差式

$$f(t_1,x_1)-f(t,x_1+f(t_1,x_1)(t-t_1)),$$

考察是否只要 $h\leqslant\delta$ 及 $Mh\leqslant\delta$, 上列差式的绝对值有上界 ε, 并且对于 $t_1\leqslant t\leqslant t_1+h$, 点 $(t,u(t))$ 在 D 中.

(3.2) 根据上述, 我们用下列方法, 即柯西 – 利普希茨方法作所求的近似解. 选取数 h 满足 $0\leqslant h\leqslant\inf(\delta,\delta/M)$ 并且考虑 $\mathbb{R}$ 中的点 $t_0+mh(m\in\mathbb{Z})$, 于是对于 $t\geqslant t_0$, 逐步应用上述步骤, 就可作出有下列性质的平移线性函数 (图 74):

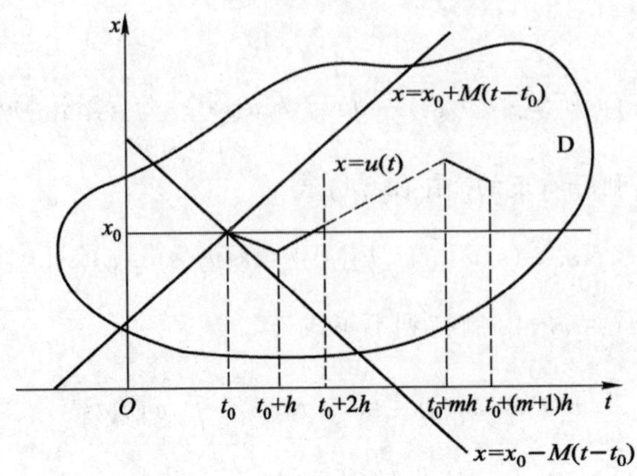

图 74

在 $[t_0, t_0+h]$ 中, 函数 u_1 满足

$$u_1(t_0) = x_0, \quad u_1'(t) = f(t_0, x_0);$$

在 $[t_0+h, t_0+2h]$ 中, 函数 u_2 满足

$$u_2(t_0+h) = u_1(t_0+h), \quad u_2'(t) = f(t_0+h, u_1(t_0+h));$$

....

在 $[t_0+mh, t_0+(m+1)h]$ 中, 函数 u_{m+1} 满足

$$u_{m+1}(t_0+mh) = u_m(t_0+mh), \quad u_{m+1}'(t) = f(t_0+mh, u_m(t_0+mh));$$

....

只要点 $(t, u_m(t))$ 属于 D, 这种步骤就可继续进行下去. 对于 $t \leqslant t_0$, 也可同样作近似解 (作变数代换 $t' = -t$ 就可化到上述情形). 这样就可得到一个 "分段线性" 函数; 在 (1.4) 中所确定的意义下, 它是 (1.1.1) 的相差为 ε 的近似解.

(3.3) 如上述作近似解时, 在每一步都必须检验 "不要越出" 开集 D. 这样就提出了了解可作近似解的所谓最大区间 $[t_0-ph, t_0+qh]$ 的问题. 容易明显定出包含在最大区间中的区间, 并且容易定出在哪里近似解不能继续作下去. 我们注意到由中值定理可立即看出: (3.2) 中作出的分段线性函数 u 满足 $|u(t)-x_0| \leqslant M|t-t_0|$. 如果矩形

$$|t-t_0| \leqslant a, \quad |x-x_0| \leqslant b$$

包含在 D 内, 那么可断定近似解 u 在区间 $|t-t_0| \leqslant c-h$ 中确定, 这里 $c = \inf(a, b/M)$ (图 74). 如果我们不知道 D 的其他几何性质, 这里的上界不能改进; 可是在许多情形下, 可以在大得多的区间中确定 u.

(3.4) 已经对任何 $\varepsilon>0$, 求得相差为 ε 的近似解后, 自然要问: 当 f 是利普希茨函数时, 是否可断定在确定近似解的区间中, 或至少在更小的区间中, 有 "真实的" 解; 而且这个解与求得的近似解相差多少. 自然的想法是取一个趋近于 0 的数列作为 ε 的值, 然后用 (2.3) 中的方法取极限; 可是必须确知作出的近似解都是在同一区间中确定的. 如果取这区间包含在 (3.3) 中考虑的区间 $|t-t_0|\leqslant c$ 中, 情况就是这样. 但是事实上, 如果已知近似解 v 在含 t_0 的一个开区间 I 中确定, 只要知道这近似解 (当 f 是利普希茨函数时) 就可导出一个区间 (一般比 (3.3) 中所确定的区间大), 在其中必然可确定差为 ε 的任何近似解:

(3.5) 设 f 满足 (3.1) 中的条件, 并且对于常数 k 是利普希茨的; 设 v 是 (1.1.1) 的差为 α $(\alpha\geqslant 0)$ 的近似解, 它是在有界开区间 $\mathrm{I}\subset \mathrm{pr}_1(\mathrm{D})$ 中确定的. 对于 $\varepsilon>0$, 令

$$\varphi(t)=\frac{\alpha+\varepsilon}{k}(e^{k|t-t_0|}-1), \tag{3.5.1}$$

并且设 $\mathrm{J}_\varepsilon\subset\mathrm{I}$ 是最大的区间, 在其中对于 $|\theta|\leqslant 1$, 点 $(t,v(t)+\theta\varphi(t))$ 属于 D. 那么 (1.1.1) 有确定在 J_ε 中的差为 ε 的近似解 u, 使得对于 $t\in\mathrm{J}_\varepsilon,(t,u(t))\in\mathrm{D}$, 并且 $u(t_0)=v(t_0)$; 此外, 对于有这些性质的任何近似解 u, 我们有: 在 J_ε 中,

$$|u(t)-v(t)|\leqslant\varphi(t). \tag{3.5.2}$$

如果用柯西 – 利普希茨法作出 u, 只须就 m 递推考察. 如果 u 是对 $t_0\leqslant t\leqslant t_0+mh$ 确定, 并满足 $(t,u(t))\in\mathrm{D}$, 而且如果区间 $[t_0+mh,t_1]$ (这里 $t_1\leqslant t_0+(m+1)h$) 包含在 J_ε 中, 那么对于 $t_0+mh\leqslant t\leqslant t_1$, 点 $(t,u(t))$ 还是在 D 中. 否则应有更小的数 t_2 满足 $t_0+mh<t_2<t_1$, 使得 $(t_2,u(t_2))\notin\mathrm{D}$ (因为由于 $\xi\to u(\xi)$ 在开区间 $]t_0+mh,t_1[$ 中连续, 并且由于 D 是 $\mathbb{R}^2$ 中的开集, 这区间中满足 $(\xi,u(\xi))\notin\mathrm{D}$ 的点 ξ 所组成的集是 $\mathbb{R}$ 中的闭集, 于是只须取 t_2 的下确界). 但是由 (2.3), 对于 $t_0\leqslant t<t_2$, 应有 $|u(t)-v(t)|\leqslant\varphi(t)$, 于是由连续性, 应得 $|u(t_2)-v(t_2)|\leqslant\varphi(t_2)$, 与关于 J_ε 的假设相矛盾. 于是由 (2.3), (3.5.2) 在 J_ε 中成立.

现在可在 (3.5) 中的条件下, 证明 (1.1.1) 的解的存在及唯一性:

(3.6) 保留 (3.5) 中的假设及所用的记号, 对于任何 $\varepsilon>0$, (1.1.1) 有一个并且只有一个解 u 在 J_ε 中确定, 并且满足 $u(t_0)=v(t_0)$; 这个解在 J_ε 中还满足 (3.5.2).

由定义, 对于 $\varepsilon_1<\varepsilon_2$, 我们有 $\mathrm{J}_{\varepsilon_2}\subset\mathrm{J}_{\varepsilon_1}$. 把 ε 换成 $\varepsilon/2^n$, 并且设 u_n 是 (1.1.1) 的相差为 $\varepsilon/2^n$ 的近似解, 它在 J_ε 中确定, 并且满足 $u_n(t_0)=v(t_0)$. 由 (2.3), 对于任何 $t\in\mathrm{J}_\varepsilon$, 我们有

$$|u_{n+1}(t)-u_n(t)|\leqslant\frac{\varepsilon}{2^{n-1}k}(e^{k|t-t_0|}-1).$$

因此一般项是 $u_{n+1}(t)-u_n(t)$ 的级数在 J_ε 中正规收敛, 由此导出序列 $\{u_n\}$ 在 J_ε 中一致收敛于极限 u; u 在 J_ε 中连续并且满足 $u(t_0)=v(t_0)$. 此外, 由 (2.2.1), 对于任何 $t\in\mathrm{J}_\varepsilon$, 我们有

$$|f(t,u(t))-f(t,u_n(t))|\leqslant k|u(t)-u_n(t)|.$$

因此函数 $t \to f(t, u_n(t))$ 的序列也在 J_ε 中一致收敛于 $f(t, u(t))$. 应用第五章, 3.4, 于是对于 $t \in \mathrm{J}_\varepsilon$, 我们有

$$u(t) = u(t_0) + \int_{t_0}^{t} f(s, u(s))ds.$$

由此可见, (1.1.1) 的满足柯西条件 $u(t_0) = v(t_0)$ 的解 u 存在. 取 $\delta = \varepsilon_1 = \varepsilon_2 = 0$ 并应用 (2.3), 就可导出 u 的唯一性.

(3.7) 在实践中, 往往只设要考虑的函数 f 在 D 中连续并且是局部利普希茨的; 这就表示对任何点 $(t_1, x_1) \in \mathrm{D}$, 有一个包含在 D 中的闭正方形

$$\mathrm{C}_{(t_1,x_1)} : |t - t_1| \leqslant a(t_1, x_1), \quad |x - x_1| \leqslant a(t_1, x_1),$$

在其中 f (对于一个与 (t_1, x_1) 有关的常数 k) 是利普希茨的 ($\mathbb{R}^2$ 中确定的 $f(t,x) = x^2$ 是这种函数的实例). 由于我们还知道 f 在 $\mathrm{C}_{(t_1,x_1)}$ 中有界并且一致连续 (预篇, 5.6), 于是有一个开区间 $]t_1 - \alpha, t_1 + \alpha[$ (这里 $\alpha < a$) 以及在这区间中确定的 (1.1.1) 的一个解 u, 满足 $u(t_1) = x_1$; 此外, 如果 (1.1.1) 的另一个解 v 确定在 $]t_1 - \beta, t_1 + \beta[$ 中, 并且满足 $v(t_1) = x_1$, 那么在上述两区间的最小一个中, v 与 u 重合 ((3.2), (3.3) 及 (3.6)).

于是只设 f 在 D 中连续并且是局部利普希茨的, 并且从任一点 $(t_0, x_0) \in \mathrm{D}$ 出发. 如果 $\mathrm{J}_1, \mathrm{J}_2$ 是含 t_0、并且包含在 $\mathrm{pr}_1(\mathrm{D})$ 中的两个开区间, 并且 u_i 是 (1.1.1) 在 J_i 中确定、并且满足 $u_i(t_0) = x_0 (i = 1, 2)$, 那么还是由 (2.3) 可得: u_1 及 u_2 在 $\mathrm{J}_1 \bigcap \mathrm{J}_2$ 中重合. 否则集 $\{t \in \mathrm{J}_1 \bigcap \mathrm{J}_2$: 对于 $s \leqslant t, u_1(s) = u_2(s)\}$ 有一上确界 $\beta \in \mathrm{J}_1 \bigcap \mathrm{J}_2$, 而由连续性, 应有 $u_1(\beta) = u_2(\beta)$; 但是由上面的结果, 应有一个含 β 的区间 $\mathrm{J}' \subset \mathrm{J}_1 \bigcap \mathrm{J}_2$, 在其中 $u_1(t) = u_2(t)$, 与上确界的定义相矛盾. 考虑含 t_0 的开区间 $\mathrm{J} \subset \mathbb{R}$, 在其中 (1.1.1) 有满足柯西条件 (1.1.2) 的解. 由上述断定, 所有这种开区间的并集 J_0 是这种开区间中最大的一个, 并且在 J_0 中, (1.1.1) 的满足 (1.1.2) 的解是唯一的. J_0 的起点 b 可能是 $-\infty$, 它的终点 c 可能是 $+\infty$. 例如如果 c 是有限数, 可能出现两种情形:

I) 反常积分 $\displaystyle\int_{t_0}^{c} f(s, u(s))ds$ 不收敛, 从而由 (1.2.1), 当趋近于 c 时, $u(t)$ 不趋近于有限的极限.

Ⅱ) 反常积分 $\displaystyle\int_{t_0}^{c} f(s, u(s))ds$ 收敛, 从而左极限 $u(c-)$ 存在, 并且是有限数, 我们可以说点 $(c, u(c-))$ 是 D 的边界点. 事实上, 否则 (1.1.1) 应在一个区间 $]c - h, c + h[$ 中有一个解 w, 满足 $w(c) = u(c-)$; 由 (2.3), 它在区间 $]c - h, c[$ 中与 u 重合, 从而在 $]b, c[$ 中等于 u, 在 $]c - h, c + h[$ 中等于 w, 于是它应当是 (1.1.1) 在 $]b, c + h[$ 中的一个解, 并且满足柯西条件 (1.1.2), 与 c 的定义相矛盾.

特别地, 当 f 在 D 中有界时, 情形 I) 不可能出现, 因此或者 $c = +\infty$, 或者 $(c, u(c-))$ 是 D 的一个边界点.

注释 (3.8.1) 一般不可能由简单考察方程 (1.1.1) 及初始条件 (1.1.2) 就可确定 (3.7) 中的最大区间 J_0. 例如对于方程 $x' = x^2$ 及 $\mathrm{D} = \mathbb{R}^2$, 在点 $t_0 = 0$ 取值 $x_0 > 0$ 的解是 $x_0/(1 - tx_0)$, 并且 J 是区间 $]-\infty, 1/x_0[$.
(3.8.2) 在不设函数 f 在 x 处是利普希茨的时, 可能 (1.1.1) 在 $\mathbb{R}$ 中的区间中有许多解, 并且这些解都满足柯西条件 (1.1.2). 例如取 $f(t,x) = 2|x|^{\frac{1}{2}}$, 并且对于任何 $c \geqslant 0$ 用 u_c 表示 $\mathbb{R}$ 中的这样一个连续可导函数: 对于 $t \leqslant c$ 等于 0, 对于 $t \geqslant c$ 等于 $(t-c)^2$. 显然所有这些函数满足微分方程 $x' = 2|x|^{\frac{1}{2}}$ 及柯西条件 $u_c(0) = 0$.

4. 对微分方程组与高阶微分方程的推广

(4.1) 设 n 是任一整数 > 0, D 是 $\mathbb{R}^{n+1}$ 中的一个开集, $f_j (1 \leqslant j \leqslant n)$ 是 D 中的 n 个实数值连续函数; n 个一阶微分方程的方程组

$$\begin{cases} x_1' = f_1(t, x_1, \cdots, x_n), \\ x_2' = f_2(t, x_1, \cdots, x_n), \\ \cdots\cdots\cdots\cdots \\ x_n' = f_n(t, x_1, \cdots, x_n), \end{cases} \tag{4.1.1}$$

在开区间 $\mathrm{I} \subset \mathbb{R}$ 中的解是一组 n 个在 I 中确定的可导连续函数

$$t \to u_j(t) \quad (1 \leqslant j \leqslant n),$$

使得对于任何 $t \in \mathrm{I}$, 我们有

$$(t, u_1(t), \cdots, u_n(t)) \in \mathrm{D}$$

并且对于任何 $t \in \mathrm{I}$ 及 $1 \leqslant j \leqslant n$,

$$u_j'(t) = f_j(t, u_1(t), \cdots, u_n(t)).$$

特别方便的是采用几何语言, 用 $\boldsymbol{x}$ 表示向量 $(x_1, \cdots, x_n) \in \mathbb{R}^n$, 用 $(t, \boldsymbol{x}) \to \boldsymbol{f}(t, \boldsymbol{x})$ 表示从开集 $\mathrm{D} \subset \mathbb{R} \times \mathbb{R}^n$ 到 $\mathbb{R}^n$ 中的映射

$$(t, x_1, \cdots, x_n) \to (f_1(t, x_1, \cdots, x_n), \cdots, f_n(t, x_1, \cdots, x_n)).$$

于是微分方程组 (4.1.1) 可写成一个向量微分方程

$$\boldsymbol{x}' = \boldsymbol{f}(t, \boldsymbol{x}) \tag{4.1.2}$$

的形式, 并且这方程的解是从 $\mathrm{I} \subset \mathbb{R}$ 到 $\mathbb{R}^n$ 的向量映射

$$t \to \boldsymbol{u}(t) = (u_1(t), \cdots, u_n(t)),$$

这映射在 I 中连续及可导, 并且对于 $t \in \mathrm{I}$, 满足 $\boldsymbol{u}'(t)=\boldsymbol{f}(t,\boldsymbol{u}(t))$. 在这里柯西问题可表述如下: 已给一点 $(t_0,\boldsymbol{x}_0)\in \mathrm{D}$ (这里 $\boldsymbol{x}_0=(x_{01},\cdots,x_{0n})\in\mathbb{R}^n$), 要在含 t_0 的区间 I 中的诸解之中, 求出还满足 (向量) *初始条件*

(4.1.3) $$\boldsymbol{u}(t_0)=\boldsymbol{x}_0$$

的解; 上列条件当然等价于 n 个 (数值) 初始条件: 对于 $1\leqslant j\leqslant n, u_j(t_0)=x_{0j}$.

按照向量映射的积分的定义 (预篇, 4.4), 求 (4.1.2) 的满足柯西条件 (4.1.3) 的解问题可叙述如下: 在 I 中, $\boldsymbol{u}$ 必须满足 (向量) *积分方程*

(4.1.4) $$\boldsymbol{u}(t)=\boldsymbol{x}_0+\int_{t_0}^{t}\boldsymbol{f}(s,\boldsymbol{u}(s))ds.$$

由于 $\mathbb{C}^n=\mathbb{R}^{2n}, f$ 在 $\mathbb{R}\times\mathbb{C}^n$ 的一个开集 D 中确定情形是上述情形的一个特例.

(4.2) 由于记号相似, 我们在常微分方程组理论的研究中, 逐步仿照一个 (数值) 常微分方程的情形进行. 首先确定在 $\mathrm{I}\subset\mathbb{R}$ 中 (4.1.2) 的*差是 ε 的近似解*是 I 中的一个连续向量映射 $\boldsymbol{v}:\mathrm{I}\to\mathbb{R}^n$, 它是分段连续向量函数 $\boldsymbol{v}'$ 在 I 中的原映射①, 并且对于任何 $t\in\mathrm{I}, (t,v(t))\in\mathrm{D}$, 除了在不连续点外,

(4.2.1) $$\|\boldsymbol{v}'(t)-\boldsymbol{f}(t,\boldsymbol{v}(t))\|\leqslant\varepsilon;$$

$\|\boldsymbol{x}\|$ 是在第一章, 1.6.1 中引进的范数. 然后与在 (2.2) 中一样, 由下列条件引进 (在 D 中确定的连续) 映射 $\boldsymbol{f}$ 对常数 k 是 (关于 $\boldsymbol{x}$ 的)*利普希茨*的概念: 对 D 中第一坐标相同的任意两点 $(t,\boldsymbol{x}_1),(t,\boldsymbol{x}_2)$,

(4.2.2) $$\|\boldsymbol{f}(t,\boldsymbol{x}_1)-\boldsymbol{f}(t,\boldsymbol{x}_2)\|\leqslant k\|\boldsymbol{x}_1-\boldsymbol{x}_2\|.$$

由第一章, 3.6.1, 当偏导数 $\dfrac{\partial f_i}{\partial x_j}(1\leqslant i,j\leqslant n)$ 在 D 中有界时, 上述条件成立. 于是有与 (2.3) 相应的结果:

(4.3) *设 $\boldsymbol{f}$ 是在 $\mathbb{R}^n$ 中取值的映射, 在开集 $\mathrm{D}\subset\mathbb{R}\times\mathbb{R}^n$ 中确定并且连续, 还满足 (4.2.2). 设 $\boldsymbol{u}_1,\boldsymbol{u}_2$ 是两个在 $\mathbb{R}^n$ 中取值的映射, 在开区间 $\mathrm{I}\subset\mathbb{R}$ 中连续, 在 I 中分别由 n 个分段连续映射的原映射组成, 满足条件 $(t,\boldsymbol{u}_1(t))\in\mathrm{D}$ 及 $(t,\boldsymbol{u}_2(t))\in\mathrm{D}$, 并且除了在不连续点处外, 还满足不等式*

(4.3.1) $$\|\boldsymbol{u}_1'(t)-\boldsymbol{f}(t,\boldsymbol{u}_1(t))\|\leqslant\varepsilon_1,\quad \|\boldsymbol{u}_2'(t)-\boldsymbol{f}(t,\boldsymbol{u}_2(t))\|\leqslant\varepsilon_2.$$

设 $t_0\in\mathrm{I}$, 并且设

(4.3.2) $$\|\boldsymbol{u}_1(t_0)-\boldsymbol{u}_2(t_0)\|\leqslant\delta.$$

①译者注: "原映射" (primitive d'une fonction) 即用来表示映射之函数的原函数.

那么对于任何 $t \in \mathrm{I}$, 我们有

(4.3.3)
$$\|\boldsymbol{u}_1(t)-\boldsymbol{u}_2(t)\| \leqslant \delta e^{k|t-t_0|}+\frac{\varepsilon}{k}(e^{k|t-t_0|}-1),$$

这里

$$\varepsilon=\varepsilon_1+\varepsilon_2.$$

证明与 (2.3) 的证明完全相同, 只要在 (2.3) 的证明中, 到处用范数代替绝对值, 并且应用 "向量" 形式的中值定理 (第一章, 3.5.4).

(4.4) 现在设 $\boldsymbol{f}$ 在 D 中有界并且一致连续, 可用 (3.1) 中所讲的柯西 – 利普希茨法作出 (4.1.2) 的 "分段线性的" 近似解: 在这里 $\boldsymbol{u}_{m+1}$ 是 $[t_0+mh, t_0+(m+1)h]$ 中的向量值映射:

$$t \to \boldsymbol{u}_m(t_0+mh)+(t-t_0-mh)\boldsymbol{f}(t_0+mh, \boldsymbol{u}_m(t_0+mh)).$$

如同在 (3.3) 中那样, 当假设 D 包含 "超平行体" $|t-t_0| \leqslant a, \|\boldsymbol{x}-\boldsymbol{x}_0\| \leqslant b$, 并且令

$$c=\inf(a, b/M)$$

时, 至少在一个区间 $|t-t_0| \leqslant c-h$ 中, 上述作法有意义.

下列结果与 (3.5) 相对应:

(4.5) 设 $\boldsymbol{f}$ 在 D 中有界、一致连续, 并且对于常数 k 是利普希茨的; 设 $\boldsymbol{v}$ 是 (4.1.2) 的相差是 α 的近似解, 它是在有界开区间 I 中确定的. 用 $\varphi(t)$ 表示函数 (3.5.1), 并且设 $\mathrm{J}_\varepsilon \subset \mathrm{I}$ 是最大的开区间, 在其中对于满足 $\|\boldsymbol{c}\| \leqslant 1$ 任何 $\boldsymbol{c} \in \mathbb{R}^n$, 点 $(t, \boldsymbol{v}(t)+\boldsymbol{c}\varphi(t))$ 属于 D. 那么存在着在 J_ε 中的一个映射 $\boldsymbol{u}$, 它是 (4.1.2) 的相差是 ε 的近似解, 并且满足 $\boldsymbol{u}(t_0)=\boldsymbol{v}(t_0)$; 此外, 对于具有这些性质的任何近似解 $\boldsymbol{u}$, 我们有: 在 J_ε 中

(4.5.1)
$$\|\boldsymbol{u}(t)-\boldsymbol{v}(t)\| \leqslant \varphi(t).$$

(4.5) 的证明与 (3.5) 的证明相同, 不过要把绝对值换成范数.

关于 (4.1.2) 的柯西问题, 由此可导出解的存在及唯一性:

(4.6) 假设及记号与 (4.5) 中的相同, 对于任何 $\varepsilon>0$, 存在着 (4.1.2) 在 J_ε 中确定的解 u, 且满足 $\boldsymbol{u}(t_0)=\boldsymbol{v}(t_0)$; 这解在 J_ε 中还满足 (4.5.1).

这里还是只须像 (3.6) 中那样论证.

(4.7) 最后, 当只设 $\boldsymbol{f}$ 连续, 并且对 x 是局部利普希茨的时, 与 (3.7) 中一样, 可证明存在着一个最大的区间 J_0, 在其中可确定关于 (4.1.2) 的柯西问题的解, 并且在 J_0 的端点处的性质也可同样进行考察.

(4.8) 已给在开集 $\mathrm{D} \subset \mathbb{R}^{n+1}$ 中的连续实值函数 f, n 阶微分方程

(4.8.1)
$$x^{(n)}=f(t, x, x', x'', \cdots, x^{(n-1)})$$

在开区间 $\mathrm{I}\subset\mathbb{R}$ 中的解是在 I 中确定的一个连续并且 n 次可导的实值函数 u, 使得我们有: 对于任何 $t\in\mathrm{I}$

$$(t,u(t),u'(t),\cdots,u^{(n-1)}(t))\in\mathrm{D},$$

并且对于任何 $t\in\mathrm{I}$,

$$u^{(n)}(t)=f(t,u(t),\cdots,u^{(n-1)}(t)).$$

这种方程的求解可立即化成一阶 n 个微分方程组的求解. 事实上, 如果 u 是 (4.8.1) 在 I 中的解, 那么 n 个函数组

$$v_1=u,\quad v_2=u',\cdots,v_n=u^{(n-1)}$$

是由 I 中的连续并可导的函数组成的, 这组函数是下列方程组的解:

$$\text{(4.8.2)}\qquad \begin{cases} y_1'=y_2,\\ y_2'=y_3,\\ \cdots\cdots\cdots\cdots\\ y_{n-1}'=y_n,\\ y_n'=f(t,y_1,y_2,\cdots,y_n),\end{cases}$$

并且反过来, 如果 $(v_1,v_2,\cdots,v_n)$ 是这一微分方程组的解, 函数 $u=v_1$ 在 I 中连续, n 次可导, 并且是 (4.8.1) 的解. 因此关于 (4.8.1) 的柯西问题, 作为定义, 就是关于方程组 (4.8.2) 的柯西问题, 这就是说, 求 (4.8.1) 在含 t_0 的开区间 I 中的解, 并使这解还满足初始条件:

$$\text{(4.8.3)}\qquad u(t_0)=x_0,\quad u'(t_0)=x_0',\cdots,\quad u^{(n-1)}(t_0)=x_0^{(n-1)},$$

这里点 $(t_0,x_0,x_0',\cdots,x_0^{(n-1)})$ 属于 D.

我们同样可以把形式如下的阶数 $\geqslant 1$ 的微分方程组

$$\text{(4.8.4)}\qquad \begin{cases} x_1^{(n_1)}=f_1(t,x_1,\cdots,x_1^{(n_1-1)},\cdots,x_r,\cdots,x_r^{(n_r-1)}),\\ \cdots\cdots\cdots\cdots\\ x_r^{(n_r)}=f_r(t,x_1,\cdots,x_1^{(n_1-1)},\cdots,x_r,\cdots,x_r^{(n_r-1)}),\end{cases}$$

化成 (4.1.1) 类型的微分方程组. 取所有的函数及上式右边出现的所有导数作为未知函数, 就得到含 $n_1+n_2+\cdots+n_r$ 个一阶微分方程的方程组, 它的解与 (4.8.4) 的解一一对应.

(4.9) 在向量微分方程 (4.1.2) 中, 往往要作变数代换或未知映射的代换. 这里限于考虑 $\mathrm{D}=\mathrm{I}\times\mathrm{H}$ 情形, 这里 I 是 $\mathbb{R}$ 中的一个开区间, H 是 $\mathbb{R}^n$ 中的一个开集. 设 I_1 是 $\mathbb{R}$ 中的一个开区间, 并且 $\varphi:s\to\varphi(s)$ 是从 I_1 到 I 的一个连续可导映射; (4.1.2) 通过变数代换 $t=\varphi(s)$ 而得的微分方程是

$$\text{(4.9.1)}\qquad \boldsymbol{x}'=\boldsymbol{f}(\varphi(s),\boldsymbol{x})\varphi'(s).$$

这里上式右边是在 $I_1 \times H$ 中确定的; 对于 (4.1.2) 在 $J \subset I$ 中确定的任何解 $\boldsymbol{u}$, 映射 $s \to \boldsymbol{u}(\varphi(s))$ 是 (4.9.1) 的确定在 $\varphi^{-1}(J) \subset I_1$ 中的解; 如果函数 φ 是双射, 并且如果它的反函数在 I 中连续可导, 反过来从 (4.9.1) 的任何解, 可导出 (4.1.2) 的一解.

对于未知映射的代换, 这里只考虑 $H = \mathbb{R}^n$ 及线性代换情形. 数 $A(t)$ 是在 I 中确定的 n 阶可逆方阵, 其中元素是实的, 并且在 I 中是连续可导的; (4.1.2) 通过未知映射代换 $\boldsymbol{y} = A(t).\boldsymbol{x}$ 而得的方程是微分方程

$$\boldsymbol{y}' = A(t).\boldsymbol{f}(t, A^{-1}(t).\boldsymbol{y}) + A'(t)A^{-1}(t).\boldsymbol{y}, \tag{4.9.2}$$

上式右边在 $I \times \mathbb{R}^2$ 中确定并且连续; 对于 (4.1.2) 在 $J \subset I$ 中确定的任何解 $\boldsymbol{u}$, 映射, $\boldsymbol{v} : t \to A(t).\boldsymbol{u}(t)$ 是 (4.9.2) 在 J 中确定的解, 并且反过来, 如果 $\boldsymbol{v}$ 是 (4.9.2) 这样的一解, $\boldsymbol{u} : t \to A^{-1}(t).\boldsymbol{v}(t)$ 是 (4.1.2) 在 J 中确定的一解.

5. 复域中的微分方程

(5.1) 设 D 是空间 $\mathbb{C}^n$ 中的一个开集; 所谓在 D 中确定并且连续的复值函数 f 在 D 中解析 (或全纯), 就是说对于任何点 $z_0 = (z_{10}, z_{20}, \cdots, z_{n0}) \in D$, 对每个指标 $j(1 \leqslant j \leqslant n)$, 函数 $z_j \to f(z_{10}, \cdots, z_{j-1,0}, z_j, z_{j+1,0}, \cdots, z_{n0})$ 在点 z_{j0} 的邻域中解析, 而且偏导数 $\dfrac{\partial f}{\partial z_j}(z_1, \cdots, z_n)$ (假设它们在 D 中存在) 在 D 中连续 (可证明最后这一条件是上述各条件的推论).

复合函数求导数定理的通常证法表明: 当 $w_1, \cdots, w_n$ 是 $\mathbb{C}$ 内开集 U 中单复变数 z 的解析函数, 并且对任何 $z \in U$,

$$(w_1(z), \cdots, w_n(z)) \in D$$

时, 复合函数

$$z \to f(w_1(z), \cdots, w_n(z)) = g(z)$$

在 U 中解析, 并且有由下式给出的导数:

$$g'(z) = \sum_{j=1}^{n} w_j'(z) \frac{\partial f}{\partial z_j}(w_1(z), \cdots, w_n(z)). \tag{5.1.1}$$

我们定义在 D 中解析、在 $\mathbb{C}^r$ 中取值的映射, 同样是用它的 r 个分量在 D 中解析这一条件; 这种偏导映射 $\boldsymbol{f} = (f_k)_{1 \leqslant k \leqslant r}$ 是向量解析映射 $\dfrac{\partial \boldsymbol{f}}{\partial x_j} = \left(\dfrac{\partial f_k}{\partial x_j}\right)_{1 \leqslant k \leqslant r}$.

设 D 包含 n 个闭圆盘

$$|z_j - z_{j0}| \leqslant r_j \quad (1 \leqslant j \leqslant n)$$

的乘积Δ, 并且设 M 是 n 个连续映射 $\left|\dfrac{\partial \boldsymbol{f}}{\partial z_j}\right|$ 在 Δ 中的上确界. 那么无论在 Δ 中的 $\boldsymbol{z}'$ 及 $\boldsymbol{z}''$ 是什么样的复向量, 我们有

(5.1.2)
$$|\boldsymbol{f}(\boldsymbol{z}')-\boldsymbol{f}(\boldsymbol{z}'')| \leqslant nM\|\boldsymbol{z}'-\boldsymbol{z}''\|.$$

事实上, 考虑在 $\mathbb{C}$ 中端点是 0 及 1 的线段, 当 t 在这线段的充分小的邻域 $\mathrm{V}\subset\mathbb{C}$ 中变动时, 点 $\boldsymbol{z}'+t(\boldsymbol{z}''-\boldsymbol{z}')$ 属于 Δ. 因此映射

$$t\to g(t)=\boldsymbol{f}(\boldsymbol{z}'+t(\boldsymbol{z}''-\boldsymbol{z}'))$$

在 V 中解析, 并且特别对于 $0\leqslant t\leqslant 1$, g 是连续可导的, 而且

$$g'(t)=\sum_{j=1}^{n}(\boldsymbol{z}_j''-\boldsymbol{z}_j')\frac{\partial \boldsymbol{f}}{\partial z_j}(\boldsymbol{z}'+t(\boldsymbol{z}''-\boldsymbol{z}')).$$

于是 (5.1.2) 可由中值公式导出.

(5.2) 设 D 是 $\mathbb{C}^{n+1}$ 中的一个开集, 并且考虑在 D 中解析的 n 个复数值函数 $f_j(1\leqslant j\leqslant n)$. n 个一阶微分方程组成的方程组

(5.2.1)
$$\begin{cases} w_1'=f_1(z,w_1,\cdots,w_n),\\ w_2'=f_2(z,w_1,\cdots,w_n),\\ \cdots\cdots\cdots\cdots\\ w_n'=f_n(z,w_1,\cdots,w_n) \end{cases}$$

在开集 $\mathrm{H}\subset\mathbb{C}$ 中的解是一组 n 个在 H 中解析的复数值函数 $z\to u_j(z)(1\leqslant j\leqslant n)$, 使得对于任何 $z\in\mathrm{H}$,

$$(z,u_1(z),\cdots,u_n(z))\in\mathrm{D}$$

并且对于任何 $z\in\mathrm{H}$ 及 $1\leqslant j\leqslant n$,

$$u_j'(z)=f_j(z,u_1(z),\cdots,u_n(z)).$$

把复向量 $(w_1,\cdots,w_n)\in\mathbb{C}^n$ 记作 $\boldsymbol{w}$, 把向量 $(f_1(z,w_1,\cdots,w_n),\cdots,f_n(z,w_1,\cdots,w_n))$ 记作 $\boldsymbol{f}(z,\boldsymbol{w})$, 还可把方程组 (5.2.1) 写成

(5.2.2)
$$\boldsymbol{w}'=\boldsymbol{f}(z,\boldsymbol{w}),$$

与在 (4.1) 中一样, 我们可把关于这一向量方程的柯西问题表述如下.

设 H 是 $\mathbb{C}$ 中的单连通开集, $\boldsymbol{u}$ 是 H 中的一个解析映射, 在 $\mathbb{C}^n$ 中取值. 如果 $\boldsymbol{u}$ 是 (5.2.2) 的一个解, 对于 $z_0\in\mathrm{H},\boldsymbol{u}(z_0)=\boldsymbol{w}_0$, 那么对于 H 中连接 z_0 及 z 的任何道路 $\alpha(z)$ (第七章, 5.2), 我们也有

(5.2.3)
$$\boldsymbol{u}(z)=\boldsymbol{w}_0+\int_{\alpha(z)}\boldsymbol{f}(s,\boldsymbol{u}(s))ds.$$

反过来, 如果 H 中的一个向量解析映射 $\boldsymbol{u}$, 使得对于任何 $z \in \mathrm{H}, (z, \boldsymbol{u}(z)) \in \mathrm{D}$, 并且满足 (5.2.3), 那么这就是 (5.2.2) 的满足初始条件 $\boldsymbol{u}(z_0) = \boldsymbol{w}_0$ 的一个解. 这是因为这时 $\boldsymbol{f}(z, \boldsymbol{u}(z))$ 在 H 中解析 (5.1), 并且 $\boldsymbol{u}(z)$ 是这映射在点 z_0 取值 $\boldsymbol{w}_0$ 的原映射.

(5.3) 对复域中微分方程 (5.2.2) 的解做大范围的研究, 要遇到意外的困难. 例如对方程 $w' = -\dfrac{1}{2}w^3$, 可取 $\mathrm{D} = \mathbb{C}$, 但是这方程在 $\mathbb{C}$ 中没有解析的解, 甚至没有亚纯的解 (所有解都有 "支点"). 可是在实域中的微分方程情形, 关于解在确定它的整个区间的性质, 我们曾经有所了解 (3.7). 对复域中的微分方程, 在这里只考虑局部的解的存在与唯一性定理, 而不试图考察这种解的解析开拓问题.

(5.4) 设 D 是 $n+1$ 个开圆盘

$$|z - z_0| < a, \quad |w_j - w_{j0}| < b \quad (1 \leqslant j \leqslant n)$$

在 $\mathbb{C}^{n+1}$ 中的乘积. 设 $(z, \boldsymbol{w}) \to \boldsymbol{f}(z, \boldsymbol{w})$ 是 D 中的向量解析映射, 在 $\mathbb{C}^n$ 中取值, 并且设在 D 中 $\|\boldsymbol{f}(z, \boldsymbol{w})\| \leqslant M$, 并且 $\left\|\dfrac{\partial \boldsymbol{f}}{\partial z_j}\right\| \leqslant A$ $(1 \leqslant j \leqslant n)$. 那么在圆盘 Δ : $|z - z_0| < c = \inf\left(a, \dfrac{b}{M}\right)$ 中, 存在着 (5.2.2) 的一个、并且只有一个解析解 $\boldsymbol{u}$ 满足 $\boldsymbol{u}(z_0) = \boldsymbol{w}_0 = (w_{j0})$.

在这里要用迭代 (或逐步逼近) 的一般概念 (第二章, 3.1). 要证明在 Δ 中用下列条件可以递推出向量解析映射的一个序列 $\{\boldsymbol{u}_m\}$:

$$\boldsymbol{u}_0(z) = \boldsymbol{w}_0, \tag{5.4.1}$$

$$\boldsymbol{u}_{m+1}(z) = \boldsymbol{w}_0 + \int_{\alpha(z)} \boldsymbol{f}(s, \boldsymbol{u}_m(s))ds \quad (m \geqslant 0), \tag{5.4.2}$$

这里 $\alpha(z)$ 是 Δ 中起点是 z_0、终点是 z 的一条道路 (例如联结这两点的线段); 然后证明序列 $\{\boldsymbol{u}_m\}$ 在 Δ 中一致收敛于所求解 $\boldsymbol{u}$, 并且这个解是唯一的.

设 $\boldsymbol{u}_m$ 已确定, 并且对于任何 $z \in \Delta$,

$$\|\boldsymbol{u}_m(z) - \boldsymbol{w}_0\| < b;$$

于是对于任何 $\boldsymbol{z} \in \Delta$, (5.4.2) 的右边是确定的, 而且为了进行递推, 只要证明对于任何 $z \in \Delta$, 也有 $\|\boldsymbol{u}_{m+1}(z) - \boldsymbol{w}_0\| \leqslant b$. 然而既然对于任何 $z \in \Delta, \|\boldsymbol{f}(z, \boldsymbol{u}_m(z))\| \leqslant M$, 由第七章, 2.1.3, 我们有

$$\left\|\int_{\alpha(z)} \boldsymbol{f}(s, \boldsymbol{u}_m(s))ds\right\| \leqslant M|z - z_0| < b.$$

由此得上面所需结论.

另一方面, 由 (5.1.2), 对于 D 中有相同第一个射影的任意两点 $(z, \boldsymbol{w}')$ 及 $(z, \boldsymbol{w}'')$, 我们有

$$\|\boldsymbol{f}(z, \boldsymbol{w}') - \boldsymbol{f}(z, \boldsymbol{w}'')\| \leqslant k\|\boldsymbol{w}' - \boldsymbol{w}''\|, \tag{5.4.3}$$

这里 $k=nA$. 因此由 (5.4.2) 可导出: 对于任何 $m\geqslant 1$,

$$\begin{aligned}\|\boldsymbol{u}_{m+1}(z)-\boldsymbol{u}_m(z)\| &= \left\|\int_{\alpha(z)}(\boldsymbol{f}(s,\boldsymbol{u}_m(s))-\boldsymbol{f}(s,\boldsymbol{u}_{m-1}(s)))ds\right\| \\ &\leqslant k\left|\int_{\alpha(z)}\|\boldsymbol{u}_m(s)-\boldsymbol{u}_{m-1}(s)\|ds\right|.\end{aligned}$$

由于 $\|\boldsymbol{u}_1(z)-\boldsymbol{u}_0(z)\|=\|\boldsymbol{u}_1(z)-\boldsymbol{w}_0\|=\left\|\int_{\alpha(z)}\boldsymbol{f}(s,\boldsymbol{w}_0)ds\right\|\leqslant M|z-z_0|$, 于是对 m 递推, 就得到 (把 $\alpha(z)$ 取作线段)

$$\|\boldsymbol{u}_{m+1}(z)-\boldsymbol{u}_m(z)\|\leqslant\frac{Mk^m}{(m+1)!}|z-z_0|^{m+1}\leqslant\frac{M}{k}\frac{(kc)^{m+1}}{(m+1)!};\tag{5.4.4}$$

这就证明了一般项是 $\boldsymbol{u}_{m+1}(z)-\boldsymbol{u}_m(z)$ 的级数在 Δ 中正规收敛. 于是由 (5.4.3) 断定, 向量解析映射 $z\to\boldsymbol{f}(z,\boldsymbol{u}_m(z))$ 的序列在 Δ 中也一致收敛于 $z\to\boldsymbol{f}(z,\boldsymbol{u}(z))$; 又由第七章, 10.1, 序列 $\{\boldsymbol{u}_m\}$ 的极限 $\boldsymbol{u}$ 在 Δ 中解析, 而由第五章, 3.4, 对于任何 $z\in\Delta$,

$$\boldsymbol{u}(z)=\boldsymbol{w}_0+\int_{\alpha(z)}\boldsymbol{f}(s,\boldsymbol{u}(s))ds.$$

由 (5.2), 这样就完成了解 $\boldsymbol{u}$ 存在的证明.

$\boldsymbol{u}$ 的唯一性可由 (4.6) 直接导出, 只须注意到: 对满足 $0\leqslant\theta\leqslant 2\pi$ 的任何 θ, 实变数 t 的向量映射

$$\boldsymbol{v}:t\to\boldsymbol{u}(z_0+te^{i\theta})$$

是向量微分方程

$$\boldsymbol{v}'(t)=e^{i\theta}\boldsymbol{f}(z_0+te^{i\theta},\boldsymbol{v}(t))$$

在区间 $]-c,c[$ 中的解, 并且满足柯西条件 $\boldsymbol{v}(0)=\boldsymbol{w}_0$.

唯一性问题也可直接论证如下: 如果 $\boldsymbol{g}$ 是 (5.2.3) 在 Δ 中的解, 对于任何 $m\geqslant 0$, 我们有

$$\begin{aligned}\|\boldsymbol{u}_{m+1}(z)-\boldsymbol{g}(z)\| &= \left\|\int_{\alpha(z)}(\boldsymbol{f}(s,\boldsymbol{u}_m(s))-\boldsymbol{f}(s,\boldsymbol{g}(s))ds\right\| \\ &\leqslant k\left|\int_{\alpha(z)}\|\boldsymbol{u}_m(s)-\boldsymbol{g}(s)\|ds\right|,\end{aligned}$$

并且另一方面, 对于 $m=0$,

$$\|\boldsymbol{u}_0(z)-\boldsymbol{g}(z)\|=\|\boldsymbol{w}_0-\boldsymbol{g}(z)\|=\left\|\int_{\alpha(z)}\boldsymbol{f}(s,\boldsymbol{g}(s))ds\right\|\leqslant M|z-z_0|.$$

由此与上面一样, 对 m 递推, 就得到

$$\|\boldsymbol{u}_{m+1}(z)-\boldsymbol{g}(z)\| \leqslant \frac{Mk^m}{(m+1)!}|z-z_0|^{m+1}.$$

取极限, 正好得到 $\boldsymbol{g}=\boldsymbol{u}$. 证完.

(5.5) 在复域中, 变量代换或未知映射代换问题与在实域中 (4.9) 同样处理, 不过要径直把 $\mathbb{R}$ 换成 $\mathbb{C}$, 把 I 换成 $\mathbb{C}$ 中的开集, 并且只考虑解析函数或解析映射. 要注意只有当所用变换 $z=\varphi(w)$ 是双射时, 才可能从变换了的方程的解, 导出原有方程的解; 否则要把变量 w 及 z 的定义域分解成几个, 在每一个部分域中变换都是双射, 然后详细研究从一个部分域到另一变换的方式.

6. 解与初始条件和参变量的相关性

(6.1) 如 (5.3) 中所指出, 我们不讲述复域中微分方程 (5.2.2) 的解的解析开拓这一难题. 可是我们要看到, 当已知这种方程在 $\mathbb{C}$ 的一个开集中有满足一个初始条件的解时, 可以断定在同一开集中, 与原方程 "相邻近" 的微分方程也有满足 "相邻近" 的初始条件的解.

(6.2) 把空间 $\mathbb{C}^{n+k+1}$ 看作乘积空间 $\mathbb{C}\times\mathbb{C}^n\times\mathbb{C}^k$. 考虑在 $\mathbb{C}^{n+k+1}$ 中一个开集 D 及在 D 中确定、并在 $\mathbb{C}^n$ 中取值的一个向量解析映射

$$(z,\boldsymbol{w},\boldsymbol{t})\to\boldsymbol{f}(z,\boldsymbol{w},\boldsymbol{t}).$$

现研究含复 "参变" 向量 $\boldsymbol{t}$ 的微分方程

$$\boldsymbol{w}'=\boldsymbol{f}(z,\boldsymbol{w},\boldsymbol{t}) \tag{6.2.1}$$

的解. 设 D 的形状是 $\mathrm{V}\times\Delta$, 这里 V 是 $\mathbb{C}^{n+1}$ 中的一个开集, Δ 是圆盘的乘积 $\|\boldsymbol{t}-\boldsymbol{t}_0\|<R$. 设微分方程

$$\boldsymbol{w}'=\boldsymbol{f}(z,\boldsymbol{w},\boldsymbol{t}_0) \tag{6.2.2}$$

有在开集 $\mathrm{H}_0\subset\mathrm{pr}_1(\mathrm{V})$ 中确定、并且解析的解 $\boldsymbol{g}$ (当然设 $\boldsymbol{g}(\mathrm{H}_0)\subset\mathrm{V}$). 设 F 是包含在 H_0 中的一个有界闭集, H 是 F 的内点的集, 并设 H 是单连通的.

然后由于 $\boldsymbol{g}(\mathrm{F})$ 是 V 中的一个有界闭子集, 存在着一数 $\delta_0>0$, 使得对于任何 $\delta\in\,]0,\delta_0]$, $\mathbb{C}^{n+k+1}$ 中满足下列条件的点 $(\zeta,\boldsymbol{v},\boldsymbol{t})$:

$$\zeta\in\mathrm{H},\|\boldsymbol{v}-\boldsymbol{g}(\zeta)\|+\|\boldsymbol{t}-\boldsymbol{t}_0\|<\delta \tag{6.2.3}$$

所组成的开集 U_δ 连同它的边界包含在 D 内. 于是我们有下列结果:

(6.3) 在 (6.2) 中的假设下, 存在着一数 δ, 满足 $0<\delta<\delta_0$, 并且使得对任何点 $(\zeta,\boldsymbol{v},\boldsymbol{t})\in\mathrm{U}_\delta$, (6.2.1) 有一个、并且只有一个解 $z\to\boldsymbol{u}(z,\zeta,\boldsymbol{v},\boldsymbol{t})$ 在 H 中确定, 并且满足初始条件

$$\boldsymbol{u}(\zeta,\zeta,\boldsymbol{v},\boldsymbol{t})=\boldsymbol{v}. \tag{6.3.1}$$

而且映射 $(z,\zeta,\boldsymbol{v},\boldsymbol{t})\to\boldsymbol{u}(z,\zeta,\boldsymbol{v},\boldsymbol{t})$ 在 $\mathrm{H}\times\mathrm{U}_\delta$ 中 (关于它所依赖的 $n+k+2$ 个复变数) 还是解析的.

现在把 (5.4) 中用过的迭代法加以修改, 用来证明命题 (6.3). 我们要看到: 取 δ 充分小, 可在 $\mathrm{H}\times\mathrm{U}_\delta$ 中确定向量解析映射的一个序列 $(z,\zeta,\boldsymbol{v},\boldsymbol{t})\to\boldsymbol{u}_m(z,\zeta,\boldsymbol{v},\boldsymbol{t})$, 使得对于任何 $m,(z,\boldsymbol{u}_m(z,\zeta,\boldsymbol{v},\boldsymbol{t}))\in\mathrm{V}$; 这一序列是按下列方式就 m 递推作出的:

(6.3.2) $$\boldsymbol{u}_0(z,\zeta,\boldsymbol{v},\boldsymbol{t})=\boldsymbol{g}(z)+\boldsymbol{v}-\boldsymbol{g}(\zeta)$$

并且对于 $m\geqslant 0$,

(6.3.3) $$\boldsymbol{u}_{m+1}(z,\zeta,\boldsymbol{v},\boldsymbol{t})=\boldsymbol{v}+\int_{\alpha_z}\boldsymbol{f}(s,\boldsymbol{u}_m(s,\zeta,\boldsymbol{v},\boldsymbol{t}),\boldsymbol{t})ds,$$

这里 $\alpha_z:[0,\lambda]\to\mathrm{H}$ 是起点 ζ、终点 z 的折线. 我们知道既然 H 是单连通的, 积分不依赖于连接 ζ 及 z 的道路 α_z. 为了证明 $\boldsymbol{u}_m$ 存在, 可以只使 z 在一个心为 z_1 的一个闭圆盘 $\mathrm{H}_1\subset\mathrm{H}$ 中变化. 于是取 α_z 是由起点 ζ、终点 z_1 的与 z 无关的道路以及起点 z_1、终点 z 的线段相衔接而成. 可设 α_z 用曲线 ξ 的弧作为参数来表示, 这参数在区间 $[0,a_z]$ 中变动. 对于 $z\in\mathrm{H}_1$, 设这些区间的长度以固定的数 c 为界, 并且对于 $0\leqslant\xi\leqslant a_z$, 除了在有限个点处外, $|\alpha_z'(\xi)|=1$. 首先, 我们有

(6.3.4) $$\|\boldsymbol{u}_0(z,\zeta,\boldsymbol{v},\boldsymbol{t})-\boldsymbol{g}(z)\|=\|\boldsymbol{v}-\boldsymbol{g}(\zeta)\|,$$

因此对于任何 $\delta\leqslant\delta_0$, 由关系式 $(\zeta,\boldsymbol{v},\boldsymbol{t})\in\mathrm{U}_\delta$ 可导出: 对于任何 $z\in\mathrm{H},(z,\boldsymbol{u}_0(z,\zeta,\boldsymbol{s},\boldsymbol{t}),\boldsymbol{t})\in\mathrm{U}_\delta$. 其次, 由 $\boldsymbol{g}$ 的定义, 我们有

$$\|\boldsymbol{u}_1(z,\zeta,\boldsymbol{v},\boldsymbol{t})-\boldsymbol{u}_0(z,\zeta,\boldsymbol{v},\boldsymbol{t})\|=\left\|\int_{\alpha_z}(\boldsymbol{f}(s,\boldsymbol{u}_0(s,\zeta,\boldsymbol{v},\boldsymbol{t}),\boldsymbol{t})-\boldsymbol{f}(s,\boldsymbol{g}(s),\boldsymbol{t}_0))ds\right\|.$$

由于在 U_δ 及它的边界的并集, 即一有界闭集中, $\boldsymbol{f}$ 的偏导数有界 (预篇, 5.6), 存在着一个常数 $k>0$, 使得我们有: 对于 U_{δ_0} 中两点 $(z,\boldsymbol{w}',\boldsymbol{t}')$ 及 $(z,\boldsymbol{w}'',\boldsymbol{t}'')$,

(6.3.5) $$\|\boldsymbol{f}(z,\boldsymbol{w}',\boldsymbol{t}')-\boldsymbol{f}(z,\boldsymbol{w}'',\boldsymbol{t}'')\|\leqslant k(\|\boldsymbol{w}'-\boldsymbol{w}''\|+\|\boldsymbol{t}'-\boldsymbol{t}''\|)$$

(5.1.2). 因此由 (6.3.4)、(6.3.5) 及中值定理, 得到对于 $0\leqslant\xi\leqslant a_z$ 及 $(\zeta,\boldsymbol{v},\boldsymbol{t})\in\mathrm{U}_\delta$,

(6.3.6) $$\|\boldsymbol{u}_1(\alpha_z(\xi),\zeta,\boldsymbol{v},\boldsymbol{t})-\boldsymbol{u}_0(\alpha_z(\xi),\zeta,\boldsymbol{v},\boldsymbol{t})\|\leqslant k\delta\xi.$$

现取 δ, 使得

(6.3.7) $$\delta e^{kc}<\delta_0.$$

于是特别对于 $0\leqslant\xi\leqslant a_z$, 我们有 $\delta(1+k\xi)<\delta_0$, 并且由 (6.3.4) 及 (6.3.6) 导出: 对于 $0\leqslant\xi\leqslant a_z$ 及 $(\zeta,\boldsymbol{v},\boldsymbol{t})\in\mathrm{U}_\delta$, 我们有 $(\alpha_z(\xi),\boldsymbol{u}_1(\alpha_z(\xi),\zeta,\boldsymbol{v},\boldsymbol{t}),\boldsymbol{t})\in\mathrm{U}_{\delta_0}$. 现要就 m 递推证明: 对于 $0\leqslant\xi\leqslant a_z$ 及 $(\zeta,\boldsymbol{v},\boldsymbol{t})\in\mathrm{U}_\delta$, 我们有

(6.3.8) $$\|\boldsymbol{u}_m(\alpha_z(\xi),\zeta,\boldsymbol{v},\boldsymbol{t})-\boldsymbol{u}_{m-1}(\alpha_z(\xi),\zeta,\boldsymbol{v},\boldsymbol{t})\|\leqslant\delta\frac{k^m\xi^m}{m!}.$$

由此应用 (6.3.7) 及不等式 $1+\dfrac{k\xi}{1!}+\dfrac{k^2\xi^2}{2!}+\cdots+\dfrac{k^m\xi^m}{m!}\leqslant e^{k\xi}\leqslant e^{ka_z}$, 可导出: 对于 $0\leqslant\xi\leqslant a_z$ 及 $(\zeta,\boldsymbol{v},\boldsymbol{t})\in\mathrm{U}_\delta$, 我们有

$$(\alpha_z(\xi),\boldsymbol{u}_m(\alpha_z(\xi),\zeta,\boldsymbol{v},\boldsymbol{t}),\boldsymbol{t})\in\mathrm{U}_{\delta_0},$$

从而可用公式 (6.3.3) 确定 $\boldsymbol{u}_{m+1}$.

已经对 $m=1$ 证明了不等式 (6.3.8), 设这不等式对 $m>1$ 成立, 并且注意这时我们有

$$\begin{aligned}&\|\boldsymbol{u}_{m+1}(\alpha_z(\xi),\zeta,\boldsymbol{v},\boldsymbol{t})-\boldsymbol{u}_m(\alpha_z(\xi),\zeta,\boldsymbol{v},\boldsymbol{t})\|\\=&\left\|\int_0^{\xi}(\boldsymbol{f}(\alpha_z(\eta),\boldsymbol{u}_m(\alpha_z(\eta),\zeta,\boldsymbol{v},\boldsymbol{t}),\boldsymbol{t})-\boldsymbol{f}(\alpha_z(\eta),\boldsymbol{u}_{m-1}(\alpha_z(\eta),\zeta,\boldsymbol{v},\boldsymbol{t}),\boldsymbol{t}))\alpha_z'(\eta)d\eta\right\|,\end{aligned}$$

由此应用 (6.3.5) 及 (6.3.8), 就得到

$$\|\boldsymbol{u}_{m+1}(\alpha_z(\xi),\zeta,\boldsymbol{v},\boldsymbol{t})-\boldsymbol{u}_m(\alpha_z(\xi),\zeta,\boldsymbol{v},\boldsymbol{t})\|\leqslant\delta\frac{k^{m+1}\xi^{m+1}}{(m+1)!}.$$

这样证明了递推是合理的, 并且完全确定了这些 $\boldsymbol{u}_m$.

此外, 已经证明了对于任何 $z\in\mathrm{H}_1$ 及对于 $(\zeta,\boldsymbol{v},\boldsymbol{t})\in\mathrm{U}_\delta$, 我们有

$$\|\boldsymbol{u}_m(z,\zeta,\boldsymbol{v},\boldsymbol{t})-\boldsymbol{u}_{m-1}(z,\zeta,\boldsymbol{v},\boldsymbol{t})\|\leqslant\delta\frac{k^m c^m}{m!}. \tag{6.3.9}$$

这样就可证明序列 $\{\boldsymbol{u}_m\}$ 在 $\mathrm{H}_1\times\mathrm{U}_\delta$ 中一致收敛. 于是这序列的极限 $\boldsymbol{u}$ 在 $\mathrm{H}_1\times\mathrm{U}_\delta$ 中解析 (第七章, 10.1), 并且可像 (5.4) 中一样结束论证.

(6.4) 同样的证明也可应用到实数域, 只是要把 D 取作 $\mathbb{R}^{n+1}\times\mathbb{R}^k$ 中形如 $\mathrm{V}\times\Delta$ 的开集, 这里 V 是 $\mathbb{R}^{n+1}$ 中的开集, 并且 Δ 是区间的乘积; 要把解析函数用连续可导函数来代替, 把 H_0 及 H 用 $\mathbb{R}$ 中的开区间来代替. 结束论证要引用第五章, 3.4, 在 (6.3.3) 的两边取极限.

习　题

1) 考虑纯量微分方程

$$x'=|x|^{-3/4}x+t\sin\frac{\pi}{t}=f(t,x),$$

上式右边是在 $\mathbb{R}^2$ 中确定的; 取 $t_0=0,x_0=0$ 作为初始条件, 并且考虑用对于值 $h=\left(n+\frac{1}{2}\right)^{-1}$ (n 趋向于 $+\infty$) 的柯西–利普希茨方法作出的近似解; 用 $u_n(t)$ 表示与 n 对应的近似解.

a) 证明: 如果 n 是偶数, 我们有

$$u_n(h)=0,u_n(2h)=h^2,\ 并且\ u_n(3h)\geqslant\frac{1}{2}h^{3/2}>(3h)^{3/2}/16.$$

还存在着一个常数 $c>0$, 使得如果对于满足 $mh<c$ 的整数 m, 我们有 $u_n(mh)>\frac{1}{16}(mh)^{3/2}$, 那么对于 $mh<ph<c$, 我们也有 $u_n(ph)>\frac{1}{16}(ph)^{3/2}$. (证明

$$f(ph,u_n(ph))>(u_n(ph))^{1/4}-ph>\frac{1}{2}(ph)^{3/8}-ph>\frac{1}{10}(ph)^{3/8},$$

并且注意对于 $t<c$, 我们有 $\frac{1}{10}t^{3/8}>\frac{d}{dt}\left(\frac{1}{16}t^{3/2}\right)$; 由递推完成证明.)

b) 同样对 n 是奇数情形进行论证, 证明我们有: 对于 $3h\leqslant mh<c$,

$$u_n(mh)<-\frac{1}{16}(mh)^{3/2}.$$

断定当 n 趋向于 $+\infty$ 时, 近似解 $u_n(t)$ 不趋近于任何极限.

2) 设 $f(t,x)$ 在 $\mathbb{R}^2$ 的集 $|t|\leqslant a, |x|\leqslant b$ 中确定, 并且是取实数值的连续函数, 还满足: 对于 $tx>0, f(t,x)<0$; 对于 $tx<0, f(t,x)>0$. 证明微分方程 $x'=f(t,x)$ 满足初始条件 $x(0)=0$ 的唯一解是恒等于零的函数 (用反证法. 在确定解 u 的区间 $[0,c]$ 中, 考虑使 u 达到极大值或极小值的点).

3) 设 $f(t,x)$ 是在 $\mathbb{R}^2$ 中由下列条件确定的连续实值函数: 对于 $x\geqslant t^2, f(t,x)=-2t$; 对于 $|x|<t^2, f(t,x)=-2\dfrac{x}{t}$; 对于 $x\leqslant -t^2, f(t,x)=2t$. 设 $\{u_n\}$ 是由下列条件确定的函数序列: $u_0(t)=t^2$, 对于 $n\geqslant 1, u_n(t)=\displaystyle\int_0^t f(s,u_{n-1}(s))ds$. 证明: 虽然微分方程 $x'=f(t,x)$ 有满足初始条件 $u(0)=0$ 的唯一解 $u=0$ (习题 2), 可是对于任何值 $t\neq 0$, 序列 $\{u_n(t)\}$ 不收敛.

4) a) 设 $\mathrm{D}\subset\mathbb{R}\times\mathbb{R}^n$ 是包含 "超平行体"

$$\mathrm{P}: |t-t_0|<a,\ \|\boldsymbol{x}-\boldsymbol{x}_0\|<b$$

的一个开集, 并且设 $\boldsymbol{f}$ 是 D 中连续并且对 $\boldsymbol{x}$ 是局部利普希茨的一个映射. 设 $h(s,z)$ 是对 $0\leqslant z\leqslant a$ 及 $0\leqslant z\leqslant b$ 确定并且连续的两实变数 s,z 的函数 $\geqslant 0$, 而对任何 $s\in[0,a]$, 映射 $z\to h(s,z)$ 是递增的; 设在超平行体 P 中,

$$\|\boldsymbol{f}(t,\boldsymbol{x})\|\leqslant h(|t-t_0|,\|\boldsymbol{x}-\boldsymbol{x}_0\|).$$

设 φ 是在区间 $0\leqslant t<c$ (这里 $c<a$) 中一个分段连续、在 $[0,b[$ 中取值的函数的原函数, $\varphi(0)=0$, 而且在 $[0,c[$ 中, 除了在 φ' 的不连续点处外,

$$\varphi'(s)>h(s,\varphi(s)).$$

证明方程 $\boldsymbol{x}'=\boldsymbol{f}(t,\boldsymbol{x})$ 满足柯西条件 $\boldsymbol{u}(t_0)=\boldsymbol{x}_0$ 的解 $\boldsymbol{u}$ 的最大定义区间包含 $]t_0-c,t_0+c[$, 并且在这区间中, 我们有

$$\|\boldsymbol{u}(t)-\boldsymbol{x}_0\|\leqslant\varphi(|t-t_0|).$$

b) 设 D 包含开集 $\mathrm{I}\times\mathbb{R}^n$, 这里 I 是 $\mathbb{R}$ 中的开区间, 并且设在 D 中, 我们有 $\|\boldsymbol{f}(t,\boldsymbol{x})\|\leqslant h(\|\boldsymbol{x}\|)$, 这里 $h(z)$ 是对任何 $z\geqslant 0$ 确定的实变数 z 的连续增函数 >0, 并且满足

$$\int_0^{+\infty}\frac{dz}{h(z)}=+\infty.$$

证明方程 $\boldsymbol{x}'=\boldsymbol{f}(t,\boldsymbol{x})$ 的任何解是在整个 I 中确定的.

5) a) 设在矩形 $\mathrm{P}: |t-t_0|<a, |x-x_0|<b$ 中, g 及 h 是两个连续实值函数, 对 x 是局部利普希茨的, 并且在 P 中满足

$$g(t,x)<h(t,x).$$

设 u (或 v) 是 $x'=g(t,x)$ (或 $x'=h(t,x)$) 满足 $u(t_0)=x_0$ (或 $v(t_0)=x_0$) 并且对 $t_0\leqslant t<t_0+c$ 确定的解. 证明对于 $t_0<t<t_0+c$, 我们有 $u(t)<v(t)$ (考虑使这不等式成立的 t 的上确界).

b) 用同样的记号, 只设在 P 中, $g(t,x) \leqslant h(t,x)$. 证明对于 $t_0 \leqslant t < t_0 + c$, 我们有 $u(t) \leqslant v(t)$ (考虑 $x' = h(t,x) + \dfrac{1}{n}$ 的解 v_n, 它满足 $v_n(t_0) = x_0$, 然后令 n 趋向于 $+\infty$, 并且应用 (3.6)).

6) 设 J 是 $\mathbb{R}$ 中起点是 0 的最大区间, 在其中方程

$$x' = \lambda + \frac{x^2}{1+t^2} \quad (\lambda \text{ 是实常数})$$

的解 u 是确定的.

a) 证明如果 $\lambda \leqslant \dfrac{1}{4}$, 我们有 $\mathrm{J} = [0, +\infty[$ (应用习题 4a), 注意这时有实数 c 满足 $c \leqslant \lambda + c^2$).

b) 证明如果 $\lambda > \dfrac{1}{4}$, 我们有 $\mathrm{J} = [0, a[$, 这里

$$\operatorname{sh}\frac{\pi}{2\sqrt{\lambda}} < a < \operatorname{sh}\frac{\pi}{\sqrt{4\lambda - 1}}$$

(令 $x = y(1+t^2)^{\frac{1}{2}}$, 并且应用习题 5).

第十二章 线性微分方程

1. 线性微分方程的解的存在域

(1.1) 如果含 n 个一阶微分方程的方程组有下列形式

$$
\begin{cases}
x_1' = a_{11}(t)x_1 + \cdots + a_{1n}(t)x_n + b_1(t), \\
x_2' = a_{21}(t)x_1 + \cdots + a_{2n}(t)x_n + b_2(t), \\
\cdots\cdots\cdots\cdots \\
x_n' = a_{n1}(t)x_1 + \cdots + a_{nn}(t)x_n + b_n(t),
\end{cases} \tag{1.1.1}
$$

它就叫做线性的, 这里或者设自变数 t 在开区间 $\mathrm{I} \subset \mathbb{R}$ 中, 函数 a_{jk} 及 b_k 在 I 中连续, 函数 x_k 取实数值; 或者设自变数 t 在开集 $\mathrm{D} \subset \mathbb{C}$ 中, 函数 a_{jk} 及 b_k 在 D 中解析, 函数 x_k 取复数值. 在第一种情形, 要求连续可导的解; 在第二种情形, 要求解析解.

用 $\boldsymbol{x}$ 表示 $\mathbb{R}^n$ (或 $\mathbb{C}^n$) 中的向量 $(x_1, \cdots, x_n)$, 用 $\boldsymbol{b}(t)$ 表示 $\mathbb{R}^n$ (或 $\mathbb{C}^n$) 中的向量, 用 $A(t)$ 表示方阵 $(a_{jk}(t))_{1\leqslant j,k\leqslant n}$, 即从 $\mathbb{R}^n$ 到 $\mathbb{R}^n$ (或从 $\mathbb{C}^n$ 到 $\mathbb{C}^n$) 的线性变换, 于是方程组 (1.1.1) 可写成 (把向量写成 1 列、n 行的矩阵)

$$
\boldsymbol{x}' = A(t).\boldsymbol{x} + \boldsymbol{b}(t). \tag{1.1.2}
$$

注意用第十一章, 4.8 中方法, 可见 n 阶线性微分方程

$$
x^{(n)} = a_1(t)x^{n-1} + a_2(t)x^{(n-2)} + \cdots + a_n(t)x + b(t) \tag{1.1.3}
$$

与一个线性微分方程组 (1.1.1) 等价.

对于方程 (1.1.2), 其中 $\boldsymbol{b}(t)$ 及 $\boldsymbol{x}$ 是 $\mathbb{R}^n$ 中的向量, $A(t)$ 是有实元素的矩阵, 考虑方程 $y' = A(t).\boldsymbol{y} + \boldsymbol{b}(t)$ 往往是方便的, 这里 $\boldsymbol{y}$ 是 $\mathbb{C}^n$ 中的向量, 把 $A(t)$ 看作是从 $\mathbb{C}^n$ 到 $\mathbb{C}^n$ 的线性变换的矩阵, 并且把 $\boldsymbol{b}(t)$ 看做是 $\mathbb{C}^n$ 中的向量. 如果 $\boldsymbol{v}(t)$ 是这方程的 "开拓了的" 解, 显然如果 $\boldsymbol{u}(t)$ 是 $\mathbb{R}^n$ 中的向量, 它的分量是向量 $\boldsymbol{v}(t)$ 的分量的实部, 那么 $\boldsymbol{u}$ 是 (1.1.2) 的一个解.

(1.2) 在实域中, 线性方程 (1.1.2) 有显著的性质, 即在 A 及 $\boldsymbol{b}$ 连续的整个区间中, 这方程有确定的解. 事实上, I 是闭区间 $[a_m, b_m]$ 序列的一个并集, 在每个 $[a_m, b_m]$ 中, 连续映射 A 及 $\boldsymbol{b}$ 有界. 把 A 看作在 $\mathbb{R}^{n^2}$ 中取值的向量映射, 显然有: 对于 $\mathbb{R}^n$ 中的任何 $\boldsymbol{x}_1$ 及 $\boldsymbol{x}_2$,

$$\|A(t).\boldsymbol{x}_1 - A(t).\boldsymbol{x}_2\| \leqslant n\|A(t)\| \cdot \|\boldsymbol{x}_1 - \boldsymbol{x}_2\|. \tag{1.2.1}$$

于是得到应用第十一章, 4.7 的条件. 例如考虑能在其中确定 (1.1.2) 的一解 $\boldsymbol{u}$ 的最大区间 $\mathrm{J}_0 \subset \mathrm{I}$, 要证明 J_0 的端点 c 必然是 I 的端点. 用反证法, 假定反过来对于一个指标 m, 我们有 $c < b_m$. 既然 A 及 $\boldsymbol{b}$ 在 $[a_m, b_m]$ 中有界, 由关系式

$$\boldsymbol{u}(t) = \boldsymbol{u}(t_0) + \int_{t_0}^{t} (A(s).\boldsymbol{u}(s) + \boldsymbol{b}(s))ds$$

及 (1.2.1) 导出: 存在着常数 $k > 0$, 使得对于满足 $t_0 \leqslant t < c$ 的任何 t, 我们有

$$\|\boldsymbol{u}(t)\| \leqslant k\left(1 + \int_{t_0}^{t} \|\boldsymbol{u}(s)\| ds\right). \tag{1.2.2}$$

由这不等式及格朗沃尔引理 (第十一章, 2.3.4), 我们有

$$\|\boldsymbol{u}(t)\| \leqslant k(1 + e^{k(t-t_0)}),$$

从而 $\|\boldsymbol{u}(t)\|$ 及 $\|A(t).\boldsymbol{u}(t) + \boldsymbol{b}(t)\|$ 在区间 $[t_0, c[$ 中有界. 可是在这里 $\mathrm{D} = \mathrm{I} \times \mathbb{R}^n$, 由第十一章, 3.7, 上述结果是不可能的.

(1.3) 同样, 在复域中, 当 D 是单连通开集, A 及 $\boldsymbol{b}$ 在 D 中解析时, 那么 (1.1.2) 的任何解 $\boldsymbol{u}$ 在整个D 中确定. 事实上, 用第十一章, 6.3 中记号, 对于任何点 $\xi \in \mathrm{D}$, 可以作出一序列 D 中的解析函数

$$\begin{gathered} \boldsymbol{u}_0(z) = \boldsymbol{w}_0, \quad \text{并且对于 } m \geqslant 0, \\ \boldsymbol{u}_{m+1}(z) = \boldsymbol{w}_0 + \int_{\alpha_z} (A(s).\boldsymbol{u}_m(s) + \boldsymbol{b}(s))ds, \end{gathered} \tag{1.3.1}$$

这里的映射没有存在的问题, (1.1.2) 的右边在整个 $\mathrm{D} \times \mathbb{C}^n$ 中是确定的; 用同样的记号, 对于一个适当的常数 k, 我们也有

$$\|A(\alpha_z(\xi).(\boldsymbol{w}' - \boldsymbol{w}''))\| \leqslant k\|\boldsymbol{w}' - \boldsymbol{w}''\|,$$

这里 z 是心为任意 $z_1 \in \mathrm{D}$ 的闭圆盘 $\mathrm{H}_1 \subseteq \mathrm{D}$ 中任一点, ξ 是满足 $0 \leqslant \xi \leqslant a_z$ 的任一数, $\boldsymbol{w}'$ 及 $\boldsymbol{w}''$ 是 $\mathbb{C}^n$ 中任意两数. 由第十一章, 6.3 中论证可得: 对于任何 $z \in \mathrm{H}_1$ 及 $m \geqslant 1$,

(1.3.2) $$\|\boldsymbol{u}_m(z) - \boldsymbol{u}_{m-1}(z)\| \leqslant \delta \frac{k^m \xi^m}{m!},$$

这里 δ 是 $\left\|\int_{\alpha_z} (A(s).\boldsymbol{w}_0 + \boldsymbol{b}(s))ds\right\|$ 对于 $z \in \mathrm{H}_1$ 的 (有限) 上确界. 如同在第十一章, 6.3 中那样可得结论.

(1.4) 现不回到未知映射的代换问题 (第十一章, 4.9), 我们只是确切指出: 在线性方程 (1.1.2) 中, 如果作未知映射代换 $\boldsymbol{y} = P.\boldsymbol{x}$, 这里 P 是可逆常数矩阵, 已变换的方程可写成

(1.4.1) $$\boldsymbol{y}' = PA(t)P^{-1}.\boldsymbol{y} + P.\boldsymbol{b}(t).$$

往往可以应用这样的未知映射代换, 把 $A(t)$ 化到有下列形状的情形

$$\begin{pmatrix} A_1(t) & 0 \\ 0 & A_2(t) \end{pmatrix},$$

这里 $A_1(t)$ 及 $A_2(t)$ 分别是 p 阶及 $n-p$ 阶的方阵. 显然可以把 $\boldsymbol{x}$ (及 $\boldsymbol{b}(x)$) 分解成 $\boldsymbol{x}_1 + \boldsymbol{x}_2$ (及 $\boldsymbol{b}_1(t) + \boldsymbol{b}_2(t)$) 的形状, 这里第一个 (及第二个) 向量有指标 $> p$ (及 $\leqslant p$) 的零分量, 并且 (1.1.2) 的任何解的形状是 $\boldsymbol{u}_1(t) + \boldsymbol{u}_2(t)$, 这里 $\boldsymbol{u}_j$ 是下列方程的解:

(1.4.2) $$\boldsymbol{x}_j' = A_j(t).\boldsymbol{x}_j + \boldsymbol{b}_j(t) \quad (j = 1, 2).$$

2. 实域中线性微分方程组的预解矩阵

(2.1) 首先在实域中, 考虑与线性方程 (1.1.2) 相对应的齐次线性方程:

(2.1.1) $$\boldsymbol{x}' = A(t).\boldsymbol{x},$$

这里 $A(t)$ 是在一个开区间 I 中确定并且连续的矩阵. 对于任何 $\boldsymbol{y} \in \mathbb{R}^n$ 及任何 $s \in \mathrm{I}$, 我们知道 (1.2) 在 I 中, (2.1.1) 有一个并且只有一个解 $t \to \boldsymbol{u}(t, s, \boldsymbol{y})$ 满足

(2.1.2) $$\boldsymbol{u}(s, s, \boldsymbol{y}) = \boldsymbol{y}.$$

我们要由此导出: 对于固定的 t 及 s, 从 $\mathbb{R}^n$ 到 $\mathbb{R}^n$ 的映射

$$\boldsymbol{y} \to \boldsymbol{u}(t, s, \boldsymbol{y})$$

是线性的. 事实上, 立即可见向量映射 $t \to \alpha\boldsymbol{u}(t, s, \boldsymbol{y}_1) + \beta\boldsymbol{u}(t, s, \boldsymbol{y}_2)$ 是 (2.1.1) 在 $t = s$ 时取值 $\alpha\boldsymbol{y}_1 + \beta\boldsymbol{y}_2$ 的一个解; (2.1.1) 满足初始条件的解的唯一性表明: 我们有

$$\boldsymbol{u}(t, s, \alpha\boldsymbol{y}_1 + \beta\boldsymbol{y}_2) = \alpha\boldsymbol{u}(t, s, \boldsymbol{y}_1) + \beta\boldsymbol{u}(t, s, \boldsymbol{y}_2).$$

上述论断得证.

于是我们可以写出

(2.1.3) $$\boldsymbol{u}(t,s,\boldsymbol{y})=R(t,s)\boldsymbol{y},$$

这里 $R(t,s)$ 是只与 t 及 s 有关的一个矩阵. 如果 $(\boldsymbol{e}_j)_{1\leqslant j\leqslant n}$ 表示 $\mathbb{R}^n$ 的典范基, 由定义, $R(t,s)$ 的第 j 列是 $R(t,s).\boldsymbol{e}_j$, 即 (2.1.1) 满足 $\boldsymbol{u}_j(s)=\boldsymbol{e}_j$ 的解是 $\boldsymbol{u}_j$. $R(t,s)$ 叫做方程 (2.1.1) (或 (1.1.2)) 的预解矩阵.

(2.2) 由 (2.1.2), 我们有

(2.2.1) $$R(s,s)=I\ (\text{单位矩阵}).$$

此外, 对 I 中任何 r,s,t, 我们有

(2.2.2) $$R(t,s)R(s,r)=R(t,r).$$

这是因为对于任何 $\boldsymbol{y}\in\mathbb{R}^n$, 映射 $t\to R(t,s).(R(s,r).\boldsymbol{y})$ 是 (2.1.1) 在点 s 取值 $R(s,r).\boldsymbol{y}$ 的解; 而 $t\to R(t,r).\boldsymbol{y}$ 在点 s 正好取同一值; 从而由唯一性, 我们有 $R(t,s).(R(s,r).\boldsymbol{y})=R(t,r).\boldsymbol{y}$. 由于这式对任何 $\boldsymbol{y}\in\mathbb{R}^n$ 成立, 从而得到 (2.2.2).

特别地, 由 (2.2.1), 我们有

(2.2.3) $$R(t,s)R(s,t)=I,$$

这就证明了预解矩阵 $R(s,t)$ 是可逆的, 并且

(2.2.4) $$R(s,t)=(R(t,s))^{-1}.$$

已知 $t\to R(t,s)$ 是连续可导的. 关系式 (2.2.4) 表明 $s\to R(s,t)$ 也是这样, 从而

$$(s,t)\to R(t,s)=R(t,s_0)R(s_0,s)$$

对两个变数 s,t 连续, 并且有在 $\mathrm{I}\times\mathrm{I}$ 中连续的偏导数.

已给 (2.1.1) 的一组 n 个解 $\boldsymbol{v}_1,\cdots,\boldsymbol{v}_n$; 如果对于任何 $t\in\mathrm{I}, n$ 个向量 $\boldsymbol{v}_1(t),\cdots,\boldsymbol{v}_n(t)$ 在 $\mathbb{R}^n$ 中线性无关 (从而形成 $\mathbb{R}^n$ 中的一个基), 那么这组解叫做 (2.1.1) 的基本解组. 既然 $\boldsymbol{v}_j(t)=R(t,s).\boldsymbol{v}_j(s)$, 并且 $R(s,t)$ 是可逆的, 可见只要 $\boldsymbol{v}_1(s),\cdots,\boldsymbol{v}_n(s)$ 在一点 $s\in\mathrm{I}$ 线性无关, n 个解 $\boldsymbol{v}_j$ 就形成一个基本解组.

此外, 如果 $V(t)$ 是各列为 $\boldsymbol{v}_1(t),\cdots,\boldsymbol{v}_n(t)$ 的矩阵, 那么上面的关系式表明我们有

(2.2.5) $$R(t,s)=V(t)V(s^{-1}),$$

并且知道基本解组与知道预解矩阵等价.

我们还把 $V(t)$ 叫做 (2.1.1) (或 (1.1.2)) 的一个基本矩阵; 所有基本矩阵的形状是 $V(t)P$, 这里 $V(t)$ 是一个基本矩阵, P 是一个可逆常数矩阵.

(2.3) 如果我们把映射 $t \to R(t,s).\boldsymbol{y}$ 记作 (2.1.1) 的一个解, 用 $R'(t,s)$ 记 $t \to R(t,s)$ 的导映射, 我们得到 (预篇 4.1.1)

$$R'(t,s).\boldsymbol{y} = A(t).(R(t,s).\boldsymbol{y})$$

并且这对任何 $\boldsymbol{y} \in \mathbb{R}^n$ 成立, 由此得

(2.3.1) $$R'(t,s) = A(t)R(t,s).$$

换句话说, 关于在 $\mathbb{R}^{n^2}$ 中取值的向量值映射 $U(t), t \to R(t,s)$ 是线性微分方程

(2.3.2) $$U'(t) = A(t)U(t)$$

满足初始条件

(2.3.3) $$U(s) = I$$

的唯一解, 注意如果 $\Delta(t,s) = \det(R(t,s))$, 我们有

(2.3.4) $$\Delta(t,s) = \exp\left(\int_s^t \operatorname{Tr}(A(\xi))d\xi\right).$$

事实上, 为了简单起见, 把 $R(t,s)$ 写作 $U(t)$, 把 $\Delta(t,s)$ 写作 $\Delta(t)$, 于是对于任何 $t \in \mathrm{I}$ 及任何相当小的 h,

$$\Delta(t+h) = \Delta(t)\det(U(t+h)U(t)^{-1})$$

并且

$$U(t+h) = U(t) + h.U'(t) + o(h).$$

于是由 (2.3.2) 及行列式的展开式,

$$\det(U(t+h)U(t)^{-1}) = 1 + h.\operatorname{Tr}(A(t)) + o(h);$$

令 $h \to 0$, 得

(2.3.5) $$\Delta'(t) = \Delta(t)\operatorname{Tr}(A(t)),$$

再由关系式 $\Delta(s) = 1$, 得 (2.3.4).

取方阵 $U(t)$, 它的每一列是 (2.1.1) 的一个解 (这些解不一定形成一基本解组); 由矩阵乘积的定义, 可立即得到 (2.3.2) 的所有解. 这种解的行列式 $\det(U(t))$ 总满足 (2.3.5), 可是当 $U(t)$ 不是基本矩阵时, 它恒等于零.

(2.4) 知道了 (2.1.1) 的预解矩阵 (也就是知道了这方程 n 个解的基本解组), 用拉格朗日法 (或称 “常数变易法”), 就可求出与 (1.1.2) 相应的非齐次方程的所有解. 事实上, 对于一个这样的解 v, 令

$$\boldsymbol{w}(t) = R(s,t).\boldsymbol{v}(t)$$

(由 (2.2.4), 这式与 $\boldsymbol{v}(t) = R(t,s).\boldsymbol{w}(t)$ 等价); 由于 $\boldsymbol{w}$ 连续可导, 我们有 (预篇, 4.1.1)

$$R'(t,s).\boldsymbol{w}(t) + R(t,s)\boldsymbol{w}'(t) = A(t).(R(t,s).\boldsymbol{w}(t)) + \boldsymbol{b}(t),$$

根据 (2.3.1), 由此得

$$\boldsymbol{w}'(t) = R(s,t).\boldsymbol{b}(t),$$

从而

$$\boldsymbol{w}(t) = \boldsymbol{w}(s) + \int_s^t R(s,\xi).\boldsymbol{b}(\xi)d\xi,$$

最后, 由 (2.2.3), 并且令 $\boldsymbol{w}(s) = \boldsymbol{x}_0$, 得

(2.4.1) $$\boldsymbol{v}(t) = R(t,s).\boldsymbol{x}_0 + \int_s^t R(t,\xi).\boldsymbol{b}(\xi)d\xi,$$

这是 (设已知预解矩阵) (1.1.2) 在点 s 处取值 $\boldsymbol{x}_0$ 的唯一解的明显表达式.

用 $V(t)$ 表示任一基本矩阵, 上列公式也可写成

(2.4.2) $$\boldsymbol{v}(t) = V(t)V(s)^{-1}.\boldsymbol{x}_0 + V(t).\int_s^t V(\xi)^{-1}.\boldsymbol{b}(\xi)d\xi.$$

当 $\mathrm{I} = [t_0, +\infty[$, 并且已知反常积分

$$\int_s^{+\infty} V(\xi)^{-1}.\boldsymbol{b}(\xi)d\xi$$

收敛时, 可把 (2.4.2) 写成下列形式

(2.4.3) $$\boldsymbol{v}(t) = V(t).\boldsymbol{c} - V(t).\int_t^{+\infty} V(\xi)^{-1}.\boldsymbol{b}(\xi)d\xi,$$

这里

$$\boldsymbol{c} = \int_s^{+\infty} V(\xi)^{-1}.\boldsymbol{b}(\xi)d\xi + \boldsymbol{x}_0.$$

(2.5) 上面结果可特别应用于 n 阶线性微分方程

(2.5.1) $$x^{(n)} + a_1(t)x^{(n-1)} + \cdots + a_n(t)x = b(t),$$

这里 a_j 及 b 都在 I 中连续. 用第十一章, 4.8 中的方法可把这方程与下列等价的线性微分方程组相联系:

$$
\begin{cases} y_1' = y_2, \\ y_2' = y_3, \\ \cdots\cdots\cdots\cdots \\ y_{n-1}' = y_n, \\ y_n' = -a_n(t)y_1 - \cdots - a_1(t)y_n + b(t); \end{cases} \tag{2.5.2}
$$

这方程组可写成向量形式:

$$
\boldsymbol{y}' = A(t).\boldsymbol{y} + \boldsymbol{b}(t), \tag{2.5.3}
$$

这里

$$
{}^t\mathrm{A}(t) = \begin{pmatrix} 0 & 0 & \cdots & 0 & -a_n(t) \\ 1 & 0 & \cdots & 0 & -a_{n-1}(t) \\ 0 & 1 & \cdots & 0 & -a_{n-2}(t) \\ \vdots & \vdots & & \vdots & \vdots \\ 0 & 0 & \cdots & 1 & -a_1(t) \end{pmatrix}, \tag{2.5.4}
$$

$\boldsymbol{b}(t)$ 是向量 $(0, 0, \cdots, 0, b(t))$; (2.5.1) 及 (2.5.3) 的解之间的一对一对应是把 (2.5.1) 的任何解 u 与 (2.5.3) 的 (向量) 解 $\boldsymbol{v} = (u, u', \cdots, u^{(n-1)})$ 对应起来.

齐次线性方程

$$
x^{(n)} + a_1(t)x^{(n-1)} + \cdots + a_n(t)x = 0 \tag{2.5.5}
$$

的 n 个解 $u_1, \cdots, u_n$ 所成解组叫做基本的, 如果齐次方程 $\boldsymbol{y}' = \mathrm{A}(t).\boldsymbol{y}$ 的相应的 n 个解

$$
\boldsymbol{v}_j = (u_j, u_j', \cdots, u_j^{(n-1)}) \quad (1 \leqslant j \leqslant n)
$$

形成这方程的一个基本解组. 我们已看到形成这一基本解组的必要与充分条件是行列式 (称为 $u_1, \cdots, u_n$ 的朗斯基 (行列式))

$$
\mathrm{W}(t) = \begin{vmatrix} u_1(t) & u_2(t) & \cdots & u_n(t) \\ u_1'(t) & u_2'(t) & \cdots & u_n'(t) \\ \vdots & \vdots & & \vdots \\ u_1^{(n-1)}(t) & u_2^{(n-1)}(t) & \cdots & u_n^{(n-1)}(t) \end{vmatrix} \tag{2.5.6}
$$

在一点 $s \in \mathrm{I}$ 不等于零; 在这种情形下, 它在 I 中任何点都不等于零, 并且由于 $\mathrm{Tr}\,(A(t)) = -a_1(t)$, 它由下列公式给出 (2.3.4):

$$
\mathrm{W}(t) = \mathrm{W}(s) \exp\left(-\int_s^t a_1(\xi)d\xi\right). \tag{2.5.7}
$$

(2.6) $u_1, \cdots, u_n$ 形成 (2.5.5) 的基本解组的一个等价条件是: 这些函数线性无关, 这就是说, 不存在一组不全是零的 n 个 (实) 常数 $\lambda_1, \cdots, \lambda_n$, 使得对于任何 $t \in \mathrm{I}$,

$$\lambda_1 u_1(t) + \cdots + \lambda_n u_n(t) = 0. \tag{2.6.1}$$

事实上, 如果有不全是零的这样的常数 λ_j, 由求导数, 对于 $k \leqslant n-1$, 也应有

$$\lambda_1 u_1^{(k)}(t) + \cdots + \lambda_n u_n^{(k)}(t) = 0,$$

从而对于 $\boldsymbol{y}' = A(t).\boldsymbol{y}$ 与 u_j 相对应的 n 个解, $\lambda_1 \boldsymbol{v}_1(t) + \lambda_2 \boldsymbol{v}_2(t) + \cdots + \lambda_n \boldsymbol{v}_n(t) = 0$. 逆命题是明显的. 还可说 (2.5.5) 的解形成了 $\mathbb{R}$ 上的一个 n 维向量空间.

于是由一般理论可得: 如果 $u_1, \cdots, u_n$ 是 (2.5.5) 的一个基本解组, 那么这方程的任何解可唯一地写成

$$u(t) = \lambda_1 u_1(t) + \cdots + \lambda_n u_n(t), \tag{2.6.2}$$

这里 λ_j 是常数. 满足一组初始条件

$$u^{(j)}(s) = \alpha_j \quad (0 \leqslant j \leqslant n-1)$$

的唯一解可由解下列线性方程组求得:

$$\lambda_1 u_1^{(j)}(s) + \cdots + \lambda_n u_n^{(j)}(s) = \alpha_j \quad (0 \leqslant j \leqslant n-1);$$

这方程组的朗斯基是 $\mathrm{W}(s)$.

注意 (2.5.5) 的一个解 u 当然可能在一点 $s \in \mathrm{I}$ 是零, 但不恒等于零; 可是如果同时有

$$u(s) = u'(s) = \cdots = u^{n-1}(s) = 0,$$

那么 u 在 I 中恒等于零; 从唯一性的一般定理 (第十一章, 4.7) 已可推出这一点.

3. 常系数线性微分方程

(3.1) 特别考虑向量线性微分方程

$$\boldsymbol{x}' = A.\boldsymbol{x} + \boldsymbol{b}(t), \tag{3.1.1}$$

这里 A 是一常数矩阵; 在这里一下子就考虑 $\boldsymbol{x}$ 及 $\boldsymbol{b}(t)$ 是 $\mathbb{C}^n$ 中向量的情形是方便的, A 是有复元素的矩阵 (1.1). 我们于是立即得到 (3.1.1) 的预解矩阵, 它的形状如下:

$$R(t,s) = e^{(t-s)A} \tag{3.1.2}$$

(第六章, 8.7), 因为显然这矩阵满足下列条件:

$$U'(t) = AU(t) \quad 及 \quad U(s) = I$$

(第六章, 8.7.12).

(3.2) 当 A 化成若尔当标准型时, 矩阵 (3.1.2) 容易表示出来. 我们记得有 (含复元素的) 可逆矩阵 P, 使得

$$PAP^{-1} = \begin{pmatrix} J_1 & 0 & \cdots & 0 \\ 0 & J_2 & \cdots & 0 \\ \vdots & \vdots & & \vdots \\ 0 & 0 & & J_r \end{pmatrix},$$

这里每个 "若尔当矩阵" J_h 是一个 ν_h 阶 $\left(\sum_h \nu_h = n\right)$ 方阵, 它的形状是 $\lambda_h I + \mathcal{N}$, 而

$$\mathcal{N} = \begin{pmatrix} 0 & 1 & 0 & \cdots & 0 \\ 0 & 0 & 1 & \cdots & 0 \\ \vdots & \vdots & \vdots & & \vdots \\ 0 & 0 & 0 & \cdots & 1 \\ 0 & 0 & 0 & \cdots & 0 \end{pmatrix}, \tag{3.2.1}$$

这些 λ_h 是 A 的特征值, 即特征方程

$$\det(\lambda I - A) = 0 \tag{3.2.2}$$

的根 (一般是复数) (我们记得几个矩阵 J_h 可能对应同一个根). 因此可以限于考虑 (1.4) (通过未知变量的线性代换) $A = \lambda I + \mathcal{N}$ 已经是 n 阶若尔当矩阵的情形. 于是容易证明我们有

$$e^{tA} = e^{\lambda t} \begin{pmatrix} 1 & t & \dfrac{t^2}{2!} & \cdots & \dfrac{t^{n-1}}{(n-1)!} \\ 0 & 1 & t & \cdots & \dfrac{t^{n-2}}{(n-2)!} \\ \vdots & \vdots & \vdots & & \vdots \\ 0 & 0 & 0 & \cdots & 1 \end{pmatrix}. \tag{3.2.3}$$

(3.3) 以上结果特别可应用于常系数 n 阶线性方程

$$x^{(n)} + a_1 x^{(n-1)} + \cdots + a_n x = b(t) \quad (a_h \in \mathbb{C}). \tag{3.3.1}$$

如果应用 (2.5) 中方法, 与矩阵 (2.5.4) 相应的特征方程是

(3.3.2) $$\lambda^n + a_1\lambda^{n-1} + \cdots + a_n = 0.$$

事实上, 如果对非零向量 $\boldsymbol{x} = (x_1, \cdots, x_n)$ 写出 $A.\boldsymbol{x} = \lambda\boldsymbol{x}$, 就得到关系式

$$x_2 = \lambda x_1, \quad x_3 = \lambda x_2, \cdots, x_n = \lambda x_{n-1},$$
$$-a_n x_1 - a_{n-1}x_2 - \cdots - a_1 x_n = \lambda x_n,$$

由此导出 $x_1 \neq 0$ 及 $(\lambda^n + a_1\lambda^{n-1} + \cdots + a_{n-1}\lambda + a_n)x_1 = 0$, 于是得上述结论.

此外, (3.2) 中的论证表明: 由 (2.5), 如果 $\lambda_1, \lambda_2, \cdots, \lambda_m$ 是 (3.3.2) 的不同的根, 那么与 (3.3.1) 相对应的齐次方程的解是函数

(3.3.3) $$t^k e^{\lambda_j t}$$

的线性组合, 这里 $1 \leqslant j \leqslant m$, 对于每个 j, k 至多取 $0, 1, \cdots, \mu_{j-1}$ 这 μ_j 个值, 而 μ_j 是 (3.3.2) 的根 λ_j 的重数. 可是线性代数表明, k 必须取所有这些值, 否则与 (3.3.1) 相应的齐次方程的解应当是少于 n 个函数的线性组合 $\left(\text{而} \sum_{j=1}^{m} \mu_j = n\right)$; 而且容易直接证明: 对于任何 $k < \mu_j$, 函数 (3.3.3) 确是有关方程的解. (注意对于特殊类型 (2.5.4) 的常数矩阵 A, 这就导致在它的若尔当标准型中, 两个若尔当矩阵不可能对应于相同的根. 可是对于任意的矩阵 A, 情况却不是这样.) 因此对于与 (3.3.1) 对应的齐次方程, n 个函数 (3.3.3) 形成一个基本解组.

4. 周期系数线性微分方程组

(4.1) 考虑向量齐次线性微分方程

(4.1.1) $$\boldsymbol{x}' = A(t).\boldsymbol{x},$$

这里 $A(t)$ 是在整个 $\mathbb{R}$ 中连续的 n 阶复矩阵, 并且是周期的, 有实周期 $\omega \neq 0$, 换句话说, 对任何 $t \in \mathbb{R}, A(t+\omega) = A(t)$.

(4.2) (弗洛凯定理) 要使矩阵 $V(t)$ 的各行由 (4.1.1) 的一个基本解组形成, 必须有一个常数矩阵 B 及一个在 $\mathbb{R}$ 中连续可导的可逆周期矩阵 $P(t)$, 有周期 ω, 使得我们有

(4.2.1) $$V(t) = P(t)e^{tB}.$$

此外, 矩阵 $C = e^{\omega B}$ 除了可能相差一个相似变换外, 由方程 (4.1.1) 确定.

事实上, 显然映射 $t \to V(t+\omega)$ 也是方程 $U'(t) = A(t)U(t)$ 的解, 又因 $V(t+\omega)$ 是可逆矩阵, 我们必然有

$$V(t+\omega) = V(t)C,$$

这里 C 是可逆常数矩阵 (2.3). 当我们把 C 取的基本解组用另一组来代替时, 就是把 $V(t)$ 用 $V(t)Q$ 来代替, 这里 Q 是一个可逆常数矩阵, 并且 C 要用 $Q^{-1}CQ$ 来代替, 因此除了可能相差一个相似变换外, C 是确定的. 我们知道至少有一个复数矩阵 B, 使得 $e^{\omega B} = C$ (第八章, 9.9). 如果令 $P(t) = V(t)e^{-tB}$, 就得到: 对于任何 t,

$$P(t+\omega) = V(t+\omega)e^{-\omega B}e^{-tB} = V(t)e^{-tB} = P(t).$$

证完.

(4.3) 如果 B 的特征多项式是 $\prod_{j=1}^{n}(\lambda - \beta_j)$, 那么 $e^{\omega B}$ 的特征多项式是 $\prod_{j=1}^{n}(\lambda - \lambda_j)$, 这里 $\lambda_j = e^{\omega\beta_j}$, 而后一多项式是由方程 (4.1.1) 完全确定的; 这些 λ_j 叫做方程 (4.1.1) 的乘子. 注意我们有 $\lambda_1\lambda_2\cdots\lambda_n = \det C = \det(V(\omega)V(0)^{-1})$, 从而由 (2.3.4),

$$\lambda_1\lambda_2\cdots\lambda_n = \exp\left(\int_0^\omega \operatorname{Tr}(A(t))dt\right). \tag{4.3.1}$$

如果要更明显地表示矩阵 $V(t)$, 可以回到 B 有若尔当标准型情形. 于是由 (3.2.3) 可得 (4.1.1) 的一个基本解组, 其中每个解有下列形状:

$$e^{t\beta}(t^m\boldsymbol{p}_0(t) + t^{m-1}\boldsymbol{p}_1(t) + \cdots + \boldsymbol{p}_m(t)),$$

这里 $\boldsymbol{p}_j(t)$ 是像在 $\mathbb{C}^n$ 中、有周期 ω 的周期映射. 特别地, 对于 B 的每个不同的特征值 β_j, (4.1.1) 有形如 $e^{t\beta_j}\boldsymbol{p}(t)$ 的一个解, 这里 $\boldsymbol{p}$ 是有周期 ω 的周期映射. 要使这个解有 ω 的多重周期, 必须而且只须相应的乘子 $\lambda_j = e^{\omega\beta_j}$ 是单位的一个根.

5. 复域中线性微分方程

(5.1) 现考虑复域中问题. 设在线性方程

$$\boldsymbol{w}' = A(z).\boldsymbol{w} + \boldsymbol{b}(z) \tag{5.1.1}$$

中, A 及 $\boldsymbol{b}$ 在单连通开集 $\mathrm{D} \subset \mathbb{C}$ 中解析, $\boldsymbol{b}$ 的像在 $\mathbb{C}^n$ 中, A 在有复元素的 n 阶矩阵空间 (可看作与 $\mathbb{C}^{n^2}$ 恒等) 中. 第 2 节中所讲的在这里也适用, 但要用 $\mathbb{C}$ 代替 $\mathbb{R}$, 用 D 代替 I, 用解析映射代替连续映射: 只须简单地引用 (1.3) 代替 (1.2); 解的线性无关当然是对复系数的线性组合说的. 取 A 等于一个 (复) 常数矩阵, 并且 $\mathrm{D} = \mathbb{C}$, 然后就可推广第 3 节中的所有结果. 最后, 关于有周期系数的线性微分方程组, 通过变数 z 的线性代换, 总可设周期 ω 是实数, 并且这时必须取对实平移不变的“带形”

$a < \mathfrak{I}z < b$ 作为 D; 由此弗洛凯定理 (4.2) 不加改变地仍然成立.

(5.2) 复域中线性微分方程组的研究, 在所考虑的开集 D 不是单连通时, 就要困难得多. 在 D 是圆盘 Δ 去心时, 即设 A 有孤立奇点时 (第八章, 2.1), 情况已经是这样; 而由平移, 可设孤立奇点是 $z=0$. 下列两个一阶纯量线性微分方程就已表明了研究的困难:

$$w' = \frac{\alpha}{z}w, \quad w' = -\frac{1}{z^2}w.$$

关于上列第一个方程, 在 $\Delta - \{0\}$ 中一般没有解析解. 如果 α 不是整数, 方程的解 cz^{α} 只可能在一个 "割开了的平面" 中确定 (换句话说, $z=0$ 是一个 "支点"). 关于上列第二个方程, 解 $c.e^{1/z}$ 在 $\Delta - \{0\}$ 中有定义, 可是在点 0 有一本性奇点, 而 $A(z)$ 在这点只有一个二阶极点.

在 $A(z)$ 的孤立奇点处, 预解矩阵要出现 "支点"; 这是一种普遍的现象, 与弗洛凯定理直接有联系:

(5.3) 设 Δ 是在 $\mathbb{C}$ 中一个心是 0 的开圆盘, 并且设 $A(z)$ 在 $\Delta - \{0\}$ 中解析 (换句说话, 0 是 $A(z)$ 的一个孤立奇点). 设 Δ_0 是把 Δ 沿负实半轴割开而得 (第八章, 8.4). 那么在 Δ_0 中, 任何基本矩阵 $V(z)$ 有下列形状:

$$V(z) = S(z)e^{B.\log z}, \tag{5.3.1}$$

这里 $S(z)$ 是 $\Delta - \{0\}$ 中一个解析可逆矩阵在 Δ_0 中的限制, 并且 B 是一个常数矩阵.

事实上, 只须作变数代换 $z = e^{iu}$; 如果 r 是 Δ 的半径, 这一代换使开集 L:

$$-\pi < \mathcal{R}u < \pi, \quad -\log r < \mathfrak{I}u < +\infty$$

与 Δ_0 相对应 (第八章, 9.3), 并且在 L 中, 线性方程

$$\frac{d\boldsymbol{w}_1}{du} = ie^{iu}A(e^{iu}).\boldsymbol{w}_1 \tag{5.3.2}$$

与方程 (5.1.1) 相对应, 这里 $\boldsymbol{w}_1(u) = \boldsymbol{w}(e^{iu})$.

但是矩阵 $A_1(u) = ie^{iu}A(e^{iu})$ 在整个半平面 D : $-\log r < \mathfrak{I}u < +\infty$ 中解析, 并且是周期的, 有周期 2π. 因此 (5.3.2) 在 L 中的任何基本矩阵有下列形状:

$$V_1(u) = P(u)e^{uB}, \tag{5.3.3}$$

这里 B 是一常数矩阵, P 在 D 中解析, 并且是周期的, 有周期 2π. 回到变数 z, 由此导出 (第八章, 9.8.3) 我们有 $P(u) = S(e^{iu}) = S(z)$, 这里 $S(z)$ 在 $\Delta - \{0\}$ 中解析; 在 (5.3.3) 中, 用 $\dfrac{1}{i}\log z$ 代替 u, 就得到定理.

从 (5.2) 中的例子看到, 在一个基本矩阵中可能出现本性奇点, 而 $A(z)$ 只有一个重极点. 这里还有一个普遍的结果, 因为当 $A(z)$ 只有单极点时, 定理 (5.3) 可进一

步明确如下:

(5.4) 如果在 (5.3) 中的条件下, 我们有 $A(z)=\frac{1}{z}C(z)$, 这里 $C(z)$ 在 Δ 中解析, 那么点 0 至多是 $S(z)$ 的一个极点.

只须证明存在着一个整数 $m>0$ 及一个常数 $c>0$, 使得在 $\Delta-\{0\}$ 内, $\|\mathrm{S}(z)\|\leqslant c|z|^{-m}$ (第八章, 3.3). 而由未知量的线性代换, 总可设 (5.3.1) 中的矩阵 B 有若尔当标准型. 于是若尔当矩阵的指数表示式 (3.2.3) 立即表明: 如果 $\beta_j (1\leqslant j\leqslant l)$ 是 B 的特征值, 并且 N 是对任何 j, 满足 $-N<\mathcal{R}\beta_j$ 的一个整数 >0, 那么在 L 中, 既然 $|\mathcal{R}u|<\pi$, 我们有

(5.4.1) $$\|e^{-uB}\|\leqslant a|u|^n e^{N.\Im u}\leqslant b.e^{(N+1)\Im u},$$

这里 a 及 b 是常数. 由于由 (5.3.3), 我们有

$$S(e^{iu})=P(u)=V_1(u)e^{-uB},$$

可见只须证明存在着一个常数 $M>0$, 使得我们有: 在 L 中

(5.4.2) $$\|V_1(u)\|\leqslant e^{M.\Im u}.$$

而由 (5.3.2), 可以写出: 对于 $u=s+it$ 及 $-\pi\leqslant s\leqslant\pi, t\geqslant t_0>-\log r$,

$$\boldsymbol{w}_1(s+it)=\boldsymbol{w}_1(s+it_0)-\int_{t_0}^{t}C_1(s+i\xi).\boldsymbol{w}_1(s+i\xi)d\xi,$$

这里矩阵 $C_1(u)=C(e^{iu})$ 在 D 中有界. 由此得: 对于一个与 s 及 t 无关的常数 $k>0$,

$$\|\boldsymbol{w}_1(s+it)\|\leqslant\|\boldsymbol{w}_1(s+it_0)\|+k\int_{t_0}^{t}\|\boldsymbol{w}_1(s+i\xi)\|d\xi;$$

于是由格朗沃尔引理 (第十一章, 2.3.4), 可对 (5.3.2) 的任何解给出上界:

$$\|\boldsymbol{w}_1(s+it)\|\leqslant\|\boldsymbol{w}_1(s+it_0)\|e^{k(t-t_0)}.$$

但是对于一个这样的解, 当 s 从 $-\pi$ 变到 π 时, $\|\boldsymbol{w}_1(s+it_0)\|$ 有界; 把这结果应用到 $V_1(u)$ 的 n 个列, 正好得到所求的 (5.4.2) 型的一个上界.

当 $A(z)$ 已给定时, 还要明显地求得矩阵 B (而它也不是完全确定的, 因为如果对它例如加上一个 $2k\pi i.I$ (k 是整数) 形的矩阵, 那么就要把 $S(z)$ 换成 $z^{-k}S(z)$, 而 $S(z)$ 在点 0 没有改变奇异性的类型); 当 $A(z)$ 有一个一阶极点时, 也可求 $S(z)$ 的洛朗展开式. 在第十四章中, 将在二阶线性微分方程的特殊情形下, 讲述有关求法.

习 题

1) 设 $\mathrm{F(X)}=a_0\mathrm{X}^n+a_1\mathrm{X}^{n-1}+\cdots+a_n$ 是复系数多项式. 对于 $\mathbb{R}$ 中确定的 n 次连续

可导的函数 w, 用 F(D)w 表示线性组合 $\sum_{j=0}^{n} a_j w^{(n-j)}$.

a) 设 G, H 是两个互素的多项式, 且满足 F = GH; 证明方程 F(D)$w = 0$ 的任何解 u 可唯一地写成 $u_1 + u_2$ 的形状, 这里 G(D)$u_1 = 0$, H(D)$u_2 = 0$ (应用这一事实: 存在着两个多项式 P 及 Q, 使得 PG + QH = 1, 并且由此导出

$$u = \mathrm{P(D)G(D)}u_1 + \mathrm{Q(D)H(D)}u_2).$$

b) 把 F(X) 分解成形如 $(\mathrm{X} - \lambda_j)^{n_j}$ 的多项式的乘积, 由 a) 导出 (3.3) 中结果的一种新的证法.

c) 设

$$\frac{1}{\mathrm{F(X)}} = \sum_{j=1}^{q} \sum_{h=1}^{n_j} \frac{\alpha_{jh}}{(\mathrm{X} - \lambda_j)^h}$$

是有理分式 $\frac{1}{\mathrm{F(X)}}$ 的简单分式分解. 证明对于任何连续函数 $b(t)$, 函数

$$\sum_{j=1}^{q} \sum_{h=1}^{n_j} \alpha_{jh} \int_{t_0}^{t} \frac{(t-s)^{h-1}}{(h-1)!} e^{\lambda_j (t-s)} b(s) ds$$

是方程 F(D)$w = b(t)$ 的解.

2) 设 $A(t)$ 是一 n 阶矩阵, 它的元素都是开区间 $\mathrm{I} \subset \mathbb{R}$ 中确定的连续函数.

a) 证明线性方程 $\mathrm{X}' = A(t)X$ 满足初始条件 $U(t_0) = I$ 的解 $U(t)$, 是 I 中的一个可逆矩阵, 并且它的逆矩阵是方程 $X' = -XA(t)$ 的解 (如果 $V(t)$ 是后一方程满足 $V(t_0) = I$ 的解, 考虑 UV 及 VU 所满足的方程). 由此导出: 对于任何 n 阶方阵 $C, X' = A(t)X$ 在点 t_0 取值 C 的解是 $U(t)C$.

b) 设 $B(t)$ 是在 I 中连续的第二个 n 阶矩阵, 并且设 $U(t)$ 及 $V(t)$ 是 $X' = A(t)X$ 及 $X' = XB(t)$ 在点 t_0 取值 I 的解. 证明方程

$$X' = A(t)X + XB(t)$$

在点 t_0 等于 C 的解是 $U(t)CV(t)$.

c) 设 $A(t), B(t), C(t), D(t)$ 是在 I 中连续的四个 n 阶矩阵, 并且设 $(U(t), V(t))$ 是两个矩阵线性方程组

$$X' = A(t)X + B(t)Y, \quad Y' = C(t)X + D(t)Y$$

的解. 证明: 如果在 I 中, $V(t)$ 是可逆的, 那么 $W(t) = U(t)V(t)^{-1}$ 是方程

$$(*) \qquad Z' = B(t) + A(t)Z - ZD(t) - ZC(t)Z$$

(“里卡蒂方程”) 的解. 作出逆命题.

d) 设 $W(t)$ 及 $W_1(t)$ 是方程 $(*)$ 的两个解; 证明: 如果 $W(t) - W_1(t)$ 在 I 中是可逆的, 那么用下列方程

$$X' = -(D(t) + C(t)W_1(t))X$$

及

$$X' = X(A(t) - W_1(t)C(t))$$

的解, 可表示出 $W(t) - W_1(t)$ (考虑 $(W(t) - W_1(t))^{-1}$ 所满足的方程, 并且应用 b)).

3) 设 $u_k(1 \leqslant k \leqslant n)$ 是开区间 $\mathrm{I} \subset \mathbb{R}$ 中的 n 个 $n-1$ 次连续可导的函数.

a) 证明: 如果函数 u_k 是线性无关的, 那么在任何点 $t \in \mathrm{I}$, 矩阵 $(u_k^{(h)}(t))(0 \leqslant h \leqslant n-1, 1 \leqslant k \leqslant n)$ 的秩 $< n$.

b) 相反地, 设对任何 $t \in \mathrm{I}$, 上列矩阵的阶 $< n$ (这表示 u_k 的朗斯基在 I 中恒等于零). 证明在任何非空开区间 $\mathrm{J} \subset \mathrm{I}$ 中, 存在着一个非空区间 $\mathrm{U} \subset \mathrm{J}$, 使得 u_k 在 U 中的限制是线性相关的. (考虑这样的数 $q < n$: 函数 u_k 中任意 q 个的朗斯基在 J 中恒等于零. 设 p 是这些数 q 中最小的一个. 考虑一点 $a \in \mathrm{J}$, 在这点函数 u_k 中有 $p-1$ 个的朗斯基不是零, 例如 $u_1, \cdots, u_{p-1}$ 的朗斯基不是零; 证明在 a 的一个邻域中, 所有 u_k 都是一个 $p-1$ 阶线性微分方程的解, 而指标 $k \leqslant p-1$ 的 u_k 形成这方程的一个基本解组.)

c) 设 $u_1(t) = t^2$, 并且设对于 $t \geqslant 0, u_2(t) = t^2$; 对于 $t \leqslant 0, u_2(t) = -t^2$. 函数 u_1 及 u_2 在 $\mathbb{R}$ 中连续可导, 并且在 $\mathbb{R}$ 中, 我们有 $u_1u_2' - u_2u_1' = 0$. 可是 u_1 及 u_2 在 $\mathbb{R}$ 中不是线性相关的.

4) 证明线性微分方程组

$$\begin{cases} w_1' = w_2, \\ w_2' = 2z^{-2}w_1 \end{cases}$$

有基本矩阵

$$\mathrm{V}(z) = \begin{pmatrix} z^2 & z^{-1} \\ 2z & -z^{-2} \end{pmatrix},$$

$\mathrm{V}(z)$ 在点 $z = 0$ 有一极点, 可是所考虑方程组的矩阵 $A(z)$ 在点 $z = 0$ 有一个二阶极点.

第十三章　线性微分方程组的摄动

1. 微分方程的解的稳定性

(1.1) 考虑向量微分方程

$$\boldsymbol{x}' = \boldsymbol{f}(t, \boldsymbol{x}), \tag{1.1.1}$$

这里 $\boldsymbol{x} \in \mathbb{R}^n$, $\boldsymbol{f}$ 是在开集 $\mathrm{D} \subset \mathbb{R} \times \mathbb{R}^n$ 中确定、连续、局部利普希茨、并且是到 $\mathbb{R}^n$ 中的一个映射, 而集 D 还包含集

$$t_0 \leqslant t < +\infty, \quad \|\boldsymbol{x}\| \leqslant b. \tag{1.1.2}$$

设 (1.1.1) 有对任何 $t \geqslant t_0$ 确定的一解 $\boldsymbol{u}$. 如果这一解满足下列条件, 就说它在区间 $[t_0, +\infty[$ 中是稳定的:

(1.1.3) 对于任意的 $\varepsilon > 0$, 存在着 $\delta > 0$, 使得对于满足条件 $\|\boldsymbol{x}_0 - \boldsymbol{u}(t_0)\| \leqslant \delta$ 的任何点 $\boldsymbol{x}_0 \in \mathbb{R}^n$, (1.1.1) 有满足 $\boldsymbol{v}(t_0) = \boldsymbol{x}_0$ 的唯一解 $\boldsymbol{v}$ 在整个区间 $[t_0, +\infty[$ 中确定, 并且在这区间中满足不等式

$$\|\boldsymbol{v}(t) - \boldsymbol{u}(t)\| \leqslant \varepsilon. \tag{1.1.4}$$

如果 $\boldsymbol{u}$ 满足条件 (1.1.3), 并且如果还存在着 $\delta_0 \in]0, b]$, 使得对于满足条件 $\|\boldsymbol{x}_0 - \boldsymbol{u}(t_0)\| \leqslant \delta_0$ 的任何 $\boldsymbol{x}_0$, (1.1.1) 有满足 $\boldsymbol{v}(t_0) = \boldsymbol{x}_0$ 的唯一解 $\boldsymbol{v}$ 在整个区间 $[t_0, +\infty[$ 中确定, 并且满足条件

$$\lim_{t \to +\infty} \|\boldsymbol{u}(t) - \boldsymbol{v}(t)\| = 0, \tag{1.1.5}$$

那么就说 $\boldsymbol{u}$ 在 $[t_0, +\infty[$ 中是渐近稳定的.

如果 (1.1.1) 在 $[t_0,+\infty[$ 中确定的解在这区间中不是稳定的, 就说它在这区间中是不稳定的.

(1.2) 常系数齐次线性微分方程的实例.

考虑向量齐次微分方程

$$\boldsymbol{x}' = A.\boldsymbol{x}, \tag{1.2.1}$$

这里 A 是有复常数元素的 n 阶矩阵, 并且 $\boldsymbol{x} \in \mathbb{C}^n$, 这方程的解的稳定性问题由考察矩阵 A 的特征值就可立即解决. 事实上, 我们可以 (既然 (1.2.1) 的两个解的差仍然是它的解) 只研究解 0 的稳定性. 显然可设 A 已化成若尔当标准型. 而第十二章公式 (3.2.3) 表明: 对于一个若尔当矩阵 $A = \lambda I + \mathcal{N}$, 只有如果

—— 或者 $\mathcal{R}\lambda < 0$;

—— 或者 $\mathcal{R}\lambda = 0$, 并且 A 是一阶的,

当 t 趋向于 $+\infty$ 时, e^{tA} 才能有界. 此外, 只有在上述两种情形中的第一种情形下, 当 t 趋向于 $+\infty$ 时, e^{tA} 才趋近于 0. 因此:

(1.3) 要使 (1.2.1) 的解在区间 $[t_0+\infty[$ 中是稳定的, 必须而且只须 A 的特征值都有实部 $\leqslant 0$, 并且对于实部是 0 的特征值, 相应的若尔当矩阵是一阶的. 要使 (1.2.1) 的解是渐近稳定的, 必须而且只须 A 的特征值都有实部 < 0.

当 (1.2.1) 有稳定解、可是没有渐近稳定解时, 这些解在 $t = +\infty$ 的邻域中 "振动", 典型的例子是有简单特征值及共轭纯虚数特征值的实系数四阶纯量方程

$$x^{(4)} + ax''' + bx'' + cx' + dx = 0$$

的解 (与类似的二阶方程不同, 这方程的解一般不是周期的).

2. 与线性方程相接近方程的解的稳定性

关于微分方程的解的稳定性, 我们只是在很少数情形, 知道有关的一般结果. 现只考虑下列类型的方程:

$$\boldsymbol{x}' = A.\boldsymbol{x} + \boldsymbol{f}(t,\boldsymbol{x}). \tag{2.1}$$

这种方程是由齐次线性方程 (1.2.1) 通过 "小的" 摄动而得的; 当然 "小的" 摄动的意义, 必须明确指出. 我们考虑 (1.2.1) 有稳定解或渐近稳定解这两种情形 (在第一种情形下, 对 f 要作比在第二种情形下更严格的假设).

(2.2) 设 (1.2.1) 的解是稳定的 (换句话说, A 的所有特征值有实部 $\leqslant 0$, 并且对于所有是纯虚数的特征值, 相应的若尔当矩阵是一阶的). 设开集 $\mathrm{D} \subset \mathbb{R} \times \mathbb{C}^n$ 包含由满足

$$t_0 \leqslant t < +\infty, \quad \|\boldsymbol{x}\| < b \tag{2.2.1}$$

的 $(t,\boldsymbol{x})$ 所组成的集. 设 $\boldsymbol{f}$ 是在 D 中确定、在 $\mathbb{C}^n$ 中取值的一个映射; 设 $\boldsymbol{f}$ 在 D 中连续, 并且是局部利普希茨的, 还满足

(2.2.2) $$\|\boldsymbol{f}(t,\boldsymbol{x})\| \leqslant \gamma(t)\|\boldsymbol{x}\|,$$

这里 γ 是连续映射 $\geqslant 0$, 并且积分 $\int_{t_0}^{+\infty}\gamma(t)dt$ 收敛. 那么存在着一个常数 $L>0$, 使得对于任何 $t_1>t_0$, 以及满足 $\|\boldsymbol{x}_1\|\leqslant L^{-1}b$ 的任何向量 $\boldsymbol{x}_1\in\mathbb{C}^n$, (2.1) 满足 $\boldsymbol{u}(t_1)=\boldsymbol{x}_1$ 的解 $\boldsymbol{u}$ 在整个区间 $[t_1+\infty[$ 中确定, 并且对任何 $t\geqslant t_1$,

(2.2.3) $$\|\boldsymbol{u}(t)\|\leqslant L\|\boldsymbol{x}_1\|.$$

此外, 对于任何 $\varepsilon>0$, 存在着 (1.2.1) 的一个解 $\boldsymbol{v}_\varepsilon$ 及一数 $t_\varepsilon>t_1$, 使得对于任何 $t\geqslant t_\varepsilon$, 我们有

(2.2.4) $$\|\boldsymbol{u}(t)-\boldsymbol{v}_\varepsilon(t)\|\leqslant\varepsilon.$$

为了证明 $\boldsymbol{u}$ 在整个区间 $[t_1+\infty[$ 中确定, 只须看出: 如果 $\boldsymbol{u}$ 在 $[t_1,t_2]$ 中确定, 这里 $t_2>t_1$, 那么就有 $\|\boldsymbol{u}(t_2)\|\leqslant b$ (第十一章, 4.7). 而既然我们有: 对于 $t_1\leqslant t\leqslant t_2$,

$$\boldsymbol{u}'(t)=A.\boldsymbol{u}(t)+\boldsymbol{f}(t,\boldsymbol{u}(t))$$

就可应用第十二章, 2.4.1 的公式, 在这里得到

(2.2.5) $$\boldsymbol{u}(t)=e^{(t-t_1)A}\cdot\boldsymbol{u}(t_1)+\int_{t_1}^{t}e^{(t-s)A}\cdot\boldsymbol{f}(s,\boldsymbol{u}(s))ds.$$

但是由假设, 存在着一个常数 $K>0$, 使得对于任何 $t\in\mathbb{R}_+$, $\|e^{tA}\|\leqslant K$. 因此对于 $t_1\leqslant t\leqslant t_2$, 我们有

$$\|\boldsymbol{u}(t)\|\leqslant nK\|\boldsymbol{u}(t_1)\|+nK\int_{t_1}^{t}\gamma(s)\|\boldsymbol{u}(s)\|ds.$$

从而由格朗沃尔引理 (第十一章, 2.3.4),

$$\|\boldsymbol{u}(t)\|\leqslant L\|\boldsymbol{u}(t_1)\|,$$

而且 $L=nK(1+nKBe^B)$, 这里 $B=\int_{t_0}^{+\infty}\gamma(s)ds$; 由假设, 它是有限的.

为了证明最后的论断, 注意既然 $\boldsymbol{u}$ 是有界的, 存在着一个 $t_\varepsilon>t_1$, 使得我们有

(2.2.6) $$\int_{t_\varepsilon}^{+\infty}\gamma(s)\|\boldsymbol{u}(s)\|ds\leqslant\frac{\varepsilon}{nK},$$

从而对于任何 $t\geqslant t_\varepsilon$, 由 (2.2.2),

$$\left\|e^{(t-t_\varepsilon)A}\int_{t_\varepsilon}^{t}e^{(t_\varepsilon-s)A}.\boldsymbol{f}(s,\boldsymbol{u}(s))ds\right\|=\left\|\int_{t_\varepsilon}^{t}e^{(t-s)A}.\boldsymbol{f}(s,\boldsymbol{u}(s))ds\right\|\leqslant\varepsilon.$$

考虑到 (2.2.5), 因此只须取

$$\boldsymbol{v}_\varepsilon(t) = e^{(t-t_1)A}.\boldsymbol{x}_\varepsilon$$

及

$$\boldsymbol{x}_\varepsilon = \boldsymbol{u}(t_1) + \int_{t_1}^{t_\varepsilon} e^{(t_1-s)A}.\boldsymbol{f}(s, \boldsymbol{u}(s))ds.$$

(2.3) 设 (1.2.1) 的解是渐近稳定的 (换句话说, A 的所有特征值有实部 < 0). 设 $\boldsymbol{f}$ 在开集 $\mathrm{D} \subset \mathbb{R} \times \mathbb{C}^n$ 中确定, D 包含满足 (2.2.1) 的 $(t, \boldsymbol{x})$ 所构成的集; $\boldsymbol{f}$ 在 D 中连续, 并且是局部利普希茨的; 还设对于任何 $\varepsilon > 0$, 存在着 $\delta > 0$, 使得由关系式 $t \geqslant t_0, \|\boldsymbol{x}\| \leqslant \delta$ 可导出

$$\|\boldsymbol{f}(t, \boldsymbol{x})\| \leqslant \varepsilon \|\boldsymbol{x}\|. \tag{2.3.1}$$

那么 0 是方程 (2.1) 的一个渐近稳定解; 准确地说, 如 $\sigma > 0$ 使得 A 的所有特征值有实部 $< -\sigma$, 那么存在着 $\alpha > 0$, 使得对于满足 $\|\boldsymbol{x}_0\| \leqslant \alpha$ 的任何 $\boldsymbol{x}_0 \in \mathbb{C}^n$, (2.1) 满足 $\boldsymbol{u}(t_0) = \boldsymbol{x}_0$ 的解 $\boldsymbol{u}$ 对于 $t \geqslant t_0$ 确定, 并且使得

$$\lim_{t \to +\infty} e^{\sigma t} \|\boldsymbol{u}(t)\| = 0. \tag{2.3.2}$$

设 $\varepsilon > 0$ 使 A 的特征值的实部 $< -\sigma - 2\varepsilon$; 那么存在着一个常数 $k > 0$, 使得对于 $t \geqslant 0$,

$$\|e^{tA}\| \leqslant k e^{-(\sigma + 2\varepsilon)t}. \tag{2.3.3}$$

现确定 $\delta > 0$, 使得对于 $t \geqslant t_0$ 及 $\|\boldsymbol{x}\| \leqslant \delta$, 我们有

$$\|\boldsymbol{f}(t, \boldsymbol{x})\| \leqslant \frac{\varepsilon}{nk} \|\boldsymbol{x}\|. \tag{2.3.4}$$

然后设 $\boldsymbol{u}$ 是 (2.1) 在区间 $[t_0, t_1]$ 中确定的一解, 并且满足 $\boldsymbol{u}(t_0) = \boldsymbol{x}_0$ 及 $\|\boldsymbol{x}_0\| < \delta$; 为了证明 $\boldsymbol{u}$ 在整个区间 $[t_0, +\infty[$ 中确定 (只要 $\|\boldsymbol{x}_0\|$ 取得充分小), 由第十一章, 4.7, 只须证明对于 $t_0 \leqslant t \leqslant t_1$, 我们有 $\|\boldsymbol{u}(t)\| < \delta$. 假定不是这样, 设 t_2 是 $[t_0, t_1]$ 中满足

$$\|\boldsymbol{u}(t_2)\| = \delta$$

的 t 的最小值.

应用第十二章, 2.4.1 中公式, 对于 $t_0 \leqslant t \leqslant t_2$, 我们有

$$\boldsymbol{u}(t) = e^{(t-t_0)A}.\boldsymbol{x}_0 + \int_{t_0}^{t} e^{(t-s)A}.\boldsymbol{f}(s, \boldsymbol{u}(s))ds.$$

由假设及 (2.3.3) 与 (2.3.4)得

$$\|\boldsymbol{u}(t)\| \leqslant nke^{-(\sigma+2\varepsilon)(t-t_0)} \|\boldsymbol{x}_0\| + \varepsilon \int_{t_0}^{t} e^{-(\sigma+2\varepsilon)(t-s)} \|\boldsymbol{u}(s)\|_{t_0}^{t} ds;$$

令 $w(t)=e^{(\sigma+2\varepsilon)(t-t_0)}\|\boldsymbol{u}(t)\|$, 上式也可写成

$$w(t)\leqslant kn\|\boldsymbol{x}_0\|+\varepsilon\int_{t_0}^{t}w(s)ds.$$

因此由格朗沃尔引理 (第十一章, 2.3.4), 由此得 $w(t)$ 的上界

$$w(t)\leqslant kn\|\boldsymbol{x}_0\|e^{\varepsilon(t-t_0)},$$

最后得

$$e^{\sigma(t-t_0)}\|\boldsymbol{u}(t)\|\leqslant kn\|\boldsymbol{x}_0\|e^{-\varepsilon(t-t_0)}. \tag{2.3.5}$$

这首先表明对于 $t_0\leqslant t\leqslant t_2$, 我们有 $\|\boldsymbol{u}(t)\|\leqslant kn\|\boldsymbol{x}_0\|$; 如果已取 $\|\boldsymbol{x}_0\|\leqslant\alpha=\dfrac{\delta}{2kn}$, 可见对于 $t=t_2$, 这与假设 $\|\boldsymbol{u}(t_2)\|=\delta$ 相矛盾. 因此, 对于 α 的此值, 我们证明了对于任何 $t\geqslant t_0$, $\boldsymbol{u}$ 是确定的. 此外, 由 (2.3.5) 可导出关系式 (2.3.2). 证完.

注释 (2.4) 如果只设 A 的特征值的实部 $\leqslant 0$, (2.3) 中的结论不再成立. 例如纯量方程 $x'=x^2$ 的解 0 是不稳定的; 对于 $c>0$ 在解 $t\to\dfrac{c}{1-ct}$ 中, 没有解能对任何 $t\geqslant 0$ 确定.

另一方面, 我们注意在 (2.3) 中, 不可能对一个常数 k, 只设 $\|\boldsymbol{f}(t,\boldsymbol{x})\|\leqslant k\|\boldsymbol{x}\|$; 常系数线性方程的例子已表明这一点: 在 $\boldsymbol{x}=0$ 的邻域中, 必须 $\boldsymbol{f}$ 对 $\|\boldsymbol{x}\|$ 是 “可忽略的”. 另一方面, 当初始值 $\|\boldsymbol{x}_0\|$ 太大时, 对于 (2.1) 的解的性质, 不可能作出结论. 例如对于纯量方程 $x'=-x+x^2$, 这里对于任何 t_0, (2.3) 中的条件成立. 可是只要 $u(0)=c>1$, 解 $u(t)=\dfrac{c}{c-(c-1)e^t}$ 不能对任何 $t\geqslant 0$ 确定.

3. 条件稳定性

(3.1) 当矩阵 A 的所有特征值 λ 不是都满足 $\mathcal{R}\lambda\leqslant 0$ 时, 在 (1.3) 中已经看到, (1.2.1) 的解 0 不是稳定的. 但是如果在这些特征值中, 有一些的实部 <0, 那么 (1.2.1) 有随着 $1/t$ 趋近于 0 的解. 这些解构成一个向量空间; A 的实部 <0 的所有特征值的阶数之和 k, 就是这空间的维数. 下面要看到, 对 “摄动” $\boldsymbol{f}(t,\boldsymbol{x})$ 作较强假设, 也可得到 (2.1) 的一些解, 这些解对任何 $t\geqslant t_0$ 确定, 随着 $1/t$ 趋近于 0, 并且构成 “含 k 个参变量的一族”.

对未知映射作线性变换, 显然可设 A 已化成若尔当标准型. 把与实部 <0 的特征值相对应的若尔当矩阵及其他若尔当矩阵分两类, 可以写出

$$A=\begin{pmatrix}B & 0\\ 0 & C\end{pmatrix},$$

这里 B 是一个 k 阶矩阵, 它的特征值的实部都 <0; C 是一个 $n-k$ 阶矩阵, 它的特征值的实部都 $\geqslant 0$; 还设与其中纯虚数的特征值相对应的若尔当矩阵都是一阶的. 于是

$$e^{tA}=\begin{pmatrix} e^{tB} & 0 \\ 0 & e^{tC} \end{pmatrix},$$

并且由以上假设, 存在着常数 $\sigma>0$ 及 $K>0$, 使得

(3.1.1) $$\|e^{tB}\| \leqslant Ke^{-2\sigma t}, \quad 对于\ t\geqslant 0,$$

(3.1.2) $$\|e^{-tC}\| \leqslant K, \qquad 对于\ t\geqslant 0.$$

我们写出 $e^{tA}=U(t)+V(t)$, 这里

(3.1.3) $$U(t)=\begin{pmatrix} e^{tB} & 0 \\ 0 & 0 \end{pmatrix}, \quad V(t)=\begin{pmatrix} 0 & 0 \\ 0 & e^{tC} \end{pmatrix},$$

因此对于任何 s,t,

(3.1.4) $$\begin{gathered} U(t+s)=U(t)U(s), \quad V(t+s)=V(t)V(s), \\ U(t)V(s)=V(s)U(t)=0, \end{gathered}$$

并且

(3.1.5) $$U'(t)=AU(t), \quad V'(t)=AV(t).$$

(3.2) 设 (3.1) 中关于 A 的假设成立; 设 $\boldsymbol{f}$ 在开集 $\mathrm{D}\subset\mathbb{R}\times\mathbb{C}^n$ 中连续, 并且是局部利普希茨的, 这里 D 包含 (2.2.1) 所确定的集; 此外, 设 $\boldsymbol{f}(t,0)=0$, 并且对于任何 $\varepsilon>0$, 存在着 $\delta\in\,]0,b[$, 使得由关系式 $t\geqslant t_0, \|\boldsymbol{x}_1\|\leqslant\delta, \|\boldsymbol{x}_2\|\leqslant\delta$ 可导出

(3.2.1) $$\|\boldsymbol{f}(t,\boldsymbol{x}_1)-\boldsymbol{f}(t,\boldsymbol{x}_2)\| \leqslant \varepsilon\|\boldsymbol{x}_1-\boldsymbol{x}_2\|.$$

那么存在着有下列性质的 $\alpha>0$: 对于满足 $\mathcal{J}.\boldsymbol{x}_0=0$ 及 $\|\boldsymbol{x}_0\|\leqslant a$ 的任何向量 $\boldsymbol{x}_0\in\mathbb{C}^n$, 这里 $\mathcal{J}=\begin{pmatrix} 0 & 0 \\ 0 & I_{n-k} \end{pmatrix}$, 存在着 (2.1) 的一解 $\boldsymbol{u}$, 它对于 $t\geqslant t_0$ 确定, 并且满足下列积分方程:

(3.2.2) $$\boldsymbol{u}(t)=U(t-t_0).\boldsymbol{x}_0+\int_{t_0}^{t} U(t-s).f(s,\boldsymbol{u}(s))ds-\int_{t}^{+\infty} V(t-s).\boldsymbol{f}(s,\boldsymbol{u}(s))ds$$

(注意 $\boldsymbol{x}_0$ 一般不等于 $\boldsymbol{u}(t_0)$). 我们还有

$$\|\boldsymbol{u}(t)\| \leqslant 2K\|\boldsymbol{x}_0\|\exp(-\sigma(t-t_0)) \quad 对于\ t\geqslant t_0.$$

还设 A 没有纯虚数特征值. 那么, 反过来, 存在着 $\beta>0$, 使得在 $t\geqslant t_0$ 上确定、并且满足 $\|\boldsymbol{u}(t)\|\leqslant\beta$ 的 (2.1) 的任何解 $\boldsymbol{u}(t)$, 对于满足 $\mathcal{J}\cdot\boldsymbol{x}_0=0$ 的一个并且只有一个 $\boldsymbol{x}_0$, 也是方程 (3.2.2) 的解.

1° 证明: 适当选取 α, (3.2.2) 有一解 $\boldsymbol{u}$ 对于 $t \geqslant t_0$ 确定、并且随着 $1/t$ 趋近于 0; 应用 (3.1.4), (3.1.5) 及假设 $\mathcal{J} \cdot \boldsymbol{x}_0 = 0$, 直接求导数计算就可证明 $\boldsymbol{u}$ 是 (2.1) 的一解. 我们要证明: 可选取 α 充分小, 使得映射 $\boldsymbol{u}_m(t)(m \geqslant 0)$ 可由逐步逼近法确定:

$$
(3.2.3) \qquad \begin{cases} \boldsymbol{u}_0(\boldsymbol{t}) = 0, \\ \boldsymbol{u}_{m+1}(t) = U(t-t_0).\boldsymbol{x}_0 + \displaystyle\int_{t_0}^{t} U(t-s).\boldsymbol{f}(s, \boldsymbol{u}_m(s))ds \\ \qquad\qquad - \displaystyle\int_{t}^{+\infty} V(t-s).\boldsymbol{f}(s, \boldsymbol{u}_m(s))ds \end{cases}
$$

并且满足不等式

$$
(3.2.4) \qquad \|\boldsymbol{u}_{m+1}(t) - \boldsymbol{u}_m(t)\| \leqslant \frac{K}{2^m}\|\boldsymbol{x}_0\|e^{-\sigma(t-t_0)}, \text{ 对于 } t \geqslant t_0.
$$

注意由关系式 (3.2.4) 可导出: 如果 $2K\|\boldsymbol{x}_0\| \leqslant b$,

$$
(3.2.5) \qquad \|\boldsymbol{u}_{m+1}(t)\| \leqslant 2K\|\boldsymbol{x}_0\|e^{-\sigma(t-t_0)} \leqslant be^{-\sigma(t-t_0)}.
$$

于是递推可以进行下去, 所得序列 $\{\boldsymbol{u}_m\}$ 在 $[t_0, +\infty[$ 中一致收敛于 (2.1) 的一解 $\boldsymbol{u}$, 而且 $\|\boldsymbol{u}(t)\| \leqslant 2K\|\boldsymbol{x}_0\|e^{-\sigma(t-t_0)}$.

首先注意由假设 $\boldsymbol{f}(t, 0) = 0$, 我们有

$$
\boldsymbol{u}_1(t) = U(t-x_0).\boldsymbol{x}_0,
$$

因此由 (3.1.1),

$$
\|\boldsymbol{u}_1(t)\| \leqslant K\|\boldsymbol{x}_0\|e^{-2\sigma(t-t_0)}.
$$

设 $\boldsymbol{u}_1, \cdots, \boldsymbol{u}_m$ 对于 $t \geqslant t_0$ 确定, 并且满足 (3.2.4), 这里 m 要用 $0, \cdots, m-1$ 来代替. 取一个 $\varepsilon > 0$, 它将在下面确定, 再取一个相对应的值 δ, 使得对于 $\|\boldsymbol{x}_1\| \leqslant \delta$ 及 $\|\boldsymbol{x}_2\| \leqslant \delta$, 我们有 (3.2.1). 如果取 $2K\|\boldsymbol{x}_0\| \leqslant \delta$, 由关系式 (3.2.1) 特别得到: 对于 $t \geqslant t_0$,

$$
\|\boldsymbol{f}(t, \boldsymbol{u}_m(t))\| \leqslant \varepsilon\|\boldsymbol{u}_m(t)\| \leqslant 2\varepsilon K\|\boldsymbol{x}_0\|e^{-\sigma(t-t_0)}.
$$

由于另一方面, 根据 (3.1.2), 对于 $s \geqslant t$, 我们有 $\|V(t-s)\| \leqslant K$, 已经可看出 (3.2.3) 右边的反常积分绝对收敛, 并且从而对于任何 $t \geqslant t_0, \boldsymbol{u}_{m+1}(t)$ 由公式 (3.2.3) 确定. 然后由此得

$$
\begin{aligned} \boldsymbol{u}_{m+1}(t) - \boldsymbol{u}_m(t) = &\int_{t_0}^{t} U(t-s).(\boldsymbol{f}(s, \boldsymbol{u}_m(s)) - \boldsymbol{f}(s, \boldsymbol{u}_{m-1}(s)))ds \\ &- \int_{t}^{+\infty} V(t-s).(\boldsymbol{f}(s, \boldsymbol{u}_m(s)) - \boldsymbol{f}(s, \boldsymbol{u}_{m-1}(s)))ds, \end{aligned}
$$

并且由关系式 (3.2.1) 重新给出: 对于任何 $t \geqslant t_0$,

$$
\|\boldsymbol{f}(t, \boldsymbol{u}_m(t)) - \boldsymbol{f}(t, \boldsymbol{u}_{m-1}(t))\| \leqslant \varepsilon\|\boldsymbol{u}_m(t) - \boldsymbol{u}_{m-1}(t)\|,
$$

由此, 又由 (3.1.1) 及 (3.1.2) 得

$$
\begin{aligned} \|\boldsymbol{u}_{m+1}(t) - \boldsymbol{u}_m(t)\| \leqslant\ & n\varepsilon K\int_{t_0}^{t} e^{-2\sigma(t-s)}\|\boldsymbol{u}_m(s) - \boldsymbol{u}_{m-1}(s)\|ds \\ &+ n\varepsilon K\int_{t}^{+\infty} \|\boldsymbol{u}_m(s) - \boldsymbol{u}_{m-1}(s)\|ds. \end{aligned}
$$

应用 (3.2.4), 但把 m 换成 $m-1$, 得

$$\|\boldsymbol{u}_{m+1}(t)-\boldsymbol{u}_m(t)\| \leqslant \frac{n\varepsilon K^2}{2^{m-1}}\|\boldsymbol{x}_0\|\left(e^{-\sigma(2t-t_0)}\int_{t_0}^{t}e^{\sigma s}ds+\int_{t}^{+\infty}e^{-\sigma(s-t_0)}ds\right)$$
$$\leqslant \frac{n\varepsilon K^2}{2^{m-2}\sigma}\|\boldsymbol{x}_0\|e^{-\sigma(t-t_0)}.$$

因此取

$$\varepsilon \leqslant \frac{1}{4nK\sigma}, \tag{3.2.6}$$

使不等式 (3.2.4) 对 $t\geqslant t_0$ 成立, 然后选取 δ, 使得 (3.2.1) 对范数 $\leqslant\delta$ 的向量成立. 最后取

$$\|\boldsymbol{x}_0\| \leqslant \alpha = \frac{\delta}{2K}, \tag{3.2.7}$$

于是在这些条件下, 证明了 (3.2.2) 的解 $\boldsymbol{u}$ 存在以及不等式: 对于 $t\geqslant t_0$,

$$\|\boldsymbol{u}(t)\| \leqslant 2K\|\boldsymbol{x}_0\|e^{-\sigma(t-t_0)}. \tag{3.2.8}$$

此外, 可见这解的初始值满足关系式

$$\boldsymbol{u}(t_0)=\boldsymbol{x}_0-\int_{t_0}^{+\infty}V(t_0-s).\boldsymbol{f}(s,\boldsymbol{u}(s))ds. \tag{3.2.9}$$

由于 (2.1) 在点 t_0 取给定值的解的唯一性, 可见 $\boldsymbol{x}_0$ 只有一个值给出 (2.1) 对于给定的 $\boldsymbol{u}(t_0)$ 的解; 由 (3.2.8), 我们还有

$$\|\boldsymbol{u}(t_0)\| \leqslant 2K\|\boldsymbol{x}_0\|. \tag{3.2.10}$$

2° 现加上 A 没有纯虚数特征值这一补充假设. 于是可 (必要时改变 σ 的值) 把 (3.1.2) 用

$$\|e^{-tC}\| \leqslant Ke^{-\sigma t} \quad 对于\ t\geqslant 0 \tag{3.2.11}$$

来代替. 数 ε 及 δ 选取如上, 设 $\boldsymbol{u}$ 是 (2.1) 的一解, 它是对 $t\geqslant t_0$ 确定的, 并且对于 $t\geqslant t_0, \|\boldsymbol{u}(t)\|\leqslant\delta$. 于是由于我们有 $\|\boldsymbol{f}(t,\boldsymbol{u}(t))\|\leqslant\varepsilon\|\boldsymbol{u}(t)\|\leqslant\varepsilon\delta$, 并且由 (3.2.11), 对于 $s\geqslant t$,

$$\|V(t-s)\| \leqslant Ke^{-\sigma(s-t)},$$

可见对于任何 $t\geqslant t_0$, 积分 $\displaystyle\int_t^{+\infty}V(t-s).\boldsymbol{f}(s,\boldsymbol{u}(s))ds$ 绝对收敛. 另一方面, 由第十二章, 2.4.1, 可写出

$$\boldsymbol{u}(t)=U(t-t_0).\boldsymbol{u}(t_0)+V(t-t_0).\boldsymbol{u}(t_0)+\int_{t_0}^{t}U(t-s).\boldsymbol{f}(s,\boldsymbol{u}(s))ds$$
$$+\int_{t_0}^{t}V(t-s).\boldsymbol{f}(s,\boldsymbol{u}(s))ds,$$

或由上述结果, 还可写出

$$\boldsymbol{u}(t)=U(t-t_0).\boldsymbol{u}(t_0)+V(t-t_0).\boldsymbol{x}_0+\int_{t_0}^{t}U(t-s).\boldsymbol{f}(s,\boldsymbol{u}(s))ds$$
$$-\int_{t}^{+\infty}V(t-s).\boldsymbol{f}(s,\boldsymbol{u}(s))ds, \tag{3.2.12}$$

这里的 $\boldsymbol{x}_0$ 由 (3.2.9) 给出. 因此只须证明必然有 $\mathcal{J}.\boldsymbol{x}_0 = 0$. 然而既然对于任何 $s \geqslant t_0, \|\boldsymbol{f}(s,\boldsymbol{u}(s))\| \leqslant \varepsilon\|\boldsymbol{u}(s)\|$, 由 (3.2.11) 及 (3.1.1) 可得: 在 (3.2.12) 的右边, 对于 $t \geqslant t_0$, 两个积分的范数分别以 $\dfrac{n\varepsilon K}{2\sigma}$ 及 $\dfrac{n\varepsilon K}{\sigma}$ 为上界. 换句话说, 在 (3.2.12) 中, 对于 $t \geqslant t_0$, 除了 $V(t-t_0).\boldsymbol{x}_0$ 外, 其他各项有界, 从而 $V(t-t_0).\boldsymbol{x}_0$ 也有界. 但是第十二章, 3.2.2 的公式表明: 如果 $\boldsymbol{x}_0 = (x_{0j})_{1\leqslant j\leqslant n}, V(t-t_0).\boldsymbol{x}_0$ 的指标 $j<k$ 的分量是 0, 指标 $\geqslant k$ 的分量有下列形状:

$$e^{\lambda(t-t_0)}\left(x_{0h} + tx_{0,h+1} + \frac{t^2}{2!}x_{0,h+2} + \cdots + \frac{t^{r-1}}{(r-1)!}x_{0,h+r-1}\right),$$

这里 $h \geqslant k, \mathcal{R}\lambda > 0$, 并且取 $k \leqslant l \leqslant n$, 每个分量 x_{0l} 在上列各式中至少出现一次; 只有对于 $k \leqslant l \leqslant n$ 时, $x_{0l} = 0$, 所作假设才可能成立, 证完.

(3.3) 作关于"摄动" $\boldsymbol{f}(t,\boldsymbol{x})$ 的另一类型的假设, 可以对 (2.1) 在 $+\infty$ 的邻域中有界的解, 求得渐近展开式. 这次设 A 有 k 个纯虚数特征值 (计算它们的重阶数), 相应的一些若尔当矩阵都是一阶的, 并且 A 的其他特征值都有实部 >0. 于是可以写出 (在对未知变量作线性代换后)

$$A = \begin{pmatrix} B & 0 \\ 0 & C \end{pmatrix},$$

这里 B 是 k 阶矩阵, C 是 $n-k$ 阶矩阵, 并且对于两个常数 $K>0$ 及 $\sigma>0$, 我们有:

(3.3.1) $$\|e^{tB}\| \leqslant K, \quad \text{对于任何 } t \in \mathbb{R};$$

(3.3.2) $$\|e^{-tC}\| \leqslant Ke^{-\sigma t}, \quad \text{对于 } t \geqslant 0.$$

还是由公式 (3.1.3) 确定 U 及 V.

于是有:

(3.4) 设 (3.3) 中关于 A 的假设成立; 设 $\boldsymbol{f}$ 在 $\mathrm{D} \subset \mathbb{R}\times\mathbb{C}^n$ 中连续, 这里 D 包含集 (2.2.1), 而且 $t_0 > 0$; 还设 $\boldsymbol{f}(t,0) = 0$, 并且存在着常数 $\rho > 0$, 使得对于 $t \geqslant t_0, \|\boldsymbol{x}_1\| \leqslant b, \|\boldsymbol{x}_2\| \leqslant b$, 我们有

(3.4.1) $$\|\boldsymbol{f}(t,\boldsymbol{x}_1) - \boldsymbol{f}(t,\boldsymbol{x}_2)\| \leqslant ct^{-1-\rho}\|\boldsymbol{x}_1 - \boldsymbol{x}_2\| \ (c \text{ 是常数 } > 0).$$

那么存在着 $\alpha > 0$, 使得对于满足 $\mathcal{J}.\boldsymbol{x}_0 = 0$ 及 $\|\boldsymbol{x}_0\| \leqslant \alpha$ 的任何向量 $\boldsymbol{x}_0 \in \mathbb{C}^n$, (2.1) 有对于 $t \geqslant t_0$ 确定的一个有界解 $\boldsymbol{u}$, 并且它满足积分方程

(3.4.2) $$\boldsymbol{u}(t) = U(t-t_0).\boldsymbol{x}_0 - \int_t^{+\infty} e^{(t-s)A}.\boldsymbol{f}(s,\boldsymbol{u}(s))ds.$$

而且如果用逐步逼近法

(3.4.3) $$\begin{cases} \boldsymbol{u}_0(t) = 0, \\ \boldsymbol{u}_{m+1}(t) = U(t-t_0).\boldsymbol{x}_0 - \displaystyle\int_t^{+\infty} e^{(t-s)A}.\boldsymbol{f}(s,\boldsymbol{u}_m(s))ds \end{cases}$$

确定 $\boldsymbol{u}_m(t)$, 那么对于 $t \geqslant t_0$, 序列 $\{\boldsymbol{u}_m\}$ 一致收敛于 $\boldsymbol{u}$, 并且当 t 趋向于 $+\infty$ 时, 我们有

$$\boldsymbol{u}_{m+1}(t) - \boldsymbol{u}_m(t) = O(e^{-m\rho}). \tag{3.4.4}$$

最后, 对于在 $t \geqslant t_0$ 确定、并且对于 $t \geqslant t_0$ 满足 $\|\boldsymbol{u}(t)\| \leqslant b$ 的 (2.1) 的任何解 $\boldsymbol{u}$ 也满足 (3.4.2), 这里 $\boldsymbol{x}_0$ 满足 $\mathcal{J}.\boldsymbol{x}_0 = 0$, 并且是唯一确定的.

为了证明前两个结论, 只须由递推证明对于 $t \geqslant t_0$, 可确定 $\boldsymbol{u}_m$, 并且它们满足: 对于 $t \geqslant t_0$,

$$\|\boldsymbol{u}_{m+1}(t) - \boldsymbol{u}_m(t)\| \leqslant \|\boldsymbol{x}_0\| \frac{1}{m!c}\left(\frac{nKc}{\rho t^\rho}\right)^m; \tag{3.4.5}$$

由此断定: 令 $a = \exp(cnK/\rho t_0^\rho)/c$, 只要 $\|\boldsymbol{x}_0\| \leqslant \alpha = b/a$, 就有

$$\|\boldsymbol{u}_{m+1}(t)\| \leqslant a\|\boldsymbol{x}_0\| \leqslant b, \tag{3.4.6}$$

并且递推可以进行下去, 恰好得到一个序列, 它一致收敛于 (3.4.2) 的一个解 $\boldsymbol{u}$, 并且对于 $t \geqslant t_0, \|\boldsymbol{u}(t)\| \leqslant b$.

由 (3.3.1), 首先有 $\|\boldsymbol{u}_1(t)\| \leqslant nK\|\boldsymbol{x}_0\|$. 由 (3.3.2) 及 (3.4.1), 然后有

$$\begin{aligned}\|\boldsymbol{u}_{m+1}(t) - \boldsymbol{u}_m(t)\| &\leqslant nKc\int_t^{+\infty} \frac{\|\boldsymbol{u}_m(s) - \boldsymbol{u}_{m-1}(s)\|}{s^{1+\rho}}ds \\ &\leqslant \frac{(nKc)^m\|\boldsymbol{x}_0\|}{c(m-1)!\rho^{m-1}}\int_t^{+\infty}\frac{ds}{s^{1+m\rho}} = \frac{\|\boldsymbol{x}_0\|}{cm!}\left(\frac{nKc}{\rho t^\rho}\right)^m,\end{aligned}$$

由此得所求结论. 对于给定的 $\boldsymbol{u}(t_0), \boldsymbol{x}_0$ 的唯一性可如同在 (3.2) 中那样证明.

最后, 如果 $\boldsymbol{u}$ 是 (2.1) 的一解, 并且对于 $t \geqslant t_0, \|\boldsymbol{u}(t)\| \leqslant b$, 那么由于对于 $s \geqslant t, \|e^{(t-s)A}\| \leqslant K$, 并且由 (3.4.1), $\|\boldsymbol{f}(s, \boldsymbol{u}(s))\| \leqslant bcs^{-1-\rho}$, 积分 $\int_t^{+\infty} e^{(t-s)A}.\boldsymbol{f}(s, \boldsymbol{u}(s))ds$ 绝对收敛. 于是可写出

$$\begin{aligned}\boldsymbol{u}(t) &= U(t-t_0).\boldsymbol{u}(t_0) + V(t-t_0)\boldsymbol{u}(t_0) + \int_{t_0}^t e^{(t-s)A}.\boldsymbol{f}(s, \boldsymbol{u}(s))ds \\ &= U(t-t_0).\boldsymbol{x}_0 + V(t-t_0).\boldsymbol{x}_0 - \int_t^{+\infty} e^{(t-s)A}.\boldsymbol{f}(s, \boldsymbol{u}(s))ds,\end{aligned}$$

这里 $\boldsymbol{x}_0 = \boldsymbol{u}(t_0) + \int_{t_0}^t e^{(t-s)A}.\boldsymbol{f}(s, \boldsymbol{u}(s))ds$. 于是可见, 在上式右边, 对于 $t \geqslant t_0$, 第一项及第三项有界, 因此第二项也有界; 而如 (3.2) 中同样的论证表明, 这只有当 $\mathcal{J}.\boldsymbol{x}_0 = 0$ 时才有可能.

(3.5) 不等式 (3.4.5) 表明: 对于 t 趋向于 $+\infty$, 我们也有

$$\boldsymbol{u}(t) - \boldsymbol{u}_m(t) = O(t^{-m\rho}), \tag{3.5.1}$$

并且特别对于 $m=1$, 既然 $\boldsymbol{f}(t,0)=0$, 就有

$$\boldsymbol{u}(t)-U(t-t_0).\boldsymbol{x}_0=O(t^{-\rho}). \tag{3.5.2}$$

由关于 A 的假设, $U(t-t_0).\boldsymbol{x}_0$ 的分量有形状 $e^{i\omega_j(t-t_0)}x_{0j}$, 这里 $1\leqslant j\leqslant k$, ω_j 是实数, 而且如果 $\boldsymbol{x}_0\neq 0$, 这些分量不全是零. 公式 (3.5.2) 因此给出了 $\boldsymbol{u}(t)$ 在 $+\infty$ 的邻域中的广义实部 (第三章, 7.6). 如果对于 $m>1$, 能求得 $\boldsymbol{u}_m$ 的渐近展开式, 由 (3.5.1) 同样可得 $\boldsymbol{u}(t)$ 的广义渐近展开式.

注释 (3.6) 注意在 (3.4) 中, 我们没有真正用到 (除了在最后的论断中) 方程 (2.1) 是一个常系数方程的 "摄动" 这一假设. (3.4) 中证明 $\boldsymbol{u}_m$ 及 $\boldsymbol{u}$ 存在的推理, 可以不加改变应用到下列形状的方程

$$\boldsymbol{x}'=A(t).\boldsymbol{x}+\boldsymbol{f}(t,\boldsymbol{x}), \tag{3.6.1}$$

这里 $\boldsymbol{f}$ 满足 (3.4) 中同样的条件, 并且还设线性方程 $\boldsymbol{x}'=A(t).\boldsymbol{x}$ 的预解矩阵 $R(t,s)$ (第十二章, 2.1) 可以写成

$$R(t,s)=\begin{pmatrix} U(t,s) & W(t,s)\\ 0 & V(t,s)\end{pmatrix},$$

这里 $U(t,s)$ 是对任何 s 及 t 有界的 k 阶矩阵, $V(t,s)$ 及 $W(t,s)$ 是对 $t\leqslant s$ 有界的矩阵.

(3.7) 我们还可减弱上列最后的条件, 当在 (3.4.1) 中已设 $\rho>\alpha>0$ 时, 可以只设对于 $s\geqslant t\geqslant t_0$ (t_0 充分大), $V(t,s)$ 及 $W(t,s)$ 以 $c.t^{\alpha}$ 为界.

4. 两变数自治系统的临界点

有下列形状的微分方程叫做自治微分方程:

$$\boldsymbol{x}'=\boldsymbol{f}(\boldsymbol{x}), \tag{4.1}$$

这里实变数 t 不出现, f 是在一个开集 $\mathrm{D}\subset\mathbb{R}^n$ 中确定的. 因此对任何点 $\boldsymbol{x}\in\mathrm{D}$, 连带着有一个向量 $\boldsymbol{f}(\boldsymbol{x})$; 一对 $(\boldsymbol{x},\boldsymbol{f}(\boldsymbol{x}))$ 就是过去所谓 "有起点 $\boldsymbol{x}$ 的连带向量"[①], 有时把它用有起点 $\boldsymbol{x}$ 及终点 $\boldsymbol{x}+\boldsymbol{f}(\boldsymbol{x})$ 的箭形来表示 (图 75). 我们还是把 $\boldsymbol{x}\to(\boldsymbol{x},\boldsymbol{f}(\boldsymbol{x}))$ 叫做 D 中的 "向量场"; 在应用中, 最常见的是 t 表示时间, 以及力场或速

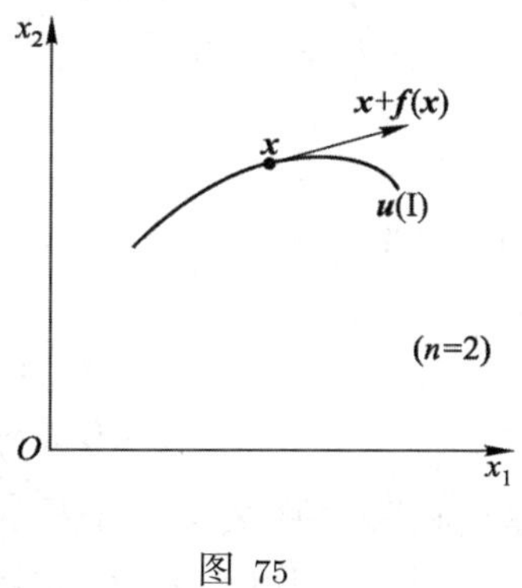

图 75

①我们想起在近代线性代数中, 只是引进了 "自由向量"、"连带向量"、"滑动向量"、"极向量" 等一些可笑的概念, 这些是历代学究们积累下来的. 只应有一个向量 (或向量空间中一点) 的概念.

度场中的向量. 如果 $\boldsymbol{u}$ 是 (4.1) 在 $\mathbb{R}$ 的区间 $\mathrm{I}=]a,b[$ 中确定的一解, 那么映射

$$t \to \boldsymbol{u}_h(t)=\boldsymbol{u}(t+h)$$

也是在区间 $\mathrm{I}_h=]a-h,b-h[$ 中确定的一解, $\boldsymbol{u}(\mathrm{I})$ 及 $\boldsymbol{u}_h(\mathrm{I}_h)$ 在 $\mathbb{R}^n$ 中的像相同. 我们特别注意这些像; 它们叫做方程 (4.1) 的*轨道*. 更特别地, 我们要考察当 t 趋向于 $+\infty$ 或 $-\infty$ 时, (4.1) 的一个解 $\boldsymbol{u}$ *趋近于一有限极限* $\boldsymbol{c}\in\mathrm{D}$ 这种情形. 这时 $\boldsymbol{f}(\boldsymbol{u}(t))$ 趋近于向量 $\boldsymbol{f}(\boldsymbol{c})=(s_j)_{1\leqslant j\leqslant n}$, 并且如果要是 $s_j\neq 0$, 就由关系式 $u_j'(t)\sim s_j$, 在 $+\infty$ 或 $-\infty$ 的邻域中, 应当有关系式 $u_j(t)\sim s_j t$ (第三章, 10.2), 与假设 $\boldsymbol{u}(t)$ 有有限极限相矛盾. 因此极限 $\boldsymbol{c}$ 必须满足关系式

$$\boldsymbol{f}(\boldsymbol{c})=0; \tag{4.1.1}$$

我们把这方程的解叫做 (4.1) 的*临界点*. 在 $\pm\infty$ 的邻域中研究解时, 它们起着主要的作用.

(4.2) 我们只考虑 $n=2$ 情形, 并且只简短地研究在*孤立临界点*的邻域中, 轨道可能有的形式. 可设 $\boldsymbol{c}=0$. 我们还设方程组 (4.1) 有下列形状:

$$\begin{cases} x_1'=ax_1+bx_2+f_1(x_1,x_2),\\ x_2'=cx_1+dx_2+f_2(x_1,x_2), \end{cases} \tag{4.2.1}$$

这里 a,b,c,d 是实常数, 矩阵 $A=\begin{pmatrix} a & b\\ c & d\end{pmatrix}$ *是可逆的* (换句话说, $ad-bc\neq 0$); 设对于 $\boldsymbol{x}=0, f_1$ 及 f_2 是零, 并且在 0 的邻域内, 对一个指数 $\rho>0$, 它们的偏导数满足

$$\left|\frac{\partial f_j}{\partial x_k}(\boldsymbol{x})\right|\leqslant K|\boldsymbol{x}|^{\rho}. \tag{4.2.2}$$

(在最简单的情形中, (4.2.1) 的右边是不含常数项的 x_1 及 x_2 的多项式, f_1 及 f_2 是多项式中总次数 $\geqslant 2$ 的各项的和). 这种临界点叫做*非退化的*.

可以先用未知映射的线性代换把矩阵 A 化成一种标准形式. 但是为了不出实数域, 只有当 A 的特征值、即特征方程

$$\lambda^2-(a+d)\lambda+ad-bc=0 \tag{4.2.3}$$

的根都是实数时, 才可能用到若尔当标准型. 这时用到的 A 的标准型有三种可能的情形:

$$\begin{pmatrix}\lambda & 0\\ 0 & \mu\end{pmatrix}(\lambda\neq\mu),\quad \begin{pmatrix}\lambda & 0\\ 0 & \lambda\end{pmatrix},\quad \begin{pmatrix}\lambda & 1\\ 0 & \lambda\end{pmatrix},$$

这里在第一种情形下, λ 及 μ 是 A 的 (实) 特征值; 在其他情形下, λ 是 A 的特征值; 由于 A 是可逆的, λ 及 μ 必然 $\neq 0$.

当 (4.2.3) 的根是共轭复数 $\alpha\pm i\beta$ (α 及 β 是实数, $\beta\neq 0$) 时, 代数中已证明, 通过变数的线性代换 (把 A 换成 PAP^{-1}, 这里 P 是适当选取的一个可逆矩阵), 可设

A 有下列形状:

$$\begin{pmatrix} \alpha & \beta \\ -\beta & \alpha \end{pmatrix}.$$

我们要考察在上列不同情形下轨道的形式 (总是设 A 取作上列各种形式之一); 由于我们更关心的是轨道, 而不是把这一量的映射作为 (4.2.1) 的解, 并且由于把 t 换成 $-t$ 就改变方程右边的符号, 于是改变 A 的符号, 可把 $t \to -\infty$ 时解的研究, 化成 $t \to +\infty$ 时的研究.

(4.3) 一般情形: 这是对矩阵 A 中各元素不加上任何相等关系的情形.

I) $A = \begin{pmatrix} \lambda & 0 \\ 0 & \mu \end{pmatrix}$, 这里 $\lambda < 0 < \mu$. 由 (4.2.2), 我们是在 (3.2) 中讨论过的条件稳定的情形下. 这时在 (4.2.1) 的解中, 在 $+\infty$ 的邻域内仍然是确定及有界的, 采用 (3.2) 中的记号, 只能是满足积分方程 (3.2.2) 及条件 $C.\boldsymbol{x}_0 = 0$ 的那些解, 后一条件在这里表明 $\boldsymbol{x}_0 = (x_{01}, 0)$. 如果作未知映射的线性变换 $\boldsymbol{x} = e^{\lambda t}\boldsymbol{y}$, 可见

$$\boldsymbol{v}(t) = e^{-\lambda t}\boldsymbol{u}(t)$$

是方程组

$$(4.3.1) \qquad \begin{cases} y_1' = g_1(t, y_1, y_2), \\ y_2' = (\mu - \lambda)y_2 + g_2(t, y_1, y_2) \end{cases}$$

的解, 这里 $g_j(t, y_1, y_2) = e^{-\lambda t} f_j(e^{\lambda t}y_1, e^{\lambda t}y_2)$; 由 (4.2.2) 及泰勒公式, 对于 $\boldsymbol{g} = (g_1, g_2)$, 我们得到下列形式的估计式: 当 $\|\boldsymbol{z}_1\|$ 及 $\|\boldsymbol{z}_2\|$ 充分小时,

$$\|\boldsymbol{g}(t, \boldsymbol{z}_1) - \boldsymbol{g}(t, \boldsymbol{z}_2)\| \leqslant ce^{\rho\lambda t}\|\boldsymbol{z}_1 - \boldsymbol{z}_2\|.$$

因此可对方程组 (4.3.1) 应用 (3.4) 中的结果, 并且由于当 $t \geqslant 0$ 时, $e^{\lambda t} \leqslant 1$, 可见 (4.2.1) 对于 $t \geqslant 0$ 有界的解有下列形状: 在 $+\infty$ 的邻域中,

$$(4.3.2) \qquad \begin{cases} u_1(t) = re^{\lambda t} + o(e^{\lambda t}), \\ u_2(t) = o(e^{\lambda t}), \end{cases}$$

两不同的解相应于常数 r 的不同的值. 但是由于 $t \to \boldsymbol{u}(t+t_0)$ 对于 $t \geqslant 0$ 也是 (4.2.1) 的一解并且 $u_1(t+t_0) \sim (re^{\lambda t_0})e^{\lambda t}$, 可见 (4.2.1) 只有两条轨道 (相应于 $r = \pm 1$), 沿着这两轨道 $\boldsymbol{u}(t)$ 随着 $1/t$ 趋近于 0; 沿着其中一条轨道, $u_1(t)$ 通过值 > 0 递减趋近于 0, 沿着另一条轨道, $u_1(t)$ 通过值 $\leqslant 0$ 递增趋近于 0, 并且对于这两轨道, $u_2(t)/u_1(t)$ 趋向于 0. 把 t 换成 $-t$, 同样可见存在着两条轨道, 在这两轨道上, 当 t 趋近于 $-\infty$ 时, $\boldsymbol{u}(t)$ 趋近于 0, 而这次 $u_1(t)/u_2(t)$ 趋近于 0, 对于通过 0 的充分小的邻域 V 中一

点的任何其他轨道, 当 $|t|$ 充分大时, 点 $\boldsymbol{u}(t)$ 不可能留在 V 中. 这时我们说临界点 0 是方程组 (4.2.1) 的一个坳口 (图 76, 这里箭头指的是 t 增大的方向).

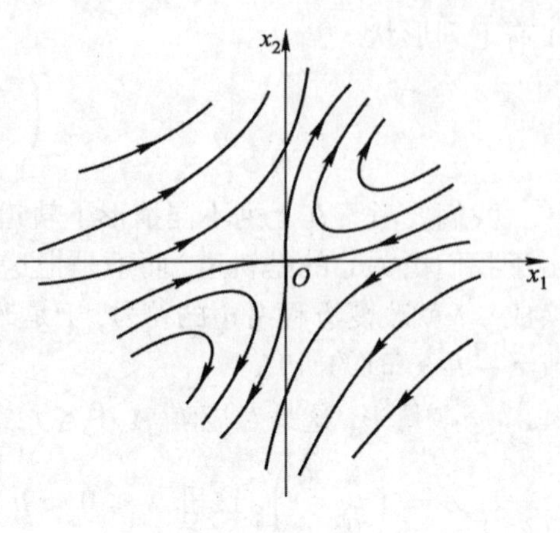

图 76

Ⅱ) $A=\begin{pmatrix}\lambda & 0\\ 0 & \mu\end{pmatrix}$, 这里 $\lambda<\mu<0$ ($0<\lambda<\mu$ 情形可由把 t 换成 $-t$ 导出). 在这里作未知映射的线性代换 $\boldsymbol{x}=e^{\mu t}\boldsymbol{y}$, 可得方程组

$$(4.3.3)\qquad \begin{cases}y_1'=(\lambda-\mu)y_1+g_1(t,y_1,y_2),\\ y_2'=g_2(t,y_1,y_2),\end{cases}$$

在这里对于充分小的 $\|\boldsymbol{z}_1\|$ 及 $\|\boldsymbol{z}_2\|$, $\|\boldsymbol{g}(t,\boldsymbol{z}_1)-\boldsymbol{g}(t,-\boldsymbol{z}_2)\|\leqslant ce^{\rho\mu t}\|\boldsymbol{z}_1-\boldsymbol{z}_2\|$. 既然 $\mu<0$, 这里是在 (2.2) 中讨论过的稳定的情形下, 并且在 (4.3.3) 的解中, 所有在 $t=0$ 取值于 0 的充分小的邻域内的, 当 t 趋向于 $+\infty$ 时, 都是有界的. 更准确地说, 线性方程

$$\boldsymbol{y}'=B.\boldsymbol{y},\ \ 这里\ \ B=\begin{pmatrix}\lambda-\mu & 0\\ 0 & 0\end{pmatrix}$$

有一个完全确定的解 $e^{tB}\boldsymbol{y}_0$, 并且

$$\boldsymbol{v}(t)=e^{tB}.\boldsymbol{y}_0+o(1).$$

回到方程 (4.2.1), 令 $\boldsymbol{y}_0=(r,s)$, 并且先设 $s\neq 0$; 于是 (4.2.1) 相应的解是

$$(4.3.4)\qquad \begin{cases}u_1(t)=o(e^{\mu t}),\\ u_2(t)=se^{\mu t}+o(e^{\mu t}).\end{cases}$$

换句话说, $u_1(t)/u_2(t)$ 沿着所有轨线趋近于 0. 考虑到 $\boldsymbol{u}(t+t_0)$ 仍然是解, 可见只有两条例外轨线, 与 $r=\pm 1, s=0$ 相对应. 现研究它们, 作未知映射的代换 $\boldsymbol{x}=e^{\lambda t}\boldsymbol{y}$, 于是化到 (3.4) 中考虑过的情形. 这时 (如同在 I) 中那样) 可见沿着这些轨线, 我们有

$$(4.3.5)\qquad \begin{cases}u_1(t)=\pm e^{\lambda t}+o(e^{\lambda t}),\\ u_2(t)=o(e^{\lambda t}),\end{cases}$$

因此 $u_2(t)/u_1(t)$ 这次趋近于 0. 临界点 0 叫做第一类反常结点 (图 77).

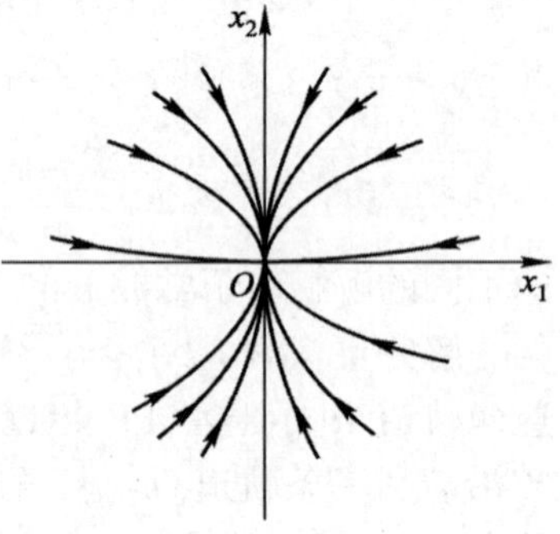

图 77

Ⅲ) $A=\begin{pmatrix}\alpha & \beta\\ -\beta & \alpha\end{pmatrix}$, 这里 $\alpha\neq 0$, 并且 $\beta\neq 0$. 把

t 换成 $-t$, 可设 $\alpha < 0$. 现作未知映射的代换

$$\boldsymbol{x} = e^{\alpha t}\boldsymbol{y},$$

还是化到 (2.2) 中已考虑过的情形. 在 (4.2.1) 的解中, 在 $t = 0$ 处的值属于 0 的充分小邻域的所有解, 随着 $1/t$ 趋近于 0, 并且可写出如下:

$$\text{(4.3.6)} \qquad \begin{cases} u_1(t) = e^{\alpha t}(r\cos\beta t + s\sin\beta t) + o(e^{\alpha t}), \\ u_2(t) = e^{\alpha t}(-r\sin\beta t + s\cos\beta t) + o(e^{\alpha t}), \end{cases}$$

这里 r 及 s 是两个不全是零的常数.

原点是所有轨线的 "渐近点". 临界点 0 叫做一个*焦点* (图 78).

(4.4) 特殊情形. 这里 A 的元素之间有相等关系.

IV) $A = \begin{pmatrix} \lambda & 0 \\ 0 & \lambda \end{pmatrix}$, 这里 $\lambda \neq 0$; 把 t 换成 $-t$, 可设 $\lambda < 0$, 作未知映射的代换 $\boldsymbol{x} = e^{\lambda t}\boldsymbol{y}$, 还是可化到 (2.2) 中的情形. 这时有对于与 0 邻近的所有解

$$\text{(4.4.1)} \qquad \begin{cases} u_1(t) = re^{\lambda t} + o(e^{\lambda t}), \\ u_2(t) = se^{\lambda t} + o(e^{\lambda t}), \end{cases}$$

其中常数 r 及 s 不全是零. 在这里每条轨道在点 0 与一条半射线相切, 两条不同的轨道与不同的半射线相对应 (图 79). 0 叫做一个*正常结点*.

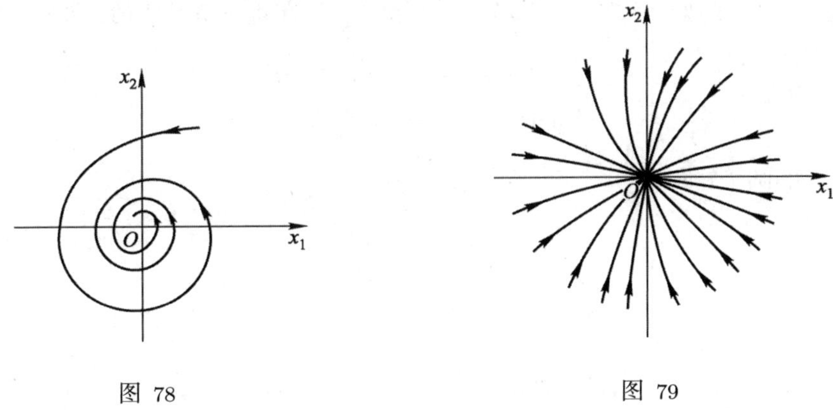

图 78　　图 79

V) $A = \begin{pmatrix} \lambda & 1 \\ 0 & \lambda \end{pmatrix}$, 这里 $\lambda \neq 0$, 并且还是可以只考虑 $\lambda < 0$ 情形. 在这里, 不能像前面作未知映射的代换, 因为这样就会得到一个二阶若尔当矩阵, 对它不能应用 (2.2) 中的方法. 但是只须作未知映射的代换 $\boldsymbol{x} = e^{\nu t}\boldsymbol{y}$, 这里取 ν, 使得 $\lambda < \nu < 0$ 及 $(1+\rho)\nu < \lambda$, 于是我们需要考虑方程组

$$\text{(4.4.2)} \qquad \begin{cases} y_1' = (\lambda - \nu)y_1 + g_1(t, y_1, y_2), \\ y_2' = y_1 + (\lambda - \nu)y_2 + g_2(t, y_1, y_2), \end{cases}$$

这里在 0 的邻域内, $\|g(t,\boldsymbol{z}_1)-g(t,\boldsymbol{z}_2)\|\leqslant ce^{\rho\nu t}\|\boldsymbol{z}_1-\boldsymbol{z}_2\|$. 上列方程的一解满足积分方程

$$\boldsymbol{v}(t)=e^{tB}.\boldsymbol{y}_0+\int_0^t e^{(t-s)B}.\boldsymbol{g}(s,\boldsymbol{v}(s))ds,$$

这里 $B=A-\nu I$, 并且存在着一个常数 L (与所考虑的解无关), 使得 $\|\boldsymbol{v}(t)\|\leqslant L\|\boldsymbol{v}(0)\|$; 于是有

$$\|\boldsymbol{v}(t)-e^{tB}.\boldsymbol{y}_0\|\leqslant K\|\boldsymbol{v}(0)\|\int_0^t e^{(\lambda-\nu+\varepsilon)(t-s)}e^{\rho\nu s}ds,$$

这里 $\varepsilon>0$ 可取作任意小, 并且 K 是与 ε 无关的常数. 回到方程 (4.2.1), 对于与 0 邻近的所有解, 我们得到

$$\begin{cases}v_1(t)=re^{\lambda t}+O(e^{(1+\rho)\nu t}),\\ v_2(t)=(rt+s)e^{\lambda t}+O(e^{(1+\rho)\nu t}).\end{cases}\tag{4.4.3}$$

这里所有轨线在点 0 有同一切线; 我们说有一个*第二类反常结点* (图 80).

VI) $A=\begin{pmatrix}0&\beta\\-\beta&0\end{pmatrix}$, 这里 $\beta\neq 0$. 我们在此可指出 (习题 12) 两种可能的情形:

1° 或者 0 是一个*焦点* (参看 III);

2° 或者有无穷个封闭轨道 (换句话说, 相应的解 $\boldsymbol{u}(t)$ 是周期的). 这时就说临界点 0 是一个*心*. 例如在线性方程 $\boldsymbol{x}'=A.\boldsymbol{x}$ 情形, *所有轨道是封闭的*, 因为解是

$$\begin{cases}u_1(t)=r\cos\beta t+s\sin\beta t,\\ u_2(t)=-r\sin\beta t+s\cos\beta t,\end{cases}$$

即心是 0 的圆 (图 81).

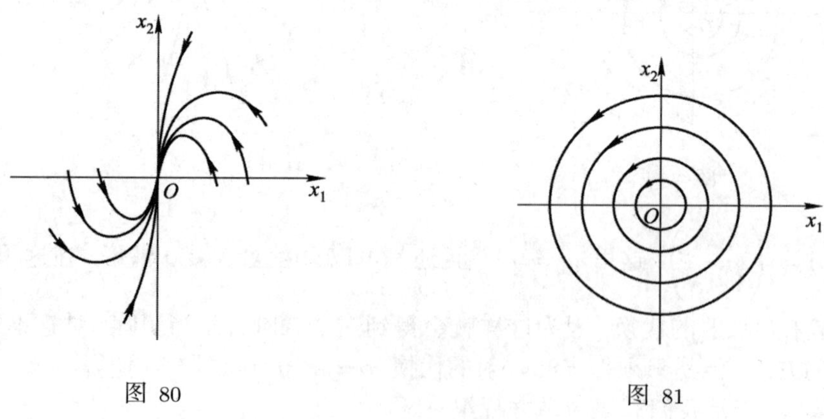

图 80　　图 81

习　题

1) 当我们把 (2.1) 换成 $\boldsymbol{x}' = A(t).\boldsymbol{x} + \boldsymbol{f}(t, \boldsymbol{x})$, 并且设预解矩阵 $R(t, s)$ 对于 $t \geqslant s \geqslant t_0$ 有界, 而对 $\boldsymbol{f}$ 的假设仍然保持不变时, 证明 (2.2) 中的结论仍然成立.

2) 方程 $x'' - \frac{2}{t}x' + x = 0$ 有基本解组 $t - t\cos t, \cos t + t\sin t$; 它们是无界的. 由此导出: 在 (2.2) 中, 不能把假设 $\int_{t_0}^{+\infty} \gamma(t)dt$ 收敛换成更弱的假设 $\lim\limits_{t\to+\infty} \gamma(t) = 0$.

3) 方程 $x'' + \frac{2}{t}x' + x = 0$ 有基本解组 $t^{-1}\sin t, t^{-1}\cos t$, 这里的解随着 $1/t$ 趋近于 0. 由这一事实及习题 2 导出: 在 (2.3) 中, 不能把方程 $\boldsymbol{x}' = A.\boldsymbol{x} + \boldsymbol{f}(t, \boldsymbol{x})$ 换成 $\boldsymbol{x}' = A(t).\boldsymbol{x} + \boldsymbol{f}(t, \boldsymbol{x})$, 而只设 $\boldsymbol{x}' = A(t).\boldsymbol{x}$ 的所有解都是渐近稳定的.

4) 设

$$A(t) = \begin{pmatrix} -a & 0 \\ 0 & \sin\log t + \cos\log t - 2a \end{pmatrix},$$

这里 $1 < 2a < 1 + e^{-\pi}$. $\boldsymbol{x}' = A(t).\boldsymbol{x}$ 的解是

$$\begin{cases} x_1 = c_1 e^{-at}, \\ x_2 = c_2 \exp(t\sin\log t - 2at), \end{cases}$$

并且因此是渐近稳定的. 如果取 $\boldsymbol{f}(t, \boldsymbol{x}) = B(t).\boldsymbol{x}$, 这里

$$B(t) = \begin{pmatrix} 0 & 0 \\ e^{-at} & 0 \end{pmatrix},$$

那么 $\boldsymbol{x}' = A(t).x + \boldsymbol{f}(t, x)$ 的解是

$$\begin{cases} x_1 = c_1 e^{-at}, \\ x_2 = \exp(t\sin\log t - 2at)\left(c_2 + c_1 \displaystyle\int_0^t \exp(-s\sin\log s)ds\right). \end{cases}$$

证明: 对于 $c_1 \neq 0$, 这些解在 $+\infty$ 的邻域中无界. 由此导出: 在 (2.2) 中, 不能把 (2.1) 换成 $\boldsymbol{x}' = A(t).\boldsymbol{x} + \boldsymbol{f}(t, \boldsymbol{x})$, 只设 $\boldsymbol{x}' = A(t).\boldsymbol{x}$ 的解是渐近稳定的, 而对 $\boldsymbol{f}$ 的假设不加改变.

5) 设 $R(t, s)$ 是一个齐次线性方程 $\boldsymbol{x}' = A(t).\boldsymbol{x}$ 的预解矩阵. 设对于 $t \geqslant t_0$, 函数

$$\int_{t_0}^t \|R(t, s)\|ds$$

有界.

a) 设 $V(t)$ 是 $\boldsymbol{x}' = A(t).\boldsymbol{x}$ 的基本矩阵, 以致

$$R(t, s) = V(t)V(s)^{-1}.$$

如果 $\int_{t_0}^t \|R(t, s)\|ds \leqslant K$, 证明存在着一个常数 C, 使得对于 $t \geqslant t_0$,

$$\|V(t)\| \leqslant Ce^{-t/Kn}.$$

$\Bigg($注意

$$V(t)\int_{t_0}^{t}\frac{ds}{\|V(s)\|}=\int_{t_0}^{t}V(t)V(s)^{-1}\cdot\frac{V(s)}{\|V(s)\|}ds.\Bigg)$$

b) 证明: 如果对于 $t\geqslant t_0,\int_{t_0}^{t}\|R(t,s)\|ds\leqslant K$, 并且如果对于 $\|\boldsymbol{x}\|\leqslant a$ 及 $t\geqslant t_0$, 且 $n\gamma K<1,\|\boldsymbol{f}(t,\boldsymbol{x})\|\leqslant\gamma\|\boldsymbol{x}\|$, 那么

$$\boldsymbol{x}'=A(t).\boldsymbol{x}+\boldsymbol{f}(t,\boldsymbol{x})$$

的解 $\boldsymbol{x}=0$ 是渐近稳定的. $\Bigg($注意对于 $t_0<t_1<t$, 我们有: 对于任何解 $\boldsymbol{u}$,

$$\|\boldsymbol{u}(t)\|\leqslant n\|V(t)\|\cdot\|\boldsymbol{x}_0\|+n\|V(t)\|.\left\|\int_{t_0}^{t_1}V(s)^{-1}.\boldsymbol{f}(s,\boldsymbol{u}(s))ds\right\|+n\gamma K\sup_{t_1\leqslant s\leqslant t}\|\boldsymbol{u}(s)\|.\Bigg)$$

6) 在 (2.3) 中, 不改变关于 A 的假设, 并且把关于 $\boldsymbol{f}$ 的假设换成下列较弱假设:

1° 存在着常数 $\alpha>0,a>0,K>0$ 及实数 b, 使得由关系式 $\|\boldsymbol{x}\|\leqslant\alpha,t\geqslant t_0$ 可导出

$$\|\boldsymbol{f}(t,\boldsymbol{x})\|\leqslant K\|\boldsymbol{x}\|+\|\boldsymbol{x}\|^{1+a}t^b;$$

2° 对于任何 $\varepsilon>0$, 存在着 $\delta>0$ 及 $T>t_0$, 使得由关系式 $\|\boldsymbol{x}\|\leqslant\alpha,\ t\geqslant t_0$ 可导出

$$\|\boldsymbol{f}(t,\boldsymbol{x})\|\leqslant\varepsilon\|\boldsymbol{x}\|+\|\boldsymbol{x}\|^{1+a}t^b.$$

证明 0 仍然是 (2.1) 的一个渐近稳定解. (论证与 (2.3) 中相同, 但是要用点 T 分解积分区间 $[t_0,t]$ 并且一旦取定了 $T,\boldsymbol{u}(T)$ 随着 $\boldsymbol{u}(t_0)=\boldsymbol{x}_0$ 任意小.)

7) 设 A 的所有特征值有实部 <0, 并且设 $\boldsymbol{f}$ 满足 (3.2) 中条件; 另一方面, 设 $\boldsymbol{g}(t)$ 是对于 $t\geqslant t_0$ 确定、连续、在 $\mathbb{C}^n$ 中取值, 并且满足 $\lim\limits_{t\to+\infty}\boldsymbol{g}(t)=0$ 的一个映射. 证明对于任何 $\varepsilon>0$, 存在着 $T>t_0$ 及 $\delta>0$, 使得当 t 趋向于 $+\infty$ 时, 方程

$$\boldsymbol{x}'=A.\boldsymbol{x}+\boldsymbol{f}(t,\boldsymbol{x})+\boldsymbol{g}(t)$$

满足 $\|\boldsymbol{u}(T)\|\leqslant\delta$ 的任何解 $\boldsymbol{u}$ 有极限 0. (如同在 (3.2) 中一样, 应用逐步逼近法.)

8) 一方面设方阵 A 写成

$$A=\begin{pmatrix}B&0\\0&C\end{pmatrix},$$

这里 B 是 k 阶矩阵, 它的特征值的实部都 $\leqslant 0$, 并且对于纯虚数的特征值, 相应的若尔当矩阵都是一阶的, C 是 $n-k$ 阶矩阵, 它的特征值的实部都 >0. 有一常数 K, 使得

$$\|e^{tB}\|\leqslant K,\quad 对于\quad t\geqslant 0;$$
$$\|e^{-tC}\|\leqslant K,\quad 对于\quad t\geqslant 0.$$

确定 $U(t)$ 及 $V(t)$ 如同在 (3.1.3) 中一样. 另一方面, 设 $\boldsymbol{f}$ 在 $\mathrm{I}\times\mathbb{C}^n$ 中连续 (这里 $\mathrm{I}=[t_0,+\infty[$, 并且满足下列条件:

1° 积分 $\int_{t_0}^{+\infty}\|\boldsymbol{f}(t,0)\|dt$ 收敛;

2° 对于 $\mathbb{C}^n$ 中任何 $\boldsymbol{z}_1, \boldsymbol{z}_2$ 及 I 中任何 t, 我们有

$$\|\boldsymbol{f}(t,\boldsymbol{z}_1)-\boldsymbol{f}(t,\boldsymbol{z}_2)\| \leqslant \gamma(t)\|\boldsymbol{z}_1-\boldsymbol{z}_2\|,$$

这里 $\gamma(t)$ 在 I 中连续, 并且使积分 $\displaystyle\int_{t_0}^{+\infty}\gamma(t)dt$ 收敛. 最后, 设 $\boldsymbol{b}(t)$ 是在 I 中连续 $\geqslant 0$、并且在 $\mathbb{C}^n$ 中取值的映射.

证明: 如果 $t_1 > t_0$ 使得 $\displaystyle\int_{t_1}^{+\infty}\gamma(t)dt < 1$, 那么与

$$\boldsymbol{x}' = A.\boldsymbol{x} + \boldsymbol{b}(t) \tag{1}$$

在 I 中确定的任何有界解 $\boldsymbol{u}(t)$ 相对应, 有

$$\boldsymbol{x}' = A.\boldsymbol{x} + \boldsymbol{b}(t) + \boldsymbol{f}(t,\boldsymbol{x}) \tag{2}$$

的一个有界解 $\boldsymbol{u}(t)$ 满足

$$\boldsymbol{u}(t) = \boldsymbol{v}(t) + \int_{t_1}^{t} U(t-s).\boldsymbol{f}(s,\boldsymbol{u}(s))ds - \int_{t}^{+\infty} V(t-s).\boldsymbol{f}(s,\boldsymbol{u}(s))ds,$$

并且差 $\boldsymbol{u}(t)-\boldsymbol{v}(t)$ 随着 $1/t$ 趋近于 0. (如同在 (3.2) 中一样, 用逐步逼近法.) 反过来, (2) 的任何有界解 $\boldsymbol{u}(t)$ 可用这种方式从 (1) 的一个有界解 $\boldsymbol{v}(t)$ 求得.

9) 对于线性方程

$$x'' + \frac{1}{4t^2}x = 0,$$

(3.4) 中假设, 除了 A 是二阶的若尔当矩阵外, 都能成立; 可是当 t 趋向于 $+\infty$ 时, 这方程的任何解不能有界.

10) 证明对于方程组

$$\begin{cases} x_1' = -x_1 - \dfrac{2x_2}{\log(x_1^2+x_2^2)}, \\ x_2' = -x_2 + \dfrac{2x_1}{\log(x_1^2+x_2^2)}, \end{cases}$$

点 0 是焦点; 而对于下列方程组, 它却是正常结点

$$\begin{cases} x_1' = -x_1, \\ x_2' = -x_2 \end{cases}$$

(用极坐标).

11) 对于方程组

$$\begin{cases} x_1' = -x_2 - x_1(x_1^2+x_2^2)^{\frac{1}{2}}, \\ x_2' = x_1 - x_2(x_1^2+x_2^2)^{\frac{1}{2}}, \end{cases}$$

点 0 是焦点, 而对于下列方程组, 它却是心:

$$\begin{cases} x_1' = -x_2, \\ x_2' = x_1 \end{cases}$$

(同上题法).

12) 采用第 4 节中的记号, 设在情形 VI 下进行讨论. 考虑极坐标表示的微分方程

$$(*) \qquad \frac{dr}{d\theta} = \mathrm{F}(r, \theta),$$

这里

$$\mathrm{F}(r, \theta) = \frac{\cos\theta f_1(r\cos\theta, \sin\theta) + \sin\theta f_2(r\cos\theta, r\sin\theta)}{\beta + \dfrac{\cos\theta}{r} f_2(r\cos\theta, r\sin\theta) - \dfrac{\sin\theta}{r} f_1(r\cos\theta, r\sin\theta)};$$

当 $x = re^{i\theta}$ 趋近于 0 时, 上式中分母趋近于 β, 分子是 $o(r)$. 设 $r_1 > 0$ 使得对于

$$0 \leqslant r < r_1 \quad 及 \quad \theta \in \mathbb{R},$$

F 是确定并且连续的 (我们有 $\mathrm{F}(r, \theta + 2\pi) = \mathrm{F}(r, \theta)$). 存在着一数 r_2 满足 $0 < r_2 < r_1$, 并且使得: 如果 M 是 $|\mathrm{F}(r, \theta)|$ 对于 $r \leqslant r_2$ 及 $\theta \in \mathbb{R}$ 的上确界, 那么 $r_2/2M \geqslant 3\pi$. 存在着 r_3, 使得 $0 < r_3 \leqslant \dfrac{1}{2} r_2$, 并且使得对于满足 $0 < r_0 \leqslant r_3$ 的任何 (r_0, θ_0), 方程 $(*)$ 有一解 $\rho(\theta)$ 在整个区间 $|\theta - \theta_0| < 3\pi$ 中确定, 并且满足条件 $\rho(\theta) < r_2$. 对于这样的解, 可设 (必要时改变 β 的符号) 我们有 $\rho(\theta_0 + 2\pi) \leqslant \rho(\theta_0)$, 等号对应于 $(*)$ 的一个周期解. 如果通过满足 $r < r_2$ 的一点 (r, θ), $(*)$ 没有周期解, 那么解 $\rho(\theta)$ 可开拓到区间 $[\theta_0 + 2\pi, \theta_0 + 4\pi]$ 中, 并且对于 $\theta_0 \leqslant \theta \leqslant \theta_0 + 2\pi$, 我们有 $\rho(\theta + 2\pi) < \rho(\theta)$. 递推证明 ρ 可开拓到整个区间 $[\theta_0 + \infty[$ 中, 并且对于满足 $\theta_0 \leqslant \theta \leqslant \theta_0 + 2\pi$ 的每个 θ, 序列 $\{\rho(\theta + 2n\pi)\}$ 是严格递减的; 如果 $\sigma(\theta)$ 是这序列的极限, 我们有 $\sigma(\theta + 2\pi) = \sigma(\theta)$. 证明 $\sigma(\theta)$ 在区间 $[\theta_0, \theta_0 + 2\pi]$ 中连续 (应用第五章, 习题 2) 并且满足方程 $(*)$ (考虑等价的积分方程); 如果 $\sigma(\theta) = 0$ 不是恒等式, 我们就得到了 $(*)$ 的一个周期解. 由此导出第 4 节中对情形 VI 所作结论.

确定下列方程组的周期轨道:

$$\begin{cases} x_1' = -x_2 + x_1(x_1^2 + x_2^2)\sin\dfrac{\pi}{(x_1^2 + x_2^2)^{\frac{1}{2}}}, \\ x_2' = x_1 + x_2(x_1^2 + x_2^2)\sin\dfrac{\pi}{(x_1^2 + x_2^2)^{\frac{1}{2}}}. \end{cases}$$

13) 对于任何 m 次齐次多项式 $\mathrm{P}(x, y)$, 方程式 $\mathrm{P}(x, y) = c$ (c 是常数) 所表示的曲线是下列方程组的轨道:

$$\begin{cases} x_1' = \dfrac{\partial \mathrm{P}}{\partial y}(x_1, x_2), \\ x_2' = -\dfrac{\partial \mathrm{P}}{\partial x}(x_1, x_2). \end{cases}$$

对于 $m \geqslant 3$, 给出在 0 的邻域中这种轨道的可能形状的实例.

第十四章　二阶线性微分方程

1. 主要问题

二阶线性微分方程 (以及两个一阶线性微分方程的方程组) 是我们一般不知道化成“求积分”的最简单的线性微分方程; 而它们在很多力学及数学物理问题中都要出现.

我们首先讨论齐次线性微分方程

(1.1) $$x'' + p(t)x' + q(t)x = 0,$$

这里 p 及 q 是实变数 t 在 $\mathbb{R}$ 的 (有界或无穷) 开区间 $\mathrm{I} =]a, b[$ 中的复值连续函数, 并且这里研究的是 (1.1) 在 I 中的复值解 (可是第 5 节讲复变数域的问题). 关于满足数值初始条件的 (1.1) 在 I 中的解, 它的数值计算在原则上已由第十一章中的一般方法解决了①. 除此以外, 主要的问题是:

A) *在 I 的端点的邻域中, 解的研究.*

首先要求得到在 I 的端点的邻域中, (1.1) 的解的渐近展开式或广义渐近展开式 (第三章, 7.6). 我们总可通过变数 t 的代换, 化到 $b = +\infty$ 情形, 并且在 $+\infty$ 的邻域中, 研究 (1.1) 的解. 当遇到在 $+\infty$ 的邻域中 “振动的” 实数解时, 我们也关心当 T 趋向 $+\infty$ 时, 解在区间 $]a, T[$ 中的零点, 并且如果可能, 求出零点个数当 T 趋向 $+\infty$ 时的渐近估计.

在应用中, 会遇到下列形式的微分方程:

(1.2) $$x'' + \lambda^2 q(t, \lambda)x = 0,$$

①在收敛速度方面可以改进一般方法的, 有种种方法. 关于这些方法的讲述, 请参看数值计算的专著.

这里 λ 是一个复参变数, 它的绝对值趋向 $+\infty$; 重要的是要确定:

B) (1.2) 的解在 $|\lambda| = +\infty$ 的邻域中的渐近性质, 并用 λ 的函数表示出来.

最后, 我们也常遇到这样的微分方程 (1.1), 其中 p 及 q 是实值的和周期的, 并且还依赖于一个参变数 λ. 这时重要的是知道:

C) 对于参变数 λ 的某些值, 方程 (1.1) 是否有周期解.

2. 一 般 性 质

由第十二章, 2.5 及 2.6 的一般理论, 方程 (1.1) 的解形成一个二维向量空间, 这空间的一个基构成所谓一个基本解组 (u_1, u_2) (即不成比例的两个解构成的组). (1.1) 的两个解 u_1, u_2 的朗斯基

$$\mathrm{W}(t) = u_1(t)u_2'(t) - u_2(t)u_1'(t) \tag{2.1}$$

由下列公式给出

$$\mathrm{W}(t) = \mathrm{W}(t_0) \exp\left(-\int_{t_0}^{t} p(s)ds\right). \tag{2.2}$$

由这关系式以及一阶线性方程可用 "求积分法" 解出这一事实, 可见知道了 (1.1) 一个不恒等于零的解 $u_1(t)$, 就可由两次求积分得到与 $u_1(t)$ 不成比例的第二个解

$$u_2(t) = u_1(t) \int_{t_0}^{t} \frac{\mathrm{W}(s)}{u_1^2(s)} ds. \tag{2.3}$$

二阶线性方程的另一重要特点是: 可以用未知变量的线性代换把它化到 $p = 0$ 情形. 如果令 $x = zy$, 这里 z 及 y 是 t 的两个函数, 那么方程 (1.1) 就变成了 y 的微分方程

$$zy'' + (2z' + pz)y' + (z'' + pz' + qz)y = 0.$$

于是只须选取函数 z 使得 $2z' + pz = 0$, 即选取

$$z(t) = \exp\left(-\frac{1}{2}\int_{t_0}^{t} p(s)ds\right) \tag{2.4}$$

就可以了.

最后, 回想一下当已知 (1.1) 的一个基本解组 u_1, u_2 时, 解相应方程

$$x'' + p(t)x' + q(t)x = f(t) \tag{2.5}$$

的拉格朗日公式. 从第十二章, 2.4.1 出发, 或通过直接验证, 都可看出: 由下列公式可求得 (2.5) 的一个解

$$v(t) = \int_{t_0}^{t} \frac{u_1(s)u_2(t) - u_2(s)u_1(t)}{\mathrm{W}(s)} f(s)ds. \tag{2.6}$$

3. 刘维尔变换

考虑下列形式的二阶线性方程

$$x'' \pm a^2(t)h(t)x = 0, \tag{3.1}$$

这里 $a(t)$ 是在 $+\infty$ 的邻域中确定、连续、并且 >0 的实值函数, 还使得函数

$$s = \int_{t_0}^{t} a(\xi)d\xi \tag{3.2}$$

随着 t 趋向 $+\infty$; h 是在 $+\infty$ 的邻域中连续的复值函数.

我们将要看到刘维尔变换可以用来求得 (3.1) 的解在 $+\infty$ 的邻域中的渐近展开式. 这种变换要先作变数代换 (3.2); 于是得

$$\frac{dx}{dt} = \frac{dx}{ds}a(t), \quad \frac{d^2x}{dt^2} = \frac{d^2x}{ds^2}a^2(t) + \frac{dx}{ds}a'(t).$$

如果用 $\psi(s)$ 表示 (3.2) 的反函数, 并且如果令 $b(s)=a(\psi(s))\left(\text{从而 } b'(s)=\dfrac{a'(\psi(s))}{a(\psi(s))}\right)$, 方程 (3.1) 因此变成 (令 $q(s)=h(\psi(s))$)

$$\frac{d^2x}{ds^2} + \frac{b'(s)}{b(s)}\frac{dx}{ds} \pm q(s)x = 0. \tag{3.3}$$

为了使得含 x' 的项不出现, 要作 (2.4) 型的未知函数的代换, 在这里就是要作代换

$$x = \frac{1}{\sqrt{b(s)}}y, \tag{3.4}$$

并且最后得到方程

$$y'' + \left(\pm q(s) + \frac{1}{4}\frac{b'^2(s)}{b^2(s)} - \frac{1}{2}\frac{b''(s)}{b(s)}\right)y = 0. \tag{3.5}$$

我们注意可写出

$$\frac{1}{2}\left(\frac{b''}{b} - \frac{b'^2}{2b^2}\right) = \frac{1}{2}\left(\left(\frac{b'}{b}\right)' + \frac{1}{2}\frac{b'^2}{b^2}\right) = \frac{1}{2a^2}\left(\left(\frac{a'}{a}\right)' - \frac{a'^2}{2a^2}\right), \tag{3.6}$$

这里在第三个式子中, 导数是对 t 取的, 然后把 t 用 $\psi(s)$ 来代换.

例 (3.7) 如果取 $a(t)=t^\lambda$, 这里 $\lambda > -1$, 我们有

$$\frac{1}{2a^2}\left(\left(\frac{a'}{a}\right)' - \frac{a'^2}{2a^2}\right) = \frac{-\lambda(\lambda+2)}{4t^{2(\lambda+1)}}$$

及

$$s = \frac{t^{\lambda+1}}{\lambda+1},$$

由此得

$$\frac{1}{2}\left(\frac{b''}{b}-\frac{b'^2}{2b^2}\right)=\frac{-\lambda(\lambda+2)}{4(\lambda+1)^2s^2}.$$

对于 $\lambda=-1$, 同样可得

$$\frac{1}{2a^2}\left(\left(\frac{a'}{a}\right)'-\frac{a'^2}{2a^2}\right)=\frac{1}{4}$$

及

$$s=\log t,$$

由此得

$$\frac{1}{2}\left(\frac{b''}{b}-\frac{b'^2}{2b^2}\right)=\frac{1}{4}.$$

(3.8) 如果取 $a(t)=(\log t)^\mu$ (μ 是任何实数), 我们得到

$$\frac{1}{2a^2}\left(\left(\frac{a'}{a}\right)'-\frac{a'^2}{2a^2}\right)\sim-\frac{\mu}{2t^2(\log t)^{2\mu+1}}$$

及

$$s\sim t(\log t)^\mu,$$

由此得

$$\frac{1}{2}\left(\frac{b''}{b}-\frac{b'^2}{2b^2}\right)\sim-\frac{\mu^2}{2s^2\log s}.$$

(3.9) 如果取 $a(t)=e^{t^\alpha}(\alpha>0)$, 我们求得

$$\frac{1}{2a^2}\left(\left(\frac{a'}{a}\right)'-\frac{a'^2}{2a^2}\right)\sim-\frac{\alpha^2}{4}t^{2\alpha-2}e^{-2t^\alpha}$$

及

$$s\sim\frac{e^{t^\alpha}}{\alpha t^{\alpha-1}},$$

由此得

$$\frac{1}{2}\left(\frac{b''}{b}-\frac{b'^2}{2b^2}\right)\sim-\frac{1}{4s^2}.$$

4. 解的渐近展开式

(4.1) 对于在 I 的端点的邻域中研究 (1.1) 的解, 总可通过 $t'=\dfrac{1}{t-a}$ 或 $t'=-t$ 型的变数代换, 化到有一个端点是 $+\infty$ 的情形; 这就是在本节中要作的假设. 为了简化

起见, 要设 (由于我们总可做到 (2.4)) $p=0$, 还设函数 $q(t)$ 在 $+\infty$ 的邻域中有渐近展开式

(4.1.1) $$q(t)=q_0+\frac{q_1}{t}+\frac{q_2}{t^2}+\cdots+\frac{q_n}{t^n}+o\left(\frac{1}{t^n}\right)\quad (这里\ n\geqslant 2),$$

上式中 q_j 是任意的复数.

注意对于任意的复数 ω 及 ρ, 函数

$$u(t)=e^{\omega t}t^{-\rho}$$

(这里 $t^{-\rho}=e^{-\rho\log t}$) 是二阶方程

(4.1.2) $$x''-\left(\omega^2-\frac{2\rho\omega}{t}+\frac{\rho(\rho+1)}{t^2}\right)x=0$$

的解, 这里 x 的系数展开式中前两项可通过适当取 ω 及 ρ 而任意选取. 我们要比较 (4.1.2) 的解以及 (1.1) 的解 (其中 q 由 (4.1.1) 给出), 并且由此得到所求的渐近展开式.

(4.2) 设在 (4.1.1) 中, $q_0\neq 0$, 并且用下列条件确定复数 ω 及 ρ, 即条件

(4.2.1) $$\omega^2+q_0=0,\quad -2\omega\rho+q_1=0$$

以及条件: 当 t 趋向 $+\infty$ 时, 函数 $e^{\omega t}t^{-\rho}$ 有界: 如果 q_0 不是实数及负数, 取 $\mathcal{R}\omega<0$; 否则我们有 $\omega=\pm i\lambda$, 这里 $\lambda>0$, 并且应选定符号, 使得 $\mathcal{R}(\rho)=\mathcal{R}\left(\pm\frac{q_1}{2i\lambda}\right)\geqslant 0$, 那么微分方程 $x''+q(t)x=0$ 有一解 u, 它在 $+\infty$ 的邻域中有下列形状的广义渐近展开式

(4.2.2) $$u(t)=e^{\omega t}t^{-\rho}\left(1+\frac{c_1}{t}+\cdots+\frac{c_n}{t^n}+o\left(\frac{1}{t^n}\right)\right),$$

并且导数 $u'(t)$ 及 $u''(t)$ 也有同样精确度的渐近展开式, 可由 (4.2.2) 逐项求导数而得.

作未知函数的线性代换

(4.2.3) $$x=e^{\omega t}t^{-\rho}y,$$

得到 y 的二阶方程

(4.2.4) $$y''+2\left(\omega-\frac{\rho}{t}\right)y'+\frac{\mathrm{F}(t)}{t^2}y=0,$$

这里

(4.2.5) $$\begin{aligned}\mathrm{F}(t)&=t^2\left(q(t)-q_0-\frac{q_1}{t}\right)+\rho(\rho+1)\\&=(q_2+\rho(\rho+1))+\frac{q_3}{t}+\cdots+\frac{q_n}{t^{n-2}}+o\left(\frac{1}{t^{n-2}}\right).\end{aligned}$$

我们要把 (4.2.4) 看作二阶方程

$$y''+\left(2\left(\omega-\frac{\rho}{t}\right)-\frac{\rho}{t^2\left(\omega-\frac{\rho}{t}\right)}\right)y'=0 \tag{4.2.6}$$

的一个 “摄动”; 这方程的一组基本解给出如下:

$$v(t)=e^{-2\omega t}t^{2\rho},\quad \omega(t)=1.$$

与通常一样, 令 $y_1=y, y_2=y'$, 把方程 (4.2.4) 变换成含两个一阶方程的方程组. 于是我们得到向量方程

$$\boldsymbol{y}'=A(t).\boldsymbol{y}+B(t).\boldsymbol{y},$$

这里

$${}^tA(t)=\begin{pmatrix}0 & 0\\ 1 & r(t)\end{pmatrix},\quad {}^tB(t)=\begin{pmatrix}0 & 0\\ 0 & \dfrac{\mathrm{G}(t)}{t^2}\end{pmatrix},$$

$$r(t)=-2\left(\omega-\frac{\rho}{t}\right)+\frac{\rho}{t^2\left(\omega-\frac{\rho}{t}\right)}, \tag{4.2.7}$$

$$\mathrm{G}(t)=b_0+\frac{b_1}{t}+\cdots+\frac{b_{n-2}}{t^{n-2}}+o\left(\frac{1}{t^{n-2}}\right). \tag{4.2.8}$$

这方程的基本性质是它满足第十三章, 3.6 中的条件. 事实上:

1° 方程 $\boldsymbol{y}'=A(t).\boldsymbol{y}$ 在 $\mathbb{R}$ 中有一个有界的解 $(w,0)$;

2° $\boldsymbol{y}'=A(t).\boldsymbol{y}$ 的预解矩阵 $V(t)V(s)^{-1}$ 对于 $s\geqslant t\geqslant t_0$ 有界 (t_0 是充分大的固定的数), 这里

$$V(t)=\begin{pmatrix}1 & v(t)\\ 0 & v'(t)\end{pmatrix};$$

事实上 $V(t)$ 可写成

$$\begin{pmatrix}1 & \dfrac{1}{2\left(\dfrac{\rho}{s}-\omega\right)}\left(e^{2\omega(s-t)}\left(\dfrac{t}{s}\right)^{2\rho}-1\right)\\ 0 & \dfrac{\omega-\dfrac{\rho}{s}}{\omega-\dfrac{\rho}{t}}e^{2\omega(s-t)}\left(\dfrac{t}{s}\right)^{2\rho}\end{pmatrix}$$

并且我们的论断是由下列关系式推出的:

$$\frac{1}{2}|\omega|\leqslant\left|\omega-\frac{\rho}{s}\right|\leqslant 2|\omega|,\quad 对于\quad s\geqslant t_0\geqslant 2\left|\frac{\omega}{\rho}\right|,$$

$$\left|e^{2\omega(s-t)}\left(\frac{t}{s}\right)^{2\rho}\right|\leqslant M,\quad 对于\quad s\geqslant t,$$

而这些关系式是由 ω 及 ρ 的选取导出的.

3° 在 $+\infty$ 的邻域中, 对于任意两个向量 $\boldsymbol{z}_1, \boldsymbol{z}_2$, 我们有

$$\|B(t).\boldsymbol{z}_1 - B(t).\boldsymbol{z}_2\| \leqslant \frac{k}{t^2}\|\boldsymbol{z}_1 - \boldsymbol{z}_2\|,$$

这里 k 是一常数.

因此可应用第十三章, 3.4 中所描述的逐步逼近法 (把那里出现的常数 $\rho > 0$ 换成 1); 为了完成证明, 只须看出所得展开式中 $u_{m+1} - u_m$ 各项实际上有形如 $c_m t^{-m-h}$ (h 是固定的整数 $\geqslant 0$, 它是 G(t) 的展开式 (4.2.8) 中第一个非零项的指数) 的主要部分. 我们可立即化到考察积分

$$e^{-2\omega t} t^{2\rho} \int_t^{+\infty} \frac{e^{2\omega s} ds}{s^{2\rho+m+h+1}} = O\left(\frac{1}{s^{m+h+1}}\right),$$

这可由分部积分立即得到.

我们注意这样不但得到渐近展开式 (4.2.2), 而且当我们有 (4.1.1) 的余项的相应上界时, 还可得到展开式余项的明显的上界.

(4.3) 我们可立即把 (4.2) 中结果推广到将 (4.1.1) 换成下列形式的展开式

$$q(t) = a + bt^{-1} + q_1 t^{-1-\frac{1}{k}} + q_2 t^{-1-\frac{2}{k}} + \cdots + q_n t^{-1-\frac{n}{k}} + o(t^{-1-\frac{n}{k}}), \tag{4.3.1}$$

这里 k 是整数 > 0. 于是代替 (4.2.8), 我们得到 G(t) 按 $t^{-1/k}$ 的幂展开的一个渐近展开式, 并且第十三章, 3.6 可像上面一样应用.

(4.4) 得到一个解 $u_1(t)$ 有展开式 (2.2.2), 应用公式 (2.3), 可求得第二个解 $u_2(t)$, 与 $u_1(t)$ 形成基本解组. 考虑到在 $t = +\infty$ 的邻域中的广义渐近展开式

$$\int_{t_0}^{t} e^{-2\omega s} s^{2\rho} ds = -e^{-2\omega t}\left(\frac{t^{2\rho}}{2\omega} + \frac{2\rho t^{2\rho-1}}{(2\omega)^2} + \cdots + \frac{2\rho(2\rho-1)\cdots(2\rho-p+1)}{(2\omega)^{p+1}} t^{2\rho-p} + o(t^{2\rho-p})\right),$$

可得 $u_2(t)$ 的一个形如 (4.2.2) 的展开式, 可是这里 ω 及 ρ 只要简单地改变符号.

(4.5) 从 (4.4) 中基本结果出发, 可以全面考虑我们有一个渐近展开式情形:

$$q(t) = t^k \left(q_0 + \frac{q_1}{t} + \cdots + \frac{q_n}{t^n} + o\left(\frac{1}{t^n}\right)\right), \tag{4.5.1}$$

这里 $q_0 \neq 0, k$ 是正或负整数, 要适当应用刘维尔变换多次. 现只考虑 $k < 0$ 情形 (参看习题 2).

A) $k \leqslant -3$ 情形. 于是可立即用 (4.2) 中的方法, 但把 $r(t)$ 换成 0, $v(t)$ 换成 t: 虽然这样得到的解在 $+\infty$ 的邻域中无界, 可是 $t^{k+2}v(t)$ 有界, 并且可应用注释 (第十三章, 3.7): 因此我们得到有渐近展开式的一个解

$$u_1(t) = 1 + t^{k+2}\left(c_1 + \frac{c_2}{t} + \cdots + \frac{c_n}{t^{n-1}} + o\left(\frac{1}{t^{n-1}}\right)\right), \tag{4.5.2}$$

然后由此得有下列形式的展开式的第二个解:

(4.5.3) $$u_2(t) = t + t^{k+2}\left(c'_1 + \frac{c'_2}{t} + \cdots + \frac{c'_n}{t^{n-1}} + o\left(\frac{1}{t^{n-1}}\right)\right).$$

B) $k = -2$ 情形. 这时我们作刘维尔变换, 取 $a(t) = \dfrac{1}{t}$ (参看 (3.7)), 这相应于取 $\psi(s) = e^s$ 及 $b(s) = e^{-s}$, 并且给出了下列形状的微分方程:

(4.5.4) $$y'' + \left(q_0 - \frac{1}{4} + q_1 e^{-s} + \cdots + q_n e^{-ns} + o(e^{-ns})\right) y = 0.$$

由于第十三章, 3.7 的注释, 即使当 $q_0 = \dfrac{1}{4}$ 时, 可以对这方程应用第十三章, 3.4 中的方法; 这里得到的有界解 $v_1(s)$ 的渐近展开式是按 e^{-s} 的幂展开的. 应用公式 (3.4) 回到原来的方程, 我们得到有下列渐近展开式的解

(4.5.5) $$u_1(t) = t^{\sigma}\left(1 + \frac{c_1}{t} + \frac{c_2}{t^2} + \cdots + \frac{c_n}{t^n} + o\left(\frac{1}{t^n}\right)\right),$$

这里如果 ω 不是纯虚数, $\sigma = \omega + \dfrac{1}{2}$ 是方程

(4.5.6) $$\sigma^2 - \sigma + q_0 = 0$$

有最小实部的根, 否则 ω 是 (4.5.6) 的两根之一. 当应用公式 (2.3) 计算第二个解的渐近展开式时, 必须取幂 $t^{-2\sigma-k}$ 的原函数, 并且必须区分 $k + 2\sigma$ 取或不取值 $+1$ 两种情形; 由于 $1 - \sigma$ 是 (4.5.6) 的第二个根, 这两种情形还可说明如下:

B1) (4.5.6) 的两根的差不是整数: 在这种情形下, 方程的第二个解是

(4.5.7) $$u_2(t) = t^{1-\sigma}\left(1 + \frac{c'_1}{t} + \cdots + \frac{c'_n}{t^n} + o\left(\frac{1}{t_n}\right)\right).$$

B2) (4.5.6) 的两个根的差是整数 h (可设 $\geqslant 0$); 那么 $\sigma = \dfrac{1}{2}(1-h), 1-\sigma = \dfrac{1}{2}(1+h)$, 并且第二个解一般有下列形式

(4.5.8) $$u_2(t) = u_1(t)\log t + t^{1-\sigma}\left(c'_0 + \frac{c'_1}{t} + \cdots + \frac{c'_n}{t^n} + o\left(\frac{1}{t^n}\right)\right).$$

然而有时含 $\log t$ 的项可能不出现.

C) $k = -1$ 情形. 作刘维尔变换, 取

$$a(t) = \frac{1}{\sqrt{t}}$$

(参看 (3.7)), 这相应于取 $\psi(s) = \dfrac{1}{4}s^2$ 及 $b(s) = \dfrac{2}{s}$. 于是得到有下列形状的方程:

(4.5.9) $$y'' + \left(q_0 + \frac{16q_1 - 3}{4s^2} + \cdots + \frac{4^n q_n}{s^{2n}} + o\left(\frac{1}{s^{2n}}\right)\right) y = 0,$$

对这方程应用 (4.2) 及 (4.4); 因此对于形成基本解组的两个解的渐近展开式, 我们有下列形状的展开式

$$t^{1/4}e^{2\omega\sqrt{t}}\left(1+\frac{c_1}{t^{1/2}}+\cdots+\frac{c_n}{t^{n/2}}+o\left(\frac{1}{t^{n/2}}\right)\right), \tag{4.5.10}$$

这里 ω 是 $\omega^2+q_0=0$ 的两个根之一.

(4.6) 在应用中, 当出现 (4.2) 或 (4.5) 中所讨论情形之一时, 为了确定 $x''+q(t)x=0$ 的解的渐近展开式, 在这方程中, 把 x 用相应形式的渐近展开式代入, 其中系数是待定的; 其次, 把 x'' 用由 x 的展开式逐项两次求导数而得的展开式代入, 再把 $q(t)$ 用它的展开式 (4.1.1) 代入; 然后令这样所得 $x''+q(t)x$ 的展开式中各项系数为 0. 由此得到一个递推的线性方程组, 应用它可逐步求得 x 的渐近展开式的系数.

5. 对复数域的推广

前面的方法可以用来研究二阶线性微分方程

$$w''+p(z)w'+q(z)w=0 \tag{5.1}$$

在解析函数 p 及 q 的一个孤立奇点的邻域中的解. 通过变数代换 $z'=\dfrac{1}{z-a}$, 可以化到 p 及 q 在一个圆盘的外域 $\mathrm{E}:|z|>R$ 中解析情形; 还可通过与第 2 节中同样的函数代换, 设 $p=0$, 这里只限于考虑与 (4.2) 及 (4.5) 中已研究过的相应的情形, 这就是说, 在这里 $q\left(\dfrac{1}{z}\right)$ 在点 $z=0$ 解析; 于是在 E 中我们有

$$q(z)=q_0+\frac{q_1}{z}+\cdots+\frac{q_n}{z^n}+\cdots, \tag{5.2}$$

在这里级数 $\sum\limits_{n=0}^{\infty}q_nz^n$ 就是在点 $z=0$ 解析的函数 $q\left(\dfrac{1}{z}\right)$ 的泰勒级数, 从而对于 $|z|>R$ 收敛.

(5.3) 先设 $q_0\neq 0$, 并且与 (4.2) 中同样进行. 作变数代换 $z\to ze^{i\alpha}$, 可以先只考虑 $q_0=-\omega^2$ 情形, 这里 ω 是 >0 的实数; 然后由方程 $2\omega\rho-q_1=0$ 确定 ρ, 并且先只研究 E 与开半平面 $\mathcal{R}z>0$ 的交集 E_+ 中的解. 对于任何 $\delta>0$, 设 S_δ 是扇形

$$-\frac{\pi}{2}+\delta<\mathrm{Am}\,z<\frac{\pi}{2}-\delta; \tag{5.3.1}$$

对于常数 $c>0$ 及适当的实数 μ, 显然在每个 S_δ 中, 我们有

$$|e^{-\omega z}z^{-\rho}|\leqslant ce^{-\omega|z|\cos\delta}|z|^{\mu}. \tag{5.3.2}$$

对于 $\mathbb{C}$ 中任何 $z\neq 0$, 把半直线 $t\to zt$ 记作 L_z, 这里 $1\leqslant t<+\infty$. 由 (5.3.2), 对于在 E_+ 中解析、在每个扇形 S_δ 中有界的任何函数 F, 积分

$$z\to\int_{\mathrm{L}_z}e^{-2\omega(\zeta-z)}\left(\frac{z}{\zeta}\right)^{2\rho}\mathrm{F}(\zeta)d\zeta$$

有意义, 并且是 z 在 E_+ 中的解析函数 (第七章, 10.4). 于是可不加改变重作 (4.2). 中的逐步逼近法, 积分总是沿着 L_z 取的; 逐步得到的各项 $u_m(z)$ 是在 E_+ 中解析、并且在每个 S_δ 中有界的函数. 设 $v(z)$ 及 $w(z)$ 在 S_δ 中确定; 如果当 z 在 S_δ 中, $|z|$ 趋向于 $+\infty$ 时, 比值 $v(z)/w(z)$ 趋近于 0 (或趋近于 1), 仍然约定写作在 S_δ 中, $v(z)=o(w(z))$ (或 $v(z)\sim w(z)$). 仿照第十三章, 3.4 中对于上确界的估计, 可以证明: 对于与 δ 无关的常数 c_m 及 h, 在 S_δ 中有

(5.3.3)
$$\boldsymbol{u}_{m+1}(z)-\boldsymbol{u}_m(z)\sim \boldsymbol{c}_m z^{-m-h}.$$

由第七章, 10.1, 我们得到在 E_+ 中解析的一个解 $u_1^+(z)$; 对于任何 $\delta>0$, 它在 S_δ 中有具有任意精确度的渐近展开式

(5.3.4)
$$u_1^+(z)=c^{-\omega z}z^{-\rho}\left(1+\frac{c_1}{z}+\cdots+\frac{c_n}{z^n}+o\left(\frac{1}{z^n}\right)\right),$$

这里 c_j 与 δ 无关. 不要以为这些渐近展开式可由一个收敛的 $\dfrac{1}{z}$ 的幂级数求得 (参看习题 3); 可是 c_j 可以像在 (4.6) 中那样递推求出. 然后可以应用公式 (2.3) 求出 E_+ 中的第二个解 $u_2^+(z)$, 积分是沿 E_+ 中的一条道路取的. 我们可求得与 (5.3.4) 有相同形式的第二个解析解, 不过 ω 及 ρ 要分别用 $-\omega$ 及 $-\rho$ 来代替 (使得这解的绝对值在每个 S_δ 中随着 $|z|$ 趋向于 $+\infty$).

(5.4) 在 E 与开半平面 $\mathcal{R}z<0$ 的交集 E_-, 也可同样进行, 不过在这里必须把 ω 及 ρ 分别用 $-\omega$ 及 $-\rho$ 来代替, 使得所得逐步逼近过程收敛于一个解 $u_1^-(z)$; 它在任何扇形 $-\mathrm{S}_\delta$ 中随着 $1/|z|$ 趋近于 0. 由此应用 (2.3) 导出第二个解 $u_2^-(z)$; 它的绝对值在任何扇形 $-\mathrm{S}_\delta$ 中随着 $|z|$ 趋向于 $+\infty$.

最后, 让 z 只取纯虚数值 $z=it$, 用 (4.2) 中的方法, 得到对于 t 趋向于 $+\infty$ 时有渐近展开式 (4.2.2) 的两个解 $u_1^{0+}(it),u_2^{0+}(it)$, 并且得到对于 t 趋向于 $-\infty$ 时的两个解 $u_1^{0-}(it),u_2^{0-}(it)$.

由第十二章, 1.3, 在 E_+ 中解析的解 $u_1^+(z)$ 及 $u_2^+(z)$ 可以解析开拓成半直线 $\mathrm{L}_{-\mathrm{R}}$ 在 E 中余集 E_0 中的两个解 $\tilde{u}_1$ 及 $\tilde{u}_2$; E_0 是单连通的. 在 E_- 中 (或在虚轴上), 它们可表示为解 u_1^-,u_2^- (或 u_1^{0+},u_2^{0+}, 或 u_1^{0-},u_2^{0-}) 的线性组合. 确定这种线性组合要详细研究 u_1^+ 及 u_2^+ 的解析开拓; 我们一般不研究这种问题 (参看第十五章, 3).

(5.5) 然而在一种情形下可立即得到这些关系式, 即在 $q_0\neq 0,q_1=0$ 情形下; 因为这时我们有 $\rho=0$, 并且逐步逼近中所用的函数 $e^{-\omega z}$ 在闭半平面 $\mathcal{R}z\geqslant 0$ 中有界; 由此立即可见渐近展开式 (5.3.4) (其中 $\rho=0$) 也在 $\bar{\mathrm{E}}_+$ 中, 即在 E 与闭半平面 $\mathcal{R}z\geqslant 0$ 的交集中成立, 并且特别在虚轴上成立. 比较上述各种解在虚轴上的渐近展开式, 也可立即解决 (5.4) 中所提出的解析开拓问题.

不难看出, 适当选取常数 λ, 作与 $a(t)=1+\dfrac{\lambda}{t}$ 相应的刘维尔变换, 总可把 $q_0\neq 0,q_1\neq 0$ 情形的方程, 化到 $q_1=0$ 情形.

(5.6) 其次, 考察在 (5.2) 中, $q_0 = 0, q_1 \neq 0$ 情形; 这种情形与 (4.5) 中的情形 C) 相应. 因此在这里要作变数代换 $z = \frac{1}{4}s^2$ 及未知函数的变换 $w = \sqrt{\frac{s}{2}}y$ (这里 $\sqrt{s}$ 在一个取定的分支上取值), 于是得到形如 (4.5.9) 的方程, 因而回到 (5.3) 中研究过的情形了. 于是必须考虑 $\omega^2 + q_1 = 0$ 的一个根 $\omega = |\omega|e^{i\alpha}$; 当回到自变数 z 时, 求得渐近展开式的开集 $\mathrm{S}'_{\omega,\delta}$ 是满足下列条件的点 $z = |z|e^{i\theta}$ 所组成的集:

(5.6.1)
$$-2\alpha - \pi + \delta < \theta < -2\alpha + \pi - \delta.$$

这些展开式的形状是

(5.6.2)
$$z^{1/4}e^{2\omega z^{\frac{1}{2}}}\left(c_0 + \frac{c_1}{z^{1/2}} + \cdots + \frac{c_n}{z^{n/2}} + o\left(\frac{1}{z^{n/2}}\right)\right),$$

这里 ω 是 $\omega^2 + q_1 = 0$ 的任一根.

(5.7) 为了考察 (5.2) 中 $q_0 = q_1 = 0$ 情形, 通过变数代换 $z \to 1/z$ 回到 0 的邻域比较方便. 于是导致更一般地在 $z = 0$ 的邻域中考虑下列形状的方程:

(5.7.1)
$$w'' + \frac{a(z)}{z}w' + \frac{b(z)}{z^2}w = 0,$$

这里函数 $a(z)$ 及 $b(z)$ 在点 $z = 0$ 解析 (换句话说, 这就是方程 (5.1), 其中在点 0, p 有阶数 $\leqslant 1$ 的极点, 而 q 有阶数 $\leqslant 2$ 的极点). 用与第十一章, 4.8.2 略为不同的方法, 把 (5.7.1) 变换成含两个一阶方程的方程组: 在这里令

$$w_1 = w, \quad w_2 = zw',$$

于是得

$$\boldsymbol{w}' = \frac{1}{z}A(z).\boldsymbol{w},$$

其中

$$A(z) = \begin{pmatrix} 0 & -b(z) \\ 1 & 1 - a(z) \end{pmatrix}.$$

于是可应用第十二章, 5.4 (用到矩阵的若尔当标准型), 证明在沿着从 0 出发的一条半直线割开的平面 $\mathbb{C}$ 中, (5.7.1) 至少有一个形如 $z^\rho v_1(z)$ 的解 $u_1(z)$, 这里 v_1 在点 0 解析, 并且 $v_1(0) = 1$. 把这种形状的式子代入 (5.7.1), 并且令主要部分为零, 就得到 ρ 的方程 (叫做特征方程)

(5.7.2)
$$\rho(\rho - 1) + a(0)\rho + b(0) = 0.$$

把变数 z 限制在实数轴上, 并且回到 $+\infty$ 的邻域, 上述解与主要部分是 $t^{-\rho}$ 的解相对应. 我们在 (4.5) 情形 B) 中所看到的表明, 必须取 ρ 为 (5.7.2) 的有最大实部的一根 ρ'. 如果 (5.7.2) 的两根之差不是整数, 那么由 (5.7.2) 的第二个根 ρ'' 可求

得 (5.7.1) 的第二个根 $z^{\rho''}v_2(z)$, 这里 $v_2(0)=1$, 并且 v_2 在点 0 解析. 如果相反地 $\rho'-\rho''=h$, 而 h 是一整数 $\geqslant 0$, (5.7.1) 的第二个解一般有形状 $u_1(z)\log z+z^{\rho''}v_2(z)$, 这里 $v_2(0)=1$, 并且 v_2 在点 0 解析.

当然, 与在 (4.6) 中一样, 为了求 v_1 的泰勒级数的系数, 可在 (5.7.1) 中用 $z^{\rho'}$ 与幂级数 $1+c_1z+\cdots+c_nz^n+\cdots$ 的乘积代替 w, 然后递推确定 c_n; 我们预先知道 (因为已把 ρ' 取作有最大实部的一根) 所得级数在 0 的邻域中收敛 (事实上在心是 0 的任何圆盘中收敛, 只要其中不含 (5.7.1) 的系数 $a(z)$ 及 $b(z)$ 的任何奇点).

当 (5.7.1) 中的 a 及 b 在 0 解析时, 我们说点 $z=0$ (一般它是 (5.7.1) 的系数的奇点) 对于微分方程是正则点; 对于由 (5.7.1) 通过变数代换 $z\to 1/z$ (或 $z\to z-\alpha$) 而得的微分方程, 我们说无穷远点 (或点 α) 是正则点.

6.　含一个参变数的二阶方程

我们要考虑 (1.2) 型的方程, 其中 λ 是复数, 并且对于有大数值的 $|\lambda|, q(t,\lambda)$ "近似地" 与 λ 无关. 准确地说, 这里设 t 是实数, 对 $\mathbb{R}$ 中有界或无界区间 $\mathrm{I}=]a,b[$ 中的 t, 以及对于满足 $|\lambda|\geqslant R$ 的复数 λ, 设 $q(t,\lambda)$ 是确定的复数值函数. 设可以写出

(6.1)
$$\lambda^2 q(t,\lambda)=\lambda^2+r(t,\lambda),$$

在这里对于满足 $|\lambda|>R$ 的任何 $\lambda, t\to r(t,\lambda)$ 在 I 中连续, 并且在这里对于满足 $|\lambda|\geqslant R$ 的任何 λ 及 $t\in\mathrm{I}$, 我们有

(6.2)
$$|r(t,\lambda)|\leqslant \mathrm{F}(t);$$

在 I 中, F 是连续函数 $\geqslant 0$, 并且反常积分 $\displaystyle\int_a^b \mathrm{F}(t)dt$ 收敛.

研究当 $|\lambda|$ 趋向于 $+\infty$ 时, 方程

(6.3)
$$x''+(\lambda^2+r(t,\lambda))x=0$$

的解的方法, 就是要把这方程的解与常系数方程

(6.4)
$$x''+\lambda^2x=0$$

的解相 "比较", 这就是说, 把方程 (6.3) 写成下列形状

$$x''+\lambda^2x=-r(t,\lambda)x,$$

并且用 (2.6) 把它变换成等价的积分方程, 然后把 (6.3) 的解与函数 $e^{\pm\lambda it}$ 相 "比较". 准确地说, 我们有下列结果:

(6.5) 设有 $\mathrm{I}=]0,b[$. 存在着 $R'>R$, 使得对于满足 $|\lambda|\geqslant R'$ 及 $\mathfrak{I}\lambda\geqslant 0$ 的任何 λ, (6.3) 有一个解 $u(t,\lambda)$ 满足积分方程

(6.5.1) $$u(t,\lambda)=e^{i\lambda t}+\frac{1}{\lambda}\int_t^b \sin\lambda(t-s)r(s,\lambda)u(s,\lambda)ds.$$

而且如果用逐步逼近法确定 $u_m(t,\lambda)$ 如下:

(6.5.2) $$\begin{cases} u_0(t,\lambda)=e^{i\lambda t}, \\ u_{m+1}(t,\lambda)=e^{i\lambda t}+\dfrac{1}{\lambda}\displaystyle\int_t^b \sin\lambda(t-s)r(s,\lambda)u_m(s,\lambda)ds, \end{cases}$$

那么对于 $t\in\mathrm{I}$ 及 $|\lambda|\geqslant R'$, 序列 $\{u_m\}$ 一致收敛于 u, 并且如果 $\lambda=\sigma+i\tau$, 就存在着与 t 及 λ 无关的一个数 $M>0$, 使得

(6.5.3) $$|u_{m+1}(t,\lambda)-u_m(t,\lambda)|\leqslant\frac{M^{m+1}}{|\lambda|^{m+1}}e^{-\tau t}.$$

可立即证明 (6.5.1) 的任何解是两次连续可导的, 并且满足 (6.3). 于是要由对 m 递推证明: 所有 u_m 在 I 中确定, 并且满足 (6.5.3) (由此导出: (对于充分大的 $|\lambda|$) 极限 u 存在, 并且是连续的); 还要证明积分 $\int_t^b \sin\lambda(t-s)r(s,\lambda)u_m(s,\lambda)ds$ 趋近于

$$\int_t^b \sin\lambda(t-s)r(s,\lambda)u(s,\lambda)ds.$$

然而对于 $s\geqslant t$ 及 $\tau\geqslant 0$, 显然有

$$|\sin\lambda(t-s)|\leqslant e^{\tau(s-t)}.$$

因此首先得到

$$\begin{aligned} |u_1(t,\lambda)-u_0(t,\lambda)| &= \frac{1}{|\lambda|}\left|\int_t^b \sin\lambda(t-s)r(s,\lambda)e^{i\lambda s}ds\right| \\ &\leqslant \frac{1}{|\lambda|}\int_t^b e^{\tau(s-t)}\mathrm{F}(s)e^{-\tau s}ds=\frac{M}{|\lambda|}e^{-\tau t}, \end{aligned}$$

这里已令 $M=\int_0^b \mathrm{F}(s)ds$. 如果已经证明 (6.5.3), 并且在其中把 m 换成 $m-1$, 于是得到

$$\begin{aligned} |u_{m+1}(t,\lambda)-u_m(t,\lambda)| &= \frac{1}{|\lambda|}\left|\int_t^b \sin\lambda(t-s)r(s,\lambda)(u_m(s,\lambda)-u_{m-1}(s,\lambda))ds\right| \\ &\leqslant \frac{M^m}{|\lambda|^{m+1}}\int_t^b e^{\tau(s-t)}\mathrm{F}(s)e^{-\tau s}ds=\frac{M^{m+1}}{|\lambda|^{m+1}}e^{-\tau t}; \end{aligned}$$

这样就证明了对于任何 m, u_m 存在, 并且关系式 (6.5.3) 成立. 现设 $|\lambda| > 2M$; 那么由 (6.5.3), 对于固定的 λ, 级数 $\sum(u_{m+1} - u_m)$ 在 I 中正规收敛, 从而它的和 $u - u_0$ 在 I 中连续, 并且我们有: 对于任何 $t \in \mathrm{I}$,

(6.5.4) $$|u(t,\lambda) - u_m(t,\lambda)| \leqslant \frac{M^{m+1}}{|\lambda|^{m+1}} \frac{1}{1 - \dfrac{M}{|\lambda|}} e^{-\tau t} \leqslant \frac{2M^{m+1}}{|\lambda|^{m+1}} e^{-\tau t}.$$

与上面一样, 由此导出积分

$$\int_t^b \sin\lambda(t-s) r(s,\lambda)(u(s,\lambda) - u_m(s,\lambda)) ds$$

存在, 并且满足关系式

$$\left| \int_t^b \sin\lambda(t-s) r(s,\lambda)(u(s,\lambda) - u_m(s,\lambda)) ds \right| \leqslant \frac{2M^{m+2}}{|\lambda|^{m+1}} e^{-\tau t}.$$

证完.

(6.6) 当在 (6.2) 中, $\mathrm{F}(t)$ 在 I 中有界时, 对于充分大的 $|\lambda|, q(t,\lambda)$ 在 I 中不为零. 在应用中, 我们也会遇到这种情形: 对于 t_0 的某些值 $\in \mathrm{I}$, 并且对于任何 $S, q(t_0,\lambda) = 0$. 典型的例子是在第十五章中要研究的方程

$$x'' - \lambda t x = 0.$$

这种方程可以作为一种 "模式", 用来 "比较" 它的解以及有下列形状的方程的解:

$$x'' - \lambda(t + v(t,\lambda))x = 0.$$

这里当 $|\lambda|$ 是 "大的数" 时, v 是 "小的数". 在这里我们不研究这一问题.

7. 振动定理与比较定理

再回到二阶方程 (1.1), 这里变数是实数, 并且系数 $p(t)$ 及 $q(t)$ 也是实数. 我们要考虑 (1.1) 的实数解的零点. 首先注意如果 u 是 (1.1) 的一个解, 它在 $]a,b[$ 中只可能有单零点 (即满足 $u'(t_0) \neq 0$ 的零点 t_0), 除非 u 恒等于零: 这是由在一点 $t_0 \in \mathrm{I}$, 满足已给初始条件的解是唯一的这一性质导出的 (第十一章, 3.6). 特别地, 当 t 通过 u 的一个零点 $t_0 \in \mathrm{I}$ 时, u 改变符号. 由此也可证明 u 的零点是孤立的; 因为否则假定 u 的一个零点 t_0 会是 u 的不相同的零点所组成一个序列 $\{t_n\}_{n\geqslant 1}$ 的极限, 那么应当有 $u'(t_0) = \lim\limits_{n\to\infty} \dfrac{u(t_n) - u(t_0)}{t_n - t_0} = 0$, 而这是不可能的.

u 的零点的研究依靠下面的两个比较定理:

(7.1) (振动定理) 设 q_1, q_2 是 $]a,b[$ 中两个实数值连续函数, 并且在 $]a,b[$ 中, $q_2(t) \geqslant q_1(t)$. 设 u 是

(7.1.1) $$x'' + q_1(t)x = 0$$

在 $]a,b[$ 中的实数解, 并且 v 是

(7.1.2) $$x'' + q_2(t)x = 0$$

在 $]a,b[$ 中的实数解. 设对于一个区间 $[\alpha,\beta] \subset]a,b[$, 这里 $\alpha < \beta$, 我们有 $u(\alpha) = u(\beta) = 0$, 并且对于 $\alpha < t < \beta, u(t) > 0$, 那么除非 v/u 在 $[\alpha,\beta]$ 中是常数 (这只有当 $q_2(t)$ 及 $q_1(t)$ 在 $[\alpha,\beta]$ 中恒等时才可能), 存在着一个 γ, 满足 $\alpha < \gamma < \beta$ 及 $v(\gamma) = 0$.

事实上, 假定定理不成立, 并且只考虑 q_1 及 q_2 在 $[\alpha,\beta]$ 中不恒等的情形. 我们可以 (改变 v 的符号) 设对于 $\alpha < t < \beta, v(t) > 0$. 由关系式

$$u''(t) + q_1(t)u(t) = 0, \quad v''(t) + q_2(t)v(t) = 0$$

可导出

(7.1.3) $$u''(t)v(t) - v''(t)u(t) = (q_2(t) - q_1(t))u(t)v(t);$$

上式右边连续, $\geqslant 0$, 并且至少在 $[\alpha,\beta]$ 中一点不等于零. 于是上式右边从 α 到 β 所取积分 > 0 (第一章, 3.1); 这一事实可写作

$$(u'(t)v(t) - v'(t)u(t))\Big|_{\alpha}^{\beta} > 0.$$

由于 $u(\alpha) = u(\beta) = 0$, 最后得

(7.1.4) $$u'(\beta)v(\beta) - u'(\alpha)v(\alpha) > 0.$$

但是由于 $u(\alpha) = 0$, 并且对于 $\alpha < t < \beta, u(t) > 0$, 我们必然有 $u'(\alpha) > 0$ (既然已看出 $u'(\alpha) \neq 0$); 同样可见 $u'(\beta) < 0$. 由连续性, 我们有 $v(\alpha) \geqslant 0$ 及 $v(\beta) \geqslant 0$, 于是 (7.1.4) 的左边应当 $\leqslant 0$. 然而这是不可能的, 于是 (7.1) 得证.

把 (7.1) 应用到 $q_2 = q_1$ 这一特殊情形, 就得到:

(7.2) 如果u 及 v 是

(7.2.1) $$x'' + q(t)x = 0$$

的两个实数解, 并形成一个基本解组, 而且如果 $u(\alpha) = u(\beta) = 0$, 对于 $\alpha < t < \beta, u(t) > 0$, 那么存在着一数 γ, 满足 $\alpha < \gamma < \beta$ 及 $v(\gamma) = 0$.

(7.3) 为了叙述第二个比较定理, 比较方便的办法是: 先用第十一章, 4.8.2 中的方法, 把方程 (7.2.1) 变换成含两个一阶方程的方程组.

令 $x_1 = x, x_2 = x'$, 由 (7.2.1) 得

$$\begin{cases} x_1' = x_2, \\ x_2' = -q(t)x_1; \end{cases} \tag{7.3.1}$$

然后作未知函数的非线性变换

$$x_1 = r\sin\theta, \quad x_2 = r\cos\theta, \tag{7.3.2}$$

就得到非线性方程组

$$r' = (1-q(t))r\sin\theta\cos\theta, \tag{7.3.3}$$

$$\theta' = \cos^2\theta + q(t)\sin^2\theta. \tag{7.3.4}$$

于是由实值函数组成的这方程组的任何解 $(\rho(t), \omega(t))$, 通过公式 $u(t) = \rho(t)\sin\omega(t), u'(t) = \rho(t)\cos\omega(t)$, 就可得到 (7.2.1) 的一个解. 此外, 由于对于任何实数值 θ, 以及对于包含在 $]a, b[$ 中一个有界闭区间的任何 t, (7.3.4) 的右边以及它的导数有界, 可见 (7.3.4) 的解都是在整个 $]a, b[$ 中, 并且对任何整数是确定的 (第十一章, 3.7). 可是一旦知道了 (7.3.4) 的一个解 θ, 把它代入 (7.3.3), 可用求积分法得到 r, 从而得到含这两方程的方程组在整个 $]a, b[$ 中确定的一解 (r, θ).

反过来, 对于 (7.2.1) 的不恒等于零的任何解 $u(t)$, 考虑一点 $t_0 \in \mathrm{I}$, 并且由条件 $r_0\sin\theta_0 = u(t_0), r_0\cos\theta_0 = u'(t_0)$ 确定两实数 $r_0 \neq 0$ 及 θ_0, 那么由 (7.2.1) 的解的唯一性, 含方程 (7.3.3) 及 (7.3.4) 的方程组的满足 $\rho(t_0) = r_0, \omega(t_0) = \theta_0$ 的任何解 $(\rho(t), \omega(t))$, 对于任何 $t \in]a, b[$, 必然有

$$u(t) = \rho(t)\sin\omega t \quad 及 \quad u'(t) = \rho(t)\cos\omega t.$$

于是问题完全化到研究 (7.3.3) 及 (7.3.4) 的解. 注意如果 $(\rho(t), \omega(t))$ 是一个这样的解, 那么除非 $\rho(t)$ 恒等于零, $\rho(t)$ 不可能在 $]a, b[$ 中一点为零. 因此可以设对于任何 $t \in]a, b[$, $\rho(t) > 0$. (7.2.1) 的不恒等于零的解的零点与 t 的这样的值相对应: 对于这样的值, (7.3.4) 的相应解取 $n\pi$ 中的一个值 (n 是正或负整数).

(7.4) 设 q_1, q_2 是 $]a, b[$ 中的两个实数值函数, 并且对于任何 $t, q_2(t) \geqslant q_1(t)$. 设 φ_1 是

$$\theta' = \cos^2\theta + q_1(t)\sin^2\theta \tag{7.4.1}$$

在 $]a, b[$ 中的一个实数解, 并且 φ_2 是

$$\theta' = \cos^2\theta + q_2(t)\sin^2\theta \tag{7.4.2}$$

在 $]a, b[$ 中的一个实数解. 那么如果对于一个 $\alpha \in]a, b[$, 我们有 $\varphi_1(\alpha) \leqslant \varphi_2(\alpha)$, 对于 $\alpha \leqslant t < b$, 就有 $\varphi_1(t) \leqslant \varphi_2(t)$. 如果对于任何 $t \in]a, b[$, 还有 $q_2(t) > q_1(t)$, 对于 $\alpha < t < b$, 就有 $\varphi_1(t) < \varphi_2(t)$.

事实上, 由 (7.4.1) 及 (7.4.2),

$$\varphi_2'(t)-\varphi_1'(t)=(q_1(t)-1)(\sin^2\varphi_2(t)-\sin^2\varphi_1(t))+(q_2(t)-q_1(t))\sin^2\varphi_2(t).$$

如果令 $w(t)=\varphi_2(t)-\varphi_1(t)$, 就可写出

$$w'(t)=f(t)w(t)+h(t),$$

这里

$$f(t)=(q_1(t)-1)(\sin\varphi_2(t)+\sin\varphi_1(t))\left(\frac{\sin\varphi_2(t)-\sin\varphi_1(t)}{\varphi_2(t)-\varphi_1(t)}\right)$$

(当 $\varphi_1(t)=\varphi_2(t)$ 时, 上列最后一个括号可以用 $\cos\varphi_1(t)$ 来代替), 并且

$$h(t)=(q_2(t)-q_1(t))\sin^2\varphi_2(t)\geqslant 0.$$

函数 f 在 $]a,b[$ 中包含的任何有界闭区间上连续并且有界, 因此在 $]a,b[$ 中我们有不等式

$$w'(t)-f(t)w(t)\geqslant 0.$$

设 $\mathrm{F}(t)$ 是 $-f(t)$ 在 $]a,b[$ 中的一个原函数; 用 $e^{\mathrm{F}(t)}$ 乘上列不等式, 就得到: 在 $]a,b[$ 中,

$$\frac{d}{dt}(e^{\mathrm{F}(t)}w(t))\geqslant 0,$$

由此得: 对于 $\alpha\leqslant t<b$,

$$e^{\mathrm{F}(t)}w(t)\geqslant e^{\mathrm{F}(\alpha)}w(\alpha)\geqslant 0.$$

定理中第一个论断得证.

而且如果对于一个 $t>\alpha$, 要是有 $w(t)=0$, 那么既然 $e^{\mathrm{F}(s)}w(s)$ 对于 $\alpha\leqslant s\leqslant t$ 是常数, 首先就应当有 $w(\alpha)=0$. 根据 h 的表示式, 可见如果还设对于任何 $t\in\,]a,b[$, $q_2(t)>q_1(t)$; 这只有当对于 $\alpha\leqslant s\leqslant t, \sin^2\varphi_2(s)=0$ 才是可能的. 而且由于 φ_2 是连续的, 由此应得对 $[\alpha,t]$ 中任意的 s, 对于一个固定的 $n, \varphi_2(s)=n\pi$. 但是这与 φ_2 所满足的方程 (7.4.2) 相矛盾, 因为由此应得在这区间中, $\varphi_2'(s)=1$.

当我们知道 $q(t)$ 的上界及下界时, 可由 (7.4) 立即推出 (7.2.1) 在 $]a,b[$ 中解的零点个数的范围:

(7.5) *设在 (7.2.1) 中, 对于任何 $t\in]a,b[$, 我们有 $0<\lambda^2\leqslant q(t)\leqslant\mu^2$. 那么对于 (7.2.1) 的任何解 $u(t)$, 长是 $\dfrac{\pi}{\lambda}$ 的任何闭区间至少含 u 的一个零点, 并且如果 $u(\alpha)=0$, 在区间 $\left]\alpha,\alpha+\dfrac{\pi}{\mu}\right[$ 中不含 u 的零点.*

事实上, $x''+\lambda^2x=0$ 的解是有周期 $T=\dfrac{2\pi}{\lambda}$ 的周期函数. 作变数代换 (7.3.2), 对于相应方程 (7.4.3) 的解 θ, 得到

$$\tan\theta=\frac{T}{2\pi}\tan\left(\frac{2\pi}{T}t-\gamma\right),$$

换句话说, 这些解满足 $\theta\left(t+\dfrac{T}{2}\right)=\theta(t)+\pi$. 用 (7.4) 比较 (7.2.1) 与两个方程 $x''+\lambda^2x=0, x''+\mu^2x=0$; 并且根据在一点 $\alpha\in]a,b[$, 这两方程中有一个方程总有一个解与 (7.2.1) 的已给解满足同样的初始条件. 由此可立即得到 (7.5) 中的结论.

8. 边 值 条 件

对于二阶微分方程, 除了*初始条件* $x(t_0)=x_0, x'(t_0)=x'_0$ 之外 (第十一章, 1.1), 在许多应用中, 还要对这种方程的解给出其他类型的条件. 我们只考虑二阶线性方程

$$x''+q(t)x=0 \tag{8.1}$$

的实数解, 这里 t 是实变数, $q(t)$ 在有界闭区间 $[a,b]$ 所包含的一个开区间中连续, 而且 $a<b$. 我们有时不但要考虑一个解及它的导数在一个点 a 的值, 而且要考虑它们在两个点 a 及 b 处的值; 有下列形状的两个关系式叫做 (在 a 及 b 的) *边值条件*:

$$\begin{cases}\alpha_1u(a)+\beta_1u'(a)+\gamma_1u(b)+\delta_1u'(b)=0,\\ \alpha_2u(a)+\beta_2u'(a)+\gamma_2u(b)+\delta_2u'(b)=0,\end{cases} \tag{8.2}$$

上两方程中出现的含四个变数的两个线性形式是线性无关的. 与柯西问题 (第十一章, 1.1) 的情况不同, 对于由 (8.2) 给出的一组边值条件, 除了 0 以外 (8.1) 一般没有满足 (8.2) 的任何解. 对于边值条件 $u(a)=0, u(b)=0$, 方程 $x''-\lambda^2x=0(\lambda>0)$ 就立即表明了这一点: 事实上, 这方程的任何不恒等于零的解 $ce^{\lambda t}+de^{-\lambda t}$ 不可能在两个不同点处为零. 同样, 对于方程 $x''+\lambda^2x=0(\lambda>0)$, 它一般没有不恒等于零的解满足 $u(a)=0, u(b)=0(a\neq b)$, 除非对于 λ 的某些值, 即使 $\dfrac{\lambda(b-a)}{\pi}$ 是整数的 λ 的值.

我们知道, 上述问题在物理上, 相应于两端固定并绷紧的匀质弦的小振动问题, 并且问题解中弦的不同的 "固有振动" (或 "调和") 与所求得的特别 λ 值相应, λ 的这种值也叫做问题的 "特征值".

下面要讲的这些例子在相当一般假设的情形下是典型的. 我们要考虑依赖于一个实参变数 λ 的二阶线性方程

$$x''+(\lambda g(t)-f(t))x=0, \tag{8.3}$$

这里 f 及 g 在 $[a,b]$ 中连续, 而且对于任何 $t\in[a,b], g(t)>0$. 我们不讨论关于条件 (8.2) 的最普遍类型的问题, 而只讨论某些特殊情形, 并且在这些情形下, 一般是有 λ 的值的一个增序列

$$\lambda_0<\lambda_1<\lambda_2<\cdots<\lambda_n<\cdots,$$

这序列趋向于 $+\infty$; 对于其中每个 λ 的值, 边值问题有一个不是 0 的解; 而对 λ 的其他值, 却没有这样的解. 这序列中的 λ_n 叫做方程 (8.3) 对于已给边值条件的特征值.

(8.4) 我们首先考虑的情形是 (8.2) 中每个条件只含 u 及 u' 在 a, b 两点中一点处的值; 换句话说, 设这些条件可写成下列形式:

$$\text{(8.4.1)} \qquad \begin{cases} u(a)\cos\alpha - u'(a)\sin\alpha = 0, \\ u(b)\cos\beta - u'(b)\sin\beta = 0 \end{cases}$$

("施图姆 – 刘维尔问题"), 并且不失一般性, 还可设我们有

$$0 \leqslant \alpha < \pi \quad 及 \quad 0 < \beta \leqslant \pi$$

(不必然有 $\alpha \leqslant \beta$).

注意 (8.3) 满足 (8.4.1) (对于 λ 的同一值) 的两个解 u_1, u_2, 必然是成比例的, 否则适当选取常数 c_1, c_2, (8.3) 的任何解应可写成 $c_1u_1 + c_2u_2$, 因而也满足关系式 (8.4.1). 然而任意选取 $u(a)$ 及 $u'(a)$ 作为这样的解, 这是不可能的.

(8.5) 设方程 (8.3) 对于边值条件 (8.4.1) 的特征值组成趋向 $+\infty$ 的一个严格增序列

$$\text{(8.5.1)} \qquad \lambda_0 < \lambda_1 < \lambda_2 < \cdots < \lambda_n < \cdots,$$

而且对 $\lambda = \lambda_n$, (8.3) 满足 (8.4.1) 的一解 u_n (除 0 以外) (这种解除去可能差一个常数因子外, 是确定的) 在开区间 $]a, b[$ 中恰好有 n 个零点.

在 (8.3) 中作变数代换 (7.3.2), 得到 θ 的方程

$$\text{(8.5.2)} \qquad \theta' = \cos^2\theta + (\lambda g(t) - f(t))\sin^2\theta,$$

并且用 $\omega(t, \lambda)$ 表示这方程 (在整个 $[a, b]$ 中确定) 满足

$$\text{(8.5.3)} \qquad \omega(a, \lambda) = \alpha$$

的唯一解. 它与 (8.3) 满足 (8.4.1) 中第一个条件的解相应 (与其中一个解成比例). 特征值是满足下列条件的 λ 的值: 对于一个整数 $n \in \mathbb{Z}$,

$$\text{(8.5.4)} \qquad \omega(b, \lambda) = \beta + n\pi.$$

我们知道 (第十一章, 6.4)

1° 对于 $a \leqslant t \leqslant b$ 及 $\lambda \in \mathbb{R}$, 函数 $(t, \lambda) \to \omega(t, \lambda)$ 及偏导数 $\dfrac{\partial^k \omega}{\partial \lambda^k}, \dfrac{\partial^{k+1}\omega}{\partial t \partial \lambda^k} (k \geqslant 0)$ 连续.

其次, 由 (7.4) 以及在 $[a, b]$ 中, $g(t) > 0$ 这一假设:

2° 对于 $\lambda < \lambda'$, 我们有: 对于满足 $a < t \leqslant b$ 的 $t, \omega(t, \lambda) < \omega(t, \lambda')$.

最后, 由 (8.5.2):

3° 如果 $t \in [a, b]$ 满足 $\omega(t, \lambda) = k\pi$ (k 是整数), 我们有 $\dfrac{\partial \omega}{\partial t}(t, \lambda) = 1$.

由这些性质可导出下列结果:

(8.5.5) 对于整数 k, 方程 $\omega(t, \lambda) = k\pi$ 只有当 $k \geqslant 1$ 时在半开区间 $]a, b]$ 中有解; 如果解存在, 它是唯一的; 对于 $1 \leqslant h \leqslant k$, 每个方程 $\omega(t, \lambda) = h\pi$ 在 $]a, b]$ 中有 (唯一的) 解 $t_h(\lambda)$, 并且我们有

$$t_1(\lambda) < t_2(\lambda) < \cdots < t_k(\lambda); \tag{8.5.6}$$

而且对于 $\lambda' > \lambda, \omega(t, \lambda') = h\pi$ 对于 $1 \leqslant h \leqslant k$ 在 $]a, b]$ 中有解 $t_h(\lambda')$, 并且我们有

$$t_h(\lambda') < t_h(\lambda) \quad (1 \leqslant h \leqslant k). \tag{8.5.7}$$

事实上, 性质 3° 表明, 即使 $\alpha = 0$, 在一个非空开区间 $]a, a + \delta[$ 中, 我们有 $\omega(t, \lambda) > 0$; 如在 $]a, b]$ 中有 $\omega(t, \lambda) = 0$ 的一个解, 就应有一个更小的解 $t_0 > a$ (预篇, 2.3), 这里就必然有 $\dfrac{\partial \omega}{\partial t}(t_0, \lambda) \leqslant 0$, 与 3° 相矛盾.

同样的论证表明, 如果方程

$$\omega(t, \lambda) = k\pi$$

在 $]a, b]$ 中有一解 $t_k(\lambda)$, 这解是唯一的; 事实上, 如果 t' 是这些解中最小的, 由 3°, 我们有 $\dfrac{\partial \omega}{\partial t}(t', \lambda) > 0$, 从而对于 $t' < t < t' + \delta, \omega(t, \lambda) > k\pi$, 这里 $\delta > 0$. 如果 t'' 是比 t' 大的最小解, 还是应有 $\dfrac{\partial \omega}{\partial t}(t'', \lambda) \leqslant 0$, 与 3° 相矛盾.

关系式 (8.5.6) 及 (8.5.7) 可由第一章, 3.1 及性质 2° 直接推出 (图 82).

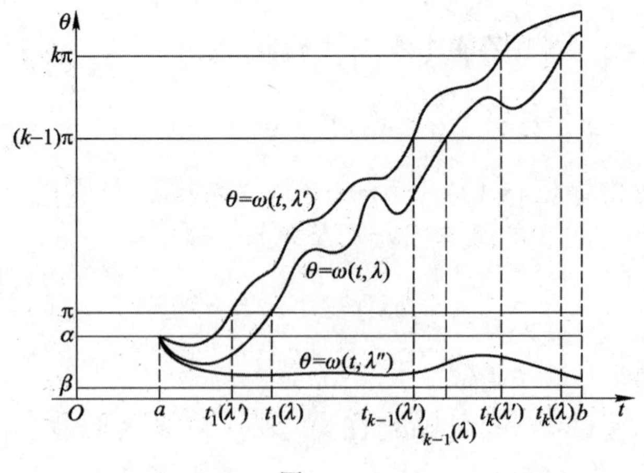

图 82

然后证明下列性质:

(8.5.8) 对于满足 $a < t_0 \leqslant b$ 的任何 t_0, 当 λ 趋向于 $-\infty$ 时, $\omega(t_0, \lambda)$ 趋近于 0.

由于在 $[a,b]$ 中, $g(t) \geqslant c > 0$, 并且 $|f(t)| \leqslant m$, 我们有: 对于 $\lambda < 0, \lambda g(t) - f(t) \leqslant \lambda c + m$; 对于任何 $A > 0$, 因而存在着 $M > 0$, 使得如果 $\lambda < -M$, 就有 $\lambda g(t) - f(t) \leqslant -A^2$. 如果 $\rho(t,A)$ 是

$$\theta' = \cos^2\theta - A^2\sin^2\theta$$

的解, 并且 $\rho(a,A) = \alpha$, 由 (7.4), 我们有: 对于 $\lambda \leqslant -M$,

(8.5.9) $$\omega(t_0,\lambda) \leqslant \rho(t_0,A),$$

并且只须看出当 A 充分大时, $\rho(t_0,A)$ 任意小 (由 (8.5.5), 已知 $\rho(t_0,A) > 0$), 然而可立即证明

$$\tan\rho(t_0,A) = \frac{1+\mu e^{-2A(t_0-a)}}{A(1-\mu e^{-2A(t_0-a)})},$$

这里

$$\mu = \frac{A\sin\alpha - \cos\alpha}{A\sin\alpha + \cos\alpha}$$

(只要 A 充分大, 我们有 $A\sin\alpha \neq -\cos\alpha$). 由于当 A 趋向于 $+\infty$ 时, μ 有界, 可见 $\tan\rho(t_0,A)$ 随着 $1/A$ 趋近于 0.

最后证明:

(8.5.10) *对于满足 $a < t_0 \leqslant b$ 的任何 t_0, 当 λ 趋向于 $+\infty$ 时, $\omega(t_0,\lambda)$ 趋向于 $+\infty$.*

事实上, 用同样的记号, 对于 $\lambda > 0$, 我们有 $\lambda g(t) - f(t) \geqslant \lambda c - m$, 因此存在着 $M > 0$, 使得对于 $\lambda > M, \lambda g(t) - f(t) \geqslant A^2$. 如果 $\sigma(t,A)$ 是方程

$$\theta' = \cos^2\theta + A^2\sin^2\theta$$

的解, 因而对于 $\lambda \geqslant M, \omega(t_0,\lambda) \geqslant \sigma(t_0,A)$, 并且已经看到 (7.5)

$$\sigma(t_0,A) \geqslant A(t_0-a) - \pi.$$

(8.5) 的证明的结尾现可立即得到. 因由 $2^\circ, \lambda \to \omega(b,\lambda)$ 是严格递增的, 对于每个整数 $n \geqslant 0$, 由 (8.5.8) 及 (8.5.10), 既然 $\beta > 0$, 有唯一一个 λ 的值 λ_n 满足关系式 $\omega(b,\lambda) = \beta + n\pi$. 由于 $n\pi < \beta + n\pi \leqslant (n+1)\pi$, 方程 $\omega(t,\lambda_n) = (n+1)\pi$ 在 $]a,b[$ 中没有根; 因为如果 t' 是一个这样的根, 由 (8.5.5), 对于 $t > t', \omega(t,\lambda_n) > (n+1)\pi$, 并且得到 $\omega(b,\lambda_n) > (n+1)\pi$, 这是不可能的. 于是由 (8.5.5), 对于 $1 \leqslant k \leqslant n$, 方程 $\omega(t,\lambda_n) = k\pi$ 在 $]a,b[$ 中恰好有一个根, 而对于 $k \geqslant n+1$, 方程在 $]a,b[$ 中没有根. 证完.

9. 周期系数二阶线性方程

我们已经看到 (第十二章, 4.2), 如果

$$x'' + q(t)x = 0$$

是一个线性方程, 这里 $q(t)$ 是在 $\mathbb{R}$ 中有周期 T 的周期、连续、实数值函数, 那么这方程必然没有以 T 的整数倍为周期、并且不恒等于零的周期解. 典型的例子是 $x''-\lambda^2x=0$, 对于 $\lambda>0$, 这方程没有不恒等于零的周期解. 我们还要考虑依赖于一个实参变数的方程

(9.1) $$x''+(\lambda g(t)-f(t))x=0,$$

这里 $g(t)$ 及 $f(t)$ 是有周期 T 的周期连续函数, 并且对于任何 $t\in\mathbb{R}, g(t)>0$. 通过变数的线性代换, 可以化成 $T=1$ 情形. 我们要考虑一种求周期解的问题, 它与第 8 节中所考虑的问题等价, 但边值条件的类型 (8.2) 不同.

首先寻求是否有周期是 1 的不恒等于零的解 $u(t)$; 于是我们必须有

(9.2) $$u(0)=u(1),\quad u'(0)=u'(1).$$

反过来, 如果 (9.1) 的一个解 u 满足边值条件 (9.2), 由于 f 及 g 的周期性, 函数 $u_1(t)=u(t+1)$ 也满足方程 (9.1), 并且还有 $u_1(0)=u(1)$ 及 $u_1'(0)=u'(1)$, 因此 $u_1(0)=u(0), u_1'(0)=u'(0)$; 由柯西问题的解的唯一性 (第十一章, 3.6), 可见 $u_1=u$, 因而 u 是有周期 1 的周期函数.

如果不考虑 (9.2), 而是考虑边值条件

(9.3) $$u(1)=-u(0),\quad u'(1)=-u'(0),$$

同样的论证表明: (9.1) 的满足这些条件的解要使得 $u(t+1)=-u(t)$ (有时把这种解叫做有周期 1 的反周期函数); 这是 (9.1) 的一个有周期 2 的解.

(9.4) 设

(9.4.1) $$\mu_0<\mu_1<\mu_2<\cdots<\mu_n<\cdots$$

是方程 (9.1) 对于边值条件

(9.4.2) $$u(0)=0,\quad u(1)=0$$

的特征值的序列. 还设 ν_0 是 (9.1) 对于边值条件

(9.4.3) $$u'(0)=0,\quad u'(1)=0$$

的最小特征值.

1° 我们有 $\nu_0<\mu_0$; (9.1) 对于条件 (9.2) 的特征值成一无穷增序列 $\{\lambda_n\}(n\geqslant 0)$, 并且对于条件 (9.3) 的特征值也成一无穷增序列 $\{\lambda_n'\}(n\geqslant 1)$, 而且还有

(9.4.4) $$\nu_0\leqslant\lambda_0<\lambda_1'\leqslant\mu_0\leqslant\lambda_2'<\lambda_1\leqslant\mu_1\leqslant\cdots\leqslant\mu_{2j}$$
$$\leqslant\lambda_{2j+2}'<\lambda_{2j+1}\leqslant\mu_{2j+1}\leqslant\lambda_{2j+2}<\lambda_{2j+3}'\leqslant\mu_{2j+2}\leqslant\lambda_{2j+4}'\leqslant\cdots.$$

2° 对于 $\lambda=\lambda_0$, 满足 (9.2) 的解是 v_0 中的一个多重解, 如果 $\lambda_{2j+1}<\lambda_{2j+2}$, 对于 $\lambda=\lambda_{2j+1}$ (或 $\lambda=\lambda_{2j+2}$), (9.1) 满足 (9.2) 的解还是多重的, 它们等于解 v_{2j+1} (或 v_{2j+2}) 中的一个多重解; 反过来, 如果

$$\lambda_{2j+1}=\lambda_{2j+2}=\mu_{2j+1},$$

对于 $\lambda=\mu_{2j+1}$, (9.1) 的所有解满足 (9.2) (这时把 v_{2j+1} 及 v_{2j+2} 记作一个基本解组).

3° 如果 $\lambda'_{2j+1}<\lambda'_{2j+2}$, 对于 $\lambda=\lambda'_{2j+1}$ (或 $\lambda=\lambda'_{2j+2}$), (9.1) 满足 (9.3) 的解都是多重的, 并且都等于解 w_{2j+1} (或 w_{2j+2} 中) 的一个多重解; 反过来, 如果 $\lambda'_{2j+1}=\lambda'_{2j+2}=\mu_{2j}$, 对于 $\lambda=\mu_{2j}$, (9.1) 的所有解满足 (9.3) (这时把 w_{2j+1} 及 w_{2j+2} 记作一个基本解组).

4° 函数 v_0 在 $[0,1]$ 中不为零; 函数 v_{2j+1} 及 v_{2j+2} 在 $[0,1[$ 中恰好有 $2j+2$ 个零点; 函数 w_{2j+1} 及 w_{2j+2} 在 $[0,1[$ 中恰好有 $2j+1$ 个零点.

把 $\mathrm{F}(t,\lambda)$ 及 $\mathrm{G}(t,\lambda)$ 记 (9.1) 分别满足初始条件 (这里 F',G' 表示 $\dfrac{\partial \mathrm{F}}{\partial t},\dfrac{\partial \mathrm{G}}{\partial t}$)

$$\mathrm{F}(0,\lambda)=1,\quad \mathrm{F}'(0,\lambda)=0, \tag{9.4.5}$$

$$\mathrm{G}(0,\lambda)=0,\quad \mathrm{G}'(0,\lambda)=1 \tag{9.4.6}$$

的解. 于是对于任何 t 及 λ (2.2),

$$\mathrm{F}(t,\lambda)\mathrm{G}'(t,\lambda)-\mathrm{F}'(t,\lambda)\mathrm{G}(t,\lambda)=1, \tag{9.4.7}$$

并且我们知道在 $\mathbb{R}^2$ 中, F, G 以及它们的一阶偏导数是连续的 (第十一章, 6.4).

如果我们写出一个解 $u(t,\lambda)=A\mathrm{F}(t,\lambda)+B\mathrm{G}(t,\lambda)$($A$ 及 B 是常数) 满足 (9.2), 就得到两个方程

$$\begin{cases}(\mathrm{F}(1,\lambda)-1)A+\mathrm{G}(1,\lambda)B=0,\\ \mathrm{F}'(1,\lambda)A+(\mathrm{G}'(1,\lambda)-1)B=0;\end{cases} \tag{9.4.8}$$

并且要使得它们有不恒等于零的解, 必须而且只须上列方程组的行列式是零. 由 (9.4.7), 并且令

$$\Phi(\lambda)=\mathrm{F}(1,\lambda)+\mathrm{G}'(1,\lambda), \tag{9.4.9}$$

我们求得条件

$$\Phi(\lambda)=2. \tag{9.4.10}$$

同样, 如果写出 $u(t,\lambda)$ 满足 (9.3), 就得到两个方程

$$\begin{cases}(\mathrm{F}(1,\lambda)+1)A+\mathrm{G}(1,\lambda)B=0,\\ \mathrm{F}'(1,\lambda)A+(\mathrm{G}'(1,\lambda)+1)B=0;\end{cases} \tag{9.4.11}$$

在这里求得条件

$$\Phi(\lambda) = -2. \tag{9.4.12}$$

于是显然除了可能相差一常数因子, 对于 $\lambda = \nu_0, \mathrm{F}(t, \nu_0)$ 是 (9.1) 的满足边值条件 (9.4.3) 的唯一解; 这个解在点 0 及 1 显然不等于零, 并且我们知道 (8.5) 在 $]0,1[$ 中也不等于零. 另一方面, 除去可能差一因子, 对于 $\lambda = \mu_0, \mathrm{G}(t, \mu_0)$ 是 (9.1) 的满足 (9.4.2) 的唯一解. 由振动定理 (7.1), 不可能有 $\mu_0 \leqslant \nu_0$, 否则 $\mathrm{F}(t, \nu_0)$ 就要在 $]0,1[$ 中取值零; 这样证明了 1° 中第一个结论. 既然 $\mathrm{F}(0, \nu_0) = 1$, 并且 F 不取零值, 我们有 $\mathrm{F}(1, \nu_0) > 0$. 另一方面, $\mathrm{F}'(1, \nu_0) = 0$, 因此由 (9.4.7) 可得 $\mathrm{F}(1, \nu_0)\mathrm{G}'(1, \nu_0) = 1$; 从而

$$\Phi(\nu_0) = \mathrm{F}(1, \nu_0) + (\mathrm{F}(1, \nu_0))^{-1} \geqslant 2. \tag{9.4.13}$$

然后与上面一样, 我们看到, 可能相差一个因子, 对于 $\lambda = \mu_j, \mathrm{G}(t, \mu_j)$ 是 (9.1) 的满足 (9.4.2) 的唯一解; 因此我们有 $\mathrm{G}(1, \mu_j) = 0$, 并且方程 $\mathrm{G}(t, \mu_j) = 0$ 在 $]0,1[$ 中恰好有 j 个零点 (8.5). 既然 $\mathrm{G}'(0, \mu_j) = 1$, 由此断定: 如果 j 是奇数, $\mathrm{G}'(1, \mu_j) > 0$; 如果 j 是偶数, $\mathrm{G}'(1, \mu_j) < 0$. 由 (9.4.7), $\mathrm{F}(1, \mu_j)\mathrm{G}'(1, \mu_j) = 1$, 由此得

$$\Phi(\mu_j) = \mathrm{G}'(1, \mu_j) + (\mathrm{G}'(1, \mu_j))^{-1} \begin{cases} \geqslant 2, & \text{如果 } j \text{ 是奇数;} \\ \leqslant -2, & \text{如果 } j \text{ 是偶数.} \end{cases} \tag{9.4.14}$$

对于边值条件 (9.2) (或 (9.3)), 在以 λ_0 及 μ_0 为端点或以两个相接连的 μ_k 为端点的每个闭区间中, 至少有一个特征值 λ_j (或 λ'_j). 考虑到确定特征值的方程 (9.4.10) 及 (9.4.12), 上述结果可从关系式 (9.4.13) 及 (9.4.14) 立即导出.

为了完成证明 1°, 2° 及 3° 中的结论, 只须证明下列引理:

(9.4.15) (i) 如果 $-2 \leqslant \Phi(\lambda) \leqslant 2$, 只有当 $\mathrm{G}(1, \lambda) = \mathrm{F}'(1, \lambda) = 0$ 及 $\mathrm{F}(1, \lambda) = \mathrm{G}'(1, \lambda) = \pm 1$ 时 (由此得 $\Phi(\lambda) = \pm 2$, 并且对于一个指标 $j, \lambda = \mu_j$), 才可能有 $\Phi'(\lambda) = 0$. 如果不是这样, 我们有

$$\text{对于 } \lambda \leqslant \mu_0 \text{ 及 } -2 \leqslant \Phi(\lambda) \leqslant 2, \quad \Phi'(\lambda) < 0;$$
$$\text{对于 } \mu_j \leqslant \lambda \leqslant \mu_{j+1} \text{ 及 } -2 \leqslant \Phi(\lambda) \leqslant 2, (-1)^j \Phi'(\lambda) > 0.$$

(ii) 如果 $\Phi(\mu_{2j+1}) = 2$, 并且 $\Phi'(\mu_{2j+1}) = 0$, 我们有 $\Phi''(\mu_{2j+1}) < 0$. 如果 $\Phi(\mu_{2j}) = -2$, 并且 $\Phi'(\mu_{2j}) = 0$, 我们有 $\Phi''(\mu_{2j}) \geqslant 0$.

事实上, 设这些性质已经证明. 由 (9.4.15, (i)) 已可导出: 在区间 $]-\infty, \mu_0[$ 中, 或在每个开区间 $]\mu_j, \mu_{j+1}[$ 中, $\Phi(\lambda) = 2$ 或 $\Phi(\lambda) = -2$ 不可能有两个不同的根, 因为对于这两方程的接连的两个根, 导数 $\Phi'(\lambda)$ 不可能有相同符号. 此外, 如果 $\Phi(\lambda) = 2$ (或 $\Phi(\lambda) = -2$), 并且 $\lambda \neq \mu_{2j+1}$ (或 $\lambda \neq \mu_{2j}$), $\mathrm{F}(t, \lambda)$ 及 $\mathrm{G}(t, \lambda)$ 不可能满足 (9.2) (或 (9.3)) 中所有两个边值条件, 因此 (9.1) 的满足这些条件的解是一个多重解.

如果 $\Phi(\mu_{2j+1}) = 2$, 由 (9.4.15, (i) 及 (ii)) 得: 在一个充分小的开区间 $]\mu_{2j+1}, \mu_{2j+1} + \delta[$ 中, 我们有 $\Phi'(\lambda) < 0$, 因而 $\Phi(\lambda) < 2$, 并且应用 (9.4.15, (i)), 与上面同样论证, 可见在区间 $]\mu_{2j+1}, \mu_{2j+2}[$ 中, $\Phi(\lambda) = 2$ 不可能有任何根. 此外, 如果 $\Phi'(\mu_{2j+1}) \neq 0$, 与上面一样, 可见对于 $\mu = \lambda_{2j+1}$, (9.1) 的满足 (9.2) 的解是一个多重解. 反过来, 如果 $\Phi'(\mu_{2j+1}) = 0$, 并且 $\Phi(\mu_{2j+1}) = 2$, 由 (9.4.15, (i)) 可得: (9.1) 的所有解满足 (9.2). 对于数 μ_{2j} 及条件 (9.3), 也可同样进行论证.

现证明 (9.4.15). 显然 $\dfrac{\partial \mathrm{F}}{\partial\lambda}(0,\lambda)=\dfrac{\partial^2\mathrm{F}}{\partial t\partial\lambda}(0,\lambda)=0$, 并且 $\dfrac{\partial \mathrm{F}}{\partial\lambda}$ 作为 t 的函数, 是下列微分方程的解:

$$x''+(\lambda g(t)-f(t))x=-g(t)\mathrm{F}(t,\lambda),$$

因此由拉格朗日公式 (第十二章, 2.4.1),

$$\frac{\partial \mathrm{F}}{\partial\lambda}(t,\lambda)=\int_0^t(\mathrm{F}(t,\lambda)\mathrm{G}(s,\lambda)-\mathrm{F}(s,\lambda)\mathrm{G}(t,\lambda))g(s)\mathrm{F}(s,\lambda)ds,$$

并且特别有

(9.4.16) $$\frac{\partial \mathrm{F}}{\partial\lambda}(1,\lambda)=\int_0^1(\mathrm{F}(1,\lambda)\mathrm{G}(s,\lambda)-\mathrm{F}(s,\lambda)\mathrm{G}(1,\lambda))g(s)\mathrm{F}(s,\lambda)ds.$$

同样, 我们有

$$\frac{\partial \mathrm{G}}{\partial\lambda}(t,\lambda)=\int_0^t(\mathrm{F}(t,\lambda)\mathrm{G}(s,\lambda)-\mathrm{F}(s,\lambda)\mathrm{G}(t,\lambda))g(s)\mathrm{G}(s,\lambda)ds,$$

由此求偏导数, 得

$$\frac{\partial^2 \mathrm{G}}{\partial t\partial\lambda}(t,\lambda)=\int_0^t(\mathrm{F}'(t,\lambda)G(s,\lambda)-\mathrm{F}(s,\lambda)\mathrm{G}'(t,\lambda))g(s)\mathrm{G}(s,\lambda)ds,$$

并且特别有

$$\frac{\partial^2 \mathrm{G}}{\partial t\partial\lambda}(1,\lambda)=\int_0^1(\mathrm{F}'(1,\lambda)G(s,\lambda)-\mathrm{F}(s,\lambda)\mathrm{G}'(1,\lambda))g(s)\mathrm{G}(s,\lambda)ds.$$

于是得

(9.4.17) $$\begin{aligned}\Phi'(\lambda)&=\frac{\partial \mathrm{F}}{\partial\lambda}(1,\lambda)+\frac{\partial^2 \mathrm{G}}{\partial t\partial\lambda}(1,\lambda)\\&=\int_0^1(\mathrm{A}(\lambda)\mathrm{G}^2(s,\lambda)+\mathrm{B}(\lambda)\mathrm{F}(s,\lambda)\mathrm{G}(s,\lambda)+\mathrm{C}(\lambda)\mathrm{F}^2(s,\lambda))g(s)ds,\end{aligned}$$

这里已令

$$\mathrm{A}(\lambda)=\mathrm{F}'(1,\lambda),\quad \mathrm{B}(\lambda)=\mathrm{F}(1,\lambda)-\mathrm{G}'(1,\lambda),\quad \mathrm{C}(\lambda)=-\mathrm{G}(1,\lambda).$$

由于在 $[0,1]$ 中, $g(s)>0$, 如果二次型 $\mathrm{A}(\lambda)\xi^2+\mathrm{B}(\lambda)\xi\eta+\mathrm{C}(\lambda)\eta^2$ 的判别式 $\Delta(\lambda)<0,\Phi'(\lambda)$ 由 $\mathrm{C}(\lambda)=-\mathrm{G}(1,\lambda)$ 的符号求得, 因为 $\mathrm{F}(s,\lambda)$ 及 $\mathrm{G}(s,\lambda)$ 不恒等于零. 然而取 $\alpha=0,\beta=\pi$, 应用 (8.5) 及 (8.5.5), 可见对于 $\lambda<\mu_0,\mathrm{G}(t,\lambda)=0$ 在 $]0,1[$ 中没有根, 而对于 $\mu_j<\lambda<\mu_{j+1}$, 它在 $]0,1[$ 中恰好有 j 个根. 由于 $\mathrm{G}'(0,\lambda)>0$, 对于 $\lambda<\mu_0,\mathrm{G}(1,\lambda)>0$, 而对于 $\mu_j<\lambda<\mu_{j+1}$, 它与 $(-1)^{j-1}$ 有同样符号. 由于还有 $\Delta(\lambda)=(\Phi(\lambda))^2-4$, 从而首先可见如果 $-2<\Phi(\lambda)<2,\Phi'(\lambda)$ 有 (9.4.15, (i)) 中所指出的符号. 其次, 设 $\Phi(\lambda)=\pm2$, 因此 $\mathrm{A}(\lambda)\xi^2+\mathrm{B}(\lambda)\xi\eta+\mathrm{C}(\lambda)\eta^2$ 可能差一符号, 是一个线性形式的平方. 如果这形式不恒等于零, 由 $\mathrm{F}(s,\lambda)$ 及 $\mathrm{G}(s,\lambda)$ 线性无关这一事实, 可见 (9.4.17) 右边的积分不是零. 由连续性, 我们还是有: 对于 $\lambda=\mu_0,\Phi'(\lambda)<0$, 而对于 $\mu_j\leqslant\lambda\leqslant\mu_{j+1},(-1)^j\Phi'(\lambda)>0$. 如果对于 $\Phi(\lambda)=\pm2,\Phi'(\lambda)=0$, 那么形式 $\mathrm{A}(\lambda)\xi^2+\mathrm{B}(\lambda)\xi\eta+\mathrm{C}(\lambda)\eta^2$ 恒等于零; 由于逆命题是明显的, (9.4.15, (i)) 证完.

现证明: 如果 $\Phi(\mu_{2j+1}) = 2$, 并且 $\Phi'(\mu_{2j+1}) = 0$, 我们有 $\Phi''(\mu_{2j+1}) < 0$. 由以上结果, 我们有

(9.4.18) $$\mathrm{G}(1, \mu_{2j+1}) = \mathrm{F}'(1, \mu_{2j+1}) = 0, \quad \mathrm{F}(1, \mu_{2j+1}) = \mathrm{G}'(1, \mu_{2j+1}) = 1.$$

我们有

(9.4.19) $$\Phi''(\lambda) = \frac{\partial^2 \mathrm{F}}{\partial \lambda^2}(1, \lambda) + \frac{\partial^3 \mathrm{G}}{\partial t \partial \lambda^2}(1, \lambda).$$

取 (9.4.7) 对 λ 求偏导数, 得

(9.4.20) $$\frac{\partial \mathrm{G}}{\partial \lambda}\frac{\partial \mathrm{F}}{\partial t} + \mathrm{G}\frac{\partial^2 \mathrm{F}}{\partial t \partial \lambda} - \frac{\partial^2 \mathrm{G}}{\partial t \partial \lambda}F - \frac{\partial \mathrm{G}}{\partial t}\frac{\partial \mathrm{F}}{\partial \lambda} = 0,$$

并且由 (9.4.18), 由此得

(9.4.21) $$\frac{\partial^2 \mathrm{G}}{\partial t \partial \lambda}(1, \mu_{2j+1}) = -\frac{\partial \mathrm{F}}{\partial \lambda}(1, \mu_{2j+1}).$$

再取 (9.4.20) 对 λ 求偏导数, 然后令 $t = 1, \lambda = \mu_{2j+1}$, 由 (9.4.18) 及 (9.4.21), 就得到

(9.4.22) $$\Phi''(\mu_{2j+1}) = 2\left(\left(\frac{\partial \mathrm{F}}{\partial \lambda}(1, \mu_{2j+1})\right)^2 + \frac{\partial \mathrm{G}}{\partial \lambda}(1, \mu_{2j+1})\frac{\partial^2 \mathrm{F}}{\partial t \partial \lambda}(1, \mu_{2j+1})\right).$$

可是由 (9.4.18), 从 (9.4.16) 导出

(9.4.23) $$\frac{\partial \mathrm{F}}{\partial \lambda}(1, \mu_{2j+1}) = \int_0^1 G(s, \mu_{2j+1})\mathrm{F}(s, \mu_{2j+1})g(s)ds.$$

同样求得

(9.4.24) $$\frac{\partial \mathrm{G}}{\partial \lambda}(1, \mu_{2j+1}) = \int_0^1 \mathrm{G}^2(s, \mu_{2j+1})g(s)ds,$$

(9.4.25) $$\frac{\partial^2 \mathrm{F}}{\partial t \partial \lambda}(1, \mu_{2j+1}) = -\int_0^1 \mathrm{F}^2(s, \mu_{2j+1})g(s)ds.$$

由于 $\mathrm{F}(s, \mu_{2j+1})\sqrt{g(s)}$ 及 $\mathrm{G}(s, \mu_{2j+1})\sqrt{g(s)}$ 不能成比例, 柯西 – 施瓦茨不等式 (考虑使它变成等式的条件) (第一章, 4.5) 恰好表明 $\Phi''(\mu_{2j+1}) < 0$.

对于 $\Phi(\mu_{2j}) = -2, \Phi'(\mu_{2j}) = 0$ 的情形, 可以同样论证, 于是由此可完成 (9.4) 中 $1^\circ, 2^\circ$ 及 3° 三部分的证明.

最后证明结论 4°. 由 (9.2) 可见函数 v_j 在 $[0,1[$ 中有偶数个零点, 同样由 (9.3), 函数 w_j 在 $[0,1[$ 中有奇数个零点. 另一方面 (8.5), 我们知道 $\mathrm{G}(t, \mu_j)$ 在 $]0,1[$ 中恰好有 j 个零点. 由于 $\lambda_0 < \mu_0$, 由振动定理 (7.1), v_0 在 $[0,1[$ 中不可能有两个零点; 由于这种零点的个数是偶数, 因此个数是零. 由于对于 $j \geqslant 0$,

$$\mu_{2j} < \lambda_{2j+1} \leqslant \mu_{2j+1} < \mu_{2j+2},$$

还是由 (7.1), v_{2j+1} 及 v_{2j+2} 在 $[0,1[$ 中有 N 个零点, 而且

$$2j + 1 \leqslant N \leqslant 2j + 3.$$

又因 N 是偶数, 可见 $N=2j+2$.

由于 $\lambda_1'\leqslant\lambda_2'<\mu_1$, 由 (7.1), w_1 及 w_2 的零点的个数 $\leqslant 2$, 并且由于这数是奇数, 可见它等于 1. 同样, 由于

$$\mu_{2j-1}<\lambda_{2j+1}'\leqslant\lambda_{2j+2}'<\mu_{2j+1},$$

还是由 (7.1), w_{2j+1} 及 w_{2j+2} 在 $[0,1[$ 中零点的个数 N' 满足

$$2j\leqslant N'\leqslant 2j+2,$$

并且又因 N' 是奇数, 我们有 $N'=2j+1$.

(9.5) (9.4) 在应用中最重要的特殊情形是 $g(t)=1, f(t)=\cos 2\pi t$ 的情形; 这时函数 v_j 及 w_j 叫做马迪厄函数, 它们在许多应用中都要出现.

(9.6) 对于方程 (9.1), 对于任何整数 k, 取适当的 λ 的值, 也可求周期是 kT 的周期解. 当然我们还可得到已求得的周期是 T 的解, 可是把 (9.4) 不应用于 $[0,T[$, 而应用于区间 $[0,kT[$, 也可得到新的解: 事实上, 周期是 T 的周期解在 $[0,kT[$ 中零点的个数是 k 的整数倍, 而用 (9.4) 求出的周期是 kT 的周期解在 $[0,kT[$ 中零点的个数是任何偶数.

习　题

1) 设 A 是 n 阶的对角矩阵, $\lambda_1,\cdots,\lambda_n$ 是它的 (不同的或相同的) 特征值序列. 对于在 $[t_0,+\infty[$ 中连续、并且使得 $\displaystyle\int_{t_0}^{+\infty}\|B(t)\|dt$ 收敛的任何矩阵 $B(t)$, 证明方程

$$\boldsymbol{x}'=(A+B(t))\boldsymbol{x}$$

有在 $[t_0,+\infty[$ 中确定的基本解组 $\boldsymbol{u}_1(t),\cdots,\boldsymbol{u}_n(t)$, 并且满足 $\boldsymbol{u}_k(t)\sim\exp(\lambda_k t)\boldsymbol{e}_k$, 这里 $(\boldsymbol{e}_k)$ 是 $\mathbb{C}^n$ 的典范基 (应用第十三章, 习题 8).

2) 用刘维尔变换, 怎样才能把 (4.2) 中的结果推广到 $k>0$ 时形如 (4.5.1) 的展开式的情形? 如果 $k=2h$ 是偶数, 得到的解有形如

$$(*)\qquad u(t)=t^{\alpha}\exp(c_0t^h+c_1t^{h-1}+\cdots+c_{h-1}t)\left(1+\frac{c_1'}{t}+\cdots+\frac{c_n'}{t^n}+o\left(\frac{1}{t^n}\right)\right)$$

的渐近展开式; 并且如果 $k=2h+1$ 是奇数, 有形如

$$u(t)=v(t^{\frac{1}{2}})$$

的展开式, 这里 v 的展开式形如 $(*)$. 在复数域中作类似研究.

3) 证明如果把 (4.2) 应用到方程

$$x''+\left(1-\frac{a}{t^2}\right)x=0,$$

在展开式 (4.2.2) 中出现的系数 c_n 要使级数 $\displaystyle\sum_{n=1}^{\infty}c_nz^n$ 有收敛半径零, 除非对于一个整数 $k>0, a$ 有 $k(k+1)$ 的形状.

4) 考虑纯量方程

$$x'' - (1 + f(t))x = 0, \tag{1}$$

这里设 f 是实数值的, 并且 $\lim\limits_{t \to +\infty} f(t) = 0$. 令 $y = x'/x$, 我们有 y 的里卡蒂方程

$$y' + y^2 = 1 + f(t), \tag{2}$$

并且最后令 $z = y - 1$, 得

$$z' = -2z - z^2 + f(t). \tag{3}$$

a) 对于任何 $\varepsilon > 0$, 设 t_1 满足: 对于 $t \geqslant t_1, |f(t)| \leqslant \varepsilon$. 证明: 如果用下式对于 (3) 的解作逐步逼近:

$$u_0(t) = \int_{t_1}^{t} e^{-2(t-s)} f(s) ds, \text{ 并且 } u_n(t) = u_0(t) - \int_{t_1}^{t} e^{-2(t-s)} u_{n-1}^2(s) ds,$$

那么 u_n 一致收敛于 (3) 的解 $u(t)$, 并且对于 $t \geqslant t_1$,

$$|u(t)| \leqslant \varepsilon.$$

还证明对于 $t \geqslant t_1$, 我们有

$$|u(t)| \leqslant 2 \int_{t_1}^{t} e^{-2(t-s)} |f(s)| ds,$$

并且由此导出

$$\int_{t_1}^{t} |u(s)| ds \leqslant 4 \int_{t_1}^{t} |f(s)| ds.$$

最后断定: 对于一个常数 c, 只要 t 充分大, 就有 (1) 的一个解 $v_1(t)$ 满足关系式

$$\exp\left(t - c\int_{t_0}^{t} |f(s)| ds\right) \leqslant v_1(t) \leqslant \exp\left(t + c\int_{t_0}^{t} |f(s)| ds\right). \tag{4}$$

在 (2) 中令 $z = y + 1$, 同样证明 (1) 有第二个解 $v_2(t)$ 满足

$$\exp\left(-t - c\int_{t_0}^{t} |f(s)| ds\right) \leqslant v_2(t) \leqslant \exp\left(-t + c\int_{t_0}^{t} |f(s)| ds\right). \tag{5}$$

b) 还设积分 $\int_{t_0}^{+\infty} f^2(t) dt$ 收敛 $\left(\int_{t_0}^{+\infty} |f(t)| dt \text{ 不是必须收敛}\right)$. 证明这时我们有 (1) 的一个解 $v_1(t)$ 满足

$$v_1(t) = \exp\left(t + \frac{1}{2}\int_{t_0}^{t} f(s) ds + o(1)\right), \tag{6}$$

并且另一个解 $v_2(t)$ 满足

$$v_2(t) = \exp\left(-t - \frac{1}{2}\int_{t_0}^{t} f(s) ds + o(1)\right) \tag{7}$$

(用柯西 – 施瓦茨不等式, 求 a) 中得到的解 u 的平方的上界).

c) 如果还设积分 $\int_{t_0}^{+\infty}|f(t)|dt$ 收敛, 我们有 (习题 1)

$$v_1(t)\sim e^t,\quad v_2(t)\sim e^{-t}.$$

d) 特别考察 $f(t)=\dfrac{\sin t}{t^\alpha}$ 情形, 这里 $\dfrac{1}{2}<\alpha\leqslant 1$.

5) 考虑方程

$$x''+(1+f(t))x=0, \tag{1}$$

这里设 f 是实数值的, $\int_{t_0}^{+\infty}|f'(t)|dt$ 收敛 (由此导出: 当 t 趋向 $+\infty$ 时, $f(t)$ 有有限的极限), 并且

$$\lim_{t\to+\infty}f(t)=0.$$

a) 证明 (1) 对于 $t\geqslant t_0$ 确定的所有实数值解是有界的 (用 x' 乘方程 (1), 并且分部积分, 证明对于充分大的 t, 任何解 u 满足不等式

$$u^2(t)\leqslant c+2\int_{t_0}^{t}|f'(s)|u^2(s)ds.)$$

b) 对于方程

$$x''+(1+f(t)+g(t))x=0$$

的解作同样推导, 这里 $\int_{t_0}^{+\infty}|g(t)|dt$ 收敛 (参看第十三章, 习题 8).

c) 与第十三章, 习题 2 中例子作比较, 这些例子表明 a) 中结果不能推广到含两个一阶线性方程的方程组.

6) 函数

$$u(t)=\left(\exp\left(\int_0^t g(s)\cos s ds\right)\right)\cos t$$

是微分方程

$$x''+(1+f(t))x=0$$

的解, 这里

$$f(t)=3g(t)\sin t-g'(t)\cos t-g^2(t)\cos^2 t.$$

如果取 $g(t)=\dfrac{1}{t}\cos t, u(t)$ 无界, 可是 $f(t)$ 及 $f'(t)$ 都随着 $1/t$ 趋近于 0 (比较习题 5).

由此导出方程

$$x''+\left(1+\frac{\sin 2t}{t}\right)x=0$$

有无界的解 (应用第十三章, 习题 8, 与上列方程作比较).

7) 把实系数微分方程

$$x''+(1+f(t))x=0 \tag{1}$$

化成方程组

$$\begin{cases}x_1'=x_2,\\ x_2'=-(1+f(t))x_1,\end{cases}$$

然后作极坐标代换

$$x_1 = r\cos(t+\theta), \quad x_2 = r\sin(t+\theta),$$

得非线性方程组

$$(2) \qquad \begin{cases} \theta' = \dfrac{1}{2}f(t)(1+\cos 2(t+\theta)), \\ r'/r = \dfrac{1}{2}f(t)\sin 2(t+\theta). \end{cases}$$

设反常积分 $\int_{t_0}^{+\infty} f(t)dt$ 以及两个积分 $f_1(t) = \int_t^{+\infty} f(s)\cos 2s ds$ 与 $f_2(t) = \int_t^{+\infty} f(s)\sin 2s ds$ 收敛, 最后设积分 $\int_{t_0}^{+\infty} |f(t)f_j(t)|dt$ 收敛 $(j=1,2)$.

证明在这些条件下, 方程 (1) 有基本解组 u_1, u_2, 在 $+\infty$ 的邻域内,

$$\begin{aligned} u_1(t) &= \cos t + o(1), \quad u_1'(t) = -\sin t + o(1), \\ u_2(t) &= \sin t + o(1), \quad u_2'(t) = \cos t + o(1). \end{aligned}$$

(在方程 (2) 中, 引进

$$f_j(t)\cos 2\theta(t) \quad 及 \quad f_j(t)\sin 2\theta(t) \quad (j=1,2),$$

的导数, 为的是证明对于满足 $r \neq 0$ 的任何解, 当 t 趋向于 $+\infty$ 时, $\theta(t)$ 及 $r(t)$ 趋近于有限的极限. 然后证明当 (2) 中第一个方程的两个解 θ_1 及 θ_2 不相差 π 的整数倍时, θ_1 及 θ_2 的极限不能相差 π 的整数倍, 为此, 在如以上所指出引进 $f_1(t)\cos 2\theta(t)$ 及 $f_2(t)\sin 2\theta(t)$ 的导数后, 在这方程两边取 t 及 $+\infty$ 之间的积分.)

应用到 $f(t) = \dfrac{\sin at}{t^\beta}$ 情形, 这里 $a \neq 2$, 并且 $\beta > \dfrac{1}{2}$; 与习题 6 作比较.

8) 在实系数微分方程

$$x'' + q(t)x = 0$$

中, 设对于 $t \geqslant t_0, q$ 可导, $q(t) > 0$, 并且 $q'(t) > 0$. 证明这方程的所有解在 $+\infty$ 的邻域中有界 (用习题 5a) 中同样方法).

9) 证明在微分方程

$$x'' + q(t)x = 0$$

中, 如果积分 $\int_{t_0}^{t} |q(t)|dt$ 收敛, 方程的解不可能都是有界的.

10) 证明在微分方程

$$x'' - q(t)x = 0$$

中, 如果对于任何 $t \in \mathbb{R}$, 我们有 $q(t) > 0$, 那么任何不恒等于零的解不可能在整个 $\mathbb{R}$ 中有界 (按照可能不同的情形, 考察 x 及 x' 的符号及变化).

11) 在微分方程

$$x'' + q(t)x = 0$$

中, 设积分 $\int_{t_0}^{+\infty} t|q(t)|dt$ 收敛. 证明对于任何解 u, $\lim\limits_{t\to+\infty} u'(t)$ 存在, 并且是有限的; 还证

明在 $+\infty$ 的邻域内, 我们有 $u(t)=at+b+o(1)$, 这里 a 及 b 是不全为零的常数 (写出我们有

$$u(t)=at+b-\int_1^t (t-s)q(s)u(s)ds.$$

由此先导出 $u(t)=O(t)$, 另一方面, 注意

$$u'(t)=a-\int_1^t q(s)u(s)ds).$$

12) 设

$$w''+p(z)w'+q(z)w=0$$

是一微分方程, 这里 p 及 q 是亚纯函数, 并且在 $\mathbb{C}$ 中只有有限个极点 $a_1,\cdots,a_r$. 要使方程只有正则点 (包括无穷远点), 必须而且只须 $p(z)=\dfrac{\mathrm{A}(z)}{\omega(z)}$, 并且 $q(z)=\dfrac{\mathrm{B}(z)}{(\omega(z))^2}$, 这里 $\omega(z)=\prod_{k=1}^{r}(z-a_k)$, $\mathrm{A}(z)$ 是次数 $\leqslant r-1$ 的多项式, 而且 $\mathrm{B}(z)$ 是次数 $\leqslant 2(r-1)$ 的多项式 (应用刘维尔定理).

研究 $r=3$ 情形, 用适当的分式线性变换, 可设正则点是 $0,1$ 及无穷远点. 用形如 $w=w_1z^\rho(1-z)^\sigma$ 的未知函数的变换, 还可设特征方程在点 0 及点 1 都有根 0. 于是方程有下列形状:

$$z(1-z)w''+(\gamma-(\alpha+\beta+1)z)w'-\alpha\beta w=0,$$

叫做超几何方程; 把它在点 $z=0$ 取值 1 的解记作 $\mathrm{F}(\alpha,\beta,\gamma,z)$; 证明我们有

$$\begin{aligned}\mathrm{F}(\alpha,\beta,\gamma;z)=1&+\frac{\alpha\cdot\beta}{1\cdot\gamma}z+\frac{\alpha(\alpha+1)\beta(\beta+1)}{1\cdot 2\cdot\gamma(\gamma+1)}z^2+\cdots\\&+\frac{\alpha(\alpha+1)\cdots(\alpha+n-1)\beta(\beta+1)\cdots(\beta+n-1)}{n!\gamma(\gamma+1)\cdots(\gamma+n-1)}z^n+\cdots,\end{aligned}$$

这里的幂级数有收敛半径 1.

13) 详细研究复数域中的刘维尔变换, 它把形如

$$w''+\left(1+\frac{q_1}{z}+\frac{q_2}{z^2}+\cdots+o\left(\frac{1}{z^n}\right)\right)w=0$$

的方程化成同样形状的方程, 而 $q_1=0$, 因而这就是 (5.5) 中研究过的情形.

14) 考虑实系数微分方程

$$x''+q(t)x=0$$

并且设对于 $t\geqslant t_0, q(t)>0$. 证明如果我们有 $q'(t)=o(q(t)^{3/2})$, 那么这方程的不恒等于零的实数解在区间 $[t_0,T]$ 中零点的个数 $n(T)$ 满足

$$n(T)\sim\frac{1}{\pi}\int_{t_0}^{T}\sqrt{q(t)}dt.$$

(作变数代换 (3.2), 然后在与所得方程等价的含两个一阶方程的方程组中, 采用极坐标.)

15) 考虑实系数微分方程

$$x''+q(t)x=0.$$

证明如果我们有对于 $t \geqslant t_0$, $q(t) \geqslant (1+\alpha)\dfrac{1}{4t^2}$, 或 $q(t) \geqslant \dfrac{1}{4t^2} + (1+\alpha)\dfrac{1}{4t^2(\log t)^2}$ (α 是常数 > 0), 那么对于 $t_1 \geqslant t_0$, 方程的任何解 u 在任何区间 $[t_1, +\infty[$ 中有无穷个零点. (从方程 $x'' + m^2 x = 0$ 出发, 相继作几次变数代换 $s = e^t$, 并且应用 (7.1).) 作出推广.

16) 考虑实系数微分方程

$$x'' + (ag(t) - f(t))x = 0,$$

这里 $g(t)$ 及 $f(t)$ 是有周期 1 的周期函数, 在 $\mathbb{R}$ 中, $g(t) > 0$, 并且 $a > 0$. 证明如果我们有 $\int_0^1 f(t)dt = 0$, 那么对于一个实常数 λ, 在 $\mathbb{R}$ 中满足 $u(t+1) = \lambda u(t)$ 的方程的任何解 $u(t)$, 在区间 $[0, 1]$ 中至少取零值一次. (用反证法, 考虑 u'/u 所满足的里卡蒂方程.)

17) 考虑实系数微分方程

$$x'' + q(t)x = 0,$$

这里 $q(t)$ 是 $\mathbb{R}$ 中的有周期 1 的周期函数, 并且 $q(t) \geqslant 0$, 证明如果 $\int_0^1 q(t)dt \leqslant 4$, 方程在 $\mathbb{R}$ 中的所有解有界. (证明对于一个实数 λ, 不可能有解 u 满足 $u(t+1) = \lambda u(t)$, 应用习题 16 以及第一章, 习题 20, 然后应用弗洛凯定理.)

18) 当我们有边值条件

$$u(0) = au(1) + bu'(1),$$
$$u'(0) = cu(1) + du'(1),$$

这里 $ad - bc = 1$, 推广 (9.4) 中的结果. (比较边值条件

$$u(0) = 0, \quad au(1) + bu'(1) = 0.)$$

19) 设在 (9.4) 中, 我们有 $\lambda_{2j+1} < \lambda_{2j+2}$. 证明如果 $\lambda = \lambda_{2j+1}$, (9.1) 有第二个解 u_{2j+1}, 它与 v_{2j+1} 形成一个基本解组, 并且满足

$$u_{2j+1}(t) = p_{2j+1}(t) + tv_{2j+1}(t),$$

这里 p_{2j+1} 是有周期 1 的周期函数.

第十五章　贝塞尔函数

1.　用含一个参变数的积分解线性微分方程

考虑 n 阶线性微分方程

$$a_0(z)w^{(n)} + a_1(z)w^{(n-1)} + \cdots + a_n(z)w = 0, \tag{1.1}$$

这里变数 z 及未知函数 w 都是复数值的, 系数 $a_j(z)$ 在开集 $\mathrm{D} \subset \mathbb{C}$ 中解析. 有时我们可得到 (1.1) 的有下列形状的解:

$$u(z) = \int_{\mathrm{L}} \mathrm{K}(z,\zeta)d\zeta, \tag{1.2}$$

这里 L 是 $\mathbb{C}$ 中一条道路 (或无终点的道路), 并且 $\mathrm{K}(z,\zeta)$ 是解析的. 如果可由积分号下取导数求得 u 的逐阶导数, 那么如果我们有

$$\int_{\mathrm{L}} \left(a_0(z)\frac{\partial^n \mathrm{K}}{\partial z^n} + a_1(z)\frac{\partial^{n-1}\mathrm{K}}{\partial z^{n-1}} + \cdots + a_n(z)\mathrm{K}(z,\zeta) \right) d\zeta = 0, \tag{1.3}$$

u 就是 (1.1) 的解. 可能通过分部积分把 (1.3) 中的积分变换成另一积分, 并且可适当选取 L, 使后一积分为零. 然后还须证明积分 (1.2) 不恒等于零.

例 (1.4) 设 $a_j(0 \leqslant j \leqslant n)$ 是次数 $\leqslant 1$ 的多项式, $a_j(z) = b_j z + c_j$ (b_j, c_j 是复常数). 取 $\mathrm{K}(z,\zeta) = e^{z\zeta}v(\zeta)$, 要使 (1.3) 为零; 积分 (1.3) 可写成

$$\int_{\mathrm{L}} \left(\sum_{j=0}^{n} (b_j z + c_j)\zeta^j \right) e^{z\zeta} v(\zeta) d\zeta.$$

而由分部积分, 可写出

$$\int_{\mathrm{L}} z\zeta^j e^{z\zeta} v(\zeta) d\zeta = \zeta^j e^{z\zeta} v(\zeta)\Big|_{\mathrm{L}} - \int_{\mathrm{L}} e^{z\zeta} \frac{d}{d\zeta}(\zeta^j v(\zeta)) d\zeta;$$

当 ζ 分别取 L 的终点及起点的值时, 把 $\zeta^j e^{z\zeta} v(\zeta)$ 的相应两值的差简写成上式右边第一项. 在上式中, $j = 0, 1, \cdots, n$; 把这 $n+1$ 个式子逐项相加, 可见问题化成了要使下列关系式成立:

$$e^{z\zeta} v(\zeta) \mathrm{Q}(\zeta)\Big|_{\mathrm{L}} - \int_{\mathrm{L}} e^{z\zeta}(\mathrm{Q}(\zeta) v'(\zeta) + \mathrm{P}(\zeta) v(\zeta)) d\zeta = 0,$$

这里已令

$$\mathrm{P}(\zeta) = \sum_{j=0}^{n} (j b_j \zeta^{j-1} - c_j \zeta^j),$$

$$\mathrm{Q}(\zeta) = \sum_{j=1}^{n} b_j \zeta^j.$$

因此为了求解问题, 可以一方面取 $v(\zeta)$ 是一阶线性方程

$$\mathrm{Q}(\zeta) v'(\zeta) + \mathrm{P}(\zeta) v(\zeta) = 0$$

的一个解, 一旦 v 这样取定, 然后选取 L, 使得我们有

$$e^{z\zeta} v(\zeta) \mathrm{Q}(\zeta)\Big|_{\mathrm{L}} = 0$$

并且使得 $\int_{\mathrm{L}} e^{z\zeta} v(\zeta) d\zeta$ 不恒等于零 (“拉普拉斯法”).

取方程

$$w'' - zw = 0 \tag{1.5}$$

作为应用上述方法的例子. 我们求得 $v(\zeta) = e^{-\zeta^3/3}$, 并且化到取 $u(\zeta)$ 为艾里积分 (第九章, 2.2), 而我们已知这积分不恒等于零.

2. 汉克尔函数

二阶线性微分方程

$$w'' + \frac{1}{z} w' + \left(1 - \frac{\lambda^2}{z^2}\right) w = 0 \tag{2.1}$$

叫做 (有参数 $\lambda \in \mathbb{C}$ 的) 贝塞尔方程. 适当选取 L 及 v, 要求得上列方程有形如

$$u(z) = \int_{\mathrm{L}} e^{-iz\sin\zeta} v(\zeta) d\zeta$$

的解. 设可在积分号下求导数, 问题就化成求出使得方程

(2.2) $$\int_{\mathrm{L}} e^{-iz\sin\zeta}(z^2\cos^2\zeta - iz\sin\zeta - \lambda^2)v(\zeta)d\zeta = 0$$

成立的条件. 令 $\mathrm{F}(z,\zeta) = e^{-iz}\sin\zeta$, 上列方程也可写成

(2.3) $$\int_{\mathrm{L}} \left(\frac{\partial^2\mathrm{F}}{\partial\zeta^2} + \lambda^2\mathrm{F}(z,\zeta)\right)v(\zeta)d\zeta = 0.$$

然而我们有

$$\frac{\partial}{\partial\zeta}\left(\mathrm{F}v' - v\frac{\partial\mathrm{F}}{\partial\zeta}\right) = \mathrm{F}v'' - v\frac{\partial^2\mathrm{F}}{\partial\zeta^2},$$

于是 (2.3) 也可写成

(2.4) $$\int_{\mathrm{L}} \mathrm{F}(z,\zeta)(v''(\zeta) + \lambda^2 v(\zeta))d\zeta + \left(\frac{\partial\mathrm{F}}{\partial\zeta}v(\zeta) - \mathrm{F}(z,\zeta)v'(\zeta)\right)\Big|_{\mathrm{L}} = 0.$$

与在 (1.4) 中一样, 选取

$$v(\zeta) = e^{i\lambda\zeta}.$$

于是有

(2.5) $$-\mathrm{F}v' + v\frac{\partial\mathrm{F}}{\partial\zeta} = e^{-iz\sin\zeta + i\lambda\zeta}(-iz\cos\zeta - i\lambda).$$

然后取趋向无穷的道路 L, 使得当 ζ 趋向于 L 的两 "端" 时, (2.5) 的极限是零. 在这里, 只是由限制 z 的变化域, 才得到这一结果 (一般理论 (第十四章, 5.7) 表明: (2.1) 的解一般在 $z = 0$ 有一 "支点").

先设 $\mathcal{R}z > 0$, 并且取 L 是两条趋向无穷的道路 L_1 及 L_2 (图 83) 中的一条. 函数

(2.6) $$\mathrm{H}^1_\lambda(z) = -\frac{1}{\pi}\int_{\mathrm{L}_1} e^{-iz\sin\zeta + i\lambda\zeta}d\zeta,$$

(2.7) $$\mathrm{H}^2_\lambda(z) = -\frac{1}{\pi}\int_{\mathrm{L}_2} e^{-iz\sin\zeta + i\lambda\zeta}d\zeta$$

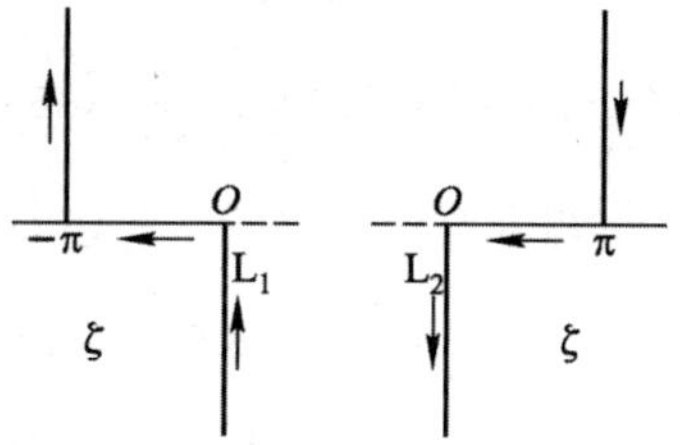

图 83

叫做有指标 λ 的汉克尔函数; 我们要看出: (2.6) 及 (2.7) 右边的积分在开半平面 $\mathcal{R}z > 0$ 中有意义, 确定为贝塞尔方程的不恒等于零的解, 并且形成基本解组 (换句话说, 即不成比例的解).

事实上, 令

$$\zeta = \xi + i\eta,\ z = x + iy,\ \lambda = a + ib,\ \xi,\ \eta,\ x,\ y, a,\ b \text{ 是实数}.$$

令 $\xi = 0$, 我们有 $\sin\zeta = i\,\mathrm{sh}\,\eta$, 从而当 η 趋向于 $-\infty$ 时,

$$\mathcal{R}(-iz\sin\zeta + i\lambda\zeta) \sim -\frac{1}{2}xe^{-\eta};$$

同样, 对于 $\xi=-\pi$, 当 η 趋向于 $+\infty$ 时, 我们有

$$\mathcal{R}(-iz\sin\zeta+i\lambda\zeta)\sim-\frac{1}{2}xe^{\eta}.$$

由此立即证明 (2.6) 中积分存在, 并且在积分号下求导数是合理的. 对于 (2.7) 可作同样论证.

另一方面, 在同样的条件下, 我们有

$$|iz\cos\zeta+i\lambda|\sim|z|e^{|\eta|}.$$

由此可见, 对于 $\xi=-\pi$ 及 η 趋向于 $+\infty$, 上式右边对于 $\exp\left(\frac{1}{2}xe^{\eta}\right)$ 可以略去不计; 而对于 $\xi=0$ 及 η 趋向于 $-\infty$, 它对于 $\exp\left(\frac{1}{2}xe^{-\eta}\right)$ 可以略去不计. 因此当 $\xi=0,\eta$ 趋向于 $-\infty$ 时, 或当 $\xi=-\pi,\eta$ 趋向于 $+\infty$ 时, (2.5) 的极限是 0, 从而函数 (2.6) 正好是 (2.1) 的一个解. 对 (2.7) 可作同样论证, 在第 3 节中, 我们要看到这些解不恒等于零.

3. 汉克尔函数的解析开拓与渐近展开式

我们要看到, 适当改变积分的道路, 第二节中采用的方法, 还可用来求 (2.1) 在 $\mathbb{C}$ 的其他开集中的解. 设 ξ_0 是满足 $-\pi<\xi_0<\pi$ 的一个实数, 并且设 $\mathrm{L}(\xi_0)$ 是与 L_1 相仿的一条道路, 可是这里与虚轴平行的半直线通过点 ξ_0 及 $-\xi_0-\pi$ (图 84). 对于 $\xi=\xi_0$, 我们有

$$\mathcal{R}(-iz\sin\zeta+i\lambda\zeta)=x\cos\xi_0\,\mathrm{sh}\,\eta+y\sin\xi_0\,\mathrm{ch}\,\eta-b\xi_0-a\eta,$$

从而如果有

$$x\cos\xi_0-y\sin\xi_0>0, \tag{3.1}$$

那么对于 $\xi=\xi_0$, 并且 η 趋向于 $-\infty$, 就有

$$\mathcal{R}(-iz\sin\zeta+i\lambda\zeta)\sim-ce^{-\eta},$$

这里 $c>0$. 可以证明: 同一条件 (3.1) 可导出, 对于 $\xi=-\pi-\xi_0$ 及 η 趋向于 $+\infty$, 也有

$$\mathcal{R}(-iz\sin\zeta+i\lambda\zeta)\sim-c'e^{\eta}\quad(c'>0).$$

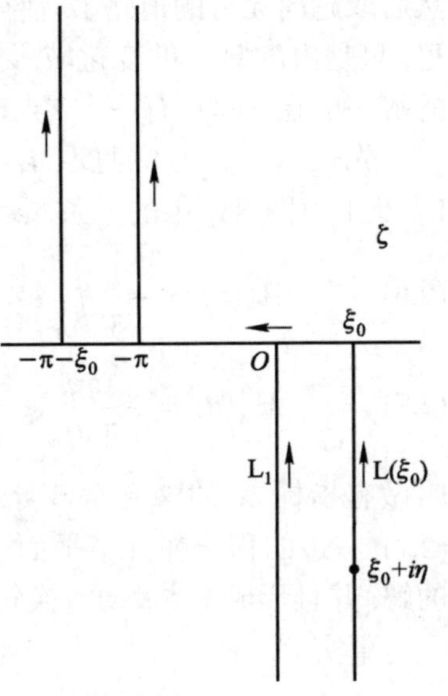

图 84

用第 2 节中同样的推理, 可见函数

$$-\frac{1}{\pi}\int_{\mathrm{L}(\xi_0)}e^{-iz\sin\zeta+i\lambda\zeta}d\zeta \tag{3.2}$$

是 (2.1) 在半平面 (3.1) 中确定的解. 而对于 $-\pi < \xi_0 < \pi$, 半平面 (3.1) 及半平面 $\mathcal{R}z > 0$ 有非空交集 (图 85); 要证明函数 (2.6) 及 (3.2) 在这交集中重合. 根据柯西定理, 只须证明当 γ 趋向于 $+\infty$ 时, 函数 $\zeta \to e^{-iz\sin\zeta+i\lambda\zeta}$ 沿道路 $t \to i\gamma+t, -\pi-\xi_0 \leqslant t \leqslant -\pi$ 及 $t \to -i\gamma+t, 0 \leqslant t \leqslant \xi_0$ 所取积分 (例如设 $\xi_0 > 0$) 趋近于 0.

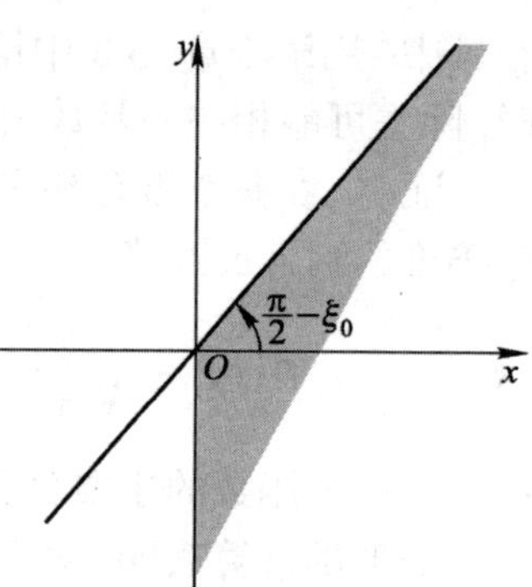

图 85

然而对于 $\zeta = i\gamma + t$, 我们有

$$\mathcal{R}(-iz\sin\zeta + i\lambda\zeta) = e^{\gamma}\left(\frac{x\cos t + y\sin t}{2}\right) + e^{-\gamma}\left(\frac{-x\cos t + y\sin t}{2}\right) - bt - ay,$$

并且当 t 从 $-\pi-\xi_0$ 变到 $-\pi$ 时, 由假设 $x\cos t + y\sin t$ 不等于 0, 并且总是 < 0; 由中值定理, 立即可见, 当 γ 趋向于 $+\infty$ 时 (c 是常数 > 0), 积分

$$\int_{-\pi-\xi_0}^{-\pi} \exp(\mathcal{R}(-iz\sin(i\gamma+t) + i\lambda(i\gamma+t)))dt$$

以形如 $\exp(-ce^{\gamma})$ 的数为上界, 由此得上述结论. 当 γ 趋向于 $+\infty$ 时, 对于道路 $t \to -i\gamma+t, 0 \leqslant t \leqslant \xi_0$ 可同样进行论证. 因此我们得到 $\mathrm{H}_\lambda^1(z)$ 在两个半平面 (3.1) 及 $\mathcal{R}z > 0$ 的并集中的解析开拓. 特别地, 如果取 $\xi_0 = \dfrac{\pi}{2}$ 及 $\xi_0 = -\dfrac{\pi}{2}$, 就得到 $\mathrm{H}_\lambda^1(z)$ 在沿负实轴割开的平面中的解析开拓. 注意对于 $\xi_0 = -\dfrac{\pi}{2}$, 我们得到对于 $\mathfrak{I}z > 0$ 成立的下式

$$\mathrm{H}_\lambda^1(z) = \frac{e^{-i\frac{\lambda\pi}{2}}}{\pi i}\int_{-\infty}^{+\infty} e^{iz\,\mathrm{ch}\,x - \lambda x}dx, \tag{3.3}$$

由此特别得: 对于 $z = it, t > 0$,

$$\mathrm{H}_\lambda^1(it) = \frac{e^{-i\frac{\lambda\pi}{2}}}{\pi i}\int_{-\infty}^{+\infty} e^{-t\,\mathrm{ch}\,x - \lambda x}dx. \tag{3.4}$$

对这积分可应用拉普拉斯法 (第四章, 2). 当 t 趋向于 $+\infty$ 时, 由此得主要部分

$$H_\lambda^1(it) \sim \frac{e^{-i\frac{\lambda\pi}{2}}}{\pi i}\sqrt{\frac{2\pi}{t}}e^{-t}, \tag{3.5}$$

并且表明 $\mathrm{H}_\lambda^1(z)$ 不恒等于零.

现在应用一般理论 (第十四章, 5.3). 注意由未知函数的线性变换 $w = \dfrac{1}{\sqrt{z}}v$ 得方程

$$v'' + \left(1 + \frac{1-4\lambda^2}{z^2}\right)v = 0, \tag{3.6}$$

在其中 (用第十章, 5.3 中记号) 我们有 $q_0=1, q_1=0$. 当 $z=it$, 并且 t 趋向于 $+\infty$ 时, 除去可能相差一常数因子外, (3.6) 只有一个解趋近于 0. 由一般理论 (第十四章, 5.5) 证明: 在整个沿负半实轴割开的平面上, 当 $|z|$ 趋向于 $+\infty$ 时, 我们有具有任意精确度的渐近展开式

$$\mathrm{H}_\lambda^1(z)=\sqrt{\frac{2}{\pi}}z^{-1/2}e^{i\left(z-\frac{\pi}{4}-\frac{\lambda\pi}{2}\right)}\left(1+\frac{a_1}{z}+\cdots+\frac{a_n}{z^n}+o\left(\frac{1}{z^n}\right)\right) \tag{3.7}$$

($z^{-1/2}$ 是这函数的主要分支).

类似的计算表明, 对于 $\mathrm{H}_\lambda^2(z)$, 有在整个割开了的平面中成立的下列展开式:

$$\mathrm{H}_\lambda^2(z)=\sqrt{\frac{2}{\pi}}z^{-1/2}e^{i\left(z-\frac{\pi}{4}-\frac{\lambda\pi}{2}\right)}\left(1+\frac{b_1}{z}+\cdots+\frac{b_n}{z^n}+o\left(\frac{1}{z^n}\right)\right). \tag{3.8}$$

这样就证明了 H_λ^1 及 H_λ^2 形成了 (2.1) 在整个割开了的平面中的基本解组.

现在注意既然方程 (2.1) 中只含 $\lambda^2, \mathrm{H}_{-\lambda}^1(z)$ 及 $\mathrm{H}_{-\lambda}^2(z)$ 也是这方程的解, 并且对于 $z=it, t$ 趋向于 $+\infty$ (及 $-\infty$) 时, $\mathrm{H}_{-\lambda}^1(z)$ (及 $\mathrm{H}_{-\lambda}^2(z)$) 分别与 H_λ^1 (及 H_λ^2) 有相同的性质, 因此比较这些函数的主要部分, 我们有

$$\mathrm{H}_{-\lambda}^1(z)=e^{i\lambda\pi}\mathrm{H}_\lambda^1(z),\quad \mathrm{H}_{-\lambda}^2(z)=e^{-i\lambda\pi}\mathrm{H}_\lambda^2(z); \tag{3.9}$$

而且这些关系式也可直接从上面给出的积分表示式直接推导出来. 当 λ 及 z 是实数时, 可写出

$$\overline{\mathrm{H}_\lambda^1(z)}=-\frac{1}{\pi}\int_{\mathrm{L}_1'}e^{iz\sin\zeta-i\lambda\zeta}d\zeta, \tag{3.10}$$

这里 L_1' 是 L_1 通过映射 $\zeta\to\overline{\zeta}$ 而得的像. 把 L_2 记作 L_1' 通过映射 $\zeta\to-\zeta$ 而得的像, 也可写出

$$\overline{\mathrm{H}_\lambda^1(z)}=-\frac{1}{\pi}\int_{\mathrm{L}_2}e^{-iz\sin\zeta+i\lambda\zeta}d\zeta.$$

换句话说, 对于实数 λ 及 z, 我们有

$$\overline{\mathrm{H}_\lambda^1(z)}=\mathrm{H}_\lambda^2(z),\quad \overline{\mathrm{H}_\lambda^2(z)}=\mathrm{H}_\lambda^1(z). \tag{3.11}$$

最后, 如果 $\lambda=\dfrac{1}{2}$, 方程 (3.6) 化成 $v''+v=0$, 从而当 $z=it$, 并且 t 趋向于 $+\infty$ 时, 除了可能相差一个因子外, (2.1) 趋近于 0 的唯一解是 $\dfrac{1}{\sqrt{z}}e^{iz}$. 比较有关函数的主要部分, 就得到

$$\mathrm{H}_{1/2}^1(z)=-i\sqrt{\frac{2}{\pi}}z^{-1/2}e^{iz}, \tag{3.12}$$

并且同样得到

$$\mathrm{H}_{1/2}^2(z)=i\sqrt{\frac{2}{\pi}}z^{-1/2}e^{-iz}. \tag{3.13}$$

4. 贝塞尔函数与诺伊曼函数

我们把函数

$$\mathrm{J}_\lambda(z)=\frac{1}{2}(\mathrm{H}^1_\lambda(z)+\mathrm{H}^2_\lambda(z)) \tag{4.1}$$

叫做指标 $\lambda\in\mathbb{C}$ 的贝塞尔函数, 并且把函数

$$\mathrm{N}_\lambda(z)=\frac{1}{2i}(\mathrm{H}^1_\lambda(z)-\mathrm{H}^2_\lambda(z)) \tag{4.2}$$

叫做指标 λ 的诺伊曼函数. 这些函数是在沿负实轴割开的平面中确定并且是解析的, 它们在这开集中形成贝塞尔方程 (2.1) 的基本解组.

由表示式 (2.6) 及 (2.7) 可导出

$$\mathrm{J}_\lambda(z)=-\frac{1}{2\pi}\int_{\mathrm{L}}e^{-iz\sin\zeta+i\lambda\zeta}d\zeta, \tag{4.3}$$

这里 L 是图 86 中的道路. 如果 C 是 L 通过映射 $\zeta\to e^{-i\zeta}$ 而得的像 (图 87), 我们有

$$\mathrm{J}_\lambda(z)=\frac{1}{2\pi i}\int_{\mathrm{C}}\exp\left(\frac{1}{2}z\left(u-\frac{1}{u}\right)\right)u^{-\lambda-1}du; \tag{4.4}$$

由柯西定理, 在上列公式中, 把 C 换成它在比值 >0 的位似变换下的像, 积分不改变. 由此断定: 如果 z 是大于 0 的实数, 由变数代换 $zu=2v$, 就得到

$$\mathrm{J}_\lambda(z)=\frac{1}{2\pi i}\left(\frac{z}{2}\right)^\lambda\int_{\mathrm{C}}\exp\left(v-\frac{z^2}{4v}\right)v^{-\lambda-1}dv. \tag{4.5}$$

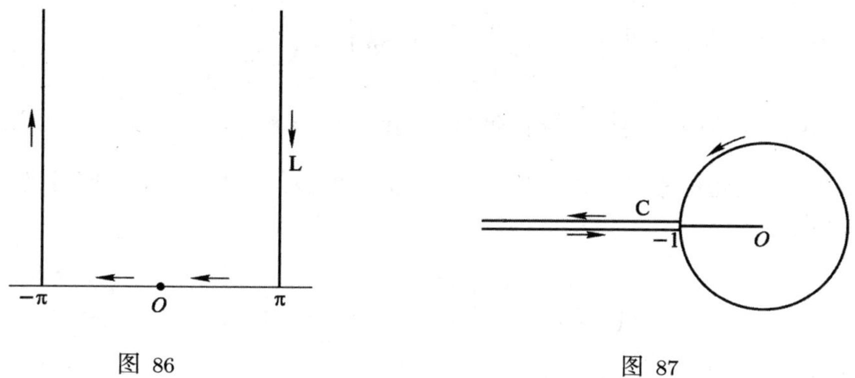

图 86　　　　图 87

可是上列公式中的积分对于任何 $z\in\mathbb{C}$ 是确定的 (因为 $\exp\left(-\dfrac{z^2}{4v}\right)$ 在 $\mathbb{C}$ 上有界), 因而这积分是 z 的整函数. 由于这整函数对于大于 0 的实数 z 与 $\left(\dfrac{2}{z}\right)^\lambda\mathrm{J}_\lambda(z)$ 重合, 由解析开拓原理, 在沿负平实轴割开的平面中, 它也与 $\left(\dfrac{2}{z}\right)^\lambda\mathrm{J}_\lambda(z)$ 重合. 换句

话说, 公式 (4.5) 给出了 $\mathrm{J}_\lambda(z)$ 在整个割开了的平面中的值, 并且证明了 $\left(\frac{2}{z}\right)^\lambda \mathrm{J}_\lambda(z)$ 可以开拓成一整函数.

此外, 对于 $v \in \mathbb{C}$, 我们有

$$\exp\left(-\frac{z^2}{4v}\right) = \sum_{n=0}^{\infty} \frac{(-z^2)^n}{2^{2n} n! v^n}, \tag{4.6}$$

而对任何 $R > 1$, 我们有: 对于与 λ 无关的常数 c 及 α,

$$\int_{-\infty}^{-R} |t^{-n-\lambda-1}| e^t dt \leqslant cR^{\alpha-n-1} e^{-R},$$

并且由此导出级数

$$\sum_{n=0}^{\infty} \left|\frac{z^{2n}}{2^{2n} n!}\right| \int_{-\infty}^{-R} |t^{-n-\lambda-1}| e^t dt$$

的和随着 $1/R$ 任意小. 由于级数

$$\sum_{n=0}^{\infty} \frac{(-z^2)^n}{2^{2n} n!} v^{-n-\lambda-1} e^v$$

对于 $1 \leqslant |v| \leqslant R$ 正规收敛, 由此立即导出: 用这级数代替 (4.5) 中的 $\exp\left(v - \frac{z^2}{4v}\right) v^{-\lambda-1}$, 可以逐项积分, 于是得到 $\left(\frac{2}{z}\right)^\lambda \mathrm{J}_\lambda(z)$ 的幂级数展开式

$$\mathrm{J}_\lambda(z) = \left(\frac{z}{2}\right)^\lambda \sum_{n=0}^{\infty} \frac{(-z^2)^n}{2^{2n} n! \Gamma(n+\lambda+1)}, \tag{4.7}$$

这里对 $\frac{1}{\Gamma(z)}$ 的表示式要用到汉克尔积分 (第九章, 4.8.1).

对 (4.7) 右边的幂级数逐项求导数, 由伽马函数的函数方程, 我们得到: 对任何整数 $k \geqslant 1$,

$$\left(\frac{1}{z}\frac{d}{dz}\right)^k \left(\frac{\mathrm{J}_\lambda(z)}{z^\lambda}\right) = (-1)^k \frac{\mathrm{J}_{\lambda+k}(z)}{z^{\lambda+k}}; \tag{4.8}$$

并且特别地, 对于 $k=1$, 由此得

$$\mathrm{J}'_\lambda(z) = \frac{\lambda}{z}\mathrm{J}_\lambda(z) - \mathrm{J}_{\lambda+1}(z). \tag{4.9}$$

由关系式

$$\frac{1}{(n+1)!\Gamma(n+\lambda+1)} - \frac{1}{n!\Gamma(n+\lambda+2)} = \frac{\lambda}{(n+1)!\Gamma(n+\lambda+2)},$$

我们同样证明递推关系式

(4.10) $$\mathrm{J}_{\lambda-1}(z)+\mathrm{J}_{\lambda+1}(z)=\frac{2\lambda}{z}\mathrm{J}_{\lambda}(z).$$

由 (3.9), 我们有

(4.11) $$\mathrm{J}_{-\lambda}(z)=\cos\lambda\pi\mathrm{J}_{\lambda}(z)-\sin\lambda\pi\mathrm{N}_{\lambda}(z),$$

因此如果 λ 不是整数, J_λ 及 $\mathrm{J}_{-\lambda}$ 形成 (2.1) 的基本解组. 反过来, 当 $\lambda=p$ 是整数时, 我们有

(4.12) $$\mathrm{J}_{-p}(z)=(-1)^p\mathrm{J}_p(z),$$

并且在这种情形下, 按照一般理论 (第十四章, 5.7), 可以证明在沿负半实轴割开的平面中, 诺伊曼函数 $\mathrm{N}_p(z)$ 的形状是 $a\mathrm{J}_p(z)\log z+z^{-p}\mathrm{F}(z)$, 这里 a 是常数, 并且 F 是整函数 (习题 3). 注意 (2.1) 关于点 $z=0$ 的特征方程 (第十四章, 5.7.2) 的根是 $\pm\lambda$; 因此当 $\lambda=k/2$ 时 (k 是奇整数), 两根的差可能是一整数, 而在诺伊曼函数中, 不含对数项. 此外, 由 (3.12) 及 (3.13), 我们有

(4.13) $$\mathrm{J}_{1/2}(z)=\sqrt{\frac{2}{\pi}}z^{-1/2}\sin z,\quad \mathrm{N}_{1/2}(z)=-\sqrt{\frac{2}{\pi}}z^{-1/2}\cos z,$$

并且由 (4.10) 及 (4.11), 可见对于 $k>0, \mathrm{J}_{k+\frac{1}{2}}(z)$ 及 $\mathrm{N}_{k+\frac{1}{2}}(z)$ 是有下列形状的线性组合:

$$\mathrm{P}\left(\frac{1}{z}\right)\mathrm{J}_{1/2}(z)+\mathrm{Q}\left(\frac{1}{z}\right)\mathrm{N}_{1/2}(z),$$

这里 P 及 Q 是次数 $\leqslant k$ 的多项式.

由 (3.7) 及 (3.8), 可导出在整个沿着负半实轴割开的平面中成立的渐近展开式:

(4.14) $$\mathrm{J}_{\lambda}(z)=\sqrt{\frac{2}{\pi}}z^{-1/2}\cos\left(z-\frac{\pi}{4}-\frac{\lambda\pi}{2}\right)+O(|z|^{-3/2}),$$

(4.15) $$\mathrm{N}_{\lambda}(z)=\sqrt{\frac{2}{\pi}}z^{-1/2}\sin\left(z-\frac{\pi}{4}-\frac{\lambda\pi}{2}\right)+O(|z|^{-3/2}).$$

直接应用鲁歇定理, 由此导出: 对于任何 $\varepsilon>0$, 当 n 充分大时, $\mathrm{J}_\lambda(z)$ 在圆盘

$$\left|z-(2\lambda+1)\frac{\pi}{4}-(2n+1)\frac{\pi}{2}\right|\leqslant\varepsilon$$

中有一个、并且只有一个零点. 关于 $\mathrm{N}_\lambda(z)$ 的零点有类似的结果.

5. 整数指标的贝塞尔函数

当 $\lambda=n\geqslant 0$ 是整数时, 在公式 (4.3) 中, 由于 $\sin\zeta$ 及 $e^{in\zeta}$ 的周期性, 沿道路 L 中与虚轴平行的两条半直线上的积分是零; 因此剩下

(5.1) $$\mathrm{J}_n(z)=\frac{1}{2\pi}\int_{-\pi}^{\pi}e^{iz\sin t}e^{-int}dt.$$

换句话说, $J_n(z)$ 是函数 $t \to e^{iz\sin t}$ 的第 n 个傅里叶系数. 这函数是周期整函数, 可见它的傅里叶级数收敛 (第十章, 8.5), 并且因此对任何 $z \in \mathbb{C}$ 及 $t \in \mathbb{R}$,

$$e^{iz\sin t} = \sum_{n=-\infty}^{+\infty} J_n(z)e^{nit}, \tag{5.2}$$

上式也等价于

$$\cos(z\sin t) = J_0(z) + 2\sum_{n=1}^{\infty} J_{2n}(z)\cos 2nt, \tag{5.3}$$

$$\sin(z\sin t) = 2\sum_{n=0}^{\infty} J_{2n-1}(z)\sin(2n+1)t. \tag{5.4}$$

既然函数 J_n 在 $\mathbb{R}$ 中取实数值, 在 (5.1) 中也可取实部 (对于实数 z), 由此得对于任何 $z \in \mathbb{C}$,

$$J_n(z) = \frac{1}{\pi}\int_0^{\pi} \cos(nt - z\sin t)dt. \tag{5.5}$$

还注意如果在方程 (1.5) 中, 令 $-z = \left(\frac{3}{2}s\right)^{2/3}$, 方程就变成

$$w'' + \frac{1}{3s}w' + w = 0,$$

而且如果令 $w = s^{1/3}u$, 就得到

$$u'' + \frac{1}{s}u' + \left(1 - \frac{1}{9s^2}\right)u = 0,$$

即有参数 1/3 的贝塞尔方程. 因此艾里函数 $\mathrm{Ai}(z)$ 可表示为 $J_{\frac{1}{3}}(z)$ 及 $J_{-\frac{1}{3}}(z)$ 的线性组合; 这一线性组合的系数可用 $\mathrm{Ai}(z)$ 及贝塞尔函数的渐近展开式来确定.

习 题

1) 考虑四阶线性方程

$$w^{(4)} + \frac{2}{z}w''' + w = 0.$$

方程系数的唯一奇点是 $z = 0$, 并且在这点的特征方程是 $\rho(\rho-1)^2(\rho-2) = 0$. 应用拉普拉斯法, 取积分

$$\int_L \frac{e^{z\zeta}d\zeta}{(1+\zeta^4)^{1/2}}$$

作为所求解, 道路 L 是满足下列条件是环路: 对于 ζ^4+1 的四个零点中的两个, $j(\xi; L) = 1$; 对于另两个, $j(\xi; L) = 0$. 证明这样我们得到三个解: $w_1 = u_1 + u_2, w_2 = u_1 + v_1, w_3 = u_2 - v_2,$

这里

$$u_1(z)=\int_0^1\frac{1}{\sqrt{1-t^4}}e^{\frac{zt}{\sqrt{2}}}\cos\frac{zt}{\sqrt{2}}dt,$$
$$u_2(z)=\int_0^1\frac{1}{\sqrt{1-t^4}}e^{-\frac{zt}{\sqrt{2}}}\cos\frac{zt}{\sqrt{2}}dt,$$
$$v_1(z)=\int_0^1\frac{1}{\sqrt{1-t^4}}e^{\frac{zt}{\sqrt{2}}}\sin\frac{zt}{\sqrt{2}}dt,$$
$$v_2(z)=\int_0^1\frac{1}{\sqrt{1-t^4}}e^{-\frac{zt}{\sqrt{2}}}\sin\frac{zt}{\sqrt{2}}dt.$$

取包围 ζ^4+1 的一个零点并且无穷长的一条道路作为 L, 积分只是在 $\mathcal{R}z>0$ 时确定; 于是得到第四个解:

$$w_4(z)=\int_0^{+\infty}\frac{e^{-zt}dt}{\sqrt{1+t^4}}-\frac{1}{\sqrt{2}}(u_2(z)+v_2(z)).$$

解 w_1,w_2,w_3 是整函数. 证明当 x 取实数值, 并且通过 >0 的值趋近于 0 时, 我们有 $w_4(z)\sim x\log\frac{1}{x}$. 证明当 x 取实数值, 并且趋向于 $+\infty$ 时, 我们有

$$u_1\pm iv_1\sim\frac{e^{\mp\frac{i\pi}{8}}}{2}\sqrt{\frac{\pi}{x}}\exp\left(xe^{\pm\frac{i\pi}{4}}\right),$$
$$u_2\pm iv_2\sim\frac{e^{\pm\frac{i\pi}{4}}}{x}.$$

由此证明: 四个解 w_1,w_2,w_3,w_4 形成半平面 $\mathcal{R}z>0$ 中的基本解组, 并且证明 w_3 是满足下列条件的唯一解: 对于实值 x, 它在点 0 有有限的导数, 并且当 x 趋向 $+\infty$ 时, 它趋近于 0.

2) 证明: 对于 $\mathcal{R}\beta>0,\mathcal{R}(\gamma-\beta)>0$, 并且 z 不等于 $\geqslant 1$ 的实数, 对于超几何函数 (第十四章, 习题 12), 我们有

$$\mathrm{F}(\alpha,\beta,\gamma;z)=\int_0^1 t^{\beta-1}(1-t)^{\gamma-\beta-1}(1-tz)^{-\alpha}dt.$$

3) 证明我们有: 对于整数 $p\geqslant 0$,

$$\begin{aligned}\pi\mathrm{N}_p(z)=&\,2\left(\log\frac{z}{2}+\gamma-\frac{1}{2}\sum_{k=1}^{n}\frac{1}{k}\right)\mathrm{J}_p(z)\\&-\sum_{n=0}^{\infty}(-1)^n\frac{(z/2)^{p+2n}}{n!(n+p)!}\sum_{k=1}^{n}\left(\frac{1}{k}+\frac{1}{k+p}\right)\\&-\sum_{k=0}^{p-1}\frac{(p-k-1)!}{k!}\left(\frac{z}{2}\right)^{-p+2k}.\end{aligned}$$

4) 以任意精确度明确标出 $\mathrm{J}_\lambda(z)$ 的渐近展开式 (4.14) 的系数 (代入贝塞尔方程).

5) 证明如果 $a\neq b$ 是两复数, 并且 $\mathcal{R}\lambda>-1$, 我们有

$$(a^2-b^2)\int_0^x t\mathrm{J}_\lambda(at)\mathrm{J}_\lambda(bt)dt=x\left(\mathrm{J}_\lambda(ax)\frac{d}{dx}(\mathrm{J}_\lambda(bx))-\mathrm{J}_\lambda(bx)\frac{d}{dx}(\mathrm{J}_\lambda(ax))\right),$$
$$2a^2\int_0^x t(\mathrm{J}_\lambda(at))^2dt=(a^2x^2-\lambda^2)(\mathrm{J}_\lambda(ax))^2+\left(x\frac{d}{dx}(\mathrm{J}_\lambda(ax))\right)^2.$$

(应用关系式 $\frac{d}{dt}(uv' - vu') = uv'' - vu''$.)

由此导出如果有 $\mathrm{J}_\lambda(a) = \mathrm{J}_\lambda(b) = 0$, 就有

$$\int_0^1 t\mathrm{J}_\lambda(at)\mathrm{J}_\lambda(bt)dt = 0, \quad \int_0^1 t(\mathrm{J}_\lambda(at))^2 dt = \frac{1}{2}(\mathrm{J}_{\lambda+1}(a))^2.$$

由此断定: 如果 λ 是实数 > -1, 函数 $\mathrm{J}_\lambda(z)$ 没有非实数的零点 (要是它有这样的一个零点 a, 那么 $b = \bar{a}$ 也应是一个零点).

6) 证明我们有

$$(\mathrm{J}_0(z))^2 + 2(\mathrm{J}_1(z))^2 + \cdots + 2(\mathrm{J}_n(z))^2 + \cdots = 1$$

(应用 (5.2)). 由此导出: 对于任何实数 x, 我们有

$$|\mathrm{J}_0(x)| \leqslant 1, \text{ 并且对于 } n \geqslant 1, |\mathrm{J}_n(x)| \leqslant 1/\sqrt{2}.$$

7) 证明对于整数 n, 与复数 u 及 v, 我们有

$$\mathrm{J}_n(u+v) = \sum_{p=-\infty}^{+\infty} \mathrm{J}_p(u)\mathrm{J}_{n-p}(v).$$

索引

(罗马数字表示章号, 阿拉伯数字表示章中节号或习题号)

参考文献

关于在本书中用到的代数内容, 可参看:

R.Godement, *Cours d'algèbre*, Paris (Hermann), 1963. (也可参看我国大学代数教材).

各种分析问题的最好汇编, 还有:

G.Polya und G. Szegö, *Aufgaben und Lehrsätze aus der Analysis*, 2 vol., Berlin (Springer), 3te Aufl., 1964 (Die Grundlehren der math. Wiss., Bd. 19-20). (有中译本.)

关于单复变解析函数, 下书中有大量习题:

L. I. Volkovyskii, G. L. Lunts and I. G. Aramanovich, *A Collection of Problems on Complex Analysis* (transl. by J. Berry), Oxford (Pergamon Press), 1965.

下列书是略旧一点的经典著作, 其中内容很丰富:

E. Whittaker and G. N. Watson, *A Course of Modern Analysis*, Cambridge Univ. Press (4th ed.), 1935.

关于数值分析导论, 可读:

E. Stiefel, *An Introduction to Numerical Mathematics*, New York (Academic Press), 1965.

C. E. Fröberg, *Introduction to Numerical Analysis*, Reading (Addison-Wesley), 1965. (也可参看我国有关教材.)

关于概率计算导论, 建议阅读:

Gnedenko et Khintchine: *Introduction à la théorie des probabilités*, Paris (Dunod). (本书有中译本, 也可读我国其他有关教材.)

最后, 如果读者想对本书中某些章的内容加深学习, 选读下列有关书籍是有益的:

R. Campbell, *Les intégrales eulériennes et leurs applications*, Paris (Dunod), 1966.

D, Gaier, *Konstruktive Methoden der konformen Abbildung*, Berlin (Springer), 1964.

P. Hartman, *Ordinary Differential Equations*, New York (J. Wiley), 1964.

E. Coddington and N. Levinson, *Theory of Ordinary Differential Equations*, New York (McGraw-Hill), 1955.

L. CESARI, *Asymptotic Behavior and Stability Problems in Ordinary Differential Equations*, Berlin (Springer), 2nd ed., 1963 (Ergebnisse der Math., Neue Folge, Bd.16).

W. WASOW, *Asymptotic Expansions for Ordinary Differential Equations*, New York (Interscience), 1965.

J. HEADING, *An Introduction to Phase-integral Methods*, London (Methuen), 1962.

G. N. WATSON, *A Treatise on the Theory of Bessel Functions*, New York, 2nd ed., 1994.

N. MCLACHLAN, *Theory and Applications of Mathieu Functions*, New York (Dover), 1964.

主要公式

不等式

$$\left|\int_a^b f(t)dt\right| \leqslant \int_a^b |f(t)|dt \quad (f\ \text{是分段连续的复值函数})\ (\text{中值不等式})$$

$$\left|\sum_{j=1}^n a_j b_j\right|^2 \leqslant \left(\sum_{j=1}^n |a_j|^2\right)\left(\sum_{j=1}^n |b_j|^2\right),$$

$$\left|\int_a^b f(t)g(t)dt\right| \leqslant \left(\int_a^b |f(t)|^2 dt\right)^{\frac{1}{2}}\left(\int_a^b |g(t)|^2 dt\right)^{\frac{1}{2}}$$

(柯西 – 施瓦茨不等式).

解析函数

积分的定义 $\int_\gamma f(z)dz$：如果$\gamma : [a,b] \to \mathbb{C}$,

$$\int_\gamma f(z)dz = \int_a^b f(\gamma(t))\gamma'(t)dt.$$

a 关于一个环路 γ 的指标：

$$j(a;\gamma) = \frac{1}{2\pi i}\int_\gamma \frac{dz}{z-a}.$$

柯西公式 (f 在单连通区域 D 内解析，γ 是 D 中的环路，$x \in \mathrm{D}$ 不在环路的像上)

$$j(x;\gamma)f(x) = \frac{1}{2\pi i}\int_\gamma \frac{f(z)dz}{z-x},$$

$$j(x;\gamma)f^{(k)}(x)=\frac{k!}{2\pi i}\int_\gamma \frac{f(z)dz}{(z-x)^{k+1}},\quad x\in \mathrm{D}.$$

$\Delta-\{a\}$ 中解析函数 f 的洛朗级数

$$f(z)=\sum_{n=0}^{\infty}c_n(z-a)^n+\sum_{n=1}^{\infty}\frac{d_n}{(z-a)^n},$$

这里

$$c_n=\frac{1}{2\pi i}\int_\gamma \frac{f(z)dz}{(z-a)^{n+1}},\quad d_n=\frac{1}{2\pi i}\int_\gamma f(z)(z-a)^{n-1}dz$$

($\gamma: t\to a+re^{it}$ 包含在 Δ 中).

留数定理 (f 在 $\mathrm{D}'=\mathrm{D}-\{a_1,\cdots,a_n\}$ 中解析, D 是单连通区域, γ 是 D' 中的环路)

$$\int_\gamma f(z)dz=2\pi i\sum_{k=1}^{n} j(a_k;\gamma)\mathrm{Res}_{\,a_k} f.$$

复指数及复对数

$$e^z=1+\frac{z}{1!}+\frac{z^2}{2!}+\cdots+\frac{z^n}{n!}+\cdots, \text{对于 } z\in\mathbb{C} \text{ 收敛},$$
$$e^{z+z'}=e^ze^{z'},\quad e^{-z}=1/e^z\quad z,z' \text{ 在 } \mathbb{C} \text{ 中},$$
$$|e^z|=e^{\mathcal{R}z},\quad e^{i\frac{\pi}{2}}=i,$$
$$\cos z=\frac{1}{2}(e^{iz}+e^{-iz}),\quad \sin z=\frac{1}{2i}(e^{iz}-e^{-iz}),$$
$$\log z=\log|z|+i\mathrm{Am}\,z,\quad \frac{d}{dz}(\log z)=\frac{1}{z},$$

对于沿负半实轴割开的平面上的 z.

$$z^\lambda=e^{\lambda\log z},\quad \frac{d}{dz}(z^\lambda)=\lambda z^{\lambda-1},$$

对于任何复数 λ, z 在沿负半实轴割开的平面中.

$$\log(1+z)=z-\frac{z^2}{2}+\cdots+(-1)^{n-1}\frac{z^n}{n}+\cdots,$$
$$(1+z)^\lambda=1+\binom{\lambda}{1}z+\binom{\lambda}{2}z^2+\cdots+\binom{\lambda}{n}z^n+\cdots,$$

对于 $|z|<1$.

$$\sin z=z\prod_{n=1}^{\infty}\left(1-\frac{z^2}{n^2\pi^2}\right)\quad \text{对于 } z\in\mathbb{C},$$
$$\cot z=\frac{1}{z}+2z\sum_{n=1}^{\infty}\frac{1}{z^2-n^2\pi^2}\quad \text{对于 } z/\pi \text{ 不是整数时}.$$

伽马函数

$$\frac{1}{\Gamma(z)} = \lim_{n\to\infty} \frac{z(z+1)\cdots(z+n)}{(n+1)^z n!}$$
$$= ze^{\gamma z}\prod_{n=1}^{\infty}\left(1+\frac{z}{n}\right)e^{-z/n}$$

对于任何 $z \in \mathbf{C}$; γ 是欧拉常数, 由下列公式给出:

$$\gamma = \lim_{n\to\infty}\left(1+\frac{1}{2}+\frac{1}{3}+\cdots+\frac{1}{n}-\log n\right) = 0,577\ 215\ 664\cdots,$$
$$\Gamma(z+1) = z\Gamma(z) \quad \text{对于} -z \notin \mathbf{N},$$
$$\frac{\Gamma'(z)}{\Gamma(z)} = -\gamma - \frac{1}{z} + \sum_{n=1}^{\infty}\frac{z}{n(z+n)} \quad \text{对于} -z \notin \mathbf{N}.$$

$\Gamma(n+1) = n!$ 对于 $n \in \mathbf{N}, \Gamma\left(\frac{1}{2}\right) = \sqrt{\pi}, \Gamma'(1) = -\gamma$

$$\frac{1}{\Gamma(z)\Gamma(1-z)} = \frac{1}{\pi}\sin \pi z$$

(互补公式).

$$\Gamma\left(\frac{z}{p}\right)\Gamma\left(\frac{z+1}{p}\right)\cdots\Gamma\left(\frac{z+p-1}{p}\right) = (2\pi)^{\frac{p-1}{2}}p^{\frac{1}{2}-z}\Gamma(z) \quad (p \text{ 是整数} > 1)$$

(勒让德 – 高斯公式).

$$\frac{1}{\Gamma(z)} = \frac{1}{2\pi i}\int_{\mathrm{L}} u^{-z}e^{u}du \quad (z \in \mathbb{C})$$

(汉克尔积分), 这里 $\mathrm{L} : \mathbb{R} \to \mathbb{C}$ 是在沿负实轴割开的平面中的无端点道路 $t \to r(t)e^{i\varphi(t)}$, 而且

$$\lim_{t\to\pm\infty} r(t) = +\infty,$$
$$\frac{\pi}{2} + \delta < \varphi(t) < \pi \quad \text{在 } +\infty \text{ 的邻域中},$$
$$-\pi < \varphi(t) < -\frac{\pi}{2} - \delta \quad \text{在 } -\infty \text{ 的邻域中 } (\delta > 0).$$
$$\Gamma(z) = \int_0^{+\infty} t^{z-1}e^{-t}dt \quad \mathcal{R}z > 0,$$
$$\mathrm{B}(x,y) = \int_0^1 t^{x-1}(1-t)^{y-1}dt = \frac{\Gamma(x)\Gamma(y)}{\Gamma(x+y)} \quad \text{对于 } \mathcal{R}x > 0, \mathcal{R}y > 0,$$
$$\Gamma(x) \sim \sqrt{2\pi x}^{\,x-\frac{1}{2}}e^{-x} \quad (x \text{ 是趋向于 } +\infty \text{ 的实数})$$

(斯特林公式).

$$z(z+1)\cdots(z+n) \sim \frac{\sqrt{2\pi}}{\Gamma(z)}n^{n+z+\frac{1}{2}}e^{-z}, \quad \frac{\Gamma(n+z)}{\Gamma(n)} \sim n^z$$

(n 是趋向 $+\infty$ 的整数, z 是复数).

$$\binom{z}{n} \sim \frac{(-1)^n}{\Gamma(-z)} n^{-z-1} \quad (n \text{ 是趋向 } +\infty \text{ 的整数}, \ z \notin \mathbb{N}).$$

$$\binom{2n}{n} \sim \frac{2^{2n}}{\sqrt{\pi n}} \quad (n \text{ 是趋向 } +\infty \text{ 的整数}).$$

$$\int_0^{+\infty} t^\alpha e^{-ct^\beta} dt = \frac{1}{\beta c^{\frac{\alpha+1}{\beta}}} \Gamma\left(\frac{\alpha+1}{\beta}\right) \quad \text{对于 } \alpha > -1, \beta > 0, c > 0.$$

$$\int_0^{\frac{\pi}{2}} \sin^{2x-1}\theta \cos^{2y-1}\theta d\theta = \frac{1}{2}\mathbf{B}(x,y) \quad (x > 0, y > 0).$$

$$\int_0^{+\infty} t^{\lambda-1} e^{\pm it} dt = e^{\pm\frac{1}{2}\lambda\pi i}\Gamma(\lambda) \quad (\lambda \text{ 是实数, 且 } 0 < \lambda < 1).$$

伯努利数及伯努利多项式

$$\frac{1}{e^z - 1} = \frac{1}{z} - \frac{1}{2} + \sum_{n=1}^{\infty} (-1)^{n-1} \frac{\mathrm{B}_n}{(2n)!} z^{2n-1} \quad (0 < |z| < 2\pi),$$

$$\mathrm{B}_1 = \frac{1}{6}, \quad \mathrm{B}_2 = \frac{1}{30}, \quad \mathrm{B}_3 = \frac{1}{42}, \quad \mathrm{B}_4 = \frac{1}{30},$$

$$\mathrm{B}_5 = \frac{5}{66}, \quad \mathrm{B}_6 = \frac{691}{2\ 730},$$

$$\mathrm{B}_k = \frac{2(2k)!}{2\pi^{2k}} \sum_{n=1}^{\infty} \frac{1}{n^{2k}} \sim 4\sqrt{\pi} \frac{k^{2k+\frac{1}{2}}}{(2\pi)^{2k}}.$$

$$\frac{e^{zx}}{e^z - 1} = \frac{1}{z} + \sum_{n=1}^{\infty} \frac{\varphi_n(x)}{n!} z^{n-1} \quad (0 < |z| < 2\pi, \quad x \in \mathbb{C}),$$

$$\varphi_n(x) = x^n - \frac{n}{2}x^{n-1} + \binom{n}{2}\mathrm{B}_1 x^{n-2} - \binom{n}{4}\mathrm{B}_2 x^{n-4} + \binom{n}{6}\mathrm{B}_3 x^{n-6} - \cdots,$$

$$\varphi_n(x+1) - \varphi_n(x) = nx^{n-1},$$

$$\varphi_n(1-x) = (-1)^n \varphi_n(x),$$

$$\varphi_{2k+1}(0) = 0, \quad \varphi_{2k}(0) = (-1)^{k+1}\mathrm{B}_k,$$

$$\varphi_n'(x) = n\varphi_{n-1}(x) \quad (n \geqslant 2),$$

$$\left.\begin{aligned} \varphi_{2k}(x) &= (-1)^{k+1} 2(2k)! \sum_{n=1}^{\infty} \frac{\cos 2n\pi x}{(2n\pi)^{2k}} \\ \varphi_{2k+1}(x) &= (-1)^{k+1} 2(2k+1)! \sum_{n=1}^{\infty} \frac{\sin 2n\pi x}{(2n\pi)^{2k+1}}, \end{aligned}\right\} (0 \leqslant x \leqslant 1),$$

其中 $k \geqslant 1$, 有关级数是正规收敛的.

$$\varphi_1(x) = x - \frac{1}{2} = -\sum_{n=1}^{\infty} \frac{\sin 2n\pi x}{n\pi},$$

对于 $0 < x < 1$ 及 $0 < \alpha < \dfrac{1}{2}$, 上式右边级数在 $[\alpha, 1-\alpha]$ 中一致收敛, 并且部分和在

[0,1] 中一致有界.

欧拉 – 麦克劳林公式

$$f(m)+f(m+1)+\cdots+f(n)=\int_m^n f(t)dt+\frac{1}{2}(f(m)+f(n))$$
$$+\sum_{h=1}^{r}(-1)^{h-1}\frac{\mathrm{B}_h}{(2h)!}(f^{(2h-1)}(n)-f^{(2h-1)}(m))+\mathrm{R}_r,$$

这里

$$|\mathrm{R}_r|\leqslant\frac{2}{(2\pi)^{2r}}\int_m^n|f^{(2r+1)}(t)|dt,$$

$m<n$ 是整数, 于是它的前 $2r$ 个导数在 $[m,n]$ 中连续, 并且在 $[m,n]$ 中有分段连续的 $(2r+1)$ 阶导数.

傅里叶级数

$$c_m=\frac{1}{2\pi}\int_0^{2\pi}f(t)e^{-imt}dt\quad(m\in\mathbb{Z}),$$
$$a_m=\frac{1}{\pi}\int_0^{2\pi}f(t)\cos mt\,dt,\quad b_m=\frac{1}{\pi}\int_0^{2\pi}f(t)\sin mt\,dt$$

(m 为整数 $\geqslant 1$),

$$a_0=\frac{1}{2\pi}\int_0^{2\pi}f(t)dt$$

(在 $[0,2\pi]$ 中分段连续函数 f 的傅里叶系数),

$$\sum_{m=-\infty}^{+\infty}|c_m|^2=\frac{1}{2\pi}\int_0^{2\pi}|f(t)|^2dt$$

(帕塞瓦尔关系式),

$$a_0+\sum_{m=1}^{\infty}(a_m\cos mx+b_m\sin mx)=\frac{1}{2}f((x+)+f(x-)),$$

上式成立的条件是: f 是周期 2π 的周期函数, 并且在 $\mathbb{R}$ 中分段连续及分段可导, 在不含 f 的任何不连续点的任何闭区间中, 级数一致收敛, 并且级数的部分和在 $\mathbb{R}$ 中一致有界.

矩阵计算

$$\frac{d}{dt}(A(t).\boldsymbol{f}(t))=A'(t).\boldsymbol{f}(t)+A(t).\boldsymbol{f}'(t),$$
$$\frac{d}{dt}(A(t)B(t))=A'(t)B(t)+A(t)B'(t)$$

($A(t),B(t)$ 是矩阵, $\boldsymbol{f}(t)$ 是向量),

$$\int_a^b A.\boldsymbol{f}(t)dt=A\cdot\int_a^b\boldsymbol{f}(t)dt$$

(A 是常数矩阵, $\boldsymbol{f}(t)$ 是向量),

$$e^{Az} = \exp(Az) = \sum_{k=0}^{\infty} \frac{1}{k!} A^k z^k$$

(A 是方阵, z 是任何复数, 级数绝对收敛),

$$e^{O} = I, \quad e^{Iz} = Ie^{z}, \quad e^{A(z+z')} = e^{Az}e^{Az'}, \quad e^{-Az} = (e^{Az})^{-1},$$
$$\frac{d^k}{dz^k}(e^{Az}) = A^k e^{Az} = e^{Az} A^k,$$

如果

$$A = \begin{pmatrix} B & 0 \\ 0 & C \end{pmatrix}$$

(B 及 C 是方阵, 我们有)

$$e^{Az} = \begin{pmatrix} e^{Bz} & 0 \\ 0 & e^{Cz} \end{pmatrix}.$$

线性微分方程的解

设有齐次线性微分方程

$$\boldsymbol{x}' = A(t).\boldsymbol{x},$$

这里 $A(t)$ 是一个 n 阶方阵. 这个方程的基本解组是一组 n 个线性无关的解 $\boldsymbol{v}_1(t), \cdots, \boldsymbol{v}_n(t)$. 列是 $\boldsymbol{v}_1(t), \cdots, \boldsymbol{v}_n(t)$ 的 n 阶方阵 $V(t)$, 叫做已给方程的基本矩阵.

我们有

$$\det(V(t)) = \det(V(s)) \exp\left(\int_s^t \operatorname{Tr}(A(\xi))d\xi\right).$$

方程

$$\boldsymbol{x}' = A(t).\boldsymbol{x} + \boldsymbol{b}(t)$$

在点 s 取值 $\boldsymbol{x}_0$ 的唯一解由下列拉格朗日公式给出:

$$\boldsymbol{v}(t) = V(t)V(s)^{-1}.\boldsymbol{x}_0 + V(t) \cdot \int_s^t V(\xi)^{-1}.\boldsymbol{b}(\xi)d\xi.$$

设有二阶齐次线性微分方程

$$x'' + p(t)x' + q(t)x = 0,$$

它的基本解组是一组两个不成比例的解 u_1, u_2. 这组解的朗斯基矩阵 $\mathrm{W}(t) = u_1(t)u_2'(t) - u_2(t)u_1'(t)$ 由下式给出:

$$\mathrm{W}(t) = \mathrm{W}(s) \exp\left(-\int_s^t p(\xi)d\xi\right)$$

并且方程

$$x'' + p(t)x' + q(t)x = f(t),$$

在点 t_0 是零的解由下列公式给出:

$$v(t) = \int_{t_0}^{t} \frac{u_1(s)u_2(t) - u_2(s)u_1(t)}{\mathrm{W}(s)} f(s)ds.$$

译后记

本书作者 J. 迪厄多内 (Jean Dieudonné) 先生 (1906 — 1992) 是法国著名数学家, 法国科学院院士, 法国布尔巴基 (N. Bourbaki) 学派的创始人之一. 该学派在推动数学研究, 特别在推动数学的教学改革中, 起了重要的作用. 但其在中学的数学教学改革中, 曾经有过一些消极的影响.

本书是作者为了弥补法国高等学校数学教学改革中所出现的一些问题而编写的. 作者在本书序言中指出一些大学生数学计算能力差; 指出只有从过去不间断传到今天的数学, 没有有些人过去曾经鼓吹过的所谓 "新数学". 当然这些都是从教师不适当教学中所产生的问题.

作者在本书序言中还指出: 无穷小计算的实质不只是建立一些等式, 而把 "求上界、求下界、逼近" 三个词作为本书的提要; 还指出要使读者懂得无穷小计算中各种运算的直观概念. 这些都是重要的提示.

本书包含函数与映射的逼近及渐近展开式、复变解析函数的基础、一阶与二阶线性微分方程的近似解法与稳定性以及贝塞尔函数等. 特别是有些关于近似计算的内容在一般教材中似不常见. 译者认为我国在编教材时曾提出 "少而精" 及 "理论联系实际" 的原则仍然是合适的. "少而精" 才能使学生较易掌握必须学到的内容, "理论联系实际" 似应指所授内容应与实际应用及理论研究的需要以及学生接受的能力相适应. 采用本书作为教材的老师们请根据具体情况确定教学内容.

余家荣, 2011 年元月

相关图书清单

序号	书号	书名	作者
1	9787040243086	解析函数论初步	H. 嘉当
2	9787040251562	微分学	H. 嘉当
3	9787040284171	广义函数论	L. 施瓦兹
4	9787040258011	微分几何——流形、曲线和曲面（修订第二版）	M. 贝尔热 等
5	9787040263626	拓扑学教程——拓扑空间和距离空间、数值函数、拓扑向量空间（第二版）	G. 肖盖
6	9787040251555	谱理论讲义（第二版）	J. 迪斯米埃
7	9787040246193	拟微分算子和 Nash-Moser 定理	S. 阿里纳克 等
8	9787040294675	解析与概率数论导引	G. 特伦鲍姆
9	9787040322941	概率与位势（第一卷）——可测空间	C. 德拉歇利 等
10	9787040319606	无穷小计算	J. 迪厄多内
11	9787040332384	分布系统的精确能控性、摄动和镇定（第一卷）——精确能控性	J.-L. 利翁斯
12	9787040287578	代数学教程	R. 戈德门特
13	9787040351767	完全集与三角级数	J.-P. 卡昂纳
14	9787040477481	线性与非线性泛函分析及其应用（上册）	P. G. 希阿雷
15	9787040477498	线性与非线性泛函分析及其应用（下册）	P. G. 希阿雷
16	9787040495003	分析与代数原理（及数论）（第一卷）（第 2 版）	P. 科尔梅
17	9787040498691	分析与代数原理（及数论）（第二卷）（第 2 版）	P. 科尔梅
18	9787040520316	有限群导引	J.-P. 塞尔

网上购书： www.hepmall.com.cn, www.gdjycbs.tmall.com, academic.hep.com.cn, www.china-pub.com, www.amazon.cn, www.dangdang.com

其他订购办法：

各使用单位可向高等教育出版社电子商务部汇款订购。书款通过银行转账，支付成功后请将购买信息发邮件或传真，以便及时发货。购书免邮费，发票随书寄出（大批量订购图书，发票随后寄出）。

通过银行转账：

户　　名： 高等教育出版社有限公司
开 户 行： 交通银行北京马甸支行
银行账号： 110060437018010037603

单位地址： 北京西城区德外大街 4 号
电　　话： 010-58581118
传　　真： 010-58581113
电子邮箱： gjdzfwb@pub.hep.cn